法律学の森

原子力損害賠償法

豊永晋輔

は　し　が　き

　東日本大震災を契機として発生した福島第一・第二原子力発電所の事故により，甚大で広範な被害が発生した。一刻も早い被害の回復を心よりお祈り申し上げる。
　このような被害は，政策支援や保険給付などと並んで，原子力事業者が原子力損害を賠償することにより塡補，救済される。本書は，どのような場合に原子力損害賠償請求権が成立し，実現されるのかについて，実務上の具体的課題の解決を意識しつつ，検討するものである。
　原子力損害賠償請求権の成立について，法は，わずかに，「原子力事故が起きた場合，原子力事業者は原子力損害を賠償しなければならない」という意味の条文を用意するにすぎない（原賠法3条1項）。また，民法にも，簡素な条文が存在するのみである（民法709条以下）。
　もっとも，実際には，不法行為に基づく損害賠償について，交通事故の被害を主たる対象として，判例・裁判実務・学説の積み重ねにより，実質的に法が形成，補充されてきた。
　しかしながら，過失責任を念頭に置いて，判例を中心として形成，補充されてきた法が，原子力損害賠償に対してどのように適用されるのかについては，必ずしも明確ではない。というのは，相当因果関係概念など既存の損害賠償法理が，そのまま適用されることを暗黙の前提とする場合がある一方で，既存の議論を排除し，原子力損害賠償独自の議論がなされる場合もあるからである。
　そこで，本書は，原子力損害賠償が，民事法体系のどこに位置づけられるかを手がかりとして，原子力損害賠償請求権の成立要件を検討した。原子力損害賠償の位置づけを明らかにすることにより，既存の損害賠償法理のうち，どの部分が原子力損害賠償に適用され，どの部分が適用されないのかをより明確に意識することができる。また，判例を中心として豊富に積み重ねられた法を，原子力損害賠償の特殊性に配慮しつつ，参照することが可能となる。原子力損害賠償紛争審査会が策定した中間指針等は，判例等により形成，補充された損害賠償法理を前提としており，既存の損害賠償法理を認識してはじめて良く理解することができる。

そして，これにより，原子力損害賠償について独善的な解釈を行う危険性を回避し，法的正義を実現することができると考える。好むと好まざるとにかかわらず，わが国が原子力産業を興し，その恩恵を享受してきた以上，原子力産業を他と区別して特殊なものとして扱うべきではない。したがって，原子力損害賠償も，民事法体系から切り離した特殊なものとして扱うべきではないと考える。

　原子力損害とは何か。原子力損害賠償請求権は，どのような場合に成立し，どのような場合に成立しないのか。原子力事業者の責任はなぜ加重されるのか。これらの点について，本書は，特に以下の3つの観点から検討する。

　第1に，原子力損害賠償が民事法体系のどこに位置づけられるかについて，危険責任原理を帰責根拠とすることを出発点とする。危険責任原理とは，原子炉の運転のように特別の危険を内包する行為を行う場合には，その特別の危険が実現したとき，事業者は保証人に類似した地位にあるため，一種の結果責任を負うという考え方である。

　このことは，原子力事業者が無過失責任を負う根拠や，因果関係の構造の理解，保護されるべき権利侵害の範囲，不可抗力免責の範囲などにおいて差異をもたらすと考える。

　第2に，原子力損害賠償制度と原子力損害賠償を区別する。

　一方で，原子力損害賠償制度は，原子力損害が発生した場合に，被害者を保護しつつ，原子力産業の健全な発達のために国の支援等を定める制度である。他方で，原子力損害賠償は，原子力事故により発生した被害について，損害賠償により救済するものである。

　ここで，原子力事故の被害者にとって，原子力産業の健全な育成は，直接の関係がない。したがって，原子力産業から生じた被害であることを根拠として，原子力損害賠償請求権の存否に影響を与えることはないと考える。言い換えれば，原子力産業の健全な発達を理由に，原子力損害賠償の範囲は縮小されない。反対に，原子力産業の遂行に賛成できないことを理由に，原子力損害賠償の範囲は拡張されない。原子力産業の健全な育成は，適切な原子力損害賠償の実現を前提条件として，原子力事業者に対して，適切な政府支援は何かという観点から検討されるべきであると考える。

　第3に，原子力損害賠償に限らず，広く不法行為に基づく損害賠償の目的を，権利の救済と捉えるとともに，損害賠償は，侵害された権利の価値代替物であるという考え方に従った。侵害された権利の救済に当たっては，完全賠償の精神か

ら責任成立の範囲を画定し，原状回復に十分な損害賠償が必要である。これは，原子力損害賠償においても同様であると考える。

　本書は，以下のような読者層を念頭に置いた。

　第1に，本件事故に伴う原子力損害賠償に実際に携わっている，法曹実務家，政府・自治体関係者など，原子力損害賠償の実務関係者である。本書は，このような原子力損害賠償の実務関係者に対し，原子力損害賠償が，民事法体系の中のどこに位置づけられるかについて，いわば地図を提供し，原子力損害賠償請求権の成立要件，実現手続の理解が深化することを目的とする。これにより，中間指針等の背景にある考え方についてもより良く理解することができ，原子力損害賠償の実務関係者において，より適切，より円滑な原子力損害の救済の実現につながると考える。そのため，抽象的な議論は極力回避し，具体的な法的課題の解決を念頭に置いて，できるだけ実際的な基準を探求した。

　第2に，本件事故に伴う原子力損害賠償に関心をもつすべての人である。そのような読者の中には，必ずしも法的概念に馴染みのない場合があることに備えて，本書は，内容の説明に当たり図表を用いるとともに，特に第1部において，原子力損害賠償の全体構造をまとめて記載した。

＊　　　＊　　　＊

　本書執筆に当たり，学生時代からの恩師・高橋宏志教授（現中央大学教授・東京大学名誉教授），中島肇教授をはじめとする桐蔭横浜大学法科大学院「原子力損害と公共政策研究センター」のメンバー，戒能一成・経済産業研究所研究員，丸島俊介弁護士，細野敦弁護士，木村寛則弁護士に感謝する。また，信山社の袖山貴氏，稲葉文子氏，今井守氏に厚く御礼申し上げる。

　平成26年5月

豊　永　晋　輔

大 目 次

第1部　はじめに —— 3
- 第1章　原子力損害賠償の目的 …… 5
- 第2章　原子力損害賠償責任の責任原因・位置づけ …… 10
- 第3章　原子力損害賠償の構造 …… 16
- 第4章　本書の構造 …… 30
- 第5章　原子力損害賠償の法源 …… 34
- 第6章　原子力損害賠償制度 …… 38

第2部　原子力損害賠償請求権の成立要件 —— 45
- 第1章　権利侵害 …… 51
- 第2章　原因行為（原子力事業者が原子炉の運転等により放射線作用等を発生させる行為）…… 104
- 第3章　事実的因果関係 …… 124
- 第4章　責任範囲の画定 …… 175
- 第5章　損害の発生 …… 215
- 第6章　損害賠償の範囲 …… 270
- 第7章　損害の金銭的評価 …… 294

第3部　原子力損害賠償責任の減免事由 —— 325
- 第1章　過失相殺・素因減額 …… 331
- 第2章　損益相殺・損益相殺的調整 …… 342
- 第3章　その他減額事由 …… 349
- 第4章　不可抗力免責 …… 359
- 第5章　責任集中 …… 372
- 第6章　消滅時効 …… 384
- 第7章　除斥期間 …… 404

第4部　原子力損害賠償請求権の実現手続 —— 409
- 第1章　原子力損害賠償請求権の実現手続の意義 …… 411
- 第2章　原子力事業者に対する直接請求 …… 414
- 第3章　原子力損害賠償紛争審査会 …… 422
- 第4章　裁判手続による権利実現 …… 437

第5部　おわりに —— 441
- 第1章　これまでの原子力損害賠償（時系列）…… 443
- 第2章　原子力損害賠償の将来と課題 …… 449

細目次

はしがき（i）
凡　例（xxiii）
2011年9月30日時点（緊急時避難準備区域解除前）（xxviii）
2013年8月8日時点（避難指示区域見直し後）（xxix）

第1部　はじめに ─────────────────────── 3

第1章　原子力損害賠償の目的 ………………………………… 5
第2章　原子力損害賠償責任の責任原因・位置づけ ………… 10
  Ⅰ　過失責任と危険責任 …………………………………… 10
  Ⅱ　原子力損害賠償の正当化根拠 ………………………… 11
  Ⅲ　原子力損害賠償の位置づけ …………………………… 12
第3章　原子力損害賠償の構造 ………………………………… 16
  Ⅰ　概　要 …………………………………………………… 16
  Ⅱ　原子力損害賠償請求権の成立要件 …………………… 16
  Ⅲ　原子力損害賠償責任の減免事由 ……………………… 27
  Ⅳ　原子力損害賠償請求権の存否とその実現手続 ……… 29
第4章　本書の構造 ……………………………………………… 30
  Ⅰ　三部構成 ………………………………………………… 30
  Ⅱ　本書全体の構造 ………………………………………… 31
  Ⅲ　各章の構成 ……………………………………………… 31
第5章　原子力損害賠償の法源 ………………………………… 34
  Ⅰ　憲　法 …………………………………………………… 34
  Ⅱ　法　律 …………………………………………………… 34
  Ⅲ　判　例 …………………………………………………… 36
  Ⅳ　中間指針等の位置づけ ………………………………… 37
第6章　原子力損害賠償制度 …………………………………… 38

	Ⅰ	概　　要 ………………………………………………………… 38
	Ⅱ	原子力事業者の責任の厳格化 …………………………………… 39
	Ⅲ	損害賠償措置の強制 ……………………………………………… 41
	Ⅳ	政府による援助等 ………………………………………………… 42
	Ⅴ	原子力損害賠償と原子力損害賠償制度 ………………………… 43

第2部　原子力損害賠償請求権の成立要件 ──── 45

第1章　権 利 侵 害 ………………………………………………… 51

第1節　概　　要 ………………………………………………… 51

第2節　過失責任における権利侵害要件 …………………………… 52
　Ⅰ　権利侵害要件の意義 ……………………………………… 52
　Ⅱ　保護に値する利益の基準 ………………………………… 56
　Ⅲ　第一次侵害と後続侵害 …………………………………… 57
　Ⅳ　継続的不法行為 …………………………………………… 58

第3節　原子力損害賠償における権利侵害 ……………………… 58
　Ⅰ　原子力損害賠償請求権の成立要件 ……………………… 58
　Ⅱ　本件事故において侵害された権利・法益 ……………… 61

第4節　生活の平穏（避難指示等） ……………………………… 62
　Ⅰ　概　　要 …………………………………………………… 62
　Ⅱ　避難指示等に伴う場合 …………………………………… 62
　Ⅲ　避難指示等解除後（帰還前）の相当期間内の生活の平穏の侵害 … 67
　Ⅳ　避難指示等解除後，かつ，帰還後相当期間内容の生活の平穏の侵害 …………………………………………………… 68
　Ⅴ　避難の長期化に伴う生活の平穏の侵害 ………………… 69

第5節　生活の平穏（自主的避難等） …………………………… 70
　Ⅰ　概　　要 …………………………………………………… 70
　Ⅱ　避難した大人（妊婦・子ども以外） …………………… 71
　Ⅲ　避難した妊婦・子ども …………………………………… 72
　Ⅳ　避難しなかった大人（妊婦・子ども以外） …………… 72
　Ⅴ　避難しなかった妊婦・子ども …………………………… 72

第6節　生命・身体 ……………………………………………… 73
　Ⅰ　概　　要 …………………………………………………… 73

細目次

　　　Ⅱ　放射線障害 ……………………………………………… 74
　　　Ⅲ　避難のための移動中の生命・身体侵害 ………………… 74
　　　Ⅳ　避難生活中の生命・身体侵害 …………………………… 74
　　　Ⅴ　生命・身体に対する侵害の可能性 ……………………… 75

第7節　労働契約上の地位 ……………………………………………… 77
　　　Ⅰ　概　　要 …………………………………………………… 77
　　　Ⅱ　避難指示等による直接的な就労不能 …………………… 78
　　　Ⅲ　間接被害としての労働契約上の地位の侵害 …………… 80
　　　Ⅳ　避難指示解除・帰還後の継続する就労不能 …………… 80
　　　Ⅴ　労働契約が終了した場合 ………………………………… 81

第8節　財物の所有権等の財産権 ……………………………………… 81
　　　Ⅰ　概　　要 …………………………………………………… 81
　　　Ⅱ　所　有　権 ………………………………………………… 82
　　　Ⅲ　借地借家法等が適用される借地権 ……………………… 82
　　　Ⅳ　避難の長期化等に伴う権利侵害 ………………………… 83
　　　Ⅴ　担保物権（抵当権等） …………………………………… 86

第9節　営業利益（政府指示等） ……………………………………… 88
　　　Ⅰ　概　　要 …………………………………………………… 88
　　　Ⅱ　避難指示等に伴う営業利益の侵害 ……………………… 89
　　　Ⅲ　航行危険区域・飛行禁止区域の設定に伴う営業利益の侵害 … 91
　　　Ⅳ　出荷制限指示等に伴う営業利益の侵害 ………………… 92
　　　Ⅴ　その他政府指示に伴う営業利益の侵害 ………………… 93
　　　Ⅵ　営業利益に対する侵害の特殊性 ………………………… 94
　　　Ⅶ　風評被害における営業利益侵害との相違 ……………… 94

第10節　営業利益（風評被害） ………………………………………… 94
　　　Ⅰ　意　　義 …………………………………………………… 94
　　　Ⅱ　風評被害の範囲 …………………………………………… 96

第11節　その他権利・法益 …………………………………………… 100
　　　Ⅰ　親族を捜索する利益 ……………………………………… 100
　　　Ⅱ　契約上の地位 ……………………………………………… 101
　　　Ⅲ　環境権・環境損害 ………………………………………… 102
　　　Ⅳ　地方公共団体の被害 ……………………………………… 102

ix

細目次

第2章　原因行為（原子力事業者が原子炉の運転等により放射線作用等を発生させる行為） ……………………………… 104

第1節　概　　要 ……………………………………………………… 104
第2節　原子力損害賠償責任の性質 ………………………………… 105
　　Ⅰ　原賠法3条1項 ………………………………………………… 105
　　Ⅱ　帰責の根拠（無過失責任・危険責任） …………………… 105
　　Ⅲ　原子力損害賠償責任 ………………………………………… 110
第3節　原子力事業者による原子炉の運転等 ……………………… 112
　　Ⅰ　意　　義 ……………………………………………………… 112
　　Ⅱ　位置づけ ……………………………………………………… 113
第4節　放射線作用等が発生したこと ……………………………… 114
　　Ⅰ　意　　義 ……………………………………………………… 114
　　Ⅱ　分　　類 ……………………………………………………… 114
　　Ⅲ　位置づけ ……………………………………………………… 115
　　Ⅳ　予防措置・予防的避難費用 ………………………………… 117
第5節　原子炉の運転等により放射線の作用等が発生したこと … 119
　　Ⅰ　意義・位置づけ ……………………………………………… 119
　　Ⅱ　「により」の意義 …………………………………………… 119
　　Ⅲ　放射線作用等以外の加害作用による権利侵害・損害 …… 120

第3章　事実的因果関係 ………………………………………………… 124

第1節　概　　要 ……………………………………………………… 124
第2節　過失責任における事実的因果関係 ………………………… 125
　　Ⅰ　事実的因果関係の意義 ……………………………………… 125
　　Ⅱ　事実的因果関係の判断基準 ………………………………… 126
第3節　原子力損害賠償における事実的因果関係 ………………… 129
　　Ⅰ　原賠法に基づく場合 ………………………………………… 129
　　Ⅱ　中間指針の構造 ……………………………………………… 131
　　Ⅲ　原災法等に基づく政府指示 ………………………………… 133
第4節　生活の平穏に対する侵害（避難指示等）との間の事実的因果関係 ……………………………………………………… 139
　　Ⅰ　概　　要 ……………………………………………………… 139

細 目 次

　　　　Ⅱ　生活の平穏に対する侵害 …………………………………………139
　　　　Ⅲ　避難指示等解除後，帰還前，相当期間内 ………………………140
　　　　Ⅳ　避難指示等解除後，かつ，帰還後，相当期間内 ………………141
　　　　Ⅴ　避難の長期化に伴う生活の平穏の侵害 …………………………141
　　　　Ⅵ　放射性物質の漏出がなかった場合 ………………………………143
第5節　生活の平穏に対する侵害（自主的避難等）との間の事実的因果
　　　　関係 ……………………………………………………………………144
　　　　Ⅰ　概　　要 ……………………………………………………………144
　　　　Ⅱ　避難した大人（妊婦・子ども以外）………………………………144
　　　　Ⅲ　避難した妊婦・子ども ……………………………………………145
　　　　Ⅳ　避難しなかった大人（妊婦・子ども以外）………………………145
　　　　Ⅴ　避難しなかった妊婦・子ども ……………………………………146
　　　　Ⅵ　自主的避難の事実的因果関係の特殊性 …………………………146
第6節　生命・身体に対する侵害との間の事実的因果関係 ………………147
　　　　Ⅰ　概　　要 ……………………………………………………………147
　　　　Ⅱ　放射線障害 …………………………………………………………147
　　　　Ⅲ　避難のための移動中の生命・身体侵害 …………………………148
　　　　Ⅳ　避難生活中の生命・身体侵害 ……………………………………148
　　　　Ⅴ　生命・身体に対する侵害の可能性 ………………………………149
　　　　Ⅵ　事実的因果関係の存否が問題となるその他の場面 ……………149
第7節　労働契約上の地位に対する侵害との間の事実的因果関係 ………150
　　　　Ⅰ　概　　要 ……………………………………………………………150
　　　　Ⅱ　避難指示等による直接的な就労不能 ……………………………151
　　　　Ⅲ　間接被害・後続侵害としての労働契約上の地位の侵害 ………151
　　　　Ⅳ　自己の意思により離職した場合 …………………………………152
第8節　財物の所有権等に対する侵害との間の事実的因果関係 …………152
　　　　Ⅰ　概　　要 ……………………………………………………………152
　　　　Ⅱ　管理不能による客観的価値の喪失又は減少 ……………………152
　　　　Ⅲ　放射性物質の付着による客観的価値の喪失又は減少 …………153
　　　　Ⅳ　平均的・一般的な人の認識を基準として，価値の全部又は一部
　　　　　　が失われた場合 ……………………………………………………153
　　　　Ⅴ　避難の長期化等に伴う権利侵害 …………………………………154

xi

第9節　営業利益に対する侵害（政府指示等）との間の事実的因果関係 …154
- Ⅰ　概　　要 …154
- Ⅱ　避難指示等による営業利益に対する侵害 …154
- Ⅲ　航行危険区域・飛行禁止区域の設定 …155
- Ⅳ　出荷制限指示等 …155
- Ⅴ　その他政府指示 …157

第10節　営業利益に対する侵害（風評被害）との間の事実的因果関係 …157
- Ⅰ　概　　要 …157
- Ⅱ　意　　義 …158
- Ⅲ　JCO臨界事故の際の議論 …158
- Ⅳ　裁　判　例 …159
- Ⅴ　学　　説 …162
- Ⅵ　若干の検討（中間指針の位置づけ） …169
- Ⅶ　放射性物質の漏出がない場合と風評被害 …171
- Ⅷ　風評被害の回復 …172

第11節　その他問題 …173
- Ⅰ　原子力事故以外の影響 …173
- Ⅱ　継続的不法行為と事実的因果関係 …174

第4章　責任範囲の画定

第1節　概　　要 …175

第2節　過失責任における責任範囲の画定 …176

第3節　原子力損害賠償における責任範囲の画定 …184
- Ⅰ　意　　義 …184
- Ⅱ　具体的基準 …187
- Ⅲ　中 間 指 針 …189

第4節　生活の平穏に対する侵害（避難指示等）の責任範囲 …191
- Ⅰ　概　　要 …191
- Ⅱ　避難指示等に基づく生活の平穏の侵害（第一次侵害） …192
- Ⅲ　避難指示等解除後，帰還前，相当期間内の生活の平穏の侵害 …193
- Ⅳ　避難指示等解除後，帰還後，相当期間内の生活の平穏の侵害 …193
- Ⅴ　避難の長期化に伴う生活の平穏の侵害 …194

第5節　生活の平穏に対する侵害（自主的避難等）の責任範囲 …194

	I	概　　要	194
	II	避難した大人（妊婦・子ども以外）	194
	III	避難した妊婦・子ども	196
	IV	避難しなかった大人（妊婦・子ども以外）	197
	V	避難しなかった妊婦・子ども	197

第6節　生命・身体に対する侵害の責任範囲 198
　　I　概　　要 198
　　II　放射線障害 198
　　III　避難移動中の生命・身体侵害 198
　　IV　避難生活中の生命・身体侵害 199
　　V　生命・身体に対する侵害の可能性 200

第7節　労働契約上の地位に対する侵害の責任範囲 201
　　I　概　　要 201
　　II　避難指示等に伴う労働契約上の地位の侵害 202
　　III　避難等指示解除後・帰還後の継続する労働契約上の地位の侵害 202
　　IV　営業利益に対する侵害（政府指示等）を第一次侵害とする
　　　　労働契約上の地位の侵害 202
　　V　営業利益に対する侵害（風評被害）を第一次侵害とする労働契
　　　　約上の地位の侵害 203
　　VI　避難指示等に伴う避難等により労働契約が終了する場合 203

第8節　財物の所有権等に対する侵害の責任範囲 204
　　I　概　　要 204
　　II　放射性物質の付着による客観的価値の喪失又は減少 204
　　III　管理不能による客観的価値の喪失又は減少 204
　　IV　避難の長期化等に伴う権利侵害 205

第9節　営業利益に対する侵害（政府指示等）の責任範囲 205
　　I　概　　要 205
　　II　避難指示等による直接的な営業利益に対する侵害（第一次侵害） 205
　　III　避難指示等解除後の風評被害 206
　　IV　回復しない取引先 207

第10節　営業利益に対する侵害（風評被害）の責任範囲 207
　　I　概　　要 207

Ⅱ　風評被害の発生と責任範囲の画定 ……………………………208
　　　Ⅲ　風評被害の回復後の回復しない取引先 …………………………208
　　　Ⅳ　「放射能ゼロ宣言」に伴う売上減少 ……………………………209
　第11節　間接被害 ……………………………………………………210
　　　Ⅰ　意　義 ……………………………………………………………210
　　　Ⅱ　過失責任の場合 …………………………………………………210
　　　Ⅲ　原子力損害賠償の場合 …………………………………………212

第5章　損害の発生 ………………………………………………………215
　第1節　概　要 ………………………………………………………215
　　　Ⅰ　損害賠償責任の成否との関係 …………………………………215
　　　Ⅱ　損害賠償責任の内容の画定 ……………………………………216
　　　Ⅲ　本章の構成 ………………………………………………………216
　第2節　過失責任における損害の発生 ……………………………217
　　　Ⅰ　概　要 ……………………………………………………………217
　　　Ⅱ　損害額の算定方法・個別損害項目の積み上げ方式 …………217
　　　Ⅲ　損害概念・金銭的要素の要否 …………………………………220
　　　Ⅳ　損害賠償請求権の発生時期 ……………………………………223
　　　Ⅴ　損害賠償請求権の数 ……………………………………………224
　　　Ⅵ　損害賠償請求権の主体 …………………………………………225
　第3節　原子力損害賠償における損害の発生 ……………………226
　　　Ⅰ　損害概念 …………………………………………………………226
　　　Ⅱ　交通事故損害賠償との対比 ……………………………………227
　第4節　生活の平穏に対する侵害（避難指示等）から生じる損害 ……227
　　　Ⅰ　概　要 ……………………………………………………………227
　　　Ⅱ　避難指示等に伴う生活の平穏に対する侵害から発生する損害 ……228
　　　Ⅲ　避難指示等解除後，相当期間内の権利侵害から発生する損害 ……236
　　　Ⅳ　避難指示等解除後，帰還後，相当期間内の権利侵害から発生
　　　　　する損害 …………………………………………………………236
　　　Ⅴ　避難の長期化に伴う生活の平穏の侵害から発生する損害 ……237
　第5節　生活の平穏に対する侵害（自主的避難等）から生じる損害 ……238
　　　Ⅰ　概　要 ……………………………………………………………238
　　　Ⅱ　自主的避難を実行した場合 ……………………………………238

細目次

　　　　Ⅲ　滞在者の場合 ………………………………………………… 239
第6節　生命・身体に対する侵害から生じる損害 ……………………… 240
　　　　Ⅰ　概　　要 ……………………………………………………… 240
　　　　Ⅱ　生命・身体に対する侵害から生じる損害 ………………… 240
　　　　Ⅲ　生命・身体に対する侵害の可能性から生じる損害 ……… 242
第7節　労働契約上の地位の侵害から生じる損害 ……………………… 243
　　　　Ⅰ　概　　要 ……………………………………………………… 243
　　　　Ⅱ　積極的損害 …………………………………………………… 244
　　　　Ⅲ　消極的損害 …………………………………………………… 244
　　　　Ⅳ　精神的損害 …………………………………………………… 252
第8節　財物の所有権等に対する侵害から生じる損害 ………………… 252
　　　　Ⅰ　概　　要 ……………………………………………………… 252
　　　　Ⅱ　財物が滅失した場合 ………………………………………… 253
　　　　Ⅲ　財物が毀損した場合 ………………………………………… 255
　　　　Ⅳ　精神的損害 …………………………………………………… 258
　　　　Ⅴ　借地権に対する侵害から発生する損害 …………………… 259
　　　　Ⅵ　避難の長期化に伴う権利侵害から発生する損害（住居確保損害）…… 260
　　　　Ⅶ　帰還後，住宅の建替えが必要な場合の権利侵害から発生する損害
　　　　　　（建替費用損害）………………………………………………… 261
第9節　営業利益に対する侵害（政府指示等）から生じる損害 ……… 261
　　　　Ⅰ　概　　要 ……………………………………………………… 261
　　　　Ⅱ　積極的損害 …………………………………………………… 262
　　　　Ⅲ　消極的損害 …………………………………………………… 263
　　　　Ⅳ　非財産的損害 ………………………………………………… 264
　　　　Ⅴ　消極的損害の把握単位 ……………………………………… 264
第10節　営業利益に対する侵害（風評被害）から生じる損害 ……… 266
　　　　Ⅰ　概　　要 ……………………………………………………… 266
　　　　Ⅱ　積極的損害 …………………………………………………… 266
　　　　Ⅲ　消極的損害 …………………………………………………… 267
　　　　Ⅳ　非財産的損害 ………………………………………………… 268
第11節　その他 …………………………………………………………… 268
　　　　Ⅰ　親族の捜索に伴う精神的損害 ……………………………… 268

xv

| | | Ⅱ | 弁護士費用 ………………………………………………………… | 268 |
| | | Ⅲ | 遅延損害金 ………………………………………………………… | 269 |

第6章　損害賠償の範囲 …………………………………………… 270

第1節　概　　要 ……………………………………………………… 270

第2節　過失責任における損害賠償の範囲 ………………………… 271
  Ⅰ　概　　要 ……………………………………………………… 271
  Ⅱ　相当因果関係の具体的内容 ………………………………… 271
  Ⅲ　原状回復について …………………………………………… 273

第3節　原子力損害賠償における損害賠償の範囲 ………………… 274
  Ⅰ　過失責任との異同 …………………………………………… 274
  Ⅱ　相当因果関係の具体的基準 ………………………………… 274
  Ⅲ　「必要かつ合理的」の基準との関係 ……………………… 275

第4節　生活の平穏に対する侵害（避難指示等）から生じる損害賠償の範囲 ……………………………………………………………… 276
  Ⅰ　概　　要 ……………………………………………………… 276
  Ⅱ　避難指示等に基づく避難又は相当期間内の避難から発生する積極的損害 ………………………………………………… 276
  Ⅲ　避難指示等解除後，相当期間内の帰還後の生活の平穏に対する侵害から発生する積極的損害 …………………………… 278

第5節　生活の平穏に対する侵害（自主的避難）から生じる損害賠償の範囲 ……………………………………………………………… 278
  Ⅰ　概　　要 ……………………………………………………… 278
  Ⅱ　実際に避難を実行した場合 ………………………………… 278
  Ⅲ　避難を実行せずに滞在を継続した場合 …………………… 279

第6節　生命・身体に対する侵害から生じる損害賠償の範囲 …… 279
  Ⅰ　概　　要 ……………………………………………………… 279
  Ⅱ　生命・身体に対する侵害がある場合 ……………………… 279
  Ⅲ　生命・身体に対する侵害の可能性 ………………………… 280

第7節　労働契約上の地位に対する侵害から生じる損害賠償の範囲 …… 280
  Ⅰ　概　　要 ……………………………………………………… 280
  Ⅱ　労働契約関係が継続している場合 ………………………… 281
  Ⅲ　労働契約関係が終了した場合 ……………………………… 281

　　　　Ⅳ　消極的損害の時的範囲 …………………………………………281
　第8節　財物の所有権等に対する侵害から生じる損害賠償の範囲 ………282
　　　　Ⅰ　概　　要 ……………………………………………………………282
　　　　Ⅱ　財物の所有権等に対する侵害から生じる損害 …………………282
　　　　Ⅲ　避難の長期化に伴う住居確保損害 ………………………………285
　　　　Ⅳ　合理的な移住に伴う住居確保損害 ………………………………289
　　　　Ⅴ　帰還後，住宅の建替えが必要な場合の権利侵害から発生する
　　　　　　損害（建替費用損害） ………………………………………………290
　第9節　営業利益に対する侵害（政府指示等）から生じる損害賠償の範囲　291
　　　　Ⅰ　概　　要 ……………………………………………………………291
　　　　Ⅱ　積極的損害 …………………………………………………………291
　　　　Ⅲ　消極的損害 …………………………………………………………292
　第10節　営業利益に対する侵害（風評被害）から生じる損害賠償の範囲 …292
　　　　Ⅰ　概　　要 ……………………………………………………………292
　　　　Ⅱ　積極的損害 …………………………………………………………292
　　　　Ⅲ　消極的損害 …………………………………………………………292

第7章　損害の金銭的評価 …………………………………………………294
　第1節　概　　要 ……………………………………………………………294
　第2節　過失責任における損害の金銭的評価 ……………………………294
　　　　Ⅰ　概　　要 ……………………………………………………………294
　　　　Ⅱ　積極的損害 …………………………………………………………295
　　　　Ⅲ　消極的損害 …………………………………………………………297
　　　　Ⅳ　精神的損害 …………………………………………………………298
　第3節　原子力損害賠償における損害の金銭的評価 ……………………299
　　　　Ⅰ　概　　要 ……………………………………………………………299
　　　　Ⅱ　積極的損害 …………………………………………………………300
　　　　Ⅲ　消極的損害 …………………………………………………………300
　　　　Ⅳ　精神的損害 …………………………………………………………300
　第4節　生活の平穏に対する侵害（避難指示等）から生じる損害の金銭的
　　　　評価 …………………………………………………………………………301
　　　　Ⅰ　概　　要 ……………………………………………………………301
　　　　Ⅱ　避難に伴う精神的損害 ……………………………………………301

Ⅲ　避難指示等解除後，相当期間内の精神的損害 ………………303
　　　Ⅳ　避難指示等解除後，帰還後，相当期間内の精神的損害 ……303
　　　Ⅴ　避難の長期化に伴う精神的損害 ………………………………303
　第5節　生活の平穏に対する侵害（自主的避難等）から生じる損害の
　　　　　金銭的評価 …………………………………………………………304
　　　Ⅰ　概　　要 …………………………………………………………304
　　　Ⅱ　第1期（2013年12月末まで） ………………………………304
　　　Ⅲ　第2期（2014年以降） …………………………………………305
　第6節　生命・身体に対する侵害から生じる損害の金銭的評価 ………305
　　　Ⅰ　概　　要 …………………………………………………………305
　　　Ⅱ　傷害を負った場合 ………………………………………………305
　　　Ⅲ　後遺障害が残った場合 …………………………………………306
　　　Ⅳ　死亡した場合 ……………………………………………………306
　　　Ⅴ　生命・身体に対する侵害の可能性 ……………………………306
　第7節　労働契約上の地位に対する侵害から生じる損害の金銭的評価 …307
　　　Ⅰ　概　　要 …………………………………………………………307
　　　Ⅱ　消極的損害 ………………………………………………………307
　第8節　財物の所有権等に対する侵害から生じる損害の金銭的評価 ……308
　　　Ⅰ　概　　要 …………………………………………………………308
　　　Ⅱ　土　　地 …………………………………………………………309
　　　Ⅲ　建　　物 …………………………………………………………313
　　　Ⅳ　家　　財 …………………………………………………………314
　　　Ⅴ　事業用資産 ………………………………………………………316
　　　Ⅵ　車　　両 …………………………………………………………317
　　　Ⅶ　その他動産 ………………………………………………………317
　　　Ⅷ　事故後の価値の変動 ……………………………………………317
　　　Ⅸ　精神的損害 ………………………………………………………318
　第9節　営業利益に対する侵害（政府指示等）から生じる損害の金銭的
　　　　　評価 …………………………………………………………………318
　　　Ⅰ　概　　要 …………………………………………………………318
　　　Ⅱ　消極的損害 ………………………………………………………319
　　　Ⅲ　非財産的損害 ……………………………………………………319

第10節　営業利益に対する侵害（風評被害）から生じる損害の金銭的
　　　　評価 ···319
　　　Ⅰ　概　　　要 ···319
　　　Ⅱ　消極的損害 ···319
　　　Ⅲ　非財産的損害 ···319
第11節　そ の 他 ···320
　　　Ⅰ　親族の捜索 ···320
　　　Ⅱ　賠償者代位 ···320

第3部　原子力損害賠償責任の減免事由　325

第1章　過失相殺・素因減額 ···331
第1節　概　　　要 ···331
第2節　過失責任における過失相殺・素因減額 ···331
　　　Ⅰ　過 失 相 殺 ···331
　　　Ⅱ　素 因 減 額 ···335
第3節　危険責任における過失相殺・素因減額 ···337
　　　Ⅰ　危険責任における過失相殺 ···337
　　　Ⅱ　危険責任における素因減額 ···338
第4節　原子力損害賠償責任における過失相殺・素因減額 ··339
　　　Ⅰ　原子力損害賠償責任における過失相殺 ···339
　　　Ⅱ　原子力損害賠償責任における素因減額 ···340
第5節　本件事故における過失相殺・素因減額 ···340
　　　Ⅰ　本件事故における過失相殺 ···340
　　　Ⅱ　本件事故における素因減額 ···341

第2章　損益相殺・損益相殺的調整 ··342
第1節　概　　　要 ···342
第2節　過失責任における損益相殺・損益相殺的調整 ···342
　　　Ⅰ　損 益 相 殺 ···342
　　　Ⅱ　損益相殺的調整 ···343
第3節　危険責任・原子力損害賠償責任における損益相殺・損益相殺
　　　　的調整 ··344

xix

細 目 次

　　　　　Ⅰ　危険責任・原子力損害賠償責任における損益相殺 …………… 344
　　　　　Ⅱ　危険責任・原子力損害賠償責任における損益相殺的調整 …… 344
　　第4節　本件事故における損益相殺・損益相殺的調整 ………………… 344
　　　　　Ⅰ　本件事故における損益相殺 ………………………………………… 344
　　　　　Ⅱ　本件事故における損益相殺的調整 ………………………………… 346
　　　　　Ⅲ　損害項目間の調整 …………………………………………………… 346

第3章　その他減額事由 …………………………………………………………… 349
　　　　　Ⅰ　意　　義 …………………………………………………………… 349
　　　　　Ⅱ　第三者の行為が競合する場合：寄与度減責 …………………… 349
　　　　　Ⅲ　自然力の競合 ……………………………………………………… 355

第4章　不可抗力免責 ……………………………………………………………… 359
　　　　　Ⅰ　概　　要 …………………………………………………………… 359
　　　　　Ⅱ　意　　義 …………………………………………………………… 359
　　　　　Ⅲ　本件事故との関係 ………………………………………………… 368

第5章　責任集中 …………………………………………………………………… 372
　　　　　Ⅰ　概　　要 …………………………………………………………… 372
　　　　　Ⅱ　責任集中の意義 …………………………………………………… 372
　　　　　Ⅲ　責任集中の趣旨 …………………………………………………… 373
　　　　　Ⅳ　責任集中の機能 …………………………………………………… 376
　　　　　Ⅴ　責任集中の適用範囲 ……………………………………………… 378

第6章　消滅時効 …………………………………………………………………… 384
　　　　　Ⅰ　概　　要 …………………………………………………………… 384
　　　　　Ⅱ　民法724条前段の解釈 ……………………………………………… 384
　　　　　Ⅲ　原子力損害賠償請求権の消滅時効 ……………………………… 391
　　　　　Ⅳ　本件事故に起因する損害賠償請求権と消滅時効 ……………… 392
　　　　　Ⅴ　政府による対応 …………………………………………………… 396
　　　　　Ⅵ　東京電力による対応 ……………………………………………… 399

第7章　除斥期間 …………………………………………………………………… 404
　　　　　Ⅰ　概　　要 …………………………………………………………… 404
　　　　　Ⅱ　民法における整理 ………………………………………………… 404
　　　　　Ⅲ　原子力損害賠償の場合 …………………………………………… 406

　　　　Ⅳ　本件事故の場合 …………………………………………………… 407

第4部　原子力損害賠償請求権の実現手続 ——————— 409

第1章　原子力損害賠償請求権の実現手続の意義 ……………… 411
　　　　Ⅰ　権利の実現手続の分類 ……………………………………………… 411
　　　　Ⅱ　権利の実現手続相互の関係 ………………………………………… 412

第2章　原子力事業者に対する直接請求 ……………………………… 414
　　　　Ⅰ　概　　要 ……………………………………………………………… 414
　　　　Ⅱ　支払方法 ……………………………………………………………… 414
　　　　Ⅲ　本払いと仮払い ……………………………………………………… 415
　　　　Ⅳ　直接請求と中間指針等 ……………………………………………… 418
　　　　Ⅴ　原子力事業者に対する直接請求手続の概要 ……………………… 419
　　　　Ⅵ　原子力事業者による損害賠償の実績 ……………………………… 420

第3章　原子力損害賠償紛争審査会 …………………………………… 422
第1節　概　　要 ……………………………………………………………… 422
第2節　指　　針 ……………………………………………………………… 422
　　　　Ⅰ　概　　要 ……………………………………………………………… 422
　　　　Ⅱ　指針の意義 …………………………………………………………… 423
　　　　Ⅲ　指針の効力 …………………………………………………………… 426
第3節　紛争審査会による和解仲介 ………………………………………… 433
　　　　Ⅰ　原子力損害賠償紛争解決センター ………………………………… 433
　　　　Ⅱ　和解仲介の主体 ……………………………………………………… 433
　　　　Ⅲ　和解仲介手続の概要 ………………………………………………… 433
　　　　Ⅳ　和解仲介の実績 ……………………………………………………… 436

第4章　裁判手続による権利実現 ……………………………………… 437
第1節　裁判手続の概要 ……………………………………………………… 437
第2節　原賠法3条1項に基づく損害賠償請求権の要件事実 …………… 437
　　　　Ⅰ　請求原因事実 ………………………………………………………… 437
　　　　Ⅱ　抗弁事実 ……………………………………………………………… 438
第3節　証　　明 ……………………………………………………………… 439
　　　　Ⅰ　過失の証明 …………………………………………………………… 439

Ⅱ　因果関係の証明 ……………………………………………… 439

第5部　おわりに ──────────────────── 441

第1章　これまでの原子力損害賠償（時系列） ……………… 443
第2章　原子力損害賠償の将来と課題 ………………………… 449

〈資料1〉東京電力株式会社福島第一，第二原子力発電所事故による原子力損害の範囲の判定等に関する中間指針　（455）

〈資料2〉東京電力株式会社福島第一，第二原子力発電所事故による原子力損害の範囲の判定等に関する中間指針追補（自主的避難等に係る損害について）（490）

〈資料3〉東京電力株式会社福島第一，第二原子力発電所事故による原子力損害の範囲の判定等に関する中間指針第二次追補（政府による避難区域等の見直し等に係る損害について）（495）

〈資料4〉東京電力株式会社福島第一，第二原子力発電所事故による原子力損害の範囲の判定等に関する中間指針第三次追補（農林漁業・食品産業の風評被害に係る損害について）（504）

〈資料5〉東京電力株式会社福島第一，第二原子力発電所事故による原子力損害の範囲の判定等に関する中間指針第四次追補（避難指示の長期化等に係る損害について）（508）

事項索引（515）

判例索引（522）

凡　例

I　主要文献の略語

1　不法行為に関するもの

幾代＝徳本	幾代通＝徳本伸一『不法行為法』（有斐閣，1993年）
梅	梅謙次郎『民法要義　巻之三　債権編』（有斐閣書房，1912年）
加藤・初版	加藤一郎『不法行為』（有斐閣，1957年）
加藤・増補版	加藤一郎『不法行為（増補版）』（有斐閣，1974年）
窪田	窪田充見『不法行為法──民法を学ぶ』（有斐閣，2007年）
澤井	澤井裕『テキストブック　事務管理・不当利得・不法行為（第3版）』（有斐閣，2001年）
潮見	潮見佳男『不法行為法』（信山社，1999年）
潮見 I	潮見佳男『不法行為法 I（第2版）』（信山社，2009年）
潮見 II	潮見佳男『不法行為法 II（第2版）』（信山社，2011年）
潮見・基本講義	潮見佳男『基本講義 債権各論 II　不法行為法（第2版）』（新世社，2009年）
四宮	四宮和夫『事務管理・不当利得・不法行為』（青林書院，1985年）
末弘	末弘厳太郎『債権各論』（有斐閣，1919年）
橋本ほか	橋本佳幸＝大久保邦彦＝小池泰『民法 V 事務管理・不当利得・不法行為』（有斐閣，2011年）
平井	平井宜雄『債権各論 II　不法行為』（弘文堂，1992年）
平野	平野裕之『民法総合(6)不法行為法(第3版)』(信山社，2013年)
藤岡	藤岡康宏『民法講義 V　不法行為法』（信山社，2013年）
前田	前田達明『不法行為法』（青林書院，1980年）
森島	森島昭夫『不法行為法講義』（有斐閣，1987年）
我妻	我妻栄『事務管理・不当利得・不法行為』（日本評論社，1937年）
注釈民法(19)	加藤一郎編『注釈民法(19)　債権　第10　不法行為』（有斐閣，1965年）
判例民法 I	能見善久＝加藤新太郎編『論点体系　判例民法7　不法行為 I（第2版）』（第一法規，2013年）
判例民法 II	能見善久＝加藤新太郎編『論点体系　判例民法8　不法行為 II（第2版）』（第一法規，2013年）
水野・意義と限界	水野謙『因果関係概念の意義と限界──不法行為帰責論の再構成のために』（有斐閣，2000年）

凡　例

橋本・多元的構造	橋本佳幸『責任法の多元的構造――不作為不法行為・危険責任をめぐって』（有斐閣，2006 年）
窪田・過失相殺	窪田充見『過失相殺の法理』（有斐閣，1994 年）

2　原子力損害賠償に関するもの

科技庁・制度	科学技術庁原子力局監修『原子力損害賠償制度　改訂版』（通商産業研究社，1991 年）
卯辰・法律問題	卯辰昇『原子力損害賠償の法律問題』（金融財政事情研究会，2012 年）
卯辰・展開	卯辰昇『現代原子力法の展開と法理論（第 2 版）』（日本評論社，2012 年）
高橋＝大塚編	高橋滋＝大塚直編『震災・原発事故と環境法』（民事法研究会，2013 年）
中島・原発賠償	中島肇『原発賠償　中間指針の考え方』（商事法務，2013 年）
日弁連・マニュアル	日本弁護士連合会編『原発事故・損害賠償マニュアル』（日本加除出版，2011 年）

Ⅱ　判決・雑誌は，慣例により，例えば次のように表示する。

最判平成〇年〇月〇日民集〇巻〇号〇頁
判時（判例時報），判タ（判例タイムズ），交民（交通事故民事裁判例集）など

Ⅲ　本件事故に関連する略語は，以下のように表示する。なお，本文中に定義した場合もある。

原賠法	原子力損害の賠償に関する法律
原災法	原子力災害特別措置法
国賠法	国家賠償法
中間指針等	中間指針，一次追補，二次追補，三次追補及び四次追補
中間指針	原子力損害賠償紛争審査会が平成 23 年 8 月 5 日に策定した「東京電力株式会社福島第一，第二原子力発電所事故による原子力損害の範囲の判定等に関する中間指針」
一次追補	原子力損害賠償紛争審査会が平成 23 年 12 月 6 日に策定した「東京電力株式会社福島第一，第二原子力発電所事故による原子力損害の範囲の判定等に関する中間指針追補（自主的避難等に係る損害について）」
二次追補	原子力損害賠償紛争審査会が平成 24 年 3 月 16 日に策定した「東京電力株式会社福島第一，第二原子力発電所事故による原

凡　例

	子力損害の範囲の判定等に関する中間指針第二次追補（政府による避難区域等の見直し等に係る損害について）」
三次追補	原子力損害賠償紛争審査会が平成 25 年 1 月 30 日に策定した「東京電力株式会社福島第一，第二原子力発電所事故による原子力損害の範囲の判定等に関する中間指針第三次追補（農林漁業・食品産業の風評被害に係る損害について）」
四次追補	原子力損害賠償紛争審査会が平成 25 年 12 月 26 日に策定した「東京電力株式会社福島第一，第二原子力発電所事故による原子力損害の範囲の判定等に関する中間指針第四次追補（避難指示の長期化等に係る損害について）」
「賠償基準の考え方」	経済産業省が平成 24 年 7 月 20 日付けで策定した「避難指示区域の見直しに伴う賠償基準の考え方」
本件事故	平成 23 年 3 月 11 日に発生した東日本大震災を契機として発生した福島第一原発及び福島第二原発における事故
東日本大震災	平成 23 年 3 月 11 日に発生した東北地方太平洋沖地震及びこれに伴う津波による一連の災害
避難等対象者	①本件事故が発生した後に避難等対象区域内から同区域外へ避難のための立退き及びこれに引き続く同区域外滞在を余儀なくされた者（ただし，平成 23 年 6 月 20 日以降に緊急時避難準備区域（特定避難勧奨地点を除く。）から同区域外に避難を開始した者のうち，子供，妊婦，要介護者，入院患者等以外の者を除く。），②本件事故発生時に対象区域外に居り，同区域内に生活の本拠としての住居があるものの引き続き対象区域外滞在を余儀なくされた者，及び③屋内退避区域内で屋内への退避を余儀なくされた者
避難等対象区域	避難区域，屋内退避区域，計画的避難区域，緊急時避難準備区域，特定避難勧奨地点及び地方公共団体が住民に一時避難を要請した区域。
避難区域	政府が原災法に基づいて各地方公共団体の長に対して住民の避難を指示した区域。福島第一原発から半径 20 キロ・メートル圏内（平成 23 年 4 月 22 日には，原則立入り禁止となる警戒区域に設定。）及び福島第二原発から半径 10 キロ・メートル圏内（同年 4 月 21 日には，半径 8 キロ・メートル圏内に縮小。）
屋内退避区域	政府が原災法に基づいて各地方公共団体の長に対して住民の屋内退避を指示した区域。福島第一原発から半径 20 キロ・メートル以上 30 キロ・メートル圏内
計画的避難区域	政府が原災法に基づいて各地方公共団体の長に対して計画的な避難を指示した区域。福島第一原発から半径 20 キロ・メート

凡　例

	ル以遠の周辺地域のうち，本件事故発生から1年の期間内に積算線量が20ミリシーベルトに達するおそれのある区域であり，概ね1か月程度の間に，同区域外に計画的に避難することが求められる区域
緊急時避難準備区域	政府が原災法に基づいて各地方公共団体の長に対して緊急時の避難又は屋内退避が可能な準備を指示した区域。福島第一原発から半径20キロ・メートル以上30キロ・メートル圏内の区域から計画的避難区域を除いた区域のうち，常に緊急時に避難のための立退き又は屋内への退避が可能な準備をすることが求められ，引き続き自主避難をすること及び特に子供，妊婦，要介護者，入院患者等は立ち入らないこと等が求められる区域
特定避難勧奨地点	政府が，住居単位で設定し，その住民に対して注意喚起，自主避難の支援・促進を行う地点。計画的避難区域及び警戒区域以外の場所であって，地域的な広がりが見られない本件事故発生から1年間の積算線量が20ミリシーベルトを超えると推定される空間線量率が続いている地点であり，政府が住居単位で設定した上，そこに居住する住民に対する注意喚起，自主避難の支援・促進を行うことを表明した地点
避難指示解除準備区域	「ステップ2の完了を受けた警戒区域及び避難指示区域の見直しに関する基本的考え方及び今後の検討課題について」（平成23年12月26日，原子力災害対策本部決定）に基づき，原子力災害対策本部により決定された，年間積算線量が20ミリシーベルト以下となることが確実であることが確認された地域
居住制限区域	「ステップ2の完了を受けた警戒区域及び避難指示区域の見直しに関する基本的考え方及び今後の検討課題について」（平成23年12月26日，原子力災害対策本部決定）に基づき，原子力災害対策本部により決定された，年間積算線量が20ミリシーベルトを超えるおそれがあり，住民の被曝線量を低減する観点から引き続き避難を継続することを求める地域
帰還困難区域	「ステップ2の完了を受けた警戒区域及び避難指示区域の見直しに関する基本的考え方及び今後の検討課題について」（平成23年12月26日，原子力災害対策本部決定）に基づき，原子力災害対策本部により決定された，長期間，具体的には5年間を経過してもなお，年間積算線量が20ミリシーベルトを下回らないおそれのある，年間積算線量が50ミリシーベルト超の地域
地方公共団体が住民に一時避難を要請した区域	南相馬市が，独自の判断に基づき，住民に対して一時避難を要請した区域（避難区域，屋内退避区域，計画的避難区域及び緊

凡　例

	急時避難準備区域を除く。）。南相馬市は同市内に居住する住民に対して一時避難を要請したが，このうち同市全域から避難区域，屋内退避区域，計画的避難区域及び緊急時避難準備区域を除いた区域
紛争審査会	原子力損害賠償紛争審査会
早期帰還者賠償	平成25年12月20日原子力災害対策本部決定「原子力災害からの福島復興の加速に向けて」記載の早期帰還者に対する損害賠償
東京電力	東京電力株式会社
福島第一原発	東京電力株式会社福島第一原子力発電所
福島第二原発	東京電力株式会社福島第二原子力発電所
事例集	文部科学省委託事業・平成23年3月付け原子力損害賠償支援機構「原子力損害賠償事例集」<http://www.mext.go.jp/a_menu/genshi_baisho/jiko_baisho/detail/1335689.htm>
公表番号	紛争審査会が公表した和解事例の番号

◆ 2011年9月30日時点（緊急時避難準備区域解除前）[1]

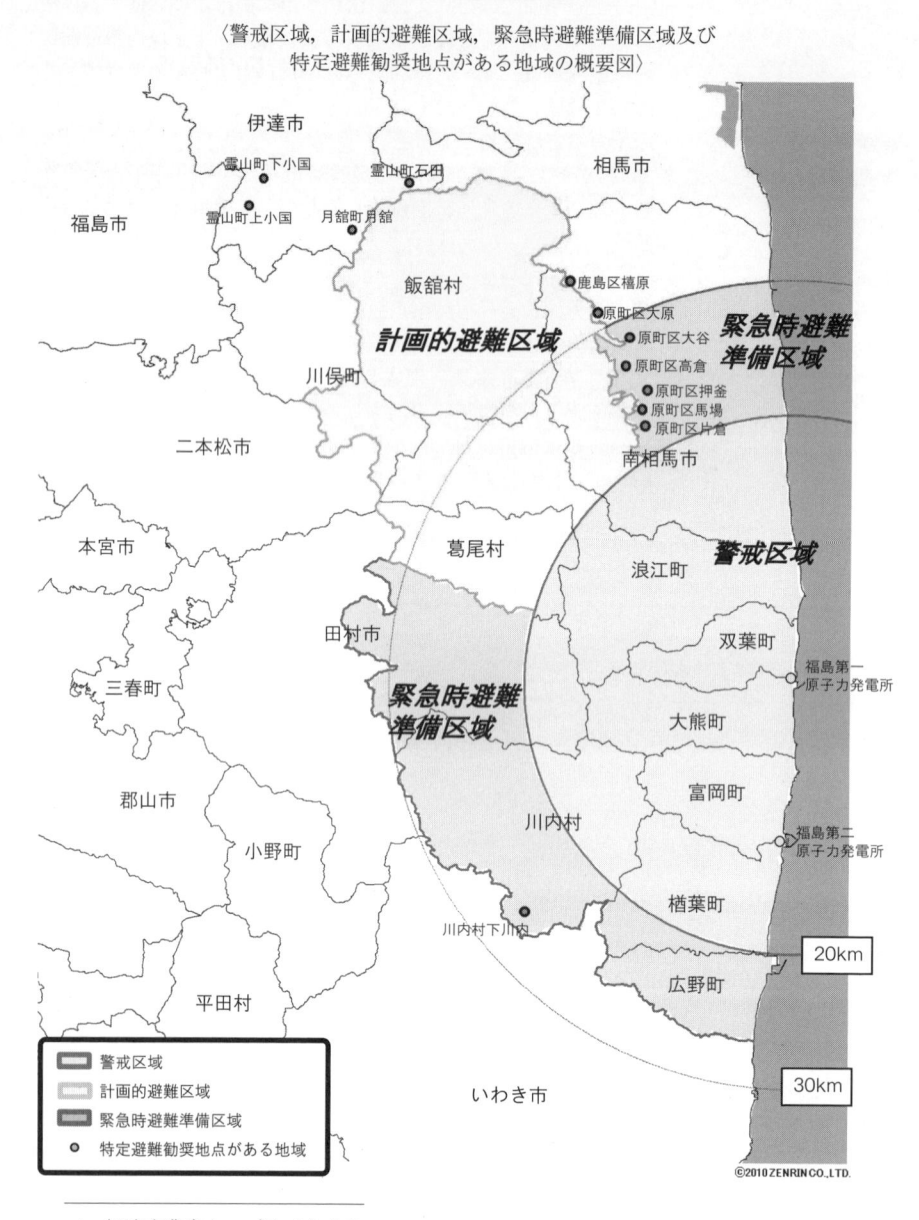

〈警戒区域，計画的避難区域，緊急時避難準備区域及び
特定避難勧奨地点がある地域の概要図〉

1 経済産業省ウェブサイトより
  <http://www.meti.go.jp/press/ 2011/ 09/ 20110930015/ 20110930015- 12.pdf>

◆ 2013年8月8日時点（避難指示区域見直し後）[2]

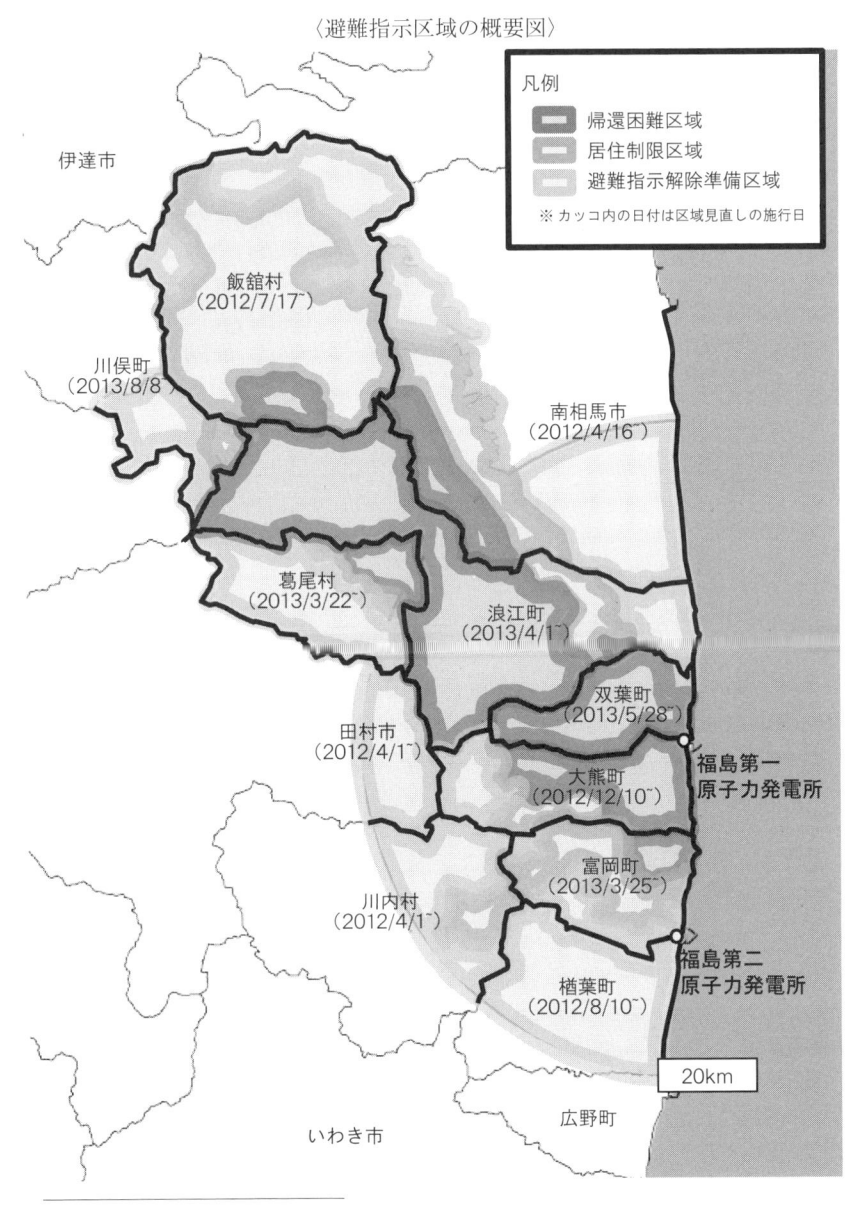

〈避難指示区域の概要図〉

凡例
- 帰還困難区域
- 居住制限区域
- 避難指示解除準備区域

※ カッコ内の日付は区域見直しの施行日

伊達市

飯舘村
（2012/7/17〜）

川俣町
（2013/8/8〜）

南相馬市
（2012/4/16〜）

葛尾村
（2013/3/22〜）

浪江町
（2013/4/1〜）

双葉町
（2013/5/28〜）

田村市
（2012/4/1〜）

福島第一原子力発電所

大熊町
（2012/12/10〜）

富岡町
（2013/3/25〜）

川内村
（2012/4/1〜）

福島第二原子力発電所

楢葉町
（2012/8/10〜）

20km

いわき市　広野町

---

2 経済産業省ウェブサイトより
<http://www.meti.go.jp/earthquake/nuclear/pdf/130808/130808_01a.pdf>

原子力損害賠償法

第1部

はじめに

第 1 部　はじめに

第 1 章　原子力損害賠償の目的

1　被害者の権利救済

　原子力損害賠償の目的は，事後的に損害を塡補することにより，原子力損害を受けた被害者の権利を救済することにある（原賠法 1 条）[1,2,3]。例えば，被害者が原子炉建屋の爆発に起因して傷害を負い，原子力事業者に原子力損害賠償責任が成立する場合，原子力事業者が被害者に対して，治療費の支出，原子力傷害のために生じた減収，精神的苦痛などの損害を塡補することにより，身体という権

1　損害賠償の目的について，潮見 I 26 頁，橋本ほか 83 頁，能見善久「不法行為の機能・要件の再構成」NBL 937 号（2010 年）22 頁。瀬川信久「不法行為法の機能・目的をめぐる近時の議論について」大塚直＝大村敦志＝野澤正充編『社会の発展と権利の創造 ── 民法・環境法学の最前線』（有斐閣，2012 年）349 頁参照。

2　不法行為に基づく損害賠償と同様，原子力損害賠償は制裁を目的としない（いわゆる懲罰的損害賠償に関して，最判平成 9 年 7 月 11 日民集 51 巻 6 号 2573 頁，窪田 19 頁参照）。

3　原賠法は，被害者の保護とともに，原子力事業の健全な発達を目的として掲げる（原賠法 1 条）。このことから，原子力事業の健全な発達が，原子力損害賠償の目的であるとも考えられる。しかしながら，「原子力損害賠償制度」の目的と「原子力損害賠償」の目的を区別することができる。したがって，ほかの損害賠償と同様に，原子力損害賠償は被害者の権利救済・保護を目的とすると考える。この問題が具体的に顕在化するのは，原子力損害賠償請求権の成立要件の解釈において，原子力事業の健全な発達をも目的とすることを理由として，原子力事業者の責任を縮減する場合がありうるかである。しかしながら，ここで，原賠法において，原子力事業者を直接保護する規定は存在しない。すなわち，第 1 に，責任集中制度（原賠法 3 条 1 項，4 条 1 項）については，原子力関連事業者の保護にとどまり，原子力事業者の保護にはならない（むしろ責任が加重されている。第 6 章参照）。そのほか，原子力事業者の責任については，原子力損害賠償制度が存在しない場合と比較して軽減する制度は存在しない。また，第 2 に，原子力事業者の保護は，①国の援助（原子力損害賠償責任が成立する場合。原賠法 18 条 1 項），②被災者の救助及び被害の拡大の防止のために必要な措置（不可抗力免責が成立する場合。原賠法 18 条 2 項）を通して，制度として実現されるものであり，個別の損害賠償請求権の成立に影響しない構造となっている。そうだとすれば，（原子力損害賠償制度と完全に切り離されないとはいえ）原子力損害賠償の目的は被害者の権利保護・救済であると考えられ，原子力事業者の責任を縮減することは想定されていないと考える。

利・法益に対する侵害について事後的な救済が実現される。

そこで，本書では，原子力損害賠償請求権の成立要件について，侵害された権利に着目し，権利を救済するのに十分な損害賠償は何かという観点から説明する。

2　原子力損害賠償法の意義
(1)　損害の転嫁の正当化根拠

ある者Xが，自然災害によって自己の権利を侵害されて損害を受けたとしても，私法上，Xのために何らの権利関係も発生しない。権利侵害・損害は当然に権利主体であるXの負担となる（「損害は所有者が負う」）[4]。

これに対して，権利侵害がY（加害者）の不法行為による場合，Yに不法行為責任が成立し，YはXに対してXの損害を賠償する義務を負う。この義務の履行（損害賠償金の支払）を通じて，Xに生じた損害は，経済上，Yへ転嫁されることになる（損害の転嫁）。

原子力損害賠償法は，原子炉の運転等が多大の被害をもたらす特別の危険を内包するものであることから，そのような特別の危険から発生した権利侵害について原子力事業者が責任を負うという危険責任の考え方（以下「危険責任原理」という。）に基づき，被害者が受けた損害を原子力事業者に転嫁することを正当化する。

(2)　原子力損害賠償の内容

原子力損害賠償法は，原子力損害の特殊性を考慮しつつ，①被害者に生じた権利侵害について，原子力事業者に損害賠償責任が成立するかの基準（原子力損害賠償責任の成否）を示し，②原子力損害賠償責任が成立するとして，事後的に損害を填補して権利を救済するのに十分な損害賠償は何かという基準（原子力損害賠償責任の内容）を示す法である。

例えば，被害者が原子炉の爆発に起因して傷害を負った場合，①傷害を負ったこと（身体に対する侵害という権利侵害）について，原子力事業者に原子力損害賠償責任が成立するかをまず判断し，②責任が成立すると判断された場合，権利侵害から発生する損害項目（治療費の支出，傷害のために生じた減収，精神的苦痛など）を積み上げ，損害賠償の範囲を画定し，金銭的評価を加えて，損害賠償責任の内容を画定する（図 1-1-1）。

---

[4]　橋本ほか 82 頁。

<図1-1-1：不法行為に基づく損害賠償法の目的・意義>

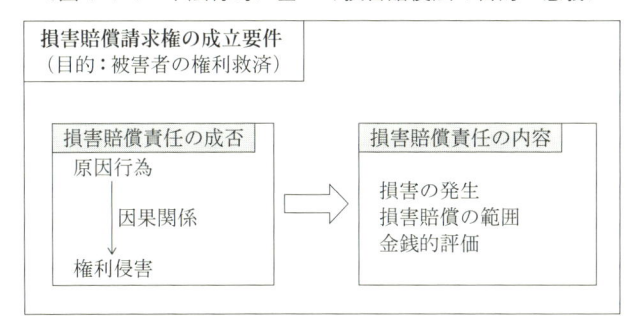

損害賠償請求権の成立要件
（目的：被害者の権利救済）

損害賠償責任の成否
　原因行為
　　↓
　因果関係
　　↓
　権利侵害

⇒

損害賠償責任の内容
　損害の発生
　損害賠償の範囲
　金銭的評価

3　原子力損害賠償請求権の成立

　原子力損害賠償請求権は，ある権利侵害について原子力損害賠償責任が成立した場合に，そのような損害賠償責任の内容として，その権利侵害から発生した損害について成立する。

　その際，原子力損害賠償責任の成否は，原子力損害賠償責任が，危険責任原理により正当化される損害賠償責任であることに加えて，放射線作用等[5]の発生に起因して発生するという原子力損害の特殊性に応じて判断される。

　また，原子力損害賠償責任の内容は，一般の不法行為と同様に，原子力損害賠償の目的が被害者の権利救済であることに照らし，侵害された権利の代替的価値を塡補し，原状を回復する観点から判断される[6]。

4　原子力損害賠償の目的と構造

　原子力損害賠償は，被害者の損害を事後的に塡補することにより，原子力損害を受けた被害者の権利を救済することを目的とし，権利侵害について原子力損害賠償責任の成否を判断し，権利侵害から発生した損害について原子力損害賠償責任の内容を画定する。不法行為に基づく損害賠償法の基本的条文である民法709条が，①権利侵害と，②権利侵害から発生する損害とを区別しているのと同様に，原子力損害賠償法の目的を権利救済と捉える観点からは，救済の対象となる権利侵害を出発点として，責任成立と責任内容を区別して判断する構造自体に意味があると考える[7]。

---

[5] ①核燃料物質の原子核分裂の過程の作用，②核燃料物質等の放射線の作用，③毒性的作用のいずれかにより生じた損害（権利侵害）をいう（原賠法2条2項）。

[6] 四宮446頁，潮見223頁。

[7] 山本周平「不法行為法における法的評価の構造と方法（五・完）——ヨーロッパ不法行為法原則（PETL）と動的システム論を手がかりとして——」法学論叢169巻6号（2011

5　権利・法益の類型化

　加えて，原子力損害賠償の目的は，一般の不法行為と同様，損害を事後的に填補することにより，原子力損害を受けた被害者の権利を救済することにあるから，侵害された権利の内容，保護に値する理由を重視し，権利・法益の類型化を指向する[8]。

　そこで，本書では，原子力損害賠償，とりわけ本件事故で侵害された7つの典型的な権利侵害の類型を対象として説明する。7つの権利侵害の類型とは，①避難指示等に伴う生活の平穏に対する侵害，②自主的避難等に伴う生活の平穏に対する侵害，③生命・身体に対する侵害，④労働契約上の地位に対する侵害（いわゆる就労不能損害），⑤財物の所有権等に対する侵害，⑥政府指示等に伴う営業利益に対する侵害（いわゆる営業損害），⑦風評被害に伴う営業利益に対する侵害（いわゆる風評被害）である。

　本書では，これらの権利侵害の多様な内容に応じて，それぞれの権利侵害の内容，それぞれの権利侵害との因果関係，それぞれの権利侵害から発生する損害等について，権利侵害の類型ごとに説明する。

　原子力損害賠償に関する用語について，不法行為に基づく損害賠償請求権と対比しつつ整理すると以下のとおりである（表1-1-1）。

　　年）42頁参照。
　8　潮見223頁，潮見佳男「不法行為における財産的損害の「理論」——実損主義・差額説・具体的損害計算」法曹時報63巻1号（2011年）21頁脚注（37）。

第1部 第1章 原子力損害賠償の目的

<表1-1-1:原子力損害賠償に関する用語説明>

用　語	説　明	過失責任において対応する用語
原賠法	法律としての「原子力損害の賠償に関する法律」をいう。	民法（特に709条から724条まで）
原子力損害賠償法	広く原子力損害賠償に適用される法規範（法源）をいう。主として民法，原賠法，原災法，判例がこれに該当する。	不法行為法
原子力損害 （多義である。文脈上明らかである場合を除き，狭義を意味する。）	（狭義）放射線作用等の発生を原因とする権利侵害をいう[9]。 （広義）放射線作用等の発生を原因として発生した権利侵害から発生した損害をいう。	狭義の原子力損害について，「権利侵害」 広義の原子力損害について，「損害」
原子力損害賠償	放射線作用等の発生を原因として発生する権利侵害から発生する損害について賠償することをいう。	不法行為（過失責任）に基づく損害賠償
原子力損害賠償責任	放射線作用等の発生を原因として発生する権利侵害（狭義の原子力損害）について，原子力損害賠償法に基づき，原子力事業者に成立する損害賠償責任をいう。また，原子力損害賠償請求権に係る債務を支払う責任をいう場合もある。	不法行為（過失責任）に基づく損害賠償責任
原子力損害賠償請求権	放射線作用等の発生を原因として発生する権利侵害から発生する損害について，原子力損害賠償法に基づき，原子力事業者に成立する損害賠償請求権をいう。	不法行為（過失責任）に基づく損害賠償請求権
原子力損害賠償制度	主として原賠法が定める，被害者の保護・原子力産業の健全な育成を目的とした制度をいう。	不法行為制度。例えば交通事故損害賠償の場合，自賠責制度を含む。

9　狭義の原子力損害は，いわば「原子力侵害」を意味することとなる。

第2章 原子力損害賠償責任の責任原因・位置づけ

I 過失責任と危険責任

　交通事故，公害，医療過誤など，不法行為に基づく損害賠償は，基本的に，過失責任を帰責の正当化根拠としてきた。責任原理として捉えた場合，過失責任は，契約上の債権債務が，それを意欲する当事者の意思に由来するのと同様に，加害者は自らの非難されるべき意思（故意）や緊張を欠いた意思（過失）に基づき損害賠償を義務付けられることをいう[1]。過失責任のもとでは，各人は，必要な注意さえ払えば責任を恐れることなく自由に活動することができるから，個人の自由な活動を保障するとともに，企業活動からの不測の損害賠償責任を回避することにより合理的な企業計算を確保し（予測可能性の確保），経済活動を活発化して産業社会の発展を促すことが期待されていた[2]。
　これに対して，危険責任原理を正当化根拠とする損害賠償の類型は，別の考慮に基づき帰責される。ある事業が，高度性・制御不可能性を伴う特別の危険を内包する場合，事業者が注意・行為義務を尽くしても相当の頻度で生じる操業上の事故について，事業者に引き受けさせることが正当化され，特別の危険が実現したことを根拠に一種の保証責任として，故意又は過失を要件とせずに[3]，当該事業者に帰責することが正当化される[4,5]。

---

[1] 橋本ほか87頁。

[2] 橋本ほか87頁。

[3] このような無過失責任は，危険責任原理を帰責根拠とする点で，過失責任を単純に修正するものにとどまらない（橋本ほか88頁）。

[4] 橋本ほか250頁。

[5] これに対して，原子力損害賠償責任についても，予測可能性の確保を目的とするものであるとの見解がある。すなわち，損害賠償法は，被害者の救済を図る一方で加害者の予測可能性を担保するものであり（森嶌昭夫「原子力賠償法の提案」21世紀政策研究所『新たな原子力損害賠償制度の構築に向けて　報告書』（21世紀政策研究所，2013年）167頁），意思決定をするに当たって予見不可能な事態については意思決定の際の判断材料とはしていないのだから，予見不可能な結果に対してまで予め回避すべき義務を負

Ⅱ　原子力損害賠償の正当化根拠

　原子力損害賠償責任は，過失責任ではなく，危険責任原理により正当化される。すなわち，原子炉の運転等が高度性・制御不可能性を伴う特別の危険を内包するため，注意・行為義務を尽くしても，相当の頻度で生じる操業上の事故について，原子力事業者に引き受けさせることが正当化され，特別の危険が実現したことを根拠に一種の保証責任として原子力事業者に帰責するものである[6]。

　したがって，過失責任を正当化根拠とする損害賠償における法規範には，原子

　　わせるわけにはいかず，市民社会で過失責任が原則となっているのは，意思の自由と裏腹であるという見解がある（森島昭夫「科学技術における不確実性と法の対応」森島昭夫＝塩野宏編『変動する日本社会と法』（有斐閣，2011年）307頁）。
　　しかしながら，第1に，原子力損害賠償責任は，過失（予見可能性を出発点とするのが一般的な理解である。）を要件としない無過失責任であって，その限りにおいて加害者の予測可能性を要件とせずに損害賠償請求権が成立する。したがって，無過失責任において，「意思決定をするに当たって予見不可能な事態については意思決定の際の判断材料とはしていない」と言えるかについて疑問が残る（過失責任にのみ適用される考え方であると思われる。）。第2に，損害賠償の目的を被害者の救済と捉えれば（少なくとも損害の填補を目的とすると捉えれば），企業の予測可能性の担保は，一般に，損害賠償の目的と把握するよりも，損害賠償の機能と捉えることの方が自然であると思われる。企業の予測可能性を担保するために損害賠償制度が存在するというのは主客が転倒しているように感じられる（森島451頁以下でも，損害賠償の目的を予測可能性の確保とはしていないようである。）。第3に，この見解は，本件事故に起因する予見可能性がない損害類型の中に風評被害を含めるようである（森島昭夫「市民社会における損害賠償責任」前掲報告書116頁）。しかしながら，原子力事故に関連する風評被害の歴史は古く，原賠法成立（1956年）以前に発生したビキニ環礁事件（1954年），敦賀湾放射能漏れ事件（1981年。名古屋高裁金沢支判平成元年5月17日判時1322号99頁参照），JCO臨界事故（1999年。東京地判平成18年2月27日判タ1207号116頁，東京地判平成18年4月19日判時1960号64頁など参照）が既に発生し，風評被害について原子力損害賠償責任が成立するとの裁判例が複数存在していた。にもかかわらず，2011年に発生した本件事故に起因する風評被害について原子力事業者の予測可能性を否定できるかについて，疑問が残る。
　　この点，原子力事業者の予測可能性の確保が，原子力産業の発展のために重要であることには異論がない（原賠法1条）。そこで，原子力事業者の予測可能性の確保は，原子力損害賠償制度の中で，原子力措置額の適切な設定や，政府による援助等により達成されるものであり，原子力損害賠償責任の成否とは区別すべきであると考える。
6　橋本・多元的構造230頁。

力損害賠償に適用されるものと，そうでないものとがある。

Ⅲ 原子力損害賠償の位置づけ

1 民事法の中の位置づけ

　原賠法は，原子力損害賠償責任についてわずかな規定しか用意していない（原賠法3条1項参照）。原子力損害賠償法は，閉じたものではなく，広く民事法の解釈を参照しつつ解釈される必要がある。そのため，原子力損害賠償責任が民事法の中でどこに位置するかを確認する必要があると考える（この点は，原子力損害賠償の法源にも関連する。第5章参照）。

　原子力損害賠償責任は，民事法の中で次のような位置にある。

　第1に，私人間に適用され，かつ，実体法の基礎的な法である民法[7]の中に位置づけられる。第2に，民法の中の，契約関係にない場合の責任の典型例である不法行為責任の一部を構成する。第3に，不法行為責任の中の危険責任を責任原

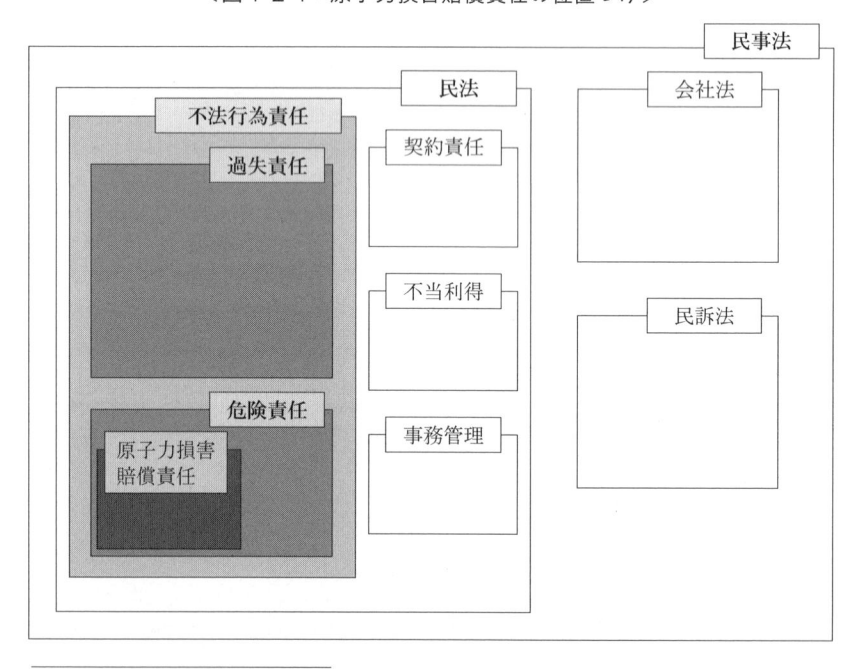

<図1-2-1：原子力損害賠償責任の位置づけ>

　7　ここでの「民法」は民法典に限らず，その特別法を含む。

因とする類型の中に位置する（図1-2-1）。

　したがって，原子力損害賠償に関する法的問題を検討するには，原賠法だけではなく，民法や危険責任の一般理論について考慮に入れる必要がある。

(2) 過失責任との関係

　原子力損害賠償責任は，過失責任ではなく危険責任原理により正当化される。そして，過失責任と危険責任の考え方に基づく損害賠償責任は，その帰責根拠を異にしているため，損害賠償責任の成否，内容に影響を与える。

　しかしながら，過失責任と危険責任について，加害者の損害賠償責任を基礎づける法として捉えた場合には，共通する部分もある。特に，過失責任に基づく損害賠償においては，交通事故損害賠償実務を中心に，判例・裁判例が積み重ねられており，それらを原子力損害賠償責任において参照することが有益である。

　そこで，以下では，原子力損害賠償責任の成否・内容の画定についての具体的な検討に当たっては，過失責任と危険責任の違いから差異が生じるかをまず検討し，差異が生じない部分（共通する部分）については過失責任における議論を積極的に参照する[8]。

　例えば，従前の交通事故損害賠償実務を参照できるものとして，個別損害項目積み上げの考え方がある。積極的損害（交通費，治療費，入院費用，入院雑費など多数の損害項目がある。）や消極的損害（休業により得られたであろう給与を得られなかったことなど。逸失利益），精神的損害等の分類がなされており，それらを前提とした実務の積み重ねがあり，原子力損害賠償においてもこれらを応用できる場合が多い（図1-2-2）。

　これに対して，交通事故損害賠償実務をそのままでは参照できない例として，権利侵害の類型がある。交通事故損害賠償実務においては，生命・身体に対する侵害（いわゆる人損）と物に対する侵害（いわゆる物損）の分類を出発点とする（図1-2-3）。しかしながら，原子力損害賠償（特に本件事故に起因する原子力損害賠償）においては，避難指示等に伴う生活の平穏に対する侵害など，交通事故損害賠償実務において前提とされていた枠組みを超える権利侵害が発生しており（さらには，従来の公害事件の損害賠償で主として想定されていた生活の平穏に対する侵害とも異なる。），交通事故損害賠償実務の想定する権利侵害の類型だけでは対処で

8　公害事件においても，損害賠償に関する判例・裁判例が積み重ねられており，原子力損害賠償においても参照することができる。もっとも，包括・一律請求のように，公害事件に関する裁判例において確立されたとは必ずしも言い難いものを参照することには慎重とならざるを得ない。

きないと考える。

<図1-2-2：過失責任と原子力損害賠償責任の法規範の関係性>

帰責根拠にかかわらず
共通して適用される法規範

過失責任に基づく責任
に適用される法規範

危険責任原理に基づく責任・
原子力損害賠償責任にのみ
適用される法規範

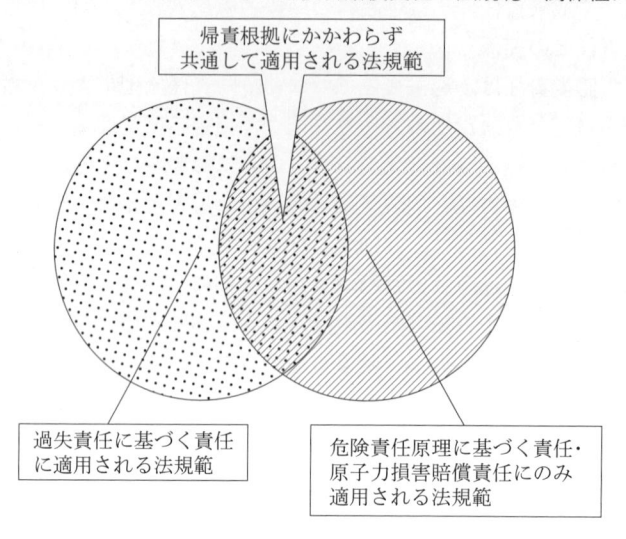

<図1-2-3：交通事故損害賠償における損害項目>

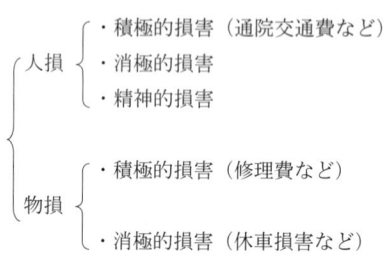

人損 ・積極的損害（通院交通費など）
　　 ・消極的損害
　　 ・精神的損害

物損 ・積極的損害（修理費など）
　　 ・消極的損害（休車損害など）

帰責原理を過失責任とする場合と，危険責任とする場合における，損害賠償請求権の成立要件の異同は，以下のとおりである（表1-2-1。損害賠償の構造を説明した後に再掲する。）。

<表1-2-1：過失責任と原子力損害賠償責任との対比>
(網掛け部分は，過失責任に基づく場合と異なる点[9])

		過失責任（民法709条）	原子力損害賠償
帰責原理	帰責根拠	加害者の故意又は過失	危険責任原理
原子力損害賠償責任／責任内容の画定	①権利侵害	共通	共通
	②原因行為	故意又は過失ある行為	放射線作用等の発生
	③事実的因果関係	共通	共通
	④責任範囲の画定（第一次侵害）	故意又は過失が及ぶ範囲	特別の危険が実現した範囲
	⑤損害の発生	共通	共通
	⑥損害賠償の範囲	共通	共通
	⑦金銭的評価	共通	共通
消滅又は減少させる事由	①過失相殺	共通	共通
	②損益相殺	共通	共通
	③寄与度減責	共通	共通
	④不可抗力免責	明文なし	異常に巨大な天災地変又は社会的動乱
	⑤責任集中	なし	特有の制度
	⑥消滅時効	共通	共通
	⑦除斥期間	共通	共通

このような立場に従い，以下では，原子力損害賠償責任の成否及び内容の画定について，原子力損害賠償の特殊性に配慮しつつ，従前から積み重ねられた民事法の判例，裁判例，学説を参照して検討する。

---

9 なお，過失責任に基づく場合と共通であるとした点についても，本件事故の特殊性などにより，通常の過失責任の場合と異なる判断がなされる場合もありうる。それらは，個別事案の特殊性による判断の差異であると整理した（このような例は，原子力損害賠償に限らず，他の法律関係においても見られる。）。

第3章　原子力損害賠償の構造

I　概　　要

　原子力損害賠償法は，①どのような場合に原子力事業者の原子力損害賠償責任が成立し，②損害賠償責任が成立した場合に，原子力事業者はどのような内容の責任を負い，原子力損害賠償請求権が成立するのかについて，その基準を示す。
　また，原子力損害賠償法の定める基準に従って，原子力事業者の被害者に対する金〇〇円の損害賠償請求権が存在することが画定されたとしても，その支払を受けられなければ意味がない。そのため，損害賠償の支払を受けるための手続も重要である（図1-3-1）。

　以下では，まず，原子力損害賠償請求権の成立要件について説明する（II）。
　原子力損害賠償請求権の成立要件は，原子力損害賠償責任の成否と，原子力損害賠償責任の内容の2段階に分かれる。次に，原子力損害賠償責任の金額を減少，又は消滅させる事由について説明する（III）。これは，原子力損害賠償責任を消滅させるものと，原子力損害賠償請求責任を減免するものに区別される。
　さらに，損害賠償請求権を実現し，損害賠償の支払を受けるための手続について説明する（IV）。

II　原子力損害賠償請求権の成立要件

1　原子力損害賠償責任の成否と責任内容画定の区別
　原子力損害賠償請求権の成立要件は，原子力損害賠償責任の成否と，原子力損害賠償責任の内容の画定の2段階に分かれる（図1-3-2）。
　原子力損害賠償法は，原子力事故を契機として発生した不利益のうち，どのような不利益について原子力事業者によって賠償されるべきか，また，その金額がどれほどかを画定する基準を示す（被害者の権利救済の観点からは，このような2段階の構造自体に意味がある）。

Ⅱ　原子力損害賠償請求権の成立要件

<図1-3-1：原子力損害賠償請求の構造>

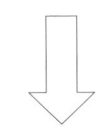

原子力損害賠償請求権の成立	原子力損害賠償責任の成立 　①権利侵害 　②放射線作用等の発生 　③事実的因果関係 　④責任範囲の画定 原子力損害賠償責任内容の画定 　⑤損害の発生 　⑥損害賠償の範囲 　⑦金銭的評価
原子力損害賠償責任・請求権・賠償金額を減少・消滅させる事由	損害賠償の金額・素因減額を消減，減少させる事由 　①過失相殺 　②損益相殺・損益相殺的調整 　③その他減額事由 責任の成立を否定するもの 　④不可抗力免責 　⑤責任集中 損害賠償請求権を消滅させる事由 　⑥消滅時効 　⑦除斥期間
原子力損害賠償請求権の実現手続	①原子力事業者による直接の賠償支払 ②紛争審査会による和解仲介手続 ③裁判手続その他

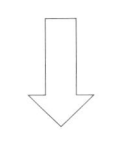

　このうち，第1に，原子力損害賠償責任の成立について，ある権利侵害について原子力事業者に損害賠償責任が成立するかについて検討する。これは，損害賠償責任の有無についての判断である。

　第2に，責任が成立する場合に，その責任の内容を画定して，どのような内容の損害賠償請求権が成立するか（支払われるべき損害賠償金額はいくらか）について検討する。

　特に，本件事故では，従前予想できなかった内容の不利益が生じた場合がある。そこで，本件事故の被害者に対して，権利救済に十分な損害賠償を実現し，被害者の権利を救済するには，原子力事業者に損害賠償責任があるのかを検証する段階と，責任がある場合の損害賠償金額の算定の段階とを区別する必要性が高い。このような検証を通じて，事後的な損害の填補による被害者の権利救済が実現される。

　先に結論を示すと，原子力損害賠償請求権の成立要件は表1-3-1のとおりである[1]。

　1　厳密には，金銭的評価など，事実の主張や証明の対象としての要件ではないものも含

<図1-3-2：原子力損害賠償請求権の成立要件と構造>

```
原子力損害賠償請求権の成立要件
（目的：被害者の権利救済）

 ┌─────────────────┐          ┌─────────────────┐
 │ 原子力損害賠償責任の成否 │          │ 原子力損害賠償責任の内容 │
 │   放射線作用等の発生    │  ⇒      │   損害の発生        │
 │      ↓             │          │   損害賠償の範囲     │
 │    因果関係         │          │   金銭的評価        │
 │      ↓             │          │                 │
 │    権利侵害         │          │                 │
 └─────────────────┘          └─────────────────┘
```

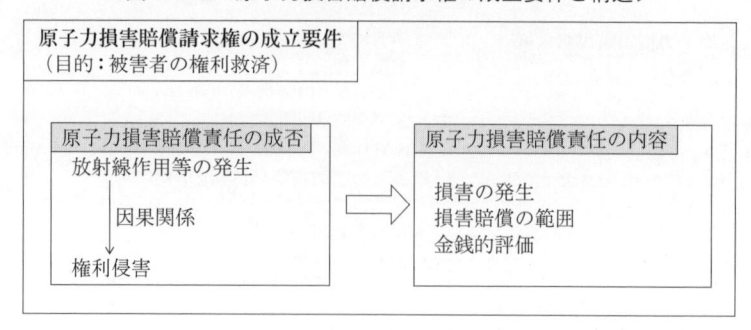

<表1-3-1：原子力損害賠償請求権の成立要件>

① 被害者の権利又は法律上保護された利益が侵害されたこと（権利侵害）
② -ⅰ 放射線作用等が発生したこと
　-ⅱ 原子力事業者が原子炉の運転等を行ったこと
　-ⅲ 原子力事業者が行った原子炉の運転等（ⅰ）と放射線作用等の発生（ⅱ）との間に事実的因果関係があること
③ ①権利侵害と②-ⅰ放射線作用等の発生との間に事実的因果関係があること
④ 権利侵害が規範の保護目的の範囲内であること（後続損害については，第一次侵害から生じた特別の危険の範囲内であること）
⑤ 被害者のもとで損害が発生したこと（賠償対象の特定）
⑥ 損害が相当因果関係の範囲内にあること（損害賠償の範囲）
⑦ 損害に対する金銭的評価

2　原子力損害賠償責任の成立（責任成立要件）

(1)　原子力損害賠償責任の意義

　原子力損害賠償責任の成立要件の検討により，原子力事故を契機として発生した不利益について原子力事業者によって賠償されるべきか，帰責を正当化できるかを検証して，原子力損害賠償責任が成立するかを画定する。
　ここでは，例えば，原子力事故を契機として，被害者に急性放射線障害という不利益が生じた場合，その急性放射線障害という不利益（権利侵害）について原子力事業者に責任を負わせられるかが検証される。

　　まれるが，便宜的にここに記載した。要件事実としてみると，金銭的評価を基礎付ける評価根拠事実が要件事実に該当すると解される。

この段階では，損害賠償請求権の金額（原子力損害賠償責任の内容）は問題とならず，原子力事業者の責任の有無（損害転嫁の可否）に焦点が当てられる。

(2) 原子力損害賠償責任の成立（基本構成）

原子力損害賠償責任の基本構成は，①被害者に生じた不利益が法律上保護に値する利益の侵害であること（権利侵害），②放射性物質の放出など放射線作用等が発生したこと（原因行為），③原因行為により権利侵害が発生したこと（因果関係）である（図1-3-3参照）。

<図1-3-3：原子力損害賠償責任の成立要件（基本構成）>

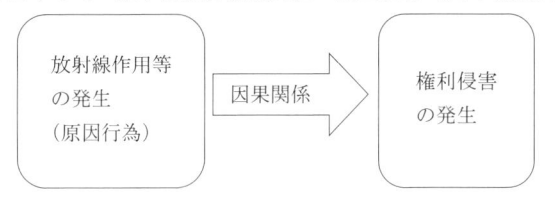

```
┌─────────────┐                    ┌─────────┐
│ 放射線作用等 │                    │         │
│   の発生    │ ══因果関係══▶      │ 権利侵害 │
│ （原因行為） │                    │  の発生  │
└─────────────┘                    └─────────┘
```

(i) 権利侵害

原子力事故を契機として被害者に発生した不利益は多種多様のものがありうる。それら不利益の中には，不利益の程度が質的・量的に軽微であるなど，必ずしも法律上保護されない不利益も存在しうる。そこで，被害者に生じた不利益が，法律上保護されるものであること（当該不利益が加害者に移転すべきものであること）を確認する必要がある。このように，権利侵害要件は，侵害された権利に着目し，被害者の権利救済を目的とする原子力損害賠償法において，どのような権利を救済するかを検証するものである。

また，事実としての権利侵害の内容に着目した権利侵害も重要である。例えば，受傷したことなど，事実としての権利侵害は，原子力損害賠償請求権の行使に至るまでのすべての判断過程の出発点に位置づけられるなど重要な意義を有する。

本書では，原子力損害賠償，特に本件事故で主として問題となる，7つの典型的な権利侵害の類型について説明する。

(ii) 原因行為

原賠法3条1項は，核燃料物質等の放射線の作用等（原賠法2条2項。以下「放射線作用等」という。）の発生[2]を要件としているから，被害者に生じた権利侵害について，原賠法2条2項所定の原因行為が必要である。

---

2 核燃料物質の原子核分裂の過程の作用又は核燃料物質等の放射線の作用若しくは毒性的作用（これらを摂取し，又は吸入することにより人体に中毒及びその続発症を及ぼすものをいう。）により生じたものをいう（原賠法2条2項）。

ここで，原子力損害賠償責任は，危険責任原理により正当化されるところ，放射線作用等の発生は，原子炉の運転等が内包する特別の危険が実現したものである。そのため，放射線作用等の発生が原因となって権利・法益が侵害された場合，原子力事業者は，権利侵害から発生する損害について損害賠償責任を負う[3]。

例えば，本件事故でいえば，原子炉建屋の水素爆発に伴う放射性物質の放出がこれに当たる。

(iii) 因果関係

次に，原因行為と無関係に生じた権利侵害については，原子力損害賠償の対象とすることができないから，原子力損害賠償責任の成立には，原因行為が権利侵害を招来したという関係（因果関係）が必要である。例えば，原子炉建屋の爆発による放射性物質の放出により，放射線障害（身体に対する侵害）を招来したことが因果関係である。

原子力損害賠償責任の成立要件のうち，因果関係は，放射線作用等の発生と権利侵害との間の事実的因果関係と責任範囲の画定に分けられる。

(3) 原子力損害賠償責任の成立要件

このような原子力損害賠償責任の基本構成を骨格とした，責任成立要件は以下のとおりである。

(i) ②-ⅰ 原子炉の運転等

危険責任原理に基づく原因行為は，(a)特別の危険を内包する危険源を操業していたこと，(b)特別の危険が実現したこと，(c)特別の危険を内包する危険源を操業していたことにより，特別の危険が実現したことを内容とする。これに対応して，原子力損害賠償責任における原因行為は，原子炉の運転等（②-ⅰ），放射線作用等が発生したこと（②-ⅱ），原子炉の運転等により放射線作用等が発生したこと（②-ⅲ）を内容とする（図1-3-4）。

<図1-3-4：原賠法3条1項の成立要件相互の関係>

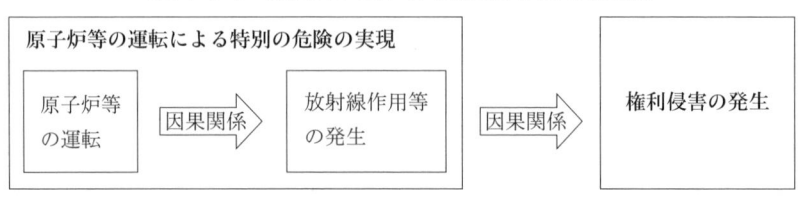

原子炉等の運転による特別の危険の実現

原子炉等の運転 →因果関係→ 放射線作用等の発生 →因果関係→ 権利侵害の発生

原賠法3条1項は，「原子炉の運転等により原子力損害を与えたときは」と規

---

3 橋本ほか249頁以下。

定するから，原子炉の運転等が原子力損害賠償責任の成立要件である。

原子炉の運転等は，注意深く実施されている限り，それ自体直ちに権利侵害を生じるものではない。しかしながら，原子力の制御に高度の科学技術を要し，原子力を完全に制御することは困難である。したがって，原子炉の運転等は，危険責任原理が想定する特別の危険に該当する。

(ii)　②-ⅱ　放射線作用等の発生

原子力損害賠償責任は，危険責任原理により正当化されるところ，放射線作用等の発生は，原子炉の運転等が内包する特別の危険が実現したものである。そこで，放射線作用等の発生が原因となって権利が侵害された場合，原子力事業者はその損害賠償責任を負う。

(iii)　②-ⅲ　原子炉の運転等と放射線作用等との間の因果関係

原子炉の運転等と無関係に放射線作用等が発生した場合，危険責任原理に基づき原子力事業者に帰責することはできない。したがって，原子炉の運転等と放射線作用等との間に事実的因果関係，すなわち，事実の平面において特定の事実が特定の結果発生を招来したことが必要である。

「原子炉の運転等により放射線の作用等が生じたこと」は，危険責任原理における「特別の危険である危険が実現したこと」に相当する。

(iv)　放射線作用等の発生と権利侵害との間の事実的因果関係

事実的因果関係とは，放射線作用等の発生と権利侵害との間で，事実の平面において特定の事実が特定の結果発生を招来したことをいう。これは，基本的に「あれなければこれなし」により判断される。したがって，(iii)とあわせて，2つの事実的因果関係が問題となる。

(v)　④責任範囲の画定

原因行為から生じる権利侵害のうち，どの範囲について損害賠償責任が成立するか（責任範囲の画定）について，判例は，原因行為と権利侵害との間に相当因果関係があるか否かを基準とする[4]。

4　損害賠償の範囲との関係については，以下のとおり整理される（橋本ほか171頁）。不法行為責任の文脈での因果関係は，両端を最大限に拡大すれば，加害者の原因行為から，被害者における各種の損害の発生にまでわたる。このような範囲・態様の因果関係を，民法709条の構造（「よって」が2度登場する。）に従って，責任成立の因果関係と責任範囲の因果関係とを二分してきた。責任範囲の因果関係は，専ら損害賠償のあり方にかかわるから，権利・法益侵害（第一次侵害であれ後続侵害であれ）までが責任成立の因果関係とされ，権利侵害から各種の損害までが責任範囲の因果関係とされる。

そして，相当因果関係の内容として，放射線作用等から直接発生した第一次侵害については，原子力損害賠償法の保護目的に含まれるかが基準となる。例えば，放射性物質の放出等により，直接被曝し，傷害を負った場合が第一次侵害に該当する（図1-3-5）。

<図1-3-5：責任範囲の画定（第一次侵害のみの場合）>

原子力損害賠償責任
- 原因行為（放射線作用等の発生）
- 権利侵害（例：急性放射線障害の発生）
- 因果関係

責任内容の画定
- 損害の発生（例：医療費・通院交通費の支出，逸失利益，入通院慰謝料）

これに対して，第一次侵害から派生した後続侵害については，後続侵害が第一次侵害によって高められた危険の実現である場合には，完全賠償の精神から，加害者の責任の範囲内となる。これに対して，一般生活上の危険の実現である場合には，加害者の責任の範囲外となる。例えば，放射線障害（第一次侵害）による入院中に，入院状態から派生して，別の疾病に罹患した場合，後続侵害に該当する（図1-3-6）。

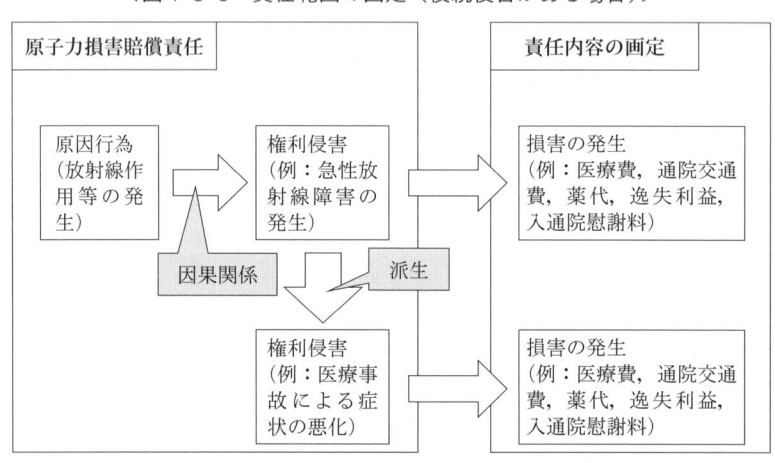

<図1-3-6：責任範囲の画定（後続侵害がある場合）>

原子力損害賠償責任
- 原因行為（放射線作用等の発生）
- 権利侵害（例：急性放射線障害の発生）
- 因果関係
- 派生
- 権利侵害（例：医療事故による症状の悪化）

責任内容の画定
- 損害の発生（例：医療費，通院交通費，薬代，逸失利益，入通院慰謝料）
- 損害の発生（例：医療費，通院交通費，薬代，逸失利益，入通院慰謝料）

なお，相当因果関係は，事実的因果関係と区別されるとともに，2つに分けられる。1つは，損害賠償責任の成否の判断における責任範囲の画定である。もう

1つは，損害賠償責任の内容画定の判断における損害賠償の範囲の判断である（図1-3-7）。

<図1-3-7：相当因果関係の2つの意義>

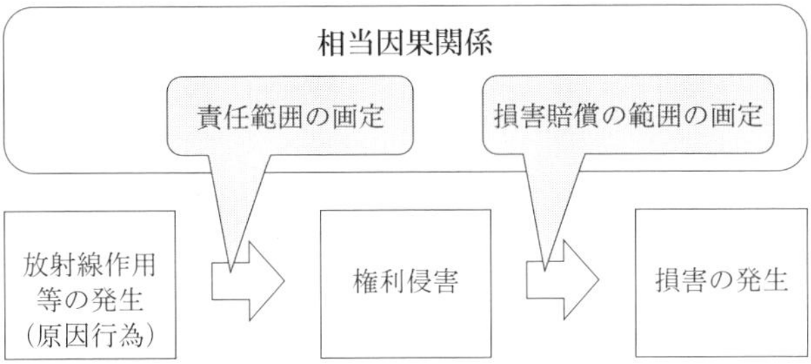

相当因果関係
- 責任範囲の画定
- 損害賠償の範囲の画定

放射線作用等の発生（原因行為）→ 権利侵害 → 損害の発生

3 原子力損害賠償責任の内容の画定
(1) 原子力損害賠償責任の内容の意義

原子力事業者に原子力損害賠償責任があると判断され，原子力損害賠償責任が成立する場合，その損害は金銭により賠償されるため（民法722条1項，417条。金銭賠償の原則），次に，その責任の内容として，被害者が支払を受けるべき金額を画定する必要がある。これが原子力損害賠償責任の内容の画定である。

例えば，原子力事故を契機として被害者に生じた急性放射線障害について，原子力事業者に責任があると判断された場合，治療費・通院交通費の支出，休業損害，入通院慰謝料などの損害項目を積算して（個別損害項目の積み上げ），原子力損害賠償責任の内容として，具体的な損害賠償請求権の金額が決定される。

ここでは，損害賠償額の決定など損害賠償それ自体に関する諸問題が属するため，権利・法益保護のための損害賠償のあり方を判断し，責任追及（加害者に対する問責や結果帰属）の視点は後退する[5]。

(2) 原子力損害賠償責任の内容の要件

原子力損害賠償責任の内容の要件は，⑤損害の発生，⑥損害賠償の範囲，⑦金銭的評価である。

(i) ⑤損害の発生（賠償対象の特定）

権利侵害から生じた損害は，その損害が財産的な性質をもつか否かにより，財産的損害と非財産的損害に区別され，前者について積極的損害と消極的損害に分類される（権利侵害の性質が財産的か非財産的かは関係ない。）。

積極的損害は，治療費，介護費，入通院費を支出したことなど，原因行為のた

---
5 橋本ほか90頁。

めに被害者の既存の財産に生じた減少である[6]。これは,「領収書のある損害」ともいわれる。また,所有権等の対象である財物の価値が下落することも,積極的損害に含まれる。

消極的損害は,逸失利益,すなわち,被害者の財産に生じたであろう増加が,原因行為がなされたために生じなかったことによる損害をいう[7]。

非財産的損害は,権利侵害により被害者に生じた非財産的な損害(主として精神的損害)をいう。

<表1-3-2:個別損害項目積み上げ方式>

	損害項目(第5章:損害の発生)	金額 (第6章:損害賠償の範囲,第7章:金銭的評価)
積極的損害	医療費	10万円
	薬代	1万円
	通院交通費	2万円
	自動車の修理費用	5万円
	自動車の評価損	5万円
消極的損害	逸失利益(休業損害) 1万円×10日	10万円
精神的損害	入通院慰謝料	5万円
合計		38万円

(ii) ⑥**損害賠償の範囲**

上記⑤において発生した損害のうち,どこまでの範囲について,賠償されるべきかを確定するのが損害賠償の範囲の問題である。損害賠償の範囲について,判例は,相当因果関係の範囲内であるかという基準を用いる。相当因果関係の具体的内容として,積極的損害については財産減少の不可避性(必要かつ合理的か),消極的損害については利益取得の確実性が基準となる[8]。なお,精神的損害については相当因果関係の基準は適用されず,権利侵害・損害の内容に照らして金銭的に評価される。

(iii) ⑦**金銭的評価**

損害の中には,精神的損害のように,損害の発生から直接に損害の金額を把握することができないため,金銭的に評価する必要があるものがある。

---

6 潮見214頁。

7 潮見214頁。

8 橋本ほか209頁。

第1に，積極的損害のうち，財物を滅失・毀損された場合については，財物の客観的な価値の減少を金銭的に評価して損害額を把握しなければならない場合がある。

第2に，消極的損害については，統計的資料などを用いながら，金銭的評価を加えて，労働能力の喪失等を算定する場合がある。

第3に，精神的損害については，従前の判例，裁判例等を手掛かりに金銭的に評価される（最終的には裁判所の裁量により評価される。）。

4　原子力損害賠償請求権の成立要件

以上から，原子力損害賠償請求権の成立要件は以下のとおりである[9]。

① 被害者の権利又は法律上保護された利益が侵害されたこと（権利侵害）
②-ⅰ 放射線作用等が発生したこと
　-ⅱ 原子力事業者が原子炉の運転等を行ったこと
　-ⅲ 原子力事業者が行った原子炉の運転等（ⅰ）と放射線作用等の発生（ⅱ）との間に事実的因果関係があること
③ ①権利侵害と②-ⅰ放射線作用等の発生との間に事実的因果関係があること
④ 権利侵害が規範の保護目的の範囲内であること（後続損害については，第一次侵害から生じた特別の危険の範囲内であること。責任範囲の画定）
⑤ 被害者のもとで損害が発生したこと（賠償対象の特定）
⑥ 損害が相当因果関係の範囲内にあること（損害賠償の範囲）
⑦ 損害に対する金銭的評価

以上をまとめて，原子力損害賠償の構造を示すと，図1-3-8，図1-3-9のとおりである。

9　潮見Ⅰ220頁参照。

第1部 第3章 原子力損害賠償の構造

<図1-3-8：原子力損害賠償請求権の成立要件>

原子力損害賠償責任の成立 被害者において不利益が生じた場合に，その不利益について原子力事業者に責任があると言えるか。	①権利侵害（第2部第1章） 　被害者に生じた不利益は，法律上保護されるか。 ②放射線作用等の発生（第2部第2章） 　危険責任原理に基づく原子力事業者の原因行為は存在するか。 ③事実的因果関係（第2部第3章） 　原因行為と権利侵害との間に「あれなければこれなし」の関係があるか。 ④責任範囲の画定（第2部第4章） 　規範の保護目的に照らして権利侵害を原子力事業者に帰責できるか（後続侵害については，原因行為による権利侵害から生じた特別の危険の実現か。）。
⬇	
原子力損害賠償責任内容の画定 被害者に発生し，原子力事業者がその責任を負う不利益について，具体的な損害賠償金額はいくらか。	⑤損害の発生（第2部第5章） 　権利侵害から発生した具体的な損害（損害項目）はどのようなものか（賠償対象の特定）。 ⑥損害賠償の範囲（第2部第6章） 　具体的な損害賠償は，権利侵害との関係で相当因果関係があるか。 ⑦金銭的評価（第2部第7章） 　権利侵害との間で相当因果関係がある損害を金銭的に評価した結果の金額はいくらか。

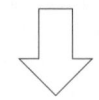

<図1-3-9：原子力損害賠償の構造>

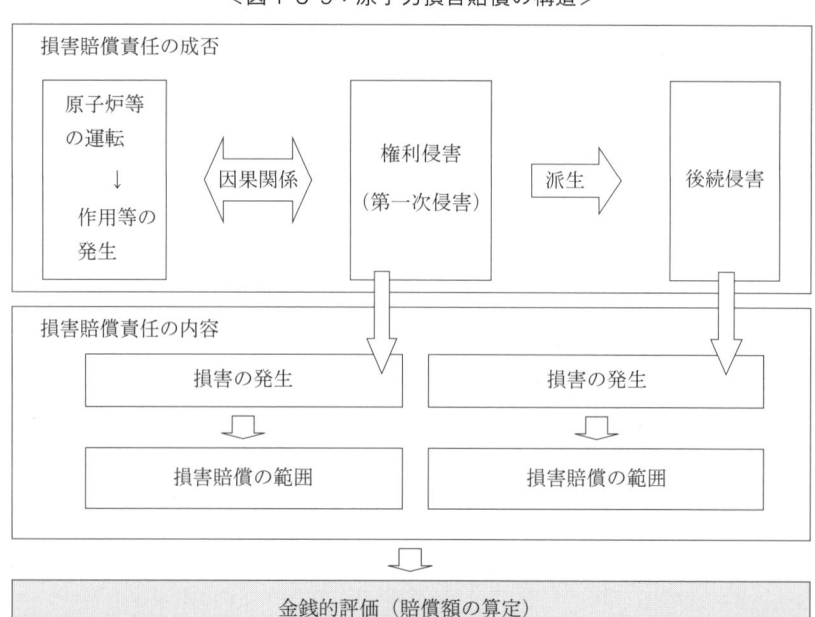

損害賠償責任の成否

原子炉等の運転 → 作用等の発生　⟺因果関係⟺　権利侵害（第一次侵害）　⟹派生⟹　後続侵害

損害賠償責任の内容

損害の発生　　　　　　損害の発生
　⬇　　　　　　　　　　⬇
損害賠償の範囲　　　　損害賠償の範囲

金銭的評価（賠償額の算定）

Ⅲ 原子力損害賠償責任の減免事由

1 概　　要

原子力損害賠償請求権の成立要件を満たしたときでも，一定の場合に，責任の成立が否定されたり，金額の全部又は一部が否定されたりすることがある。このような場合を原子力損害賠償責任の減免事由という。

2 原子力損害賠償責任の減免

原子力損害賠償責任の減免事由は，責任又は賠償額の減少と消滅とで区別することができる（図1-3-10）。

第1に，①過失相殺・素因減額，②損益相殺・損益相殺的調整，③その他減免事由は，賠償額が減少される場合である。

第2に，④不可抗力免責，⑤責任集中，⑥消滅時効，⑦除斥期間は，原子力損害賠償責任又は原子力損害賠償請求権が消滅する場合である（賠償額がゼロになる）。

<図1-3-10：原子力損害賠償請求権の減免事由>

損害賠償額の減少
- ①過失相殺・素因減額
- ②損益相殺・損益相殺的調整
- ③その他減額事由

損害賠償額の消滅
- ④不可抗力免責
- ⑤責任集中
- ⑥消滅時効
- ⑦除斥期間

⑴　①過失相殺・素因減額

民法722条2項は，「被害者に過失があったときは，裁判所は，これを考慮して，損害賠償の額を定めることができる」と規定する。これを過失相殺という。

また，加害者に不法行為に基づく損害賠償責任が成立する際に，被害者の有していた素質，すなわち，精神的・身体的性質や病的疾患（素因）が，損害発生又は拡大の一因となる場合がある。被害者に素因がある場合，判例により，公平の観点から，民法722条2項を類推適用して，損害賠償額が減額される。

⑵　②損益相殺・損益相殺的調整

被害者が不法行為によって損害を受けると同時に，同一の原因によって利益を受けた場合には，損害と利益との間に同質性がある限り，損害賠償額からその利

益の額について減額される。これを損益相殺という。

また，損益相殺の要件の1つである，「損害と同質性を有する利益であること」という要件を満たさない場合であっても，損害賠償額が減額される場合がある。これを損益相殺的調整という。

(3) ③その他減額事由

放射線作用等の発生の他に，権利侵害又は損害発生の原因がある場合（原因競合），寄与度に応じた減責がなされる場合がある。これを寄与度減責という。その他，損害賠償額が減額される場合がある。

(4) ④不可抗力免責

原子力損害賠償責任が，「異常に巨大な天災地変又は社会的動乱によって生じたものであるとき」は，危険責任法理における原子炉の運転等が内包する特別の危険の実現とは言えないから，原子力損害賠償責任は免除される。これを不可抗力免責という。

(5) ⑤責任集中

原子力損害賠償責任は，原子力事業者に集中し，原子力事業者以外の者は責任を負わない（原賠法4条1項。以下，このような制度を「責任集中制度」という。）。また，第三者が免責されたとしても，原子力事業者から求償されるのでは免責の実質的意義が失われるところ，第三者に故意がない限り，原子力損害賠償に係る債務を支払った原子力事業者から求償されない（原賠法5条1項）。

民法の一般原則によれば，ある原子炉の事故が，原子炉の設計者や機器の製造業者や工事請負業者など，広い意味での供給者の過失や，部品の瑕疵によって生じた場合には，供給者は原子炉の設置者に対して契約上の責任を負うほかに，第三者に対して損害賠償責任を負う帰結になる。責任集中制度は，この帰結の例外を定める。

(6) ⑥消滅時効

民法724条前段は，「不法行為による損害賠償の請求権は，被害者又はその法定代理人が損害及び加害者を知った時から3年間行使しないときは，時効によって消滅する」と定める。これを消滅時効という。

(7) ⑦除斥期間

民法724条は，「不法行為による損害賠償の請求権は，被害者又はその法定代理人が損害及び加害者を知った時から3年間行使しないときは，時効によって消滅する。不法行為の時から20年を経過したときも，同様とする」と定める。このうち後段を除斥期間という。除斥期間であることの帰結として，民法724条後

段について，消滅時効とは異なり，期間算定の中断及び（原則として）停止はなく，また，期間が満了した場合，訴訟手続上，債務者が援用の意思表示をすることは不要であり，裁判所が職権で民法724条を適用して権利が消滅する。

Ⅳ 原子力損害賠償請求権の存否とその実現手続

1 原子力損害賠償請求権の実現の意義
(1) 原子力損害賠償請求権の存否の画定
ここでは，原子力事故を契機として発生した不利益について，原子力損害賠償法を基準として，どのような不利益について原子力事業者によって賠償されるべきか，その金額がどれほどかを説明する。
(2) 原子力損害賠償請求権の実現
次に，原子力損害賠償法に従って，原子力損害賠償請求権を有する被害者が，どのような手続に従って損害賠償の支払を受けることができるかを説明する。

このような区別は，民法・原賠法などの民事実体法と，民事訴訟法などの民事手続法の区別に相当する。

2 損害賠償請求権実現の手続
(1) 原子力事業者に対する直接の賠償請求
原子力損害賠償請求権は，裁判所などの機関を介することなく，原子力事業者に対し，直接に行使できることは当然である。このように，被害者は，原子力事業者に対して直接請求することにより，原子力損害賠償請求権の支払を受けることができる。
(2) 原子力損害賠償紛争審査会における和解仲介
原子力損害賠償責任又は原子力損害賠償請求権の存否について，当事者間において事実認定や法解釈の認識が一致しない場合など，当事者間に紛争が生じる場合がある。この場合に，被害者が裁判手続によらずに簡易・迅速に権利を実現することが望まれる。そこで，原子力損害賠償紛争審査会は，原子力損害賠償に関し，当事者間の和解の仲介を行う（原賠法18条2項1号）。
(3) 裁判手続等
被害者は，原子力損害賠償請求権を裁判手続等により実現することも可能である。

第4章　本書の構造

本書の全体構造は以下のとおりである。

Ⅰ　三部構成

第2部において，原子力損害賠償請求権の成立要件について検討する。

次に，第3部において，原子力損害賠償責任の減免事由について述べる。第2部は損害賠償請求権を成立させるのに必要な事項であるのに対し，第3部は，原子力損害賠償請求権の成立に必ずしも必要でないものの，賠償金額や損害賠償責任・損害賠償請求権の成否に影響する可能性があるという点で異なる。

さらに，第4部において，第2部・第3部の検討で内容が明らかになった原子力損害賠償請求権の実現手続について説明する。

<図1-4-1：本書の構造（三部構成）>

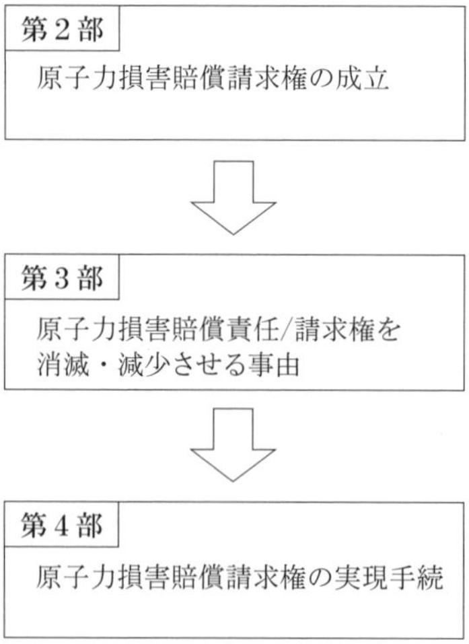

```
┌─────────────────────┐
│ 第2部               │
│ 原子力損害賠償請求権の成立 │
└─────────────────────┘
          ↓
┌─────────────────────┐
│ 第3部               │
│ 原子力損害賠償責任/請求権を │
│ 消滅・減少させる事由      │
└─────────────────────┘
          ↓
┌─────────────────────┐
│ 第4部               │
│ 原子力損害賠償請求権の実現手続 │
└─────────────────────┘
```

II　本書全体の構造

本書の全体構造は，図1-4-2のとおりである。

<図1-4-2：本書の構造（全体）>

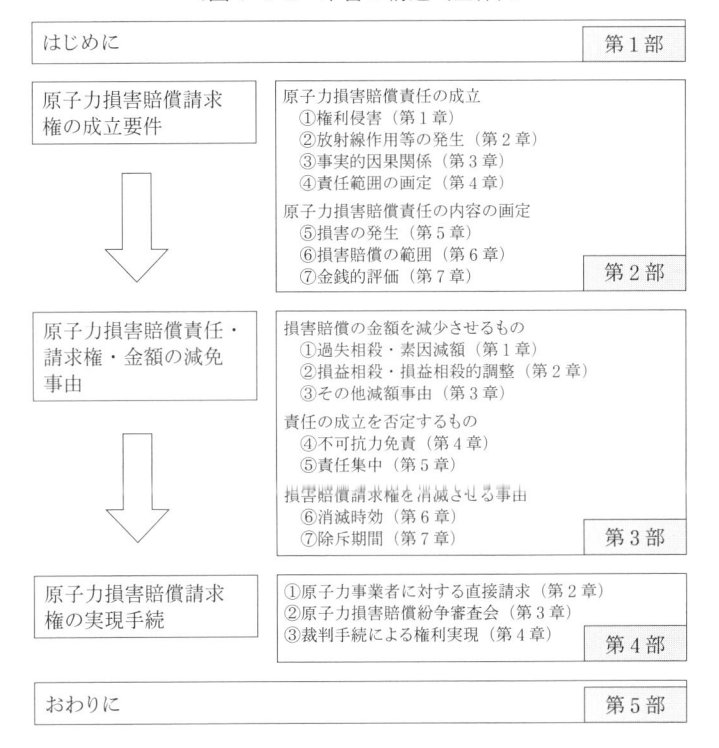

はじめに		第1部
原子力損害賠償請求権の成立要件	原子力損害賠償責任の成立 ①権利侵害（第1章） ②放射線作用等の発生（第2章） ③事実的因果関係（第3章） ④責任範囲の画定（第4章） 原子力損害賠償責任の内容の画定 ⑤損害の発生（第5章） ⑥損害賠償の範囲（第6章） ⑦金銭的評価（第7章）	第2部
原子力損害賠償責任・請求権・金額の減免事由	損害賠償の金額を減少させるもの ①過失相殺・素因減額（第1章） ②損益相殺・損益相殺的調整（第2章） ③その他減額事由（第3章） 責任の成立を否定するもの ④不可抗力免責（第4章） ⑤責任集中（第5章） 損害賠償請求権を消滅させる事由 ⑥消滅時効（第6章） ⑦除斥期間（第7章）	第3部
原子力損害賠償請求権の実現手続	①原子力事業者に対する直接請求（第2章） ②原子力損害賠償紛争審査会（第3章） ③裁判手続による権利実現（第4章）	第4部
おわりに		第5部

III　各章の構成

　第2部，第3部においては，過失責任との対比を意識しつつ原子力損害賠償請求権の成立要件を検討し，原子力損害賠償において，過失責任の判例・裁判例等を参照できるものについては，積極的に参照する。
　そのため，第2部各章の冒頭で概要を説明した後（第1節），過失責任における整理を説明し（第2節），それを原子力損害賠償に適用できるかを検討する（第3節）。その上で，各論として，7つの典型的な権利侵害について検討する（第4節から第10節まで。図1-4-3参照）。

第1部 第4章 本書の構造

<図1-4-3：第2部各章の構成>

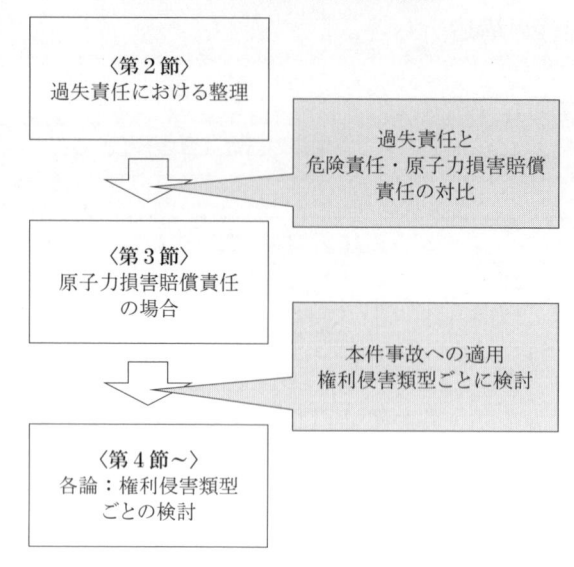

〈第2節〉
過失責任における整理

　　　↓　過失責任と
　　　　　危険責任・原子力損害賠償
　　　　　責任の対比

〈第3節〉
原子力損害賠償責任の場合

　　　↓　本件事故への適用
　　　　　権利侵害類型ごとに検討

〈第4節〜〉
各論：権利侵害類型ごとの検討

前記の7つの権利侵害の類型と，各章における記載場所は表1-4-1のとおりである。

<表1-4-1：各章の構成>

※第2章は，権利侵害に至る前の原因行為の説明であるため，権利侵害ごとの説明を行っていない。

	第1章 権利侵害	第3章 事実的因果関係	第4章 責任範囲の画定	第5章 損害の発生	第6章 損害賠償の範囲	第7章 金銭的評価
第4節	生活の平穏（政府指示等）	生活の平穏（政府指示等）	生活の平穏（政府指示等）	生活の平穏（政府指示等）	生活の平穏（政府指示等）	生活の平穏（政府指示等）
第5節	生活の平穏（自主的避難等）	生活の平穏（自主的避難等）	生活の平穏（自主的避難等）	生活の平穏（自主的避難等）	生活の平穏（自主的避難等）	生活の平穏（自主的避難等）
第6節	生命・身体	生命・身体	生命・身体	生命・身体	生命・身体	生命・身体
第7節	労働契約上の地位	労働契約上の地位	労働契約上の地位	労働契約上の地位	労働契約上の地位	労働契約上の地位
第8節	財物の所有権等	財物の所有権等	財物の所有権等	財物の所有権等	財物の所有権等	財物の所有権等
第9節	営業利益（政府指示等）	営業利益（政府指示等）	営業利益（政府指示等）	営業利益（政府指示等）	営業利益（政府指示等）	営業利益（政府指示等）
第10節	営業利益（風評被害）	営業利益（風評被害）	営業利益（風評被害）	営業利益（風評被害）	営業利益（風評被害）	営業利益（風評被害）

Ⅲ　各章の構成

　例えば，生活の平穏を例にとると，第2部の各章第4節において，生活の平穏に関する法的問題を説明する（図1-4-4参照）。

<図1-4-4：生活の平穏の侵害と全体の位置づけ>

原子力損害賠償責任の成立
被害者が避難指示等に従って避難した場合に，その不利益について原子力事業者に責任があると言えるか。

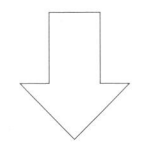

①権利侵害（第2部第1章第4節）
被害者が避難指示等に従って避難したことは，法律上保護されるか。
②放射線作用等の発生（第2部第2章）
危険責任原理に基づく原子力事業者の原因行為は存在するか。
③事実的因果関係（第2部第3章第4節）
原因行為と生活の平穏に対する侵害との間に「あれなければこれなし」の関係があるか。
④責任範囲の画定（第2部第4章第4節）
規範の保護目的に照らして生活の平穏に対する侵害を原子力事業者に帰責できるか（後続侵害については，原因行為による権利侵害から派生した特別の危険の実現か。）。

↓

原子力損害賠償請求権の成立
被害者に発生し，原子力事業者がその責任を負う生活の平穏に対する侵害について，具体的な損害賠償金額はいくらか。

⑤損害の発生（第2部第5章第4節）
生活の平穏侵害から発生した具体的な損害（損害項目）はどのようなものか（避難費用の支出など）。
⑥損害賠償の範囲（第2部第6章第4節）
避難費用など具体的な損害は，生活の平穏侵害との関係で損害賠償の範囲内か。
⑦金銭的評価（第7章第4節）
生活の平穏に対する侵害との間で相当因果関係のある損害を金銭的に評価した結果の金額はいくらか。

33

第5章　原子力損害賠償の法源

　原子力損害賠償に適用される法規範（これを法源という。）は何か[1]。憲法（Ⅰ），法律（Ⅱ），判例（Ⅲ）について説明した上で，中間指針等の位置づけについて検討する（Ⅳ）。

Ⅰ　憲　　法

　憲法はすべての法令に優越して適用されるから，原子力損害賠償法の法源である。

Ⅱ　法　　律

1　民　　法
(1)　民法の適用
　原賠法に規定がない場合，民法が適用されるか。例えば，消滅時効・除斥期間の規定のように，原賠法に明文の規定がない場合に特に問題となる。
　原賠法は民法を適用又は準用する規定を欠く。すなわち，原賠法は国家賠償法4条のような明示的に民法を適用する明文の規定が存在しない。
　この点，第1に，原賠法第2章は「損害賠償」という言葉を用いる一方で，その定義を置いていない。民事法体系全体の整合を考えると，「損害賠償」とは民法415条又は709条に基づく損害賠償を意味していると考えられるところ，契約関係のない第三者との関係で生じる損害賠償は，民事法体系上，不法行為に基づくものと理解される[2]。

---

[1] 以下のとおり，原子力損害賠償には，複数の法令が適用されるから，「原子力損害賠償法」とは，「原子力損害の賠償に関する法律」（原賠法）のみを意味するものではない。原子力事故に起因する損害賠償に適用される法全般を意味する。したがって，例えば，民法や原災法を含む。

[2] 中間指針は，原賠法により原子力事業者が負うべき責任の範囲は，原子炉の運転等に

また，第2に，立法当時から，民法709条以下が適用されることを前提としていた[3]。

したがって，原賠法に民法が適用されると考える（図1-5-1参照）。

(2) 原賠法と民法の関係

一般に，特別法は一般法に優先して適用されるところ，原賠法は，民法の特別法であるから，原子力損害については，原賠法をはじめとする原子力損害賠償法が優先して適用される。すなわち，原子炉の運転等により放射線作用等を発生させたことに起因する権利侵害，損害については，原子力損害賠償法が民法に優先して適用される（原賠法3条1項，2条2項）[4]。

2　原賠法

原賠法は，原子力損害賠償について直接に定める法律であるから，原子力損害賠償法の法源である。なお，原子力損害賠償は，危険責任原理に基づき帰責されるところ，「危険責任法」というような統一的な法律・法典は存在しない。

3　原災法

原災法は，直接には原子力損害賠償について定めるものではない。しかしながら，原災法は，原子力事故後の被災者の救済を目的とする点で，原賠法と適用範囲を共通にしており，原災法に基づく避難指示を因果関係判断の一要素と捉えることができるため，規範の保護目的の解釈等などを通じて，原子力損害賠償に適用されると考える。

　　より与えた「原子力損害」であるが，その損害の範囲につき，一般の不法行為に基づく損害賠償請求権における損害の範囲と特別に異なって解する理由はないとする（中間指針第2-1）。

3　「損害賠償責任について民法の特則を設けた」（昭和36年5月30日開催の参議員商工委員会議事録（加藤一郎参考人発言）。我妻栄「原子力損害補償　原子力二法の構想と問題点」ジュリスト236号（1961年）6頁，加藤一郎「原子力災害補償　立法上の問題点」ジュリスト190号（1959年）16頁，竹内昭夫「原子力損害二法の概要」ジュリスト236号（1961年）29頁参照。

4　原子力損害賠償請求権に関連して，「原子力損害該当性」という語が用いられることがある。これには2つの意味がある。①ある損害について，原子力損害賠償法に基づいて損害賠償請求権が成立するという文脈においては，ある損害について，放射線作用等の発生により侵害された権利・法益から発生した損害であって，原子力事業者が支払義務を負う損害であることを意味する。これとは別に，②ある権利侵害について放射線作用等の発生を原因とすること，したがって，（金額はともかく）原子力事業者に責任が成立することを意味する場合があると考えられる（「原子力侵害」ということもできる。）。

Ⅲ 判　例

　判例とは，最高裁判所の判断（判決など）のうち，先例的価値・法的拘束力を有するものをいう[5]。不法行為に基づく損害賠償法や原子力損害賠償法は，条文の数が少ないため，法解釈・法適用において，判例が重要な法源である[6]。

　判例と，先例的価値のない最高裁判所の判断や，下級審裁判例とは区別される必要がある。また，裁判所の判断は，事実に法を適用することによりなされるから，判例の射程を検討するに当たっては，当該事案の事実関係を超えて一般論を展開することには慎重である必要がある[7]。

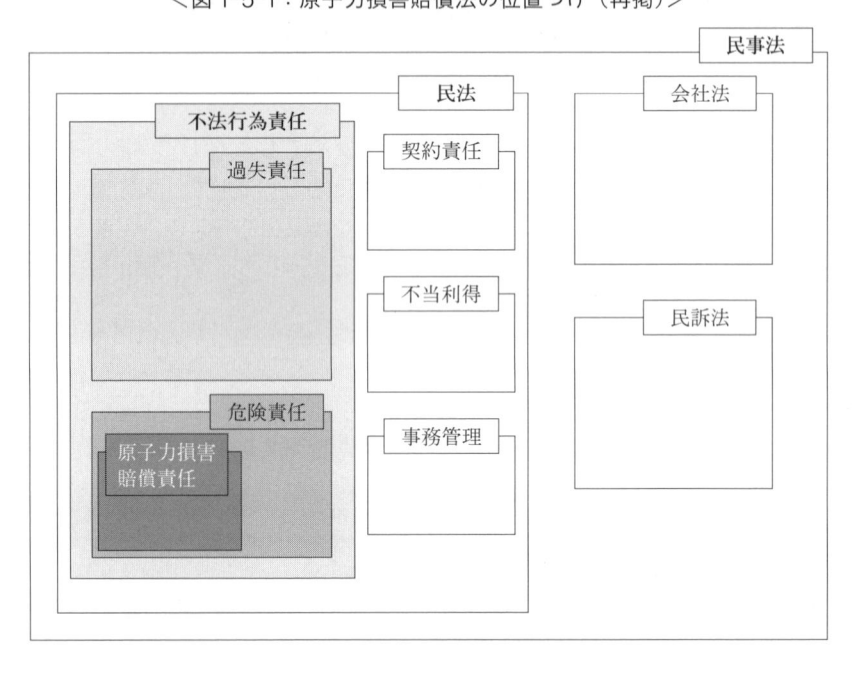

<図1-5-1：原子力損害賠償法の位置づけ（再掲）>

5　中野次雄編『判例とその読み方（3訂版）』（有斐閣，2009年）23頁参照。
6　窪田充見「損害賠償法の今日的課題——損害概念と損害額算定をめぐる問題を中心に」司法研修120号（2010年）47頁参照。
7　前掲・中野編『判例とその読み方（3訂版）』29頁参照。

Ⅳ　中間指針等の位置づけ

中間指針等は，実際上，特に本件事故に起因する原子力事故の場合，当事者間で拘束力があるものとして扱われている場合が多い。また，中間指針等は，大部分が不法行為に基づく損害賠償法の判例（判例には法的拘束力がある。）に基づくものである。

そこで，本書は，中間指針等を所与の法源とは考えないものの，中間指針等が，法的拘束力があるものを扱われることに照らして，民事法・不法行為法の中でどのように位置づけられるのか，従来の判例・損害賠償実務をどのように採り入れているかを検討することにより，中間指針等の規範を正当化できるかという観点からも説明する。

第6章　原子力損害賠償制度

I　概　　要

　原賠法は，民法の特別法として，原子力損害賠償請求権の成立要件について規定するとともに，原子力損害賠償請求権に関連して，特別な制度を定める[1]。
　これを原子力損害賠償制度という。原子力損害賠償制度は，原子力損害賠償請求権の成立要件の解釈に直接影響しないものの，その解釈に当たって意識する必要がある。

　原子力損害賠償制度は，被害者の保護及び原子力事業の健全な発達を目的として，①原子力事業者の責任の厳格化（Ⅱ），②損害賠償措置の強制（Ⅲ），③政府による援助等（Ⅳ）という3つの柱を定める[2]。また，原子力損害賠償と原子力損

1　原賠法制定時の経緯について，小柳春一郎「我妻榮博士の災害法制論——原子力損害の賠償に関する法律」法律時報85巻3号（2013年）101頁，同「原子力災害補償専門部会（昭和33年）と「原子力損害の賠償に関する法律」(1)」獨協法学89号（2012年）89頁。小柳春一郎「原子力災害補償専門部会（昭和33年）と「原子力損害の賠償に関する法律」(2)」獨協法学90号（2013年）229頁。

2　原子力損害賠償制度について，竹内昭夫「原子力損害二法の概要」ジュリスト236号（1961年）29頁。下山俊次「原子力」山本草二＝塩野宏＝奥平康弘＝下山俊次『現代法学全集54　未来社会と法』（筑摩書房，1976年）538頁，科技庁・制度11頁参照。原賠法制定やその趣旨について，加藤一郎「原子力災害補償立法上の問題点」ジュリスト190号（1959年）14頁，我妻栄「原子力損害補償　原子力二法の構想と問題点」ジュリスト236号（1961年）6頁，星野英一「原子力損害賠償に関する二つの条約案」ジュリスト236号（1961年）49頁，同「原子力損害賠償に関する二つの条約案（一）——日本法と関連させつつ」法学協会雑誌79巻1号（1962年）38頁，同「原子力損害賠償に関する二つの条約案（二・完）——日本法と関連させつつ」法学協会雑誌79巻3号（1962年）51頁，下山俊次「原子力損害賠償制度の現状と課題」21世紀フォーラム100号（2005年）72頁，遠藤典子『原子力損害賠償制度の研究——東京電力福島原発事故からの考察』（岩波書店，2013年）。原子力損害賠償の国際私法上の問題点について，道垣内正人「国境を越える原子力損害についての国際私法上の問題」早稲田法学87巻3号（2012年）131頁など参照。

害賠償制度は，区別される（Ⅴ）。

Ⅱ　原子力事業者の責任の厳格化

　原賠法は，被害者の保護を目的として，以下のとおり，原子力事業者の責任を加重する制度を設ける。

1　無過失責任
　故意又は過失によって他人の権利又は法律上保護される利益を侵害した者は，これによって生じた損害を賠償する責任を負う（民法 709 条）。これに対して，原子力事業者は，原子炉の運転等の際，当該原子炉の運転等により原子力損害を与えたときは，当該原子炉の運転等に係る原子力事業者がその損害の賠償責任を負う（原賠法 3 条 1 項）。
　このように，原賠法 3 条 1 項は，故意又は過失を要件としておらず，原子力事業者の故意又は過失を問題としない点において，原子力事業者の責任を加重している。
　また，原子力損害賠償責任は危険責任原理を帰責根拠とするため，原子力損害賠償請求権の成立要件の解釈において損害賠償責任の成立要件が緩和され，その結果，責任が加重される場合がありうる（第 2 部第 4 章参照）。

2　無限責任
　例えば，油濁責任の場合（船舶油濁損害賠償保障法 5 条，6 条参照[3]）や，一部の諸外国の原子力損害賠償法制においては，事業者の責任は金額的に制限されている（有限責任）。
　これに対して，原賠法上，原子力事業者の責任を制限する規定はない。一般の不法行為責任においても，損害賠償責任は制限されない（民法 709 条等参照）。また，危険責任原理を帰責根拠とすると見られる法制度において，一般的に有限責任が採られているものとは言い難い[4]。したがって，原子力損害賠償責任が無限責任であることをもって，過失責任の場合や他の危険責任の場合と対比して，原子力事業者の責任を加重しているものとは言えない。
　これと反対に，危険責任原理に基づく損害賠償制度のデフォルト・ルールが有

　3　谷川久「油濁損害賠償保障法の解説」時岡泰＝谷川久＝相良朋紀『逐条船主責任制限法・油濁損害賠償保障法』（商事法務研究会，1979 年）362 頁参照。
　4　鉱業法 109 条 1 項，大気汚染防止法 25 条，水質汚濁防止法 19 条など。

限責任であると仮定すると，原子力事業者の責任が加重されていると理解することができる。

なお，ここでの有限責任は，原子力損害賠償請求権自体について，一定額の限度を設けて，一定額以上について免責されることを意味する。したがって，株式会社である原子力事業者の資力が不足するために倒産し，その結果，原子力損害賠償請求権の一部が支払われない事態（株主有限責任）については，ここでいう有限責任とは区別される。

3　不可抗力免責

原賠法3条1項は，「原子炉の運転等の際，当該原子炉の運転等により原子力損害を与えたときは，当該原子炉の運転等に係る原子力事業者がその損害を賠償する責めに任ずる。ただし，その損害が異常に巨大な天災地変又は社会的動乱によって生じたものであるときは，この限りでない」（下線部筆者）と規定する。

このように，原賠法3条1項は，本文において原子力損害賠償請求権の成立要件についても定め，その上で，ただし書において，その損害が異常に巨大な天災地変又は社会的動乱によって生じたものであるときには，原子力事業者に原子力損害賠償請求権が成立せず，原子力事業者の損害賠償責任を免除すると規定する。これを不可抗力免責という。

これは，通常の危険責任原理に基づく損害賠償よりも不可抗力免責の範囲を限定するものであり，原子力事業者の責任を加重するものである（第3部第4章参照）。

4　責任集中

ある者（A）が，機器を他者に供給したところ，その機器の瑕疵を原因として第三者が被害を受けたと仮定する。この場合，Aは，民法709条などに基づき第三者に対して損害賠償責任を負う。しかしながら，原賠法4条1項は，原子力損害賠償請求権の成立を定める3条に続いて，「前条の場合においては，同条の規定により損害を賠償する責めに任ずべき原子力事業者以外の者は，その損害を賠償する責めに任じない」と規定する[5]。

---

[5] 原賠法3条1項本文が，「原子炉の運転等の際，当該原子炉の運転等により原子力損害を与えたときは，当該原子炉の運転等に係る原子力事業者がその損害を賠償する責めに任ずる。」（下線部筆者）と規定して，原子力損害賠償の主体（主語）を「原子力事業者」としているのも同じ趣旨である（科技庁・制度59頁，中原太郎「原子力損害の填補・再論」現代民事判例研究会編『民事判例IV－2011年後期』（日本評論社，2012年）111頁脚注8）。

このように，原子力損害賠償責任は原子力事業者に集中し，原子力事業者以外の者は責任を負わない（原賠法 4 条 1 項）。

民法の一般原則によれば，例えば，ある原子炉の事故が，広い意味での供給者の過失や，部品の瑕疵によって生じた場合には，供給者は原子炉の設置者に対して契約上の責任を負うほかに，第三者に対して不法行為責任を負う帰結になるはずである[6]。責任集中制度は，この帰結の例外を定める。

これは，原子炉の設計者や機器の製造業者や工事請負業者などに損害賠償責任があり，本来，原子力事業者は，責任の全部又は一部を免れる場合であっても，なお責任を集中的に負う点において，原子力事業者の責任を加重するものである。

Ⅲ 損害賠償措置の強制

原子力事業者は原子力損害を賠償するための措置（以下「損害賠償措置」という。）を講じない限り，原子炉等を運転することができない（原賠法 6 条）。

損害賠償措置の内容は，実際上，原子力損害賠償責任保険契約（以下「保険契約」という。）の締結，及び原子力損害賠償補償契約（以下「補償契約」という。）の締結による措置制度のみ利用されてきた[7]。地震，津波又は噴火による原子力損害（ただし，異常に巨大な天災地変による損害は含まれない。）については補償契約により，それ以外の正常運転による原子力損害等については保険契約により補塡される（原子力損害賠償補償契約に関する法律 2 条及び 3 条）。

損害賠償措置の額は，原子力事業者の種類，当該原子力事業者の行う原子炉の運転等の規模により定められ（原賠法 7 条，同法施行令 2 条），例えば，原子力発電の場合，現時点では，1200 億円とされる（原賠法 7 条，同法施行令 2 条 1 号）。

損害賠償措置は，1 工場，1 事業所又は 1 原子力船当たり 1 つの措置を講じる必要があり（原賠法 7 条 1 項），同一の敷地（サイト）内の原子炉の数は問題とされない（サイト主義）。したがって，同一の敷地内に 6 つの原子炉を有する原子力事業者は 7200 億円ではなく 1200 億円の損害賠償措置を講じる義務を負う。他方，2 つの敷地にそれぞれ原子炉を有する原子力事業者は 2400 億円の措置を講じる義務を負う。

---

6 前掲・竹内「原子力損害二法の概要」32 頁。
7 2008 年 12 月 15 日付け文部科学省「原子力損害賠償の在り方に関する検討会第 1 次報告書」34 頁。ただし，報道によれば，本件事故後，東京電力は，保険契約を締結する代わりに供託金を納付したとのことである。

Ⅳ　政府による援助等

　原賠法は，①原子力事業者が負う原子力損害賠償の額が賠償措置額を超え，かつ，原賠法の目的を達成するため必要があると認める場合（原賠法16条1項），及び②原子力事業者に不可抗力免責が成立する場合（原賠法17条）について，被害者の保護のため，政府が援助を行う旨規定する。

1　原子力事業者に責任がある場合の国の援助

　原賠法は原子力事業者の責任を無制限とする一方，損害賠償措置の額を超える損害賠償責任について，原賠法の目的（被害者保護と原子力事業の健全な発達）のために必要がある場合，国が必要な援助をすることとしている（原賠法16条1項）。

　援助の方法は，補助金の交付による原子力事業者の損失の補償[8]，低利融資，融資についての利子補給，融資の斡旋等が考えられるとされる[9]。原子力損害賠償支援機構法に基づく原子力損害賠償支援機構による損害賠償金の支援・交付もこれに含まれる[10]。

　このような援助は国会の議決により，政府に与えられた権限の範囲内で行う（原賠法16条2項）。

　政府は，原賠法所定の要件を満たす限り，政府に援助するか否かの裁量はなく，必ず援助しなければならない[11]。

2　免責規定適用の場合の政府の措置

　「異常で巨大な天災地変又は社会的動乱」により生じた原子力損害については，原子力事業者は免責され，原子力損害について賠償を行う者が存在しないことになる。この場合，政府は，被災者の救助及び被害の拡大を防止するために必要な

8　金沢良雄「個人の損害賠償責任に対する国家の補完的作用」川島武宜編『損害賠償責任の研究　我妻先生還暦記念（中）』（有斐閣，1958年）771頁，我妻栄「日本における原子力災害補償に関する問題」同『民法研究　11巻』（有斐閣，1979年）239頁，能見善久「大規模被害における国の役割——原子力損害の場合を中心として」民事研修389号（1989年）10頁

9　科技庁・制度104頁。

10　有林浩二「原子力損害賠償支援機構法の制定と概要」ジュリスト1433号（2011年）32頁，高橋康文『解説　原子力損害賠償支援機構法——原子力損害賠償制度と援助の仕組み』（商事法務，2012年）84頁。

11　前掲・竹内「原子力損害二法の概要」35頁。

措置を講ずるようにする（原賠法 17 条）。

　このような場合は，むしろ社会的，国家的災害と言え，政府の責務として被害者の救助及び被害の拡大の防止に努めるべきと言える。原賠法 17 条はこのことを念のために規定したものとされている[12]。

V　原子力損害賠償と原子力損害賠償制度

　原子力損害賠償と原子力損害賠償制度は，その趣旨・目的・内容を異にしているため，区別される必要があると考える。すなわち，原子力損害賠償は，被害者に生じた損害を事後的に塡補することによる権利・法益の救済を目的とする。これに対して，原子力損害賠償制度は，被害者の保護とともに，原子力産業の健全な育成を目的とする。また，原子力損害賠償は，純然たる私法関係であるのに対して，原子力損害賠償制度は，原子力損害賠償措置の強制など，公法の要素を含む。

　このように，原子力損害賠償制度は，原子力損害賠償により被害者の権利・法益の救済を達成してはじめて意味を持つものであるから，原子力産業の健全な育成は，適切な原子力損害賠償の実現を前提条件として，原子力事業者に対して，適切な政府支援は何かという観点から検討されるべきであると考える（図 1-6-1）。

12　科技庁・制度 56 頁。

第1部　第6章　原子力損害賠償制度

<図1-6-1：原子力損害賠償と原子力損害賠償制度>

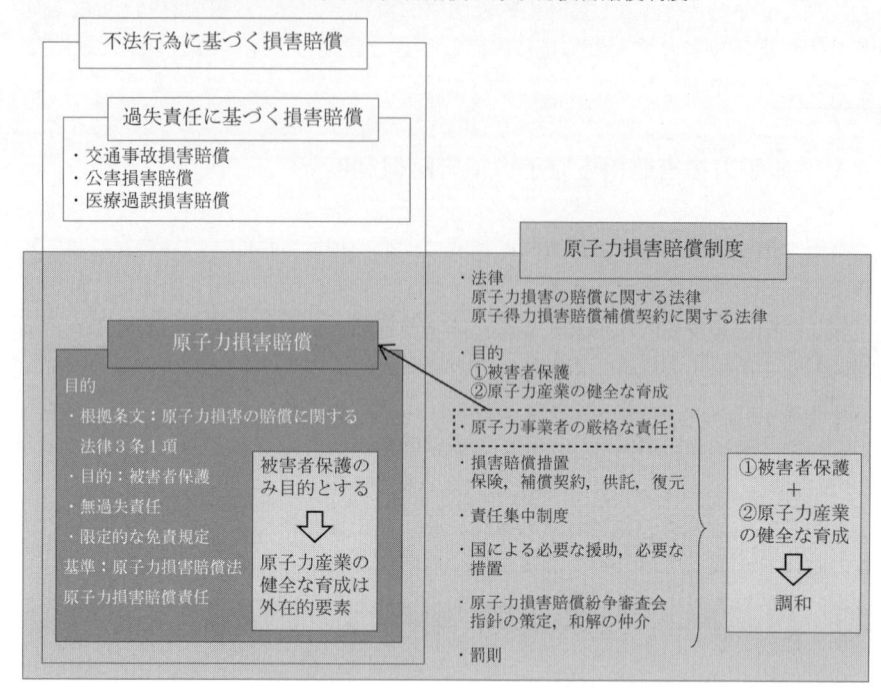

不法行為に基づく損害賠償

過失責任に基づく損害賠償
・交通事故損害賠償
・公害損害賠償
・医療過誤損害賠償

原子力損害賠償制度

・法律
　原子力損害の賠償に関する法律
　原子力損害賠償補償契約に関する法律
・目的
　①被害者保護
　②原子力産業の健全な育成
・原子力事業者の厳格な責任
・損害賠償措置
　保険，補償契約，供託，復元
・責任集中制度
・国による必要な援助，必要な措置
・原子力損害賠償紛争審査会
　指針の策定，和解の仲介
・罰則

原子力損害賠償

目的
・根拠条文：原子力損害の賠償に関する法律3条1項
・目的：被害者保護
・無過失責任
・限定的な免責規定
基準：原子力損害賠償法
原子力損害賠償責任

被害者保護のみ目的とする
⇓
原子力産業の健全な育成は外在的要素

①被害者保護
＋
②原子力産業の健全な育成
⇓
調和

第 2 部

原子力損害賠償請求権の成立要件

第 2 部　原子力損害賠償請求権の成立要件

　原子力損害賠償法は，①原子力事業者に原子力損害賠償責任が成立するのはどのような場合か，②損害賠償責任が成立した場合に，原子力事業者はどのような内容の責任を負い，原子力損害賠償請求権が成立するのかについて，その基準を示す法である。
　原子力損害賠償請求権の成立要件は，原子力損害賠償責任の成否の判断と，原子力損害賠償責任の内容画定の2段階に分かれる（図2-0-1）。

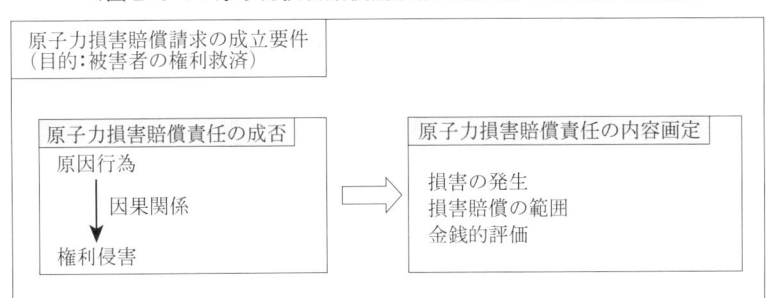

<図2-0-1：原子力損害賠償請求権の成立要件と構造（再掲）>

```
原子力損害賠償請求の成立要件
（目的：被害者の権利救済）

┌─────────────────────┐      ┌─────────────────────┐
│ 原子力損害賠償責任の成否 │  →   │ 原子力損害賠償責任の内容画定 │
│   原因行為              │      │   損害の発生              │
│     ↓因果関係           │      │   損害賠償の範囲          │
│   権利侵害              │      │   金銭的評価              │
└─────────────────────┘      └─────────────────────┘
```

　第1段階として，原子力損害賠償責任の成否として，ある権利侵害について原子力事業者に原子力損害賠償責任が成立するかを検討する。これは，責任があるかないかの二者択一の判断である（第1章から第4章まで）。
　第2段階として，原子力損害賠償責任が成立する場合に，その責任内容の画定として，どのような内容の損害賠償請求権が成立するか（損害賠償金額はいくらか）について検討する（第5章から第7章まで）。
　これをより詳細に説明すると，以下のとおりである（図2-0-2）。
　第1章では，権利侵害について説明する。原子力事故を契機として被害者に発生した不利益には，多種多様のものがありうる。それら不利益の中には，不利益の程度が質的・量的に軽微であるなど，必ずしも法的保護に値しない不利益も存在する。そこで，被害者に生じた不利益が，法律上保護に値するものであること（「損害は所有者が負う」から出発して，当該不利益が加害者に移転すべきものであること）を確認する必要がある。このように，権利侵害要件は，侵害された権利に着目し，被害者の権利救済を目的とする原子力損害賠償法において，どのような権利を救済するかを検証するものである。
　また，事実としての権利侵害も重要である。例えば，原子力事故により受傷したことなど，事実としての権利侵害は，原子力損害賠償請求権の成立要件のすべての段階の出発点に位置づけられるなど重要な意義を有する。

47

第２部　原子力損害賠償請求権の成立要件

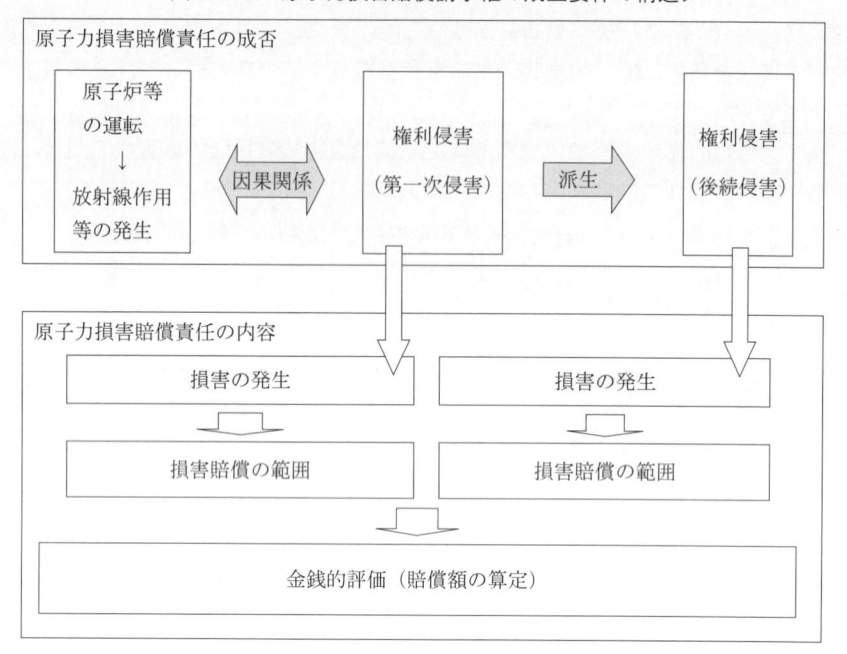

<図2-0-2：原子力損害賠償請求権の成立要件の構造>

```
┌─────────────────────────────────────────────────────────┐
│ 原子力損害賠償責任の成否                                   │
│  ┌─────────┐         ┌─────────┐        ┌─────────┐      │
│  │ 原子炉等 │         │         │        │         │      │
│  │ の運転  │  因果関係 │ 権利侵害 │  派生  │ 権利侵害 │      │
│  │   ↓    │ ───────▶│(第一次侵害)│──────▶│(後続侵害)│      │
│  │ 放射線作用│         │         │        │         │      │
│  │ 等の発生 │         │         │        │         │      │
│  └─────────┘         └─────────┘        └─────────┘      │
└─────────────────────────────────────────────────────────┘
┌─────────────────────────────────────────────────────────┐
│ 原子力損害賠償責任の内容                                   │
│     ┌─────────────┐           ┌─────────────┐            │
│     │  損害の発生  │           │  損害の発生  │            │
│     └─────────────┘           └─────────────┘            │
│           ▼                         ▼                    │
│     ┌─────────────┐           ┌─────────────┐            │
│     │ 損害賠償の範囲│           │ 損害賠償の範囲│            │
│     └─────────────┘           └─────────────┘            │
│                        ▼                                 │
│        ┌──────────────────────────────────┐              │
│        │   金銭的評価（賠償額の算定）       │              │
│        └──────────────────────────────────┘              │
└─────────────────────────────────────────────────────────┘
```

　本書では，原子力損害賠償で主として問題となる典型的な７つの権利侵害類型について説明する。

　第２章では，原因行為について説明する。原賠法３条１項は，核燃料物質等の放射線の作用等（原賠法２条２項。以下「放射線作用等」という。）の発生を要件としている。したがって，原子力損害賠償法が適用されるには，原子力事業者の原子炉の運転等による放射線作用等の発生が原因であることが必要である。

　第３章では，事実的因果関係について述べる。事実的因果関係とは，放射線作用等の発生と権利侵害との間で，事実の平面において特定の事実が特定の結果発生を招来したことをいう。これは，基本的に「あれなければこれなし」により判断される。

　第４章では，責任範囲の画定について検討する。責任範囲の画定とは，原因行為から生じる権利侵害のうち，損害賠償責任が成立する範囲を画定することである。判例は，原因行為と権利侵害との間に相当因果関係があるか否かを基準とする。そして，相当因果関係の内容として，放射線作用等の発生から直接発生した第一次侵害については，原子力損害賠償法の規範の保護目的に含まれるかが基準

となる。これに対して，第一次侵害から派生した後続侵害については，完全賠償の精神から，後続侵害が第一次侵害によって高められた特別の危険の実現である場合には原子力事業者の責任の範囲内となり，一般生活上の危険の実現である場合には，加害者の責任の範囲外となる。

　第5章では，損害賠償の対象特定として，損害の発生について説明する。権利侵害から生じた損害は，その損害が財産的な性質をもつか否かにより，財産的損害と非財産的損害（精神的損害）に区別され，前者について積極的損害と消極的損害に分類される（権利侵害の性質が財産的か非財産的かは関係ない。）。

　積極的損害は，治療費，介護費，入通院費を支出したことなど，原因行為のために被害者の既存の財産に生じた減少である。これは，領収書のある損害ともいわれる。また，所有権等の対象である財物の価値が下落することも，積極的損害に含まれる。消極的損害は，逸失利益，被害者の財産に生じたであろう増加が，原因行為がなされたために生じなかったことによる損害をいう。精神的損害は，権利侵害により被害者に生じた非財産的な損害（主として，精神的損害）をいう。

　第6章では，損害賠償の範囲について説明する。損害賠償の範囲の検討において，発生した損害のうち，どこまでの範囲について，賠償されるべきかを画定する。損害賠償の範囲について，判例は，相当因果関係の範囲内であるかという基準を用いる。相当性の具体的内容としては，積極的損害については財産減少の不可避性（必要かつ合理的か），消極的損害については利益取得の確実性が基準となる。なお，精神的損害については相当因果関係の基準は適用されず，権利侵害の内容等に照らして金銭的評価が加えられる。

　第7章では，金銭的評価について検討する。損害の中には，精神的損害のように，損害の発生から直接に損害の金額を把握することができないため，金銭的に評価する必要があるものがある。金銭的評価を必要とするものとして，①積極的損害のうち，財物を滅失・毀損された場合については，市場が確立されていないなどの理由により，財物の客観的な価値の減少を金銭的に評価して損害額を把握するときがある。②消極的損害については，統計的資料などを用いながら，金銭的評価を加える場合がある。③精神的損害については，従前の判例，裁判例等を手掛かりとして，裁判所の裁量により金銭的に評価される。

第1章 権利侵害

第1節 概　　要

　原子力事故を契機として，被害者に発生した不利益には多種多様のものがある。
　ここで，被害者に発生した不利益の中には，人の生命・身体や所有権のように，法的に保護されることが明らかな権利がある一方で，不利益の程度が質的・量的に軽微であるなど，場合により，その不利益を法的に保護することがかえって人の自由な活動を阻害するとして，必ずしも法的保護に値するとは考えられていない不利益も存在する。
　そこで，原子力損害賠償責任の成立の判断に当たり，被害者に生じた不利益が，法律上保護に値するものであること（「損害は所有者が負う」から出発して，当該不利益を加害者に移転すべきものであること）を確認する必要がある。このように，権利侵害要件により，被害者の権利救済を目的とする原子力損害賠償法において，どのような権利を救済するかを検証する。
　また，他の原子力損害賠償請求権の成立要件との関係で，事実としての侵害された権利・法律上保護される利益（以下，法律上保護される利益を「法益」という。）の内容も重要である。事実としての権利侵害は，放射線作用等の発生との間に因果関係の終点になること，加害者に責任が成立する権利侵害の範囲を画する単位となること，個別具体的な損害発生の始点となることなど，原子力損害賠償請求権の成立要件の検討のすべての段階において重要な意義を有する。
　不法行為法・原子力損害賠償法を権利救済法と捉えると，どのような権利・利益が，どのような理由で保護に値するか，侵害された権利・利益の性質・内容に着目して，損害賠償責任の成立要件，損害賠償責任の内容を検討するため，権利侵害の類型化を指向することとなる。
　本件事故により侵害された権利・法益として，生活の平穏（避難指示等・自主的避難等），生命・身体，労働契約上の地位，所有権等，営業利益（政府指示等・風評被害）という7つの典型的な権利侵害がある。

そこで，以下では，過失責任における権利侵害要件の意義・機能を確認し（第2節），原子力損害賠償責任における権利侵害要件について検討する（第3節）。その上で，第4節以降において，避難指示等に伴う生活の平穏に対する侵害など，7つの典型的な権利侵害について述べる。

第2節　過失責任における権利侵害要件

I　権利侵害要件の意義

権利侵害要件[1]には，以下の2つの側面がある（権利侵害要件の二重性）。

第1に，事実的因果関係の終点としての権利侵害を観念する際などには，権利・法益が故意又は過失によって「侵害されたこと」に力点が置かれる。これは，事実として権利・法益が侵害された内容に着目するものである[2]。

第2に，他方で，損害評価の出発点としての権利侵害においては，侵害されたのが「いかなる権利・法益だったのか」という点が問題となる[3]。ここでは，被害者のどのような権利・利益が，なぜ法的保護に値するのかに着目し，それを損害評価の出発点とする。

1　権利侵害要件について，瀬川信久「民法709条」広中俊雄＝星野英一編『民法典の百年Ⅲ』（有斐閣，1998年）559頁，樫見由美子「権利保護と損害賠償制度について」能見善久＝瀬川信久＝佐藤岩昭＝森田修編『平井宜雄先生古稀記念論文集　民法学における法と政策』（有斐閣，2007年）485頁，大塚直「保護法益としての人身と人格」ジュリスト1126号（1998年）36頁など参照。いわゆる権利論について，山本敬三「人格権」内田貴＝大村敦志編『民法の争点（第2版）』（有斐閣，2007年）44頁，大塚直「権利侵害論」内田貴＝大村敦志編『民法の争点（第2版）』（有斐閣，2007年）266頁，山本敬三「不法行為法学の再検討と新たな展望——権利論の視点から」法学論叢154巻4＝5＝6号（2004年）292頁，山本顯治「現代不法行為法学における「厚生」対「権利」——不法行為法の目的論のために」民商法雑誌133巻6号（2005年）1頁。

2　事実的因果関係の終点としての権利侵害要件と，損害評価の出発点としての権利侵害要件は異なっている（水野謙「医療過誤訴訟における因果関係論と賠償額の算定」法の支配137号（2005年）50頁）。

3　前掲・水野「医療過誤訴訟における因果関係論と賠償額の算定」50頁。

第 2 節　過失責任における権利侵害要件

<図 2-1-1：権利侵害要件の二重性[4]>

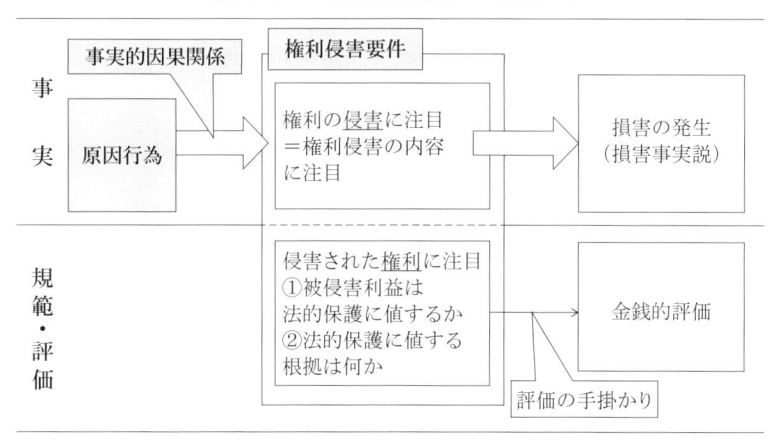

1　権利侵害の内容（事実としての権利侵害）

権利侵害要件は，まず，事実として権利・法益が侵害された内容に着目する。責任成立要件における「損害」といわれることもある[5]。例えば，生命・身体に対する侵害であれば，受傷した事実がこれに当たる。

事実としての権利侵害は，以下のとおり，損害賠償請求権の他の成立要件との関係で意義を見いだすことができる。

(1) 事実的因果関係の終点

損害賠償請求権の成否を検討するには，まず権利侵害要件の充足を検討して，これが認められる場合に，原因行為との間の因果関係を検討するため（第 3 章参照），事実としての権利侵害は，事実的因果関係の終点としての意義がある（図 2-1-1）[6]。

(2) 責任範囲の画定の基本単位

加害者はどの範囲の権利侵害について責任を負うべきかという相当因果関係の判断において，第一次侵害と後続侵害とを区別し，規範の保護目的や危険範囲に

4　前掲・水野「医療過誤訴訟における因果関係論と賠償額の算定」50 頁を参考にした。
5　大村敦志『もうひとつの基本民法 II』（有斐閣，2007 年）15 頁，山本周平「不法行為法における法的評価の構造と方法（二）——ヨーロッパ不法行為法原則（PETL）と動的システム論を手がかりとして」法学論叢 169 巻 3 号（2011 年）25 頁，34 頁など参照。
6　橋本ほか 172 頁，水野謙「国労組合員の JR 不採用問題における因果関係論について」労働法律旬報 1708 号（2009 年）8 頁，前掲・水野「医療過誤訴訟における因果関係論と賠償額の算定」50 頁。

より，責任範囲を画定する（第4章参照）[7]。そこで，権利侵害要件は，第一次侵害と後続損害とを区別し，規範の保護目的や危険範囲により，責任範囲を画定するための基本単位となる（後記Ⅲ）。

(3) 損害発生の始点

権利侵害から発生した損害については，事実としての権利侵害ごとに，積極的損害・消極的損害等の損害項目を個別に積み上げるため，権利侵害要件は損害賠償の範囲の始点としての意義がある（図2-1-1）[8]。

2 損害評価の出発点としての権利侵害（法律上保護に値するか）

(1) 権利追求機能

不法行為法又は原子力損害賠償法の目的は，被害者の権利・法益の保護・救済にあり[9,10]，これを目的として，権利・法益が不法行為により侵害される場合について，不法行為に基づく損害賠償により，権利・法益の保護を実現している[11]。

したがって，権利・法益侵害を理由とする損害賠償請求権は，侵害された権利・法益の有する価値を，金銭によって（民法722条1項）回復又は実現するものであり，本来の権利・法益の価値代替物であるから，権利侵害の内容を確認することは，権利追求機能をもつ[12]。

このように，不法行為に基づく損害賠償請求権は，被害者の権利・法益の侵害に対して与えられたものであり，権利・法益それ自体を直接に保護・救済する機能をもつ[13]。

(2) 保護に値する権利・法益の限定機能

権利侵害要件には，保護されるべき権利を限定する機能がある。例えば，風評

---

7 橋本ほか185頁，四宮435頁，窪田333頁参照。
8 四宮401頁参照。ただし，故意又は過失行為ではなく，故意又は過失との連結を問題としている。
9 橋本ほか83頁。
10 権利の保護・救済と憲法との関係については，不法行為法は，個人の権利を基点とし，その保護を目的とした体系（権利保障の体系）として把握されるべきである。その際，憲法により保障された個人の権利が何かを基点として，民法709条にいう「権利又は法律上保護された利益」としての保護の内包と外縁を決定していくべきである（潮見Ⅰ26頁）。
11 橋本ほか83頁。
12 潮見Ⅰ25頁脚注23。
13 潮見佳男「不法行為における財産的損害の「理論」——実損主義・差額説・具体的損害計算」法曹時報63巻1号（2011年）20頁。

被害について、権利侵害要件を満たさないという見解は、この機能に着目するものである。

権利侵害要件は、民法の立法者が考えていたとおり、元来は不法行為の成立について既成の権利が侵害された場合に限定することによって、不法行為責任を負う場合の無際限な拡大を防止し、それによって、個人や企業の活動の自由を確保するという自由主義の要請に応えようとしたものであった[14]。その後、「権利」[15]を狭く解した大審院判決[16]の実質的な判例変更[17]を経て、「権利侵害から違法性へ」という標語のもと、違法性要件として吸収する見解が有力となるなどした。

しかしながら、権利侵害・違法性に関するいずれの見解をとったとしても、ある権利を保護するに当たり、法的承認を要求する利益に限定を付する場面は現在でも存在することは否定されていない[18]。

(3) 権利生成機能

権利侵害要件は、複雑化する社会の変化に合わせて、それまで権利として意識されていなかった利益について、権利・法益として承認することにより、新しい権利・法益を生成するという機能がある（権利生成機能）[19,20]。

(4) 規範的評価の手がかり

ある権利・法益がなぜ保護されるのかは、損害賠償責任の内容画定における規

14　末弘1005頁、我妻96頁。
15　当時の民法709条は「他人の権利を侵害した者は」と規定していた。
16　大判大正3年7月4日刑録20巻1360頁〔雲右衛門事件判決〕。能見善久「桃中軒雲右衛門事件と明治・大正の不法行為理論」学習院大学法学会雑誌44巻2号（2009年）183頁、大村敦志『不法行為判例に学ぶ』（有斐閣、2011年）80頁参照。
17　前掲・大刑判大正3年7月4日。
18　林良平「不法行為における相関関係理論の位置づけ」加藤一郎＝水本浩編『民法・信託法理論の展開　四宮和夫先生古稀記念論文集』（弘文堂、1986年）202頁。いわゆる動的システム論においても、権利侵害要件は1つの要素となっている（前掲・山本「不法行為法における法的評価の構造と方法（二）——ヨーロッパ不法行為法原則（PETL）と動的システム論を手がかりとして」35頁）。
19　潮見Ⅰ32頁、窪田96頁、同136頁、前掲・大村『不法行為判例に学ぶ』参照。
20　このような権利は、人格権として表れやすい（判例民法Ⅰ350頁〔前田陽一執筆〕）。ある特定の利益が不法行為法上の保護に値するか否かの判断は容易ではなく、保護に値すると考えた場合にも、それを他者に説得することは必ずしも簡単ではない。そうした場合に、当該利益が権利としての呼称を有する人格権に含まれるとすることによって、説得がある程度容易になる（窪田130頁）。

範的評価の手がかりとなる[21]。

3 権利・法益の類型化

不法行為法を権利救済法と捉え，権利追求機能を重視すると，いかなる権利が，いかなる理由により保護に値し，どのような内容の損害を賠償すれば権利を救済できるのかということが重要となるため，権利・法益の類型化が指向される[22]。

本書では，このような考え方に従って，原子力損害賠償における7つの典型的な権利侵害について，各々，節を設けて検討する。

II 保護に値する利益の基準

1 判例の基準

どのような基準で，ある利益が，「権利又は法律上保護された利益」として認められるか[23,24]。判例は，生命・身体，財物に対する侵害と，それ以外の権利・法益を区別して判断する（表2-1-1）[25]。

2 身体・財物に対する侵害

生命・身体，財物の所有権に対する侵害について，判例は，権利侵害要件の充足を特段問題とすることなく損害賠償責任の成立を認める[26]。

3 身体・財物以外の権利・法益に対する侵害

生命・身体，財物以外の権利・法益に対する侵害について，判例は，対象範囲を物理的に画定できないこと，他の権利と競合するために観念的な優劣が問題に

---

21 前掲・水野「医療過誤訴訟における因果関係論と賠償額の算定」50頁。
22 潮見223頁，前掲・潮見「不法行為における財産的損害の「理論」」21頁脚注（37）。
23 判例は，これを，「権利」，「法律上保護される利益」，「権利濫用」，「受忍限度」，「違法性」などの概念のもとで判断してきた（前掲・瀬川「民法709条」559頁，同598頁）。
24 なお，権利・法益には濃淡があるところ，各種の人格権や営業利益のように，生命・身体や所有権と比較して比較的保護の程度の弱い権利，その中でも特に個別具体的な事案ごとに被害者の地位の要保護性が確定する利益（いわゆる「生成中の権利」）については，権利法益侵害があったかどうかを判断する際に，同時に，行為者の行為に対する無価値評価（故意過失の有無に関する評価［筆者注：無過失責任・危険責任の場合，当該規範が想定する危険が実現したかの評価］）もされているため，権利・法益侵害要件と別途に故意過失要件を審査する必要はなく，それゆえ，規範の保護目的という要件を別に立てる必要もない（潮見Ⅰ391頁）。
25 前掲・瀬川「民法709条」568頁，同569頁，同598頁。長秀之「不法行為1 基礎理論」伊藤滋夫総括編集『民事要件事実講座 第4巻』（青林書院，2007年）191頁参照。
26 前掲・瀬川「民法709条」598頁。

なること，利益の実現が他者の行為・態度に依存することを理由に，①利益の性質及び②侵害の態様を基準として判断する[27]。

このように権利・法益侵害に関する侵害態様を判断材料にする考え方は，当初は全面的には法的保護に値することを承認しにくい利益についても，特定の侵害行為との関係では保護を承認することにより，権利の生成を助ける[28,29,30]。

<表2-1-1：法的保護に値するかの基準>

	法律上保護に値するか。	事実としての権利侵害
生命・身体，財産	問題なく認められる。	特に違いはない。
それ以外	①利益の性質，②侵害の態様を考慮して判断する。	

III 第一次侵害と後続侵害

相当因果関係の存否（責任範囲の画定）について規範の保護目的・危険範囲を

---

27 前掲・瀬川「民法709条」598頁。なお，法律上保護に値しないとされた例として，考古学上重要な史跡についての「文化財享有権」（最判平成元年6月20日判時1334号201頁），「静謐な宗教的環境の下で信仰生活をおくるべき利益」（最大判昭和63年6月1日民集42巻5号277頁），ニュース放送において，身体障害者に対するいわゆる差別用語を使用した発言部分がそのまま放送される利益など（最判平成2年4月17日民集44巻3号547頁）がある。

28 窪田136頁。

29 権利の保護を目的として不法行為制度を捉える場合，社会生活をおくるなかで対等の地位におかれている個人の権利相互の衝突が生じる場合が出るから，権利の序列・優劣関係を明らかにするために，権利間の衡量をする必要がある（潮見 I 32頁，潮見佳男「損害賠償法の今日的課題」司法研修所論集119号（2009年）61頁。能見善久「不法行為の機能・要件の再構成」NBL 937号（2010年）23頁参照）。もっとも，原子力損害賠償責任の根拠を危険責任に求めたとき，そもそも特別の危険を内包する原子炉等の運転のもつ「自由」との比較考量という視点は，比較の前提を欠くとの理解も可能であり，実質的に意義が乏しいとも考えられる。

30 法律上保護に値するかの判断に当たって，侵害態様を考慮する見解については，原子力損害賠償が無過失責任であることに照らして，若干の疑義が生じる。というのは，侵害態様は過失要件で考慮すればよいという見解があるところ（平井23頁），過失要件が不要となれば，侵害態様を判断材料とすることが困難となるとも考えられるからである。しかしながら，このような見解においても，被侵害利益が保護に値するかを検討することには変わりがない（平井41頁。なお，平井64頁は，民法717条の工作物責任について，「瑕疵」の判断が過失判断と等しいとして，「瑕疵」について生じる危険及び被侵害利益の重大さとの相関関係において決されるとする。）。

基準とする考え方がある（第4章第2節参照）。その前提として，原因行為による直接の侵害である第一次侵害と，第一次侵害から派生した後続侵害に分けて考える必要があり，権利侵害は，責任範囲を画定する際の基本単位となる（図2-1-2）。

<図2-1-2：第一次侵害と後続侵害>

原因行為 ⇒ 第一次侵害 ⇒（派生）後続侵害

Ⅳ　継続的不法行為

権利侵害が時的に継続する不法行為を継続的不法行為という[31]。

駐車場など土地の不法占拠が典型例である（土地の所有権に対する侵害が継続している。）。

本件事故においては，避難指示等に伴う生活の平穏に対する侵害（第4節）が継続的不法行為の典型例であると考える。

第3節　原子力損害賠償における権利侵害

Ⅰ　原子力損害賠償請求権の成立要件

1　問題状況

原賠法3条1項本文は，原子力損害賠償責任の成立要件として，「原子炉の運転等の際，当該原子炉の運転等により原子力損害を与えたとき」と定める。これに対して，民法709条は「故意又は過失によって他人の権利又は法律上保護される利益を侵害した者は」と規定する。このように，原賠法3条1項は，民法709条とは異なり，「他人の権利又は法律上保護された利益が侵害されたこと」を明文の要件としていない。

そこで，「他人の権利又は法律上保護される利益が侵害されたこと」（以下「権利・法益」又は「権利侵害要件」という。）は原子力損害賠償請求権の成立要件かが

---

[31] 吉村良一「継続的加害・継続的被害――『不法行為と時間』」ジュリスト1126号（1998年）219頁参照。

問題となる。

<表2-1-2：民法709条と原賠法3条1項>

	損害賠償責任の成立要件	損害賠償責任の内容
民法709条	故意又は過失によって他人の権利又は法律上保護される利益を侵害した者は	これによって生じた損害を賠償する責任を負う。
原賠法3条1項本文	（原子炉の運転等の際，）当該原子炉の運転等により原子力損害を与えたとき	当該原子炉の運転等に係る原子力事業者がその損害を賠償する責めに任ずる。

2 原子力損害賠償請求権と権利侵害要件

権利侵害要件は原子力損害賠償請求権の成立要件であろうか。

以下の理由から，権利侵害要件が原子力損害賠償請求権の成立要件であると考える[32,33]。

(1) 権利侵害要件の機能・意義

第1に，①権利侵害要件は，どのような利益を保護するかを判断し，権利・法益を限定，又は拡張する機能を果たす。また，②損害賠償責任の成立において，事実的因果関係の終点となるほか，責任が成立する範囲を画定する際の基本単位となるなど，他の成立要件との関係で重要な機能を果たす（第2節参照）。

ここで，原子力損害賠償法は，過失責任と同様に被害者の権利救済を目的とするから（原賠法1条参照），権利救済の目的の下におけるこれらの機能及び重要性

---

[32] 原賠法は，損害賠償請求権の成立要件については，民法709条全体を排除しているとするように読める見解がある（科技庁・制度52頁）。この見解に従えば，権利侵害要件を明示的に規定しない原賠法3条1項にあっては，同項に基づく損害賠償請求権の成立要件ではないこととなる可能性がある。しかしながら，以下のとおり，権利侵害要件は原子力損害賠償請求権の成立要件と解され，上記見解は，原賠法3条1項に基づく損害賠償責任について，709条のうち過失要件を排除することにより，無過失責任であることを示す趣旨であると考えられる。

[33] 加えて，第4に，他の立法例，特に不法行為法の特別法として無過失損害賠償責任を定める立法例において，明文上は権利侵害要件を損害賠償請求権の成立要件としていないものの，解釈上，権利侵害要件が成立要件とされている立法例がある。例えば，鉱業法109条1項は，鉱害の賠償について，鉱物の掘採のための土地の掘さく，坑水若しくは廃水の放流，捨石若しくは鉱さいのたい積又は鉱煙の排出によって他人に損害を与えたときは，原則として鉱業権者がその損害を賠償する責に任ずると規定するところ，同条項の解釈において，生命・身体，財産権などの権利侵害が問題とされている（徳本鎮「鉱害賠償」西原道雄＝沢井裕編『現代損害賠償法講座5』（日本評論社，1973年）298頁）。このことからすると，同様に権利侵害要件について明文がない原賠法においても，解釈上，権利侵害要件を成立要件と考えることができる。

59

(2) 「生活の平穏」に関する議論

第2に，避難指示等に伴う損害について，「生活の平穏」という権利・法益を基礎にする考え方がある[34]。避難指示等に伴い，避難を余儀なくされるという不利益について，避難費用の支出等の損害の存否を判断する前に「生活の平穏」という権利・法益の類型について権利侵害要件を確認する考え方は，権利侵害要件を原子力損害賠償請求権の成立要件とする考え方と整合的である[35]。

(3) 原賠法制定時の学説との関係

第3に，原賠法が立法された当時（昭和36年）の有力な見解は，「他人の権利を侵害した」（平成16年改正前の民法709条の文言）を違法性要件に読み替えた上で，被侵害利益の強弱と侵害態様の強弱の相関関係によって違法性が判断されると解していた（相関関係説）[36]。そのため，原賠法3条1項においても権利侵害要件をあえて明示的に規定しなかった可能性がある[37]。

しかしながら，相関関係説も，相関関係の判断において，被侵害利益を考慮に入れる点で，保護に値する権利・法益と保護に値しない権利・法益を選別する。この意味で，相関関係説は，権利侵害要件を積極的に否定したものではない[38]。

(4) 原賠法3条1項本文及び同法2条2項の読み方

なお，上記のように権利侵害を原子力損害賠償請求権の成立要件と考えると，

---

[34] 中島・原発賠償46頁。

[35] 中間指針は「日常の平穏な生活」に言及する（中間指針第2-6備考1）。

[36] 我妻125頁，加藤・初版106頁，35頁。我妻栄は，原賠法制定過程において，特に重要な役割を果たした。我妻栄による原賠法制定への関与等について，小栁春一郎「原子力災害補償専門部会（昭和33年）と「原子力損害の賠償に関する法律」(1)」獨協法学89号（2012年）89頁，同「原子力災害補償専門部会（昭和33年）と「原子力損害の賠償に関する法律」(2)」獨協法学90号（2013年）110頁，同「我妻榮博士の災害法制論──原子力損害の賠償に関する法律」法律時報85巻3号（2013年）101頁参照。違法性に関し，沢井裕「不法行為法学の混迷と展望──違法性と過失」法学セミナー1979年10月号（1979年）72頁。

[37] 昭和22年（1947年），相関関係説の強い影響下で制定されたといわれる国家賠償法1条1項の要件（「国又は公共団体の公権力の行使に当る公務員が，その職務を行うについて，故意又は過失によって違法に他人に損害を加えたときは，国又は公共団体が，これを賠償する責に任ずる。」（下線部筆者））と対比して，原賠法3条1項が違法性要件についても規定していない点はどのように理解すべきか，今後の課題である。

[38] 水野謙「損害論の現在──権利侵害ないし法益侵害との関係に着目して」ジュリスト1253号（2003年）192頁。

原賠法3条1項本文及び同法2条2項について、「原子炉の運転等により発生させた放射線作用等が生じたことによって権利又は法律上保護される利益を侵害したときは」と読み替えることとなると考える。

Ⅱ 本件事故において侵害された権利・法益

本件事故により侵害された権利・法益として、避難等対象者の生活の平穏、被曝した者の生命・身体、風評被害を受けた者の営業利益などがある。

これらを権利・法益の帰属主体に従って分類すると、自然人（事業者を除く。以下同じ。）が享有する権利・法益として、生活の平穏、生命・身体、労働契約上の地位がある。また、自然人・事業者が享有するものとして所有権その他財産権がある。さらに、事業者が享有する権利・法益として、営業利益（政府指示等に係るもの、風評被害に係るもの）がある（本件事故に起因する法益侵害は以下に限られない。）[39]。

<表2-1-3：本件事故と権利・法益>

享有主体	権利・法益	損害の例
自然人	生活の平穏（避難指示等・自主的避難等）⇒第4節・第5節	避難指示等に伴う避難に伴う精神的損害 自主的避難に伴う交通費の支出
	生命・身体⇒第6節	被曝による急性・晩発性障害など
	労働契約上の地位⇒第7節	逸失利益（就労不能損害）
自然人・事業者共通	財物の所有権その他財産権⇒第8節	避難等対象区域内の不動産価値の喪失・減少など
事業者	営業利益（政府指示等）⇒第9節	避難指示等に伴う営業休止による売上減少など
	営業利益（風評被害）⇒第10節	風評被害による売上減少など

---

39 このような分類は、権利・法益の分類・整理として、私的法秩序を人格秩序、財貨秩序に分類し、人格秩序の外郭秩序として生活利益秩序を構想する考え方があるところ、これを参考にした（広中俊雄『新版 民法綱要 第1巻 総論』（創文社、2006年〔初版、広中俊雄『民法綱要 総論 上』（創文社、1989年）〕）15頁、同19頁）。藤岡康宏『損害賠償法の構造』（成文堂、2002年）12頁、同140頁参照。

第 4 節　生活の平穏（避難指示等）

I　概　　要

　政府による避難指示等に伴い，避難等対象者は，その意思に反して避難を余儀なくされた。この点で，避難等対象者は，生活の平穏を侵害された（Ⅱ）。また，このような避難を行った避難等対象者は，避難指示等が解除された場合であっても，なお帰還までは権利侵害が継続していると考えられる（Ⅲ）。加えて，避難指示等の解除後，避難等対象者が帰還したとしても，公共設備の復旧状況等によっては，一定の不便を強いられる場合がある（Ⅳ）。さらに，帰還困難区域などについて避難が長期化する場合には，これらとは別の権利侵害が発生する（Ⅴ）。

Ⅱ　避難指示等に伴う場合

1　生活の平穏の意義

　本件において，政府が発出した避難指示等により避難を余儀なくされた被害者は，平穏な生活をおくる人格的利益を侵害された[40]（中間指針第3-2など。以下「生活の平穏」という。）。

　このような権利・法益は，最高裁判決においても肯定されている。すなわち，ある者の所有する居住家屋が侵害された場合，当該家屋の所有権等に対する侵害とは別に，建物の所有権を有しない居住者に対する権利の侵害が認められる（最判昭和35年3月10日民集14巻3号389頁[41]，大判昭和16年2月19日新聞4685号7

---

[40] 中島・原発賠償46頁。避難等対象者の避難の実態について，丹波史紀「福島第一原子力発電所事故と避難者の実態——双葉8町村調査を通じて」環境と公害41巻4号（2012年）39頁。

[41] 建物所有権をもたない同居人である被上告人がある建物に居住していたところ，隣地所有者（上告人）が境界上に擁壁を建築したが，擁壁が崩壊し被上告人の建物が破損したため，被上告人が上告人に対して建物・家財に関する損害のほか精神的損害を請求した事案において，「不法行為によって財産以外に別途に賠償に値する精神上の損害を受けた事実がある以上，加害者は被害者に対して慰謝料支払の義務を負うべきものであることは民法710条によって明らかである」として，請求を認容した第一審及び控訴審の判断を追認し，上告を棄却した（ただし，生活の平穏に関する問題点は争点となっていない。）。

頁[42])[43]。このような権利侵害は、「生活の平穏」という人格的な権利に対する侵害と解されている[44]。

2 本件事故の「生活の平穏」

(1) 従来の議論

従前、権利・法益としての「生活の平穏」は、主として公害事件、特に騒音被害等の事件において問題とされてきた[45]。これは、身体への侵襲を必ずしも伴わない点に特色がある。

---

42 上告人が、ある建物に居住する被上告人を立ち退かせる目的で当該建物の床下を水没させたため、被上告人が建物の移転再築を強いられたことから、被上告人が上告人に対して精神的損害の賠償を請求した事案において、大審院は請求を認容した（事案の詳細及び審理経過の詳細は不明である。なお、判旨は、「占有権の侵害」を問題としているが、平穏な生活という人格権が侵害されていると考えることができる（四宮541頁注㈠）。

43 財物の所有権の他に、生活の平穏に対する侵害を理由に主として精神的損害を賠償対象とした下級審裁判例のうち、自動車交通事故に起因して建物を損壊された場合に、精神的損害が発生するとしたものとして、①東京地判昭和45年4月20日判タ251号311頁、②東京地裁八王子支判昭和47年6月20日交民5巻3号817頁、③大阪地判昭和48年3月30日判タ306号242頁、④東京地裁八王子支判昭和50年12月15日交民8巻6号1761頁、⑤松江地裁益田支判昭和52年4月18日交民10巻2号561頁、⑥岡山地判昭和59年1月30日交民17巻1号115頁、⑦福岡地判昭和61年3月10日目保ジ判例レポート67号No.17、⑧大阪地判平成元年4月14日交民22巻2号476頁、⑨大阪地判平成5年12月17日交民26巻6号1541頁、⑩横浜地判平成6年5月24日交民27巻3号643頁、⑪神戸地判平成13年6月22日交民34巻3号772頁（家屋を損壊され、約半年間のアパート暮らしを強いられた。建物所有者及び同居人各30万円）、⑫大阪地判平成15年7月30日交民36巻4号1008頁などがある。浅岡千香子「物損に関する慰謝料」日弁連交通事故相談センター東京支部『民事交通事故訴訟・損害賠償額算定基準（2008年版）』（日弁連交通事故相談センター東京支部、2008年）41頁、塚本伊平「慰謝料⑵──財産権侵害と慰謝料」篠田省二編『裁判実務大系15 不法行為訴訟法2』（青林書院、1991年）367頁参照。これらはいずれも生活権・生活利益の侵害を問題とする。また、自動車交通事故以外で、生活の本拠からの避難を強いられたものとして、長野地判平成9年6月27日判時1621号3頁（避難期間は1週間から約3年9か月。精神的損害は概ね300万円から400万円まで）、徳島地判平成17年8月29日判例地方自治278号72頁（避難期間約8年。精神的損害300万円）、長崎地判昭和61年3月31日判時1201号118頁（避難期間約7年7か月。仮設プレハブ住居に居住していた場合に150万円）などがある（平成23年6月20日開催の原子力損害賠償紛争審査会資料1-2参照）。

44 四宮541頁注㈠。

45 大塚直「環境訴訟における保護法益の主観性と公共性・序説」法律時報82巻11号（2010年）117頁。

(2) 本件事故の「生活の平穏」の意義

上記の従来の議論と対比して，本件事故における避難等対象者の生活の平穏の侵害は，避難等対象者にとって，ある場所に住んでいたこと自体が侵害されたものであり，以下のような特色がある。

第1に，避難等対象者は，多くの場合，住み慣れた生活の本拠から退去させられ，長期にわたり生活の本拠への帰還を禁止されるのであるから，憲法上保障された居住・移転の自由（憲法22条1項）[46]，特に「自己の意思に反して居住地を変更されない自由（移動しない自由）」[47]に対応する私法上の権利・法益を侵害されたものである[48]。

第2に，居住・移転の自由は，単に「移動する」「移動しない」の自由にとどまらず，個人の人格形成の基盤となる重要な権利である[49]。

したがって，本件事故における「生活の平穏」は，自己の意思に反して居住地を変更されない自由を核とし，自己の意思に基づいて居住地[50]と定めた場所を基

---

[46] 「身体の自由」も民法709条の「権利」に該当する（橋本ほか124頁）。もっとも，身体の自由は身体的拘束を受けない自由と捉えている点で（橋本ほか124頁），ここでの「生活の平穏」とは異なる。ドイツにおける議論について，ハイン・ケッツ＝ゲルハルト・ヴァーグナー（吉村良一＝中田邦弘訳）『ドイツ不法行為』（法律文化社，2011年）74頁，179頁参照。

[47] 野中俊彦＝中村睦男＝高橋和之＝高見勝利『憲法Ⅰ（第5版）』（有斐閣，2012年）459頁。

[48] このほか，幸福追求権（憲法13条），人格権（憲法13条），健康で文化的な生活を営む権利（憲法25条）なども関連する。なお，前記のとおり，不法行為法は，個人の権利を基点とし，その保護を目的とした体系（権利保障の体系）として把握されるべきであり，その際，憲法により保障された個人の権利が何かを基点として，民法709条にいう「権利又は法律上保護された利益」としての保護の内包と外縁を決定していくべきである（潮見Ⅰ26頁）。

[49] 居住・移転の自由は，人の活動領域を拡大することによって見聞を広め，新たな人的交流を可能とすることで，人格形成に必要な不可欠の条件ともなりえ，それは，人格の陶冶に寄与するという意味で人間存在の本質的自由としての意義をもつ（前掲・野中ほか『憲法Ⅰ（第5版）』458頁）。このような意義は，移転する場合にとどまらず，移転しない場合にも妥当すると考える。

[50] 「居住地」とは，生活の本拠である住所（民法22条以下）を中心として判断されることとなろう。住所について，我妻栄『新訂　民法総則』（岩波書店，1965年）92頁，谷口知平＝石田喜久夫編『新版　注釈民法(1)　総則(1)（改訂版）』（有斐閣，2002年）402頁〔石田喜久夫・石田剛執筆〕，遠藤浩＝良永和隆編『基本法コンメンタール民法総則（第6版）』（日本評論社，2012年）69頁〔山崎寛執筆〕参照。公職選挙法9条2項の「住所」の意味について，最判平成9年8月25日判時1616号52頁参照。

盤として，家族等とともに個人の人格を形成しつつ，生活をおくる平穏な状態に係る私法上の人格権と考える[51]。

(3) 受忍限度論との関係

(i) 適用可能性

判例は，身体に対する侵害の場合には特段の付加的要件を問題としない一方で，身体侵害を伴わない人格的利益の侵害についていわゆる受忍限度論（当該侵害を社会生活上受忍するのが相当か否かという基準）[52]を用いて権利・法益に対する侵害の有無を判断してきた。また，本件において，避難等対象者が，避難指示等によりそれまでの生活の平穏を侵害されたと解されることが多い[53]。したがって，生活の平穏についても同様の基準で判断される可能性がある[54]。

---

51 これに対して，避難等対象区域に偶然滞在し，避難指示等により避難を余儀なくされた者は，私法上，人格権としての生活の平穏ではなく，それに至らない一時的な移動の自由又は旅行の自由（憲法22条1項。前掲・野中ほか『憲法Ⅰ（第5版）』459頁）に対応する私法上の権利・法益を侵害されたと考える。

52 受忍限度論は，ある侵害を社会生活上受忍するのが相当か否かという基準によって，無形・有形の環境的利益の保護の境界を確定しようとする考え方である（前掲・瀬川「709条」615頁）。最大判昭和56年12月16日民集35巻10号1369頁は，「侵害行為の態様と侵害の程度，被侵害利益の性質と内容，侵害行為のもつ公共性ないし公益上の必要性の内容と程度等を比較検討するほか，侵害行為の開始とその後の継続の経過及び状況，その間にとられた被害の防止に関する措置の有無及びその内容，効果等の事情をも考慮し，これらを総合的に考察してこれを決すべきものである」とする。下級審裁判例は，このほかに，住宅地か商工業地かといった地域性，行政指針の遵守の有無，土地利用の先後関係などを考慮する（前掲・瀬川「709条」616頁）。受忍限度論について，最判昭和47年6月27日民集26巻5号1067頁，前掲・最大判昭和56年12月16日，最判平成17年11月10日民集59巻9号2428頁，最判平成23年7月15日民集65巻5号2362頁。前田陽一『不法行為法（第2版）』（弘文堂，2010年）53頁参照。

53 これに対して，これまでの損害賠償法では，財産権や人身に対する現実の侵害に伴って生じているわけでない避難等対象者の損害は，損害賠償の対象とは考えられてこなかったという見解がある（森嶌昭夫「原子力賠償法の提案」21世紀政策研究所『新たな原子力損害賠償制度の構築に向けて　報告書』(21世紀政策研究所，2013年) 164頁）。

54 権利・法益としての「生活の平穏」について検討するものとして，須加憲子「高度な危険性を有する（バイオハザード）研究施設による「不安感・恐怖感」と「平穏生活権」について──国立感染症研究所実験等差止事件を契機として」早稲田法学78巻1号 (2002年) 167頁。そこでは，判例・裁判例を①生活妨害・ニューサンス，②プライバシー，③平穏な家庭生活，④暴力団，⑤生命・身体・健康に関連する心身の平穏，⑥労働争議，⑦その他に分類する。この点，本件事故に伴う避難指示による平穏な生活の侵害は，居住・移転の自由自体が阻害される点で，上記類型のいずれにも該当しないと解

(ii) 検　討

　そこで，避難指示等に伴う生活の平穏に対する侵害について，身体に対する侵害を伴わない人格的利益の侵害に該当するとして，いわゆる受忍限度論により判断すべきか否かが問題になる。

　以下の理由から，そのように解すべきではなく，受忍限度論を問題とすることなく，権利・法益の侵害を肯定すべきであると考える[55]。また，仮に受忍限度論で判断するとしても，権利・法益としての重要性，侵害態様等に照らして，受忍限度を超えていることは明らかであると考える。

　第1に，避難等対象者は，住み慣れた住居から退去させられ，長期にわたり自宅への帰還を禁止されるのであるから，居住・移転の自由に対応する私法上の権利・法益を侵害されたものである。このような権利・法益の侵害は，生命・身体又は財物[56]への侵害に匹敵するとの評価が可能であり，少なくとも，従来の議論の対象とされてきた，身体に対する侵害を伴わない人格権侵害を超える保護が必要であろう。

　第2に，このような居住・移転の自由を核とする権利・法益は，外縁が明確であり，受忍限度を問題にすることなく，生命・身体，財物に準ずるものとして法律上保護されると評価することが可能である。

3　住居確保損害の時的範囲と生活の平穏の回復

　このような生活の平穏に対する侵害は，政府による避難指示等による避難という権利侵害が継続するため，継続的不法行為に分類され，避難指示等が継続する

される。なお，上記論稿は，近隣にバイオハザード施設が存在する場合の住民の不安感・危惧感の権利・法益該当性についても検討する点で，今後，放射性物質を含む廃棄物の仮置き場，中間貯蔵施設の建設について参考になる。林豊「し尿処理場，火葬場等公共施設と不法行為責任」山口和男編『裁判実務大系　第16巻　不法行為訴訟(2)』（青林書院，1987年）170頁参照。

55　生活の平穏について，①身体権に近いもの（「物理的平穏（生命・身体の安全性に関わる平穏）」に関する権利・法益）と，②そうでないものに二分した上で，前者について受忍限度判断を経ることなく違法であり，侵害行為の態様等の事情は，仮に考慮されるとしても，それは，このような平穏生活権の侵害の有無や程度にかかわっての考慮にとどめるべきであるという見解がある（吉村良一「「平穏生活権」の意義」水野武夫先生古稀記念論文集刊行委員会編『水野武夫先生古稀記念論文集　行政と国民の権利』（法律文化社，2011年）242頁。吉村良一「不法行為法における権利侵害要件の『再生』」立命館法学321＝322号（2008年）569頁参照。

56　このような権利・法益を絶対権と呼ぶこともある（前掲・大塚「権利侵害論」266頁。橋本ほか107頁参照）。

限り，権利侵害が継続すると考えられる。

　もっとも，一定の場合に，生活の平穏が回復されうるのは否定されていない。この点，四次追補は，いわゆる住居確保損害の賠償を受ける者は，避難費用については，特段の事情がない限り，住居確保に係る損害の賠償を受けることが可能になった後，他所で住居を取得又は賃借し，転居する時期までとする[57]（四次追補第2-1-Ⅱ）。

　これは，住居確保損害の賠償を受けることにより，事故前と全く同じ住居ではないものの，規範的に見て生活の平穏という権利・法益が事後的に回復されたとしたものと考えられる。

Ⅲ　避難指示等解除後（帰還前）の相当期間内の生活の平穏の侵害

　中間指針は，避難指示等の解除から相当期間[58]について，引き続き，権利・法益が侵害されているとする（中間指針第3-2-Ⅲ）[59]。

　これは，避難等対象者は，避難指示等が解除されたとしても，一定期間の避難を行ったものであり，公共施設の復旧状況等によっては，直ちに帰還できるものとは限らないから，帰還までの間，なお継続して生活の平穏が害されていると考えたものと解される（中間指針第2-2備考4）。

　このような生活の平穏に対する侵害は，避難指示等に伴う生活の平穏とは，避難指示等の有無によって概念上区別できるものであるから，避難指示等に伴う生活の平穏に対する侵害からさらに派生した後続侵害であると考えられる。

---

[57] ただし，合理的な時期までに他所で住居を取得又は賃借し，転居しない者については，合理的な時期までとする（四次追補第2-1-Ⅱ）。この「合理的な時期」とは，避難の長期化に伴い生活の平穏を侵害された者については，本件事故に伴う避難者向け災害公営住宅の整備が進捗し，希望者が当該住宅に転居することが可能になると想定される事故後6年後までを目安とする（四次追補第2-1備考5）。

[58] 旧緊急時避難準備区域においては，中間指針において避難費用及び精神的損害が特段の事情がある場合を除き賠償の対象とはならないとしている「避難指示等の解除等から相当期間経過後」の「相当期間」は，平成23年9月に避難指示等が解除された旧緊急時避難準備区域については平成24年8月末までを目安とする（二次追補第2-1-(2)-Ⅲ）。避難指示区域については，1年間を当面の目安とし，個別の事情も踏まえ柔軟に判断するものとする（四次追補第2-1-Ⅲ）。

[59] 中間指針等によれば，避難指示等の解除等から相当期間経過後に生じた避難費用は，特段の事情がある場合を除き，賠償の対象とはならない（中間指針第3-2-Ⅲ）。

Ⅳ 避難指示等解除後，かつ，帰還後相当期間内容の生活の平穏の侵害

避難指示等解除後，避難等対象者が帰還した後であっても，相当期間が満了するまでは権利侵害が継続するとしている（二次追補第 2-1-(2)-Ⅲ）[60,61]。

このような権利侵害の性質は，長期にわたる避難の影響で公共設備の復旧等が進んでおらず，帰還した住民にとって，一定の不便等が存在することから，事実状態としてのそのような不便等について，法律上保護に値するとしたものと考えられる。

また，帰還後の生活の平穏は，即時に回復するものではなく，時の経過とともに徐々に回復する性質がある。したがって，生活の平穏に対する侵害は，相当期間経過後，一定の期間，その侵害の程度は低減すると考えられるものの，なお継続する場合がある（「賠償基準の考え方」別紙 2(2)参照）[62]。

このような生活の平穏に対する侵害は，避難指示等に伴う生活の平穏とは，避難指示等の有無及び帰還の有無によって区別できるものであるから，避難指示等に伴う生活の平穏（さらには，そこから派生した避難指示等解除後の避難中における生活の平穏）に対する侵害からさらに派生した後続侵害であると考えられる。

---

[60] 旧緊急時避難準備区域においては，中間指針において避難費用及び精神的損害が特段の事情がある場合を除き賠償の対象とはならないとしている「避難指示等の解除等から相当期間経過後」の「相当期間」は，旧緊急時避難準備区域については平成 24 年 8 月末までを目安とする（11 か月）。その上で，避難指示の解除後相当期間経過前に帰還した場合であっても，原則として，個々の避難者が実際にどの時点で帰還したかを問わず，当該期間経過の時点を一律の終期として損害額を算定することが合理的である（二次追補第 2-1-(2)）。避難指示区域については，1 年間を当面の目安とし，個別の事情も踏まえ柔軟に判断するものとする（四次追補第 2-1-Ⅲ）。

[61] なお，第 1 期（平成 23 年 3 月 11 日から 6 か月間）又は第 2 期（第 1 期終了の日の翌日から 6 か月間）において帰還した場合や本件事故発生当初から避難せずにこの区域に滞在し続けた場合は，個別具体的な事情に応じて賠償の対象となりうる（中間指針二次追補第 2-1-(2)）。

[62] 「賠償基準の考え方」によれば，「中学生以下の年少者に精神的損害について月額 5 万円として 2013 年 3 月分まで継続するとともに，全住民について，通院交通費等生活費の増加分として，2013 年 3 月分までを一括して一人当たり 20 万円を支払うこととする」（「賠償基準の考え方」別紙 2(2)）としていることからすれば，2013 年 3 月まで権利侵害が継続していたものと考えられる。

第 4 節　生活の平穏（避難指示等）

いわゆる早期帰還者賠償[63]は，このような権利侵害から生じる損害項目に該当すると考えられる（第 5 章第 4 節参照）。

V　避難の長期化に伴う生活の平穏の侵害

帰還困難区域においては，将来にわたって居住を制限することを原則としており，依然として住民の立入りが制限され，本格的な除染や公共設備の復旧等が実施されていないなどの状態にある。このように，帰還困難区域においては，現段階では避難指示解除までの見通しを立てることが困難であり，避難指示が事故後 6 年を大きく越えて長期化する可能性がある地域も存在する。また，帰還困難区域が大半を占める市町村の居住制限区域及び避難指示解除準備区域においても，除染や公共設備の復旧等の状況によっては，当該市町村内の帰還困難区域と同様に避難指示が長期化する可能性がある地域も存在する[64]。

そこで，四次追補は，帰還困難区域又は大熊町若しくは双葉町の居住制限区域若しくは避難指示解除準備区域については，「長年住み慣れた住居及び地域における生活の断念を見通しのつかない長期間にわたって余儀なくされた精神的苦痛等」を一括して賠償するとした（四次追補第 2-1-Ⅰ）[65]。

63　早期帰還者賠償とは，早期に帰還する被害者が直面する生活上の不便さに伴う費用についての賠償をいう（平成 25 年 12 月 20 日原子力災害対策本部決定「原子力災害からの福島復興の加速に向けて」）。

64　対象となる地域については，四次追補決定後，被害者による損害賠償請求が可能になると見込まれる，平成 26 年 3 月時点における状況を踏まえて判断することとし，仮に，それまでの間に区域が見直されたり，帰還困難区域であっても除染計画や公共設備の復旧計画等が整い帰還の見通しが明らかになったりするなど，前提とした状況に変更があった場合には，その変更された状況に応じて判断するものとする。なお，大熊町又は双葉町に隣接し，帰還困難区域の境界が人口密度の比較的高い町内の地域を横切っている富岡町及び浪江町においては，帰還困難区域に隣接する高線量地域（区域見直し時，年間積算線量が 50 ミリシーベルト超とされた地域）の取扱いについて，警戒区域解除後の区域見直しの経緯，除染等による線量低減の見通し等個別の事情を踏まえ，柔軟に判断することが考えられる（四次追補第 2-1 備考 2）。

65　その理由は以下のとおりとされている（四次追補第 2-1 備考 1）。これらの地域に居住していた住民の精神的損害の内容は，理論的には最終的に帰還が可能となるか否かによって異なると考えられるが，①長期間の避難の後，最終的に帰還が可能か否か，また，帰還可能な場合でもいつその見通しが立つかを判断することが困難であること，②現在も自由に立入りができず，また，除染計画や公共設備の復旧計画等がなく帰還の見通しが立たない状況においては，仮に長期間経過後に帰還が可能となったとしても，帰還が

このような考え方は，避難等対象者の生活の平穏のうち，避難が長期化し，生活の本拠を変更せざるを得ないことについて，比較的早期の帰還を前提とした生活の平穏に対する侵害（避難生活の継続）とは区別された，生活の平穏に対する侵害の類型を立てたものであると考えられる。

なお，避難の長期化に関連して，いわゆる住居確保損害に関する権利侵害については，生活の平穏及び土地・建物の所有権に対する侵害が結合した権利侵害として整理した（第8節）。

第5節　生活の平穏（自主的避難等）

I　概　要

福島第一原発の比較的近傍に居住する者が，避難指示等に基づかず，自主的に避難した場合，原子力損害賠償請求権が成立しうる（一次追補第2）[66]。なお，避難指示等に基づかずに避難した被害者の多くは，避難指示等の有無とは関係なく放射線被曝に対する恐怖から避難したものであるから，「自主的避難」という言葉は本来なじまない。そこで，以下では，「避難指示を受けていない避難」という意味で「自主的避難」という言葉を用いる[67]。

自主的避難等に伴う損害の権利・法益は，①避難した大人（妊婦・子ども以外）（II），②避難した妊婦・子ども（III），③避難しなかった大人（妊婦・子ども以外）（IV），④避難しなかった妊婦・子ども（V）に区別され，以下のとおり，それぞれ侵害された権利・法益（生活の平穏に該当する[68]。）の内容が異なる[69]。

　　不能なために移住を余儀なくされたとして扱うことも合理的と考えられること，③これらの被害者が早期に生活再建を図るためには，見通しのつかない避難指示解除の時期に依存しない賠償が必要と考えられること等である（四次追補第2-1備考1）。

66　これに対して，自主的避難（慰謝料）について，「ad hoc に持ち出される要求にその都度対応して確固たる要求や理論づけもなしに水増しした賠償金が支払われている」という批判がある（前掲・森嶌「原子力賠償法の提案」162頁）。

67　栃尾安紀「原子力損害賠償紛争解決センターにおける調査官の活動3」判時2158号（2012年）5頁。

68　高橋＝大塚編89頁。ただし，避難指示等によって避難を余儀なくされたものではないという点で，避難指示等に伴う生活の平穏に対する侵害とは区別される。

69　自主的避難等は，避難者の意思に反して避難したものではないという点で避難等対象者とは異なっており，判例の受忍限度論が適用される可能性がある。ここで，一般に受忍

第 5 節　生活の平穏（自主的避難等）

Ⅱ　避難した大人（妊婦・子ども以外）

　自主的避難を行った大人のうち，一定の区域[70]に居住していた者は，本件事故発生当初の時期に，自らの置かれている状況について十分な情報がない中で，大量の放射性物質の放出による放射線被曝への恐怖や不安を抱き，その危険を回避しようと考えて避難を選択したものであり，大量の放射性物質の放出による放射線被曝への恐怖や不安を抱いて避難したことは，年齢等を問わず一定の合理性がある（一次追補第 2）。

　これは，自らの置かれている状況について十分な情報がない中で，大量の放射性物質の放出による放射線被曝への恐怖や不安を抱いて避難したという，権利・法益の性質及び侵害の態様に照らして，このような生活の平穏に対する侵害を法律上保護された利益に対する侵害とした（受忍限度を超えるとした[71]）ものであると解される[72]。

　　　限度論においては，侵害する側の公益性，公共性も考慮要素とされる。もっとも，そうだとしても，原子力損害賠償責任が危険責任原理に基づくこと，原子力発電所の操業という許された特別の危険が実現した場合における損害賠償責任であることからすれば，加害者側の公益性，公共性を過度に重視することには慎重である必要があるだろう。
70　福島市，二本松市，伊達市，本宮市，桑折町，国見町，川俣町，大玉村，郡山市，須賀川市，田村市，鏡石町，天栄村，石川町，玉川村，平田村，浅川町，古殿町，三春町，小野町，相馬市，新地町，いわき市。また，福島県県南地域（白河市，西郷村，泉崎村，中島村，矢吹町，棚倉町，矢祭町，塙町，鮫川村）及び宮城県伊具郡丸森町も対象となった（2012 年 6 月 11 日付け東京電力プレスリリース「福島県県南地域における自主的避難等に係る損害賠償の開始について」，2012 年 8 月 13 日付け東京電力プレスリリース「自主的避難等に係る損害に対する追加賠償について宮城県丸森町における自主的避難等に係る損害賠償の開始について」）。
71　他の自主的避難等の類型も同様である。
72　この点について，権利保全費用の賠償可能性を考える上で決定的なのは，自主的避難等の費用が自己の権利・法益に対する危険の現実化を回避するための予防措置として合理的なものであったか否かであって，「政府による指示」の有無は過大視されるべきではないという見解がある（潮見佳男「中島肇『原発賠償　中間指針の考え方』を読んで」NBL 1009 号（2013 年）42 頁）。

III　避難した妊婦・子ども

　自主的に避難した妊婦・子どもについては，生活圏内の空間放射線量や放射線被曝による影響等に関する情報がある程度入手できるようになった後も，放射線被曝への恐怖や不安を抱き，その危険を回避しようと考えて避難を選択したものであり，放射線への感受性が高い可能性があることが一般に認識されていること等から，比較的低線量とはいえ通常時より相当程度高い放射線量による放射線被曝への恐怖や不安を抱くことは一定の合理性がある（一次追補第2）。
　これは，妊婦・子どもの性質に照らして，比較的低線量とはいえ，通常時より相当程度高い放射線量による放射線被曝への恐怖や不安を抱いて避難したという，権利・法益の性質及び侵害の態様に照らして，このような生活の平穏に対する侵害について，法律上保護された利益に対する侵害としたものであると解される。

IV　避難しなかった大人（妊婦・子ども以外）

　自主的避難を実行しなかった者（以下第2部各章第5節において「滞在者」という。）のうち，大人（妊婦・子ども以外）は，本件事故発生当初の時期に，自らの置かれている状況について十分な情報がない中で，主として放射線被曝への恐怖や不安やこれに伴う行動の自由の制限等を余儀なくされた（一次追補第2）。
　これは，比較的近距離で原子力発電所の大規模な事故が生じ，自らの置かれている状況について十分な情報がない中で，主として放射線被曝への恐怖や不安やこれに伴う行動の自由の制限等を余儀なくされたという，権利・法益の性質及び侵害の態様に照らして，このような生活の平穏に対する侵害を法律上保護された利益に対する侵害としたものであると解される。

V　避難しなかった妊婦・子ども

　滞在者のうち，避難しなかった妊婦・子どもについては，生活圏内の空間放射線量や放射線被曝による影響等に関する情報がある程度入手できるようになった後も，放射線への感受性が高い可能性があることが一般に認識されていること等から，比較的低線量とはいえ通常時より相当程度高い放射線量による放射線被曝への恐怖や不安を抱き，また，これに伴う行動の自由の制限等を余儀なくされた

（一次追補第2）。

　これは，妊婦・子どもの性質に照らして，比較的近距離で原子力発電所の大規模な事故が生じ，比較的低線量とはいえ，通常時より相当程度高い放射線量による放射線被曝への恐怖や不安を抱き，また，これに伴う行動の自由の制限等を余儀なくされているという，侵害の態様に照らして，法律上保護された利益に対する侵害としたものであると解される。

第6節　生命・身体

Ⅰ　概　要

　生命・身体が「権利」に該当することは争いがない[73]。

　本件事故において，生命・身体に対する侵害として，第1に，①急性の放射線障害（中間指針第9），②晩発性の放射線障害（中間指針第9）などが考えられる。

　また，第2に，避難を余儀なくされたため，受傷し，又は健康状態が治療を要する程度に悪化した（以下「受傷等」という。）場合がある（中間指針第3-5）。これはさらに，③避難のための移動過程で受傷等した場合[74]，及び，④避難生活において受傷等した場合に分類される。

　さらに，第3に，⑤生命・身体に対する侵害の可能性も，生命・身体に対する侵害の一類型である。

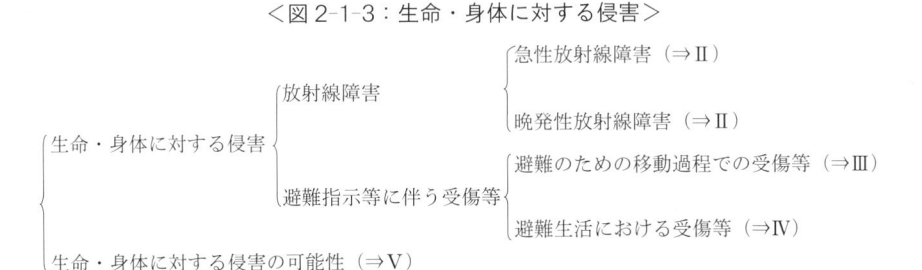

<図2-1-3：生命・身体に対する侵害>

```
                              ┌急性放射線障害（⇒Ⅱ）
                  ┌放射線障害┤
                  │          └晩発性放射線障害（⇒Ⅱ）
生命・身体に対する侵害┤
                  │                  ┌避難のための移動過程での受傷等（⇒Ⅲ）
                  └避難指示等に伴う受傷等┤
                                      └避難生活における受傷等（⇒Ⅳ）
生命・身体に対する侵害の可能性（⇒Ⅴ）
```

73　潮見Ⅰ172頁，橋本ほか123頁。
74　避難時の過労によって申立人に発生した頭痛及び腰痛がその例である（事例集193頁）。

73

II　放射線障害

　本件事故の復旧作業等に従事した[75]原子力発電所作業員，自衛官，消防隊員，警察官又は住民その他の者が，本件事故に係る放射線被曝による急性又は晩発性の放射線障害により，傷害を負い，治療を要する程度に健康状態が悪化し，疾病にかかり，又は死亡した場合，原子力損害賠償責任が成立する（中間指針第9）。

III　避難のための移動中の生命・身体侵害

　避難等対象者は，避難指示等により避難を余儀なくされたため，傷害を負い，又は治療を要する程度に健康状態が悪化する場合がある（中間指針第3-5）。例えば，平成23年3月12日，ある避難等対象者が，政府による避難指示等を受けて，走って避難したために転倒し受傷した場合など，避難のための移動中に受傷等する場合もこれに含まれると考えられる。

IV　避難生活中の生命・身体侵害

　避難等対象者は，避難指示等により避難を余儀なくされたため，傷害を負い，又は治療を要する程度に健康状態が悪化する場合がある（中間指針第3-5）。これは，避難生活という特殊な状況における生命・身体に対する侵害を含むと考えられる[76]。

---

[75] なお，「本件事故の復旧作業等に従事した」（中間指針第9）という部分は「原子力発電所作業員，自衛官，消防隊員，警察官」に係り（原子力……警察官を修飾し），「住民」の修飾語ではないと考えられる。放射線被曝による生命・身体の侵害を本件事故の復旧作業等に従事した住民に限定するのは不合理だからである。

[76] 避難生活中に生命・身体を侵害された事例として以下のものがある。①避難等対象区域から避難した腎臓透析患者が本件事故による医療水準の低下等が原因で平成23年3月27日に死亡した事例（公表番号268），②避難等対象区域内の病院に入院中に本件事故が発生し，これに伴う医療水準の低下により平成23年3月13日ころに死亡した事例（公表番号271），③認知症を患い入所中の楢葉町の老人ホームから避難し，避難による体力の低下等に伴い肺炎を発症し，平成23年5月に死亡した事例（公表番号447），④脳梗塞後のリハビリのため入所中の避難等対象区域の施設から避難し，避難による体力の低下等に伴い肺炎を発症し，平成23年10月に死亡した事例（公表番号456），⑤脳

第6節　生命・身体

V　生命・身体に対する侵害の可能性

1　検査費用（人）と問題の所在
　避難等対象者が実際に避難し，放射線被曝の有無等について検査を受けた場合，当該費用について損害賠償請求権が成立しうる（検査費用（人）。中間指針第3-1）[77]。

　この点，①検査の結果，放射線被曝が確認された場合には，身体に対する侵害が認められ，治療費等について損害賠償請求権が成立しうる（中間指針第9）。これに対して，②検査の結果，放射線被曝が確認されなかった場合には，検査時点において，客観的に放射線被曝がなかったのであるから，厳密には，生命・身体に対する侵害は存在しなかったことになる。

　そこで，救済の対象となる権利・法益について，生命・身体に対する侵害の可能性が権利侵害に該当すると考えられないかが問題となる。

2　生命・身体に対する侵害の可能性に関する一般的な議論
　一般的な理解によれば，生命・身体に対する侵害の可能性は，法律上保護に値する利益の侵害でない。例えば，自動車が通行人に高速で接近したが衝突寸前で事故を回避した場合，当該通行人に，権利侵害又は損害（精神的損害を含む。）は発生しないと考えられる。

3　本件事故における生命・身体に対する侵害の可能性
　しかしながら，生命・身体に対する侵害の可能性が現実化した場合，侵害されるのは生命・身体という重大な権利・法益である。また，特に放射線の作用は不

　　梗塞の後遺症により寝たきりの状態（要介護5）で避難等対象区域内から避難し，長時間の避難移動等による体調悪化により平成23年3月下旬に死亡した事例（公表番号534），⑥入院中の旧緊急時避難準備区域内の病院から避難し，避難に伴い肺炎を発症して平成23年4月に死亡した事例（公表番号543-1），⑦避難等対象区域内の病院に入院中に本件事故が発生し，転院を重ねて平成23年5月に死亡した事例（公表番号401-1，401-2），⑧避難等対象区域内に居住し，本件事故により避難を余儀なくされ，避難生活中に体調を悪化させ，平成23年10月に死亡した事例（公表番号391），⑨避難等対象区域からの避難生活中に要介護1から要介護2に状態が悪化し，平成23年11月に避難先で死亡した事例（公表番号332）。

77　中間指針等によれば，本件事故の発生以降，避難等対象者のうち避難若しくは屋内退避をした者，又は対象区域内滞在者が，放射線への曝露の有無又はそれが健康に及ぼす影響を確認する目的で必要かつ合理的な範囲で検査を受けた場合には，これらの者が負担した検査費用を賠償すべき損害とする（中間指針第3-1）。

可視のまま身体を侵襲するという特色がある。

　そうだとすれば，実際に避難等対象区域から避難した者については，権利・法益の重大性，及び，放射線の作用は不可視のまま身体を侵襲する可能性があるという侵害態様に照らすと，生命・身体に対する侵害の可能性は，法律上保護に値するものと解される[78,79,80]。検査費用（人）についての中間指針もこのような趣旨と解される[81]。

　また，検査費用（物）（中間指針第3-9）は，物に付着した放射性物質についても，究極的には放射線等の生命・身体への悪影響が懸念されているのであるから，生命・身体への侵害の可能性に対する侵害とみることができよう[82,83]。

78　建物としての基本的な安全性を損なう瑕疵に関連して，居住者等の生命，身体又は財産に対する危険が現実化することを重視する最高裁判決（最判平成19年7月6日民集61巻5号1769頁，最判平成23年7月21日民集237号293頁）や，生命・身体の重要性に照らして保護の範囲を拡大する最高裁判決（最判平成11年2月25日民集53巻2号235頁，最判平成12年9月22日民集54巻7号2574頁）と同一の方向性であると考えられる。

79　富田哲「原子力損害における相当因果関係──福島第一原発事故をめぐって(1)」福島大学行政社会論集24巻4号（2012年）93頁。升田純『原発事故の訴訟実務　風評損害訴訟の法理』（学陽書房，2011年）20頁参照。

80　これとは別の考え方として，避難等対象区域から避難するなどした場合には，本件事故の発生地に近接していたことから，一応身体に対する侵害が存在するという解釈も成り立ちうる。しかしながら，検査によって実際に被曝していないことが確認されたのであるから，上記のとおり，生命・身体に対する侵害の可能性（危険）を権利・法益の侵害とみるのが事態適合的であると考える。また，避難等対象区域であることを重視すれば，避難等対象者の生活の平穏に対する侵害から生じる損害の1つと構成することも考えられる。もっとも，いずれかに拘泥する必要はなく，最終的に検査費用等の損害項目について原子力損害賠償請求権が成立するか否かが重要である（特に，権利侵害の内容によって大きく異なりうる精神的損害が，ここでは問題となっていない。）。

81　放射線は，その量によっては人体に多大な負の影響を及ぼす危険性がある上，人の五感の作用では知覚できないという性質を有している。それゆえ，本件事故の発生により，少なくとも避難等対象者のうち，避難等対象区域内から避難等対象区域外に避難し，若しくは同区域内で屋内退避をした者又は避難等対象区域内滞在者が，自らの身体が放射線に曝露したのではないかとの不安感を抱き，この不安感を払拭するために検査を受けることは通常は合理的な行動といえる（中間指針第3-1備考1）。

82　物の所有権に対する侵害の可能性にあたると考えることも可能であろう。また，家財に関する損害については，避難等対象者の生活の平穏に対する権利侵害と捉えることもできると考える。

83　関連して，放射線被曝による将来の健康への不安については，必ずしも独立した権利・

第7節　労働契約上の地位

I　概　　要

　いわゆる就労不能に伴う損害（中間指針第3-8など）を権利侵害の観点から捉え直すと，労働契約上の地位に対する侵害がこれに該当すると考える。
　これは4つの類型に分けられる（図2-1-4）。
　1つ目は，避難指示等に伴う避難により，就業場所との間の物理的距離が拡大したなどの理由で，労働契約は終了していないものの，避難等対象者等の就労の全部又は一部が不能になった場合である（II）。
　2つ目は，政府指示等に伴う営業利益侵害（第9節）や風評被害に伴う営業利益侵害（第10節）から，労働契約は終了していないものの，さらに就労の全部又は一部が派生する場合である（間接被害・後続侵害。III）。
　3つ目は，避難指示等が解除された後，避難等対象者が，避難等対象区域内に帰還した場合に，なお就労が不能な状態が継続する場合である（四次追補第2-1備考8。後続侵害。IV）。
　4つ目は，上記3つの状況から派生して，労働者が解雇されるなど，労働契約の終了に至った場合である（間接被害・後続侵害。V）。

　　法益に対する侵害と捉えられず，実質的には生活の平穏に対する侵害とみられる場合もある。しかしながら，実際に被曝した事実が確認されるなどの場合には，生命・身体に対する侵害が認められる余地がある。報道によれば，福島県相馬郡飯舘村の長泥地区の住民が，本件事故発生時から計画的避難区域に指定された時までに被曝したとして損害賠償請求をしたという事案において，放射線被曝を受けたことに伴う将来の健康不安等について，精神的損害を含む和解契約が成立したとのことである。

<図2-1-4：労働上の地位の侵害の類型>

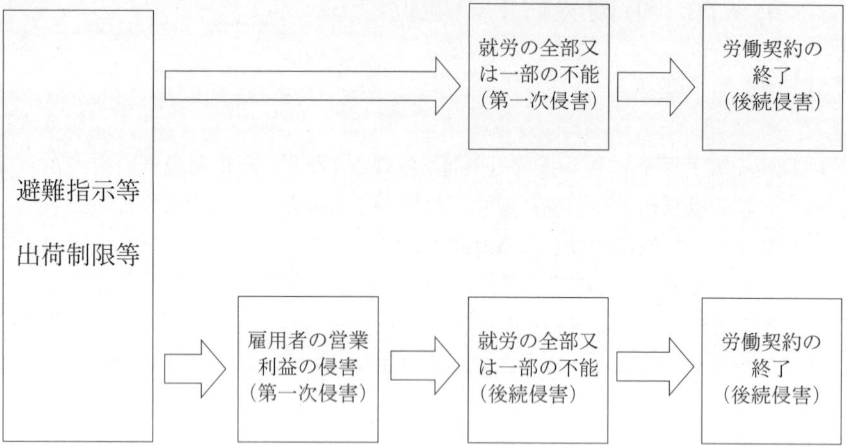

II　避難指示等による直接的な就労不能

　避難等対象区域内に住居又は勤務先がある労働者が，避難指示等により，その就労が不能等となった場合である。避難指示等を受けて遠方に避難した者は，たとえ就労先が避難等対象区域外であって，物理的には就労が可能であったとしても，又は，労働契約が継続していたとしても，避難により就労の全部又は一部が不能となる場合がある。この場合，原子力損害賠償責任が成立する（中間指針第3-8）。ここでは，就労の全部又は一部の不能が，労働契約上の地位の侵害という権利・法益の侵害に該当すると考えられる。

1　「債権侵害」

　従前の議論によれば，このような契約上の地位の侵害は，債権侵害の問題として把握される[84]。すなわち，労働契約という契約関係に基づく債権に対する侵害として捉えられ，絶対権である物権との対比において，より弱い保護しか与えられず，悪性の強い侵害態様が必要であるという議論がなされていた。

　しかしながら，現在では，物権・債権の峻別論から離れて，侵害態様との関係

---

[84] 我妻栄『新訂債権総論』（岩波書店，1964年）77頁。契約上の地位の侵害について，潮見佳男「契約関係の不法行為法による保護」日本弁護士連合会編『日弁連研究叢書　現代法律実務の諸問題』（第一法規，1998年）119頁。

で保護に値する利益と言えるかが問題とされている[85]。

2 労働者の引き抜き事例との相違点

また，労働契約に基づく地位については，従前から，ある事業者と労働契約関係にある労働者を，他の競合事業者が引き抜いた場合を想定して議論されることが多かった[86]。そして，企業秘密又は人的資本への投下費用の保護と，労働者の転職（職業選択）の自由とのバランスの観点から法律上の保護に値するかを判断すべきであると解されている[87]。

しかしながら，本件事故に伴う就労不能の場合は，避難指示等により労働者がいわば物理的に就労を行うことができなくなったものである点で，労働者の引き抜きとは明らかに異なる権利侵害の態様である。

また，憲法上保護される勤労の権利（憲法27条1項）には，勤労の自由を侵害されないという自由権的側面がある点でも[88]，労働者の引き抜きの場合とは異なる。

3 検　討

中間指針等は，避難等対象区域内に住居又は就労場所がある労働者が避難指示等により，その就労が不能等となった場合には，このような労働者について，給与等の減収分及び必要かつ合理的な範囲の追加的費用が賠償すべき損害と認められるとする（中間指針第3-8）。

これは，侵害態様に照らして，労働者の労働契約上の地位[89]について法律上保

---

[85] ①契約関係が，第三者との関係で，いかなる意味（効果）を有するか，という問題の一環として債権侵害の問題と捉えるべきこと，②債権の種別に即してより具体的な場合に応じた類型的考察をする必要があること，③他方で，侵害行為の種類に即した考察も必要であること，④債権侵害の問題を扱う際には，利益衡量のプロセスを組み込んで，衡量される諸因子を分析し，また第三者に不法行為責任を負わせることによっていかなる具体的差異が生じることになるのかを場合に即して検討する必要がある（潮見Ⅰ110頁）。吉田邦彦『債権侵害論再考』（有斐閣，1991年）参照。

[86] 吉田邦彦「債権侵害と不法行為」内田貴＝大村敦志編『民法の争点（第2版）』（有斐閣，2007年）189頁。

[87] 土田道夫「労働市場の流動化をめぐる法律問題（上）」ジュリスト1040号（1994年）58頁。

[88] 前掲・野中ほか『憲法Ⅰ（第5版）』523頁。

[89] 労働契約とは，当事者の一方（労働者）が相手方（使用者）に使用されて労働し，相手方がこれに対して賃金を支払うことを合意する契約をいう（菅野和夫『労働法（第10版）』（弘文堂，2012年）86頁）。労働契約について，前掲・菅野『労働法（第10版）』83頁以下参照。

護に値するとしたものと解される。

III　間接被害としての労働契約上の地位の侵害

　例えば，ある事業者が避難等対象区域内で事業所を設けて事業を行っていた場合，労働契約は終了していないものの，避難指示等により当該事業所が閉鎖されたことに伴い，当該事業者に労務を提供していた者の就労の全部又は一部が不能となる場合がある（労働契約が継続する場合も，終了する場合もある。）[90]。このような契約上の地位・債権・利益は，労働契約上の地位の侵害として法律上保護に値すると考える[91]。なお，これは，当該事業者を第一次被害者とする一種の間接被害であると考えられる（間接被害について，第4章第11節を参照）。

　航行危険区域の設定等，出荷制限指示等，その他政府指示等，風評被害[92]，それらの権利侵害の間接被害として生じる労働契約上の地位の侵害（いわゆる就労不能損害）も同様である（中間指針第4-2，第5-2，第6-2，第7，第8）。

IV　避難指示解除・帰還後の継続する就労不能

　避難指示解除後，避難等対象者が帰還したところ，就労不能に伴う損害が継続又は発生した場合には，帰還後の損害も賠償の対象となると考えられる（四次追補第2-1備考8）。

　このように，避難等対象者が，避難指示等が解除された後，避難等対象区域内に帰還した場合に，就労が不能な状態が継続・発生する場合，生活の平穏に対する侵害や避難指示等に係る労働契約上の地位の侵害という権利侵害から派生する

90　廃業の場合を含む（中間指針第3-8備考1）。

91　給与債権に対する侵害と構成する考え方もある（前掲・升田『原発事故の訴訟実務』51頁）。そのような構成も可能であるものの，避難指示等により，勤務先（雇用者）の事業自体の続行が不可能になったような場合も多く，期間ごと（例えば月ごと）に発生する給与債権に対する侵害を権利侵害として把握するよりも，労働契約上の地位そのものに対する侵害を権利侵害として把握する方が，事態適合的であると考える。給与債権に対する侵害が問題となるのは，給与債権が不当に差し押さえられたような場合であり（東京地判平成25年1月11日（判例集未登載，TKC文献番号25510333）），本件とは侵害態様が異なることは明らかである。

92　風評被害の影響で，勤務先から解雇された場合に原子力損害賠償請求権が存在することを前提に和解が成立した事例がある（事例集152頁）。

80

権利侵害（後続侵害）となると考えられる。

V　労働契約が終了した場合

　避難等対象者等が，就労の全部又は一部不能の結果，解雇されるなど，労働契約が終了した場合には，法律上の契約関係が終了したという意味において労働契約上の地位が侵害されたものであるから，避難指示等による就労の全部又は一部の不能とは別の権利侵害（労働契約上の地位の侵害）となると考えられる[93]。
　このような契約上の地位・債権・利益は，労働契約上の地位の侵害として法律上保護に値すると考える。なお，これは，当該事業者を第一次被害者とする一種の間接被害である（第4章第11節参照）ため，その観点から，見解によっては責任範囲の対象外とされる場合がある。
　また，解雇など雇用者の意思に基づく契約関係の終了の場合，雇用者の意思が権利侵害に至る因果経路に関与している点で，事実的因果関係の有無の問題も生じうる（第3章第7節）。

第8節　財物の所有権等の財産権

I　概　　要

　財物に関する権利として，所有権（II），所有権に準ずる賃借権（III）がある[94]。また，避難の長期化に伴う権利侵害（生活の平穏及び所有権等に対する侵害）について説明する（IV）。さらに，抵当権等の担保物権について検討する（V）。
　なお，民法上は，有体物を「物」というが（民法85条），以下では「財物」という。

93　いわゆる会社都合により解雇された場合だけでなく，いわゆる自己都合により離職する場合もある。いわゆる自己都合による離職の場合には，自ら離職したという点で，被害者の意思が介在しており，事実的因果関係又は責任範囲の確定の問題が生じうる。

94　地上権を含む。所有権等に対する侵害の可能性に対する侵害も権利・法益に対する侵害に該当しうる（中間指針第3-9）。

II　所有権

　所有権は民法 709 条の「権利」にあたる[95]。所有権の目的物として，不動産及び動産が対象となりうる（民法 86 条 2 項）。不動産は，①土地（宅地，農地，山林等），②居住用建物，及び③居住用以外の建物に分類される。動産は，④家財[96]，⑤事業用資産（償却資産又は棚卸資産）としての動産，⑥車両，及び⑦その他動産（建物でない構築物など）に分類される。

　事実としての所有権侵害の態様として，財物の滅失及び毀損がある。

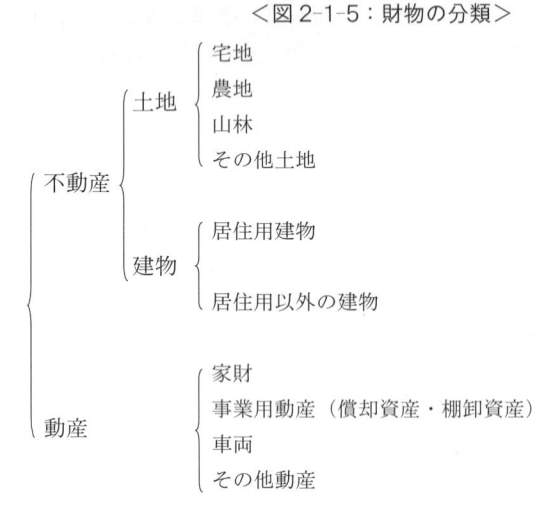

<図 2-1-5：財物の分類>

```
            ┌ 土地 ┬ 宅地
            │      ├ 農地
            │      ├ 山林
            │      └ その他土地
     不動産 ┤
            │      ┌ 居住用建物
            └ 建物 ┤
                   └ 居住用以外の建物
─┤
            ┌ 家財
            ├ 事業用動産（償却資産・棚卸資産）
     動産   ┤ 車両
            └ その他動産
```

III　借地借家法等が適用される借地権

　賃借権は，賃借人が賃貸人に対して賃料を支払い，目的物を使用収益することができることを内容とする債権である（民法 601 条）。伝統的な考え方によれば，賃借権に対する侵害は，債権侵害として，比較的弱い法的保護しか与えられ

95　潮見 I 83 頁。
96　基本的には，個々の動産ごとの所有権を観念することから出発する。もっとも，家財については，個々の動産の所在や所有権の帰属主体を特定することが困難であるという特殊性がある。そこで，家財に関する損害の金銭的評価においては，集合的な動産としての価値を算定することが許容されると考えられる（第 7 章第 8 節）。

ない可能性がある。しかしながら、建物所有目的の土地の賃借権には、借地借家法（同法制定前は借地法）により、強い法的保護が与えられており、物権に準ずる効力が認められている（いわゆる賃借権の物権化）。

このように物権化した借地権については、所有権に準ずるものとして、単なる債権としての賃借権よりも法律上強く保護される[97]。判例も、賃借権を法的保護に値する利益としている（以下、所有権とあわせて「所有権等」という。）[98]。

IV 避難の長期化等に伴う権利侵害

1 避難の長期化に伴う権利侵害
(1) 避難が長期化する者
(i) **住居確保損害の内容**

　四次追補は、帰還困難区域の一部などについては、将来にわたって居住を制限することが原則とされており、区域内の立入りは制限され、本格的な除染や公共設備の復旧等は実施されておらず、現段階では避難指示解除までの見通しすら立たない状況であるとして、当該区域に居住する者が移住した場合の移住先の土地・建物の購入費用について、事故時に居住していた土地・建物の取得費用を超えて、一定の範囲で損害賠償の範囲内であるとした（四次追補第2-2-Ⅰ）。これを住居確保損害という。

(ii) **住居確保損害の性質**

　このような住宅確保損害は、所有権等に対する侵害の損害賠償が所有権等の客観的価値を上限とすると解されていることから[99]、本件事故時の土地・建物の客観的価値を超過する支出について損害賠償の対象であるとする点で、所有権等に対する侵害のみから発生する損害として整理することは困難であると考える。

97　幾代＝徳本71頁、能見善久「比較法的にみた現在の日本民法―経済的利益の保護と不法行為法」広中俊雄＝星野英一編『民法典の百年Ⅰ』（有斐閣、1998年）639頁。

98　大判昭和8年7月5日民集12巻1783頁、大判昭和10年4月13日民集14巻556頁、最判昭和32年1月22日民集11巻1号34頁。四宮578、579頁参照。なお、最高裁判決は、使用借権が侵害された場合に損害賠償請求権が成立しうることを認めた（最判平成6年10月11日集民173号133頁）。

99　さいたま地判平成19年2月9日自保ジ1823号157頁、能見善久「「原子力損害」概念について」『原子力損害の民事責任に関するウィーン条約改正議定書及び原子力損害の補完的補償に関する条約――平成10～13年度国際原子力責任班報告書』（日本エネルギー法研究所、2002年）45頁。

そこで，住宅確保損害は，避難が長期化する者は，移住を余儀なくされる場合があることから，従前の生活の平穏を回復するために必要な費用についても損害賠償の範囲としたものと考えられる。そうだとすれば，住居確保損害は，所有権等に対する侵害と生活の平穏に対する侵害が不可分に結合した権利・法益から生じる損害と考えられる（図2-1-6）[100,101]。

(2) 移住が合理的である者

上記(1)の避難が長期化する者以外にも，移住等をすることが合理的であると認められる者について，同様の権利侵害が認められる（四次追補第2-2-Ⅱ）。

「移住等をすることが合理的と認められる」とは，例えば，帰還しても営業再開や就労の見通しが立たないため避難指示の解除前に新しい生活を始めることが合理的と認められる場合，現在受けている医療・介護が中断等されることにより帰還が本人や家族の医療・介護に悪影響を与える場合，避難先における生活環境を変化させることが子どもの心身に悪影響を与える場合等であり（四次追補第2-2備考2），これらの場合には，避難が長期化する者に準じ，同様の権利侵害が発生すると考えられる（図2-1-6）。

---

[100] 従前の議論では，1つの権利侵害を特定した上で，損害賠償請求権の内容を判断することが多かった思われる。しかしながら，損害賠償法の目的に照らして，このように複数の権利・法益が結合した権利・法益を措定することは特に問題がないと考える。

[101] 住居確保損害について，次のような考え方も成り立ち得る。すなわち，権利侵害について，生活の平穏に対する侵害は考慮に入れず，土地・建物の所有権に対する侵害とした上で，損害賠償の範囲の問題において，損害賠償の範囲を決定する原状回復には，被害者の財産状態の回復だけでなく，生活環境の回復を含むと解し（加藤一郎「損害賠償の方法」ジュリスト886号（1987年）88頁），物の滅失の場合には，消費者については調達価格相当額の賠償を認めると解する（四宮575頁，前掲・加藤「損害賠償の方法」91頁）ことにより，住居確保賠償を説明することができる。もっとも，「生活環境の回復」は前提として，生活環境に対する何らかの侵害が存在するように思われるところ，むしろ，生活の平穏に対する侵害及び土地・建物の所有権に対する侵害が不可分に結合していると見る方が事態適合的であると考える。また，被害者に対する権利侵害から，さらに被害者に対する総体財産に波及した結果損害であるという捉え方もある（潮見佳男「原子力損害賠償とわが国の不法行為」別冊NBL掲載予定）。

第8節　財物の所有権等の財産権

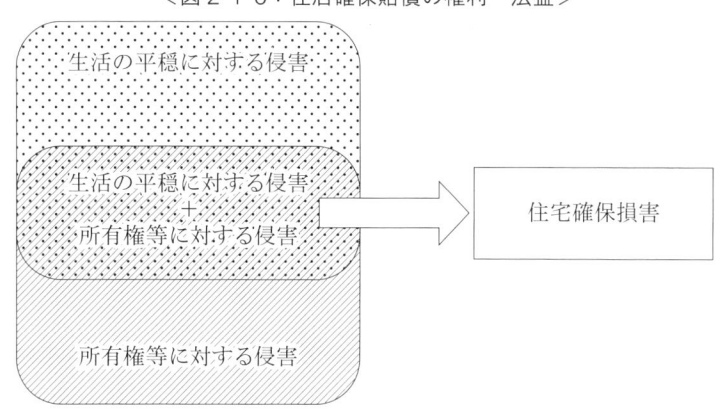

<図2-1-6：住居確保賠償の権利・法益>

2　住居の建替えが必要な場合の権利侵害

　避難が長期化する見込みの者（上記1⑴）及び移住することが合理的である者（上記1⑵）以外で，従前の住居が持ち家だった者が，避難指示が解除された後に帰還するために，事故前に居住していた住宅の必要かつ合理的な修繕又は建替えのために[102]，実際に支出した費用の一定の範囲について，本件事故前の客観的価値を超えて，一定の範囲で損害賠償の範囲内であるとした（四次追補第2-2-Ⅲ）。

　このような建替費用損害の賠償は，本件事故時の土地・建物の客観的価値を超過する支出について損害賠償の範囲内であるとする点で，所有権等に対する侵害の損害賠償が所有権等の客観的価値を上限とすると解されていることから，所有権等に対する侵害のみから発生する損害として整理することは困難であると考える。

　そこで，建替費用損害は，帰還する者が支出した建替費用，従前の生活の平穏を回復するために必要な費用についても損害としたものと考えられる。

　そうだとすれば，建替費用損害は，所有権等に対する侵害と生活の平穏に対する侵害が不可分に結合した権利・法益から生じる損害と考えられる（図2-16）。

---

[102] 建替えの必要性を客観的に判断するに当たっては，管理不能に伴う雨漏り，動物の侵入，カビの増殖等の事態を受け，建替えを希望するという避難者の意向にも十分に配慮して柔軟に判断することが求められる。そのため，例えば，木造建築物にあっては，雨漏り，動物の侵入，カビの増殖等により，建物の床面積又は部屋数の過半が著しく汚損していると認められる場合は建替えを認める等の客観的な基準により判断することが妥当である（四次追補第2-2 備考6）。

V　担保物権（抵当権等）

1　担保物権の侵害

放射線作用等の発生により，担保目的物の価値が喪失・減少するなど，担保物権が侵害される場合がある。担保物権として，留置権，先取特権，質権，抵当権等がある。以下，担保物権の代表例として，抵当権について検討する[103]。

2　抵当権侵害[104]

(1)　権利侵害

放射線作用等の発生により，ある不動産の価値が喪失又は減少した場合，その不動産に抵当権の設定を受けていた者に対する権利侵害を理由として，原子力損害賠償責任が成立するか。

この点，抵当権者が加害者に対して損害賠償請求権を取得する場合，抵当権者は，抵当権設定者が侵害者に対して有する損害賠償請求権に物上代位することができることから（民法372条，304条），物上代位を有する抵当権者の直接の損害賠償請求権を認めるべきでないと解されている[105,106]。

---

[103] 他の担保権（留置権，一般の先取特権，動産先取特権，不動産先取特権，動産質権，不動産質権，債権質権）について，道垣内弘人「担保の侵害」山田卓夫編集代表・藤岡康宏編『新・現代損害賠償法講座 第2巻 権利侵害と被侵害利益』（日本評論社，1998年）285頁。

[104] 抵当不動産を無権原で利用しても，抵当不動産自体を損害して価値を減少させるおそれがない限り，抵当権侵害にならない（大判昭和9年6月15日民集13巻1164頁。四宮319頁）。抵当権侵害とその救済一般について，石田穣『民法大系(3)　担保物権法』（信山社，2010年）396頁参照。

[105] 幾代＝徳本75頁，前田79頁，四宮319頁・442頁。これに対し，不動産価値を滅失又は減少させた者は，所有者のみならず抵当権者に対しても損害賠償責任を負うという見解もある（加藤・増補版110頁）。

[106] もっとも，いくつかの理由により，例外を認める見解が有力である。しかしながら，以下のとおりいずれの見解を前提としても，本件事故はその例外に該当しないと考えられる。
第1に，目的物の所有者自身が過失ある加害者である場合，及び，所有者自身と第三者の双方の行為が加功して損害を惹起した場合については，例外的に，抵当権侵害による直接の請求権を認めるべきという見解がある（幾代＝徳本75頁，前田80頁）。しかしながら，このような見解に従ったとしても，本件事故の場合は，目的物の所有者自身が過失ある加害者である場合，及び，所有者自身と第三者の双方の行為が加功して損害を惹起した場合のいずれにも該当しないと考える。

第 8 節　財物の所有権等の財産権

したがって，本件事故により，ある土地の価値が喪失又は減少した場合，当該土地に抵当権の設定を受けていたとしても，原子力損害賠償責任は成立しない。

(2) 損害の発生の有無

関連して，権利侵害その他不法行為に基づく損害賠償請求権の成立要件を満たしたと仮定して，本件事故により，抵当権が設定されていた不動産の価値が喪失・減少した場合，どのようなときに損害は発生するか[107]。この点，抵当権侵害による損害は，被担保債権が完済されなかった場合においてのみ生じ，被担保債権について究極において弁済を受けたときは，不法行為による損害がない（大判昭和 3 年 8 月 1 日民集 7 巻 671 頁）。

したがって，本件事故の場合においても，当該抵当権の被担保債権が弁済されている限りにおいて，損害は発生しておらず，弁済されない可能性があるとしても，損害が生じたとは言えないこととなる[108]。

　第 2 に，物上代位権にもかかわらず，予定した被担保債権の満足を受けられなくなる限りで，例外的に，抵当権侵害による直接の請求権を認めるべきであるという見解がある（四宮 319 頁）。しかしながら，本件事故の場合，事故時の不動産の客観的価値に照らした損害賠償がなされる限り，物上代位権にもかかわらず予定した被担保債権の満足を受けられなくなるとは言えないと考える。住居確保損害に係る損害賠償請求権が物上代位の対象となるかは，今後の課題である。

107　これは損害賠償請求権の発生時期の問題である（潮見 I 87 頁）。

108　抵当権侵害を理由とする損害賠償請求権における損害の算定基準時の問題として，不法行為による現実の損害の賠償範囲を定める場合，不法行為により他人の所有物を滅失・損傷した場合と異なり，不法行為の当時を標準とすることなく，抵当権実行の時又は被担保債権の弁済期後抵当権実行前における損害賠償請求権行使の時（訴訟における損害賠償請求権行使の場合には，事実審の口頭弁論終結時）が基準時となる（大判昭和 7 年 5 月 27 日民集 11 巻 1289 頁，潮見 I 87 頁）。

　したがって，本件事故においても，（本件事故時を不法行為時とした場合）事故時点における価値下落ではなく，抵当権実行の時又は被担保債権の弁済期後抵当権実行前における損害賠償請求権行使の時（訴訟における損害賠償請求権行使の場合には，事実審の口頭弁論終結時）を標準として改めて損害を算定することとなろう。

第9節　営業利益（政府指示等）

I　概　　要

1　中間指針

本件事故において，従来，避難等対象区域内で事業の全部又は一部を営んでいた者又は現に営んでいる者において，避難指示等に伴い，営業が不能になる又は取引が減少する等，その事業に支障が生じたため，現実に減収があった場合，原子力損害賠償請求権が成立しうる（中間指針第3-7）。

そこで，このような営業損害に係る権利侵害は何かが問題となる（出荷制限指示等についても同様である。）。

2　従前の議論

日本国憲法22条1項は，職業選択の自由を保障する。その中には，広く一般に営利を目的とする自主的活動の自由である営業の自由（営業活動の自由）が含まれると解される[109]。営業活動の自由には，開業の自由，営業の維持・継続及び廃業の自由と個々の営業活動の自由とが含まれると解される[110]。

このような憲法上の営業の自由の保障を反映し，私法上，営業権又は営業利益（以下「営業利益」という[111,112]。）について保護に値する権利・法益に該当する（大

---

[109] 前掲・野中ほか『憲法Ⅰ（第5版）』470頁。

[110] 潮見Ⅰ94頁。佐藤幸治『憲法（第3版）』（青林書院，1995年）557頁。最大判昭和47年11月22日刑集26巻9号586頁参照。

[111] 「営業権」と「営業利益」ではニュアンスに差はあるものの，実質的な意義は同一であると考えられる。そこで，以下，「営業権又は営業利益」を併せて「営業利益」と呼ぶこととした。

[112] 船舶の所有者等の責任の制限に関する法律3条1項3号は，船主の責任が制限される債権として，「船舶の運航に直接関連して生ずる権利侵害による損害に基づく債権」を挙げる。この「権利侵害」として，船舶の運航により生じる漁業権の侵害や船舶上の売店等の営業利益の侵害に言及する下級審裁判例がある（東京高決平成12年2月25日判時1743号134頁。ただし，傍論）。ほかに，営業利益が権利・法益に該当することを示すものとして，貸主が賃貸借契約関係の終了後に自力で明渡しを実現した行為が不法行為に当たりうるとした下級審裁判例がある（東京地判昭和47年5月30日判時683号102頁）。さらに，営業利益の定義として，営業とは，一定の営業目的のため組織化され，有機的一体として機能する人的物的な構成による経済的経営活動の全体をいうとする下級審裁判例がある（岐阜地判昭和52年10月3日判時881号142頁）。取引対象として

第 9 節　営業利益（政府指示等）

判大正 14 年 11 月 28 日民集 4 巻 670 頁）[113]。

　営業の法主体は，営業収益や顧客圏に対し，排他的・独占的支配を有するものではないから，営業利益は，特定の行為態様による侵害に対してのみ保護される。判例は，債権・取引関係の侵害のうち，非競争行為による侵害では，まず，加害者が侵害を意図・認容していた場合に不法行為責任の成立を認める[114]。これに対して，侵害の意図・認容がない場合には，侵害態様と被侵害利益の内容から判断するとされる[115]。

　以下，避難指示等に伴う場合（Ⅱ），航行危険区域・飛行禁止区域の設定に伴う場合（Ⅲ），出荷制限指示等に伴う場合（Ⅳ），その他政府指示の場合（Ⅴ）について説明する。

Ⅱ　避難指示等に伴う営業利益の侵害

　避難等対象区域で事業を行っていた者，出荷制限指示・摂取制限指示の対象となった産品を生産していた者など政府指示等の対象となった者の営業利益は，法律上保護に値する利益と言えるか[116]。

　　　の営業又は事業と，不法行為による保護の対象としての営業又は事業との違いについて，鈴木竹雄「流通の対象たる企業と侵害の対象たる企業」法学協会雑誌 59 巻 9 号（1941 年）1 頁参照。
[113]　加藤・増補版 34 頁，橋本ほか 118 頁，錦織成史「ドイツにおける営業保護の法発展――判例にみる民事不法二元論の一局面（上）」判タ 352 号（1979 年）2 頁，同「ドイツにおける営業保護の法発展――判例にみる民事不法二元論の一局面（下）」判タ 353 号（1979 年）11 頁，前掲・鈴木「流通の対象たる企業と侵害の対象たる企業」1 頁参照。東京地判平成 22 年 9 月 29 日判時 2095 号 55 頁は，原告について，旅客鉄道事業を営む株式会社として，正常な列車運行という営業権又は営業的利益を有しており，これは，法律上保護に値する権利又は利益であるとする（同判決の評釈として，橋本佳幸「鉄道線切断事故による列車運行不能により鉄道会社の被った損害に関する事故原因者の責任の有無」私法判例リマークス 44 号（2012 年）12 頁）。
[114]　橋本ほか 118 頁，前掲・瀬川「民法 709 条」611 頁。大判大正 11 年 8 月 7 日刑集 1 巻 410 頁，大判昭和 3 年 2 月 6 日刑集 7 巻 83 頁。
[115]　前掲・瀬川「民法 709 条」613 頁。
[116]　地方公共団体の行う経済活動について，斎藤誠「地方公共団体の経済活動への関与――その許容性と限界」高木光＝交告尚史＝占部裕典＝北村喜宣＝中川丈久編『行政法学の未来に向けて　阿部泰隆先生古稀記念』（有斐閣，2012 年）175 頁。

89

第 2 部　第 1 章　権 利 侵 害

1　否 定 説

営業利益に対する侵害（いわゆる営業損害・風評被害）は，原子力損害賠償法の救済の対象から除外するという見解がある[117]。

その理由として，第1に，このような純粋経済損失について賠償を認めることは，賠償の洪水を招くため，不法行為者に予見不可能な，際限のない責任を負わせることになり，結果として，個人の活動（行動）の自由を阻害することになると言う（いわゆる水門論）[118]。

また，第 2 に，「賠償資力に限界があるとするならば，営業損害あるいは風評被害と人身被害や財産権被害を同列に扱うことはかえって不公正な結果をもたらすことになる」と言う[119]。

しかしながら，このような見解に対しては，以下のとおりの反論が可能である。

第 1 の理由については，不法行為概念とは関連しない政策を不法行為法の中に持ち込むものであり適切でない[120]。

また，第 2 の理由については，原子力事業者の賠償資力の限界の問題と，風評被害・営業損害が法律上保護に値するかの問題を混同しているという批判を免れない。すなわち，一方で，原子力事業者の賠償資力が充分であることを前提に，営業利益の侵害（いわゆる営業損害・風評被害）が法律上保護に値するかを検討する必要がある。他方で，それらの権利・法益について，原子力損害賠償請求権は成立するとした上で，賠償資力に問題がある場合に権利侵害の内容に応じて異なる取扱いをすべきかは，破産手続における破産配当の割合の決定などに属する問題と考える[121]。

2　検　　討

本件事故前，避難等対象区域内で事業の全部又は一部を営んでいた者又は現に営んでいる者において，避難指示等に伴い，営業が不能になる又は取引が減少す

---

[117] 森嶌昭夫「市民社会における損害賠償責任」21世紀政策研究所『新たな原子力損害賠償制度の構築に向けて　報告書』（21世紀政策研究所，2013年）116頁，新美育文「原発事故と損害賠償法——その役割と限界」21世紀政策研究所『新たな原子力損害賠償制度の構築に向けて　報告書』（21世紀政策研究所，2013年）132頁。

[118] 前掲・新美「原発事故と損害賠償法——その役割と限界」132頁，142頁。

[119] 前掲・新美「原発事故と損害賠償法——その役割と限界」142頁。

[120] 能見善久「投資家の経済的損失と不法行為法による救済」前田重行＝神田秀樹＝神作裕之編『前田庸先生喜寿記念　企業法の変遷』（有斐閣，2009年）322頁。

[121] 下山俊次「原子力」山本草二＝塩野宏＝奥平康弘＝下山俊次『現代法学全集54　未来社会と法』（筑摩書房，1976年）541頁参照。

る等，その事業に支障が生じたため，現実に減収があった場合，原子力損害賠償責任が成立する（中間指針第3-7）。

ここで，東京電力にはこれらの者に対する具体的な侵害の意図・認容は存在しないことを前提とする。また，このような侵害は，避難等対象区域で営業を行う者と東京電力とは競争関係にないため，非競争行為による侵害に該当する。したがって，判例に従い，侵害態様と被侵害利益の内容から判断されることになる。

そして，平穏に営業活動を行っていたにもかかわらず，避難指示等により，避難等対象区域に立ち入ることができず，また，周辺住民も避難指示等により避難したために営業ができなくなったという侵害態様に照らせば，そのような営業利益は，法律上保護されるものであると考える[122]。

なお，避難指示等に伴う営業利益の侵害からさらに廃業に至った場合には，避難指示等に伴う営業利益侵害が，別途，成立する可能性があると考えられる[123]。

III 航行危険区域・飛行禁止区域の設定に伴う営業利益の侵害

政府により，福島第一原発の周辺に航行危険区域[124]や飛行禁止区域[125]（以下併せて「航行危険区域等」という。）が設定された。このような航行危険区域等の設定に伴い，①漁業者が，避難等対象区域内での操業又は航行を断念せざるを得な

---

[122] 最高裁判決の中には，借地人がある土地を借りて営業していたところ，借地権設定後の土地の譲受人の妨害により土地を利用できないことにより営業不能となった場合に，逸失利益の賠償を認めたものがある（最判昭和32年1月22日民集11巻1号34頁）。また，営業上の競争行為によらない営業利益侵害を肯定したものとして，最判昭和32年2月7日集民25号383頁，福岡高判昭和58年9月13日判タ520号148頁，福岡高判昭和60年1月28日判時1150号194頁などがある（福永政彦「営業権侵害と不法行為責任」山口和男編『裁判実務大系 不法行為訴訟法2』（青林書院，1987年）496頁参照）。

[123] 避難指示等に伴う営業利益侵害からさらに派生した営業利益侵害（後続侵害）の場合もあると考えられる。

[124] 平成23年3月15日に航行危険区域に設定された，福島第一原発を中心とする半径30kmの円内海域（同海域のうち半径20kmの円内海域は同年4月22日に「警戒区域」にも設定され，その後の同月25日には，同海域全体につき航行危険区域が解除されるとともに，「警戒区域」以外の半径20kmから30kmの円内海域は「緊急時避難準備区域」に設定された。中間指針第4）。

[125] 政府により，平成23年3月15日に飛行禁止区域に設定された，福島第一原発を中心とする半径30kmの円内空域をいう（同年5月31日には，半径20kmの円内空域に縮小した。中間指針第4）。

くなったため，②内航海運業若しくは旅客船事業を営んでいる者等が同区域を迂回して航行せざるを得なくなったため，又は，③飛行禁止区域の設定に伴い航空運送事業を営んでいる者が，同区域を迂回して飛行せざるを得なくなったため，現実に減収があった場合又は迂回のため費用が増加した場合，原子力損害賠償責任が成立する（中間指針第 4）。

ここで，東京電力にはこれらの者に対する具体的な侵害の意図・認容は存在しないことを前提とする。また，上記権利侵害は，航行危険区域等で営業を行う者と東京電力とは競争関係にないため，非競争行為による侵害に該当する。したがって，判例に従い，本件事故に伴う営業利益に対する侵害の侵害態様と被侵害利益の内容から判断されることになる。

そして，平穏に営業活動を行っていたにもかかわらず，本件事故に伴い，福島第一原発から場所的に近接する地域において，放射線等の影響を予め防ぐ目的で，航行危険区域等の設定に伴い，①漁業者が，避難等対象区域内での操業又は航行を断念せざるを得なくなったこと，②内航海運業若しくは旅客船事業を営んでいる者等が同区域を迂回して航行せざるをえなくなったこと，③飛行禁止区域の設定に伴い，航空運送事業を営んでいる者が，同区域を迂回して飛行せざるを得なくなったことにより，現実に減収があった又は迂回のため費用が増加したという侵害態様に照らせば，そのような営業利益は，法律上保護されるものであると考える[126]。

Ⅳ　出荷制限指示等に伴う営業利益の侵害

農林漁業者その他業者（以下「出荷制限等対象者」という。）において，農林水産物（加工品を含む。）及び食品の出荷，作付けその他の生産・製造及び流通に関する制限又は農林水産物及び食品に関する検査について，政府により本件事故に関し行う指示等[127]を受け，これに伴い当該指示等に係る行為の断念を余儀なく

---

[126] なお，漁業権を保有する漁業者については，排他的な権利である漁業権（漁業法 23 条は「漁業権は，物権とみなし，土地に関する規定を準用する」と規定する。）を被侵害利益と捉えることも可能である。というのは，後記の風評被害の場合と異なり，航行危険区域等の設定により排他的な権利・権能自体が侵害されていると理解することができるからである。

[127] 地方公共団体が本件事故に関し，合理的理由に基づき行うもの及び生産者団体が政府又は地方公共団体の関与のもとで本件事故に関し合理的理由に基づき行うものを含む（中

される等，その事業に支障が生じたため，現実に減収があった場合，原子力損害賠償責任が成立する（中間指針第5）。

　ここで，東京電力にはこれらの者に対する具体的な侵害の意図・認容は存在しないことを前提とする。また，上記侵害は，出荷制限等対象者と東京電力とは競争関係にないため，非競争行為による侵害に該当する。したがって，判例に従い，本件事故に伴う営業利益に対する侵害の侵害態様と被侵害利益の内容から判断されることになる。

　そして，平穏に営業活動を行っていたにもかかわらず，本件事故に伴う放射性物質の拡散により，それら放射性物質が付着したために出荷制限等の措置がとられたという侵害態様に照らせば，そのような営業利益は，法律上保護されるものであると考える。

V　その他政府指示に伴う営業利益の侵害[128]

　避難指示等，出荷制限等，航行危険区域等の設定等のほか，事業活動に関する制限又は検査について，政府が本件事故に関し行う指示等（以下「その他政府指示」という。）に伴い，同指示等の対象事業者において，当該指示等に係る行為の制限を余儀なくされる等，その事業に支障が生じたため，現実に減収が生じた場合には，原子力損害賠償責任が成立する（中間指針第6）。

　ここで，東京電力にはこれらの者に対する具体的な侵害の意図・認容は存在しないことを前提とする。また，上記権利侵害は，その他政府指示の対象となる営業者と東京電力とは競争関係にないため，非競争行為による侵害に該当する。したがって，本件事故に伴う営業利益に対する侵害の侵害態様と被侵害利益の内容から判断されることになる。

　そして，平穏に営業活動を行っていたにもかかわらず，その他政府指示により，

　　　間指針第5）。
128　なお，中間指針は「その他の政府指示」（下線部筆者）という用語を用いる。この点，「その他の」という語は，「その他の」の前にある字句が「その他の」の後にある，より内容の広い意味を有する字句の例示として，その一部をなしている場合に用いる。これに対して，「その他」とは，「その他」の前にある字句と「その他」の後にある字句とが並列の関係にある場合に用いる。中間指針第3から第6までは並列の関係にあることを明確にするため，実質的な差異は生じないものの，「その他政府指示」とした（法制執務研究会編『新訂　ワークブック　法制執務』（ぎょうせい，2007年）709頁）。

一定の営業活動の制約を受けたという侵害態様に照らせば，そのような営業利益は，法律上保護されるものであると考える。

VI 営業利益に対する侵害の特殊性

　営業利益に対する侵害は，①権利侵害，②総体財産に対する侵害が実質的に重複している点に特徴がある[129]。言い換えると，売上の減少という権利侵害が，総体財産に対する侵害でもあり，かつ，損害賠償責任の内容としての損害（逸失利益）でもあり，それらが重複しているという特徴があると考えられる。

VII 風評被害における営業利益侵害との相違

　政府指示等に伴う営業利益の侵害と風評被害に伴う営業利益の侵害は，売上の減少という被害が発生している点で共通している。
　しかしながら，風評被害における営業利益の侵害は，風評により商品等の信用が毀損され，需要が減退するために売上が減少するものであるのに対し，政府指示等に伴う営業利益の侵害は，営業活動自体が阻害されるという点で，侵害態様において異なっていると考えられる。

第10節　営業利益（風評被害）

I　意　義

1　風評被害とは

　「風評被害」とは，報道等により広く知られた事実によって，商品又はサービスに関する放射性物質による汚染の危険性を懸念した消費者又は取引先により当該商品又はサービスの買い控え，取引停止等をされたために生じた被害をいう（中間指針第7-1）。
　ここで，東京電力にはこれらの者に対する具体的な侵害の意図・認容は存在しないことを前提とする。また，上記侵害は，売上が減少した被害者と東京電力と

---

[129] 前掲・潮見「不法行為における財産的損害の「理論」——実損主義・差額説・具体的損害計算」11頁脚注(22)。

第10節　営業利益（風評被害）

は競争関係にないため，非競争行為による侵害に該当する。したがって，判例によれば，被害者の被侵害利益及び侵害態様によって法律上保護に値するかが判断されることになろう[130]。

2　権利・法益侵害該当性

(1)　裁判例及び学説の状況

裁判例を見ると，原子力事故に係る風評被害について[131]，風評被害であることを理由に法律上保護に値する利益に該当しないとして，原子力損害賠償責任の成立を否定した例は見当たらない[132,133]。

また，学説は，ある場所で営業活動をしていたこと，原子力発電所の事故に伴

---

[130] 風評被害について，純粋経済損失として論じるものとして，前掲・能見「投資家の経済的損失と不法行為法による救済」321頁参照。また，「純粋経済損失は原子力損害でない」というテーゼから，「権利」としての要保護性を欠く可能性を示唆する考え方がある（卯辰・法律問題62頁）。さらに，関連して，原賠法上，事業者は無限責任を負っていることを理由に，被害者に生じた人的・物的損害だけでなく，物的損害を伴わない，純粋経済損失に対しても，相対的な価値序列をつけることなく，損害賠償責任が負わされるという見解がある（卯辰・展開184頁）。しかしながら，有限責任は，責任が成立した損害額の総額に対して一定の限度を設けるものであって，損害相互に序列をつけるものではないから，無限責任のみを根拠に上記のように論じることには賛同しがたい。

[131] 原子力事故でない場合に，風評被害について損害賠償請求権の成立を否定した下級審裁判例がある（富山県氷見・魚津海域の水銀汚染が問題となった富山地裁高岡支判昭和56年5月18日判時1012号21頁）。

[132] 下級審裁判例として，JCO臨界事故の影響で納豆の売上が減少した事例について，東京地判平成18年2月27日判タ1207号116頁や東京地判平成18年4月19日判時1960号64頁は，いずれも営業利益が保護に値することを前提としている。

[133] なお，漁業に関する風評被害について，漁業法23条により物権とみなされ，土地に関する規定が適用され，その侵害は物権侵害に準ずる扱いであるから，海水が汚損された場合，風評被害ではなく，直接被害者であるという考え方がある（卯辰・展開121頁）。しかしながら，漁業に係る風評被害については，営業利益に対する侵害として把握すれば必要にして十分であろう。すなわち，漁業法23条1項が，漁業権を物権に準ずる取扱いとするのは，排他的効力を与えるためである。ここで，風評被害の場合は航行禁止区域等が設定されたものではないから，漁業権の排他的効力は侵害されていないというべきだろう。すなわち，漁獲後の魚介類の売上減少や，漁業の操業自体の取りやめは漁業権の排他的効力と関係ない。そのように理解したとしても，営業利益の侵害について，売上減少分については損害賠償の対象となることはもちろんである。漁業者の風評被害を漁業権侵害と捉える考え方からすると，避難等対象区域における，通常のサービス業等の営業損害についても，営業のための償却資産の所有権に対する侵害を問題にしなければならなくなる（避難等対象区域内の田畑も同様である）。

95

う風評により売上が減少したことからすると，その侵害態様に照らして営業利益として法律上保護に値するなどと解するものが多い[134]。

(2) 否定説

これに対して，風評被害は，原子力損害賠償の対象外であるという見解がある[135]。その理由及びそれに対する批判については営業利益に対する侵害（政府指示等）の記載と同様である。

(3) 風評被害における権利侵害の内容

政府指示等がある場合の権利侵害の内容は，営業利益，営業活動そのものであると解される。これに対して，風評被害における権利侵害の内容は，商品等の信用毀損であって，被害者の取り扱う商品に対して一定の信用がある状態という意味での営業利益であると解される[136]。

II 風評被害の範囲

風評被害は，不完全情報のもとで，消費者心理により商品・サービスの信用が毀損され，需要が減少するために価格・売上が減少するという性質上，消費者心理で重視される場所的範囲，消費者心理が落ち着くまでの時間的範囲を区切ることが多い。

1 場所的範囲

風評被害の発生する場所的範囲は以下のとおりである。なお，以下の場所的範囲の外であっても，個別事情により，風評被害として法律上保護に値する場合がある（中間指針第7-1備考3）[137]。

---

134 加藤一郎「ビキニ事件における損害賠償」同『不法行為法の研究』（有斐閣，1961年）111頁（初出，ジュリスト62号（1954年）2頁），窪田充見・判評387号41頁（判時1376号187頁）など。

135 森島昭夫「原子力事故の被害者救済(3)――損害賠償と補償」時の法令1888号（2011年）36頁，前掲・同「市民社会における損害賠償責任」116頁，前掲・新美「原発事故と損害賠償法――その役割と限界」132頁。

136 窪田充見・判評387号41頁（判時1376号187頁）。

137 損害賠償の対象となる風評被害はこれらに限定されるものではなく，中間指針等記載の類型に該当しなかった風評被害についても，別途，本件事故と相当因果関係があることが立証された場合には，損害賠償責任が成立する。また，例えば，農林漁業に係る風評被害について，中間指針記載の場所的範囲の外であっても，農林漁業，農林水産物の加

第10節　営業利益（風評被害）

(1) 農林漁業（中間指針）（中間指針第7-2-Ⅰ）[138]
(i) 林産物（茶及び畜産物を除き，食用に限る。）については，福島，茨城，栃木，群馬，千葉及び埼玉の各県において産出されたもの
(ii) 茶については，福島，茨城，栃木，群馬，千葉，埼玉，神奈川及び静岡の各県において産出されたもの
(iii) 畜産物（食用に限る。）については，福島，茨城及び栃木の各県において産出されたもの
(iv) 水産物（食用及び餌料用に限る。）については，福島，茨城，栃木，群馬及び千葉の各県において産出されたもの
(v) 花きについては，福島，茨城及び栃木の各県において産出されたもの
(vi) その他農林水産物については，福島県において産出されたもの
(vii) (i)から(vi)までの農林水産物を主な原材料とする加工品
(viii) 農業において，平成23年7月8日以降に現実に生じた買い控え等による被害のうち，少なくとも，北海道，青森，岩手，宮城，秋田，山形，福島，茨城，栃木，群馬，埼玉，千葉，新潟，岐阜，静岡，三重，島根の各道県において産出された牛肉，牛肉を主な原材料とする加工品及び食用に供される牛に係るもの

(2) 農林漁業（三次追補）
農林漁業の風評被害については，上記(1)に加えて，以下のものがある（三次追補第2-Ⅰ）[139]。

　　工業及び食品製造業，農林水産物・食品（以下「産品等」という。）の流通業並びにその他の食品産業において，本件事故以降に現実に生じた買い控え等による被害は，個々の事例又は類型毎に，取引価格及び取引数量の動向，具体的な買い控え等の発生状況等を検証し，当該産品等の特徴（生産・流通の実態を含む。），その産地等の特徴（例えばその所在地及び本件事故発生地からの距離），放射性物質の検査計画及び検査結果，政府等による出荷制限指示（県による出荷自粛要請を含む。）の内容，当該産品等の生産・製造に用いられる資材の汚染状況等を考慮して，消費者又は取引先が，当該産品等について，本件事故による放射性物質による汚染の危険性を懸念し，敬遠したくなる心理が，平均的・一般的な人を基準として合理性を有していると認められる場合には，本件事故との相当因果関係が認められ，賠償の対象となる（中間指針第7-2-Ⅳ）。

138　さらに，農林水産物の加工業及び食品製造業において，本件事故以降に現実に生じた買い控え等による被害のうち，①加工又は製造した事業者の主たる事務所又は工場が福島県に所在するもの，②主たる原材料が(i)から(vi)までの農林水産物又は(viii)の牛肉であるもの，③摂取制限措置（乳幼児向けを含む。）が現に講じられている水を原料として使用する食品を含む（中間指針第7-2-Ⅰ③）。

139　さらに，農林水産物の加工業及び食品製造業において，中間指針策定以降に現実に生じ

(i) 農産物（茶及び畜産物を除き，食用に限る。）については，岩手，宮城の各県において産出されたもの
(ii) 茶については，宮城，東京の各都県において産出されたもの
(iii) 林産物（食用に限る。）については，青森，岩手，宮城，東京，神奈川，静岡及び広島（ただし，広島についてはしいたけに限る。）の各都県において産出されたもの
(iv) 牛乳・乳製品については，岩手，宮城及び群馬の各県において産出されたもの
(v) 水産物（食用及び餌料用に限る。）については，北海道，青森，岩手及び宮城の各道県において産出されたもの
(vi) 家畜の飼料及び薪・木炭については，岩手，宮城及び栃木の各県において産出されたもの
(vii) 家畜排せつ物を原料とする堆肥については，岩手，宮城，茨城，栃木及び千葉の各県において産出されたもの
(viii) 上記(i)から(vii)までの農林水産物を主な原材料とする加工品

(3) 観光業
(i) 国内観光客向け観光業

福島県，茨城県，栃木県及び群馬県に営業の拠点があるもの（中間指針第7-3-Ⅰ）に加えて，千葉県の太平洋沿岸地域（銚子市，旭市，匝瑳市，横芝光町，山武市，九十九里町，大網白里町，白子町，長生村，一宮町，いすみ市，御宿町，勝浦市，鴨川市，南房総市，館山市）[140]，山形県米沢市[141]，千葉県の一部（木更津市，君津市，富津市，鋸南町，大多喜町，茂原市，成田市，香取市，神崎町，多古町，東庄町）[142]，

た買い控え等による被害のうち，主たる原材料が上記の(i)から(vii)の農林水産物及び食品に係るもの，及び，農林水産物・食品の流通業（農林水産物の加工品の流通業を含む。）において，中間指針策定以降に現実に生じた買い控え等による被害のうち，上記に掲げる産品等を継続的に取り扱っていた事業者が仕入れた当該産品等に係るもの。

140 平成24年1月10日付け東京電力プレスリリース「観光業の風評被害における賠償の対象地域の追加について」。
141 平成24年2月16日付け東京電力プレスリリース「観光業の風評被害における賠償の対象地域の追加について」。
142 平成24年8月6日付け東京電力プレスリリース「観光業の風評被害における賠償の対象地域の追加について」。

第10節　営業利益（風評被害）

宮城県丸森町[143]，東北5県（青森県，岩手県，宮城県，秋田県，山形県）[144]に事業所が所在する場合
　(ii)　**外国人観光客向け観光業**[145]
　　日本全国に営業の拠点があるもの（中間指針第7-3-Ⅱ）
(4)　**製造業，サービス業等**[146]
　(i)　**製造等の場所**
　　本件事故発生県である福島県に所在する拠点で製造，販売を行う物品又は提供するサービス等に関し，当該拠点において発生したもの（中間指針第7-4-Ⅰ①）
　(ii)　**サービス提供の拒絶**
　　サービス等を提供する事業者が来訪を拒否することによって発生した，本件事故発生県である福島県に所在する拠点における当該サービス等に係るもの（中間指針第7-4-Ⅰ②）
(5)　**輸出に係るもの**
　　日本全国を輸出元とする場合（中間指針第7-5-Ⅰ）
2　**時間的範囲**
(1)　**一般的な場合**
　風評被害は，本件事故に起因する風評が継続している限り，営業利益に対する

---

[143]　平成24年8月21日付け東京電力プレスリリース「観光業の風評被害における賠償の対象地域の追加について」。

[144]　平成24年10月18日付け東京電力プレスリリース「観光業の風評被害における賠償の対象地域の追加について」。

[145]　なお，海外に在住する外国人が来訪して提供する又は提供を受けるサービス等に関しては，我が国に存在する拠点において発生した被害（外国船舶が我が国の港湾への寄港又は福島県沖の航行を拒否したことによって，我が国の事業者に生じたものを含む。）のうち，本件事故の前に既に契約がなされた場合であって，少なくとも平成23年5月末までに解約が行われたこと（寄港又は航行が拒否されたことを含む。）により損害が発生した場合を含む（中間指針第7-3-Ⅱ）。

[146]　なお，その他，放射性物質が検出された上下水処理等副次産物の取扱いに関する政府による指導等につき，①指導等を受けた対象事業者が，当該副次産物の引取りを忌避されたこと等によって発生したもの，②当該副次産物を原材料として製品を製造していた事業者の当該製品に係るもの，③水の放射性物質検査の指導を行っている都県において，事業者が本件事故以降に取引先の要求等によって実施を余儀なくされた検査に係るもの（ただし，水を製造の過程で使用するもののうち，食品添加物，医薬品，医療機器等，人の体内に取り入れられるなどすることから，消費者及び取引先が特に敏感に敬遠する傾向がある製品に関する検査費用に限る。）を含む（中間指針第7-4-Ⅰ③④）。

侵害が存在すると考える。

　もっとも，中間指針によれば，風評被害は，商品等に対する危険性を懸念し敬遠するという消費者・取引先等の心理的状態に基づくものである以上，風評被害が賠償対象となるべき期間には一定の限度がある。一般的に言えば，「平均的・一般的な人を基準として合理性が認められる買い控え，取引停止等が収束した時点」が終期であるが，いまだ福島第一原発の事故が収束していないこと等から，少なくとも現時点において一律に示すことは困難であり，当面は，客観的な統計データ等を参照しつつ，取引数量・価格の状況，具体的な買い控え等の発生状況，当該商品又はサービスの特性等を勘案し，個々の事情に応じて合理的に判定することが適当であるという（中間指針第7-1 備考5）。

(2) 肉牛風評被害の一部

　農業について，少なくとも，北海道，青森，岩手，宮城，秋田，山形，福島，茨城，栃木，群馬，埼玉，千葉，新潟，岐阜，静岡，三重，島根の各道県において産出された牛肉，牛肉を主な原材料とする加工品及び食用に供される牛に係るものについては，稲わらの一部に放射性物質が付着していたことが報道された時期に照らして，平成23年7月8日以降に現実に生じた買い控え等による被害に限られる（中間指針第7-2-Ⅰ①）。

(3) 外国人向け観光業風評被害

　外国人観光客に関しては，我が国に営業の拠点がある観光業について，本件事故の前に予約が既に入っていた場合であって，少なくとも平成23年5月末までに通常の解約率を上回る解約が行われたことにより発生した減収等に限られる（中間指針第7-3-Ⅱ）。

(4) 三次追補に係る風評被害

　三次追補に係る風評被害については，中間指針策定（平成23年8月5日）以降に現実に生じた買い控え等による被害に限られる（三次追補第2-Ⅰ）。

第11節　その他権利・法益

Ⅰ　親族を捜索する利益

　東日本大震災に伴い，親族の行方を捜索していたところ，本件事故に伴う避難指示等のために，捜索を継続することができなくなった場合，「①故人に対する敬愛・追慕の情，②自ら又は適切な捜索機関に求める等して迅速に故人らを捜索

する権利又は利益及び③適切な時期・方法により故人が発見・収容されることにより尊厳を保つ形で故人を葬ることができるよう求める権利又は利益」について，法律上保護に値する[147]。

II 契約上の地位

労働契約上の地位の他に，以下のとおり，契約上の地位について法律上保護される場合がある。

1 請負契約上の地位
請負人が注文者との間で建物建築請負契約を締結し，同契約に基づいて建物を建築中に，本件事故により建築の中止を余儀なくされた場合など，請負契約上の請負人たる地位が侵害された場合についても，請負契約上の地位は法律上保護される[148]。

2 売買契約上の地位から発生する債権等
(1) 割賦払いクレジット契約で購入した乗用車を避難等対象区域内に残して避難した避難等対象者について，本件事故後クレジット契約解約までの間に弁済した立替金及び解約に伴う損害金並びに本件事故直後の日に避難等対象区域内で納車予定であった購入済みの別の乗用車の解約費用が賠償された事例がある[149]。

(2) 避難等対象区域内において商品の販売業を営んでいた者が，本件事故により，商品の配達販売先が避難した結果，平成23年2月分の売掛金の回収ができなくなったとして売掛金の支払を請求したところ，法的には債権が残っているものの，配達販売先は全て避難しており，その行き先を突き止めることは困難であるとして，未回収の売掛金相当額である約130万円が賠償された事例がある（事例集205頁）。

---

147 申立外故Aを速やかに捜索できなかったことに関する精神的損害について和解が成立した事例（公表番号282），自宅付近が警戒区域に指定されたために津波にさらわれた親族の捜索を継続できなかったことによる精神的損害について和解が成立した事例がある（公表番号305）。
148 旧緊急時避難準備区域を工事場所とする住宅新築請負契約が本件事故により解除されたことに伴い，請負人たる申立人に生じた部材の購入・制作費用相当額が賠償された事例がある（公表番号369）。
149 公表番号337。

3 墓地利用に係る契約上の地位

墓地利用料について賠償された事例がある[150]。

III 環境権・環境損害

良好な環境を享受し、これを支配し、かつ、人間が健康で快適な生活を求める権利としての環境権について、法律上保護に値するという見解がある[151]。

IV 地方公共団体の被害

1 税収減

本件事故に起因する地方公共団体の税の減収については、法律・条例に基づいて権力的に賦課、徴収されるという公法的な特殊性がある上、いわば税収に関する期待権[152]が損なわれたにとどまること、租税債務者である住民や事業者等が本件事故による損害賠償金を受け取れば、原則としてそこに担税力が発生すること等にも鑑みれば、特段の事情がある場合を除き、賠償すべき損害とは認められない（中間指針第10-2備考2）[153,154]。

---

150 公表番号442。
151 仁藤一＝池尾隆良「『環境権』の法理」法律時報43巻3号（1971年）158頁。潮見I 236頁、小野寺倫子「人に帰属しない利益の損害と民事責任——純粋環境損害と損害の属人的性格をめぐるフランス法の議論からの示唆(1)(2)(3・完)」北大法学論集62巻6号（2012年）518頁、63巻1号（2012年）250頁63巻4号（2012年）95頁参照。
152 ここでの「期待権」は、法律上保護されない意味をもつものとして用いられている。これに対して、「期待権」について「権利」の一種として保護に値するという議論がある（民法128条の「相手方の利益」もこの意味で用いられている。医療事故における延命可能性の議論における期待権の考え方などもこれに含まれる。）ことに留意が必要である。
153 税は、当初の予定どおりに徴収できるか分からない（髙橋＝大塚編85頁）。
154 また、平成25年10月1日開催の原子力損害賠償紛争審査会において、「地方公共団体の税収減について（案）」と題する資料（平成25年10月1日開催の原子力損害賠償紛争審査会資料5）により、使途を特定しない一般財源となる普通税の減収の多くは普通交付税で実質的には財源措置がされること、税収を得て実施する事業の一部は震災又は事故の影響等により支出が減少していること等を理由に、①徴収率の低下による税収減、②震災復興特別交付税により財源措置がされるもの、③納税義務者が賠償金の支払いを受けることにより、後日税収に結びつくものについては、明らかに賠償すべき損害とは認められないとされた。ただし、少なくとも、①目的税を財源とする事業のように税収と事業支出の連動性が高い事業であって、交付税による財源措置がされず、事故後も実

2 風評被害等の対策費用

地方公共団体などが、風評被害への対策費用を支出した場合には、権利・法益の内容及び当該内容について法律上保護に値するかが問題となる[155]。

[155] 施が必要な事業に係る税収の減、及び②以下のような本件事故による税収の減については、賠償すべき損害として認めることができるとされた。

風評被害を受けた事業者を所轄する地方自治体が、風評被害対策のためにテレビコマーシャルなどの広報費用を支出した場合、当該支出は放射線作用等の発生による権利侵害と言えるか。主として、法律上保護に値するかが問題となろう。いくつかの場合があると考えられる。一方で、本来事業者が負担しなければならない費用を地方公共団体が代わりに負担したものであれば、肩代わり損害（潮見・基本講義84頁）として、原子力損害賠償の対象となると考えられる。他方で、個々の事業者の利益を超えて、一種の公共財として当該地方公共団体に対する悪い評価（風評）を回復するための費用の支出であるとすれば、ある地方公共団体に対する評価（信用）が保護に値するかが問題となる。従前の議論からすれば、生成中の権利として受忍限度を超えるかにより判断されることとなろう。この点、都市部の景観という個人の権利・法益に還元することができない利益について法律上保護に値するとした最判平成18年3月30日民集60巻3号948頁は、このような利益を肯定する要素となりうる（もっとも、正確には、上記判例の射程内とは言い難いと考える。）。その他、風評の程度、対策の実効性なども考慮要素となると考えられる。

103

第2章　原因行為（原子力事業者が原子炉の運転等により放射線作用等を発生させる行為）

第1節　概　　要

　原賠法3条1項に基づく原子力事業者の損害賠償責任は，危険責任の考え方により帰責される。危険責任の考え方は，原子炉の運転等が高度性・制御不可能性を伴う特別の危険を内包するため，行為者が注意・行為義務を尽くしても相当の頻度で生じる操業上の事故について，特別の危険が実現したことを根拠に一種の保証責任として原子力事業者に帰責するものである（以下，このような考え方を「危険責任原理」という。）[1]。

　このような危険責任の観点から，原賠法3条1項に基づく損害賠償責任の原因行為を捉えなおすと，①原子力事業者による原子炉の運転等（特別の危険を内包する操業），②放射線作用等が発生したこと（特別の危険の実現），③①により②が発生したこと（原子炉の運転等により放射線作用等が発生したこと）と整理される[2]。

　以下では，まず，原賠法に基づく損害賠償責任の性質として，危険責任原理と原子力損害賠償責任について説明する（第2節）。次に，危険責任原理の観点から原子力損害賠償責任の成立要件の意義を明らかにするべく，原子炉の運転等（第3節），放射線作用等の発生（第4節），原子炉の運転等による放射線作用等の

---

[1] 橋本ほか251頁，橋本・多元的構造230頁。
[2] なお，原賠法3条1項本文の「原子炉の運転等の際」という部分は，責任集中を示す趣旨であるため，原子力損害賠償責任の成立要件ではないと解される（第3部第5章第2節参照）。これに対して，「原子炉の運転等の際」を原子力損害賠償請求権の成立要件とするように読める見解もある（升田純『原発事故の訴訟実務』（学陽書房，2011年）26頁）。
　また，「原子炉の運転等の際」の意義を2つに分けることも考えられる。すなわち，①1つは責任集中との関係で，原子炉の運転等を行っていなかった原子力事業者の責任を免除する意味と，②もう1つは操業としての原子炉の運転等という意味である。このように解すれば，「原子炉の運転等の際」について，②の意味との関係では損害賠償責任の成立要件の1つとも解しうる。もっとも，そのような解釈をとることなく，操業については「原子炉の運転等」の存否で検討することで必要にして十分であろう。

発生（第5節）という原賠法3条1項が定める要件の位置づけ及び内容を説明する。

第2節　原子力損害賠償責任の性質

I　原賠法3条1項

　原子力事業者は，原子炉の運転等により原子力損害を生じさせた場合，当該原子力損害の賠償責任を負う（原賠法3条1項本文）。

　そして，「原子力損害」とは，単なる「損害」ではなく，①核燃料物質の原子核分裂の過程の作用，②核燃料物質等の放射線の作用，③核燃料物質等の毒性的作用[3]のいずれかにより生じた損害（権利侵害）[4]をいう（原賠法2条2項。以下，①から③までの作用をあわせて「放射線作用等」という。）。

II　帰責の根拠（無過失責任・危険責任）

1　無過失責任

　原子力事業者は，原子炉の運転等により原子力損害を生じさせた場合，当該原子力損害賠償責任を負う（原賠法3条1項本文）。これに対して，過失責任に基づく損害賠償の一般的規定である民法709条は，「故意又は過失によって他人の権利又は法律上保護される利益を侵害した者は，これによって生じた損害を賠償する責任を負う」と規定している。

　このように，原賠法に基づく損害賠償責任は，加害者の故意・過失を要件とし

---

[3] 核燃料物質等を摂取し，又は吸入することにより人体に中毒及びその続発症を及ぼすものをいう（原賠法2条2項）。

[4] 後記のとおり，原子力損害賠償責任の成立要件と原子力損害賠償請求権の成立要件（損害賠償請求責任の内容）とを区別する立場からは，ここでの「損害」は厳密には権利侵害を意味する。「損害」概念は多義にわたるため，このような解釈も許されると考える。

[5] 無過失責任一般について，岡松参太郎『無過失損害賠償責任論（改版）』（有斐閣，1953年），中村哲也「日本民法の展開(2)特別法の生成──不法行為法」広中俊雄＝星野英一編『民法典の百年I』（有斐閣，1998年）279頁参照。原賠法に基づく損害賠償責任を無過失責任として説明するものとして，我妻栄「原子力損害補償　原子力二法の構想と問題点」ジュリスト236号（1961年）6頁，竹内昭夫「原子力損害二法の概要」ジュリスト236号（1961年）29頁，星野英一「原子力損害賠償に関する二つの条約案（一）──日本法と関連させつつ」法学協会雑誌79巻1号（1962年）51頁，加藤一郎「原

ていない点で，無過失責任である[5,6]。

2 無過失責任の根拠

原子力損害賠償責任が無過失責任とされた理由は，第1に，原子力事業は現代科学技術の最先端の事業であり，一般原則どおりに被害者に原子力事業者の側の故意・過失又は施設の瑕疵を立証させることは，被害者の保護に欠けると考えられること[7]，第2に，万一事故が起こった場合にはその損害額が巨額で，被害者救済の要請が高まること[8]などである。

3 危 険 責 任[9]

(1) 意　　義

「原賠法に基づく損害賠償責任は無過失責任である」という説明は，原子力損害賠償責任の成立要件に故意・過失を含まないことを説明するものに過ぎず，国民の活動の自由を保障するために必要とされたはずの過失を問わない積極的・実質的な根拠を欠く。

そのような積極的・実質的な根拠は，原賠法3条1項に基づく責任が危険責任原理に基づくことにある[10]。

ここで，危険責任とは，一般に，「危険な活動や物を支配する者はそこから生じる損害についても負担しなければならない」という法的責任を意味する[11]。

　　子力災害補償　立法上の問題点」ジュリスト190号（1959年）14頁。
- 6　無過失責任を定める立法例として，他に，鉱業法109条以下，大気汚染防止法25条以下，水質汚濁防止法19条以下，船舶油濁損害賠償保障法などがある。また，自動車損害賠償保障法に基づく損害賠償責任は完全な無過失責任ではないが，免責事由が認められることは少なく，ほぼ無過失責任に近い運用がなされている。
- 7　科技庁・制度51頁，前掲・竹内「原子力損害二法の概要」29頁，前掲・加藤「原子力災害補償　立法上の問題点」14頁。
- 8　前掲・加藤「原子力災害補償　立法上の問題点」14頁。
- 9　ある損害賠償責任について，危険責任原理を根拠に無過失責任とすることで，損害発生の予防的効果は高まるか。この点，一方で，過失責任の場合も危険責任の場合も予防的効果は等しいという見解（ハイン・ケッツ＝ゲルハルト・ヴァーグナー（吉村良一・中田邦博訳）『ドイツ不法行為』（法律文化社，2011年）244頁）もある。他方で，危険責任には純粋な予防機能がないとしても，企業経営的な意味では予防機能を発揮しているという見解もある（E.ドイチュ＝H. J. アーレンス（浦川道太郎訳）『ドイツ不法行為法』（日本評論社，2008年）213頁）。張貞旭「賠償責任ルールと賠償資力の経済分析：原子力損害賠償制度を中心に」財政と公共政策42号（2007年）73頁参照。
- 10　科技庁・制度51頁，森島269頁，橋本・多元的構造223頁。なお，不法行為法における「危険」及び「危険性」の意義について，四宮256頁脚注（一）参照。
- 11　四宮255頁。

(2) 帰責原理としての危険責任

危険責任が，ある種の損害賠償責任の帰責原理となるのはなぜか。「危険な活動や物を支配する者はそこから生じる損害についても負担しなければならない」という説明は，危険責任を，責任を負わせることの必要性の問題にとどめることになる。そこで，危険責任の実質的帰責原理は何かが問題となる[12,13,14]。それは以下のとおりである[15]。

(i) 「**特別の危険**」

危険責任原理の出発点は，技術的施設の操業が「特別の危険」を内包している点にある。ここで「特別の危険」とは，高度の，かつ，完全には制御することができない危険をいう[16]。特別の危険を内包する危険源としては，典型的には，技術的施設の操業がある[17]。技術的施設・操業手段・エネルギー源の操業過程においては，施設の機能不全・外来原因の介入などに起因する予定外の操業経過として，操業上の事故による直接的加害が，一定の統計的頻度で生起する[18]。これら

---

12 これは，危険責任を「特別の危険」を内包する危険源を対象とする独自の責任類型として位置づけ，過失責任と並び立つべき責任類型として，いわゆる無過失責任の領域の中に，新たに危険責任という責任類型を構想するものである。このような積極的内実を備えた危険責任は，不法行為法上，過失責任と対等の地位で並び立つこととなる。過失責任が通常の加害事件・危険を想定した責任類型であるのに対し，危険責任は，特別の危険を固有の規律課題とする責任類型として，独自の地位を占めるのである。このような理解によれば，特別の危険を内包する危険源が認められる限りで，既存の無過失責任の条文の拡大解釈・類推適用，さらには特別立法，民法改正による無過失責任の拡大が，強く要請される。民法709条は「過失あれば過失責任あり」との過失責任を表明するにとどまり，「過失なければ何ら責任なし」の原則まで含意するものではない。個人の活動の自由が確実に保障される領域（いわゆる過失責任の妥当範囲）は，むしろ，技術的施設を用いない活動に局限される（橋本ほか251頁）。前掲・ドイチュほか『ドイツ不法行為法』212頁参照。

13 無過失責任の帰責根拠について，①過失責任における主観的な道義的避難に代わる帰責根拠を求めるもの，②危険責任説，③報償責任説，④公平説に整理される（森島262頁）。

14 無過失責任について，報償責任で説明することもある（森島265頁）。報償責任とは，「各人は自己の利益を追求しうるが，その際に他人の利益を害したときは，利益追求の費用としてその損失を負担すべきである」という考え方をいう（森島265頁）。

15 橋本ほか250頁，橋本・多元的構造155頁以下。

16 橋本ほか250頁。

17 例えば，高速交通機関（自動車・鉄道・航空機），電気・ガス供給施設（発電所・送電線・パイプライン・高圧タンク），危険物質の取扱施設（化学工場），工場の機械設備などである（橋本ほか250頁）。

18 橋本・多元的構造229頁。

技術的施設の操業は，複雑・技術的な内部構造のどこかで機能障害が生じたり，施設の強度の作用が予定外の外来原因と結合したりするなど，定型的に操業上の事故の特別の危険を伴う[19]。原子力発電所の操業は典型的な「特別の危険」に該当する[20]。

(ii) 過失責任以外の帰責原理の要請

その上で，特別の危険を内包する危険源からは，危険の高度性・制御不可能性ゆえに，操業者が注意・行為義務を尽くして，操業者に過失がないとしても，相当の頻度で操業上の事故が生じてしまう。このような事態に過失責任を適用する限り，侵害された権利・法益の保護という不法行為制度の目的が空洞化される結果となる。過失責任は，加害者の活動を可及的に保護するあまり，特別の危険との関係では，被害者の権利保護の実現に失敗せざるを得ない。そこで，特別の危険の実現である操業上の事故については，性質上，過失責任という責任原理に基づき責任を問うことは適合的でなく，過失を問わない危険責任による規律が要請される[21]。

(iii) 危険の割当て

そこで，危険責任の帰責構造は，危険源における特別の危険について，それ自体として，危険の割当てを図ることになる[22]。そのため，危険責任では，危険源

---

19 橋本ほか250頁，橋本・多元的構造229頁。徳本鎮『農地の鉱害賠償』（日本評論新社，1956年）13頁（「鉱業権は，その存在のうちに，すでにほかの権利を侵害する原因を内蔵しており，他の権利の侵害なくしては成り立ちえないもの」とする。），同112頁参照。

20 橋本・多元的構造167頁。

21 橋本ほか250頁。言い換えると以下のとおりである。施設又は物の操業・保有過程においては，施設の技術性・複雑性又は施設・物の強度の作用のために，各種の安全措置を尽くしてもなお，施設の機能不全や外来原因介入に起因する予定外の操業・保有経過を確実に阻止することができない。この点で，操業上の事故による直接的加害の危険は，完全な制御が困難でもある（制御不可能な危険）。このような特別の危険ゆえ，技術的施設・操業手段・エネルギー源の操業過程においては，各種の安全措置を尽くしてもなお，すなわち操業上の過失がない場合にもなお，定型的に，予定外の操業経過として，操業上に事故による直接的加害が生起することになる。このとき，これら有体的危険源のために操業所事故による直接的加害の危険にさらされる法益にとって，過失責任による責任法的保護は不十分とならざるを得ない。ここでは，これら有体的危険源における特別の危険に関して，個別具体的場面における過失の有無を問わない保証責任たる危険責任の導入が要請・正当化される（橋本・多元的構造229頁）。

22 すなわち，危険源と結合している定型的危険及びその実現たる結果を，そのような危険の次元で，既にある責任主体に割り当てるのである（過失責任のように，個別具体的場合における結果発生や，そこに至る事象経過・その制御可能性を捉えて責任追及するも

を作出・維持する者が，当該危険源に対する一般的支配をもって，当該危険源に結びついた特別の危険を割り当てられる[23]。

(3) **危険責任原理のもとでの責任成立要件**

こうした帰責構造を反映して，危険責任原理のもとでの責任成立要件は，以下のとおり定式化される[24]。

技術的施設の操業のように，ある危険源が「特別の危険」を内包する場合[25]に，その危険が実現したこと（操業上の事故）により他人の権利・法益が侵害されたときは，当該危険源の作出・維持者が，過失を要件としないで当該の権利・法益侵害に対する責任（一種の保証人的地位に基づく保証責任）を負う[26]。

ここから，危険責任を帰責原理とする損害賠償責任の成立要件は，以下の3つの要件となる。

① 特別の危険を内包する危険源を操業していたこと
② 特別の危険が実現したこと（操業上の事故）
③ 危険源を操業していたことにより危険が実現したこと

このように，特別の危険を内包する危険源を操業しており（①），危険源を操業していたことにより（③），危険が実現した（②）という関係が危険責任に基づく帰責の要件となる（図2-2-1）。

のではない。橋本ほか250頁）。なお，ドイツでは，危険責任について，偶発的又は不運についての保証責任と理解する考え方がある（前掲・ケッツほか『ドイツ不法行為』244頁）。

23 なお，ここにいう危険源の作出・維持や一般的支配は，具体的な運転・操作行為や具体的事象経過の制御可能性とは全く次元を異にする（橋本ほか250頁）。

24 なお，橋本・多元的構造228頁以下では，①大型事故による直接的加害の類型のほかに，②正常操業・操業障害による間接的加害の類型について検討する。本件事故は，①大型事故による直接加害の類型に該当すると思われるが，原子力損害が後者の類型として発生する場合も想定することができる。この場合にも帰責原理としての危険責任の責任内容を基に，責任の有無・内容を判断することとなろう。

25 当該危険源の内包する危険が総体として特別の危険に該当することで足りる（橋本ほか250頁）。

26 橋本ほか251頁，橋本・多元的構造230頁。

第2部　第2章　原因行為（原子力事業者が原子炉の運転等により放射線作用等を発生させる行為）

<図 2-2-1：危険責任の構造・成立要件>

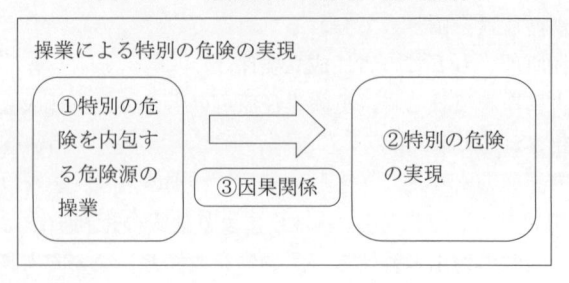

操業による特別の危険の実現
①特別の危険を内包する危険源の操業 → ③因果関係 → ②特別の危険の実現

(4) 権利侵害との関係

事実としての権利侵害との関係では，特別の危険の実現により他人の権利・法益を侵害した場合には，危険責任原理に基づく損害賠償責任が成立しうる（図2-2-2）[27]。

<図 2-2-2：危険責任の構造——成立要件と権利侵害との関係>

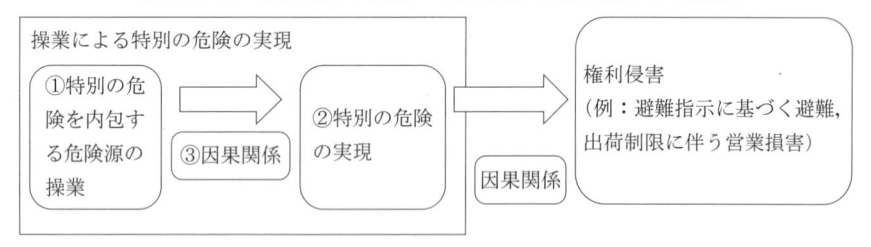

操業による特別の危険の実現
①特別の危険を内包する危険源の操業 → ③因果関係 → ②特別の危険の実現　因果関係 → 権利侵害（例：避難指示に基づく避難，出荷制限に伴う営業損害）

Ⅲ　原子力損害賠償責任

1　危険責任としての原子力損害賠償

原子力損害賠償責任は，危険責任原理に基づく損害賠償責任の典型である[28]。

また，その内容を検討すると，上記Ⅱのように危険責任を特別の危険に基づく帰責原理として捉えた場合，原子炉の運転等は，原子力の作用を利用し，取り扱うものであり，原子力（核エネルギー）の性質，原子力の利用形態[29]等に照らして，

27　橋本ほか 251 頁，橋本・多元的構造 230 頁。
28　潮見Ⅰ6頁，科技庁・制度 51 頁，中原太郎「原子力損害の填補・再論」現代民事判例研究会編『民事判例Ⅳ-2011 年後期』（日本評論社，2012 年）110 頁。
29　実際に，過去に原子力関連施設での事故が発生した。例えば，ウィンズケール原子力発電所事故（英国，1957 年），スリーマイル・アイランド原子力発電所事故（米国，1979 年），チェルノブイリ原子力発電所事故（旧ソ連，1986 年），JCO 臨界事故（日本，

第2節　原子力損害賠償責任の性質

高度，かつ，完全には制御しえない危険を内包する。

したがって，原子力損害賠償責任を，帰責原理としての危険責任の一種と捉えることができる[30]。

2　危険責任原理に基づく損害賠償責任の成立要件

このように，原賠法3条1項に基づく損害賠償責任を典型的な危険責任と捉えると，原因行為の3つの成立要件，①「原子炉の運転等」，②放射線作用等が発生したこと，③「（原子炉の運転等）により」を以下のように整理することができる（表2-2-1参照）。

第1に，①「原子炉の運転等」は，「特別の危険を内包する危険源を操業していたこと」に相当する。

第2に，②「放射線作用等が発生したこと」は，「危険が実現したこと」に相当する。

第3に，③「原子炉の運転等により放射線作用等が発生したこと」は，「危険源を操業していたことにより危険が実現したこと」に相当する。

〈表2-2-1：危険責任における成立要件と原賠法3条1項の成立要件〉

	危険責任一般の成立要件	原賠法3条1項に基づく責任の成立要件
①	特別の危険を内包する危険源を操業していたこと	原子力事業者が原子炉の運転等を行っていたこと
②	危険が実現したこと	放射線の作用等が発生したこと
③	危険源を操業していたことにより危険が実現したこと	原子炉の運転等により放射線作用等が発生したこと

3　原子力損害賠償責任の成立要件と危険責任

このように，原子炉の運転等（特別の危険を内包する危険源を操業していたこと）（①），放射線作用等の発生（危険が実現したこと）（②），原子炉の運転等により放射線作用等が発生したこと（危険源を操業していたことにより特別の危険である危険が実現したこと）（③）という関係が，原賠法3条1項に基づく責任を正当化する

1999年）など。

30　このように，原賠法3条1項に基づく損害賠償責任を帰責原理としての危険責任に基づくものと整理した場合，原賠法に基づく損害賠償責任が無過失責任である理由について，①一般原則どおりに被害者に原子力事業者の側の故意・過失又は施設の瑕疵を立証させることは，被害者の保護に欠けると考えられること，②万一事故が起こった場合にはその損害額が巨額で，被害者救済の要請が高まると捉えられていたことについては，無過失責任を要請する理由とはなりえても，原子力事業者に無過失責任を負わせる正当化理由までは含意していないと考えられる。

第2部　第2章　原因行為（原子力事業者が原子炉の運転等により放射線作用等を発生させる行為）

<図2-2-3：原賠法3条1項の成立要件相互の関係>

操業による特別の危険の実現

①原子炉の運転等 → ③因果関係 → ②放射線作用等発生 → 因果関係 → 権利侵害

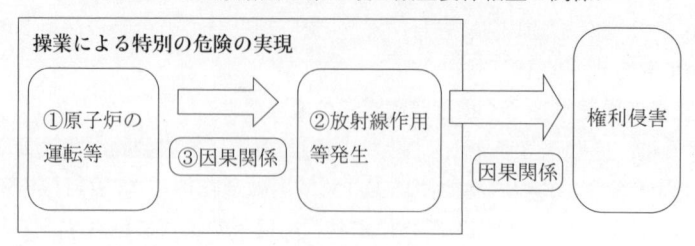

（図2-2-3参照）。

4　他の損害賠償請求権の成立要件への影響

　原子力損害賠償法は，原子力損害賠償の内容を決定する基準を示す法である。
　ここで，原子力損害賠償責任を危険責任の1つと捉えた場合，原子力損害賠償責任の成立要件及び原子力損害賠償責任の内容の判断において，それぞれの要件の基準が拡張・緩和されるのか（例えば事実的因果関係が存在する範囲が拡張するのか（第3章）），損害賠償の範囲が拡大するのか（第6章），金銭的評価に影響するのか（第7章）などの問題が生じる。これらの問題についてはそれぞれの箇所において，過失責任の場合と対比しつつ，検討する[31]。

第3節　原子力事業者による原子炉の運転等

I　意　義

1　「原子炉の運転等」の意義

　「原子炉の運転等」とは，原賠法2条1項各号所定の各行為[32]，及びそれら行為

---

[31] なお、前記のとおり、無過失責任又は危険責任を導く論拠として、被害の甚大さを挙げる場合がある（科技庁・制度51頁、前掲・竹内「原子力損害二法の概要」29頁、前掲・加藤「原子力災害補償　立法上の問題点」14頁）。しかしながら、被害が甚大であることのみを理由に原子力損害賠償責任を無過失責任とするという見解は、その前提として既にそれら被害が原子力事業者に帰責されるべきであるという規範的な判断を含んでいるとも理解される。しかしながら、原子力事業者に対する帰責の範囲は、主として、責任成立レベルの責任範囲の画定、損害賠償責任の内容画定レベルの損害賠償の範囲の検討においてなされるべきであり、かつその際に危険責任であることの帰結として損害賠償の範囲が拡張されるかの検討を経て判断されるべきであり、かつそれで足りると考える。

[32] 原賠法2条1項は以下のとおり定める。「この法律において「原子炉の運転等」とは、

に付随してする核燃料物質等の運搬又は貯蔵であって,政令[33]で定めるものをいう(原賠法2条1項)[34]。

この点,「付随する」とは,各本号に掲げる行為のために行うものをいう[35]。また,各号の行為の開始前又は終了後に行うものを含む[36]。

原子炉の運転を例にとると,「原子炉の運転等」に該当するのは,①原子炉の運転,②原子炉の運転に付随してする核燃料物質の(i)運搬,(ii)貯蔵,(iii)廃棄,③原子炉の運転に付随してする核燃料物質によって汚染された物の(i)運搬,(ii)貯蔵,(iii)廃棄である[37]。

例えば,本件事故の場合(原子力発電所による発電の場合),上記①に該当する。

2 原子炉の運転等の主体

原子炉の運転等は,原子力事業者が行う必要がある(原賠法3条1項)。

II　位置づけ

1 高度,かつ,完全には制御しえない危険

原子炉の運転等は,帰責原理としての危険責任における出発点である特別の危険を内包する操業に該当する。言い換えれば,原子炉の運転等は,いずれも原子力の作用を利用するものであり,原子力の性質,原子力の利用形態等に照らして,高度,かつ,完全には制御しえない危険を内包する。

原子炉の運転等は,注意深く実施されている限り,それ自体直ちに権利侵害を生じるものではない。しかしながら,原子力の制御が高度の科学技術を要し,原子力を完全に制御することは困難であると理解される。したがって,原子炉の運転等は,帰責原理としての危険責任が想定する特別の危険を内包する危険源の操業に該当する。

次の各号に掲げるもの及びこれらに付随してする核燃料物質又は核燃料物質によって汚染された物(原子核分裂生成物を含む。第5号において同じ。)の運搬,貯蔵又は廃棄であって,政令で定めるものをいう。/①原子炉の運転(1号)/②加工(2号)/③再処理(3号)/④核燃料物質の使用(4号)/⑤使用済燃料の貯蔵(4号の2)/⑥核燃料物質又は核燃料物質によって汚染された物(5号の2)の廃棄」。

33　原子力損害の賠償に関する法律施行令。
34　科技庁・制度40頁参照。
35　科技庁・制度40頁。
36　科技庁・制度40頁。
37　科技庁・制度40頁。

2 原子炉の運転等と権利侵害との関係

原子炉の運転等と権利侵害との間の因果関係は、直接には問題とならず、放射線作用等の発生と権利侵害との因果関係判断を通じて、いわば間接的に問題となる（第5節）。

第4節　放射線作用等が発生したこと

I　意　義

原子力損害とは、単なる「損害」ではなく、①核燃料物質の原子核分裂の過程の作用、②核燃料物質等の放射線の作用、③核燃料物質等の毒性的作用[38]のいずれかにより生じた権利侵害をいう（原賠法2条2項）。したがって、原子力損害に該当するには、放射線作用等の発生と因果関係のある権利侵害である必要がある。

なお、損害概念は多義的であるところ、原賠法2条2項の「損害」は、民法709条の文言を参照すると「権利侵害」に相当する（第1章第3節参照）。

II　分　類

原子力損害、すなわち放射線の作用等から発生した権利侵害を分類すると以下のとおりとなる[39]。

1　原子核分裂の過程の作用により生じた権利侵害

第一形態は、「原子核分裂の過程の作用により生じた損害」で、これは原子核分裂の連鎖反応に際して発生する放射線による権利侵害、及びその際発生する熱的エネルギー又は機械的エネルギーによる権利侵害である[40]。

2　核燃料物質又は核燃料物質によって汚染された物の放射線の作用により生じた権利侵害

第二形態は、「核燃料物質若しくは核燃料物質によって汚染された物（原子核

38　これらを摂取し、又は吸入することにより人体に中毒及びその続発症を及ぼすものをいう（原賠法2条2項）。
39　科技庁・制度46頁。
40　科技庁・制度46頁。

分裂生成物を含む。）の放射線の作用により生じた損害」である[41]。これは，①核燃料物質の連鎖反応に際して放射化された物（核燃料物質によって汚染された物）の放射線による権利侵害，②核燃料物質の原子核分裂の連鎖反応により生じた原子核分裂生成物の放射線による権利侵害及び③核燃料物質の放射線による権利侵害をいう[42]。

3　核燃料物質又は核燃料物質によって汚染された物の毒性的作用により生じた権利侵害

第三形態は，「核燃料物質若しくは核燃料物質によって汚染された物（原子核分裂生成物を含む。）の毒性的作用により生じた損害」である[43]。例えばプルトニウム等を摂取し又は吸入することによって発生する中毒等である[44]。

III　位置づけ

1　特別の危険の実現

原子炉の運転等に当たり，何らかの原因により放射線作用等が発生したことは，特別の「危険が実現したこと」に該当する。典型的には，原子炉の運転等において放射性物質等を扱っていたところ，原子炉の運転中の事故により事業場の外に放射線の作用を発生させたような場合である。

2　権利侵害との関係

(1)　因果関係の始点

原賠法3条1項に基づく損害賠償責任において，権利侵害に至る因果関係の始点となる原因行為，民法709条の「故意又は過失（ある行為）」に相当する要件は何か。なお，責任成立要件の因果関係の終点は，各種損害項目ではなく，権利侵害であると解される（第3章第2節・第3節，第4章第2節・第3節参照）。

ここでの因果関係の始点に該当する可能性があるものとしては，①原子炉の運転等，②放射線作用等の発生の2つが考えられる[45]。

41　科技庁・制度46頁。
42　科技庁・制度46頁。
43　科技庁・制度46頁。
44　科技庁・制度46頁。
45　というのは，原子力損害は，単なる「損害」ではなく，「核燃料物質の原子核分裂の過程の作用又は核燃料物質等の放射線の作用若しくは毒性的作用により生じた損害」という限定が付されており，「原子炉の運転等」が因果関係の始点たる原因行為に相当する

(2) 検討の意義

因果関係の始点を特定することに意義があるのは，以下の2点である。

第1に，権利侵害との間の事実的因果関係等を検討する際，その始点を特定する必要がある。

また，第2に，理論的には，民法724条後段の除斥期間の起算点について「不法行為の時」を加害行為時と捉えた場合で，原子炉の運転等と放射線作用等の発生との間に時間的間隔があるときに，差異が生じる（第3部第7章参照）。

(3) 検　討

この点，以下の理由から，原子炉の運転等ではなく，放射線作用等の発生が権利侵害に至る因果関係の始点に相当すると考える[46]。

第1に，原子炉の運転等が内包する特別の危険を出発点として，危険責任を帰責原理として捉えると，前記のとおり，その構造上，特別の危険が実現したことと権利侵害との間の因果関係が問題となる[47]。すなわち，原子炉の運転等（特別の危険を内包する危険源を操業していたこと）ではなく，特別の危険が実現したこと，例えば，放射性セシウムの放出と権利侵害との間の因果関係が問われることとなる。

第2に，第1の理由に関連して，原子力事業者に無過失責任を負わせるには，相応の根拠が必要であるところ，放射線作用等の発生が実質的な正当化根拠となる。これに対して，単にそれ自体無害な原子炉を運転等していたことのみをもっては，無過失責任を肯定するには足りないと考えられる（放射線作用等を発生させた特定の原子炉の運転等が問題となるのであれば，それは結局，権利侵害との関係では，当該放射線作用等の発生を問題とすれば足りる。）。このように考えることが，単なる「損害」ではなく「原子力損害」という限定を付した趣旨にも合致すると考える。

第3に，原賠法の立案過程において，放射線作用等の発生について権利侵害と

のか，「原子炉の運転等により核燃料物質の原子核分裂の過程の作用又は核燃料物質等の放射線の作用若しくは毒性的作用を生じさせたこと」が因果関係の始点たる原因行為に相当するのか疑義が生じるためである。

[46] この点を明示的に検討したものではないが，大塚直「福島第一原子力発電所事故による損害賠償」法律時報83巻11号（2011年）50頁は，「放射線作用等」との相当因果関係を問題とする。

[47] 橋本ほか251頁。

の間の因果関係の始点として検討されている[48]。

　第4に，他の立法例，特に危険責任原理に基づく公害関連の立法例においては，「特別の危険である危険が実現したこと」に相当する事実を始点としている。例えば，大気汚染防止法25条1項は，「工場又は事業場における事業活動に伴う健康被害物質の大気中への排出により，人の生命又は身体を害したときは」と規定しており，「健康被害物質の大気中への排出」を因果関係（「により」）の始点としている[49]。

　第5に，立法技術としても，原賠法3条1項に2条2項を溶け込ませると，「原子炉の運転等により発生した放射線作用等の発生による損害を発生させた場合は」と読むことができる。因果関係の始点と終点は，文理上，「により」と「による」の前後，すなわち，第1に，「原子炉の運転等」と「放射線作用等の発生」との間の因果関係，第2に，権利侵害との関係では，「放射線作用等の発生」と権利侵害との間の因果関係が問題になると考えられる。

IV　予防措置・予防的避難費用

1　意　義

　原子力損害賠償において，予防措置とは，被害の拡大を防止するために，原子力事故（原子力損害を引き起こす重大かつ明白なおそれを生む出来事）の発生後に講じられる措置である。予防措置の一環として，避難のために必要となった費用を予防的避難費用という。例えば，原子力発電所の周辺住民らが原子力事故に際して避難するために支出した交通費等の費用，避難先での宿泊費その他の避難に伴う派生的な費用，又は被害の拡大を防止又は最小化するために地方公共団体や住民等が講じる費用といったものが考えられる[50,51]。

　一般に，放射線作用等が発生し，放射性物質の漏出等がある場合，予防的避難

48　昭和34年12月12日付け原子力災害補償専門部会の答申。
49　水質汚濁防止法19条1項も同様である。
50　平成10年12月11日付け原子力委員会原子力損害賠償制度専門部会「原子力損害賠償制度専門部会報告書」3(2)。
51　米国原子力法では，予防的避難とは，①原子力法上の放射能特性により，生命・身体の侵害，財物に対する侵害を受ける危険が切迫し，避難を必要とする事故が発生したことに伴う避難であり，かつ，②州法に従い，避難命令を発することについて正当な権限を有する州政府等により開始された避難をいう（42 USC § 2014 – Definitions (w)(gg)。卯辰・法律問題48頁。同46頁参照）。

117

費用は，原子力損害賠償の対象であると解されている[52]。
2 問題の所在
ここで，放射線作用等の発生との関係で問題となるのは，原子力緊急事態において，政府が原災法に基づき避難指示等を発出したものの，結果的に放射性物質の漏出等が存在しなかった場合に，「放射線作用等の発生」に該当するかという点である。
3 検　討
(1) 放射性物質の漏出がない場合
以下のとおり，避難指示等が発出された場合，放射性物質の漏出（外部への物理的な働きかけ）等がなかったとしても，当該避難指示等に係る生活の平穏に対する侵害と因果関係のある「放射線作用等の発生」が存在したと考えられる。

たしかに，原賠法は，その制定の過程などを見れば，放射性物質の漏出等があった場合を想定していると理解される。また，原災法も，放射性物質の漏出等があった場合を典型例として想定していると理解される。

しかしながら，原賠法は，放射線の「作用」等の発生を権利侵害の始点としているのであって，必ずしも放射性物質の漏出等の外部への働きかけを要件としていない。また，原災法は，国民の生命・身体・財産を保護するために，予防的に，いわゆる10条通報等を発することを規定しており，放射性物質の漏出等の外部への働きかけがない場合にも避難指示等を発出することができる。

そうだとすれば，原災法に基づき避難指示等が発出された場合，原災法に基づく避難指示の発出という事実が「放射線作用等の発生」に該当するという解釈も可能であると考えられる[53]。

もっとも，事実的因果関係（第3章参照）や，責任範囲の画定の問題は残る（第4章参照）。

(2) 福島第二原発事故と「放射線作用等の発生」
福島第二原発で生じた事態がこれに該当すると考えられる[54]。

---

[52] 予防的避難費用について，中島・原発賠償20頁参照。

[53] 卯辰・展開346頁注(12)は本件事故と相当因果関係がある場合であっても補償契約に基づき補償されることはないとする。

[54] 「東京電力株式会社福島第一，第二原子力発電所事故による原子力損害の範囲の判定等に関する中間指針」という表題からも，中間指針等は，福島第二原発事故に起因する原子力損害をその対象とする。なお，福島第二原発の事故においては，放射性物質の漏出等はなかったものの，原子力緊急事態宣言がなされ，避難指示等も発出された。また，

第5節　原子炉の運転等により放射線の作用等が発生したこと

I　意義・位置づけ

　前記のとおり，危険責任原理に基づき，原子炉の運転等「により」放射線作用等が発生したことが成立要件となる。

　すなわち，原子炉の運転等と，放射線作用等を発生させたこととの間に因果関係が必要である。例えば，原子炉の運転等において放射性物質等を扱っており，それにより事業場の外部に放射線の作用を発生させた場合，原子炉の運転等が内包する特別の危険が事故を契機に放射線作用等として実現したものである。

　このように，権利侵害の始点を放射線作用等の発生と捉えると，2つの因果関係，いわば二段の因果関係が必要となることとなる。すなわち，第1に，原子炉の運転等と放射線作用等を生じさせたこととの間の因果関係，第2に放射線作用等発生と権利侵害との間の因果関係である（図2-2-4）。

〈図2-2-4：二段の因果関係〉

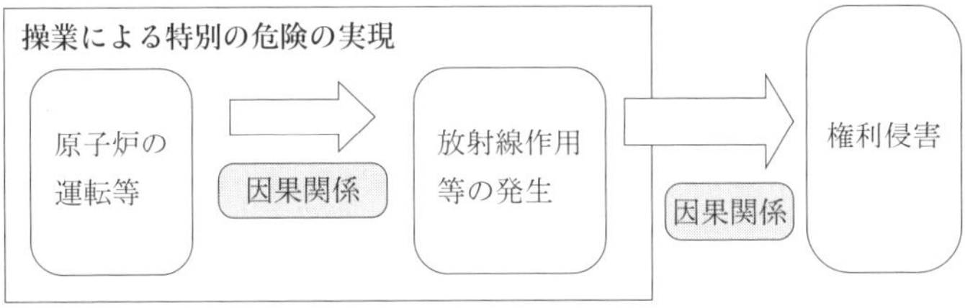

操業による特別の危険の実現

原子炉の運転等　→〔因果関係〕→　放射線作用等の発生　→〔因果関係〕→　権利侵害

II　「により」の意義

　「により」の意義については，規範の保護目的に含まれるかなど，相当因果関係（責任範囲の画定。第4章参照）が問題となる余地はなく，原子炉の運転等と放射線作用等との間の事実の結びつきのみが問題となっている。したがって，原子炉の運転等が放射線作用等の発生を招来したと言える関係，すなわち，事実的因果関係を意味すると考える。

　　INES 3と評価されており，決して小規模の事故とは言えない。

III　放射線作用等以外の加害作用による権利侵害・損害

1　意　　義

原子炉の運転等による権利侵害・損害には，例えば，タービンの故障による被害など，機械的災害もありうる。これは原子力損害に該当するか。

この点，危険責任を帰責原理として捉える立場からは，以下のとおり説明される[55]。

これは，大型事故による直接的加害の類型において，汚染物質の放出以外の加害作用による損害を危険責任の妥当範囲とすべきかの問題である。

この点について，このような被害は，一般の工場災害による損害と差異はないから，原子力損害には該当しないと解される[56]。

また，原賠法3条1項に基づく責任を危険責任の観点から正当化すれば，以下のとおり解される。例えば，工場での爆発・火災事故に際して，破片の飛散・衝撃波・燃焼などの加害作用によって周辺住民の生命・身体が直接的に侵害される場合，民法717条によって十分にカバーされるから，それらによる規律にゆだねれば十分である。危険責任の妥当範囲を汚染物質の放出以外の加害作用にまで拡大する必要はない[57]。

そうだとすれば，危険責任が妥当する原賠法3条1項に基づく責任の場合にも，汚染物質の放出以外の加害作用による損害については，原子力損害賠償の対象外とすべきであると考える。

2　不作為の場合

本件事故における原子炉の運転等（原因行為）を不作為によるものと理解することも可能である[58]。

55　橋本・多元的構造249頁。
56　科技庁・制度46頁。
57　橋本・多元的構造249頁。
58　本件事故の原因について，地震・津波に対する適切な対応をとらなかったことという不作為によるものと捉えた場合には，以下のような問題が生じる。
　(1) 問題の所在
　不法行為の中には，例えば，医者が救助すべき患者を放置する場合など，「何もしない」ことにより権利・法益を侵害する場合があり，このような不作為による不法行為の場合にも損害賠償責任が成立しうる。原子力損害賠償請求権についても，特に作為による権利侵害のみに限定する理由はないと思われる。

第5節　原子炉の運転等により放射線の作用等が発生したこと

　ここで，不作為による権利侵害の場合には，素因減額等が認められないという見解がある（橋本・多元的構造48頁）。すなわち，違法性連関の判断として，作為義務を遵守していれば因果系列の進行そのものを阻止することができたという関係が既に確認されているのであるから，何らかの原因から法益侵害に向かう因果系列は，まさに全割合において不作為＝作為義務違反に帰属させて良い。その限りで，不作為による不法行為において，何らかの原因から法益侵害に向かう因果系列に関しては，原因競合による割合的責任限定が問題となりがたい。この考え方に従えば，不作為により原子力損害賠償請求権が成立する場合，効果において，素因減額が認められないなどがありうる（橋本・多元的構造49頁参照）。
　そこで，本件事故は，不作為による権利侵害かが問題となる。
(2) 不作為の定義
　責任類型の形式面から，ある作為，すなわち外界に対する人の積極的行動を持って禁止規範違反としての違法性評価（不法行為評価）を下すものを作為不法行為とし，ある不作為，すなわち外界に対する一定の積極的行動の欠如をもって命令規範違反としての違法性評価を下すものを不作為不法行為としておく（橋本・多元的構造7頁）。なお，以下のとおり定義されることもある。不作為とは，遵守されるべき機関としての命令規範又は禁止規範を観念し（法秩序が一定の作為を命じているのか，禁止しているのかということ），次に，命令規範・禁止規範の内容に即してみたときに実際に行為者のしたことが「命令」規範に違反する「不作為」と評価されるか，「禁止」規範に違反する「作為」と評価されるかという点に関する判断がされる。そして，責任設定の因果関係の起点となる行為としては，命令規範・禁止規範に違反した行為，すなわち法的無価値（反価値）評価を経た「作為」・「不作為」を置くのが適切である。ここでは，「作為」か「不作為」かという点は法秩序が行為者に対する規範的要請（命題）を「作為」の形式で記述するか（命令規範の場合），「不作為」の形式で記述するか（禁止規範）という違いに注目したものをいう（潮見Ⅰ340頁）。
　もっとも，ここで作為義務を語る上で決定的なのは，権利・法益を危殆化する領域を支配・管理する行為（危険源の支配・管理行為）を「不作為」と結びつけてとらえ，これらの行為から，行為者の以後の行動の自由を制約してまで被害者の権利・法益侵害を回避するために一定の作為をすべき義務が導かれ，かかる作為義務違反を理由として加害者に損害賠償責任を負わせることが正当化されるという点である。そして，この作為義務に関する判断は，既に述べた過失における行為義務（結果回避義務）の判断と一致する（橋本・多元的構造28頁）。
(3) 本件事故の場合
　本件事故の場合はどうか。津波対策等を適切にとらなかったという不作為による権利侵害と捉えることも不可能ではない。しかしながら，原賠法の規範は，「放射線作用等を生じさせることなかれ」という禁止規範で規定されていると解される。したがって，「（原子炉等を運転し）放射線作用等を発生させた」という作為不法行為と捉えるのが適当であると考える。

121

第2部 第2章 原因行為（原子力事業者が原子炉の運転等により放射線作用等を発生させる行為）

＜参考：本件事故の経緯＞

　本件事故の経緯のうち，放射線作用等が生じるまでの経緯は，概ね，以下のとおりである[59]。

　2011年3月11日，福島第一原発では，1号機，2号機及び3号機の原子炉が運転中であったが，同日14時46分に発生した三陸沖を震源とする東北地方太平洋沖地震を受け，上記各原子炉は運転を緊急自動停止した。

　同時に，地震によってすべての外部電源が失われたことを受け，非常用ディーゼル発電機が起動し，一旦は，原子炉の安全維持に必要な電源が確保された。しかしながら，地震後に襲来した津波により，多くの冷却用海水ポンプ，非常用ディーゼル発電機及び配電盤が冠水したため，6号機の1台を除くすべての非常用ディーゼル発電機が停止した。その結果，6号機を除き，全交流電源喪失の状態に陥った。

　また，津波による冷却用海水ポンプの冠水により，原子炉内部の残留熱を海水に逃すための残留熱除去系や，多数の機器の熱を海水に逃すための補機冷却系が機能を喪失した。

　さらに，1号機，2号機及び3号機では，交流電源を用いるすべての炉心冷却機能が失われ，交流電源を用いない炉心冷却機能までも停止したことから，緊急の対処策として，消火系ラインによる淡水又は海水の代替注水を応用し，消防車を用いた注水を実施した。しかしながら，1号機，2号機及び3号機について，それぞれ原子炉圧力容器への注水ができない事態が結果として一定時間継続したため，各号機の炉心の核燃料が水で覆われずに露出した。これにより，燃料棒被覆管が損傷し，燃料棒内にあった放射性物質が原子炉圧力容器内に放出されるとともに，燃料棒被覆管等のジルコニウムと水蒸気との化学反応により大量の水素が発生し，原子炉圧力容器の減圧の過程でこれらの放射性物質や水素が格納容器内に放出されるに至った。

　また，原子炉圧力容器内で水が水蒸気となり，格納容器の内圧が徐々に上昇した。そこで，格納容器が圧力により破損することを防ぐため，1号機，2号機及び3号機について，格納容器内部の気体をサプレッションチェンバーの気相部から排気筒を通じ大気中に逃す操作である格納容器ウェットウェルベントを数回試みた。

　1号機及び3号機では，格納容器から漏えいした水素が原因と思われる爆発が

59　平成24年5月9日付け東京電力及び原子力損害賠償支援機構策定の総合特別事業計画。

第5節　原子炉の運転等により放射線の作用等が発生したこと

原子炉建屋上部で発生し，それぞれの原子炉建屋のオペレーションフロアが破壊された。なお，4号機については，定期検査のために停止していたところ，3月11日の地震及び津波により全交流電源を喪失し，3月15日，3号機から回り込んできた水素によると思われる原子炉建屋の爆発が発生し，オペレーションフロアが破壊された。

　このような経緯等により，福島第一原発の原子炉が冷却できない状態が続いた場合に備えた措置として，政府による避難指示等，航行危険区域の設定，飛行禁止区域の設定及び農林水産物等の出荷制限指示等がなされた。

第3章　事実的因果関係

第1節　概　　要

　事実的因果関係とは，原因行為と権利侵害との間で，特定の事実が特定の結果発生を招来したことをいう。これは，基本的に「あれ（原因）なければこれ（権利侵害）なし」により判断される。

　原子力損害賠償法は被害者の権利救済を目的とすることから，原子力損害賠償責任の成立には，原因である放射線作用等の発生によって，権利侵害が発生したという関係が必要である。

　責任成立判断における因果関係は，事実的因果関係と相当因果関係（責任範囲の画定）に分かれる。事実的因果関係とは，責任成立の因果関係として必要とされる「あれなければこれなし」の関係をいう。つまり，因果関係は，事実的因果関係と相当因果関係（責任範囲の画定）に分かれ，原子力損害賠償における事実的因果関係とは，「放射線作用等の発生がなければ，権利侵害がない」という関係をいう。

　本章では，過失責任における事実的因果関係を確認し（第2節），原子力損害賠償の場合について整理する（第3節）。その上で，各論として，本件の放射線作用等の発生と，生活の平穏の侵害など7つの典型的な権利侵害との間の事実的

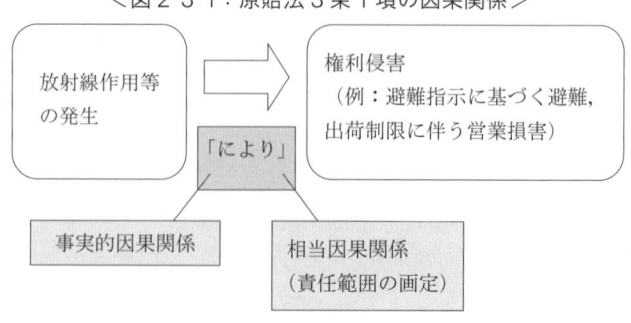

＜図2-3-1：原賠法3条1項の因果関係＞

放射線作用等の発生　→　権利侵害
　　　　　　　　　　　　（例：避難指示に基づく避難，出荷制限に伴う営業損害）

「により」

事実的因果関係　　　相当因果関係（責任範囲の画定）

因果関係について検討する（第4節から第10節まで）。また，原子力事故以外の影響について説明する（第11節）。

第2節　過失責任における事実的因果関係

I　事実的因果関係の意義

1　定　　義
事実的因果関係とは，特定の事実が特定の結果発生を招来した関係をいう（最判昭和50年10月24日民集29巻9号1417頁〔ルンバール事件〕）[1]。すなわち，ある権利侵害について加害者に不法行為責任が成立するには，加害者の故意又は過失ある行為が権利侵害を招来した関係が必要である。

2　始　　点
事実的因果関係の始点は，故意又は過失ある行為（原因行為）と解される[2]。

3　終　　点
事実的因果関係の終点は，事実としての権利侵害（権利・法益を侵害されたこと）と解される[3]。

---

1 橋本ほか174頁。なお，森島昭夫「日本不法行為法リステイトメント⑥　因果関係」ジュリスト883号（1987年）64頁参照。

2 過失責任における事実的因果関係の始点については，①故意・過失ある行為（加害行為。原因行為）とする見解（平井83頁，幾代＝徳本118頁，潮見I338頁）と，②故意又は過失と捉える見解（四宮412頁）がある。最高裁判決の中には，原審が過失を始点としたのに対して，過失行為を始点としたものがある（最判平成21年3月27日判時2039号12頁。窪田充見「損害賠償法の今日的課題」司法研修所論集120号（2010年）42頁参照）。本書は，故意・過失ある行為（原賠法に基づく損害賠償請求権の成立要件でいえば放射線作用等の発生）を始点と捉える見解に従った。なお，過失不法行為について加害段階による類型化を行い，直接侵害（直接段階）型については，直接侵害行為は原因行為と行為結果（第一次侵害）の両要素から構成され，かつ両者が表裏一体の関係にあるから，権利・法益侵害行為を始点とする一方で，間接侵害（危殆化段階）型については，権利・法益を危殆化する段階（危殆化段階の行為）を捉えて不法行為責任を追及するものであるから，加害者の危殆化行為（行為義務違反の意味での過失行為）を始点とする考え方もある（橋本ほか134頁，172頁）。

3 事実的因果関係の終点については，①権利侵害と捉える見解（四宮403頁，潮見I338頁）と，②損害と捉える見解（平井宜雄『損害賠償法の理論』（東京大学出版会，1971年）431頁，幾代＝徳本116頁）がある（特に損害の内容把握によってさらにバリエーションがある。）。後記の因果関係2個説と因果関係1個説の争いと関連する。本書

II　事実的因果関係の判断基準

1　条件公式

一般に，事実的因果関係は，「あれなければこれなし」という条件関係の有無で判断される（条件公式）[4]。もし加害者の故意又は過失ある行為がなければ，具体的な時点・場所・態様で特定される権利侵害が生じなかった場合に，加害者の故意又は過失ある行為と権利侵害との間に条件関係が存在する[5,6]。

2　実際の適用

事実的因果関係の存否について，「あれなければこれなし」という条件関係を基準とするとしても，その適用は，条件関係があれば因果関係を肯定するという単純な判断がなされているわけではない[7]。実際には，当該具体的な事件において，

では，①不法行為又は原子力損害賠償の目的は被害者の権利保護であるから，損害賠償により回復されるべき対象との間の因果関係を問題とすべきであること，②完全賠償の精神により，加害者による権利侵害から発生する個別の損害は，基本的に完全に賠償される必要があることなどから，事実関係の終点を権利侵害と考える立場に従った（潮見・基本講義 39 頁，潮見 I 338 頁，橋本ほか 171 頁参照）。

4　平井 82 頁，前田 125 頁，幾代＝徳本 116 頁，森島 282 頁，澤井 197 頁，窪田 159 頁，橋本ほか 174 頁。

5　このような条件公式が支持される理由として，①簡明で分かりやすいこと，②規範的評価を含まない点で事実的因果関係の判断に適することが挙げられる（橋本ほか 174 頁）。また，条件公式によれば，加害者の行為が結果発生（権利侵害）の必要条件の 1 つとなったことで足り，それを唯一の原因として結果が発生したという関係までは要求されないし，そのような関係がある場面は現実にも想定しがたい（橋本ほか 174 頁）。

6　なお，厳密には，事実的因果関係は純粋に自然科学的なものではなく，また，人間の不合理な行動可能性を捨象したものでもなく，歴史的・経験的な知見をも考慮に入れて確認される原因と結果との間の理論的結合を表したものであり，規範的なものである（水野・意義と限界 201 頁，潮見 I 351 頁，水野謙「事実的因果関係」内田貴＝大村敦志編『新・民法の争点』（有斐閣，2007 年）274 頁）。並木茂「損害賠償請求訴訟における要件事実」篠田省二編『裁判実務大系　不法行為訴訟法　1』（青林書院，1991 年）561 頁参照。

7　潮見 I 350 頁。このような捉え方は，「あれなければ，これなし」という判断の中に，「あれがあれば，これがある」という法則の存在を前提とした上で，現実の事態がこの法則に適合するか否かの判断の結果を「あれがなければ，これがなかったか」という形で表現していると見ることもできる（潮見 I 350 頁，水野・意義と限界 82 頁）。なお，条件公式と事実的（自然的）因果関係を区別した上で，条件関係では因果のメカニズムを解明することができず，訴訟においては事実的因果関係（事実の連鎖）を中心とすべ

第 2 節　過失責任における事実的因果関係

どのような事態の経過をたどって最終的な権利侵害に至ったのかを，個別的な介在事情（中間項）を位置づけながら確定することが行われている（図 2-3-2）[8]。さらに，事実的因果関係が認められるには，反復可能性も必要であると解される[9]。

＜図 2-3-2：事実的因果関係判断の実際＞

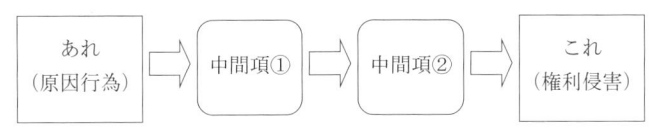

あれ（原因行為）⇒ 中間項① ⇒ 中間項② ⇒ これ（権利侵害）

3　他の損害賠償請求権の成立要件との関係

(1)　民法 709 条の構造

民法 709 条は，「故意又は過失によって他人の権利又は法律上保護される利益を侵害した者は，これによって生じた損害を賠償する責任を負う」（下線部筆者）と規定する。このように，民法 709 条には 2 つの「によって」が登場するため，故意又は過失ある行為と権利侵害との間の因果関係と，権利侵害と損害との間の損害賠償の範囲に関する因果関係（損害賠償の範囲[10]）が区別される（因果関係 2

きであるという考え方がある（賀集唱「損害賠償請求訴訟における因果関係の証明」新堂幸司編『講座民事訴訟 5　証拠』（弘文堂，1983 年）183 頁）。

[8]　潮見 I 350 頁。言い換えれば，発生した具体的な権利侵害から遡及し，原因行為に到達することができる場合に事実的因果関係が存在すると判断される（潮見 I 350 頁。なお，「事実的因果関係」という語について，潮見 I 364 頁，特に同頁脚注 51 参照）。

[9]　すなわち，a の後に b が続いたという過去の一回的な事実をもって因果関係を肯定することはできず（例えば，馬車の御者が誤って森にさまよいこんだところ，落雷により乗客が死亡した場合に，因果関係があるとは言えない。），将来においても a の後に b が続くという反復可能性がなければ，原因行為と権利侵害との間に因果関係があるとは言えない（水野・意義と限界 81 頁（もっとも，水野・意義と限界は原因行為と「損害」との間の反復可能性を問題としているものの（例えば，水野・意義と限界 297 頁），そこでの「損害」とは権利侵害を意味すると推測される（水野謙「国労組合員の JR 不採用問題における因果関係論について」労働法律旬報 1708 号（2009 年）8 頁においては権利侵害を終点としている。）。）。四宮 408 頁，澤井 195 頁参照）。ただし，例外的に，人間が与えられた状況に対して反復可能性を肯定しうる形で反応していない場合には，原因と結果という関係（因果関係）を探求することにもはや拘泥する必要がなく，「あれがあったからこれを行う理由が生じたか」ということを被害者の心の状態の再構成を通じて確認すべきである（前掲・水野「事実的因果関係」275 頁，同・意義と限界 280 頁）。

[10]　これを責任充足の因果関係と呼ぶこともある（潮見 I 338 頁）。本書は，責任充足の因果関係をさらに 2 つに分けて，責任成立の範囲を画定する因果関係（第 4 章）と，損害

127

個説)[11,12]。

(2) 事実的因果関係

民法709条の前半の因果関係（「によって」）は，ある権利侵害を加害者の行為に帰責することができるかという意味で，加害者に責任を設定するという目的のため要求される[13]。本章はこの事実的因果関係について説明する。

(3) 責任範囲の画定

さらに，民法709条の前半の因果関係について，事実的因果関係とは別に，責任成立判断で，ある権利侵害について，責任が成立する範囲を画定する因果関係（第4章）の存否を判断する[14]。そこでは，不法行為に基づく損害賠償の目的は被害者の権利保護であることから，完全賠償を基調としつつ，どの範囲の権利侵害を救済すべきであるのかを拡張的に画定する。

(4) 損害賠償の範囲

これに対して，民法709条の後半の因果関係（「によって」）は，権利侵害（第一次侵害又は後続侵害）から発生する不利益（損害）のうち，どこまでが賠償範囲

賠償の範囲（第6章）とを区別する見解（橋本ほか90頁，172頁）に従う。不法行為・原子力損害賠償の目的は被害者の権利保護・救済であることから，どの範囲の権利侵害を救済すべきであるのかという点と，被害者の権利救済のために必要な賠償の範囲とを区別することが，権利保護の目的に資すると考えるためである。

11 我妻153頁，加藤・増補版152頁，四宮403頁，前田126頁，同302頁，前田達明『不法行為帰責論』（創文社，1978年）222頁，窪田159頁，潮見Ⅰ338頁，橋本ほか170頁。水野謙「医療過誤訴訟における因果関係論と賠償額の算定」法の支配137号（2005年）46頁，前掲・同「事実的因果関係」274頁参照。これに対して，加害行為と損害との因果関係を問題とすれば足りるという考え方もある（因果関係1個説。前掲・平井『損害賠償法の理論』431頁，幾代＝徳本116頁）。因果関係2個説及び因果関係1個説について，澤井裕「不法行為における因果関係」星野英一編集代表『民法講座6 事務管理・不当利得・不法行為』（有斐閣，1985年）283頁。

12 因果関係2個説（事実的因果関係の終点を権利侵害と捉える立場）の根拠として，民法709条の構造に加えて，①民法典起草者の意図からは，権利侵害とそこから派生する損害とを区別しつつ後者については完全賠償の原則をとったと解されること（四宮403頁注(一)），②事実的因果関係は，権利・法益侵害の結果を加害行為に帰することができるかという目的であるのに対し，損害賠償の範囲は権利侵害から派生する不利益のうちどこまでを賠償範囲に組み入れるかという意味で賠償範囲を画定するという目的であって，それぞれ目的を異にするから，区別して考えるべきであること（潮見Ⅰ338頁）などがある。

13 潮見Ⅰ338頁。

14 橋本ほか90頁，同172頁。

に入るかという意味で損害賠償の範囲を画定するものである[15]。ここでは，不法行為責任が成立した場合に，損害賠償の内容としてどの範囲の損害を賠償すべきかという観点から，原状回復の理念に従って，損害賠償の範囲を画定する（図2-3-3）。

<図2-3-3：損害賠償責任と責任内容の画定（再掲）>

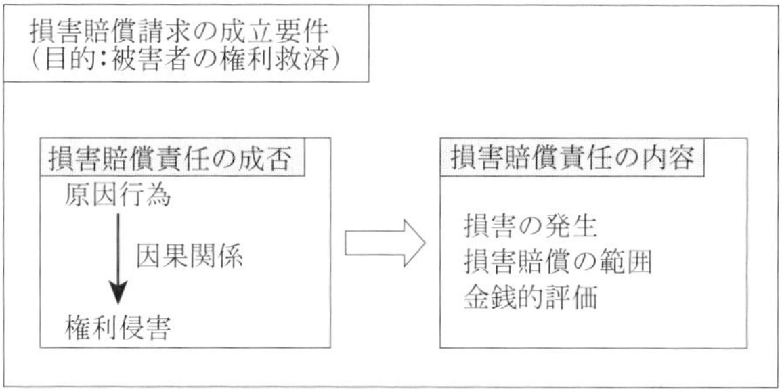

```
損害賠償請求の成立要件
（目的：被害者の権利救済）

 ┌──────────────┐   ┌──────────────┐
 │ 損害賠償責任の成否 │   │ 損害賠償責任の内容 │
 │  原因行為      │ → │  損害の発生    │
 │   ↓ 因果関係   │   │  損害賠償の範囲  │
 │  権利侵害      │   │  金銭的評価    │
 └──────────────┘   └──────────────┘
```

第3節　原子力損害賠償における事実的因果関係

I　原賠法に基づく場合

1　意　義

原賠法3条1項に基づく損害賠償責任の成立要件のうち，事実的因果関係について，民法709条の解釈と別異に解する理由はない。したがって，過失責任における整理と同様に，責任成立要件の因果関係（事実的因果関係及び相当因果関係）と，責任の内容画定判断における損害賠償の範囲（相当因果関係）という要件が必要であると考える（図2-3-4）[16]。

15　潮見I 338頁。橋本ほか173頁参照。
16　民法709条の因果関係2個説を前提とすると，原賠法3条1項の文言解釈は以下のとおりとなろう。
　①放射線作用等の発生と権利侵害との間の事実的因果関係については以下のとおりである。原賠法2条2項は，原子力損害について「放射線作用等の発生により生じた損害」（下線部筆者）と定義する。この「により」が放射線作用等の発生と権利侵害との間の事実的因果関係及び責任成立の範囲を画する因果関係を意味する。
　②原子炉の運転等と放射線作用等の発生との間の事実的因果関係については，原賠法2条2項及び3条1項本文の「原子炉の運転等により」の「により」が，原子炉の運転等と放射線作用等の発生との間の事実的因果関係を意味する。

129

<図2-3-4：原子力損害賠償責任における因果関係>

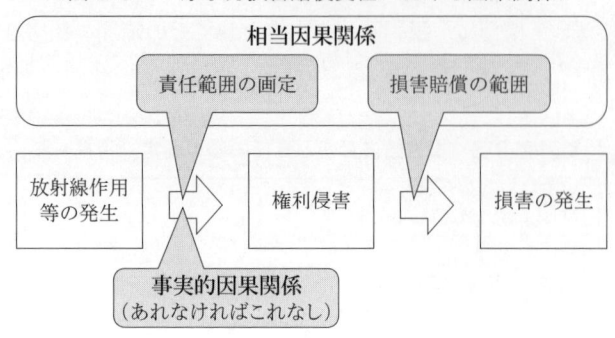

相当因果関係
- 責任範囲の画定
- 損害賠償の範囲

放射線作用等の発生 → 権利侵害 → 損害の発生

事実的因果関係
（あれなければこれなし）

2 事実的因果関係の始点と終点

(1) 始　点

まず，事実的因果関係の始点については，原子力損害賠償責任は危険責任原理により帰責される無過失責任であるため，故意・過失ある行為に替えて，放射線作用等の発生である（第2章第4節）。

(2) 終　点

次に，事実的因果関係の終点は，原子力損害賠償の目的を権利保護・救済と捉える観点から，過失責任の場合と同様に，権利侵害であると考える。

なお，原子炉の運転等と放射線作用等の発生との間にも事実的因果関係が必要である（第2章第5節）。

<図2-3-5：事実的因果関係の始点と終点>

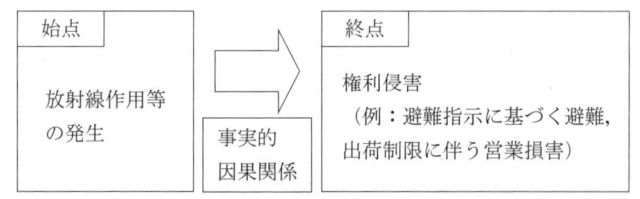

始点：放射線作用等の発生
事実的因果関係
終点：権利侵害（例：避難指示に基づく避難，出荷制限に伴う営業損害）

(3) 実際の適用

条件公式の実際の適用に当たって，本件事故においても，例えば，具体的に特定される「放射線作用等の発生」と，具体的に特定される「避難等対象者の避難

---

③相当因果関係のうち，損害賠償の範囲については，原賠法3条1項の「その損害」が，相当因果関係（損害賠償の範囲）を意味する。

の事実」（生活の平穏に対する侵害に関する具体的な事実）との間に，単純に「あれなければこれなし」の判断基準を適用したとしても，不十分な場合がある。より正確には，放射線作用等の発生の後に，中間項を追加して，①避難の原因は避難指示であり，②避難指示の原因は政府による指示であり，③政府による避難指示の原因は放射線作用等の発生であるという因果の流れを遡及的に確認する作業が必要となる（ただし，通常は原因行為を始点に「あれなければこれなし」を適用して問題はないため，以下では，叙述の分かりやすさの観点から時系列順に因果経過を記載する。）。中間指針が，避難指示等や出荷制限等の政府指示を手掛かりに本件事故に起因する損害を分類しているのも，このような捉え方に基づくと考えられる。

Ⅱ　中間指針の構造

　中間指針は，事実的因果関係について特に言及していない。他方で，中間指針は，「相当因果関係」や「必要かつ合理的」という概念を用いる。これらの概念は，責任範囲の画定や，損害賠償の範囲に係る判断基準に分類される。

　そうだとすれば，中間指針は，事実的因果関係について考慮していないようにも見える。しかしながら，中間指針の目次を見ると，以下の構造をとっており，政府指示等の存否を軸に事実的因果関係を整理しているものと考えられる[17]。

1　総則的な事項
　まず，「第1　中間指針の位置づけ」，「第2　各損害項目に共通する考え方」において，総則的な事項を記載する。

2　政府指示等があるもの
　それに続いて，「第3　政府による避難等の指示等に係る損害について」，「第4　政府による航行危険区域等及び飛行禁止区域の設定に係る損害について」，「第5　政府等による農林水産物等の出荷制限指示等に係る損害について」，「第6　その他の政府指示等に係る損害について」を記載する。

3　政府指示等がないもの等
　その次に，「第7　いわゆる風評被害について」，「第8　いわゆる間接被害につい

17　このように，中間指針等は，相当因果関係の指針や損害項目のカタログではなく，権利侵害や事実的因果関係等の他の成立要件についての分析も必要であると考える。

て」,「第9 放射線被曝による損害について」,「第10 その他」を規定する。

第3以下については,①政府指示があるもの(第3から第6まで)と,②政府指示のないもの(第7から第10まで)とに分類することができる。

4 基本構造

このように,権利侵害又は損害を政府指示等の存否に着目しつつ分類することは,原子力損害賠償に関連する諸条約[18],米国原子力法[19]やJCO最終報告書でも見られる[20]。

中間指針は,政府指示等を事実的因果関係における判断の中間項として,被害の全体を整理したものと考えられる。もっとも,このことは,政府指示等がなければ事実的因果関係が存在しないことを意味するものではない。

そこで,政府指示の根拠,構造について整理する(Ⅲ)。

<図2-3-6:中間指針の構造(目次)>

中間指針　目次
第1　中間指針の位置づけ 第2　各損害項目に共通する考え方
第3　政府による避難等の指示等に係る損害について 第4　政府による航行危険区域等及び飛行禁止区域の設定に係る損害について 第5　政府等による農林水産物等の出荷制限指示等に係る損害について 第6　その他の政府指示等に係る損害について
第7　いわゆる風評被害について 第8　いわゆる間接被害について 第9　放射線被曝による損害について 第10　その他

---

18 例えば,2004年改正パリ条約1条(vii)(viii)(ix),原子力損害の補完的補償に関する条約(Convention on Supplementary Compensation for Nuclear Damage; CSC)Ⅰ条(f)(g)(h)など。
19 42 USC § 2014 (w), (z)(gg)。
20 JCO臨界事故における平成12年3月29日付け「原子力損害調査研究報告書」は,検査費用(人),避難費用,検査費用(物),休業損害(就労不能損害)について,屋内退避要請又は避難勧告があるか否かを基準の出発点としている。

第3節　原子力損害賠償における事実的因果関係

Ⅲ　原災法等に基づく政府指示

　中間指針は，本件事故による原子力損害賠償は，原災法に基づく政府指示を手掛かりに事実的因果関係を整理していると考えられる。そこで，以下のとおり，政府指示等の根拠や仕組みについて検討する。

1　原災法
(1)　目　　的
　原子力災害対策特別措置法は，原子力災害の特殊性にかんがみ，原子力緊急事態宣言の発出等の特別の措置を図ることにより，核原料物質，核燃料物質及び原子炉の規制に関する法律，災害対策基本法その他原子力災害の防止に関する法律と相まって，原子力災害に対する対策の強化を図り，もって原子力災害から国民の生命，身体及び財産を保護することを目的とする（原災法1条）[21,22]。

(2)　原子力災害対策指針
　原子力規制委員会は，原子力災害予防対策，緊急事態応急対策及び原子力災害事後対策の円滑な実施を確保するための指針を定める（以下「原子力災害対策指針」という。原災法6条の2第1項）。原子力災害対策指針においては，①原子力災害対策として実施すべき措置に関する基本的な事項，②原子力災害対策の実施体制に関する事項，③原子力災害対策を重点的に実施すべき区域の設定に関する事項，④①から③までのほか，原子力災害対策の円滑な実施の確保に関する重要事項を記載する（原災法6条の2第2項）。原子力規制委員会は，原子力災害対策指針を定め，又はこれを変更したときは，遅滞なく，これを公表しなければならない（原災法6条の2第3項）。

　原子力災害が発生した場合の避難等は，このようにして策定された原子力災害対策指針に従って実行される[23]。

21　法令の条項番号は，2014年1月時点のものに従う（本件事故後の改正により条項番号が異なる場合がある（例えば20条3項が20条2項に変更されたことなど）。）。

22　原災法について，原子力防災法令研究会『原子力災害対策特別措置法解説』（大成出版社，2000年）参照。

23　もっとも，原子力災害が発生した場合の避難の指示等は，緊急事態で行われるものであるから，原子力災害対策指針に記載のない避難等が行われたとしても，原災法が想定しなかった事態とは言えない（そのことのみをもって事実的因果関係がなくなったり，責

133

第2部　第3章　事実的因果関係

<図2-3-7：原災法に基づく政府指示の仕組み>

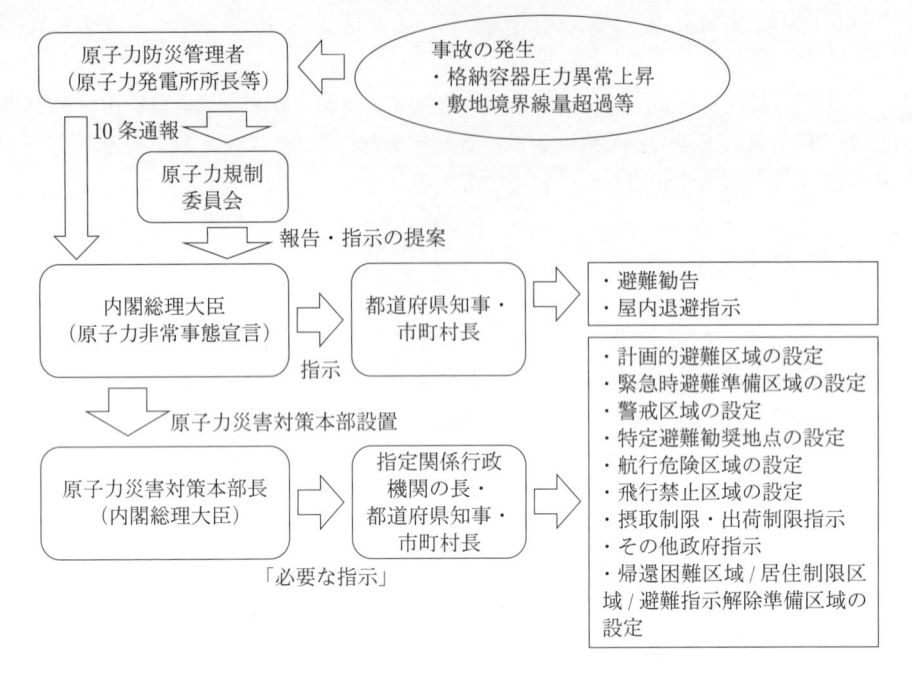

(3) 原子力防災管理者による通報（10条通報）

原子力防災管理者（原災法9条）は，原子力事業所の区域の境界付近において一定の基準以上の放射線量が検出されたことなどの事象の発生について通報を受けたときは[24]，直ちに，その旨を内閣総理大臣及び原子力規制委員会，所在都道府県知事，所在市町村長並びに関係周辺都道府県知事に通報しなければならない（原災法10条1項）[25]。

(4) 原子力規制委員会による報告及び提出

原子力規制委員会は，上記(3)のいわゆる10条通報を受けた場合において，原子力緊急事態が発生したと認めるときは，直ちに，内閣総理大臣に対し，その状況に関する必要な情報の報告を行うとともに，原子力緊急事態宣言の公示及び避難指示等の案を提出しなければならない（原災法15条1項）。

　　任範囲の対象外とされたりすることはないと考えられる。）。
24　原子力防災管理者が自ら一定の事象を発見した場合も同様である（原災法10条1項）。
25　この場合において，所在都道府県知事及び関係周辺都道府県知事は，関係周辺市町村長にその旨を通報することとされている（原災法10条1項）。

第3節　原子力損害賠償における事実的因果関係

(5) 内閣総理大臣による原子力緊急事態宣言

内閣総理大臣は，上記(4)に基づく原子力規制委員会による報告及び提出があったときは，直ちに，①原子力緊急事態が発生した旨，②緊急事態応急対策を実施すべき区域，③原子力緊急事態の概要，④滞在者その他の者及び公私の団体に対し周知させるべき事項の公示をする（原災法15条2項）。

(6) 内閣総理大臣による指示

内閣総理大臣は，上記(4)に基づく原子力規制委員会による報告及び提出があったときは，直ちに，緊急事態応急対策を実施すべき区域を管轄する市町村長及び都道府県知事に対し，避難のための立退き又は屋内への退避の勧告又は指示を行うべきことその他の緊急事態応急対策に関する事項を指示するものとする（原災法15条3項以下。(6)及び(7)に基づく指示及び原子力災害対策本部長による必要な措置を併せて以下「内閣総理大臣指示等」という。）。

(7) 市町村長による指示

上記(6)に基づく内閣総理大臣による指示に基づき市町村がとることができる措置は，以下のものがある。

(i) 立退きの勧告

原子力緊急事態宣言があった時から原子力緊急事態解除宣言がある時までの間において，人の生命又は身体を原子力災害から保護し，その他原子力災害（原子力災害が生ずる蓋然性を含む。）の拡大を防止するため特に必要があると認めるときは，市町村長は，必要と認める地域の居住者，滞在者その他の者に対し，避難のための立退きを勧告することができる（原災法28条2項による読み替え後の災害対策基本法60条1項）。居住者等が，市町村によるこの勧告に違反した場合，警戒区域の設定の場合とは異なり，罰則はない。

(ii) 屋内退避指示

原子力緊急事態宣言があった時から原子力緊急事態解除宣言がある時までの間において，人の生命又は身体を原子力災害から保護し，その他原子力災害（原子力災害が生ずる蓋然性を含む。）の拡大を防止するため特に必要があると認める場合は，市町村長は，急を要すると認めるときは，必要と認める地域の居住者，滞在者その他の者に対し，避難のための屋内への退避を指示することができる（原災法28条2項による読み替え後の災害対策基本法60条1項）。居住者等が，市町村によるこの指示に違反した場合でも罰則はない。

(8) 原子力災害対策本部の設置

内閣総理大臣は，原子力緊急事態宣言をしたときは，当該原子力緊急事態に係

る緊急事態応急対策及び原子力災害事後対策を推進するため，閣議にかけて，臨時に内閣府に原子力災害対策本部を設置するものとする（原災法16条1項）。原子力災害対策本部の長は，原子力災害対策本部長とし，内閣総理大臣をもって充てる（原災法17条1項）。

(9) 原子力災害対策本部長による必要な措置

原子力災害対策本部長（内閣総理大臣）は，当該原子力災害対策本部の緊急事態応急対策実施区域及び原子力災害事後対策実施区域における緊急事態応急対策等を的確かつ迅速に実施するため特に必要があると認めるときは，その必要な限度において，関係指定行政機関の長，地方公共団体の長，原子力事業者等に対し，必要な指示をすることができる（原災法20条2項[26]）。

原子力災害対策本部長（内閣総理大臣）による，関係指定行政機関の長，地方公共団体の長に対する「必要な指示」として以下のものがある（ただし，本件事故に係るもののうち，主要なものに限る。）。

(i) 計画的避難区域の設定

原子力災害対策本部長（内閣総理大臣）は，当該原子力災害対策本部の緊急事態応急対策実施区域における緊急事態応急対策等を的確かつ迅速に実施するため特に必要があると認めるときは，その必要な限度において，都道府県知事・市町村長に対して，必要な指示として，計画的避難区域の設定を指示することができる（原災法20条2項）。計画的避難区域とは，住民の計画的な避難が要請される区域である。

(ii) 緊急時避難準備区域の設定

原子力災害対策本部長（内閣総理大臣）は，当該原子力災害対策本部の緊急事態応急対策実施区域における緊急事態応急対策等を的確かつ迅速に実施するため特に必要があると認めるときは，その必要な限度において，都道府県知事・市町村長に対して，必要な指示として，緊急時避難準備区域の設定を指示することができる（原災法20条2項）。緊急時避難準備区域とは，住民に対して緊急時の避難又は屋内退避が可能な準備が要請される区域である。

(iii) 警戒区域の設定

原子力緊急事態宣言があった時から原子力緊急事態解除宣言がある時までの間において，人の生命又は身体に対する危険を防止するため特に必要があると認め

---

26 原子力規制委員会設置法（平成24年法律第47号）附則54条に基づく改正後の規定。同改正前は20条3項に位置した。

るときは，市町村長は，警戒区域を設定し，緊急事態応急対策に従事する者以外の者に対して当該区域への立入りを制限し，若しくは禁止し，又は当該区域からの退去を命ずることができる（原災法 28 条 2 項による読み替え後の災害対策基本法 63 条）。居住者等がこの命令に違反した場合，罰則（10 万円以下の罰金又は拘留）の適用がありうる（災害対策基本法 116 条 2 号）。

(iv) **航行危険区域の設定**

原子力災害対策本部長（内閣総理大臣）は，当該原子力災害対策本部の緊急事態応急対策実施区域における緊急事態応急対策等を的確かつ迅速に実施するため特に必要があると認めるときは，その必要な限度において，海上保安庁長官に対して，必要な指示をすることができる（原災法 20 条 2 項）。これを受けて，海上保安庁長官は，航行危険区域を設定し，航行警報を発することができる[27]。

(v) **飛行禁止区域の設定**

原子力災害対策本部長（内閣総理大臣）は，当該原子力災害対策本部の緊急事態応急対策実施区域における緊急事態応急対策等を的確かつ迅速に実施するため特に必要があると認めるときは，その必要な限度において，国土交通大臣に対して，必要な指示をすることができる（原災法 20 条 2 項）。これを受けて，国土交通大臣は，飛行禁止区域を設定することができる（航空法 80 条）。

(vi) **摂取制限指示・出荷制限指示**

原子力災害対策本部長（内閣総理大臣）は，当該原子力災害対策本部の緊急事態応急対策実施区域における緊急事態応急対策等を的確かつ迅速に実施するため特に必要があると認めるときは，その必要な限度において，都道府県知事に対して，必要な指示をすることができる（原災法 20 条 2 項）。

第 1 に，原子力災害対策本部長（内閣総理大臣）は，都道府県知事に対して，当該都道府県内の特定の地域の特定の産品について，摂取を控えるよう，関係地方公共団体の長，関係事業者，住民等に要請するよう指示することができる（摂取制限指示）。

第 2 に，原子力災害対策本部長（内閣総理大臣）は，都道府県知事に対し，当該都道府県内の特定の地域の特定の産品について，関係事業者に対し出荷を控え

---

[27] 本件事故に関し，海上保安庁より発出された航行警報について，田中弘之＝阿部正志＝平出昭夫＝出合好美＝長野伸次＝宮井義裕＝柴田和宏＝石原健一郎＝木村信介＝藤澤豪＝藤田雅之＝山本正＝土橋一夫＝岡田武男「航行安全情報」海洋情報部研究報告第 49 号（2012 年）44 頁。

第 2 部　第 3 章　事実的因果関係

<表 2-3-1：時系列表（本件事故における政府指示等）>

3 月 11 日　内閣総理大臣，福島第一原発の半径 3km 圏内の避難，3km〜10km 圏内の屋内退避指示

3 月 12 日　内閣総理大臣，福島第二原発から半径 10km 圏内の避難指示
　　　　　　内閣総理大臣，福島第一原発から半径 20km 圏内の避難指示

3 月 15 日　内閣総理大臣，福島第一原発から半径 20km〜30km 圏内の屋内退避指示
　　　　　　国土交通大臣，飛行禁止区域を設定（福島第一原発半径 30km 圏内）
　　　　　　海上保安庁長官，福島第一原発から半径 30km の円内海域を航行危険区域に設定

3 月 21 日　原子力災害対策本部長（内閣総理大臣），福島県知事等に対して，ホウレンソウ等について関係事業者に対し出荷を控えるよう要請するよう指示

4 月 18 日　原子力災害対策本部長（内閣総理大臣），福島県知事に対し，福島県内の一部区域において産出された一部のしいたけについて，摂取を控えるよう，関係自治体の長，関係事業者，住民等に要請するよう指示

4 月 21 日　原子力災害対策本部長（内閣総理大臣）は，4 月 22 日午前 0 時をもって，福島第一原発の半径 20km 圏内を警戒区域に設定，福島第二原発周辺の避難区域を半径 10km 圏内から 8 km 圏内へ変更

4 月 22 日　海上保安庁長官，福島第一原発の半径 20km 円内海域を警戒区域に設定
　　　　　　原子力災害対策本部長（内閣総理大臣）は，計画的避難区域及び緊急時避難準備区域を設定

るよう要請するよう指示することができる（出荷制限指示）[28]。

2　原災法の政府指示と原賠法との関係

原災法に基づく政府指示等と原賠法における事実的因果関係の関係については，以下のとおり考えられる。

---

[28] 出荷制限指示と摂取制限指示の違いは以下のとおりである。「出荷制限指示」は食品衛生法に基づく基準値を超える食品が地域的な広がりをもって見つかった場合に，放射性物質を含む食品の摂取による内部被曝を防止するため行われるものであり，原子力災害対策特別措置法に基づき，原子力災害対策本部長（内閣総理大臣）から関係知事あてに指示するものである。この指示に基づき，関係知事は，出荷を差し控えるよう関係事業者などに要請することとされている。これに対し，「摂取制限指示」は，著しく高濃度の放射性物質が検出された場合などに，出荷制限に加え，農作物の所有者が自己判断で食べることまでも差し控えることを要請するよう，原子力災害対策本部長（内閣総理大臣）から関係知事あてに指示するものである。そのため，生産者が自ら栽培した農産物や家庭菜園で栽培された農産物を食べることも差し控える必要がある。消費者庁ホームページ「食品と放射能 Q & A」<http://www.caa.go.jp/jisin/pdf/ 120427- 1_food_qa.pdf>参照。

第4節　生活の平穏に対する侵害（避難指示等）との間の事実的因果関係

内閣総理大臣には，関係行政機関の長に対し，政府指示等を発する権限を行使しないという裁量権はなく，政府指示等を出す義務があること，また，政府指示等を発する権限を行使したとして，それらが著しく不相当でない限り行政処分として有効であること（行政事件訴訟法により，取消訴訟における認容判決がない限り，行政処分は基本的に有効とされる（行政事件訴訟法8条以下）。）から，原災法に基づく指示等により不利益を受けた場合（権利・法益を侵害された場合），事実的因果関係があると考える（図2-3-8）。

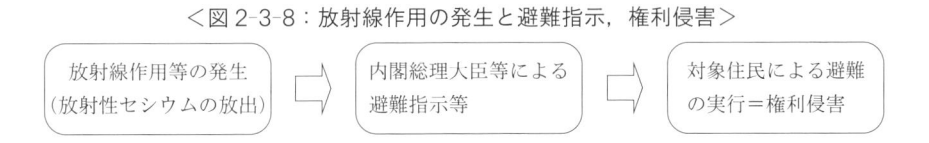

<図2-3-8：放射線作用の発生と避難指示，権利侵害>

放射線作用等の発生（放射性セシウムの放出） ⇒ 内閣総理大臣等による避難指示等 ⇒ 対象住民による避難の実行＝権利侵害

第4節　生活の平穏に対する侵害（避難指示等）との間の事実的因果関係

I　概　要

避難指示等に関連する生活の平穏侵害は，避難指示等の発出，同解除，帰還という事態の変化に伴って異なる。①避難指示等による生活の平穏侵害（Ⅱ），②避難指示等解除後・帰還前・相当期間内の生活の平穏侵害（Ⅲ），③避難指示後・帰還後・相当期間内の生活の平穏侵害（Ⅳ），避難の長期化による生活の平穏侵害（Ⅴ）である。また，放射性物質の漏出がない場合について検討する（Ⅵ）。

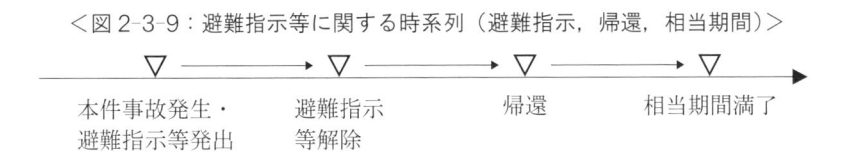

<図2-3-9：避難指示等に関する時系列（避難指示，帰還，相当期間）>

▽　　　　　▽　　　　　▽　　　　　▽
本件事故発生・　避難指示　　帰還　　　相当期間満了
避難指示等発出　等解除

Ⅱ　生活の平穏に対する侵害

1　意　義

中間指針等は，①本件事故が発生した後に，避難等対象区域内から同区域外へ，避難のための立退き及びこれに引き続く同区域外滞在を余儀なくされた

者[29]，②本件事故発生時に避難等対象区域外に居り，同区域内に生活の本拠としての住居があるものの引き続き避難等対象区域外滞在を余儀なくされた者について，生活の平穏の侵害があり，原子力損害賠償責任が成立する（中間指針第3-2など）。

2　事実的因果関係の存否

本件事故について，放射線作用等の発生がなければ政府による避難指示等はなく，避難指示がなければ避難等対象者が避難すること（生活の平穏に対する侵害）もなかったと言えるため，事実的因果関係が存在する。

Ⅲ　避難指示等解除後，帰還前，相当期間内

1　意　義

中間指針によれば，避難指示等の解除後，帰還する前の期間のうち，相当期間について，生活の平穏が侵害されていると解される（中間指針第3-2-Ⅲ）[30]。

2　事実的因果関係の存否

避難指示等が解除されたとしても，避難等対象者は，帰還等の準備に期間が必要であり，即時に生活の本拠へ帰還することは困難である。そこで，避難指示等のいわば余後効として，生活の侵害が継続すると考えられる（後続侵害）。

放射線作用等の発生がなければ政府による避難指示等はなく，避難指示等がなければ避難等対象者が避難すること（第一次侵害）もなく，避難がなければ避難指示等解除後の相当期間満了までの避難の継続もなかったと言えるから[31]，事実

29　ただし，平成23年6月20日以降に緊急時避難準備区域（特定避難勧奨地点を除く。）から同区域外に避難を開始した者のうち，子供，妊婦，要介護者，入院患者等以外の者を除く（中間指針第3）。

30　旧緊急時避難準備区域においては，中間指針により避難費用及び精神的損害が特段の事情がある場合を除き賠償の対象とはならないとされている「避難指示等の解除等から相当期間経過後」の「相当期間」は，旧緊急時避難準備区域については平成24年8月末までを目安とする（二次追補第2-1-(2)）。避難指示区域については，1年間を当面の目安とし，個別の事情も踏まえ柔軟に判断するものとする（四次追補第2-1-Ⅲ）。

31　後続侵害について，原因行為（過失責任の場合は故意又は過失ある行為，原子力損害賠償では放射線作用等の発生）との間に事実的因果関係は必要か。必要であると解される（窪田333頁）。この点をさらに検討すると，後続侵害も権利侵害の一つであり，当該権利侵害について行為者に帰責する以上，原因行為（放射線作用等の発生）との間に事実的因果関係が必要であると考えられる。もっとも，後続侵害は，第一次侵害から派生した権利侵害であり，原因行為（放射線作用等の発生）と第一次侵害との間の事実的因果

第4節　生活の平穏に対する侵害（避難指示等）との間の事実的因果関係

的因果関係が存在する。

IV　避難指示等解除後，かつ，帰還後，相当期間内

1　意　義
中間指針等は，避難指示等の解除から相当期間について，避難等対象者の帰還後も，生活の平穏が侵害されているとする（四次追補第2-1-備考7）[32]。

2　事実的因果関係の存否
避難指示等の解除により，避難等対象者が本件事故時の生活の本拠に帰還したとしても，公共設備の復旧等に一定の期間が必要であるなど，避難等対象者が生活の平穏を取り戻すに当たり負担が生じる。そこで，避難等対象者の帰還後も避難指示等に伴う生活の平穏に対する侵害から派生して，生活の平穏に対する侵害が継続すると考えられる（後続侵害）。

この点，放射線作用等の発生がなければ政府による避難指示等はなく，避難指示等がなければ避難等対象者が避難することもなく，避難がなければ帰還後の負担もなかったと言えるから，事実的因果関係が存在する。

V　避難の長期化に伴う生活の平穏の侵害

1　意　義
帰還困難区域においては，将来にわたって居住を制限することを原則としており，依然として住民の立入りが制限され，本格的な除染や公共設備の復旧等が実施されていないなど，現段階では避難指示解除までの見通しを立てることが困難であり，避難指示が事故後6年を大きく越えて長期化する可能性がある地域も存在する。また，帰還困難区域が大半を占める市町村の居住制限区域及び避難指

　　　関係が存在すれば，原因行為（放射線作用等の発生）と後続侵害との間に事実的因果関係が存在すると考える。ただし，本書は，念のため，後続侵害の事実的因果関係についても検討する。
[32]　旧緊急避難準備区域について，多数の避難者に対して迅速かつ公平に賠償するため，避難指示の解除後相当期間経過前に帰還した場合であっても，原則として，個々の避難者が実際にどの時点で帰還したかを問わず，当該期間経過の時点を一律の終期として損害額を算定することが合理的であるとする（二次追補第2-1-(1)備考7）。他の区域も同様である。

示解除準備区域においても，除染や公共設備の復旧等の状況によっては，当該市町村内の帰還困難区域と同様に避難指示が長期化する可能性がある地域も存在する[33]。

そこで，帰還困難区域又は大熊町若しくは双葉町の居住制限区域若しくは避難指示解除準備区域については，「長年住み慣れた住居及び地域における生活の断念を見通しのつかない長期間にわたって余儀なくされた精神的苦痛等」を一括して賠償するとした（中間指針四次追補第2-1-Ⅰ）[34]。

このような考え方は，避難等対象者の生活の平穏のうち，避難が長期化し，生活の本拠を移転せざるを得ないことについて，比較的早期の帰還を前提とした生活の平穏に対する侵害（避難生活の継続）とは区別された生活の平穏に対する侵害の類型を立てたものであると考えられる。

2 事実的因果関係の存否

放射線作用等の発生がなければ，避難が長期化することはなかったと言えるから，事実的因果関係があると考える。

---

33 対象となる地域については，四次追補決定後，被害者による損害賠償請求が可能になると見込まれる，平成26年3月時点における状況を踏まえて判断することとし，仮に，それまでの間に区域が見直されたり，帰還困難区域であっても除染計画や公共設備の復旧計画等が整い帰還の見通しが明らかになったりするなど，前提とした状況に変更があった場合には，その変更された状況に応じて判断するものとする。なお，大熊町又は双葉町に隣接し，帰還困難区域の境界が人口密度の比較的高い町内の地域を横切っている富岡町及び浪江町においては，帰還困難区域に隣接する高線量地域（区域見直し時，年間積算線量が50ミリシーベルト超とされた地域）の取扱いについて，警戒区域解除後の区域見直しの経緯，除染等による線量低減の見通し等個別の事情を踏まえ，柔軟に判断することが考えられる（四次追補第2-1備考2）。

34 その理由は以下のとおりとされている（四次追補第2-1備考1）。これらの地域に居住していた住民の精神的損害の内容は，理論的には最終的に帰還が可能となるか否かによって異なると考えられるが，①長期間の避難の後，最終的に帰還が可能か否か，また，帰還可能な場合でもいつその見通しが立つかを判断することが困難であること，②現在も自由に立ち入りができず，また，除染計画や公共設備の復旧計画等がなく帰還の見通しが立たない状況においては，仮に長期間経過後に帰還が可能となったとしても，帰還が不能なために移住を余儀なくされたとして扱うことも合理的と考えられること，③これらの被害者が早期に生活再建を図るためには，見通しのつかない避難指示解除の時期に依存しない賠償が必要と考えられること等である（四次追補第2-1備考1）。

第4節　生活の平穏に対する侵害（避難指示等）との間の事実的因果関係

VI　放射性物質の漏出がなかった場合

　結果的に，放射性物質の漏出がなかった場合，避難指示等に伴う避難（権利侵害）との間に事実的因果関係はあるか。

　たしかに，原賠法は，放射性物質の漏出があった場合を想定していると理解される。

　しかしながら，原賠法は，放射線の「作用」等を原子力損害の始点としているのであって，放射性物質の漏出等を要件としていない。また，原災法上，放射性物質の漏出等の外部への働きかけがない場合にも避難指示等が発出される場合がある。

　したがって，原災法に基づき避難指示等が発出された場合，そのような事実が「放射線作用等の発生」に該当するという解釈も可能であると考えられる（第2章第4節参照）[35]。

　以上から，原災法に基づき避難指示等が発出された事実をもって「放射線作用等の発生」に該当するとすれば，原災法に基づき避難指示等が発出された事実がなければ，予防的な避難もなかったのであるから，事実的因果関係が存在すると言える。福島第二原発で生じた事態がこれに該当すると考えられる[36]。実際に，原子力損害賠償紛争審査会の設置に関する政令は，福島第一原発の事故に加えて，「福島第二原子力発電所において発生した核原料物質，核燃料物質及び原子炉の規制に関する法律23条2項5号に規定する原子炉施設の事故に関して」（傍点筆者），原子力損害賠償紛争審査会を置くとしている。

　もっとも，事実的因果関係が認められるとしても，責任範囲の対象外であるとされる可能性がある（第4章）。

35　反対，卯辰・展開346頁注(12)。能見善久「「原子力損害」概念」『原子力損害の民事責任に関するウィーン条約改正議定書及び原子力損害の補完的補償に関する条約——平成10〜13年度国際原子力責任班報告書』（日本エネルギー法研究所，2002年）41頁，47頁は，防止費用は「原子力損害」に含まれないというのが素直な読み方であるとしつつ，防止費用を原子力損害賠償法の適用対象とするウィーン条約をも考慮すると，防止費用が原子力損害に含まれるように法改正すべきであるとする。

36　「東京電力株式会社福島第一，第二原子力発電所事故による原子力損害の範囲の判定等に関する中間指針」という表題からも，中間指針等は，福島第二原発の事故に起因する原子力損害をその対象とする。

<図2-3-10：放射性物質の漏出の有無と避難指示>

```
┌─────────────────┐
│  一定の事実の発生  │
│ ┌─────────────┐ │
│ │①放射性物質の漏出│ │
│ │ を防止できなかった│ │        ┌──────────┐        ┌──────────┐
│ │ 場合（漏出あり） │ │ ⇒     │原災法に基づく│ ⇒     │  避難     │
│ └─────────────┘ │        │ 避難指示等  │        │（権利侵害）│
│ ┌─────────────┐ │        └──────────┘        └──────────┘
│ │②放射性物質の漏出│ │
│ │ を防止できた場合 │ │
│ │ （漏出なし）   │ │
│ └─────────────┘ │
└─────────────────┘
```

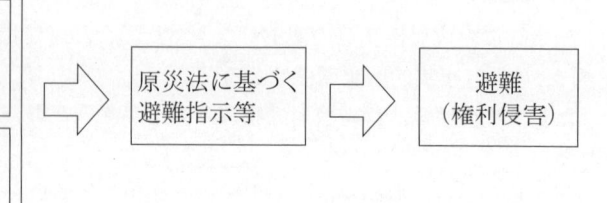

第5節　生活の平穏に対する侵害（自主的避難等）との間の事実的因果関係

I　概　要

　自主的避難等は，避難の実行の有無，及び，妊婦又は子どもかそうでないかによって，4つに分類される。以下，それぞれについて，本件の放射線作用等の発生との間の事実的因果関係の有無について述べる（II～V）。その上で，自主的避難等の事実的因果関係の特殊性について説明する（VI）。

II　避難した大人（妊婦・子ども以外）

1　意　義

　自主的避難を実行した大人のうち，一定の区域に居住していた者については，本件事故発生当初の時期に，自らの置かれている状況について十分な情報がない中で，大量の放射性物質の放出による放射線被曝への恐怖や不安を抱き，その危険を回避しようと考えて避難を選択したものであり，大量の放射性物質の放出による放射線被曝への恐怖や不安を抱いて避難することは，年齢等を問わず一定の合理性がある（一次追補第2）[37]。

---

[37]　「合理性」の意義について後記VI参照。

2　事実的因果関係の存否

本件の放射線作用等の発生がなければ，大量の放射性物質の放出による放射線被曝への恐怖や不安を抱くこともなく，そのような恐怖や不安を抱かなければ，避難を実行すること（生活の平穏を侵害されること）はなかったと言える。したがって，本件の放射線作用等の発生がなければ，避難を実行することはなく，事実的因果関係が存在する。

Ⅲ　避難した妊婦・子ども

1　意　義

自主的避難を実行した妊婦・子どもについては，生活圏内の空間放射線量や放射線被曝による影響等に関する情報がある程度入手できるようになった後も，放射線被曝への恐怖や不安を抱き，その危険を回避しようと考えて避難を選択したものであり，放射線への感受性が高い可能性があることが一般に認識されていること等から，比較的低線量とはいえ通常時より相当程度高い放射線量による放射線被曝への恐怖や不安を抱いて避難することは一定の合理性がある（一次追補第2）。

2　事実的因果関係の存否

本件放射線作用等の発生がなければ，生活圏内の空間放射線量や放射線被曝による影響等に関する情報がある程度入手できるようになった後も，放射線被曝への恐怖や不安を抱くこともなく，そのような恐怖や不安を抱かなければ，避難を実行すること（生活の平穏を侵害されること）はなかったと言える。したがって，本件事故の放射線作用等の発生がなければ，避難を実行することはなく，事実的因果関係が存在する。

Ⅳ　避難しなかった大人（妊婦・子ども以外）

1　意　義

自主的避難を実行しなかった者（滞在者）のうち，大人（妊婦・子ども以外）は，本件事故発生当初の時期に，自らの置かれている状況について十分な情報がない中で，主として放射線被曝への恐怖や不安やこれに伴う行動の自由の制限等を余儀なくされ，生活の平穏を侵害された（一次追補第2）。

2　事実的因果関係の存否

本件事故の放射線作用等の発生がなければ，大量の放射性物質の放出による放

射線被曝への恐怖や不安を抱くこともなく，そのような恐怖や不安を抱かなければ，行動の自由の制限を受けること（生活の平穏を侵害されること）はなかったと言える。したがって，放射線作用等の発生がなければ，避難を実行することはなく，事実的因果関係が存在する。

V 避難しなかった妊婦・子ども

1 意　義

滞在者のうち，自主的避難を実行しなかった妊婦・子どもについては，生活圏内の空間放射線量や放射線被曝による影響等に関する情報がある程度入手できるようになった後も，放射線への感受性が高い可能性があることが一般に認識されていること等から，比較的低線量とはいえ通常時より相当程度高い放射線量による放射線被曝への恐怖や不安を抱き，また，これに伴う行動の自由の制限等を余儀なくされ，生活の平穏を侵害された。

2 事実的因果関係の存否

本件事故の放射線作用等の発生がなければ，通常時より相当程度高い放射線量による放射線被曝への恐怖や不安を抱くことはなく，そのような恐怖や不安を抱かなければ，これに伴う行動の自由の制限をうけること（生活の平穏を侵害されること）はなかったと言える。したがって，放射線作用等の発生がなければ，放射線被曝への恐怖や不安を抱き，また，これに伴う行動の自由の制限を受けることはなく，事実的因果関係が存在する。

VI 自主的避難の事実的因果関係の特殊性

自主的避難を実行した場合，政府による避難指示等が存在せず，被害者の意思に反した避難でないという点で，放射線作用等の発生と避難との間の事実的因果関係の存否が問題となりうる。

しかしながら，事実的因果関係は，政府による避難指示等がある場合に限定されるものではなく，原災法も避難指示等がない場合の事実的因果関係を否定するものではない[38]。

---

38 被害者が，本件事故における放射線作用等の発生（の報道等）に「反応」したものとして，事実的因果関係を肯定することも可能であると考える（被害者の「反応」と事実的因果関係について，水野・意義と限界290頁）。

したがって，避難指示等の有無とは関係なく，合理的な予防措置については，自主的に避難するという判断を中間項にした事実的因果関係が認められると考えるべきだろう[39]。一次追補が，自主的避難について「合理性がある」とするのもこの意味であると考える。

第6節　生命・身体に対する侵害との間の事実的因果関係

I　概　要

本件事故において，生命・身体に対する侵害として，第1に，①急性の放射線障害（中間指針第9），②晩発性の放射線障害（中間指針第9）の発生が考えられる（II）。

また，第2に，避難等を余儀なくされたため，受傷し，又は健康状態が治療を要する程度に悪化した（以下「受傷等」という。）場合がある（中間指針第3-5）。これはさらに，③避難のための移動過程で受傷等した場合（III）[40]，及び，④避難生活において受傷等した場合（IV）に分類される。

さらに，第3に，⑤生命・身体に対する侵害の可能性も生命・身体に対する侵害の一類型である（V）。

加えて，第4に，その他関係する問題について述べる（VI）。

II　放射線障害

1　意　義

本件事故の復旧作業等に従事した原子力発電所作業員，自衛官，消防隊員，警察官又は住民その他の者が，本件事故に係る放射線被曝による急性又は晩発性の放射線障害により，傷害を負い，治療を要する程度に健康状態が悪化し，疾病にかかり，又は死亡した場合，原子力損害賠償責任が成立する（中間指針第9）。

2　事実的因果関係の存否

ここでは，放射線作用等の発生と生命・身体に対する侵害との間の直接の事実

---

[39] 潮見佳男「中島肇著『原発賠償　中間指針の考え方』を読んで」NBL1009号（2013年）42頁参照。
[40] 避難時の過労によって発生した頭痛及び腰痛（事例集193頁）がその例である。

的因果関係が問題となる。例えば，被害者が，放射線被曝により急性の放射線障害を負った場合である。放射線作用等の発生がなければ生命・身体侵害（放射線障害）はなかったと言えるから，事実的因果関係が存在する[41]。

Ⅲ　避難のための移動中の生命・身体侵害

1　意　義

ある避難等対象者が，政府による避難指示を受けて，走って避難したために転倒し受傷した場合など，避難のための移動中に受傷する場合がある（中間指針第3-5）。

2　事実的因果関係の存否

このような場合，急迫の状況下で避難したために転倒したものであるから，放射線作用等の発生がなければ急迫の状況下で避難することもなく，急迫の状況下で避難することがなければ転倒等により受傷することもなかったと言えるから，事実的因果関係が存在する[42]。

Ⅳ　避難生活中の生命・身体侵害

1　意　義

避難指示等により避難を余儀なくされたため，傷害を負い，又は治療を要する程度に健康状態が悪化する場合がある（中間指針第3-5）。これは，避難生活という特殊な状況における発病などの生命・身体に対する権利侵害を含むと考えられる。

2　事実的因果関係の存否

このような権利侵害は，避難指示等に伴う避難（生活の平穏に対する侵害）から派生した権利侵害（後続侵害）であると考えられる。そうだとすれば，放射線作用等の発生がなければ，避難指示等に伴う避難（生活の平穏に対する侵害）が生じ

41　この場合の事実的因果関係の立証が困難である場合があることについては，第4章第6節参照。

42　ここでの受傷は急迫の状況下で避難したものであるから，避難指示等の有無に関係なく，避難指示等がある場合と，自主的避難等の場合とを区別する必要はない。さらに，自主的避難等対象区域外であっても，急迫の状況下で避難して受傷等したものであれば，放射線作用等の発生との間に事実的因果関係が存在する余地があろう。

ることはなく，避難指示等に伴う避難がなければ，避難生活における生命・身体に対する侵害もなかったと言える。したがって，事実的因果関係が存在する。

V 生命・身体に対する侵害の可能性

1 意 義
避難指示等対象者が実際に避難し，放射線被曝の有無等について検査を受けた場合，当該費用について原子力損害賠償請求権が成立しうる（検査費用（人）。中間指針第3-1)[43]。これは，放射線作用等の発生により，生命・身体に対する侵害の可能性が発生したものである。

2 事実的因果関係の存否
放射線作用等の発生がなければ，生命・身体に対する侵害の可能性はなかったと言える。したがって，事実的因果関係が存在する。

VI 事実的因果関係の存否が問題となるその他の場面

1 意 義
本件事故を契機として，避難等対象者等が自殺する場合がある。被害者の意思に基づいて，被害者の死亡という権利侵害が発生しているため，事実的因果関係が存在しないのではないかが問題となる。

2 事実的因果関係の存否
交通事故により傷害を負った後，被害者が自殺した場合について，被害者が自殺したことのみをもって事実的因果関係は否定されない（最判平成5年9月9日判時1477号42頁[44]。ただし，過失相殺に関する民法722条2項を類推適用する。）。

---

43 「本件事故の発生以降，避難等対象者のうち避難若しくは屋内退避をした者，又は対象区域内滞在者が，放射線への曝露の有無又はそれが健康に及ぼす影響を確認する目的で必要かつ合理的な範囲で検査を受けた場合には，これらの者が負担した検査費用」を賠償すべき損害とする（中間指針第3-1)。

44 交通事故により受傷した被害者が自殺した場合において，その傷害が身体に重大な器質的障害を伴う後遺症を残すようなものでなかったとしても，事故の態様が加害者の一方的過失によるものであって被害者に大きな精神的衝撃を与え，その衝撃が長い年月にわたって残るようなものであったこと，その後の補償交渉が円滑に進行しなかったことなどが原因となって，被害者が，災害神経症状態に陥り，その状態から抜け出せないままうつ病になり，その改善をみないまま自殺に至ったなど判示の事実関係のもとでは，事

このことからすると，放射線作用等の発生を理由に，被害者が自殺した場合についても，被害者が自殺したことのみをもって事実的因果関係は否定されないと考えられる（ただし，過失相殺に関する民法722条2項を類推適用される可能性がある。）[45]。

第7節　労働契約上の地位に対する侵害との間の事実的因果関係

I　概　要

いわゆる就労不能損害を権利侵害として捉えると，労働契約上の地位に対する侵害がこれに該当すると考える（第1章第7節）。これは以下のとおり分類される（図2-3-11）。

1つ目は，避難指示等に伴う避難により，就業場所との間の物理的距離が拡大したなどの理由で，労働契約は終了していないものの，就労の全部又は一部が不能になった場合である（II）。

2つ目は，避難等対象区域内の事業者の営業利益侵害（第9節）や風評被害に伴う営業利益侵害から，労働契約は終了していないものの，さらに就労の全部又は一部の不能が派生して発生する場合である（間接被害・後続侵害。III）。

3つ目は，避難等対象者が，避難指示等が解除された後，避難等対象区域内に帰還した場合に，就労が不能な状態となる場合である（後続侵害。III）。

4つ目は，上記3つの状況から，さらに解雇されるなど，労働契約の終了に至った場合である（間接被害・後続侵害。III）。

故と被害者の自殺との間に相当因果関係があるとした。個別の事情によっては因果関係が否定される場合もある（最判昭和50年10月3日交民8巻5号1221頁など）。裁判例によれば，事故から自殺へと至る複雑な因果の流れの中に，ある程度の必然性を肯定しうる一定の事態の推移を想定することによって，相当因果関係の有無の判断の基準としている（齋藤大巳「交通事故の後の被害者の自殺について」判タ880号（1995年）39頁）。

45　被害者の自殺は，反復可能性など事実的因果関係に関する基準が機能しない典型的な場合であり，被害者の心理において「理由」があるか，再構成された「理由」と結果との関係を加害者に負担させることが法的に正当化されるかを基準とすることが適切であると解される（水野・意義と限界280頁）。人の行動は必ずしも合理的でない場合があり，そのような場合であっても直ちに因果関係が遮断されるわけではない（潮見I 351頁）。

また，自ら離職した場合についても検討する（Ⅳ）。

<図2-3-11：労働契約上の地位の侵害>

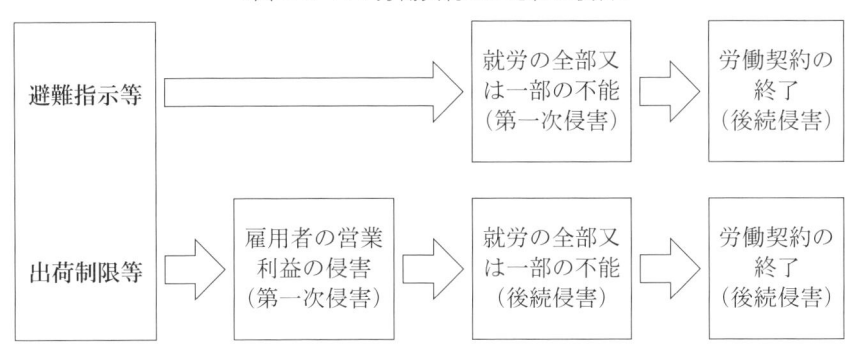

避難指示等 → 就労の全部又は一部の不能（第一次侵害） → 労働契約の終了（後続侵害）

出荷制限等 → 雇用者の営業利益の侵害（第一次侵害） → 就労の全部又は一部の不能（後続侵害） → 労働契約の終了（後続侵害）

Ⅱ 避難指示等による直接的な就労不能

1 意　義
避難指示等を受けて遠方に避難した者は，たとえ就労先が避難等対象区域外であって，物理的には就労が不可能ではなかったとしても，避難により労働契約上の地位を侵害され，就労が不能となる場合がある。就労先が避難等対象区域内であるため労務を提供できない場合も同様である。

2 事実的因果関係の存否
放射線作用等の発生がなければ，避難指示等により避難することもなく，したがって，就労が不能になることもなかったと言えるため，事実的因果関係が存在する。

Ⅲ 間接被害・後続侵害としての労働契約上の地位の侵害

避難等対象区域内の事業者の営業利益侵害（第9節）や風評被害に伴う営業利益侵害から，労務を提供できる場合であって労働契約は終了していないものの，さらに就労の全部又は一部不能が派生する場合，又は解雇されるなど，労働契約の終了に至った場合については，放射線作用等の発生がなければ，就労の全部または一部の不能や，解雇は発生しなかったと言えるため，事実的因果関係が存在する。この点は，間接被害・後続侵害として第4章第11節で検討する。

Ⅳ　自己の意思により離職した場合

　労働契約上の地位の侵害の中には，いわゆる会社都合により解雇された場合だけでなく，いわゆる自己都合により離職する場合もある。この場合には，自ら離職したという点で，被害者の意思が介在しており，事実的因果関係の存在の問題が生じうる[46]。

第8節　財物の所有権等に対する侵害との間の事実的因果関係

Ⅰ　概　　要

　避難等対象区域に所在する財物について，①避難指示等による避難を余儀なくされたことに伴い，避難等対象区域内の財物の管理が不能となったため，当該財物の価値の全部又は一部が失われた場合（Ⅱ），②避難等対象区域内に所在する財物の価値を，喪失又は減少させる程度の量の放射性物質に曝露したため，財物価値の全部又は一部が失われた場合（Ⅲ），③財物の種類，性質及び取引態様等から，平均的・一般的な人の認識を基準として，本件事故により当該財物の価値の全部又は一部が失われたと認められる場合（Ⅳ），財物の所有権等に対する侵害がある（中間指針第3-10）。また，避難の長期化等に伴い権利侵害が発生する場合がある（Ⅴ）。

Ⅱ　管理不能による客観的価値の喪失又は減少

1　意　　義
　避難指示等による避難等を余儀なくされたことに伴い，避難等対象区域内の財物の管理が不能等となったため，当該財物の価値の全部又は一部が失われた場合

46　人間が与えられた状況に対して反復可能性を肯定しうる形で反応していない場合には，原因と結果という関係（因果関係）を探求することにもはや拘泥する必要がなく，「あれがあったからこれを行う理由が生じたか」ということを被害者の心の状態の再構成を通じて確認すべきであるとの考え方が参考となる（前掲・水野「事実的因果関係」275頁，同・意義と限界280頁）。

第8節　財物の所有権等に対する侵害との間の事実的因果関係

である。
2　事実的因果関係の存否
　放射線作用等の発生により，避難指示等が発出され，避難等対象区域に所在する財物の所有者が立退きを余儀なくされ，又は立入りを禁止されたため，財物の管理が不能となった。また，一般に，財物は，一定の期間管理しなければその価値が喪失又は減少する。
　したがって，放射線作用等の発生がなければ，避難指示等が発出されることもなく，また，財物の管理が不能となることもなく，したがって，当該財物の客観的価値が喪失又は減少することもなかったと言えるため，事実的因果関係が存在する。

Ⅲ　放射性物質の付着による客観的価値の喪失又は減少

1　意　義
　避難等対象区域内に所在する財物の価値を喪失又は減少させる程度の量の放射性物質に曝露したために，当該財物の客観的価値が喪失又は減少した場合である。
2　事実的因果関係の存否
　本件事故に伴い放射性セシウム等の放射性物質が放出されたことにより，避難等対象区域内に所在する財物に放射性セシウム等の放射性物質が付着し，財物の客観的価値が喪失又は減少したことについては，放射線作用等の発生がなければ，放射性物質という人体に悪影響がある物質が付着して，当該財物の客観的価値が喪失又は減少することはなかったと言えるため，事実的因果関係が存在する。

Ⅳ　平均的・一般的な人の認識を基準として，価値の全部又は一部が失われた場合

1　意　義
　避難等対象区域に所在する財物の種類，性質及び取引態様等から，平均的・一般的な人の認識を基準として，本件事故により当該財物の価値の全部又は一部が失われたと認められる場合である。
2　事実的因果関係の存否
　放射線作用等の発生がなければ避難指示等が発出されることもなく，放射線作用等の発生及び避難指示等が発出されなければ，避難等対象区域に所在する財物

153

の種類，性質及び取引態様等から，平均的・一般的な人の認識により当該財物の価値が下落することもなかったと言えるから，事実的因果関係が存在する。

V　避難の長期化等に伴う権利侵害

　①避難の長期化（移住が合理的であると認められる場合を含む。）に伴う権利侵害（いわゆる住居確保損害），②建替費用損害に係る権利侵害は，いずれも，放射線作用等の発生がなければ避難指示等が発出されることもなく，避難指示等が発出されなければ生じなかった権利侵害であるから，事実的因果関係が存在する。

第9節　営業利益に対する侵害（政府指示等）との間の事実的因果関係

I　概　　要

　政府による出荷制限指示等により，営業利益が侵害された場合，原子力損害賠償責任が成立する。避難指示等（Ⅱ），航行危険区域・飛行禁止区域の設定（Ⅲ），出荷制限指示等（Ⅳ），その他政府指示（Ⅴ）について説明する。

Ⅱ　避難指示等による営業利益に対する侵害

1　意　　義
　本件事故において，避難等対象区域内で事業の全部又は一部を営んでいた者又は現に営んでいる者において，避難指示等に伴い，営業が不能になり，又は取引が減少する等，その事業に支障が生じたため，現実に減収があった場合，原子力損害賠償責任が成立しうる（中間指針第3-7）。

2　事実的因果関係の存否
　放射線作用等の発生がなければ避難指示等の設定はなく，避難指示等の設定がなければ避難等対象区域内で営業が不能になること（営業利益を侵害されること。売上が減少すること）はなかったと言える。したがって，放射線作用等の発生と営業利益侵害との間に，事実的因果関係が存在する[47]。

---

[47] 仮に，例えば，政府指示等がなかったとした場合にも，ある営業活動に関し，別個の制

III　航行危険区域・飛行禁止区域の設定

1　意　義
　政府により，福島第一原発の周辺に航行危険区域・飛行禁止区域が設定された。このような航行危険区域等の設定に伴い，①漁業者が，航行危険区域等の中での操業又は航行を断念せざるを得なくなったこと，②内航海運業若しくは旅客船事業を営んでいる者等が同区域を迂回して航行せざるをえなくなったこと，③飛行禁止区域の設定に伴い，航空運送事業を営んでいる者が，同区域を迂回して飛行せざるを得なくなったことにより，現実に減収があった場合又は迂回のため費用が増加した場合，原子力損害賠償責任が成立しうる（中間指針第4）。

2　事実的因果関係の存否
(1)　航行危険区域の設定

　航行危険区域は，原災法20条2項に基づき設定される。そうだとすれば，放射線作用等の発生がなければ航行危険区域の設定はなく，したがって，当該航行危険区域内での操業を断念し，迂回せざるを得なくなることもなかったと言えるため，事実的因果関係が存在する。

(2)　飛行禁止区域の設定

　飛行禁止区域は，原災法20条2項及び航空法80条に基づき設定される。そうだとすれば，放射線作用等の発生がなければ飛行禁止区域の設定はなく，したがって，当該飛行禁止区域内での航行を断念し，迂回せざるを得なくなることもなかったと言えるため，事実的因果関係が存在する。

IV　出荷制限指示等

1　中間指針
　農林漁業者その他業者（以下「出荷制限指示等対象者」という。）において，農林

限が加えられていたと言える場合，重畳的因果関係が問題となり，共同不法行為（民法719条）又は競合的不法行為（民法709条）となると考えられる。重畳的因果関係など仮定的因果関係について，樫見由美子「不法行為における仮定的な原因競合と責任の評価――ドイツ法の仮定的因果関係等をめぐる議論を参考にして（一）～（六・完）」判時1124号（1984年）17頁，同1127号（1984年）17頁，同1134号（1985年）12頁，同1153号（1985年）17頁，同1166号（1985年）18頁，同1184号（1986年）6頁参照。

水産物（加工品を含む。）及び食品の出荷，作付けその他の生産・製造及び流通に関する制限又は農林水産物及び食品に関する検査について，政府が本件事故に関し行う指示等（以下「出荷制限指示等」という。）[48]を受け，これに伴い当該指示等に係る行為の断念を余儀なくされる等，その事業に支障が生じたため，現実に減収があった場合，原子力損害賠償責任が成立する（中間指針第5）。

2 事実的因果関係の存否

出荷制限指示等は，原災法20条2項に基づき設定される。これは，①出荷制限指示等の対象となることにより売上が減少する類型と，②出荷制限指示等を受ける前段階において作付け等の行為を断念することにより売上が減少する類型という2つの類型に区別される。

(1) 営業の不能等

出荷制限指示等対象者は，放射線作用等の発生がなければ，出荷制限指示等を受けることはなく，出荷制限指示等を受けることがなければ，営業の不能や取引減少（営業利益を侵害されること。売上が減少すること）もなかった。したがって，本件の放射線作用等の発生と営業利益侵害との間に，事実的因果関係が存在する。

(2) 作付け等の行為の断念

出荷制限指示等は，出荷等を制限等するのであって，作付け等を制限しないものもあるものの，出荷制限指示等を受けた農家が作付け等を断念した場合に，事実的因果関係はあるか。

(i) 条件関係

放射線作用等の発生がなければ出荷制限指示等の設定はなく，出荷制限指示等の設定がなければ出荷等の行為を断念すること（営業利益を侵害されること。売上が減少すること）もなかったと言える。したがって，放射線作用等の発生と営業利益侵害との間に，事実的因果関係が存在する。

(ii) 作付け等の行為の断念と意思の介在

出荷制限指示等と作付け等の断念との間の関係については，作付け等の断念という出荷制限指示等対象者の意思が介在する点で事実的因果関係が切断されるか。

この点，出荷制限指示等を受けた場合に，当該出荷制限指示等の対象となった作物の売上が減少することは客観的に明白であるため[49]，作付け等の行為の断念

---

[48] 地方公共団体が本件事故に関し合理的理由に基づき行うもの及び生産者団体が政府又は地方公共団体の関与のもとで本件事故に関し合理的理由に基づき行うものを含む（中間指針第5）。

[49] 出荷制限等の指示がある場合に，風評による信用毀損により商品が売れないことを恐れ

という意思の介在により事実的因果関係は切断されないと考える[50]。中間指針もこのことを前提としていると考えられる。

V　その他政府指示

1　中間指針
避難指示等，出荷制限指示等，航行禁止区域等の設定のほか，事業活動に関する制限又は検査について，政府が本件事故に関し行う指示等（以下「その他政府指示」という。）に伴い，その他政府指示の対象事業者において，同指示等に伴い，その指示等に係る行為の制限を余儀なくされる等，その事業に支障が生じたため，現実に減収が生じた場合には，原子力損害賠償責任が成立する（中間指針第6）。

2　考え方
放射線作用等の発生がなければ，その他政府指示を受けることはなく，その他政府指示を受けることがなければ，その事業に支障が生じること（営業利益を侵害されること。売上が減少すること）もなかったと言える。したがって，本件放射線作用等の発生と営業利益侵害との間に，事実的因果関係が存在する。

第10節　営業利益に対する侵害（風評被害）との間の事実的因果関係

I　概　　要

風評被害とは，報道等により広く知らされた事実によって，商品又はサービスに関する放射性物質による汚染の危険性を懸念した消費者又は取引先により当該商品又はサービスの買い控え，取引停止等をされたために生じた被害をいう。原子力事故が発生した場合に，放射線・放射能の性質や消費者の行動により，風評

　　て生産自体を行わないとすれば，風評被害の一種とも整理しうる。しかしながら，厳密な区別は困難であるものの，少なくとも商品の一部に放射能汚染が発見されたために，当該事業者のほかの商品の売上も減少したものであり，全く汚染の事実がない風評被害とは被害の類型を異にすると考える（別途，風評被害に伴う営業利益に対する侵害が成立しうる）。

50　被害者の心理において「理由」があると言える場合に該当すると考える（水野・意義と限界280頁参照）。

被害が発生することが知られている。

まず，風評被害の意義を確認し（Ⅱ），JCO 臨界事故当時の議論（Ⅲ），裁判例（Ⅳ），学説（Ⅴ）を整理した上で，若干の検討を加える（Ⅵ）。その上で，放射性物質が漏出していない場合（Ⅶ），風評被害の回復（Ⅷ）について検討する。

Ⅱ 意　　義

一般に，風評被害とは，報道等により広く知られた事実によって，商品又はサービスに関する放射性物質による汚染の危険性を懸念した消費者又は取引先により当該商品又はサービスの買い控え，取引停止等をされたために生じた被害をいう（中間指針第 7-1-Ⅰ）[51]。

原子力事故により放射性物質の放出がなされた場合，放射能汚染をおそれた消費者又は取引先により商品・サービスに対する信用が下落し，風評被害が発生することがある。例えば，1954 年，ビキニ環礁における水爆実験における被曝の際にマグロ価格が下落するなどの損害が生じたほか，敦賀原子力発電所の放射性物質の漏えい事故の影響で魚介類の価格が下落するなどの損害が発生した[52]。

このような風評被害について，今日では，原子力損害賠償責任が成立するとする見解が多い。

Ⅲ　JCO 臨界事故の際の議論

1　JCO 臨界事故当時の議論

JCO 臨界事故までは，風評被害は原子力損害に該当しないと解されていたようである。例えば，敦賀原子力発電所の放射能汚染事故[53]による経済的被害について，被害の一部について相当因果関係なしとした下級審裁判例に言及しつつ，

---

[51] 消費者又は取引先が，商品又はサービスについて，本件事故による放射性物質による汚染の危険性を懸念し，敬遠したくなる心理が，平均的・一般的な人を基準として合理性を有していると認められる場合に限られる（中間指針第 7-1-Ⅱ）。

[52] 原子力事故以外の原因で生じた風評被害に関する下級審裁判例として，例えば，富山湾における水銀汚染に伴う損害について，富山地裁高岡支判昭和 56 年 5 月 18 日判時 1012 号 21 頁参照。

[53] 判例大系刊行委員会編・牛山積編集代表『大系　環境・公害判例　原子力，バイオハザード』（旬報社，2001 年）45 頁参照。

風評被害は民法（不法行為法）の賠償の対象にはなるが，原子力損害賠償法の適用対象ではないという見解があった[54]。

2 JCO臨界事故報告書

これに対し，JCO臨界事故における原子力調査研究会作成の中間報告書及び最終報告書は，損害賠償の範囲が無限に広がることを懸念しつつも，①原賠法の立法過程の議論，②被害者の保護という立法目的，一般国民の放射線，放射能又は原子力に対する恐怖感・危険感には特に著しいものがあること，③本件事故はその態様に照らして一般国民に対し著しい恐怖感・危険感を与えたこと，④一般に，財物の価値の評価や人の購買行動等においては，取引に関与する「人」の意識・認識・思惑等の心理的・主観的な要素が，動機付け・決定付けに重要な役割を果たしていることから，一定の時間的・場所的範囲について[55]，風評被害が原子力損害に該当する可能性を肯定した。

IV 裁判例

下級審裁判例において，原子力事故に伴う風評被害について原子力損害賠償責任が成立しうることを否定するものは見当たらない[56]。

---

[54] 原子力損害賠償制度専門部会における能見善久委員発言（「風評をもたらす原因を作出したことに責任（過失）があって，かつ，それと風評から生ずる損害が相当因果関係のある限り，民法不法行為法の賠償の対象にはなる。ただ，原子力損害ではないので，原賠法の問題ではないと理解している。」）参照（平成10年9月30日開催の第4回原子力損害賠償制度専門部会議事要旨（案））。このような意見に対して，「JCO事故は，敦賀原発事故と比較して事故の規模および影響度に大きな差があり，敦賀風評損害訴訟の分析結果を類推適用することは適切でない」という批判がある（卯辰・展開191頁）。しかしながら，このような批判については，被害の規模又は被害の影響度にかかわらず，発生した損害が「放射線作用等の発生により」に該当しないのであれば原子力損害に該当する余地はないのであるから，被害の規模・被害の影響度とは直接の関係はなく，むしろ，原子力損害の定義における「放射線作用等により」に該当するかが問題であると考える。風評被害が原子力損害賠償法の適用対象でないという見解については，放射線作用等の発生によって風評被害が発生したと言えるか否かの評価にかかわるものと考える（民法が適用されるのであれば，実体法上の結論に大きな差異はないと考える。）。

[55] 同報告書は，第1に，時間的範囲については，平成11年11月4日，マスコミ等の報道を通じて安全である旨が一般国民に周知徹底されたと思料されるので，不安感の沈静化の時期については少なくとも同年11月一杯程度とした。第2に，場所的範囲については，本件事故の発生場所から半径10kmの範囲内で生じた営業損害とした。

[56] 原子力事故に起因するものに限らず，風評被害に関する裁判例について，升田純『原発

第2部　第3章　事実的因果関係

1　敦賀原発放射能漏れ事件

　ある原子力事業者が，敦賀湾の一部である浦底湾において，原子力発電所を設置・稼働していたところ，同発電所において放射能漏れ事故が発生し，魚介類の汚染が報道され，魚介類の入荷拒否等が生じたため，敦賀湾外の金沢市の魚市場で魚介類を仕入れ，福井市や敦賀市で卸売りしていた者（原告）が原子力事業者に対し不法行為に基づく損害賠償を請求した事案がある（図2-3-12参照）[57]。

　この事案において，名古屋高裁金沢支判は，浦底湾の魚介類に係る売上減少について，敦賀湾に放射能漏れが生じた場合，漏出量が数値的には安全でその旨公的発表がなされても，消費者が危険性を懸念し，敦賀湾産の魚介類を敬遠したくなる心理は，一般に是認でき，したがって，それによる敦賀湾周辺の魚介類の売上減少による関係業者の損害は，一定限度で事故と相当因果関係ある損害に該当するとした。

　他方で，名古屋高裁金沢支判は，敦賀における消費者が，敦賀湾から遠く離れ，放射能汚染が全く考えられない金沢産の魚まで敬遠し，さらにはもっと遠隔の物も食べたくないということになる可能性がある。そのような心理状態は，一般には是認できるものではなく，事故を契機とする消費者の心情的な判断の結果であり，事故の直接の結果とは認めがたい。金沢産の魚も心情的には不安であるとの理由で賠償を命ずるものとすれば，金沢における消費の低下も是認しなければならなくなり，損害範囲はいたずらに拡大することとなり，したがって，原告らの売上高が本件事故後減少したとしても，消費者の個別的心理状態が介在した結果であり，しかも，安全であっても食べないといった，極めて主観的な心理状態であって，同一条件のもとで，常に同様の状態になるとは言い難く，また一般的にも予見可能性があったとも言えないとした[58]。

　　　事故の訴訟実務』（学陽書房，2011年）参照。
[57]　名古屋高裁金沢支判平成元年5月17日判時1322頁99号。評釈として，窪田充見・判評387号39頁（判時1376号185頁）参照。
[58]　これに対して，以下のとおりの評価がある。前掲・名古屋高裁金沢支判は，「反復可能性」がある場合には「通常損害」として相当因果関係を肯定するという判断基準を採用する。ここで，「反復可能性がある」とは「偶然でない」ということであるから，「通常生ずべき損害」というのとほとんど同語反復であるが，前掲・名古屋高裁金沢支判が「消費者が危険性を懸念し，敦賀湾産の魚介類を敬遠したくなる心理は，一般に是認できる」と述べていることも考慮すると，「反復可能性がある」とは，単に確率が高いという意味ではなく「市場の反応（消費者心理）に合理性がある」という価値判断を含む概念として用いられている（中島・原発賠償58頁）。なお，金沢産の魚介類に係る売上

160

第 10 節　営業利益に対する侵害（風評被害）との間の事実的因果関係

<図 2-3-12：浦底湾と敦賀湾の地理的関係>

2　JCO 臨界事故

JCO 臨界事故において，納豆商品の製造販売業者[59]の風評被害について下級審裁判例がある。いずれも一定の範囲で損害賠償責任が成立することを認めた。

　　減少について，風評被害は特別損害に該当し，かつ，原子力事業者は予見可能であるとする見解がある（卯辰・展開 144 頁）。
59　東京地判平成 18 年 2 月 27 日判タ 1207 号 116 頁，東京地判平成 18 年 4 月 19 日判時 1960 号 64 頁。両判決の終期の考え方について，中島・原発賠償 62 頁以下参照。

Ⅴ 学　　説[60]

　学説においても，原子力事故に伴う風評被害について原子力損害賠償責任が成立するとする見解が多い。

1　権利侵害・事実的因果関係・相当因果関係に着目する考え方
(1)　背　　景
　学説の中には，原子力事故に起因する風評被害について，権利侵害・事実的因果関係・相当因果関係に着目して検討する考え方がある[61]。この考え方は，ビキニ環礁における米国の水爆実験の際，日本のマグロ漁船が被曝した結果（いわゆるビキニ環礁事件），同漁船の乗船者の生命・身体に対する侵害のほか，マグロや魚介一般の価格が減少した事案を念頭に提唱されたものである。

(2)　権利侵害の分類
　この学説は，まず，発生した損害[62]を①被曝漁船に係る損害，②一定以上の放射能を帯びたマグロの廃棄等に係る損害，③一般のマグロ漁業者の損害，④魚介類の流通業者・政府・地方公共団体の損害，⑤マグロ漁業者に漁具等を売る者の売上減少，⑥すし屋の損害，すし屋を取引先とするわさび生産者の損害，⑦一般

60　なお，能見善久「投資家の経済的損失と不法行為法による救済」前田重行＝神田秀樹＝神作裕之編『前田庸先生喜寿記念　企業法の変遷』（有斐閣，2009年）311頁は，純粋経済損失とは，一般に，物的・人的侵害を伴わないで，被害者に経済的な損失だけが生じる場合をいうとした上で，純粋経済損失の類型を区別し，環境汚染に伴って経済的損失が生じる場合を1つの類型とする。純粋経済損失の典型例として，原子力発電所からの放射能漏れによって環境が汚染され，その結果，その地域で営業しているホテルなどが観光客減少による経済的損失を被るような場合を挙げる。純粋経済損失について損害賠償責任を否定する説について，第1章第10節参照。

61　加藤一郎「ビキニ事件における損害賠償」同『不法行為法の研究』（有斐閣，1961年）111頁（初出，ジュリスト62号（1954年）2頁）。加藤一郎「「直接損害」と「間接損害」――ビキニ賠償問題補論」ジュリスト72号（1954年）39頁参照。

62　この見解では「損害」とするが（前掲・加藤「ビキニ事件における損害賠償」126頁），本書の考え方からは権利・法益の侵害となる。というのは，こうである。この考え方の論者は，損害の発生を不法行為責任成立の要件とするため（加藤・初版148頁），風評から発生する損害を分類したと推測される。これに対して，本書は，因果関係の終点を権利侵害と捉えるためである。

人の損害（マグロを食べられなかった損害等）に区別する[63]。

(3) 権利侵害

その上で、この見解は、権利侵害要件を検討し、①②③④は権利侵害要件を満たすとし、⑤⑥は一応かなりの法的保護に値する被侵害利益があるが、⑦は必ずしも不法行為による法的保護を与える程度に達していないとする[64]。

(4) 事実的因果関係

次に、この見解は、「マグロは今日100カウント以上の放射能をもつものを廃棄しているが、仮に科学的にいえば1000カウントまで無害だった」という場合について検討する。そして、日本人がマグロを有害だと思って買わないためにマグロが値下がりしたのは、因果関係の中断があるのではないかという問題を提起する[65]。その上で、民法416条の「通常生ずべき損害」というのは、通常人の合理的な判断を基礎としているのであって、仮に後でそれが取り越し苦労であったことが科学的に証明されたとしても、通常人として当時そう判断することが当然であったならば、それは相当因果関係の範囲内に入るとする[66]。

(5) 相当因果関係

この見解は、上記(3)(4)の検討に加えて、相当因果関係によってさらに範囲を限定する。⑥すし屋の損害、すし屋を取引先とするわさび生産者の損害は対象外である[67]。また、⑤マグロ漁業者に漁具等を売る者の売上減少はマグロ漁業者だけを相手にして漁具や餌を売っており、他の漁業者には売ることができないような緊密な関係にあるとすれば、そこには相当因果関係があるが、それ以外は関係がかなり遠くかつ薄くなるので、相当因果関係から除いてよいとする[68,69]。

---

[63] 前掲・加藤「ビキニ事件における損害賠償」126頁。

[64] 前掲・加藤「ビキニ事件における損害賠償」132頁。

[65] 前掲・加藤「ビキニ事件における損害賠償」133頁。

[66] この考え方は、相当因果関係の問題、すなわち損害賠償の範囲の問題として検討しているようにも見える。もっとも、因果関係の中断は、今日では事実的因果関係の問題とされている（潮見Ⅰ349頁）。なお、この見解は他の箇所で、因果関係の中断については、相当因果関係ではなく因果関係そのものを問題としている（加藤・初版157頁）。

[67] 前掲・加藤「ビキニ事件における損害賠償」132頁。

[68] 前掲・加藤「ビキニ事件における損害賠償」131頁。

[69] 中間指針等及び本書の整理に従えば、⑤マグロ漁業者に漁具等を売る者の売上減少、⑥すし屋の損害、すし屋を取引先とするわさび生産者の損害については、間接被害の一種と捉えられる（中間指針第8）。

2 反復可能性に着目する考え方
(1) 概　要
　事実的因果関係として反復可能性の存否を検討するとともに，原子力事故に伴う風評被害について，被害者の意思決定又は決断という要素が希薄で，むしろ加害者の起こした危険な事態に消費者が集団的に反応した結果，被害者が損害を被ったと捉えるのがふさわしいとする考え方がある[70]。この考え方は，基本的に事実的因果関係に着目するものと解される[71]。
(2) 反復可能性
　この見解は，まず，事実的因果関係の内容として，以下のように反復可能性が必要であると解する。aの後にbが続いたという過去の一回的な事実をもって因果関係を肯定することはできず（例えば，馬車の御者が誤って森にさまよいこんだところ，落雷により乗客が死亡した場合に，因果関係があるとは言えない。），将来においてもaの後にbが続くという反復可能性がなければ，原因行為と権利侵害との間に因果関係があるとは言えない[72]。
　そして，前掲・名古屋高裁金沢支判の事案（敦賀原発放射能漏れ事件）について，売上高の減少をもたらすような心理状態は，統計的に有意なものと言えること[73]，消費者が金沢産と敦賀産の魚介類を区別できるのか疑問であること[74]，放射能漏れの人体に対する影響の重大さや今日のマスメディアの報道の態様などを考えあわせると反復可能性を肯定できる[75]。
(3) 第三者の反応の相当性
　被害者の意思決定又は決断という要素が希薄で，むしろ加害者が起こした危険な事態に被害者又は第三者が反応した結果，被害者が損害を受けたと捉えられる事例がある。そのうち，原子力事故に伴う風評被害は，人々が反応した類型であ

70　水野・意義と限界290頁。なお，同301頁も参照。また，反復可能性に着目するものとしてE.ドイチュ＝H.J.アーレンス（浦川道太郎訳）『ドイツ不法行為法』（日本評論社，2008年）29頁参照。

71　事実的因果関係と損害賠償の範囲との「区別論」に対して，それら判断が「融合する」場合があるという（水野・意義と限界295頁）。

72　四宮409頁，水野・意義と限界81頁。

73　前掲・窪田評釈187頁。

74　淡路剛久「放射能汚染による魚介類の売上減（風評損害）と損害賠償義務」私法判例リマークス1号（1990年）118頁。

75　水野・意義と限界292頁。大塚直「東海村臨界事故と損害賠償」ジュリスト1186号（2000年）41頁参照。

第10節　営業利益に対する侵害（風評被害）との間の事実的因果関係

る。

　そして，前掲・名古屋高裁金沢支判の事案において，消費者が敦賀湾産と金沢産とを区別できるかについて，魚介類の回遊性に照らすと，安全宣言にも関わらず，全く安全だとは言えないかもしれないという消費者の懸念は不相当なものとは言えないと解する[76]。

3　類型論

　「風評被害」という語は多義的に用いられているので，議論の整理のために類型化する考え方がある[77]。風評被害発生のメカニズムは，事故・環境汚染の発生の後，①公表又は報道，②市場の反応（消費者心理）という要素が介在・競合する点に特徴があり，これら要素が被害の発生に寄与する度合いという観点から風評被害を類型化する[78]。

　具体的には，根拠のない風評被害[79]，根拠のある風評被害[80]，合理性のある風評

76　水野・意義と限界292頁。その上で，裁判所があえて上記(2)(3)のような認定をせず事故と結果との間の「相当因果関係」を否定した理由は，賠償範囲が「いたずらに拡大する」ことに対する裁判所の強い懸念があったからだと推測する（水野・意義と限界292頁）。

77　中島・原発賠償56頁。このほか，風評被害を類型化するものとして，前掲・升田『原発事故の訴訟実務』がある。

78　中島・原発賠償56頁。

79　「根拠のない風評被害」は，根拠の不十分な情報の公表，報道が大きく寄与しているので，その情報を発信した主体（報道機関）が損害賠償責任を負うべきである。例えば，所沢ダイオキシン事件（最判平成15年10月16日民集57巻9号1075頁）がこの類型に属する（中島・原発賠償57頁）。原子力施設の異常事象が発生したとしても，人の健康に影響を与える事態が発生しなかった場合もこの類型に属する（中島・原発賠償57頁）。

80　人の健康に悪影響を与える恐れのある事故が発生したが，周辺環境や健康に対する放射線の影響がないことが数値的には明らかになった後も取引停止が続いたという点で，市場の反応（消費者の心理）の寄与が大きい類型である（中島・原発賠償58頁）。この類型では，①純粋に科学的な見地から見れば市場（消費者）の反応は不合理とも言える面があること，②放射線作用等などによる直接の人的又は物的な損害ではないことから，この類型の風評被害も第1類型と同じように，事故との相当因果関係又は「原子力損害」該当性が否定されるのではないかが問題となる（中島・原発賠償58頁）。この点について，科学的な見地からは一見不合理に見える市場の反応に反復可能性又は合理性があると判断できる根拠は，放射線の健康への影響の深刻さに比較して，事故の影響の情報が十分でない点にある。すなわち，「情報の格差」（又は情報の非対称性），「情報の不確かさ」が市場の拒否反応に合理性を与えている。情報の格差は特に外国人観光の風評被害に妥当するという（中間指針第7-3備考2，中島・原発賠償61頁）。

165

被害[81]に類型化する[82]。

4　社会心理学
(1)　風評被害の構造

　社会心理学においては，実証研究等に基づき，風評被害は，不特定多数の者（人々）にとって安全か危険かの判断が困難であることを前提条件として，以下の因果の流れをたどるとされる[83]。

　①ある事件・事故・環境汚染・災害が報道されること，②これにより，市場関係者・流通業者が「人々が安全か危険かの判断がつかない状態では問題となっている食品・商品は忌避する」と想像して，取引の打切り等を行ったこと[84]，③これにより，科学者・評論家などがそれを「風評被害」と指摘したこと，④ある事件・事故・環境汚染・災害が大々的に報道されること，⑤これにより，人々が本

81　政府や地方公共団体の避難勧告・指示に，本来の趣旨とは異なる意味づけがされて市場に影響を与えた場合，市場の反応にはより強い合理性があるという意味で，類型2と区別して「合理性のある風評被害」として類型化すべきである（中島・原発賠償65頁）。中間指針の農林漁業・食品産業の風評被害（中間指針第7-2）はこのような類型である。

82　これに対する評価として，前掲・潮見「『原発賠償 中間指針の考え方』を読んで」44頁。

83　関谷直也「「風評被害」の社会心理──「風評被害」の実態とそのメカニズム」災害情報1巻（2003年）78頁。この見解によれば，風評被害の発生には，以下の前提条件が必要である。JCO臨界事故に関する調査によれば，「日本で過去最大の原子力事故」と報道されていたが，「大量の放射能汚染」ということが報道されたことは一度もなく，報道されていないことが人々に認識されているにもかかわらず，被害が発生した。これは，報道量を手がかりに，「汚染された危険な地域だ」という悪いイメージを人々が感じ取ったということであろう。発生地から比較的遠いところに住む多くの人々にとって，JCO臨界事故の被害を受けた地域に対する認識は，大量の放射能汚染があった地域であり，具体的な危険の認識に基づく恐怖を感じている（前掲・関谷「「風評被害」の社会心理」78頁。川上善郎『うわさが走る──情報伝播の社会心理』（サイエンス社，1997年）49頁も参照）。これは，事件・事故・汚染の事実や状況を正確に伝える「長期間の大量の報道量」が，全体量として，関連する食品・商品・土地への忌避，悪いイメージを形成すると考えるべきである。したがって，風評被害は「うわさによる経済的被害ではなく，大量の報道を原因として，人々が食品・商品・土地に悪いイメージを持ち，それらを忌避する経済的被害である」）。

84　市場関係者・流通業者が引き起こす初期の「風評被害」である。例えば，所沢ダイオキシン報道事件では翌々日，臨界事故では報道の翌日には当該産地の農作物の取引拒否が行われている。すなわち，市場関係者・流通業者自らの「安全か危険かの判断」「不安」はあまり問題ではない。市場関係者・流通業者が「人々が安全か危険かの判断がつかない」「人々が不安に思い商品を買わないだろう」と想像した時点で取引拒否や価格下落という経済的被害が成立する（前掲・関谷「「風評被害」の社会心理」78頁）。

来安全とされる食品・商品・土地を危険視し，消費や観光をやめたこと（売上が減少すること）。

そして，風評被害とは，不特定多数の者にとって安全か危険かの判断が困難であることを前提条件として，ある事件・事故・環境汚染・災害が大々的に報道されることによって，本来安全とされる食品・商品・土地を人々が危険視し，消費や観光をやめることによって引き起こされる経済的被害をいう[85]。

(2) 本件への適用

前記社会心理学の分析は，不特定多数の者にとって安全か危険かの判断が困難であることを前提条件として，放射線作用等が発生したという報道が大量になされた場合に，人々が本来安全とされる食品・商品・土地を危険視し，消費や観光をやめたことが合法則的であること（事実のレベルで事故が被害を招来したこと）を示していると考える。また，本件では，前記(1)の①から⑤までの過程のうち，①②③は存在せず，④の大々的な報道を出発点としていると考える。

5 計量経済学[86]

(1) 定 義

計量経済学の観点から，風評被害について情報の非対称性を原因とする需要の減少による売上の減少であるとする見解がある[87]。「風評被害」とは，実際には安全な産品が供給されているにもかかわらず，消費者及び流通関係者が事故による汚染の懸念から買い控えを行い購入自体を見送ったり，輸入品などの代替品を購入したりすることにより，当該産品に関する事故前の需給の均衡が崩れ，数量・価格が減少・下落することにより発生する経済的被害であると解される（産品に対する信用毀損であると解される。）[88]。

---

85 前掲・関谷「「風評被害」の社会心理」78頁。
86 その他，蟻川靖浩＝高橋大祐「風評被害立証における経済学的証拠の活用」NBL 982号（2012年）84頁は，プロスペクト理論（危機状態における人間が必ずしも合理的な行動をとらない現象を説明する理論）を用いて風評被害を説明する。しかしながら，このような説明については批判がある（中島・原発賠償61頁，前掲・潮見「『原発賠償 中間指針の考え方を読んで』」44頁）。また，プロスペクト理論自体についても，完全に実証されたものとは言えないという難点がある。
87 戒能一成「福島第一原発事故に伴う農林水産品の『風評被害』に関する定量的判定・評価について」（2013年）。<http://www.rieti.go.jp/jp/publications/dp/13j060.pdf.>
88 前掲・戒能「福島第一原発事故に伴う農林水産品の『風評被害』に関する定量的判定・評価について」。

(2) 前提条件

仮に消費者及び流通関係者が当該産品について汚染産品でないことを完全に正しく判別できるのであれば風評被害は発生しないはずである。この場合，供給側での追加的な管理・検査費用を少額として考えれば，事故前の需給から見て出荷制限品目・産地分の出荷制限量相当分だけ供給量が減少し，価格はある程度上昇するか，又は殆ど変わらない水準に変化し，出荷制限指示が解除されれば事故前の状態に復元するものと考えられる。すなわち，図2-3-13左図において，供給がＳ０からＳ１に減少し，供給量はＱ０からＱ１に減少するとともに，価格はＰ０からＰ１に増加する。ところが，いわゆる情報の非対称性により，消費者及び流通関係者が，当該産品について汚染産品でないことを確信できず，当該産品の出荷制限指示の解除を認識していない[89]。これが，風評被害の発生の前提条件となる。

(3) 風評被害発生のメカニズム

このように，いわゆる情報の非対称性により，消費者及び流通関係者が，ある産品について汚染産品でないことを確証できず，単にその産品の出荷制限の解除を認識していない場合，その産品への汚染産品の混入・混在の可能性など管理・検査体制の不備・不正を疑う場合，又は食品安全基準自体の妥当性を疑う場合など，漠然とした汚染の懸念が形成され，供給以上に需要が減退することにより風評被害が発生すると考えられる[90]。すなわち，図2-3-13右図において，需要が減少し，数量がＱ０からＱ２に減少するとともに，価格がＰ０からＰ２に減少する。

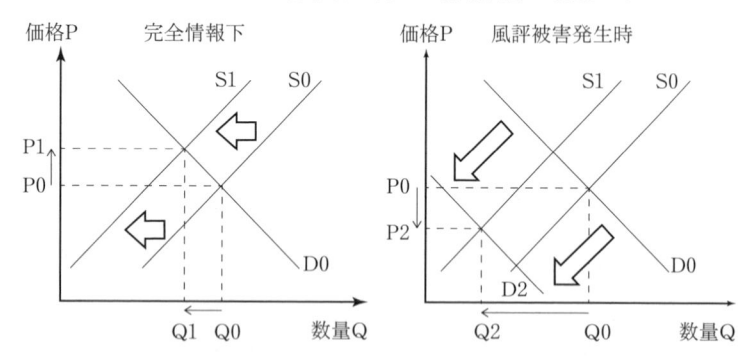

<図2-3-13：風評被害の発生と需給関係の変化[91]>

89　前掲・戒能「福島第一原発事故に伴う農林水産品の『風評被害』に関する定量的判定・評価について」。

90　前掲・戒能「福島第一原発事故に伴う農林水産品の『風評被害』に関する定量的判定・評価について」。

(4) 風評被害の事実的因果関係の特徴

このような整理によれば，風評被害は，他の権利侵害と比較して，以下の特色があると考えられる。

風評被害は，情報の非対称性を前提として，消費者等が，集団的に，産品の安全性に対する信用を失ったことに伴う需要の減少により発生する。すなわち，風評被害の発生に至る事実的因果関係においては，産品に係る市場において，集団的に信用が毀損した事実が介在する。

そうだとすれば，個別事情による場合は除き，原則として，風評被害の発生には，第1段階として，市場統計上の風評被害の発生が確認された後に，第2段階として個別の事業者の売上減少に係る損害の発生の有無を判断するという2段階の構造が存在するものと考える。

VI 若干の検討（中間指針の位置づけ）

1 中間指針

中間指針は，本件事故による風評被害について以下のとおり定義して，一定の範囲で原子力損害に該当することを肯定した。すなわち，風評被害とは，報道等により広く知られた事実によって，商品又はサービスに関する放射性物質による汚染の危険性を懸念した消費者又は取引先により当該商品又はサービスの買い控え，取引停止等をされたために生じた被害をいう（中間指針第7-1）[92]。

---

91 前掲・戒能「福島第一原発事故に伴う農林水産品の『風評被害』に関する定量的判定・評価について」を参照した。
92 中間指針について，一定の留保（否定的な評価）をする見解もある。すなわち，「中間指針のような基準のみで相当因果関係を判断すべきでない」，「風評損害は，相当因果関係の法理の枠内では，特別損害に当たり，風評損害につき相当因果関係が認められるためには，風評損害が発生する事実につき加害者が予見したか，又は予見可能性があったことが認められることが必要である。また，この学説は，中間指針の採用している相当因果関係の考え方・基準と，裁判例・訴訟実務において利用されている相当因果関係の考え方・基準は必ずしも同じものでないことに留意されたい」という評価がある（前掲・升田『原発事故の訴訟実務』197頁）。風評被害の定義について，訴訟の実務，損害賠償の実務において有用な定義としては，「主として商品が毀損・汚染等されていないにもかかわらず，毀損・汚染等のおそれがあるとの情報により価値の低下，喪失，売上の低下等の損失が生じたことの損害」とする（前掲・升田『原発事故の訴訟実務』98頁）。

2 検　討
(1) 風評被害の成立要件
　このような定式化は，以下のとおり，前記の社会心理学及び計量経済学からの分析とも一致すると考えられる。
　風評被害に伴う原子力損害賠償責任の要件は，中間指針によれば，以下のとおりである。①原子力事故に関する報道がなされたこと，②消費者又は取引先が商品又はサービスに関する放射性物質による汚染の危険性を懸念したこと，③消費者又は取引先により当該商品又はサービスの買い控え，取引停止等を受けたことである。

(2) 前提条件
　まず，情報の非対称性が前提条件となっている。計量経済学の分析において，情報の非対称性により，消費者及び流通関係者が産品について汚染産品でないことを正しく判別できないことが，風評被害発生（商品等の忌避）の前提条件となっている（社会心理学の分析も同様である。）。

(3) 原子力事故に関する報道がなされたこと
　原子力事故に関する報道がなされたことについては，社会心理学の分析において，事件・事故・汚染の事実や状況を正確に伝える長期間の大量の報道が全体量として関連する商品等の悪いイメージを醸成したことが風評被害の因果経路に含まれている。したがって，原子力事故に関する事故が大々的に[93]なされることが原子力事故に起因する風評被害の要件であると考えられる。

(4) 消費者又は取引先が商品又はサービスに関する放射性物質による汚染の危険性を懸念したこと
　計量経済学の分析によれば，商品又はサービスに関する「漠然とした汚染の懸念」が買い控え等の原因となっている（社会心理学による分析でも同様である。）。したがって，消費者又は取引先が商品又はサービスに関する放射性物質による汚染の危険性を懸念したことが風評被害の要件となると考える。

93　中間指針は「大々的に」という限定をしていないことからすると，「大々的な」という限定は不要とも考えられる。しかしながら，中間指針は，本件事故という歴史的な事実に関して定められたものであり，本件事故について大々的な報道がされたのは明らかであり，本件事故について大々的な報道がなされたという歴史的な事実を前提としていると考えられる。

(5) 消費者又は取引先により当該商品又はサービスの買い控え，取引停止等をしたこと

　計量経済学の分析によれば，商品又はサービスに関する「漠然とした汚染の懸念」により，商品又はサービスの供給以上に需要が減退することにより，商品又はサービスの安全性に対する信用が毀損され，売上が減少するものである。したがって，消費者又は取引先により当該商品又はサービスの買い控え，取引停止等をしたことが風評被害の要件となる[94]。

Ⅶ　放射性物質の漏出がない場合と風評被害

1　放射線作用等の発生が発生せず，原子力緊急事態も発生していない場合

　放射線作用等が発生していない場合，原賠法は適用されず，民法709条，同法717条などが適用されると解される。

　この場合，単なるうわさや虚偽の報道により売上の減少が生じているのであるから，基本的に原子炉の運転等を行っている者に，風評被害についての損害賠償責任は成立しないと考えられる。

2　原子力緊急事態が発生したが，外部への放射性物質の漏出等がない場合

　原子力緊急事態が発生したとしても，外部に放射性物質が漏出することなく事故が収束する場合もある。この場合に，当該原子力緊急事態宣言やそれに伴う避難指示等について大々的に報道された場合，当該原子炉を運転等していた原子力事業者に原子力損害賠償責任が成立するか。

　この点について，原賠法は，放射線作用等の発生を原子力損害の始点としているのであって，放射性物質の漏出等の外部への働きかけを責任成立の要件としていない。また，原災法は，国民の生命・身体・財産を保護するために予防的に原災法10条通報等を発することを規定しており（第3節参照），放射性物質の漏出等の外部への働きかけがない場合にも避難指示等を発出することができる。また，原子力緊急事態宣言が発出されることについて大々的に報道されることにより，商品又はサービスに対する需要が減退する。

　そうだとすれば，原災法に基づき避難指示等が発出された場合，当該事実自体が「放射線作用等の発生」に該当するという解釈も可能であると考えられる。

　したがって，原災法に基づき避難指示等が発出された事実をもって「放射線作用

94　前提・大塚「東海村臨界事故と損害賠償」42頁参照。

等の発生」に該当するとすれば，原災法に基づき避難指示等が発出された事実がなければ，風評被害もなかったのであるから，事実的因果関係が存在すると言える。

福島第二原発で生じた事態がこれに該当すると考えられる[95]。

Ⅷ　風評被害の回復

風評被害が回復するのはどのような場合か。すなわち，放射線作用等の発生と風評被害との間の事実的因果関係がなくなる時期はいつか。

この点について，中間指針は，風評被害は，商品等に対する危険性を懸念し敬遠するという消費者・取引先等の心理的状態に基づくものである以上，風評被害が賠償対象となるべき期間には一定の限度があるとし，一般的に言えば，「平均的・一般的な人を基準として合理性が認められる買い控え，取引停止等が収束した時点」までであるが，客観的な統計データ等を参照しつつ，取引数量・価格の状況，具体的な買い控え等の発生状況，商品又はサービスの特性等を勘案し，個々の事情に応じて合理的に判定することが適当であるとする（中間指針第 7-1 備考 5）。

風評被害の回復構造について，計量経済学の観点からは，以下のように理解される。

事業者の売上は，原子力事故以外の多数の要素によっても変動する。これを計量経済学の観点から検討すると，売上の分布に正規分布をあてはめて標準偏差を計算し，その範囲内に事故後の価格・出荷量指数が存在しているのであれば，統計的に見て当該価格・出荷量指数は事故前でも通常起こりえる変動の範囲内にあり，「あれなければこれなし」と言えず，風評被害は発生していない。これに対して，事故後の価格・出荷量指数が，標準偏差の範囲外に存在するのであれば，統計的に見て事故前に通常起こりえる範囲を逸脱して売上高が減少していることを意味し，「あれなければこれなし」と言え，したがって「風評被害」がなお継続しているものと判定される[96]。

このような考え方は，事実的因果関係の存否に着目するものという理解が可能である。

---

[95] 福島第二原発の事故においては，原子力緊急事態宣言がなされ，避難指示等も発出された。

[96] 前掲・戒能「福島第一原発事故に伴う農林水産品の『風評被害』に関する定量的判定・評価について」。

第11節　その他問題

I　原子力事故以外の影響

1　問題状況

本件事故においては，本件事故に先行する地震・津波による被害と，本件事故に起因する被害との関係が問題となる場合がある[97]。例えば，避難等対象区域で営業する事業者の店舗が津波被害により営業不能となった後，本件事故が発生した場合である[98]。

この場合，本件放射線作用等の発生との間に「あれなければこれなし」の関係がなく，当該売上減少などの被害について，原子力事業者に損害賠償責任は成立しないと考えられる。

2　若干の検討

営業利益の侵害について，①地震・津波（中間指針第7-3-Ⅲ），②地震・津波後の景気減退（中間指針第7-1備考4），③円高による景気減退，④事故前から売上が減少する傾向にあったことなど，本件の放射線作用等の発生以外の要因が営業利益の侵害の原因となる場合がある。

この点について，一方で，生命・身体に対する侵害は，生命・身体という不可分の権利を侵害するため，原因競合の問題として扱われ，共同不法行為・競合的不法行為の成否やその効果（特に寄与度減責）が問題とされやすい。

これに対して，他方で，営業利益の侵害は，売上の減少という金額的に可分の権利・法益の侵害としてあらわされるため[99]，原因競合の問題として扱われる以前に，金額的に可分のどの部分が，どの要素から生じた侵害・損害であるかを把握することが可能な場合もある（事実的寄与度。第3部第3章参照）。

したがって，そのような場合には，共同不法行為・競合的不法行為の成否やその効果（特に（評価的）寄与度減責）を問題とする以前に，本件事故がなかった場合に生じた売上減少を特定し，その部分は，本件事故と事実的因果関係のない権

---

[97] 平成23年10月26日付け東京電力プレスリリース「観光業の風評被害における賠償基準の見直しについて」参照。
[98] 事例集273頁参照（本件事故以外の要因による減少を計算に入れている。）。
[99] 潮見佳男「不法行為における財産的損害の「理論」――実損主義・差額説・具体的損害計算」法曹時報63巻1号（2011年）11頁脚注(22)参照。

利侵害として，原子力事業者への帰責の対象から除外する必要があると考える。

もっとも，事業者が廃業した場合など，権利侵害（売上の減少）が金額的に可分であると言えない場合については，共同不法行為・競合的不法行為の成否やその効果（特に寄与度減責）が問題とされる可能性がある（第3部第3章参照）。

II 継続的不法行為と事実的因果関係

1 問題状況

避難指示等に伴う生活の平穏に対する侵害は，権利侵害が継続するため，継続的不法行為に該当すると考えられる。

ここで，例えば，①事故時点において，避難等対象区域に居住していたが，平成23年4月1日に海外赴任することが決まっていた場合，②事故時点において，避難等対象区域に居住していたが，事故後，就労先の転勤命令により海外赴任することが決まった場合など，事故後に生活の本拠の移転を伴う場合に，なお権利侵害が継続するかが問題となる。

2 基本的な考え方

生活の平穏に対する侵害は，事故後避難を継続する各時点において存在するものと考えられるため，「あれなければこれなし」の検討に当たっては，本件事故がなかった場合に，当該被害者が避難等対象区域内に居住し続けていたかを検証する必要がある[100]。

これに対して，生活の平穏に対する侵害という権利侵害が，規範的に見て回復されたと理解される場合（住居確保損害と避難について四次追補第2-1-II参照）もある。

---

100 ①本件事故時点において，避難等対象区域に居住していたが，平成23年4月1日に海外赴任することが決まっていた場合については，本件事故がなかったと仮定しても，平成23年4月1日以降，避難等対象区域に居住していなかったため，平成23年4月1日以降については本件事故と事実的因果関係のある権利侵害が存在しないこととなろう。②本件事故時点において，避難等対象区域に居住していたが，事故後，就労先の転勤命令により海外赴任することが決まった場合，当該海外赴任自体をもって権利侵害との間の事実的因果関係の存在が否定されるものではなく，本件事故がなかったとしても海外赴任があったか（転勤の頻度などから認められる海外赴任の蓋然性）を確認する必要があると考える。さらに，避難先で大学に進学した場合など，本件事故後に生じた生活の本拠の変更にかかわる事由の取扱については，困難な問題が生じうる。また，事実的因果関係の存否に関連して，権利侵害が回復されたと評される場合もありうる。

174

第4章　責任範囲の画定

第1節　概　　要

　損害賠償責任成立の判断における因果関係は、①事実の平面での原因行為と権利侵害との間の結びつき（事実的因果関係。第3章）と、②権利侵害について行為者に帰責することができるかという因果関係（責任範囲の画定）とに区別される。このうち、本章では、責任範囲の画定について説明する。

　なお、相当因果関係のうち、権利侵害ではなく損害に関する損害賠償の範囲については、第6章で説明する。

　原因行為から生じる権利侵害のうち、どの範囲について不法行為責任が成立するか（責任範囲の画定）について、判例は、事実的因果関係の存否に加えて、原因行為と権利侵害との間に相当因果関係があるか否かを基準とする。

　そして、相当因果関係の内容として、原因行為から直接発生した第一次侵害については、規範の保護目的に含まれるかが基準となる。不法行為法を権利救済法として捉える立場からは、規範の保護目的は、被害者の属性・損害の内容ではなく、権利侵害について規範の保護目的の対象となっているかどうかにより判断される[1]。

　これに対して、第一次侵害から派生した後続侵害については、完全賠償の精神から、後続侵害が、第一次侵害によって高められた特別の危険の実現である場合には、加害者の責任の範囲内となり、一般生活上の危険の実現である場合には、加害者の責任の範囲外となる。

　特に、本件事故では、従前予想もしていなかったような権利侵害や、権利侵害の波及・連鎖が発生した。そこで、いかなる権利侵害について損害賠償責任が成立するかの問題（責任範囲の画定）を責任成立として判断することにより、責任の内容の画定において損害賠償の範囲と区別して検討するとともに、各権利侵害

1　潮見Ⅰ 387頁。橋本ほか171頁参照。

について原子力事業者に帰責できるかを検証する必要がある。

　そこで，以下，まず，過失責任における責任範囲の画定（相当因果関係）について整理する（第2節）。次に，原子力損害賠償責任における責任範囲の画定（相当因果関係）について整理する（第3節）。その上で，それら整理を踏まえて，各論として，本件事故により生じた7つの典型的な権利侵害について検討する（第4節から第10節まで）。また，いわゆる間接被害について，責任範囲の画定の問題と整理した上で，説明する（第11節）。

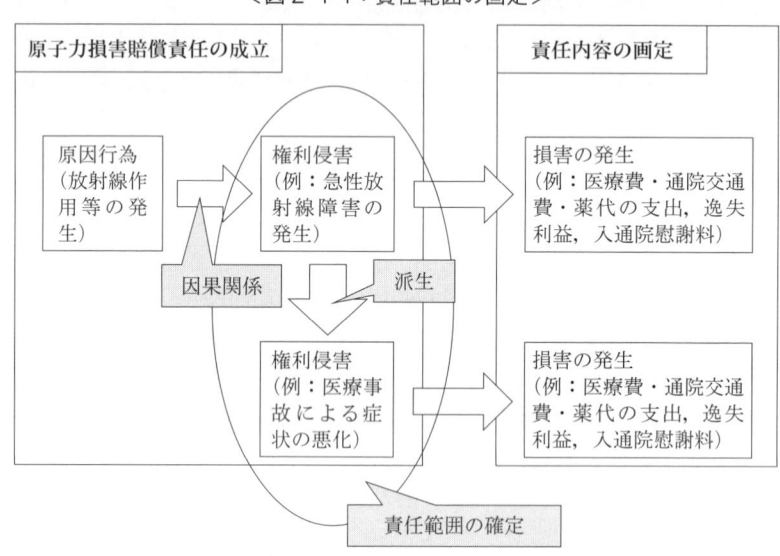

<図2-4-1：責任範囲の画定>

```
┌─原子力損害賠償責任の成立──────┐   ┌─責任内容の画定──────────┐
│                              │   │                          │
│  ┌──────┐    ┌──────┐      │   │  ┌──────────────┐      │
│  │原因行為│    │権利侵害│      │   │  │損害の発生        │      │
│  │(放射線作│ ⇒ │(例：急性│      │ ⇒ │  │(例：医療費・通院交通│      │
│  │用等の発│    │放射線障害│     │   │  │費・薬代の支出，逸失│      │
│  │生)    │    │の発生) │      │   │  │利益，入通院慰謝料) │      │
│  └──────┘    └──────┘      │   │  └──────────────┘      │
│        因果関係  ⇩ 派生          │   │                          │
│             ┌──────┐           │   │  ┌──────────────┐      │
│             │権利侵害│           │ ⇒ │  │損害の発生        │      │
│             │(例：医療│           │   │  │(例：医療費・通院交通│      │
│             │事故による│          │   │  │費・薬代の支出，逸失│      │
│             │症状の悪化)│         │   │  │利益，入通院慰謝料) │      │
│             └──────┘           │   │  └──────────────┘      │
└──────────────────────────┘   └──────────────────────┘
                    責任範囲の確定
```

第2節　過失責任における責任範囲の画定

1　相当因果関係

(1)　意　義

　原因行為から生じる権利侵害のうち，どの範囲について不法行為責任が成立するか（責任範囲の画定）について，判例は，原因行為と権利侵害との間に相当因果関係があるか否かを基準とする（最判平成5年9月9日判時1477号42頁など）。

(2)　相当因果関係が問題となる事例

　以下のような場合に，相当因果関係の存否が問題となる。

第2節　過失責任における責任範囲の画定

例えば、日曜日に外出することを禁止する法令があったとする。ある者が日曜日に外出して他人を負傷させた場合、日曜日の外出を禁止する法令の目的が他人の身体の保護ではなく、宗教上の戒律を順守するためであるとすれば、この者に、日曜日に外出することを禁止する法令の違反を理由として、他人の負傷について不法行為責任を問うことはできない（第一次侵害の例。他に注意義務違反があれば別論である。）[2]。

また、例えば、加害者により起こされた交通事故で軽傷を負った者が、搬送先の病院で医師の医療ミスにより死亡したとする。この場合、交通事故を起こした加害者に、被害者の死亡の責任まで負わせることができるかが問題となる。このように、加害者による権利侵害を契機としてさらに別の権利侵害が生じる場合[3]、負傷という最初の権利侵害（第一次侵害）を契機として派生した死亡という別の権利侵害（後続侵害）について、加害者の故意又は過失が及んでいない点で、加害者に責任を問えるかという問題が生じる。

なお、相当因果関係は、権利侵害と損害（損害項目）との間でも問題となる（図2-4-2）。この点は、損害賠償責任の内容を画定する際に、損害賠償の範囲として区別して検討する（図2-4-2。第6章第2節）。

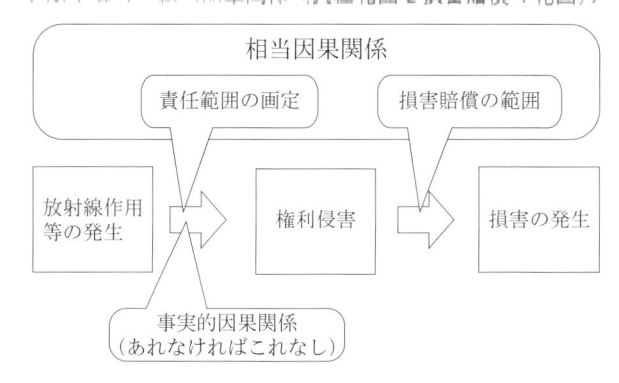

〈図2-4-2：相当因果関係（責任範囲と損害賠償の範囲）〉

2　具体的基準

相当因果関係の具体的基準については、以下のとおり解されている[4]。

---

[2] 窪田328頁参照。
[3] 潮見I 390頁。
[4] 従来の相当因果関係論で「相当性」として論じられていたことの多くはこの法的・規範的価値判断の規準を定立する作業に他ならない（潮見I 389頁）。また、これまでに

(1) 民法416条類推適用

裁判例・学説の中には，相当因果関係の具体的基準として，債務不履行に基づく損害賠償の範囲に関する民法416条を類推適用して，①通常損害（民法416条1項），及び②債務者に予見可能な特別損害（民法416条2項）について，損害賠償責任が成立すると解するものがある[5]。

しかしながら，不法行為に基づく損害賠償に民法416条を類推適用することには，以下の難点がある[6]。

第1に，実際の適用場面においても，相当因果関係に言及しつつ，民法416条の類推適用をしない最高裁判決も多い（最判昭和44年2月27日民集23巻2号441頁，最判昭和44年2月28日民集23巻2号525頁，前掲・最判平成5年9月9日など）[7]。したがって，責任範囲の決定基準として，民法416条を類推適用すること

相当因果関係論が析出してきた「相当性」の判断基準も，その多くは，こうした規範の保護目的該当性を判断するための因子への置き換えを通じて，新たな意味を与えられる（潮見 I 389頁）。

5　大連判大正15年5月22日民集5巻386頁（富貴丸事件（なお，責任範囲の画定に関するものではなく，逸失利益に関する損害賠償の範囲に関する判断として読む見解も有力である（前田306頁）。）），最判昭和48年6月7日民集27巻6号681頁など。加藤・増補版154頁など。

6　加えて，第4に，沿革上も，民法416条は，直接的にはイギリスのハドレー事件判決（Hadley v. Baxandale）の影響を受けたものであるが，その考え方は，「契約当事者が契約当時に予見しえなかった損害は賠償されない」というモリネウス（フランス）の学説に由来し，不法行為への適用は予定されていなかった（窪田311頁）。

第5に，実務上，不法行為による損害賠償が認められるのは「通常生ずべき損害」（民法416条1項）に限られ，「特別の事情によって生じた損害」（民法416条2項）は問題とならない（中島・原発賠償80頁脚注81）。そうだとすれば，少なくとも「予見可能性のある特別損害について損害賠償責任が成立する」という基準は意義を失っているため，「通常」の損害か否かが問題とされるべきであり，民法416条を類推適用する必要性・妥当性は半減する。なお，民法416条の直接適用の場面（契約責任が問われる場面）において，民法416条1項の通常性に着目するものとして，中田裕康「最高裁判所民事判例研究」法学協会雑誌127巻7号（2010年）1008頁があり，参考になる。

7　例えば，最判昭和44年2月27日民集23巻2号441頁は，無効な根抵当権の抹消登記手続き請求に係る弁護士費用の損害賠償請求の成否が問題となった事案において，「相当と認められる額の範囲のものに限り，右不法行為と相当因果関係に立つ損害というべきである」として，民法416条や通常損害・特別損害，予見可能性に言及しない。平井宜雄『損害賠償法の理論』（東京大学出版会，1971年）449頁，前田陽一「損害賠償の範囲」山田卓生編『新・現代損害賠償法講座6』（日本評論社，1998年）85頁参照。

は，確立した判例とは言い難い[8]。

　第2に，理論的に，契約当事者の債務不履行による損害賠償の範囲に関する規範を，当事者間に契約関係のない不法行為に適用することはできない[9]。契約関係に入る場合には，予めリスク分担について合意できるのに対して，不法行為についてはそのようなリスク分担ができないからである。民法典の起草者も民法416条の不法行為への類推適用を否定する意図であった[10]。

　第3に，民法416条の類推適用が判断基準として機能するのは，当事者の予見可能性の有無を問うことが意味を持つような事例に限られ，大審院の判決に遡って裁判例を検証してみても，民法416条を適用して解決されているのは，基本的に物の不法侵奪と不法な仮処分事例に限られており，今後もこのような事例に限って民法416条の類推適用が意味を持つと解される[11]。

(2)　**規範の保護目的・危険範囲**[12]
(i)　**基本的考え方**

　相当因果関係の存否について規範の保護目的・危険範囲を基準とする考え方がある。この考え方は，完全賠償を基調として，加害者に成立する損害賠償責任の範囲について，加害者の故意又は過失という責任原因が及ぶ範囲を超えて拡大す

8　最高裁判決について，以下のとおり理解されている（平井120頁）。最高裁判決は，民法416条を類推適用する旨を表明しながら，実際には類推適用の意味を失わしめている傾向にあると解すべきであり，最高裁判決が「相当」と認められる範囲のものに限り，「相当因果関係に立つ」損害だとか，「通常生ずべき損害」と解するとかいうように同語反復的法律論を述べるにとどまる場合が少なくない（最判昭和44年2月27日民集23巻2号441頁，最判昭和44年2月28日民集23巻2号525頁）。

9　前掲・最判昭和48年6月7日の大隅裁判官反対意見参照。

10　平井111頁。

11　松浦以津子「四一六条の類推適用の現代的意味」森島昭夫＝塩野宏編『変動する日本社会と法』（有斐閣，2011年）463頁。さらに，責任要件（故意又は過失）それ自体において予見可能性を取り込む場合には，その責任要件と損害の責任連関という判断の中で，予見可能性という視点を生かす余地があるとも考えられるが，原発事故に起因した風評被害のような場合の予見可能性は，およそ意味を持たないという見解がある（窪田充見・判評387号43頁（判時1376号189頁））。

12　損害賠償請求権の成立要件を，故意又は過失，事実的因果関係，保護範囲，金銭的評価に区別した上で，ここでの問題を保護範囲の問題として捉える見解がある（平井110頁）。(2)の本文の説明との異同は以下のとおりである。すなわち，法が予定した保護されるべき範囲を問題とする点で，規範の保護目的・危険範囲説と共通する要素があるものの，権利侵害と損害項目を区別しない点，後続侵害についても保護範囲のみで判断する点などで異なっている。

る。このような方向性は，責任範囲についてかなり緩やかに限定する判例[13]や，過失責任の場合の損害賠償責任の範囲について民法416条を排除した民法の立法者の意思にも合致する[14,15]。本書はこれに従う。

　この考え方は，責任範囲の画定基準について，原因行為による直接の侵害である第一次侵害と，第一次侵害から派生した後続侵害に分けて考える[16]。

(ii)　**規範の保護目的**（第一次侵害の場合）

　第一次侵害については，実際に生じた権利・法益侵害の結果について，法規範により防止されようとした危険が実現したものであると評価される場合，当該権利・法益侵害は，規範の保護目的の範囲内にあるものとして，行為者に帰責される[17]。

　したがって，規範の保護目的の範囲内かどうかを判断するに当たっては，①行為者に対して行為義務を課すことにより，どのような権利・法益を保護しようとしていたのかを画定した上で，②実際に侵害された権利・法益が①で示された権

13　橋本ほか182頁。

14　橋本ほか185頁，同182頁。

15　およそ，あらゆる義務と規範は一定の利益領域を保護対象として内包しているのであって，行為者は，この保護された範囲内の利益侵害についてのみ責任を負えば足りるとの立場から，違反された行為規範によって保護された範囲内に具体的侵害結果が帰属する場合にのみ，損害賠償義務の成立が正当化される（前田達明「Hans Stoll 著『不法行為法における因果関係と規範目的』」同『判例不法行為法』（青林書院，1978年）40頁）。澤井裕「不法行為法における因果関係」星野英一編集代表『民法講座6　事務管理・不当利得・不法行為』（有斐閣，1985年）259頁，四宮和夫「不法行為法における後続侵害の帰責基準」法学協会編『法学協会百周年記念論文集　第3巻』（有斐閣，1983年）31頁，四宮431頁，澤井202頁，窪田328頁，潮見Ⅰ390頁，米村滋人「法的評価としての因果関係と不法行為法の目的(1)」法学協会雑誌122巻4号（2008年）574頁，橋本ほか185頁。前掲・平井『損害賠償法の理論』449頁参照。

16　前田131頁，同302頁，潮見177頁，窪田333頁，橋本ほか185頁。澤井208頁（ただし，権利侵害ではなく損害項目との間の関係を問題とする。）参照。

17　潮見Ⅰ389頁。

18　潮見Ⅰ389頁。なお，「規範」とは何かについては，個々の損害賠償責任を定める規定の背後にある命令・禁止の特別の目的によって責任を限界づけるもの（個別規範目的説）と，個別規範の目的のみならず損害賠償法全体の意味・機能をも判断の中に持ち込むもの（全体的規範目的説）があるという（前掲・四宮「不法行為法における後続侵害の帰責基準」52頁）。これは，構成要件規範に着目するか（個別規範目的説）と，法律効果規範又は損害賠償規範（日本法でいうと民法709条の他，損害賠償の内容及び方法を定める規定（民法710条，711条，723条等）がこれに当たる。）に着目するか（全体的規範目的説）の違いである（長野史寛「不法行為法における責任内容確定規範の考察(一)」

180

利・法益に該当するかを基準とする[18,19]。

ただし，規範の保護目的の範囲内か否かについて，権利侵害要件（法律上保護に値するかの判断）において，すでに判断されている場合もある[20]。

(iii) **危険範囲（後続侵害の場合）**

第一次侵害から派生した権利侵害を後続侵害という（後続侵害としては権利侵害のみが該当し，交通費の支出などの損害項目に該当する損害は後続侵害とは整理しない[21]。）。後続侵害について，原因行為との間の因果関係が直ちには認められない

法学論叢172巻3号（2012年）21頁，32頁脚注(77)）。本書は，全体的規範目的説に従う（窪田332頁，前掲・長野「不法行為法における責任内容確定規範の考察（一）」32頁脚注(79)参照）。山中敬一『刑法における客観的帰属の理論』（成文堂，1997年）145，196頁参照。

19　言い換えれば，責任成立のためには，故意又は過失ある行為と権利・法益侵害があるだけでなく，両者の間に対応関係が存在しなければならない。したがって，当該の権利・法益侵害の発生が，損害賠償責任を定めた規範の保護目的の範囲に含まれるか否かを基準に判断される（橋本ほか185頁）。

20　権利・法益には濃淡があるところ，各種の人格権や営業利益のように，生命・身体や所有権と比較して比較的保護の程度の弱い権利，その中でも特に個別具体的な事案ごとに被害者の地位の要保護性が確定する利益（いわゆる「生成中の権利」）については，権利・法益侵害があったかどうかを判断する際に，同時に，行為者の行為に対する無価値評価（故意又は過失の有無に関する評価［筆者注：無過失責任・危険責任の場合，当該規範が想定する危険が実現したかの評価］）もされているため，権利・法益侵害要件と別途に故意又は過失要件を審査する必要はなく，それゆえ，規範の保護目的という要件を別に立てる必要もない（潮見 I 391頁，潮見佳男「不法行為における財産的損害の「理論」——実損主義・差額説・具体的損害計算」法曹時報63巻1号（2011年）48頁）。例えば，自主的避難等に係る生活の平穏の侵害について，このような趣旨が該当すると考えられる。もっとも，以下では，念のため，他の権利侵害と同様に規範の保護目的であるか（危険範囲であるか）について検討する。

21　権利侵害及び損害の関係については，損害を次のように分類する見解もある（四宮435頁）。①侵害損害は，第一次侵害と不可分一体に結びつく損害をいう（例えば，負傷）。②結果損害（総体財産的後続損害）は，権利侵害が被害者の総体財産に波及して生ぜしめる損害（例えば，転売利益の喪失や弁護士費用の負担）をいう。③後続侵害は，第一次侵害が原因となって同一被害者又は第三者に生じた，さらなる権利侵害をいう。④後続侵害についても結果侵害（総体財産的後続損害）を観念することができる。その上で，侵害損害については故意又は過失が及ぶ必要があるが，結果損害及び後続侵害については故意又は過失が及ぶ必要がないとする。この点，責任成立レベルにおける事実としての権利侵害と，責任内容（効果）レベルの損害を区別する立場からは，侵害損害は権利侵害である第一次侵害に位置づけられ，その裏返しである損害については，損害項目を積み上げて相当因果関係の範囲内であるかを損害賠償の範囲として把握することとなる。

181

ようにも見える事案についても，相当因果関係が認められる（最判昭和 63 年 4 月 21 日民集 42 巻 4 号 243 頁など[22]）。これをどのように理解すればよいか。

　ここで，後続侵害について故意又は過失が及んでいることを求めると，規範の保護目的の範囲外として責任の成立が否定される場合が多くなる。しかしながら，加害者に帰責される第一次侵害から派生した権利侵害についての責任も，一定の範囲で加害者に帰せられるべきである。すなわち，後続侵害については，第一次侵害とは異なり，故意又は過失との対応関係までは要求されず，第一次侵害によって高められた特別の危険の実現であるか否かが基準となる。これに対して，特別の危険の実現ではなく，一般生活上の危険の実現である場合には，加害者の責任の範囲外となる（危険範囲説）[23]。

　その理由は以下のとおりである[24]。

　後続侵害は，第一次侵害について既に成立した不法行為責任が，どの範囲まで及ぶのかという問題であるので，責任原因（故意又は過失との対応関係）を超えて

　　　後続侵害は責任成立レベルで責任範囲の画定を検討する。結果損害については損害項目を積み上げて，相当因果関係の範囲内であるか損害賠償の範囲として把握する（第 5 章）。これら 2 つの見解で結果が異なりうるのは，結果損害についてであろう。もっとも，相当因果関係の基準を積極損害について財産減少の不可避性，消極的損害について利益取得の確実性と捉えると（第 6 章第 2 節参照），特別の危険の実現であるかという基準とそれほど大きな差異はないと考えられる（言い換えれば，特別の危険の実現か否かの判断の過程で不可避性（必要性）又は確実性の基準を適用することと同じ結果となる場合が多いと考えられる。）。

22　最判昭和 63 年 4 月 21 日民集 42 巻 4 号 243 頁は，身体に対する加害行為が被害者の素因と競合して損害が発生・拡大した場合について，相当因果関係の存在を前提として判断する。その他，交通事故の被害者が医療過誤により死亡した場合に，交通事故と被害者との間の相当因果関係を肯定する（最判平成 13 年 3 月 13 日民集 55 巻 2 号 328 頁。ただし，傍論）。また，交通事故によって比較的軽度の傷害を受けた被害者が症状固定後に自殺した場合に，相当因果関係を肯定する（最判平成 5 年 9 月 9 日判時 1477 号 42 頁。ただし，事例判決とされる（橋本ほか 183 頁）。）。

23　橋本ほか 185 頁。同様の概念を「危険性関連性」又は「危険性関連性説」と呼ぶことがある（前田 130 頁，澤井 219 頁，潮見 I 392 頁，窪田 333 頁）。これらの考え方は，原因行為と後続侵害との間の特別の危険を問題とする。これに対して，損害賠償責任の内容としての損害との間の特別の危険の有無（危険性関連）を問題とする考え方がある（石田穰『損害賠償法の再構成』（東京大学出版会，1977 年）50 頁。四宮 447 頁参照）。そこで，前者を危険範囲説，後者を危険性関連性説と呼んで区別することとした。瀬川信久「賠償すべき損害の範囲」池田真朗＝浦川道太郎＝瀬川信久＝安永正昭『基礎演習民法（財産法）』（有斐閣，1993 年）272 頁参照。

24　橋本ほか 185 頁。潮見 I 392 頁参照。

責任が拡大されてよい。そして，第一次侵害によって高められた特別の危険は，加害者が自己の違法・有責な行為（故意又は過失ある行為）による第一次侵害によって被害者に押し付けたものであるから，そのような特別の危険が実現した場合，加害者に引き取らせることがふさわしい[25]。

また，一般生活上の危険というのは自然人を念頭に置いていると考えられるため，事業者の場合は，一般営業活動上の危険という基準となると解される[26]。

(3) 想定される批判と反論

相当因果関係の存否について規範の保護目的・危険範囲を基準とする考え方に対しては，判例はそのような考え方を採用していないとか，裁判実務とは異なるなどの批判がありうる。

しかしながら，第1に，このような考え方は，その用いる文言はともかくとして，規範として機能している判例を矛盾なく説明できると考えられるため，判例に反するという批判は妥当しない。

また，第2に，裁判実務と異なるという批判については，仮に裁判実務が，実際上，損害の通常性を基準としているのであれば，相当因果関係の存否について規範の保護目的・危険範囲を基準とする考え方は，何が通常かという問題に対する回答としてなお機能すると考える。

---

25 例えば，ある被害者が受傷して入院したという例で考えると以下のとおりである（窪田337頁）。この事件の被害者が，入院した病院で伝染病に罹患して死亡した場合であれば，伝染病による死亡という結果の危険性は，第一次侵害（負傷）によって高められたかを検討する（この場合，両者に条件関係があることは当然の前提である。）。そのような伝染病が街中に蔓延しており，特に病院内における感染の危険性（可能性）が高いというのではなかった場合，被害者の感染・死亡は，最初の不法行為と条件関係はあるが，それとの危険性関連は存在しないことになる（つまり，この場合の感染という結果は，入院しなかったとしても生じえた危険（一般生活上の危険）の実現に過ぎない。）。他方で，病院内における感染の危険（可能性）が，病院外における危険性よりはるかに高いというようなものであった場合，被害者に生じた感染の危険性は，最初の不法行為によって高められたと評価される（権利侵害により感染の危険性が高い状況におかれた）から，相当因果関係が肯定される（窪田337頁）。

26 潮見佳男「中島肇著『原発賠償 中間指針の考え方』を読んで」NBL 1009号（2013年）46頁脚注12。

第3節　原子力損害賠償における責任範囲の画定

Ⅰ　意　義

1　基本的な考え方

原賠法には，民法709条の場合と同様に，責任成立の範囲に関する明文の規定はない。

2　責任成立の範囲（相当因果関係）は拡張するか

ここで，原子力損害賠償責任について，その特殊性に照らして，責任成立の範囲（相当因果関係）が拡張するか。

(1) 拡張しないという考え方

原子力損害賠償責任においても，過失が不要となるのみであって，過失責任の場合と別異に解する理由は見当たらないことから，過失責任の場合と同様に相当因果関係により責任成立の範囲が判断されると考えることもできる。

(2) 拡張するという考え方

他方で，以下のとおり，過失責任の場合の相当因果関係判断と比較して，損害賠償の範囲が拡張すると考えることもできる[27]。

---

[27] 原子力損害賠償責任の帰責根拠が危険責任原理であることにより，相当因果関係の範囲が拡張するか。加藤一郎「ビキニ事件における損害賠償」『不法行為法の研究』（有斐閣，1961年）134頁（初出，ジュリスト62号（1954年）2頁）は，「危険責任の場合に因果関係は拡大されるのではなかろうか。この点では英米法において，ひとたび危険責任的な不法行為の成立が認められた場合には，因果関係が拡大し，遠隔の損害まで含めた一切の結果に対して賠償責任が及ぶという考え方が見いだされる（ポラミス事件，ポールズグラーフ事件）。これに対しては，過失責任の間口を拡げて無過失責任としての危険責任を認めるからには，奥行きを狭めてその因果関係の範囲を限定するのが当事者間の公平に合するという見解もあるいは成り立ちうるであろう。しかし，危険責任一般についてはともかくとして，少なくとも，ビキニ事件のように積極的・人為的に極度の危険を作り出し，他人の平穏な生活を突如として侵害したような場合には，そこから生じた損害に対して全面的に賠償責任を負うべきだということができるのではあるまいか。そうだとすれば，前にあげた損害のうち，E［筆者注：すし屋，すし屋を取引先とするわさび業者］のところまで，あるいはさらに進んで（同時に賠償責任の及ぶ被侵害利益の範囲も拡がって）F（寿司を食べられなかった一般人の損害）のところまでの賠償を認められることも不可能ではないだろう」とする。なお，ビキニ環礁事件当時，被害国である日本において，米国に対する補償・賠償要求や反原発の機運が高まっていた（三宅

第3節　原子力損害賠償における責任範囲の画定

原賠法3条1項に基づく損害賠償責任は危険責任原理に基づく（第2章第2節参照）。そして，危険責任における不可抗力免責の一般論として，危険責任原理に基づき責任が成立することは，同時に不可抗力に該当しないことであり，不可抗力免責に独自性はない[28]。ここで，原賠法3項1項ただし書は，「その損害が異常に巨大な天災地変又は社会的動乱によって生じたものであるときは，この限りでない」として，不可抗力免責の範囲について，「異常に巨大な」を追加している点で，典型的な危険責任の不可抗力免責よりも範囲を限定している[29]。このことは，その裏返しとして，3条1項本文に基づいて成立する責任の範囲を，通常の危険責任の場合よりも拡張していると解することができる（図2-4-3）[30]。

＜図2-4-3：原子力損害賠償責任の責任範囲＞

典型的な危険責任の場合

責任成立	免責 不可抗力

原子力損害賠償責任の場合

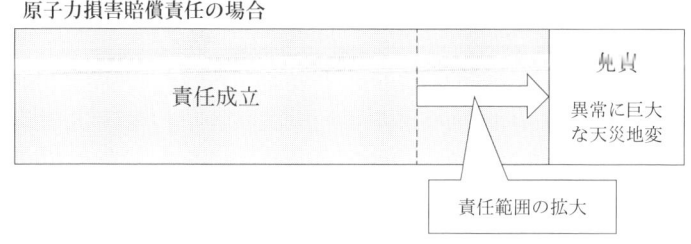

責任成立	→	免責 異常に巨大な天災地変

責任範囲の拡大

泰雄＝檜山義夫＝草野信男監修・第五福竜丸平和協会編『ビキニ水爆被災資料集』（東京大学出版会，1976年）479頁以下）状況で発表された見解であることにも留意する必要があろう（ビキニ環礁事件について，川名英之『ドキュメント　日本の公害　第4巻　足尾・水俣・ビキニ』（緑風出版，1989年）303頁以下参照）。

28　錦織成史「不可抗力と避けることのできない外的事実——危険責任の免責事由に関する一考察」法学論叢110巻4＝5＝6号（1982年）235頁。潮見Ⅱ268頁，橋本ほか309頁参照。

29　根本尚徳「免責の判断構造——不可抗力要件をめぐるドイツの議論を手がかりとした一考察」現代民事判例研究会編『民事判例Ⅳ——2011年後期』（日本評論社，2012年）135頁脚注88。中原太郎「学界展望〈フランス法〉」国家学会雑誌125巻11＝12号（2012年）681頁参照。

30　前掲・根本「免責の判断構造」135頁脚注88。

(3) 検　　討

　上記(2)の理由（原賠法3条1項ただし書が不可抗力免責の範囲を限定していること）に加えて，原子力損害の特殊性，すなわち，①ひとたび原子力事故が発生した場合に放射性物質の広範な拡散により，多数の個人や事業者に損害が発生する可能性があること（広範性）[31]，②原子力事故の結果，被害者の生活・営業基盤を破壊する可能性を秘めていること（甚大性）[32]から，原子力損害賠償責任の成立の範囲は，他の危険責任原理に基づく損害賠償責任よりも拡張されると考える。

　もっとも，より正確には，原子力事業者に帰される責任の範囲は，結局のところ，原子力事業者の損害賠償責任を定める原賠法の保護目的[33]をどのように捉えるかという判断の過程に吸収されることが多いと考える。また，後続侵害については，第一次侵害から派生した特別の危険の実現であるかが問題となるので，危険範囲内か否かの判断においては，そのような特別の危険の実現かが問題となり，原子力損害賠償責任独自の拡張された責任を問題とすることは少ないと考える。

　したがって，原子力損害賠償責任の範囲は，典型的な危険責任原理に基づく損害賠償責任よりも拡張されると考えると同時に，結果的に，原賠法3条1項に基づく責任であることのみをもって，責任範囲を拡張して検討する必然性に乏しいと考える[34]。

(4) 民法416条類推適用について

　裁判例の中には，原子力損害賠償について民法416条を類推適用するものもある[35]。

31　中原太郎「原子力損害の填補・再論」現代民事判例研究会編『民事判例IV―2011年後期』（日本評論社，2012年）115頁。

32　前掲・中原「原子力損害の填補・再論」115頁。

33　なお，前掲・根本「免責の判断構造」135頁脚注88は，原賠法3条1項ただし書に関する文脈で，「ある事象が「異常に巨大な天災事変」に当たるか否か，を実際に決定するためには――以上のような一般論あるいは他の危険責任に関する事案との比較によってその結論が一義的に定まるわけではなく――①原子力損害賠償の立法趣旨等に基づき，「原子炉の運転等に定型的に備わっている損害発生の危険」とは具体的にどのようなものであるのか，について直截に検討した上で，②具体的事実に即して，当該事象をそのような危険が実現したものと評価しうるか否かを個別に判断するしかないと思われる」とする。

34　もっとも，個別具体的な事情に照らして，原子力損害賠償責任は，他の危険責任原理に基づく損害賠償責任と比較して責任範囲が拡張されると説明するのが適切な場合もあると考える（結論に影響しないが，説明の難易に影響する場合もあると考える。）。

35　名古屋高裁金沢支判平成元年5月17日判時1322号99頁。評釈として，窪田充見・判

第 3 節　原子力損害賠償における責任範囲の画定

　もっとも，原賠法 3 条 1 項に基づく損害賠償責任は過失（予見可能性）を問題としない[36]無過失責任であり，加害者の予見可能性等の内面とは無関係であるため，基準の一部に予見可能性を取り入れる 416 条を類推適用することは，過失責任の場合と比較して一層困難であると考える[37]。

II　具体的基準

1　第一次侵害
(1)　無過失責任と規範の保護目的
　第一次侵害については，過失責任の場合，完全賠償を基調として，加害者の故意又は過失が及ぶ範囲を探求する。しかしながら，原子力損害賠償責任は無過失責任であるから，故意又は過失が及ぶ範囲を基準とすることはできない。
　そこで，無過失責任については，第一次侵害の帰責にとって，無過失責任を定めた個々の法規定が危険責任を課すことによっていかなる権利・法益の保護を図ろうとしたのかによって判断される[38]。
(2)　原賠法の保護目的
　そこで，原賠法 3 条 1 項が，危険責任原理に基づき無過失責任を課すことによって保護しようとした権利・法益はどのようなものか。
(i)　原賠法 3 条 1 項
　例えば，原子力施設が爆発した場合などにおいて，周辺住民の生命・身体[39]，

　　　　評 387 号 39 頁（判時 1376 号 185 頁）参照。
- [36]　もっとも，過失判断においても加害者の内面を問題としない「過失の客観化」が進んでいると解されている。しかしながら，全く予見可能性のない場合には過失の存在が否定されると解される点で，予見可能性の意義は失われていないと考えられる。
- [37]　前記のとおり，相当因果関係の内容として民法 416 条を類推適用する見解に対しては，比較法や立法過程の観点などから批判がある。さらに，民法 416 条を準用するとしても，「通常損害である」「通常損害でない」，又は，（特別損害である場合）「予見可能である」「予見可能でない」という議論は，被害者も加害者も説得することの難しい水掛け論に見える。なお，関連して，本書は，単なる「相当か否か」という基準を用いない。しかしながら，結論において，原子力事業者の責任の範囲外とされる場合や，損害賠償の範囲外とされる場合について，回顧的・確認的に「相当因果関係が存在しない」と表現することを否定するものではない。ただ，その判断過程について，「相当である」「相当でない」という基準を採用して判断することに意義は乏しいと考える。
- [38]　潮見 I 390 頁。
- [39]　科技庁・制度 46 頁。

財物の所有権[40]，営業利益[41]，生活の平穏[42]について，規範の保護目的に含まれ，相当因果関係がある。本件事故に起因する権利侵害については，自然界に存在しない放射性セシウム等に由来するものであるかが判断基準の1つとなると考えられる。

(ii) 原 災 法[43]

原賠法に加えて，原災法に基づく政府の措置に伴い生じることが想定される権利侵害は，以下の理由により，規範の保護目的に含まれると考える[44]。

第1に，原賠法と原災法はその立法目的が共通する。原賠法の目的は原子力事故の「被害者の保護[45]」（原賠法1条）である。他方で，原災法の目的は原子力災害を受けた「国民の生命，身体及び財産を保護すること」（原災法1条）であり，両者の目的は共通する。

第2に，原賠法と原災法はその対象とする事態が共通する[46]。原賠法は原子力事故が発生した場合の原子力事業者の原子力損害賠償責任について定めた法律である。これに対して，原災法は，原子力事故が発生した際に備えた事前の措置（原子力防災計画）を講ずるとともに，原子力事故が発生した際に，原子力防災計画や，避難指示など必要な措置を定めたものである。このように，2つの法律は，原子力事故が発生した場合の事態を対象とする点で共通する。そうだとすれば，

---

40 科技庁・制度46頁。
41 科技庁・制度46頁参照。
42 昭和63年12月2日付け原子力委員会・原子力損害賠償制度専門部会「原子力損害賠償専門部会報告書」3(2)は，「避難費用」を記載するが，これを権利侵害として捉えなおすと「生活の平穏」となると考える。科技庁・制度47頁参照。
43 原災法について，柳孝「原子力災害対策特別措置法等について」ジュリスト1172号（2000年）66頁，原子力防災法令研究会編著『原子力災害対策特別措置法解説』（大成出版社，2000年）。
44 このような考え方は，法律効果規範又は損害賠償規範に着目する点で，個別的規範目的説ではなく，全体的規範目的説を前提とすると考えられる（前掲注18参照）。
45 原賠法1条は，「原子力事業の健全な発達に資すること」をも目的とする。この目的に照らして，個別具体的な解釈論において，責任成立の範囲が限定又は拡張されることがあるか。この点については，原子力事業の健全な発達に資することという目的は，責任集中制度など他の制度において実現される目的であって，原子力事故が生じた場合の原子力事業者と被害者との間の法律関係に影響を与える性質のものではないから，基本的に消極に解すべきであろう。
46 このことは，原賠法制定時に，「原子力災害」法制として議論されていたこととも軌を一にする。

一方で，国家が原災法を制定して保護の対象としたものについて，他方で，原賠法で保護の対象としないと考えることは不合理である。したがって，原災法に基づく措置に伴う権利侵害については，原賠法においても，原子力事故に起因するものとして，規範の保護目的の解釈に取り入れることができる。

第3に，民法709条に基づく損害賠償責任（過失責任）の成立判断に当たって，民法以外の法令を規範とする場合がある。例えば，交通事故の過失判断は，外部にあらわれた行為態様から評価される，道路交通法規違反の意味での定型的注意義務違反により判断される[47]。このように，ある規範の保護目的を損害賠償請求権を規定する法令以外に求めることがありうる[48]。

2　後続侵害

後続侵害を行為者に帰責するかどうかについては，無過失責任又は危険責任を定めた規定の保護目的からは直接には導かれない[49]。

この点，後続侵害が第一次侵害によって高められた危険の実現である場合には加害者の責任の範囲内となる。言い換えれば，一般生活上の危険の実現である場合には，加害者の責任の範囲外となる（図2-4-4参照）。

III　中間指針

中間指針等は，相当因果関係という基準を用いつつ，「必要かつ合理的」の基準も用いる。この点，「必要かつ合理的」の基準は，損害賠償責任の内容を確定する際の，損害賠償の範囲の基準と考えられる。加えて，中間指針等は，責任範

47　潮見 I 326頁。同391頁脚注11も参照。

48　加えて，第4に，補助的な理由として，行政法分野において，法律上の利益について，他の法令の目的等を参酌することができる旨の規定があることが挙げられる。行政事件訴訟法9条2項は，「裁判所は，処分又は裁決の相手方以外の者について前項に規定する法律上の利益の有無を判断するに当たっては，当該処分又は裁決の根拠となる法令の規定の文言のみによることなく，当該法令の趣旨及び目的並びに当該処分において考慮されるべき利益の内容及び性質を考慮するものとする。この場合において，当該法令の趣旨及び目的を考慮するに当たっては，当該法令と目的を共通にする関係法令があるときはその趣旨及び目的をも参酌するものとし，当該利益の内容及び性質を考慮するに当たっては，当該処分又は裁決がその根拠となる法令に違反してされた場合に害されることとなる利益の内容及び性質並びにこれが害される態様及び程度をも勘案するものとする」と規定する。

49　潮見 I 391頁。

囲の画定の基準としても，相当因果関係の考え方に従っていると考えられる（中間指針第2など）。

なお，原子力損害賠償措置額（原賠法7条）の違いに着目して，原子力事業の内容に応じて責任範囲が異なることを主張するものがある[50]。

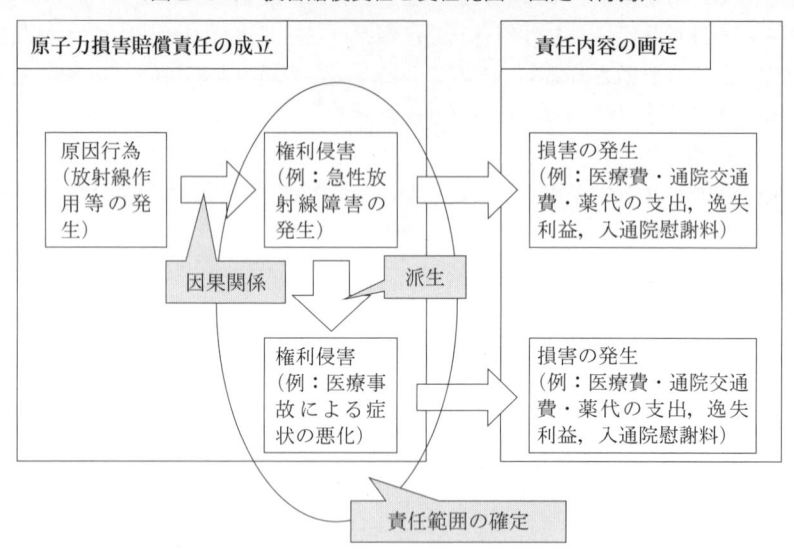

<図2-4-4：損害賠償責任と責任範囲の画定（再掲）>

```
┌─────────────────────────┐     ┌─────────────────────────┐
│   原子力損害賠償責任の成立   │     │      責任内容の画定        │
│                         │     │                         │
│  ┌──────┐   ┌──────┐    │     │   ┌──────────┐          │
│  │原因行為│   │権利侵害│    │     │   │損害の発生  │          │
│  │(放射線作│⇒ │(例:急性│   ⇒    │   │(例:医療費・│          │
│  │用等の発 │   │放射線障│    │     │   │通院交通費・│          │
│  │生)     │   │害の発 │    │     │   │薬代の支出,│          │
│  │        │   │生)    │    │     │   │逸失利益,入│          │
│  └──────┘   └──────┘    │     │   │通院慰謝料)│          │
│         因果関係  派生    │     │   └──────────┘          │
│              ⇓          │     │                         │
│           ┌──────┐     │     │   ┌──────────┐          │
│           │権利侵害│     │  ⇒   │   │損害の発生  │          │
│           │(例:医療│     │     │   │(例:医療費・│          │
│           │事故による│    │     │   │通院交通費・│          │
│           │症状の悪化)│   │     │   │薬代の支出,│          │
│           └──────┘     │     │   │逸失利益,入│          │
│                         │     │   │通院慰謝料)│          │
└─────────────────────────┘     └─────────────────────────┘
                      責任範囲の確定
```

---

[50] JCO臨界事故における納豆業者の風評被害が問題となった東京地判平成18年4月19日判時1960号64頁における原告の主張。その概要は以下のとおりである。原賠法は，原子力損害賠償措置として，原子力事業者において，原子力損害賠償責任保険契約を締結するものとし，強制保険という形で損失分散のための制度的な手当を用意している。原賠法施行令2条によれば，核燃料物質等の「加工」を事業内容とする原子力事業者（被告）については，損害賠償措置額10億円（JCO臨界事故当時）と定められているところ，原子力事業者の事業内容に応じてその損害賠償措置額に差異が設けられている。このように差異が設けられたのは，その事業内容に伴う危険性に差異があり，その事業に付随して生じうる「原子力損害」に差異があるとの理解に基づくものであって，「原子力損害」にいわゆる風評被害が含まれるとすると，風評被害は事業内容の如何にかかわらず同様に生じうるものであるから，事業内容に応じて損害賠償措置額に差異を設けることに合理性はない。そうだとすれば，「原子力損害」には，いわゆる風評被害は含まれないという。

第4節　生活の平穏に対する侵害（避難指示等）の責任範囲

原子力損害賠償における第一次侵害と後続侵害は，表2-4-1のとおりである。

＜表2-4-1：原子力損害賠償における第一次侵害と後続侵害＞

		第一次侵害	後続侵害
自然人		生活の平穏侵害（避難指示等）[51] 生活の平穏侵害（避難の長期化）	・避難生活中の生命・身体侵害 ・避難指示等解除後，相当期間内における生活の平穏の侵害 ・避難指示解除後，帰還後，相当期間内の生活の平穏の侵害 ・営業利益侵害（間接被害）
		生活の平穏侵害（自主的避難等）	・避難生活中の生命・身体侵害
		生命・身体侵害	・素因等による病状の悪化への影響[52]
		労働契約上の地位の侵害	・労働契約の終了（解雇など）
自然人・事業者共通		財物の所有権等に対する侵害	―
事業者		営業利益侵害（政府指示等）	・労働契約上の地位の侵害（間接被害） ・営業利益侵害（間接被害） ・政府指示等解除後の風評被害
		営業利益侵害（風評被害）	・労働契約上の地位の侵害（間接被害） ・営業利益侵害（間接被害）

第4節　生活の平穏に対する侵害（避難指示等）の責任範囲

I　概　要

避難指示等に伴う生活の平穏の侵害は以下のとおり分類され，それぞれ責任範囲の画定が問題となる。

第1に，避難指示等に基づく生活の平穏の侵害は第一次侵害にあたる（II）。また，本件事故に起因して避難の長期化を余儀なくされた権利侵害（生活の平穏の侵害）も第一次侵害に該当する（IV）。

第2に，後続侵害として，避難指示等に基づく生活の平穏の侵害を第一次侵害として派生する，①避難指示等解除後，帰還までの相当期間における生活の平穏の侵害（III），②避難指示等解除後，かつ，帰還から相当期間満了までの生活の

---

[51] いわゆる住居確保損害に係る，避難が長期化する場合の権利侵害を含む。
[52] ただし，素因減額については，過失相殺と共通する部分があるため，減額事由として，第3部第1章で説明する。

平穏の侵害（Ⅳ）がある[53]。

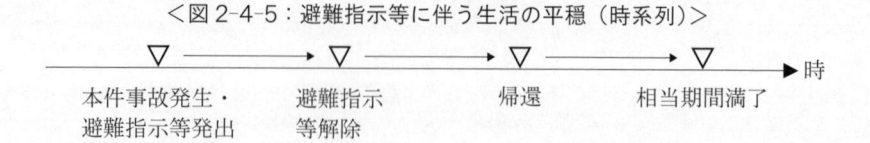

<図 2-4-5：避難指示等に伴う生活の平穏（時系列）>

```
  ▽────────▽────────▽────────▽─────▶ 時
本件事故発生・  避難指示      帰還      相当期間満了
避難指示等発出  等解除
```

Ⅱ　避難指示等に基づく生活の平穏の侵害（第一次侵害）

　避難等対象者は，避難指示等に伴い避難し，生活の平穏を侵害された。

　ここで，原子力関連施設の周辺住民の生活の平穏は，規範の保護目的に含まれると解される[54]。また，原災法20条2項に基づく指示を介して権利・法益を侵害されたものであることから，規範の保護目的に含まれ，相当因果関係があると考

---

[53] このほかに，後続侵害として考えられるものとして，避難等対象区域における窃盗被害がある。避難指示等に伴い避難を余儀なくされるという第一次侵害により，住民がおらず窃盗被害の可能性が高まるという特別の危険が生じていたところ，避難等対象区域における窃盗被害は，そのような特別の危険が実現したものと解される（ハイン・ケッツ＝ゲルハルト・ヴァーグナー（吉村良一＝中田邦博訳）『ドイツ不法行為』（法律文化社，2011年）111頁（交通事故に巻き込まれた現金輸送車が側溝にはまり，運転手が記憶を失い，現金輸送車のドアが外れてしまった場合に，第三者が「好機」を逃さず，現金入りのケースを事故車両から盗み出したときには，その交通事故について有責な原因者は，盗難による被害について，責任を負う。この窃盗が，警察によって事故車両が保管されたのちに，はじめて行われた場合には，自己の原因者は責任を負わない，とする。）参照）。なお，東京電力が被害者に損害を賠償した場合，東京電力は窃盗犯（故意がある。）に対して求償することができる（原賠法5条1項）。本件事故において，避難指示等を受けた者が，避難等対象区域所在の住居において，盗難被害を受けた場合，「避難勧告と盗難被害との関係は「遠く」，因果関係が認められない」という見解がある（殷勇基「避難勧告に基づき避難中の自宅での盗難」小倉秀夫＝佐々木亮＝山口元一＝小川義龍編『震災の法律相談』（2011年，学陽書房）110頁）。

[54] 前記のとおり，昭和63年12月2日付け原子力委員会・原子力損害賠償制度専門部会「原子力損害賠償専門部会報告書」3(2)は，損害として「避難費用」を記載するが，これを権利侵害レベルで捉え直すと「生活の平穏」となると考える（「避難費用」は損害レベルで把握される。）。なお，少なくとも，平成10年9月30日開催の第4回原子力損害賠償制度専門部会議事録及び同日配布の資料4-2によれば，政府等による指示がある場合には，原子力損害賠償請求権が成立すること（責任範囲内であること）が前提とされていると理解される。

第4節　生活の平穏に対する侵害（避難指示等）の責任範囲

える。

III　避難指示等解除後，帰還前，相当期間内の生活の平穏の侵害

　中間指針は，避難指示等の解除から相当期間[55]満了までについて，権利・法益が侵害されているとする（中間指針第3-2-III）。

　ここで，避難等対象者は，避難指示等が解除されたとしても，公共設備の復旧状況等によっては直ちに帰還できるものとは限らない。そこで，中間指針等は，避難指示等に伴う生活の平穏に対する侵害から派生して，生活の平穏がなお継続して侵害されているとしたものと考えられる（後続侵害）。

　このような生活の平穏の侵害は，避難指示等による避難のため生活の本拠を離れるという第一次侵害によって高められた特別の危険の実現であり，一般生活上の危険の実現ではないから，危険範囲に含まれ，相当因果関係があると考える。

IV　避難指示等解除後，帰還後，相当期間内の生活の平穏の侵害

　中間指針等は，避難指示等の解除後相当期間経過前に帰還した場合であっても，原則として，個々の避難等対象者が実際にどの時点で帰還したかを問わず，相当期間経過の時点を一律の基準として損害額を算定するとしており（二次追補第2-1-(2)III）[56]，避難指示等解除後，避難等対象者が帰還した後であっても，相当期間が満了するまでは権利侵害が継続するとしている。

　このような権利侵害の性質は，長期にわたる避難の影響で，公共設備の復旧等が進んでおらず，帰還した者にとって，一定の不便等が存在することから，当該不便等について法的保護に値するとしたものであると考えられる（後続侵害）。

　そして，このような生活の平穏の侵害は，公共施設の復旧状況等によっては，事故前の平穏な生活が直ちに回復するものではないという，第一次侵害によって高められた特別の危険の実現であり，一般生活上の危険の実現ではないから，危

---

[55] 旧緊急時避難準備区域については，「相当期間」を，平成24年8月末までを目安とする（二次追補第2-1-(2)）。避難指示区域については，1年間を当面の目安とし，個別の事情も踏まえ柔軟に判断するものとする（四次追補第2-1-III）。

[56] なお，第1期又は第2期において帰還した場合や本件事故発生当初から避難せずにこの区域に滞在し続けた場合は，個別具体的な事情に応じて賠償の対象となりうる（二次追補第2-1-(2)）。

193

険範囲に含まれ，相当因果関係があると考える。

V　避難の長期化に伴う生活の平穏の侵害

　四次追補は，避難が長期化する区域の住民等に対して，原子力損害賠償責任が成立するとした（四次追補第2-1-Ⅰ）。
　このような考え方は，避難等対象者の生活の平穏のうち，避難が長期化し，生活の本拠を移転せざるを得ないことについて，移住を余儀なくされることを含め，比較的早期の帰還を前提とした生活の平穏に対する侵害（避難の継続）とは区別された生活の平穏に対する侵害の類型を立てたものであると考えられる（第一次侵害）。
　このような生活の平穏に対する侵害は，原災法20条2項に基づく指示を介して権利・法益を侵害されたものであること，放射性物質の拡散により生活の本拠が高い線量となり避難が長期化したことから，規範の保護目的に含まれ，相当因果関係があると考える。

第5節　生活の平穏に対する侵害（自主的避難等）の責任範囲

Ⅰ　概　要

　本件事故に起因する避難による生活の平穏の侵害は，政府による避難指示等がある場合に限られない（Ⅱ，Ⅲ）。また，避難しなかったとしても，本件原発事故を原因として生活の平穏を侵害される場合がある（Ⅳ，Ⅴ）。

Ⅱ　避難した大人（妊婦・子ども以外）

1　意　義

　政府の避難指示等の対象となっていない者で，避難した大人（妊婦・子ども以外）のうち，一定の区域に居住していた者については，本件事故発生当初の時期に，自らの置かれている状況について十分な情報がない中で，大量の放射性物質の放出による放射線被曝への恐怖や不安を抱き，その危険を回避しようと考えて

第 5 節　生活の平穏に対する侵害（自主的避難等）の責任範囲

避難を選択したものであり，大量の放射性物質の放出による放射線被曝への恐怖や不安を抱いて避難したことは，年齢等を問わず法律上保護される（一次追補第2）。

これは，自らの置かれている状況について十分な情報がない中で，大量の放射性物質の放出による放射線被曝への恐怖や不安を抱いて避難したという権利・法益の性質及び侵害の態様に照らして，このような生活の平穏に対する侵害について（第一次侵害），法律上保護された利益に対する侵害としたものであると解される（第一次侵害）。

2　規範の保護目的に含まれるか

ここで，原子炉等の施設の周辺住民の生活の平穏は，原子力損害賠償法の保護目的に含まれると解されている[57]。

また，あるリスクについて，科学的に因果関係を証明できないとしても，健康や環境に対する重大で不可逆的な被害が発生するおそれがある場合には，予防的な措置をとることが正当化されるという原則（予防原則）が，自主的避難を実行した場合の予防的な反応に合理性（正当性）を与える考慮要素になる[58]。言い換えれば，被害者が自己の権利・法益を保全するためにとった措置（避難すること）は相当因果関係の範囲内に含まれると解される[59]。

57　前記のとおり，昭和63年12月2日付け原子力委員会・原子力損害賠償制度専門部会「原子力損害賠償専門部会報告書」3⑵は，「避難費用」と記載するが，これを権利侵害として捉えなおすと「生活の平穏に対する侵害」となると考える。また，同報告書は，政府等による指示がある場合とそうでない場合について区別していない。少なくとも周辺住民の判断による避難を原子力損害から除外していない点で本文の記載と矛盾しないと考える。

58　中島・原発賠償14頁。

59　前掲・潮見「『原発賠償　中間指針の考え方』を読んで」43頁参照。なお，この見解は，被害者が自己の権利・法益を保全するためにとった措置及び費用について，相当因果関係の範囲内である旨述べるところ，本書の理解からは，「措置」が責任成立要件の権利侵害（平穏な生活を侵害されたこと）に相当し，費用については，責任内容画定の要件としての損害に相当すると考える。その上で，「措置」については責任範囲の画定が，「費用」については損害賠償の範囲内であるかが別途検討されることとなると考える。本件事故と予防原則について，中山竜一「損害賠償と予防原則の法哲学——福島原子力発電所事故をめぐって」平野仁彦＝亀本洋＝川濱昇編『現代法の変容』（有斐閣，2013年）263頁，大塚直「環境法における予防原則」城山英明＝西川洋一編『法の再構築Ⅲ　科学技術の発展と法』（東京大学出版会，2007年）115頁参照。なお，権利・法益の保全のために被害者が投下した費用の賠償について，権利侵害を回避するために支出された費用は，必要な範囲で賠償されるべきであるという準則と，権限の行使による利益の

さらに，このような生活の平穏に対する侵害については，避難指示等が存在しないとしても，原賠法・原災法が原子力施設の周辺住民の生命・身体を保護対象としていること[60]からすると，それらの法が，原子力事故が発生したという急迫した状況のもとで想定していた事態と考えられる。したがって，規範の保護目的に含まれ，相当因果関係があると考える[61]。

3　政府による避難指示等の要否

　このような周辺住民の生活の平穏の保護は，自主的避難が自己の権利・法益に対する危険の現実化を回避するための予防措置として合理的であったかが基準となるのであって[62]，政府による避難指示等がある場合に限定されないと考えられる。

III　避難した妊婦・子ども

　自主的に避難した妊婦・子どもについては，生活圏内の空間放射線量や放射線被曝による影響等に関する情報がある程度入手できるようになった後も[63]，放射線被曝への恐怖や不安を抱き，その危険を回避しようと考えて避難を選択したものであり，放射線への感受性が高い可能性があることが一般に認識されていること等から，比較的低線量とはいえ通常時より相当程度高い放射線量による放射線被曝への恐怖や不安を抱くことについて法的保護に値する（一次追補第2）。

　　喪失を回避するために支出された費用は必要な範囲で賠償されるべきであるとの準則を立てる見解（前掲・長野「不法行為における責任内容確定規範の考察（一）」1頁）があるとのことである（前掲・潮見「『原発賠償 中間指針の考え方』を読んで」43頁，同注(5)）。
60　原賠法による保護対象について，科技庁・制度46頁。
61　中間指針も，避難指示等が発出される前（2011年3月11日など）における避難（当該時点においては，自主的避難と同様に避難指示等のない避難に該当する。）について，損害賠償請求権の対象となりうるとしている（中間指針第3-6-IV，同備考7）。
62　前掲・潮見「『原発賠償 中間指針の考え方』を読んで」42頁。
63　生活圏内の空間放射線量や放射線被曝による影響等に関する情報がある程度入手できるようになる前については，避難した大人（妊婦・子ども以外）と同様に，本件事故発生当初の時期に，自らの置かれている状況について十分な情報がない中で，大量の放射性物質の放出による放射線被曝への恐怖や不安を抱き，その危険を回避しようと考えて避難を選択したものであり，大量の放射性物質の放出による放射線被曝への恐怖や不安を抱くことは，年齢等を問わず一定の合理性があると考えられる。もっとも，本件事故発生当初の時期の権利侵害の程度については，妊婦・子どもの特性に照らすと，大人（妊婦・子ども以外）よりも大きいとも考えられる。

第5節　生活の平穏に対する侵害（自主的避難等）の責任範囲

　これは，比較的低線量とはいえ，通常時より相当程度高い放射線量による放射線被曝への恐怖や不安を抱いて避難したという権利・法益の性質及び侵害の態様に照らして，このような生活の平穏に対する侵害について，法律上保護された利益に対する侵害としたものであると考えられる（第一次侵害）。
　このような権利侵害は，上記IIと同様に規範の保護目的に含まれ，相当因果関係があると考えられる（第一次侵害）。
　また，上記IIと同様に，このような周辺住民の生活の平穏の保護は，政府による避難指示等がある場合に限定されないと解される。

IV　避難しなかった大人（妊婦・子ども以外）

　自主的避難を実行しなかった者（以下「滞在者」という。）のうち，大人（妊婦・子ども以外）は，本件事故発生当初の時期に，自らの置かれている状況について十分な情報がない中で，主として放射線被曝への恐怖・不安やこれに伴う行動の自由の制限等を余儀なくされた（一次追補第2）。
　これは，比較的近距離で原子力発電所の大規模な事故が生じ，自らの置かれている状況について十分な情報がない中で，主として放射線被曝への恐怖や不安やこれに伴う行動の自由の制限等を余儀なくされたという権利・法益の性質及び侵害の態様に照らして，このような生活の平穏に対する侵害について，法律上保護された利益に対する侵害としたものであると解される（第一次侵害）。
　このような生活の平穏に対する侵害については，原賠法・原災法が，原子力事故が発生した場合に想定していた事態と考えられるから，規範の保護目的に含まれ，相当因果関係があると考える。

V　避難しなかった妊婦・子ども

　滞在者のうち，避難しなかった妊婦・子どもについては，生活圏内の空間放射線量や放射線被曝による影響等に関する情報がある程度入手できるようになった後も，放射線への感受性が高い可能性があることが一般に認識されていること等から，比較的低線量とはいえ通常時より相当程度高い放射線量による放射線被曝への恐怖や不安を抱き，また，これに伴う行動の自由の制限等を余儀なくされた（一次追補第2）。
　これは，本件事故の後，当初の時期に関する上記IVの事情に加えて，その後に

ついて，比較的近距離で原子力発電所の大規模な事故が生じ，比較的低線量とはいえ通常時より相当程度高い放射線量による放射線被曝への恐怖や不安を抱き，また，これに伴う行動の自由の制限等を余儀なくされたという侵害の態様に照らして，このような生活の平穏に対する侵害について，法律上保護された利益に対する侵害としたものであると解される（第一次侵害）。

このような生活の平穏に対する侵害については，原賠法・原災法が，原子力事故が発生した場合に想定していた事態と考えられるから，規範の保護目的に含まれ，相当因果関係があると考える。

第6節　生命・身体に対する侵害の責任範囲

I　概　要

生命・身体に対する侵害は，急性又は晩発性の放射線障害（II），避難のための移動中の生命・身体侵害（III），避難生活中の生命・身体侵害（IV），生命・身体侵害の可能性（V）に分類され，それぞれ責任範囲の画定が問題となる。

II　放射線障害

原賠法の趣旨・目的に照らして，原子力発電施設が爆発した場合などにおいて，周辺住民の生命・身体は，規範の保護目的に含まれる[64]。

III　避難移動中の生命・身体侵害

例えば，避難指示等を受けた被害者が，走って避難したために転倒し受傷した場合など，避難のための移動中に受傷等する場合がある（第一次侵害）。このような場合における生命・身体に対する侵害は，以下の理由から，規範の保護目的に含まれると考える。

第1に，原子力発電施設が爆発した場合などにおいて，周辺住民の生命・身体[65]，避難に伴い侵害される生活の平穏[66]について，規範の保護目的に含まれる

64　科技庁・制度46頁参照。
65　科技庁・制度46頁参照。
66　昭和63年12月2日付け原子力委員会・原子力損害賠償制度専門部会「原子力損害賠償

ところ，避難のための移動中に受傷する場合は，これらの権利・法益に接着したものであり，同様に保護される。

第2に，避難のための移動は急迫した状況で行われることが多く，かつ，避難のための移動中に受傷する場合があることは原賠法・原災法の想定した事態であると考えられる。

IV 避難生活中の生命・身体侵害

1 問題状況

避難指示等により避難を余儀なくされたため，傷害を負い，又は治療を要する程度に健康状態が悪化する場合がある（中間指針第3-5）。これは，避難生活という特殊な状況における生命・身体に対する侵害を含むと考えられる。

避難所又は仮設住宅等における健康悪化について第一次侵害と考えた場合，避難所又は仮設住宅等で避難生活を送ることにより，健康状態を悪化させた場合，例えば腰痛など，放射線作用等の発生から生じる特別の危険とは言えないと理解することが可能であり，また，科学的・医学的な観点から，放射線作用等の発生や避難指示等との間の因果関係が必ずしも十分に立証されない場合がある。そこで，これらの権利・法益の侵害について後続侵害に整理できないかが問題となる。

2 検 討

この点，一方で，原子力損害賠償法の保護目的は，放射線作用等の発生による直接的，物理的な生命・身体侵害に限定されるとも考えられる。

しかしながら，他方で，避難生活中の生命・身体侵害については，避難先の住環境は，①避難者にとって，突然の避難指示等により避難させられたため慣れない環境であること，②避難所・仮設住宅は，事故前の住居と比べて狭小である[67]など住環境が悪化した場合が多いことなどからすれば，事故前の状況とは明らかに異なる状況にある。

そこで，避難指示等により侵害された生活の平穏という権利侵害によって高められた特別の危険が実現した場合には，科学的・医学的な観点から，放射線作用等の発生や避難指示等との間の科学的・医学的な因果関係が必ずしも十分に立証

専門部会報告書」3(2)，科技庁・制度47頁参照。
[67] 仮設住宅は，6畳二間が多いと言われる。これに対して，移住を決断し，従前と同様の住環境を回復したと言える場合には，仮に生命・身体を侵害されたとしても，特別の危険ではなく一般生活上の危険と評価される場合が増えると考えられる。

されないとしても，後続侵害として，原子力損害賠償の責任範囲内であると考えられる。避難先が借り上げ住宅[68]の場合であっても，避難指示等により侵害された生活の平穏という権利侵害によって高められた特別の危険が実現した場合には，原子力損害賠償の責任範囲内となると考えられる[69]。

さらに，避難等対象者が，避難所・仮設住宅等における避難生活中に，避難等を苦にして自殺した場合も後続侵害と把握されると解される[70]。

V　生命・身体に対する侵害の可能性

本件事故時において，避難等対象区域に居住等していた者が，生命・身体侵害の可能性があるとして（第一次侵害），検査費用（人），同区域に所在していた物についての検査費用（物）を支出する場合がある。例えば，避難等対象区域から避難した者が，全身放射能測定（Whole Body Counter; WBC）を受けた場合などである。

この点，放射線は不可視のまま身体を侵襲する可能性があるという侵害態様の特殊性，生命・身体については規範の保護目的に含まれていること[71]からすれば，生命・身体侵害の可能性については，規範の保護範囲に含まれ，相当因果関係があると考えられる[72]。

68　福島県等が民間の住宅を借り上げ，被害者に貸し渡したものをいう。みなし仮設住宅ともいう。

69　もっとも，事故とは無関係に，通常通り生活していたとしても発生したであろう種類の健康被害の場合（一般生活上の危険が実現した場合）には，原子力事業者に帰責されるべき権利侵害とは言い難く，原子力損害賠償の責任範囲内とはならないと解される。

70　交通事故における被害者の自殺の事例を見ると，判例・裁判例によれば，事実的因果関係及び責任成立の範囲など損害賠償請求権の成立要件を満たすとするとともに，民法722条2項の類推適用などにより減額される可能性が高い（交通事故の被害者の自殺について，徳本伸一「交通事故と被害者の自殺との間の相当因果関係」私法判例リマークス10号（1995年）52頁，齊藤大巳「交通事故の後の被害者の自殺について」判タ880号（1995年）37頁。水野・意義と限界277頁参照）。

71　科技庁・制度46頁。

72　なお，権利・法益には濃淡により，身体や所有権と比較して比較的保護の程度の弱い権利については，権利・法益侵害があったかどうかを判断する際に，同時に，行為者の行為に対する無価値評価もされているため，権利・法益侵害要件と別途に故意又は過失要件を審査する必要はなく，それゆえ，規範の保護目的という要件を別に立てる必要もない（潮見Ⅰ391頁）。生命・身体又は物に対する侵害の可能性についても，このような

第7節　労働契約上の地位に対する侵害の責任範囲

Ⅰ　概　　要

　いわゆる就労不能損害を権利侵害として捉えると，労働契約上の地位に対する侵害がこれに該当すると考える。以下，これを4つの類型に分けて，責任範囲の画定を検討する（図2-4-6）。
　1つ目は，避難指示等に伴う避難により，就業場所との間の物理的距離が拡大したなどの理由で，労働契約は終了していないものの，就労の全部又は一部が不能になった場合である（第一次侵害。Ⅱ）。
　2つ目は，避難指示等が解除された後，避難等対象者が，避難等対象区域内に帰還した場合に，なお就労が不能な状態が継続する場合である（後続侵害。Ⅲ）。
　3つ目は，避難等対象区域内の事業者の営業利益侵害（第9節）や風評被害に伴う営業利益侵害から，労働契約は終了していないものの，さらに就労不能の全部又は一部が派生する場合である（間接被害・後続侵害。Ⅳ，Ⅴ）。
　4つ目は，上記3つの状況から，さらに解雇されるなど，労働契約の終了に至った場合である（間接被害・後続侵害。Ⅵ）。
　いわゆる営業損害から派生した労働契約上の地位の侵害など，間接被害に分類されるもの（Ⅳ，Ⅴ，Ⅵ）については，第11節に記載する。

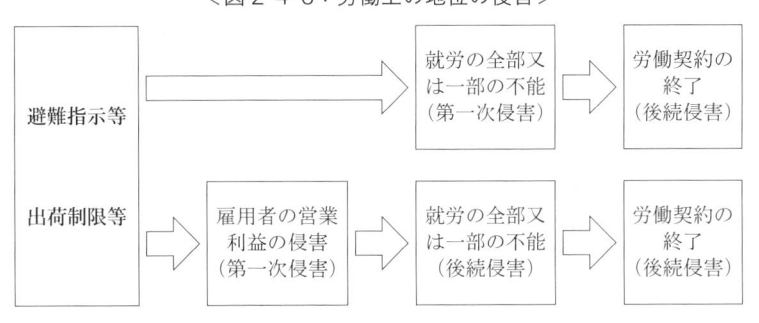

<図2-4-6：労働上の地位の侵害>

避難指示等 → 就労の全部又は一部の不能（第一次侵害） → 労働契約の終了（後続侵害）

出荷制限等 → 雇用者の営業利益の侵害（第一次侵害） → 就労の全部又は一部の不能（後続侵害） → 労働契約の終了（後続侵害）

類型に該当しうると考えられる。もっとも，本文では，念のため，他の権利侵害と同様に規範の保護目的であるか（危険範囲であるか）について検討した。

II　避難指示等に伴う労働契約上の地位の侵害

　避難指示等を受けて遠方に避難した者は，たとえ就労先が避難等対象区域外であって，物理的には就労が不可能ではなかったとしても，避難により労働契約上の地位を侵害され，就労が不能となる場合がある。就労先が避難等対象区域内も同様である。
　これは，原災法20条2項等に基づく避難指示等により避難を余儀なくされたことにより，労働契約に基づく就労を行うことができなくなったものであるから，規範の保護目的に含まれると考える。

III　避難等指示解除後・帰還後の継続する労働契約上の地位の侵害

　避難指示解除後の帰還により就労の不能が継続又は発生した場合には，それらの損害も賠償の対象となると考えられる（四次追補第2-1備考8）。
　このように，避難等対象者が，避難指示等が解除された後，避難等対象区域内に帰還した場合に，なお就労が不能な状態が継続するとき，避難等指示に係る就労不能という権利侵害から派生する権利侵害（後続侵害）となると考えられる。
　これは，避難指示等により就労の機会を喪失したり，就労条件が悪化したりしたことから派生したものであって，避難指示等に伴う権利侵害によって高められた特別の危険の実現に当たり，相当因果関係がある（危険の範囲内である）と考える[73]。

IV　営業利益に対する侵害（政府指示等）を第一次侵害とする労働契約上の地位の侵害

1　間接被害としての整理

　ある労働者が（避難等対象区域に居住していたか否かは問わない。），政府の避難指示等により営業利益を侵害された事業者に雇用されていたため，当該営業利益侵害（いわゆる営業損害）により，その就労が不能等となった場合，原子力事業

---

[73] 避難等対象区域において，何らかの事情により，事業・就労を継続した場合も同様であると考える。

者に原子力損害賠償責任が成立する（中間指針第 3-8）。

これは、政府指示等に伴う事業者の営業利益に対する侵害を第一次侵害として、そこから異なる権利主体に派生した権利・法益に対する侵害であり、間接被害の一種であると考えられる。

航行危険区域等が設定された場合も同様である（中間指針第 4-2、第 5-2、第 6-2）。

2　検　討

間接被害としての労働契約上の地位の侵害については、第 11 節に記載する。

V　営業利益に対する侵害（風評被害）を第一次侵害とする労働契約上の地位の侵害

1　間接被害としての整理

ある労働者が（避難等対象区域に居住していたか否かは問わない。）、風評被害により営業利益を侵害された事業者に雇用されていたため、当該営業利益侵害（いわゆる営業損害）により、その就労が不能等となった場合、原子力事業者に原子力損害賠償責任が成立する（中間指針第 7-1-Ⅳ-②）。

これは、風評被害に伴う事業者の営業利益に対する侵害を第一次侵害として、そこから異なる権利主体に派生した権利・法益に対する侵害であり、間接被害の一種であると考えられる。

2　検　討

間接被害としての労働契約上の地位の侵害については、第 11 節に記載する。

Ⅵ　避難指示等に伴う避難等により労働契約が終了する場合

避難指示等に伴う避難に伴い、就業場所との間の物理的距離が拡大したなどの理由で、就労の全部又は一部が不能になったため、解雇されるなど労働契約が終了した場合[74]、避難指示等に伴う避難による就労不能という第一次侵害から派生したものであり、後続侵害に該当する（第一次侵害と理解することも可能である。）。

このような労働契約の終了は、避難指示等に伴う就労の不能という権利侵害によって高められた特別の危険の実現に当たり、相当因果関係がある（特別の危険

74　公表番号 10 参照。

の範囲内にある）と考える。

　なお，解雇又は退職に際し，雇用者又は被用者の意思が関与している場合，事実的因果関係の有無の問題も生じうる（第3章第7節参照）。

　間接被害としての労働契約の終了については，第11節に記載する。

第8節　財物の所有権等に対する侵害の責任範囲

I　概　要

　財物の所有権等に対する侵害は，その侵害態様によって，放射性物質の付着による客観的価値の喪失又は減少（II），管理不能による客観的価値の喪失又は減少（財物の種類，性質及び取引態様等から平均的・一般的な人の認識を基準として，本件事故により財物の客観的価値が喪失又は減少した場合を含む。III），避難の長期化等に伴う権利侵害（IV）に分類される。

II　放射性物質の付着による客観的価値の喪失又は減少

　本件事故によりセシウム等の放射性物質が放出されたことにより，財物に放射性セシウム等の放射性物質が付着し，財物の客観的価値が喪失又は減少した（財物の所有権等を侵害された）場合に，規範の保護目的の範囲内であるかが問題となる。

　この点，放射線作用等が発生した場合，周辺に放射性物質が放出され，人体に悪影響を与える物質が付着して，財物の客観的価値の喪失又は減少が発生したものであるから，原賠法が想定した規範の保護目的に含まれ，相当因果関係があると考える[75]。

III　管理不能による客観的価値の喪失又は減少

　ここでは，放射線作用等の発生により，避難指示等が発出され，財物の所有者が立退きを余儀なくされ，又は立入りを禁止され，財物の管理が不能となったため，財物の価値が喪失又は減少した（財物の所有権等を侵害された）点が問題とな

---

[75]　科技庁・制度46頁参照。

る。
　この点，原災法20条2項等に基づく避難指示等が発出された場合，一般的に財物を長期間管理しなければその価値が下落することから，管理不能により価値が下落することが想定される。そうだとすれば，このような権利侵害は規範の保護目的に含まれ，相当因果関係があると考えられる。

Ⅳ　避難の長期化等に伴う権利侵害

　原災法20条2項等に基づく避難指示等が発出され，長期化したため，避難等対象者が移住した場合（移住が合理的と認められる場合を含む。）や，長期の避難指示の解除後に帰還した場合であって住居の建替えを余儀なくされた場合，生活の平穏及び土地・建物の所有権等が結合した権利・法益を侵害されたものであるから，原災法・原賠法が定める規範の保護目的に含まれ，相当因果関係があると考える。

第9節　営業利益に対する侵害（政府指示等）の責任範囲

Ⅰ　概　　要

　政府指示等により売上が減少した場合，第一次侵害として営業利益に対する侵害が成立し，この営業利益侵害は規範の保護目的の範囲内かが問題となる（Ⅱ）。
　また，避難指示等解除後の避難等対象区域内の売上減少については，避難指示等に伴う営業利益侵害から派生した後続侵害として，特別の危険が実現したものかが問題となる（Ⅲ）。
　さらに，避難指示等の解除後も，従来の取引先との取引が回復せず，売上の減少が継続する場合，避難指示等に伴う営業利益侵害から派生した後続侵害として，特別の危険が実現したものかが問題となる（Ⅳ）。

Ⅱ　避難指示等による直接的な営業利益に対する侵害（第一次侵害）

　避難等対象区域で営業していた者は，避難指示等に伴う避難により営業を継続することができなくなるなど，営業利益を侵害された。

これは，原災法 20 条 2 項等に基づく避難指示等により避難を余儀なくされたことにより営業利益を侵害されたものであるから，規範の保護目的に含まれる[76]。

III 避難指示等解除後[77]の風評被害

1 問題状況

避難指示等が解除されたとしても，避難指示等の対象となっていた区域において，農産品・加工品などについて，風評被害が生じる場合がある。

このような風評被害には，避難指示等解除前の避難指示等に伴う営業利益の侵害とは別に，営業利益に対する新たな権利侵害が存在すると解される[78]。

このような風評被害については，第一次侵害と捉える考え方と，後続侵害と捉える考え方がありうる。議論の実益は，後続侵害として捉えた方が原子力損害賠償責任成立の基準が緩やかになると解される点にある[79]。

2 検　討

一方で，第一次侵害と捉える考え方は以下のとおりである。避難指示等の解除により，少なくとも政府指示等が存在しないという点で，事故前と同じ事実状態となったのであるから，避難指示等解除後の風評被害は，避難指示等による影響とは関係なく，第一次侵害と捉えられる。したがって，放射線作用等の発生との間の因果関係や保護目的の範囲内かなど，原子力損害賠償責任の成立要件を改めて検討すべきであるとも考えられる。

他方で，後続侵害と捉える考え方は以下のとおりである。避難指示等解除後の風評被害は，避難指示等が解除されたとしても，当該区域が避難指示等の対象で

76　科技庁・制度 46 頁参照。

77　航行危険区域の設定など他の政府指示等についても同様であると考えられる。

78　なお，当然ながら，別途，出荷制限指示等が出された場合は，出荷制限等に伴う権利侵害について原子力損害賠償責任が成立する。

79　いずれにせよ，事業者にとって自らの事業に伴うリスクを転嫁することの期待可能性を超えたところにあるリスクが顕在化した場合において，それが一定の経済的関係のある一次被害者（直接被害者）に対する権利・法益侵害から必然的に生じる結果と評価することができるときにはその賠償を認めるという意味で捉える必要があるとの見解がある（前掲・潮見『『原発賠償 中間指針の考え方』を読んで』46 頁）。顧客（販売先・調達先）との間での取引に結び付けられたリスクが，事業活動の結果として生ずるものとして当該事業者の負担とされるべきか否かを論じるのが適切であるという（前掲・潮見『『原発賠償 中間指針の考え方』を読んで』46 頁脚注 12）。

あった点で，避難指示等とは無関係ではありえず，本件事故又は避難指示等を契機とした営業利益侵害からさらに派生した営業利益侵害と見ることができる。

　この点については，後者の立場に立って，避難指示解除後の避難等対象区域において，避難指示等解除後に発生した営業利益に対する侵害については，放射線作用等の発生との因果関係等を改めて問い直すのではなく，避難指示等に伴う営業利益侵害により高められた特別の危険が実現したもの（後続侵害）と見るのが事態適合的だと考える。

IV　回復しない取引先[80]

　上記 II のとおり，避難指示等により営業利益を侵害された場合，原子力損害賠償責任が成立する。ここで，避難指示等の解除後も，取引先との取引が回復せず，売上の減少が継続する場合がありうる。これは，避難指示等による営業利益侵害という第一次侵害から派生して発生した後続侵害に分類されると考える[81]。

第10節　営業利益に対する侵害(風評被害)の責任範囲

I　概　要

　風評被害については，風評被害の発生が責任範囲内か（II）に加えて，風評被害回復後の回復しない取引先（III），「放射能ゼロ宣言」に伴う売上減少（IV）について説明する。

80　航行危険区域の設定など他の政府指示についても同様であると考えられる。
81　現時点では，避難指示等の解除後の状況を把握することは困難である。一方で，第一次侵害によって高められた特別の危険の実現であれば，相当因果関係があると考えられる。他方で，一般生活上の危険（一般の営業活動上の危険）の実現である場合には，危険の範囲外となる（相当因果関係がない）と考えられる。この点について，顧客（販売先・調達先）との間での取引に結び付けられたリスクが事業活動の結果として生ずるものとして当該事業者の負担とされるべきか否かを論じるのが適切であるという考え方（前掲・潮見「『原発賠償 中間指針の考え方』を読んで」46頁脚注12）は，直接には第一次侵害を念頭に置いていると思われるが，後続侵害についても，第一次侵害により高められた特別の危険であるか否かという判断を介して，同様に妥当すると考えられる。

II　風評被害の発生と責任範囲の画定

　風評被害は，報道等により広く知らされた事実によって，商品又はサービスに関する放射性物質による汚染の危険性を懸念した消費者又は取引先により当該商品又はサービスの買い控え，取引停止等をされたために生じた被害をいう（中間指針第 7-1）。
　このような風評被害は，原災法が「放射性物質による汚染の有無又はその状況が明らかになっていないことに起因する商品の販売等の不振を防止するための，原子力災害事後対策実施区域における放射性物質の発散の状況に関する広報」を行うこととされていること（原災法 27 条 1 項 3 号），原賠法制定時時点（1961 年）において，既にビキニ環礁水爆実験事件（1959 年）で風評被害が確認されていたこと[82]などに照らすと，規範の保護目的に含まれると考える。
　なお，風評被害に関する相当因果関係の存否（責任範囲の画定）の判断は，事実的因果関係の存否の判断と重複する部分が大きい[83]。

III　風評被害の回復後の回復しない取引先

　上記 II のとおり，本件事故に起因して風評被害が発生した場合，原子力損害賠償の対象となりうる。ここで，風評被害が終了した後も，喪失した取引先との取引を回復できないなど売上が減少する場合はどうか。
　この場合，避難指示等による営業利益侵害という第一次侵害から派生して発生した後続侵害に分類され，第一次侵害に高められた危険の範囲内かが問題となると考える[84]。

---

[82] 前掲・加藤「ビキニ事件における損害賠償」134 頁。
[83] 風評被害に関する損害賠償責任の成立は，事実的因果関係と相当因果関係又は保護範囲判断の融合事例だと解する見解もある（水野・意義と限界 295 頁）。このような見解に従えば，事実的因果関係における検討（第 3 章第 9 節）に加えて，相当因果関係の存否を改めて検討する必要性は乏しいこととなる。
[84] 現時点では避難指示の解除後の状況を把握することは困難である。一方で，第一次侵害によって高められた特別の危険の実現であれば，危険範囲に含まれると考えられる。他方で，一般生活上の危険（一般の営業活動上の危険）の実現である場合には，危険範囲外となると考えられる。

IV 「放射能ゼロ宣言」に伴う売上減少

　大手食品小売業者の「放射能ゼロ宣言」などのキャンペーンにみられるように，独自検査により，平成24年4月から施行された食品中の放射性物質の新基準よりもさらに低い放射線量であることを強調する市場戦略がみられる[85]。このような市場戦略により売上が減少した場合，原子力損害賠償責任が成立するか。

　この点について，食品に関する放射線検査の新基準は国際基準にも適合する厳しい基準であることを考えると，他の発がんリスクのある物質から切り離して，放射線による発がんリスクのないことだけを強調するこのような市場戦略は，もはや健康への影響を予防するという観点からは合理性に疑問があり，放射線量がゼロであることを一種のブランドとして商品の差別化を図っていると見るべきであると解される[86]。そうだとすると，このような企業戦略による売上の減少は，「競争条件の変化」と見て，本件事故との相当因果関係を認めることに疑問が生じると解される[87]。

　本書は，このような見解を支持する。そして，その根拠を補強すれば以下のとおりとなろう。

　まず，このような権利侵害は，第一次侵害（風評被害）から派生した権利侵害である後続侵害に該当すると考えられる。そして，他の発がんリスクのある物質から切り離して，放射性物質による発がんリスクのないことだけを強調する市場戦略は，生命・身体に対する侵害を予防する目的はなく，放射性物質がゼロであることを一種のブランドとして商品の差別化を図っていると見るべきあり，一般生活上の危険（一般営業活動上の危険）が実現したものであって，第一次侵害（風評被害）により高められた特別の危険とは言えず，危険範囲内とはいえないと考えられる[88]。

85　中島・原発賠償76頁。
86　中島・原発賠償76頁。
87　中島・原発賠償76頁。さらに，このような戦略が生まれる背景には，低線量被曝への恐れがあることも否定できない。原因競合とみて比率を認定することも困難であろうという（中島・原発賠償76頁）。
88　顧客（販売先・調達先）との間での取引に結び付けられたリスクが，事業活動の結果として生ずるものとして当該事業者の負担とされるべきか否かを論じるのが適切であるという考え方（前掲・潮見『原発賠償 中間指針の考え方』を読んで」46頁脚注12）は，直接には第一次侵害を念頭に置いていると思われるが，後続侵害についても，第一次侵

第11節　間接被害

I　意　義

　間接被害（間接損害ということもある。）とは，Ａの故意又は過失ある行為によって，Ｂの権利が侵害され，それによって，第三者Ｃに損害が発生する場合をいう[89,90]。

　中間指針は，間接被害を，「本件事故により権利侵害が生じたことにより，そのような権利侵害の主体と一定の経済的関係にあった第三者に生じた被害」と定義する（中間指針第8-Ⅰ）。

　このように，間接被害は，損害賠償責任成立の類型の1つであって，損害項目の1つではない。

II　過失責任の場合

　間接被害は，Ａが，Ｂの身体・生命を侵害したため，Ｂと一定の関係にあるＣの営業利益が侵害されたという場合を典型例として想定している（いわゆる「企業損害」）[91]。Ｃの営業利益侵害について損害賠償責任又は損害賠償請求権が成立するための要件について，以下のとおり解されている[92]。

　　害により高められた特別の危険であるか否かという判断を介して，同様に妥当すると考えられる。
- 89 　前田281頁。間接被害，特に企業損害について，平野裕之『間接被害者の判例総合解説』（信山社，2005年），平野406頁参照。四宮498頁，澤井220頁，水野・意義と限界333頁，潮見184頁，橋本佳幸「鉄道線切断事故による列車運行不能により鉄道会社の被った損害に関する事故原因者の責任の有無」私法判例リマークス44号（2012年）50頁，橋本ほか187頁。なお，義務射程の問題としつつ，Ｃの権利侵害は義務射程の範囲外とする立場もある（平井186頁）。
- 90 　なお，肩代わり損害（代理負担）については，損害賠償請求権の主体の問題として検討する（第5章第2節）。
- 91 　実際には，この場合，原則として損害賠償責任が成立しないものと解されることが多かった。
- 92 　前掲・橋本「鉄道線切断事故による列車運行不能により鉄道会社の被った損害に関する事故原因者の責任の有無」12頁。なお，鉄道線切断事故における間接被害の問題は，一方で，不法行為による損害賠償義務は，加害者・被害者の二当事者間で損害を規律す

第 11 節　間接被害

1　権利侵害要件構成

　権利侵害要件構成（成立要件構成）は，間接被害を，法律上保護に値するものではなく，権利侵害要件を満たさない（違法性要件を満たさない）と構成する[93]。これは，侵害禁止規範は直接の被侵害者Ｂを対象としており（Ｂの生命・身体を害することを禁止しており），間接被害者Ｃの営業利益に対する侵害行為を禁止しているものではない（違法性の要件を満たさない）ことを理由とする[94]。

2　責任範囲構成（賠償範囲構成）

　これに対して，Ａの故意又は過失ある行為によるＢへの権利侵害から派生して，Ｃの権利侵害が発生したとみて，責任範囲の画定の問題の応用であると考えることもできる[95]。すなわち，この考え方は，Ｃに対する権利侵害は，Ｂに対する権利侵害（第一次侵害）から派生した後続侵害の一種であると解し，第一次侵害により生じた特別の危険の実現であるかを基準とする（責任範囲（賠償範囲）構成）。

　　　るもの（被害者から加害者への損害転嫁）であるから，複数の被害者がある場合には，本来，被害者毎に不法行為の成否を判断すべきであると言える。しかし，他方で，加害者には所有権侵害について不法行為が成立するのであるから，過失不法行為による責任として，所有権侵害に加えて営業利益の喪失についてまで負わせるか否かを判断すれば足りるとも言える。このように，問題場面は，責任成立の判断（そもそも責任が成立するか否かの判断）と責任範囲の判断（成立した責任がどれだけの範囲に及ぶかの判断）の交錯領域に位置する（水野・意義と限界 333 頁）。窪田 294 頁は「間接被害者（企業損害）」という問題を立てることに疑問を呈する。

[93]　前掲・橋本「鉄道線切断事故による列車運行不能により鉄道会社の被った損害に関する事故原因者の責任の有無」12 頁。その他，損害賠償請求権の成立を否定する見解として，注意義務を否定する考え方もある（徳本伸一「過失による送電線の切断と損害賠償請求」川崎秀司＝重倉珉祐古稀記念『現代の民事法』（法律文化社，1977 年）118 頁。なお，能見善久「比較法的にみた現在の日本民法──経済的利益の保護と不法行為法」広中俊雄＝星野英一編『民法典の百年Ｉ』（有斐閣，1998 年）641 頁参照）。

[94]　前掲・橋本「鉄道線切断事故による列車運行不能により鉄道会社の被った損害に関する事故原因者の責任の有無」52 頁。

[95]　四宮 498 頁，澤井 220 頁，橋本ほか 189 頁。下級審裁判例の中には，15 名の従業員中 10 名が旅行中に落石事故で死傷した事例について，被告道路公団に対し 6 か月分の逸失利益の賠償を命じたものがある（大津地判昭和 54 年 10 月 1 日判時 943 号 28 頁）。この判決について，15 名の従業員中 10 名という比率の従業員の死傷は代替性を期待できず，一般的日常危険といえない致命的打撃であるとの見解がある（澤井 221 頁）。賠償範囲構成に対する批判として，水野・意義と限界 342 頁。四宮和夫「不法行為法における後続侵害の帰責基準」法学協会編『法学協会百周年記念論文集　第 3 巻』（有斐閣，1983 年）50 頁は，被害者別人型の後続侵害として論じる。

211

3　最高裁判決

いわゆる企業損害の事例について，最高裁判決は，「Ｘ会社は法人とは名ばかりの，俗にいう個人会社であり，その実権は従前同様Ａ個人に集中して，同人にはＸ会社の機関としての代替性がなく，経済的に同人とＸ会社とは一体をなす関係にあるものと認められるのであって，かかる原審認定の事実関係のもとにおいては，原審が，ＹのＡに対する加害行為と同人の受傷によるＸ会社の利益の逸失との間に相当因果関係の存することを認め，形式上間接の被害者たるＸ会社の本訴請求を認容しうべきものとした判断は，正当である」とする（最判昭和 43 年 11 月 15 日民集 22 巻 12 号 2614 頁）。

この最高裁判決は，権利侵害要件構成，責任範囲構成のいずれからも説明することができる。ただし，この判決自体は，企業損害が問題となったうちの特殊な事件類型を扱ったものであり，間接被害の賠償を認めないという判例として定着していない[96]。少なくとも，上記最高裁判決は上記事案のもとで，損害賠償請求権が成立することを肯定したに過ぎず，損害賠償請求権の成立要件として代替性や経済的一体性を要求したものではないことに留意が必要である[97]。

III　原子力損害賠償の場合

1　中間指針

(1)　類型

中間指針は，間接被害とは，本件事故により権利侵害が生じたことにより，そ

---

[96] 前掲・潮見「『原発賠償 中間指針の考え方』を読んで」45 頁。大塚直「福島第一原子力発電所事故による損害賠償」法律時報 83 巻 11 号（2011 年）52 頁参照。もっとも，下級審裁判例は，間接被害について損害賠償請求権の成立を認めた前掲・最判昭和 43 年 11 月 15 日の示す要件を，間接被害について損害賠償請求権の成立を否定する要件として適用したものも多い（前掲・平野「間接被害者の判例総合解説」27 頁）。これに対しては，以下のとおりの批判がなされている（夏目明徳「間接被害者の損害」塩崎勤＝園部秀穂編『新・裁判実務大系　交通損害訴訟法』（青林書院，2003 年）208 頁）。企業の物的要素は所有権として保護されているところ，企業活動が適法な範囲内では，その人的・物的要素をどのように組み合わせて使用するかは，当該企業の私的自治の範疇の事柄である。人的要素についても物的要素と同等の保護が期待されている。企業は，継続的な委任・雇用契約の目的たる役員や従業員の死傷によって企業活動を阻害されないことにつき，十分な適法性と確実性を備えた独立の法的利益を有している。

[97] 最高裁判決と判例について，中野次雄編『判例とその読み方（3 訂版）』（有斐閣，2009 年）。

のような権利侵害の主体と一定の経済的関係にあった第三者に生じた被害を意味するとする（中間指針第8-Ⅰ）[98]。

そして，中間指針によれば，間接被害者の事業等の性格上，第一次被害者との取引に代替性がない場合には，本件事故と相当因果関係のある損害と認められる。具体的には，①事業の性質上，販売先が地域的に限られている事業者の被害であって，販売先である第一次被害者の避難，事業休止等に伴って必然的に生じたもの，②事業の性質上，調達先が地域的に限られている事業者の被害であって，調達先である第一次被害者の避難，事業休止等に伴って必然的に生じたもの，③原材料やサービスの性質上，その調達先が限られている事業者の被害であって，調達先である第一次被害者の避難，事業休止等に伴って必然的に生じたものを含む（中間指針第8-Ⅱ）。また，④本件事故によって生じた被害を個別に検証し，間接被害者の事業等の性格上，第一次被害者との取引に代替性がない場合には，本件事故との相当因果関係が認められる（例えば，第一次被害者との取引が法令により義務付けられている間接被害者において，第一次被害者との取引に伴って必然的に生じた被害についても，相当因果関係が認められる（中間指針第8備考1)。)。

(2) リスクの分散と被害の回復

また，中間指針は，上記③については，事業者には，一般に，取引におけるリスクを分散する取組みをあらかじめ講じておくことが期待されるため，「原材料やサービスの性質上，その調達先が限られている」場合とは，そのような事前のリスク分散が不可能又は著しく困難な場合，例えば，ある製品に不可欠な原材料が特殊な製法等を用いて第一次被害者で生産されているため，同種の原材料を他の事業者から調達することが不可能又は著しく困難な場合などが考えられ，この場合でも，一定の時間が経過すれば，材料・サービスの変更をするなどして，被害の回復を図ることが可能であると考えられるため，賠償対象となるべき期間には限度があるとする（中間指針第8備考2)[99]。

2 検　討

経済的一体性を間接被害の要件としない中間指針の考え方については，以下の

98　原子力損害全体を「間接損害」「直接損害」に区別する見解がある（科技庁・制度46頁）。そこでは，身体的損害，物的損害を「直接損害」とし，逸失利益について「間接損害」と分類する。そのためここでの「間接損害」は，中間指針に言う「間接被害」とは意味内容が異なる。

99　間接被害が賠償の対象と認められる場合には，時期は，代替品調達までのかなり限られた期間となるという（髙橋＝大塚編84頁）。

とおり解される。

　既存の判例・裁判例では，間接被害の賠償に対して経済的一体性を要求するものが多いが（前掲・最判昭和 43 年 11 月 15 日など），主として交通事故損害賠償に関する事案であり，本件のような事故とは異なるため，「経済的一体性」については特に要件とする必要がない[100]。

　また，中間指針が提示した基準について，事業者にとって，自らの営業・事業に伴うリスクを転嫁することの期待可能性を超えたところにあるリスクが顕在化した場合において，それが一定の経済的関係のある第一次被害者（直接被害者）に対する権利・法益侵害から必然的に生じる結果と評価することができる場合には，その賠償を認めるという意味で捉えることができる[101]。

　中間指針は，第一次被害者との関係で間接被害者の権利侵害・損害を問題としていることからすれば，権利侵害要件構成よりも責任範囲構成に親和的であると考えられる。

---

[100] 前掲・大塚「福島第一原子力発電所事故による損害賠償」53 頁，高橋＝大塚編 84 頁。

[101] 前掲・潮見「『原発賠償 中間指針の考え方』を読んで」45 頁は以下のとおり述べる。間接被害者に生じた損害を責任主体に帰責するのが正当とされる理由は何か，本件事故では，放射線作用等が直接に及んだ第一次被害者（直接被害者）と取引上で関係する者に生じた経済的損失（営業利益の喪失，営業活動上の損失等）が東京電力に転嫁される根拠は何かという視点で見たとき，中間指針等が間接被害として扱っているのは，間接被害者である事業者の事業活動上の利益の喪失等の逸失利益と追加費用等の積極的損害である。これらは，商人・事業者の権利・法益として整理すれば，営業権・営業活動（又は事業者としての権利・事業活動）に対する侵害による損害として捉えうるものである。ところで，このような営業・事業に伴うリスクは，本来は商人・事業者自らが負担すべきものであって，営業・事業に伴って損失が発生したり，利益が上がらなかったりしたからといってこれを他人に転嫁することは許されない。このような理解の背景には，営業・事業に伴うリスクは商人・事業者が事前に経営リスクとして分散・転嫁しておくべきであるとの考慮がある。そして，それが，営業主体・事業主体の自己決定・自己責任の考え方にも合致するとの考慮がある。

第5章 損害の発生

第1節 概　　要

I　損害賠償責任の成否との関係

　第1章から第4章までにおいて，権利・法益の侵害を生じさせた加害者について，原子力損害賠償責任が成立するか否かを検討した。このように，原子力損害賠償責任は，原子力事業者に成立するかしないのかの二者択一（いわば all or nothing）で判断される。

　そこで，次に，原子力損害賠償責任の内容としての金額を決定する必要がある。第5章から第7章までにおいて，「原子力事業者は，被害者に対し，金〇〇円を

＜図2-5-1：損害賠償責任と責任内容の画定＞

原子力損害賠償責任の成否
原子炉等の運転 → 作用等の発生　⇔因果関係⇔　権利侵害

原子力損害賠償責任の内容
損害の発生
損害賠償の範囲
金銭的評価

支払え」という原子力損害賠償責任の具体的内容（原子力損害賠償請求権の金額）を導き出す[1]。

II 損害賠償責任の内容の画定

まず，権利・法益の侵害から発生した不利益を損害と把握し，賠償対象を特定する（本章）。次に，そのような損害が損害賠償の範囲に含まれるかを検討する（第6章）。また，損害の中には，損害賠償の金額算定に当たり，費用支出のように金銭的評価を必要としないものがある一方で，精神的損害のように金銭的評価を必要とするものがある。そこで，金銭的評価を必要とする損害について，金銭的評価を加え，賠償額を算定する（第7章）。

III 本章の構成

本章では，権利・法益の侵害によって生じた不利益，すなわち賠償対象である損害について説明する。損害賠償責任の内容としての損害は，個別具体的な損害，つまり，損害項目に該当する事実である[2]。

例えば，生命・身体に対する侵害であれば，治療のために治療費を支出したこと，通院交通費を支出したことや，逸失利益の発生，入通院慰謝料など個別の損害項目に該当する事実が，損害に該当する。

以下では，まず，過失責任における損害の発生に関する理解を確認し（第2節），原子力損害賠償における損害の発生について整理する（第3節）。その上で，各論として，避難指示等に伴う生活の平穏に対する侵害から生じる損害の発生など，本件事故による7つの典型的な権利侵害から発生する個別の損害の発生について説明する（第4節から第10節まで）。最後に，損害の発生に関連するその他問題について検討する（第11節）。

---

1 橋本ほか194頁。
2 橋本ほか198頁。

第2節　過失責任における損害の発生

I　概　　要

　過失責任の場合の損害の発生について，まず，損害の把握方法として個別損害項目積み上げ方式について説明する（II）。次に，損害の内容として金銭の要素を入れるかについて検討する（III）。その上で，損害賠償請求権の発生時期（IV），損害賠償請求権の個数（V），損害賠償請求権の主体（VI）について説明する。

II　損害額の算定方法・個別損害項目の積み上げ方式

　判例や交通事故損害賠償実務においては，権利・法益に対する侵害によって被害者に生じた不利益を財産的損害と非財産的損害（精神的損害）とに区別した上で（民法709条，710条参照），財産的損害をさらに積極的損害と消極的損害（逸失的利益）に分け，各々に含まれる損害項目について金額を算出し，それらの総計を賠償額とする方式が確立している[3]。これを個別損害項目積み上げ方式という（図2-5-2，表2-5-1）。

　損害賠償責任の内容としての損害は，個別具体的な損害，損害項目に該当する事実である[4]。

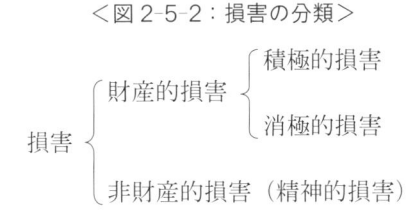

<図2-5-2：損害の分類>

$$\text{損害} \begin{cases} \text{財産的損害} \begin{cases} \text{積極的損害} \\ \text{消極的損害} \end{cases} \\ \text{非財産的損害（精神的損害）} \end{cases}$$

---

[3] 財産的損害と非財産的損害の区別は，不利益が財産的性質をもつかという観点からの分類であり，両者では算定の規律が異なる（橋本ほか199頁）。また，財産的損害と非財産的損害の区別は，侵害された権利・法益の種別が，財産的であるか，非財産的であるかとは関係ない。個別損害積み上げ方式に対して，損害項目を区別せず（包括請求），又は慰謝料名目で一律に請求する方式（一律請求）もある（四宮559頁）。

[4] 橋本ほか198頁。損害をより広い概念として捉えた上で，損害項目の積み上げによる損害額の算定について，金銭的評価に位置づける考え方もある（潮見246頁以下。窪田151頁参照）。

第 2 部　第 5 章　損害の発生

<表 2-5-1：個別損害項目積み上げ方式>

	事実としての損害項目（第5章）	金額の画定（第6章・第7章）損害賠償の範囲・金銭的評価
積極的損害	医療費の支出	10 万円
	薬代の支出	1 万円
	通院交通費の支出	2 万円
消極的損害	逸失利益（休業損害）の発生 1 万円× 10 日	10 万円
精神的損害	入通院による精神的苦痛の発生	5 万円
合　計		28 万円

1　積極的損害

　積極的損害は，原因行為がなされたために被害者の既存の財産に生じた減少をいう[5]。

　第1に，不法行為を原因としてなした支出は積極的損害に該当する[6]。その特徴として，「○○円」を支出したという明確な金額を伴うことが多い。これを領収書のある損害ともいう[7]。例えば，被害者が生命・身体に対する侵害を受けた場合，治療のために支出した医療費，薬代，通院交通費などの支出がこれに当たる。

　第2に，財物の所有権の客観的価値の下落は，被害者の既存の財産に生じた減少であるから，積極的損害に該当する。例えば，1000 万円の価値を有していた財物の価値が，300 万円に下落した場合，その物の価値 700 万円の下落が積極的損害に該当する。

2　消極的損害

　消極的損害は，被害者の財産に生じたであろう増加が，原因行為がなされたために生じなかったことによる損害をいう[8]。「逸失利益」又は「得べかりし利益」（得ていただろう利益）ともいう。例えば，被害者が生命・身体に対する侵害を受けた場合入院し，休業したために生じた逸失利益（休業損害）や死亡・後遺障害に伴う逸失利益がこれに当たる。

　その特徴として，消極的損害（逸失利益）は，原因行為後の事情の変更（収入の増減）が生じる可能性があるため，仮定的な判断を伴う場合がある[9]。

5　潮見 214 頁。

6　橋本ほか 199 頁。

7　窪田充見「損害賠償法の今日的課題──損害概念と損害額算定をめぐる問題を中心に」司法研修 120 号（2011 年）20 頁。

8　潮見 214 頁。

9　原因行為後の事情の変更と消極的損害について，窪田充見「後遺障害による逸失利益

第2節　過失責任における損害の発生

3　非財産的損害（精神的損害）

非財産的損害は，権利侵害により被害者に生じた非財産的な損害をいう。損害賠償責任を負う者は，権利侵害から生じた財産的損害以外の損害についても賠償しなければならない（民法710条）。主として，自然人について発生する精神的損害がこれに該当する。例えば，被害者が生命・身体に対する侵害を受けた場合における，入通院に伴う精神的損害の発生がこれに当たる[10]。

このような非財産的損害は，その性質上，金銭により直接把握することができないため，金銭的評価を必要とする。

＜図2-5-3：交通事故損害賠償実務における損害項目＞

```
┌ 人　損
│   ○積極的損害
│       ・治療費
│       ・付添看護費
│       ・通院交通費
│       ・入院費・宿泊費
│       ・入院雑費
│       ・装具器具等購入費
│   ○消極的損害
│       ・休業損害
│       ・後遺障害に伴う逸失利益
│       ・死亡に伴う逸失利益
│   ○精神的損害
│       ・後遺障害に伴う精神的損害
│       ・死亡に伴う精神的損害
│       ・入通院に伴う精神的損害
│
└ 物　損
        ・修理費
        ・買替差損
        ・評価損
        ・代車使用料
        ・休車損
        ・登録関係手数料
        ・雑費
        ・営業損害等
        ・積荷その他損害
```

　　の算定と事故後の別原因による被害者の死亡の考慮の可否」平井宜雄編『民法の基本判例（第2版）』（有斐閣，1999年）175頁。
10　これに対して，被害者が法人の場合には，名誉毀損などについて無形の損害が非財産的損害に当たる。

219

III 損害概念・金銭的要素の要否

1 問題の所在

　金銭賠償の原則（民法722条1項，同法417条）のもとでは，損害賠償は，「被害者は，加害者から金〇〇円の支払を受けることができる」という形で金銭債権として具体化される必要がある。したがって，損害を把握するに当たり，損害概念の中に金額を含めるのが便宜とも言える。

　実際にも，一方で，被害者が受けた不利益の中には，治療費の支出や，休業による所得喪失のように，損害金額を容易に把握できるものも存在する。

　しかしながら，他方で，後遺障害の発生や精神的苦痛の発生など，市場価値が存在せず，金額への換算が容易でないものもある。

　そこで，損害の把握の段階において，金銭の要素を含めるか否かについて，以下のとおり立場が分かれる。

2 差額説（損害金銭説）

　差額説（損害金銭説）は，損害とは，不法行為がなかったとすればあったであろう財産状態と，不法行為によって現実に生じている財産状態の差と捉える[11]。

　この立場では，財産状態の差を金額で表したものを損害と定義して，損害概念に金銭の要素を含める。差額説では，権利侵害によって被害者に生じた不利益事実の確定と，その額の算定とは区別されない[12]。

3 損害事実説

　損害の定義から金額を排除し，金額を付される以前の不利益事実を損害と定義する立場がある（損害事実説）[13]。

　その理由は，第1に，金銭賠償の原則と損害の把握とは別の次元であり，金額を含めて損害と把握する必然性はないこと，第2に，損害事実の有無の確定が事実認定によってなされるのに対して，損害賠償額の算定は法的評価に基づく作業であり，両者は性格が異なることなどである[14,15]。

11　於保不二雄『債権総論（新版）』（有斐閣，1972年）135頁。
12　橋本ほか197頁。高橋眞「損害論」星野英一編『民法講座　別巻1』（有斐閣，1990年）205頁以下参照。
13　平井76頁，潮見220頁，窪田149頁，橋本ほか197頁など。
14　橋本ほか197頁。
15　損害事実説の中でも，どのレベルで損害を把握するかについては，立場が分かれる。第

第 2 節　過失責任における損害の発生

4　判例と本書の理解
(1)　判　　例
　判例は，以下の理由により損害事実説から説明可能である（最判昭和 42 年 11 月 10 日民集 21 巻 9 号 2352 頁，最判平成 11 年 12 月 20 日民集 53 巻 9 号 2038 頁など）[16]。
　第 1 に，非財産的損害（精神的損害）については，そもそも損害に金銭的要素はなく，事実に対して金銭的に評価する。第 2 に，積極的損害のうち費用支出に伴う損害については，損害事実説からも損害の内容に金額を伴うことに争いはない[17]。第 3 に，消極的損害（逸失利益）については，判例は，差額説ではなく損害事実説を採用していると解されている[18,19]。
　これに加えて，不法行為に基づく損害賠償責任は，被害者に生じた損害という不利益を塡補するものであるから，差額説的発想が出発点になるものの，損害を定義する段階で，賠償範囲の画定及び額の算定に対して，金銭化などの一定の指針を示す必要はない[20]。したがって，損害としては，不法行為によって生じた不

---

　　1 に，不法行為によって死亡した，負傷した，物が壊されたという場合，「死亡」や「負傷」，「物の毀損」といった最も包括的な事実をもって損害と把握する立場がある。第 2 に，負傷という事実まで包括的に把握するのではなく，負傷によって「労働能力を喪失したという事実」，あるいは，「治療等の対応を余儀なくされたという事実」というように，より個別的なレベルの事実として損害を捉えようとするものもある。この場合には治療等を余儀なくされたという事実は，労働能力の喪失とは別の損害事実として位置づけられることになる。労働能力の喪失については主として収入の喪失に焦点が当てられることになる（窪田 149 頁）。西原道雄「損害賠償額の法理」ジュリスト 339 号（1966 年）148 頁，前掲・高橋「損害論」255 頁，米村滋人「医療事故における損害」内田貴＝大村敦志編『民法の争点（第 2 版）』（有斐閣，2007 年）300 頁参照。
16　判例理論は，差額説を基本としつつ，修正を加える立場とも解される（潮見 215 頁）。判例は，個別具体的な事案のもとで，損害賠償請求権が成立か否かの規範を示すものであるから（中野次雄編『判例とその読み方』（有斐閣，2009 年）5 頁），判例が差額説か事実説かという議論は実益に乏しい。
17　窪田充見「損害概念の変遷」日弁連交通事故相談センター編『交通賠償論の新次元』（判例タイムズ社，2007 年）78 頁。
18　前掲・窪田「損害概念の変遷」85 頁。
19　また，交通事故損害賠償裁判実務においては，人身損害から発生する損害について，実費に基づいて測定された差額が存在しなくても労働能力の喪失があればそれ自体を損害としてその賠償を肯定すべきであるという立場（稼働能力喪失説）が有力である（楠本安雄「逸失利益の算定額と所得額」坂井若雄編・有泉亨監修『現代損害賠償法講座 7』（日本評論社，1974 年）133 頁。潮見 219 頁参照）。これは，不利益の事実（稼働能力の喪失）と金銭化を区別する点で，損害事実説の 1 つであるとされる。
20　これらの作業の指針は，権利・法益の事後的な保護という不法行為制度の目的から直接

221

利益事実を把握できれば十分である。損害の定義は，このような不利益事実の把握がしやすいように不利益を把握するものであれば充分である[21]。

差額説と損害事実説では，損害賠償の性質上，差額説的発想が基本になるなど，実際上の差異は大きくない[22]。もっとも，説明の一貫性，透明性，予測可能性の確保の観点から，本書は，損害事実説に立って説明する。

(2) 損 害 項 目

損害事実説から，個別の損害項目を整理すると以下のとおりである。

(i) 積極的損害

積極的損害については，差額説的発想を基本として，費用を支出した事実，財物の客観的価値が下落した事実を中心に把握する。例えば，「2013年11月6日，被害者は，病院に行くため，タクシーに乗車し，〇〇円を支払った」という事実や「2011年3月11日時点で1000万円の価値を有していた建物が，同日の火災事故により半焼し300万円の価値に下落した」という事実が，積極的損害に該当する。

(ii) 消極的損害

消極的損害については，差額説的発想を基本としつつ，例えば，解雇された場合であれば，「被害者は，ある会社との間で月額20万円の労働契約を締結していたところ，2013年11月1日から同月30日まで，加害者による交通事故のため休業し，得られたであろう給与20万円を取得できなかった」という事実が損害である。症状固定後，後遺障害が発生した場合は，労働能力の喪失（後遺障害の内容に応じて30％など割合で示される。）に係る事実が消極的損害に該当する。

(iii) 精神的損害

精神的損害については，権利侵害により受けた精神的苦痛が損害となる。例えば「2013年11月1日，加害者が信号を無視して車両を運転したことにより，大腿骨骨折など全治1か月の傷害を負って，治癒までに10回通院し，精神的苦痛を受けた」という事実が精神的損害に該当する（金銭的評価を経て損害賠償請求権の金額が明らかとなる。）。

　　に導かれる（橋本ほか197頁）。
21　橋本ほか198頁。
22　前掲・窪田「損害賠償法の今日的課題――損害概念と損害額算定をめぐる問題を中心に」9頁。

IV 損害賠償請求権の発生時期[23]

不法行為に基づく損害賠償請求権は、損害が発生しなければ発生しえないから、損害発生の時に成立するのが基本である[24]。

1 損害賠償請求権の発生時期
(1) 積極的損害

例えば、生命・身体に対する侵害の場合、損害賠償請求権は、被害者が交通費を支出した時、介護費用を支出した時にそれぞれ都度発生する[25]。

このように、積極的損害については、損害賠償請求権は、支出が発生し、被害者の財産が減少した場合に、その都度発生する[26]。一括して損害を賠償する場合は、将来の賠償を行っているものである[27]（権利侵害時に一定の内容として将来の損害を含めて損害が発生するとも考えられる[28]。）。

ただし、権利侵害の後に被害者が死亡した場合には、被害者の相続人は、被害者の死亡後に発生することが見込まれていた費用支出について、損害賠償請求することができない（最判平成11年12月20日民集53巻9号2038頁）。

(2) 消極的損害

消極的損害については、例えば、身体に対する侵害時（受傷時）に、一定の内容として損害が発生するため、一括金として将来の消極的損害を含め賠償請求することができる。

受傷後に被害者が死亡した場合でも、死亡時以後に発生すると見込まれた分を含めて消極的損害について、なお損害賠償請求できる（最判平成8年4月25日民

---

23 損害賠償請求権の発生時期は、主として、損害賠償請求権の実現前に被害者について相続が開始した場合、損害賠償請求権の実現前に被害者が損害賠償請求権を譲渡した場合、消滅時効・除斥期間の起算点、遅延損害金の起算点などにおいて問題となる。
24 四宮532頁。これに対して、裁判例の中には、不法行為の時に損害賠償請求権が成立するとしたものがある（大判大正7年10月10日民録24巻1893頁）。
25 四宮534頁注(一)。
26 前掲・窪田「損害賠償法の今日的課題――損害概念と損害額算定をめぐる問題を中心に」30頁。
27 前掲・窪田「損害賠償法の今日的課題――損害概念と損害額算定をめぐる問題を中心に」30頁。
28 四宮534頁注(一)。

集 50 巻 5 号 1221 頁, 最判平成 8 年 5 月 31 日民集 50 巻 6 号 1323 頁)[29]。

(3) 精神的損害

精神的損害は, 権利侵害又は損害に対する金銭的評価を加える必要があるところ, 下記 2 のとおり, 金銭支払請求権・金銭債権としての損害賠償請求権は, 権利侵害又は損害発生時に成立している。したがって, 損害賠償請求権の金銭的評価が不可能であって, 具体的な損害賠償金額を算定できないものであっても, 同様に, 事実としての権利侵害が発生した時, すなわち損害発生の時に成立する。よって, 精神的損害は, 権利侵害時に発生すると解される[30]。

2 損害賠償請求権の具体性:譲渡・相続の対象としての損害賠償請求権

譲渡・相続の対象としての損害賠償請求権は, 損害発生時に成立する。

その理由は, 財産権としての損害賠償請求権は, 損害発生時に成立しているから, 損害賠償請求権の金額が明らかでない, 抽象的なレベルのものであっても, 同様に, 損害発生時に成立するからである[31]。

もっとも, 実際に損害賠償請求権を行使して, 実現するには, 金銭的評価をする必要がある。

3 継続的不法行為

権利侵害が時的に継続する不法行為を継続的不法行為という[32]。

継続的不法行為については, 権利侵害の継続中であっても, 損害の発生の都度損害賠償請求権が発生するから, 被害者が不法行為の終了を待つことなくして損害賠償請求することができる[33]。

V 損害賠償請求権の数

積極的損害・消極的損害・精神的損害という個別損害を積み上げて損害賠償請求権の金額を確定するとしても, 少なくとも裁判上請求する場合は, 1 つの権利侵害について, 損害賠償請求権(訴訟物)の個数は, 損害項目の多寡・金額にか

---

29 消極的損害は, 事故時に一定の内容で既に発生しているためと解される (前掲・窪田「損害概念の変遷」85 頁)。
30 四宮 534 頁。
31 四宮 532 頁。
32 吉村良一「継続的加害・継続的被害――『不法行為と時間』」ジュリスト 1126 号 (1998 年) 219 頁参照。
33 四宮 535 頁。

かわらず1つである（最判昭和48年4月5日民集27巻3号419頁，最判平成11年12月20日民集53巻9号2038頁）[34,35]。

VI　損害賠償請求権の主体

1　原　　則
損害賠償請求権を行使できるのは，原則として，権利・法益を侵害され，損害を受けた者である。

2　肩代わり損害
例えば，人身事故で入院した被害者の親族が，入院費・治療費等を支払った場合に，この親族は，自らの支出した費用相当額を損害として，加害者に対して直接賠償請求することができる。このように，自らは権利・法益を侵害されていない者が不法行為を契機に何らかの出費をした場合に，同じ出費を直接被害者がしたならば，これを自己の損害として請求することが可能であった損害を，肩代わり損害（反射損害）といい，出費をした者は，加害者に対して直接損害賠償請求できる[36]。

3　定型的付随損害
直接被害者に対する権利侵害を契機として，直接被害者以外の者に随伴的に財産的損害や非財産的損害が生じた場合，そのような損害を定型的付随損害ということがある[37]。

例えば，家族が事故に遭ったために，急遽海外から帰国した近親者の航空運賃相当額の損害や，扶養義務者が死亡又は重篤な障害を受けたために近親者に生じた扶養請求権相当額の損害，家族が死亡又は重篤な障害を受けたことにより生じ

34　不法行為訴訟の訴訟物について被侵害利益を単位とすることは，損害賠償請求権を侵害された権利の価値代替物とすることと整合的である（楠本安雄「損害賠償請求訴訟の訴訟物」鈴木忠一＝三ケ月章監修『新・実務民事訴訟講座4』（日本評論社，1982年）45頁）。

35　評釈として，前田達明・判例評論184号25頁（判例時報737号（1974年）139頁）25頁，石田穣「最高裁判所民事判例研究」法学協会雑誌91巻8号（1974年）1291頁。交通事故損害賠償実務において，1つの事故，1つの不法行為に基づく損害賠償請求訴訟における訴訟物は1つとされる（舟本信光「損害賠償額の大阪地裁の実態」ジュリスト339号（1966年）164頁）。

36　潮見183頁。葬儀費用と肩代わり損害について，橋本ほか206頁参照。

37　潮見183頁。

225

た，配偶者，父母，子に生じた精神的苦痛による損害（民法711条）がこれに当たる。

こうした定型的付随損害は，直接被害者への不法行為を介して直接被害者と異なる主体に生じたものであって，相当因果関係一般の問題として処理すれば足りる[38]。

第3節　原子力損害賠償における損害の発生

I　損害概念

1　過失責任との異同

損害は，権利侵害から生じた不利益であるところ，そのような不利益は，過失責任の考え方を帰責根拠とする場合と，危険責任原理を帰責根拠とする原子力損害賠償の場合とで異なる理由がない。

また，原子力損害賠償においては，事実のレベルにおける権利侵害，損害発生が多様であることに照らして，損害を事実と捉えた上で金銭的評価と区別した方が，被害者の権利の救済，原状回復に資すると考える。

したがって，原子力損害賠償についても，過失責任の場合と同様の規範が妥当すると考える。

2　損害項目

(1)　積極的損害

積極的損害については，差額説的発想を基本として把握する（最判平成11年12月20日民集53巻9号2038頁）。例えば，「2013年11月6日，被害者は，一時立入のため，電車を利用し，○○円を支払った」という事実や，「2011年3月11日時点で1000万円の価値であった土地が，本件事故により300万円の価値に下落した」という事実が損害に該当する。

(2)　消極的損害

消極的損害については，差額説的発想を基本としつつ，権利侵害から発生した不利益事実として把握する。例えば，解雇された場合であれば，「2013年10月31日，被害者は，ある会社との間で月額20万円の労働契約を締結していたとこ

---

[38] したがって，あえて間接被害者に対する損害賠償などという特別な枠組みを立てる必要はない。間接被害者と言われる人も，自己の法益に対する直接の侵害を受けた直接被害者と見ることができる（潮見185頁）。

ろ，同日，本件事故を理由として解雇された」という事実が損害である。

3 精神的損害

精神的損害については，権利侵害の事実が損害となる。例えば，「2013年11月1日から同月30日まで，被害者は，政府の避難指示を受けて避難を余儀なくされ，精神的苦痛を受けた」という事実がここでの損害に該当する（金銭的評価を経て損害賠償請求権の金額が明らかとなる。）。

II 交通事故損害賠償との対比

交通事故損害賠償では，誰でも自動車の運行・供用者となって他人の生命・身体等を侵害する可能性があるのに対し（地位の互換性），原子力損害賠償では，限られた事業者のみが原子力事業者になることができることから，原子力事業者には広範な損害賠償請求権が成立するという見解がある[39]。

しかしながら，幼児・高齢者又は運転免許を取得する意図のない者など，交通事故でも一方的に被害者である場合もあり，地位の互換性が認められない場合も少なくない[40]。

したがって，原子力損害賠償について，損害賠償の範囲の議論を含め，損害発生についても，地位の互換性を理由に，交通事故損害賠償よりも広範に損害賠償請求権が成立するとは言えないと考える。

第4節 生活の平穏に対する侵害（避難指示等）から生じる損害

I 概要

避難指示等に伴う生活の平穏に対する侵害は，避難指示等に伴う生活の平穏に対する侵害（II），避難指示等解除後，帰還前，相当期間内の生活の平穏に対する侵害（III），避難指示等解除後，帰還後，相当期間内の生活の平穏に対する侵害（IV），避難の長期化に伴う生活の平穏に対する侵害（V）に分類され，それぞれの生活の平穏に対する侵害から積極的損害・精神的損害が発生する（図2-5-4）。

---

39 小島延夫「福島第一原子力発電所事故による被害とその法律問題」法律時報83巻9号（2011年）61頁，日弁連・マニュアル1頁，同6頁。
40 潮見274頁。

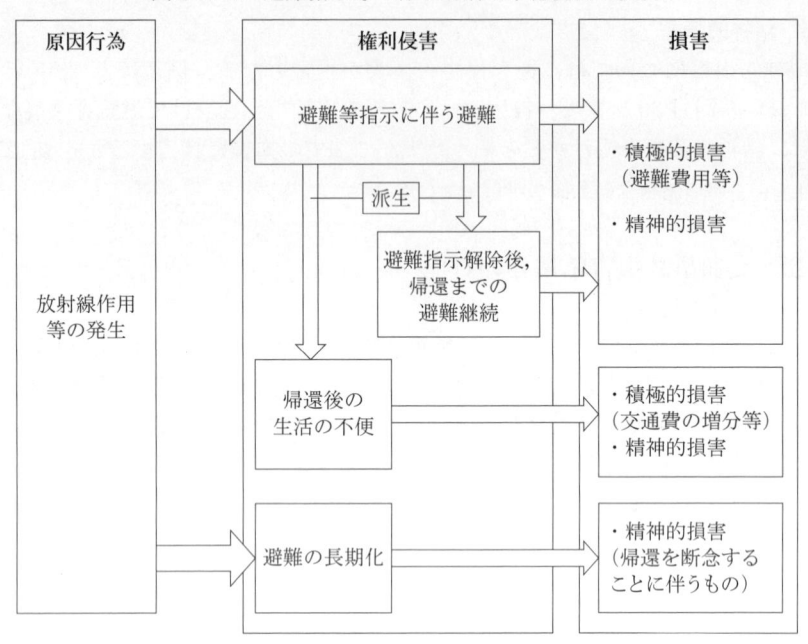

<図2-5-4：避難指示等に伴う生活の平穏侵害と損害>

Ⅱ 避難指示等に伴う生活の平穏に対する侵害から発生する損害

1 積極的損害
(1) 生活の平穏の性質と積極的損害
　生活の平穏は，一般に，人格権に分類される（第1章第4節参照）。
　ここで，人格権侵害は人の精神面への侵害であるから，財産的損害（積極的損害・消極的損害）は発生しないという理解がある。しかしながら，権利・法益に対する侵害があった場合に，そこから財産的な不利益と精神的な不利益が発生し，精神的な不利益に対処するのが精神的損害であるというのが伝統的な枠組みであるから，人格権侵害から財産的損害（積極的損害・消極的損害）が発生する[41]。
(2) 避 難 費 用
　避難行為に伴い費用を支出したことは積極的損害に該当する。具体的には，以下のとおりである。

41　潮見佳男「損害賠償法の今日的課題」司法研修所論集119号（2009年）82頁。

第4節　生活の平穏に対する侵害（避難指示等）から生じる損害

① 避難等対象区域から避難するために交通費を支出したこと（中間指針第3-2-Ⅰ）
② 避難等対象区域から避難するために家財道具の移動費用を支出したこと（中間指針第3-2-Ⅰ）
③ 避難先の変更に伴う引越費用を支出したこと（事例集223頁）
④ 避難先の変更に伴う交通費を支出したこと（事例集223頁）

(3) 一時立入費用

避難等対象者が，避難生活中に，避難等対象区域内に所在する本件事故時の生活の本拠に一時的に立ち入る場合，当該立入に要する費用の支出は，損害に該当しうる。具体的な損害項目として，以下のものがある。

① 避難等対象者のうち，警戒区域内に住居を有する者が，市町村により政府及び県の支援を得て実施される一時立入に参加するために負担した交通費（中間指針第3-3，事例集150頁）
② 一時立入に際し，人及び物に対する除染費用等を支出したこと（中間指針第3-3）[42]
③ 一時立入に当たって前泊や後泊が不可欠な場合の宿泊費を支出したこと（中間指針第3-3）
④ 一時立入に参加するために負担した家財道具の移動費用を支出したこと（中間指針第3-3）
⑤ 冬期の水道管の点検のために避難等対象区域に立ち入った場合の費用を支出したこと（事例集213頁）
⑥ 一時立入の上墓参りの費用を支出したこと（事例集244頁）

(4) **避難生活における生活費の増加**（中間指針第3-2）[43]

避難等によって生活費が増加した場合，その増加費用（生活費の増分）を支出

---

[42] 生命・身体に対する侵害の可能性という法益侵害から生じる損害と把握することも可能であると考える。
[43] なお，原則として精神的損害と合算される（中間指針第3-2-Ⅱ-②）。中間指針は，避難生活における生活費の増分について，避難生活に伴う精神的損害と合算して月額10万円とし，精神的損害のみでは月額10万円に満たない金額を設定する（中間指針第3-2-Ⅱ-②）。しかしながら，①東京電力に対する直接請求による賠償，②原子力損害賠償紛争審査会の仲介により成立した和解のいずれにおいても，生活費の増分の大部分は精神的損害の月額10万円とは別の損害項目とされており，中間指針の「生活費の増分と合算して」という部分は，事実上，概ね，適用されていない。

したことは，積極的損害に該当する（中間指針第3-2-Ⅰ）。具体的な損害項目は以下のとおりである。
(ⅰ) 住居関係の増加費用
　避難等対象区域外に滞在することを余儀なくされたことにより負担した宿泊費用及びこの宿泊に付随して発生した費用は，積極的損害に該当する（中間指針第3-2-Ⅰ）。具体的には以下のとおりである。

① 宿泊費用を支出したこと（事例集150頁）
② 本件事故時に居住用建物を借りていた場合，本件事故前の家賃と避難先の家賃の差額を支出したこと
③ 避難等対象区域外の親戚宅・知人に避難し，その親戚・知人に対して謝礼を支出したこと
④ 避難先の駐車場の賃料を支出したこと（事例集150頁，同193頁）
⑤ 仲介手数料を支出したこと（事例集193頁，同223頁）
⑥ 家財保険料を支出したこと（事例集193頁）
⑦ 借上住宅に関する保険料を支出したこと（事例集223頁）

(ⅱ) 食生活に関係する増加費用（食費増加分（天恵物など））
　避難等対象者は，避難指示等に伴う避難とは関係なく，食費を負担せざるを得ないから，原則として，食費は「増加費用」に該当しない。例外的に，本件事故前において，①山菜などの天恵物を消費していた場合，②自家用の農地などで栽培した農産物を消費していた場合などは，避難生活において支出した食費の支出のうち一定部分について，避難に伴う増加費用の支出に該当する。
　具体的には，生活費増加費用（自家生産野菜の収穫・消費不能による食費増加分）を支出したことが挙げられる[44]。
(ⅲ) その他避難生活に関連する増加費用
　その他，避難生活に関連して支出する費用のうち，本件事故前において負担していなかった費用については，避難に伴う増加費用に該当する。具体的には以下のとおりである。

① 携帯電話料金の増加等を含む生活費の増加分を支出したこと（事例集150頁）
② 最低限必要な日用品，衣類，家具等の購入費を支出したこと[45]（事例集150頁，

44　公表番号331-1，332-2，331-3。
45　「最低限必要な」の部分は，厳密には，損害賠償の範囲の問題（積極的損害の発生につ

第4節　生活の平穏に対する侵害（避難指示等）から生じる損害

161頁）
③　冬タイヤの交換費用を支出したこと（事例集150頁）[46]
④　カーナビゲーションの購入・取付費用を支出したこと（事例集173頁）
⑤　家族間の移動費用を支出したこと（事例集218頁）
⑥　水道代を支出したこと（事故時において，井戸水・沢水を利用していた場合）
⑦　銭湯代を支出したこと（事故時において，自己保有の風呂を使用していた場合）
⑧　放射線測定器購入費用を支出したこと（事例集155頁）
⑨　犬の治療費を支出したこと（事例集181頁）
⑩　教育費増加費用（入学金）を支出したこと，教材費の一部を支出したこと（事例集193頁）
⑪　一定期間分の車検費用を支出したこと[47]（事例集230頁）
⑫　住民票取得費用を支出したこと（事例集257頁）

2　消極的損害

生活の平穏は，それ自体から利益を生み出さない。したがって，生活の平穏に対する侵害という権利侵害の性質上，将来得られたであろう利益（消極的損害）は発生しないと考えられる（なお，いわゆる就労不能損害や営業損害については，政府指示等に伴う労働契約上の地位の侵害や営業利益の侵害が成立する場合，別途，原子力損害賠償請求権が成立する。）。

3　精神的損害

(1)　生活の平穏の侵害による精神的損害

生活の平穏に対する侵害から，被害者に精神的損害（精神的苦痛）が発生する。この精神的損害は，①住み慣れた平穏な生活の本拠から意思に反して移動させられたことに伴う精神的損害と，②自宅以外での生活を長期間余儀なくされ，正常な日常生活の維持・継続が長期間にわたり著しく阻害されたために生じた精神的苦痛[48]という2つの要素を含む（中間指針第3-6）。

　　　いて「不可避性」又は「必要かつ合理的」の基準を満たすかの問題）である（第6章）。
46　夏タイヤ代を支出したことも積極的損害に含まれる（公表番号160）。
47　ただし，車検費用を前払いしており，同店以外で車検を受けると当該前払金が無駄になるという事情があった場合である（そのため「一定期間」に限定されたものと推測される。）。これは，厳密には損害賠償の範囲の問題（積極的損害についての「不可避性」又は「必要かつ合理的」の基準を満たすかの問題）である（第6章第3節）。
48　日常生活の維持・継続の阻害に伴い精神的苦痛が発生することは，中間指針が，避難所等に避難した場合について，その精神的損害を月額12万円として，避難所以外の場

231

(2) 精神的苦痛の継続性

このような精神的損害は，時の経過とともに軽減するという見方も可能である。しかしながら，避難に伴う精神的損害は，生活の本拠から離れて生活することの困難さからすれば，必ずしも時の経過とともに軽減するものではないと考える[49]。

(3) 個別事由[50]

損害賠償は，個別の損害の填補，すなわち，あるべき状態へ回復するものであるから，被害者個々人の具体的事情を考慮して行う（最判平成9年1月28日民集51巻1号78頁）[51]。特に，生活の平穏を侵害されることにより発生する精神的損害の内容・程度は，生活の平穏に対する侵害の内容・程度（個別事情）に応じて多様である。

また，中間指針が，避難所等に避難した場合について，その精神的損害について，避難所等に避難したという個別事情に応じて月額12万円として，避難所等以外の場合の月額10万円よりも精神的損害の程度が大きいとしていること（中間指針第2-6-Ⅲ-①）からも，個別事情に応じて精神的損害が大きくなることが前提とされていると考えられる。

そのような個別事由を分類すると，本件事故を契機に発生した事由と，本件事故前から存在した事由に区別することができる（図2-5-5参照）。これらの個別事情を総合して金銭的評価が加えられ，具体的な損害賠償額が決定される。

　　合の月額10万円よりも精神的損害の程度が大きいとしていることからも示唆される（中間指針第3-6-Ⅲ-①）。
[49] 中間指針は，本件事故後，避難等対象者の大半が仮設住宅等への入居が可能となるなど，長期間の避難生活のための基盤が形成されるまでの6か月間（第1期）は，地域コミュニティ等が広範囲にわたって突然喪失し，これまでの平穏な日常生活とその基盤を奪われ，自宅から離れ不便な避難生活を余儀なくされた上，帰宅の見通しもつかない不安を感じるなど，最も精神的苦痛の大きい期間といえるとする（中間指針第3-6備考5）。しかしながら，東京電力は，平成23年9月以降についても，従前と同額の一人月額10万円とした（平成23年11月24日付け東京電力プレスリリース「本賠償における請求書類の改善および賠償基準の一部見直し等について」。その後，平成24年2月14日，同旨の総括基準が公表された。）。さらに，その後，四次追補は，平成23年9月から平成24年3月まで（第2期）についても，1人月額10万円を前提とする。
[50] 総括基準2（精神的損害の増額事由等について）参照。
[51] これを損害の被害主体関連性のドグマと呼ぶことがある（潮見225頁）。

第4節　生活の平穏に対する侵害（避難指示等）から生じる損害

<図2-5-5：精神的損害の個別事由>

本件事故を契機に発生した事由
・健康状態の悪化
・同居していた家族と別居したこと
・多数回の避難
・その他困難な避難生活

本件事故前から存在した事由
・持病があったこと
・障害があったこと
・要介護状態にあったこと
・同居する親族等を介護等したこと
・妊娠していたこと及び出産後の子を養育したこと

(i) **本件事故を契機として発生した事由**

ア　健康状態の悪化

　本件事故を契機として、避難等対象者の健康状態が悪化した場合、避難生活に伴う精神的苦痛の程度が大きいと考えられる[52]。

イ　同居していた家族が別居したこと

　本件事故に伴う政府指示等に伴う避難により、同居していた家族が別離した場合、家族と共に暮らすこと自体が生活の平穏の一部を構成すると考えられるため、別離に伴う事故前の生活の平穏に対する侵害の程度が大きい。加えて、避難生活においても、助け合って送っていた日常生活を阻害する程度が大きく、避難生活に伴う生活の困難の程度が増大する場合が多いため、精神的損害の内容を判断す

52　具体的な個別事由は以下のとおりである。①事故前からの精神疾患の悪化（公表番号210）、②入院中の避難等対象区域所在の病院が本件事故により閉鎖されたことに伴い転院を余儀なくされた高齢者について、苛酷な避難と環境の変化による心身の状況の悪化（公表番号221）、③警戒区域から避難を余儀なくされたことにより重いうつ病になったこと（公表番号296）、④警戒区域からの避難生活中に要介護1から要介護2に状態が悪化したこと（公表番号332）、⑤ある高齢の避難等対象者が、避難生活により従来の家事・農作業ができなくなったために、体力が低下して要支援2の状況に陥ったこと（公表番号354）、⑥重度の持病があり、避難先で寝たきりとなったこと（公表番号382）、⑦高齢の避難等対象者が、避難先で床ずれを重症化させたこと（公表番号408）、⑧極度の精神的不安定状態となったこと（公表番号437）、⑨持病の悪化（公表番号452-2、452-1）、⑩高齢の避難等対象者が、要支援1から要介護4へ悪化したこと、避難中に負傷や肺炎等を罹患したこと（公表番号492）、⑪要支援2から要介護1へ状態が悪化したこと（公表番号492）。

233

る際の個別事由に該当しうる[53,54]。これには以下のものがある。

① 家族が避難のために別居したこと[55]（事例集202頁）
② 同居していた両親と別に避難せざるを得なかったこと[56]（事例集261頁）

ウ　多数回の避難

避難回数が多い場合，避難に伴う移動が日常生活を阻害し，避難生活に伴う生活の困難の程度が増大する場合が多いため，精神的損害の内容を判断する際の個別事由に該当する（例えば，複数の親族宅への避難を繰り返したことがこれに該当する（事例集253頁）。)[57]。

エ　その他困難な避難生活

中間指針が，避難所等に避難した場合について，その精神的損害を月額12万円として，避難所等以外の場合の月額10万円よりも精神的損害の程度が大きいとしていること（中間指針第2-6-Ⅲ-①）からも示唆されるとおり，特に困難な避難生活を送った場合，避難生活に伴う生活の困難の程度が増大する場合が多いため，精神的損害の内容を判断する際の個別事由に該当しうる[58,59]。

53　なお，家族の一員の事情により家族別離が生じた場合であっても，避難指示等に伴う避難の一部と認定可能であるため，過失相殺等の対象にはならないと考える。

54　そのほか，③警戒区域から避難を余儀なくされたために，仕事や学校などの関係で家族別離を余儀なくされたこと（公表番号266），④父親の仕事による家族の別離（公表番号429-1，429-2）がある。

55　公表番号482-1，482-2参照。

56　この事例では，就労のために，平成24年から避難等対象者が単身赴任となったという事情もある（事例集261頁）。

57　公表番号437，452-2参照。

58　具体例は以下のとおりである。①車椅子で生活してきた避難等対象者が，バリアフリー環境を喪失したこと（公表番号183），②転校先の高等学校になじめなかったこと（公表番号244），③事故後，避難者が要介護となった場合のその家族（公表番号332），④避難中に子らによる付添いを伴う両親の通院回数が増加したこと（公表番号488）である。

59　避難等対象区域の病院で勤務している避難等対象者が，苛酷な勤務状況で勤務したことに伴う精神的損害（公表番号508）については，労働契約上の地位の侵害と整理することも不可能ではない。しかしながら，苛酷な避難過程において労働環境と生活環境を区別することができない状況であったと推測されること，労働契約に基づく地位の侵害（労働契約に基づく労務の提供義務の履行を阻害されたこと）と評価することは事態適合的でないとも思われることから，生活の平穏に対する侵害と考えた（何らかの法的効果を左右するものではないと考える。）。なお，福祉施設等の避難の実際について，相川

234

第4節　生活の平穏に対する侵害（避難指示等）から生じる損害

(ii) **本件事故前から存在する事由**
　ア　持病があったこと
　被害者に本件事故前から持病があった場合，持病に伴って，避難生活に伴う生活の困難の程度が増大するときがあるため，精神的損害の内容を判断する際の個別事由に該当しうる（事例集191頁）。
　イ　障害があったこと
　本件事故前から障害があった場合，障害に伴って，避難生活に伴う生活の困難の程度が増大するときがあるため，精神的損害の内容を判断する際の個別事由に該当しうる。①身体障害を有していたこと（事例集253頁），②介護認定を受けておらず，歩行可能であったものの，後遺症による身体障害があったこと（事例集269頁）等がこれに当たる[60]。
　ウ　要介護状態にあったこと
　要介護状態にあった場合，避難生活に伴う生活の困難の程度が増大するときがあるため，精神的損害の内容を判断する際の個別事由に該当する[61]。
　エ　同居する親族等を介護等したこと
　同居する親族等の介護をしていた場合，避難生活に伴う生活の困難の程度が増大するときがあるため，精神的損害の内容を判断する際の個別事由に該当しうる。避難先において，要介護状態や要支援状態など，介護等を必要とする家族の介護をしたこと[62]等がこれに該当する。
　オ　妊娠していること及び出産後の子を養育したこと
　本件事故時に妊娠しており，出産後，子の世話をしたことに伴い，避難生活に伴う生活の困難の程度が増大する場合があるため，精神的損害の内容を判断する際の個別事由に該当する[63]。

　　祐里奈『避難弱者』（東洋経済新報社，2013年）参照。
60　公表番号208，245，360，410-1，410-2，482-1，490，494。
61　①要介護状態にあること（公表番号150），②認知症のため歩行・会話困難であること（公表番号408），③両目の手術直後の要安静状態での避難を余儀なくされたこと（公表番号491），④要介護2であること（公表番号521-1）。
62　事例集174頁，公表番号245，265，273，310，354，360，375，389，409，410-1，410-2，429-1，429-2，448，488，490，494，521-1など。
63　①避難先で乳幼児2名の世話をしたこと（公表番号275），②妊娠中に避難したこと（公表番号371），③妊娠中に避難した上で，避難先で出産後の乳児の世話をしたこと（公表番号275，371）。

III 避難指示等解除後，相当期間内の権利侵害から発生する損害

　避難指示等が解除されたとしても，直ちに帰還できない場合もあるため，避難指示等の解除後，相当期間[64]は生活の平穏に対する侵害が継続する（中間指針第3-2-Ⅲ）。そのような生活の平穏に対する侵害から生じる損害は，避難しているという事実状態に変化がないので，積極的損害，消極的損害，精神的損害ともに，上記Ⅱと同様であると考えられる。

IV 避難指示等解除後，帰還後，相当期間内の権利侵害から発生する損害

　避難指示等解除後，さらに，帰還した後，相当期間が満了するまでの間は，事故前の状態と比較して，公共設備の回復状況等により，生活の不便など平穏な生活に対する侵害が存在すると考えられる。

1　積極的損害
　積極的損害として，帰還後の交通費の支出の増分がある（「賠償基準の考え方」）。また，いわゆる早期帰還者賠償（平成25年12月20日原子力災害対策本部決定「原子力災害からの福島復興の加速に向けて」）の内容として，①防犯・警備費用の支出，②清掃費用の支出，③交通費の支出の増分等が考えられる。

2　消極的損害
　生活の平穏は，それ自体から利益を生み出さない。したがって，生活の平穏に対する侵害という権利侵害の性質上，消極的損害は発生しないと考えられる。

3　精神的損害
　避難指示等が解除され，避難等対象者が帰還した場合であっても，長期間の不在や，公共設備が復旧されていないことなどにより，従前と同等の生活の平穏を

---

[64] 中間指針等は，旧緊急時避難準備区域においては，避難費用及び精神的損害について，相当期間経過後，特段の事情がある場合を除き賠償の対象とはならないとしている。また，「避難指示等の解除等から相当期間経過後」の「相当期間」は，旧緊急時避難準備区域については平成24年8月末までを目安とする（二次追補第2-1-(2)）。避難指示区域については，1年間を当面の目安とし，個別の事情も踏まえ柔軟に判断するものとする（四次追補第2-1-Ⅲ）。

取り戻すには時間を要するため，生活の不便が生じ，精神的損害が発生すると考えられる[65]。

V　避難の長期化に伴う生活の平穏の侵害から発生する損害

　避難の長期化に伴う生活の平穏の侵害として，以下のとおり精神的損害が発生する。

　帰還困難区域においては，将来にわたって居住を制限することを原則としており，依然として住民の立入りが制限され，本格的な除染や公共設備の復旧等が実施されていないなど，現段階では避難指示解除までの見通しを立てることが困難であり，避難指示が事故後6年を大きく越えて長期化する可能性がある地域が存在する。また，帰還困難区域が大半を占める市町村の居住制限区域及び避難指示解除準備区域においても，除染や公共設備の復旧等の状況によっては，当該市町村内の帰還困難区域と同様に避難指示が長期化する可能性がある地域が存在する（四次追補第2-1備考1）。

　そこで，中間指針等は，帰還困難区域又は大熊町若しくは双葉町の居住制限区域若しくは避難指示解除準備区域については，「長年住み慣れた住居及び地域における生活の断念を見通しのつかない長期間にわたって余儀なくされた精神的苦痛等」について一括して賠償するとした（四次追補第2-1-Ⅰ）[66]。

　これは，避難の長期化に伴う生活の平穏に対する侵害から発生する損害であると考えられる。

65　帰還後，障害者福祉水準の低下に伴い，障害者支援サービス等を受けることができないことに伴う精神的苦痛の発生（公表番号389）は個別事由となる。
66　避難の長期化に伴う生活の平穏侵害を受けた者以外の避難等対象者について，精神的損害の具体的な損害額の合計額は，避難指示解除までの期間が長期化した場合には，賠償の対象となる期間に応じて増加するが，その場合，最大でも避難及び避難の長期化に伴う精神的損害合計額までを概ねの目安とする（四次追補第2-1備考4）。

第5節　生活の平穏に対する侵害（自主的避難等）から生じる損害

I　概　要

自主的避難等に伴う損害の権利侵害は，避難を実行した場合（II），避難せず滞在を継続した場合（III）に区別され，それぞれの権利侵害から，以下のとおり，損害が発生する。

II　自主的避難を実行した場合

自主的避難を実行した場合，自主的避難の実行に伴う生活の平穏に対する侵害から，以下の損害が発生する。

1　積極的損害
自主的避難等から生じる積極的損害は，以下のものを含む[67,68]。

① 自主的避難によって生じた生活費の増加費用を支出したこと（一次追補第2）
② 避難及び帰宅に要した移動費用を支出したこと（一次追補第2）
③ 自家菜園でほぼ自給自足の状態であった場合，野菜や，親戚から無償で譲り受けていた米を市場等で購入しなければならなくなった費用を支出したこと（事例集222頁）
④ 住宅ローンの遅延損害金負担増加分を支出したこと（事例集257頁）

2　消極的損害
生活の平穏は，それ自体から利益を生み出さない。したがって，生活の平穏に対する侵害という権利侵害の性質上，将来得られるであろう利益の喪失（消極的損害）は発生しないと考えられる。

67　公表された事実からは，自主的避難等対象区域に滞在中に支出したものか，避難のために支出したかが明らかでないため，以下では，それらを区別していない。

68　このほか，⑤子らを避難させた際の航空運賃の支出（公表番号219-1，219-2），⑥ペットの検疫費用等の支出（公表番号319），⑦ガソリン代，高速道路料金，オイル交換費用，タイヤ交換費用等の支出（公表番号503-1，503-2）がある。

第5節　生活の平穏に対する侵害（自主的避難等）から生じる損害

3　精神的損害
①避難した妊婦・子ども，②避難した大人（妊婦・子ども以外）について，それぞれ，避難に伴う精神的損害が発生する（一次追補第2）[69]。

Ⅲ　滞在者の場合

1　積極的損害
自主的避難等対象区域に滞在した場合，発生する積極的損害は以下のとおりである。

① 自主的避難等対象区域内に滞在を続けた場合における放射線被曝への恐怖や不安，これに伴う行動の自由の制限等により，正常な日常生活の維持・継続が相当程度阻害されたために費用を支出したこと
② 自主的避難等対象区域での生活において追加的費用（清掃業者への委託費用等）を支出したこと[70]

2　消極的損害
生活の平穏は，それ自体から利益を生み出さない。したがって，生活の平穏に対する侵害という権利侵害の性質上，将来得られるであろう利益の喪失（消極的損害）は発生しないと考えられる。

3　精神的損害
自主的避難等対象区域に滞在した者の精神的損害は，①避難しなかった大人（妊婦・子ども以外），②避難しなかった妊婦・子どもについて，それぞれ，以下の精神的損害が発生する。

(1)　避難しなかった大人（妊婦・子ども以外）について
比較的近距離で原子力発電所の大規模な事故が生じ，自らの置かれている状況について十分な情報がない中で，主として放射線被曝への恐怖や不安やこれに伴う行動の自由の制限等を余儀なくされたことに伴う精神的苦痛が発生した（一次追補第2）。

---

[69] 2012年12月5日付け東京電力プレスリリース「自主的避難等に係る損害に対する追加賠償について」参照。追加的費用についても賠償する。

[70] 2012年12月5日付け東京電力プレスリリース「自主的避難等に係る損害に対する追加賠償について」。

(2) 避難しなかった妊婦・子どもについて

生活圏内の空間放射線量や放射線被曝による影響等に関する情報がある程度入手できるようになった後も，放射線への感受性が高い可能性があることが一般に認識されている状況下で，比較的低線量とはいえ通常時より相当程度高い放射線量による放射線被曝への恐怖や不安を抱き，また，これに伴う行動の自由の制限等を余儀なくされたことに伴う精神的苦痛が発生した（一次追補第2）。

第6節　生命・身体に対する侵害から生じる損害

Ⅰ　概　要

生命・身体に対する侵害等から生じる損害は，生命・身体に対する侵害から生じる損害（Ⅱ）と，生命・身体に対する侵害の可能性から生じる損害（Ⅲ）に分類される。

Ⅱ　生命・身体に対する侵害から生じる損害

1　生命・身体に対する侵害の類型

生命・身体に対する侵害は，①放射線障害，②避難等のための移動中の生命・身体侵害，③避難生活中の生命・身体侵害に分類される。

生命・身体に対する侵害から生じる損害は，以下のとおりである。

(1) 放射線障害

本件事故に係る放射線被曝による急性又は晩発性の放射線障害により，傷害を負い，治療を要する程度に健康状態が悪化し，疾病にかかり，又は死亡した場合である。

(2) 避難のための移動中の生命・身体侵害

避難指示等により避難を余儀なくされたため，傷害を負い，又は治療を要する程度に健康状態が悪化する場合がある（中間指針第3-5）。例えば，ある避難等対象者が，政府による避難指示等を受けて，走って避難したために転倒し受傷した場合など，避難のための移動中に受傷する場合もこれに含まれると考えられる。

(3) 避難生活中の生命・身体侵害

避難指示等により避難を余儀なくされたため，傷害を負い，又は治療を要する程度に健康状態が悪化する場合がある（中間指針第3-5）。これは，避難生活とい

第6節　生命・身体に対する侵害から生じる損害

う特殊な状況における生命・身体に対する侵害を含むと考えられる。

2　生命・身体に対する侵害から発生する損害

上記1(1)から(3)までの生命・身体に対する侵害の類型にかかわらず，生命・身体に対する侵害から生じる損害（損害項目）については，権利侵害の内容は異なるものの，差異を生じないと考える。

(1) 積極的損害

生命・身体に対する侵害から発生する積極的損害は以下のとおりである。

① 治療費を支出したこと（中間指針第3-5-Ⅰ）。具体的事例として，椎間板ヘルニアの悪化による接骨院施術費を支出したことが挙げられる（事例集150頁）[71]。
② 通院交通費を支出したこと（中間指針第3-5-Ⅰ，事例集175頁，同244頁）
③ 薬代を支出したこと（中間指針第3-5-Ⅰ）
④ 葬儀費用等を支出したこと[72]
⑤ その他関連費用を支出したこと[73]

(2) 消極的損害

消極的損害としては，入通院のための休業損害のほか，後遺障害に伴う逸失利益，及び死亡に伴う逸失利益の発生がある[74]。

(3) 精神的損害

生命・身体に対する侵害から生じる精神的損害は以下のとおりである。

(ⅰ) 入通院慰謝料

被害者が，生命・身体を侵害され，入通院する程度の侵害を負った場合，その程度に応じた精神的苦痛が発生する（事例集175頁，同244頁）[75]。

---

[71] このほか，旧警戒区域から避難中の平成24年3月に心筋梗塞を発症し，治療費を支出したこと（公表番号509）がある。
[72] 具体例として，①葬儀費用を支出したこと（公表番号148，284，332，543-1），②葬儀費用の増加分を支出したこと（公表番号295）が挙げられる。
[73] 具体例として，①入院費を支出したこと（公表番号148），②入院雑費を支出したこと（公表番号148），③文書費を支出したこと（公表番号148）が挙げられる。
[74] 死亡に伴う逸失利益として，公表番号268参照。
[75] 生命・身体に対する侵害から生じる精神的損害（入通院慰謝料）には，①身体の自由の制限から生じる精神的苦痛という要素と②身体の完全性に対する侵害による精神的苦痛という要素がある（湯川浩昭「慰謝料の斟酌事由」南敏文＝大嶋芳樹＝田島純蔵編『民

241

(ii) 死亡・後遺障害慰謝料

　本件事故に起因して，被害者が死亡した場合や後遺障害が発生した場合，その精神的苦痛について精神的損害が発生する[76]。

III　生命・身体に対する侵害の可能性から生じる損害

1　意　義

　生命・身体という権利・法益の重大性，及び，放射線は不可視のまま身体を侵襲する可能性があるという侵害態様に照らすと，生命・身体に対する侵害の可能性は，法律上保護に値するものと解される（第1章第6節）[77]。

　その損害項目は以下のとおりである。

事弁護と裁判実務⑤　損害賠償 I（自動車事故・労働災害）』（ぎょうせい，1997年）459頁，「交通事故慰謝料算定の原状と展望（算定基準研究部会慰謝料小部会研究論文）」東京三弁護士会交通事故処理委員会編『交通事故訴訟の理論と展望』（ぎょうせい，1993年）482頁〔宮崎治子執筆〕）。佐々木一彦「東京地裁民事交通部における慰藉料算定基準」判タ257号（1971年）26頁参照。

[76] 具体的な事例は以下のとおりである。①避難した患者が本件事故による医療水準の低下等が原因で平成23年3月に死亡したこと（公表番号268），②警戒区域内の病院に入院中に本件事故が発生し，これに伴う医療水準の低下により平成23年3月に死亡したとみられること（公表番号271），③警戒区域内に居住し，本件事故により避難を余儀なくされ，避難生活中に体調を悪化させ，平成23年10月に死亡したこと（公表番号391），④身体に障害があり要介護5の状態で自主的避難等対象区域内の介護施設に入所していたが，本件事故により平成23年3月中に施設から自主的避難し，避難生活中に体調を悪化させ，平成23年6月に死亡したこと（公表番号395），⑤警戒区域内の病院に入院中に本件事故が発生し，転院を重ねて平成23年5月に死亡したこと（公表番号401-2），⑥入所中の避難等対象区域の老人ホームから避難し，避難による体力の低下等に伴い肺炎を発症し，平成23年5月に死亡したこと（公表番号447），⑦リハビリのため入所中の旧警戒区域内の施設から避難し，避難による体力の低下等に伴い肺炎を発症し，平成23年10月に死亡したこと（公表番号456），⑧寝たきりの状態（要介護5）で警戒区域内から避難し，長時間の避難移動等による体調悪化により平成23年3月下旬に死亡したこと（公表番号534），⑨入院中の旧緊急時避難準備区域内の病院から避難し，避難に伴い肺炎を発症して平成23年4月に死亡したこと（公表番号543-1）。

[77] また，検査費用（物）（中間指針第3-9）については，物についても究極的には放射線等の人体への悪影響が懸念されているのであるから，生命・身体への侵害の可能性を権利・法益の侵害と理解することもできよう。

2 損害項目
(1) 積極的損害
① 検査費用(人)の支出（中間指針第3-1）
② 検査費用(物)の支出（中間指針第3-9）
(2) 消極的損害（逸失利益）
放射線被曝の可能性がある人又は物の検査のために休業した場合には，当該休業に伴い消極的損害が生じるときがある。
(3) 精神的損害
生命・身体に対する侵害の可能性が存在する場合，精神的損害が認められうると解される。もっとも，それは，第一次侵害である「生活の平穏」に対する侵害による精神的損害（前記第4節）によって評価されていない精神的苦痛が存在する場合などに限定されると考えられる。

第7節　労働契約上の地位の侵害から生じる損害[78]

I　概　要

労働契約上の地位に対する侵害は，以下の4つの類型に分けられ，それぞれの権利侵害から損害が発生する。

1つ目は，避難指示等に伴う避難により，労働者の避難先と就業場所との間の物理的距離が拡大したなどの理由で，労働契約は終了していないものの，就労の全部又は一部が不能になった場合である。

2つ目は，避難等対象区域内の事業者の営業利益侵害（第9節）や風評被害に伴う営業利益侵害から，労働契約は終了していないものの，さらに就労の全部又は一部の不能が派生する場合である（間接被害・後続侵害）。

3つ目は，避難等対象者が，避難指示等が解除された後，避難等対象区域内に帰還した場合に，なお就労不能の状態が継続する場合である（後続侵害）。

4つ目は，上記3つの侵害類型から，さらに，解雇されるなど，労働契約の終了に至った場合である（間接被害・後続侵害）。

---

[78] 契約上の地位の侵害から生じる損害の具体的事例として，請負契約上の地位の侵害に関して以下のものがある。旧緊急時避難準備区域を建築場所とする住宅建築請負契約が原発事故により解除されたことに伴い，請負人たる申立人（いわき市所在）に生じた部材の購入・制作費用相当額が賠償された（公表番号369）。

このような労働契約上の地位の侵害から生じる損害について，積極的損害（Ⅱ），消極的損害（Ⅲ），精神的損害（Ⅳ）に分けて，以下，説明する。

Ⅱ 積極的損害

労働契約上の地位に対する侵害から生じる積極的損害（追加的費用）として以下のものがある。

① 避難等対象区域内にあった勤務先が本件事故により移転，休業等を余儀なくされたために労働者が配置転換，転職等を余儀なくされた場合に負担した転居費用，通勤費の増加分等の支出（中間指針第3-8備考7）
② 避難等対象区域内に係る避難等を余儀なくされた労働者が負担した通勤費の増加分の支出（中間指針第3-8備考7）
③ 増加ガソリン代から通勤手当を差し引いた額の一定期間分[79]の支出（事例集180頁）
④ 再就職活動にかかる費用の支出

Ⅲ 消極的損害

1 基本的な考え方

労働契約上の地位を侵害された場合，そのような権利・法益に対する侵害から生じる給与等の減収（逸失利益）について，原子力損害賠償請求権が成立する。

例えば，避難指示等に伴う避難のために，就業場所から物理的に離れてしまったことにより，就業できず減収が生じた場合，当該減収は損害に該当する。具体的には，本件事故時に就業により100の収入を得ていた者が，避難指示等に伴う避難により20の収入になった場合や，本件事故により解雇された場合に，減収分についてそれぞれ逸失利益（一種の休業損害）[80]が発生する。

---

79 通勤手当を控除する点については、差額説的発想からなされたものと理解することも、損益相殺・損益相殺的調整と理解することもできる。
80 交通事故損害賠償実務では、症状固定後については、後遺障害に伴う労働能力喪失を理由として、将来にわたって逸失利益を算定する。例えば、ある後遺障害により30%の労働能力を失ったとして、就業可能な年齢までの逸失利益の合計に30%を乗ずるなどにより逸失利益を算定する。これは、症状固定前の休業に伴う減収と区別される。すな

2 特別の努力
(1) 問題状況

二次追補は，本件事故の特殊性として，①突然かつ広範囲に多数の者の生活や事業等に被害が生じた点があり，被害者が営業・就労を行うことが通常より困難な場合がありうること，また，②これらの営業・就労によって得られた利益や給与等を一律にすべて控除すると，こうした営業・就労をあえて行わない者の損害額は減少しない一方，こうした営業・就労を行った者については，営業・就労を行うほど賠償される損害額は減少することから，当該利益や給与等について，一定の期間又は一定の額の範囲を「特別の努力」によるものとして損害額から控除しない（二次追補第2-2-Ⅱ，同第2-2備考3）。

このように，消極的損害の算定に当たって，二次追補は，本件事故後に，被害者が減収の被害を受けた後，「特別の努力」により収入を得た場合，本件事故による減収から本件事故後の収入を控除しないとした。

例えば，本件事故時に就業により100の収入を得ていた避難等対象者が，避難指示等により解雇され，収入がなくなった場合で，本件事故後に特別の努力により再就職し，70の収入を得たとき，消極的損害は，100－70＝30ではなく，100となる（70を控除しない。）。

(2) 伝統的な考え方からの帰結

伝統的な差額説によれば，生命・身体侵害から発生する財産的損害の算定において，不法行為がなかったと仮定したならば被害者が置かれているであろう財産の総体と，不法行為の結果として被害者が置かれている財産の総体の差を損害と把握する[81]。労働契約上の地位の侵害についても，生命・身体侵害から生じる休業損害に類するものとして，同様に解される。

このような考え方からすれば，消極的損害の算定に当たって，被害者が，本件事故後に減収の被害を受けた後，就業により収入を得た場合，本件事故による減

わち，本件事故による就労不能等に伴う損害は，交通事故損害賠償における症状固定前の休業損害に相当すると考えられる。さらに，休業損害は，交通事故による受傷の性質上，完全に休業した状態を前提としていると考えられるのに対して，本件事故に伴う就労不能等に伴う損害は，完全に休業せざるをえない事情はなく，むしろ，避難指示等の政府指示に伴い物理的に就労場所に立ち入れないなどの原因で発生するという点で，交通事故損害賠償と異なっていると考えられる。

81　前掲・於保『債権総論（新版）』135頁。潮見佳男「不法行為における財産的損害の「理論」——実損主義・差額説・具体的損害計算」法曹時報63巻1号（2011年）11頁。

<図 2-5-6：特別の努力>

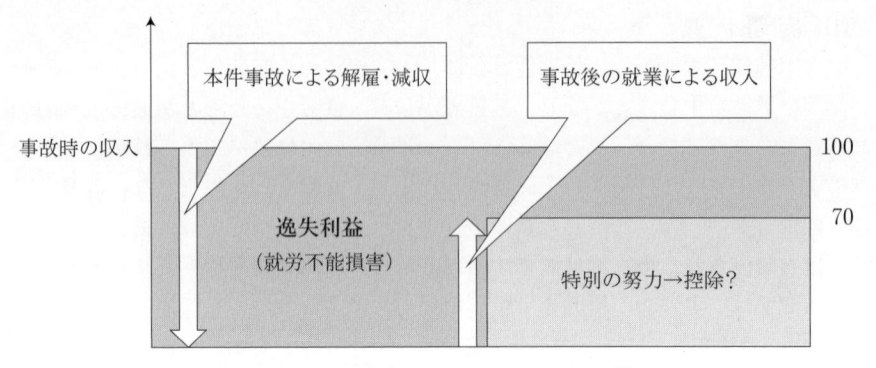

（図：事故時の収入100、本件事故による解雇・減収、逸失利益（就労不能損害）、事故後の就業による収入、70、特別の努力→控除？）

収は，事故後の収入を控除して計算されると考えられる[82]。二次追補が，いわゆる就労不能損害・営業損害を受けた者において，本件事故後の営業・就労（転業・転職や臨時の営業・就労を含む。）によって得られた利益や給与等があれば，これらの営業・就労が，本件事故がなければ従前の事業活動のために行われていたものである限り，損害額から控除するのが原則であるとするのも同旨と考えられる（二次追補第 2-2 備考 3）。

(3) 昭和 56 年最高裁判決とその射程

最高裁判決は，被害者が交通事故により後遺障害を受けたものの減収がないという事案において，後遺障害の程度が軽微であって，しかも被害者が従事する職業の性質からみて現在又は将来における収入の減少も認められないという場合には，例えば，事故の前後を通じて収入に変更がないことが被害者において労働能力低下による収入の減少を回復すべく特別の努力をしているなど事故以外の要因

---

[82] これに関連して，損害事実説においては，損害は，不法行為により被害者の権利・法益に生じた不利益な事実とされるところ，事実面での不利益が被害者に生じたか否かを判断するに当たって，事実状態の差をとる作業は不可欠である。したがって，ここでの問題状況は，損害事実説でも同様である（前掲・潮見「不法行為における財産的損害の「理論」」16頁脚注 27）。ここで，避難等対象区域内で飲食店をしていたが，移転後に飲食店を再開し減収がない場合に，差額説では損害がないことになるが，損害事実説に従い，事故により福島市に移転したという事実自体を損害と捉えるべきであるという見解がある（関義央「福島第一原発事故と原子力損害賠償法」現代密教 23 号（2012 年）119 頁）。しかしながら，①損害事実説を採用したとしても，損害把握の出発点として不利益状態・事実状態の差に着目せざるを得ないこと，②依然として，損益相殺・損益相殺的調整の問題は残ること，③金銭的評価又は損益相殺の問題として，事故後の収入の保持を認めるとして，その正統化根拠は何かがさらに問われることになると思われる。

第 7 節　労働契約上の地位の侵害から生じる損害

に基づくものであって，このような要因がなければ収入の減少を来たしているものと認められる場合など，後遺症が被害者にもたらす経済的不利益を肯認するに足りる特段の事情がない限り，労働能力の一部喪失を理由とする財産上の損害は認められないとした（最判昭和 56 年 12 月 22 日民集 35 巻 9 号 1350 頁）。

　これを受けて，下級審裁判例の中には，特別の努力などの特段の事情があるとして，事故後の収入の回復等を理由に損害賠償額を減額しないものもある[83]。

　ここで，昭和 56 年最判の射程を検討する。一方で，昭和 56 年最判は，権利侵害と損害の発生を区別しており，身体侵害という権利侵害はあるが減収がない場合，特別な努力があれば損害があり，特別な努力がなければ損害はないとしたものと考えられる。他方で，本件事故に関し，「特別の努力」で問題となっている事例では，労働上の地位の侵害による就労不能という権利侵害はあるものの，給与等の減少はないという事例は多くはないと推測される（権利侵害と損害の発生が重複している。）。そうだとすれば，両者は対象としている事案が異にすると考えられる。したがって，事故後の減収がない場合に，原則として損害賠償請求権は発生しないとした昭和 56 年最判の射程は直ちに及ばないと考える。

(4)　差額把握の基準時

　以上の議論は，事故後の収入を損害計算に算入することを前提としてきた。そこで，別のアプローチとして，差額を把握する基準時について，不法行為後の展開を考慮に入れず，不法行為の直前と直後の財産状態の差として把握できないか。

　損害としての差額を把握する基準時について，2 つの考え方がある。1 つは，差額計算の時点を不法行為前後の時点での財産の差に求める考え方であり，もう 1 つは，将来の財産状態の展開をも考慮に入れた財産の差に求める考え方である。

---

[83] 大阪地判平成 15 年 7 月 16 日交民 36 巻 4 号 930 頁，大阪地判平成 15 年 8 月 27 日交民 36 巻 4 号 1076 頁，東京地判平成 20 年 5 月 21 日交民 41 巻 3 号 630 頁。その他，特別の努力又はこれに類するものに言及するものとして，徳島地判昭和 59 年 3 月 7 日交民 17 巻 2 号 361 頁（後遺障害（45％ の労働能力喪失）が発生したところ，事故前よりも月額 1 万円低い額を得ているが，生計維持のため常時腰部にコルセットを着用したまま腰痛に耐えながら稼働しているという特別の努力があるとした事例），大阪地判平成 10 年 7 月 3 日交民 31 巻 4 号 1012 頁（減収はないが，右手だけの作業で能率が低くなったのを懸命に努力して同じ仕事量をこなして減収を免れた事例），大阪地判平成 13 年 11 月 30 日交民 34 巻 6 号 1567 頁，東京地判平成 20 年 3 月 11 日交民 41 巻 2 号 271 頁（後遺障害による痛みやしびれなどを我慢して稼働することによって減収を防止した事例）。他に，大阪地判平成 21 年 1 月 13 日交民 42 巻 1 号 19 頁，岡山地判平成 21 年 8 月 27 日交民 42 巻 4 号 1112 頁，東京地判平成 21 年 12 月 10 日交民 42 巻 6 号 1600 頁参照。

伝統的な差額説によれば，損害とは，不法行為がなかったと仮定したならば被害者が置かれているであろう財産の総体と，不法行為の結果として被害者がおかれている財産の総体の差を損害と把握し，将来の財産状態の展開をも考慮に入れた財産の差額を意味する。この考え方によれば，「特別の努力」が問題となる事例において，損害そのものが事故後の収入を控除後の金額として把握されることになる[84]。

これに対して，差額計算の時点を不法行為前後の時点での財産の差に求める考え方によれば，本件事故後に，被害者が減収の被害を受けた後，「特別の努力」により収入を得た場合，不法行為後の労務の提供による収入の回復を差額計算から排除することが可能である。

しかしながら，このような考え方[85]は少数であり[86]，また，ここで検討しているような総体財産ではなく，投資取引・消費者取引のような個別財産に対する侵害が問題となる場面で採用されているため[87]，ここで問題となっているような労働契約上の地位の侵害の場面では妥当しないと考えられる。

(5) 損益相殺による調整
(i) 損益相殺の可能性

そこで，別のアプローチとして，事故後の収入の回復が問題となっている事例において，損害が発生しているとした上で，事後的に得た収入について損益相殺の可否の問題として捉えられないか。

ア 損益相殺・損益相殺的調整の定義

ここで，損益相殺とは，被害者が不法行為によって損害を受けると同時に，同一の原因によって利益を受けた場合には，損害と利益との間に同質性がある限り，その利益の額は賠償されるべき損害額から控除されることをいう。また，損益相殺の要件の1つである，「損害と同質性を有する利益であること」という要件を満たさない場合であっても，損害額が縮減される場合がある（損益相殺的調整という（第3部第2章参照）。）。

イ 差額説と損益相殺

伝統的な差額説において，損害である財産状態の差を把握するに当たり，差額計算において，不法行為後のプラス面の変化の把握について2つの考え方がある。

---

84 したがって，損害は発生するとしつつ損益相殺等で調整することはできないこととなる。
85 中島玉吉『民法釈義巻之三　債権総論上』（金刺芳流堂，1921年）501頁。
86 前掲・潮見「不法行為における財産的損害の「理論」」11頁参照。
87 東京地判平成20年4月24日判時2003号10頁。

1つは、被害者の財産状態に生じた不法行為後のマイナス面のみの変化を差として把握する考え方であり、もう1つは、不法行為後のマイナス面に加えてプラス面を控除して差として把握する考え方である。マイナス面のみの変化を差として把握する考え方によれば、不法行為後の収入の回復は損害として把握されないこととなる（損益相殺の問題は残る。）。

ここで、ある最高裁判決において示された田原睦夫裁判官の意見によれば、損害把握における差額計算と損益相殺は、その根拠、意義について区別することができる[88]。そして、被害者の得た利益は、それが不法行為を原因として被害者のもとで生じたのではなくて、不法行為のための手段として被害者に供与された利益である限りで、損害要件のもとで差額計算に統合されると解される[89]。

このような考え方からは、本件事故後に、被害者が減収の被害を受けた後、「特別の努力」により収入を得た場合、不法行為のための手段として被害者に供与された利益であるとは言えないため、損害要件（差額）で把握されないと考えられる（損益相殺の問題となる。）。

(ii) **損益相殺の適用**

したがって、上記(i)において、①被害者の財産状態に生じた不法行為後のマイナス面のみの変化を差として把握する考え方からも、②不法行為後のマイナス面に加えてプラス面を控除して差として把握する考え方からも、損益相殺が問題となる。

ア　損益相殺の2類型

損益相殺において利益控除の可否が問題となるものには、2つの類型がある[90]。

88　最判平成20年6月10日民集62巻6号1488頁における田原睦夫裁判官の意見（加害者が、著しく高利の貸付けという形をとって被害者から元利金等の名目で違法に金員を取得し、多大の利益を得るという反倫理的行為に該当する不法行為の手段として、被害者に対して貸付けとしての金員が交付されたという場合で、当該被害者に交付された金員を損害額から控除するかが問題となった事案）、最判平成20年6月24日判時2014号68頁（上記とほぼ同様の事案）における田原睦夫裁判官の反対意見参照。潮見佳男「差額説と損益相殺」法学論叢164号（2009年）105頁参照。

89　前掲・潮見「不法行為における財産的損害の「理論」」54頁。侵害された権利・法益の価値の評価に不可欠なものは、「損害」要件のもとに取り込まれ、評価の対象となる。このような「利益」を控除することは、「損害」評価の問題であって、損益相殺の問題ではない。これに対して、侵害された権利・法益の価値の評価にとって不可欠ではないが、不法行為を契機として被害者に生じた「利益」については、利得禁止の理念のもとでの検証を経て控除の可否が判断される（前掲・潮見「差額説と損益相殺」132頁）。

90　前掲・潮見「差額説と損益相殺」128頁。

第1に，被害者が第三者から受けた利益が被害者の損害を填補する性質であるために，損益相殺が問題になる場合である。この場合には，二重利得の禁止という意味で利得禁止の理念が妥当し，権利・法益の原状回復の理念と共通の基礎を有する。ここでは，損害と利益の同質性が肯定される場合に損益相殺の対象となる[91]。

　第2に，加害者の行為を契機として被害者が受けた利益が被害者の損害を填補する性質を有しないにもかかわらず，損益相殺が問題となる場合である（例えば，所得税の控除や養育費の控除が問題とされる場合）。この場合，利得禁止の理念と結びつけられた損益相殺の制度は，不法行為損害賠償法が原状回復の理念と結びつけて，損害要件のもとで考慮しようとしていたのとは異質の観点から，第1の利得禁止の観点と併せて2段階の規範的な評価がなされることとなる[92,93]。

　イ　本件事故の「特別の努力」

　本件事故後に，被害者が減収の被害を受けた後，「特別の努力」により収入を得た場合については，以下のとおり考えられる。

　まず，本件事故後の再就職による収入の回復という被害者の受けた利益が，損害を填補する性質であるかについては，同じ雇用者との間の労働契約ではないとしても，労働力を提供して対価を得るという点で損害を填補する性質を有すると捉えることが可能であると考える。また，給与等は，同じ労働力の提供の対価であるから，同質性が肯定される。

　そうだとすれば，本件事故後の再就職等による収入については，就労不能等に

91　前掲・潮見「差額説と損益相殺」128頁。

92　利得禁止の理念と原状回復理念が表裏一体であると一般的にいうことはできない。というのは，損益相殺について利得禁止の理念に結びつけられて「利益」控除の可否が問題とされている事例には，併行給付のように「二重利得の禁止」という意味において利得禁止の理念が妥当する場合だけでなく，加害者の行為を契機として被害者が受けた「利益」が被害者の「損害」を填補するという性質のものではないにもかかわらず，損益相殺の対象とすべきではないのかという問題があるからである（所得税控除・養育費控除の場合。前掲・潮見「不法行為における財産的損害の「理論」」56頁）。

93　①不法行為を契機として被害者が得た利益ではあるものの，権利・法益の有する価値を体現していないもの（損害との重複という観念を入れることができないもの）を被害者が保持することが正当化されるか否かの判断をする。次に，②そのような被害者の利益保持が正当化されない場合には，これを損害からの利益控除（＝損益相殺）の方法により加害者に移転すべきか否かの判断を担っていると解される（前掲・潮見「不法行為における財産的損害の「理論」」57頁）。

第 7 節　労働契約上の地位の侵害から生じる損害

伴う逸失利益から控除される帰結となると考えられる[94]。

　ウ　規範的な損益相殺

　これに対して，二次追補は，「本件事故には突然かつ広範囲に多数の者の生活や事業等に被害が生じたという特殊性があり，被害者が営業・就労を行うことが通常より困難な場合がありうる。また，これらの営業・就労によって得られた利益や給与等を一律にすべて控除すると，こうした営業・就労をあえて行わない者の損害額は減少しない一方，こうした営業・就労を行うほど賠償される損害額は減少することになる」として，特別の努力による収入を損害から控除しない（二次追補第 2-2 備考 3）。

　これは，①避難指示等により就労することが困難な状況下で就労したことについて，就労しなかった被害者との均衡や，②事故後の収入の回復を損害から控除すると，加害者である原子力事業者の損害賠償額が減額される結果となることとの均衡，さらには，③就業を促進することにより，被害者本人及び被害地域の被害を回復するという政策的な目的に照らして，被害者に発生した減収から控除しないという，政策的な判断をも取り込んだ新たな類型の規範的な損益相殺禁止であると考えられる[95,96]。

94　仮に，被害者の受けた利益が損害を填補する性質ではないと考えた場合，第 1 段階について，損害把握の重複という観念を入れることができないか，という点が問題となろう。第 2 段階について，被害者が利益を保持することの正当性については，二次追補の考え方からは，肯定されると考える。

95　以下の見解も，損益相殺，損害の把握において不法行為後の事情を規範的に加味して損害賠償額を決定する点で，同じ方向性であると考える。すなわち，例えば，人身事故の後に被害者が減収を防ぐべく努力したとか，別原因により被害者が死亡したというように権利侵害又は法益侵害後の不利益状態に変動があった場合は，不法行為による権利侵害時から口頭弁論終結時までに観念されうる被害者の様々な不利益状態に対し，それが賠償範囲に入ると判断されれば規範的評価を行うことが重要であり，口頭弁論終結時までの「プロセスにおける不利益状態」を類型ごとに規範的かつ金銭的に評価したものを捉えるのが事態適合的であるという見解がある（水野謙「損害論の現在――権利侵害ないし法益侵害との関係に着目して」ジュリスト 1253 号（2003 年）198 頁）。

96　さらに，本件事故に係る損害賠償実務においては，一定額以上の収入を得ていた場合には特別の努力による非控除額を制限し，上限 50 万円としている（平成 25 年 6 月 10 日付け東京電力プレスリリース「就労不能損害における算定方法（「特別の努力」の適用）の見直しについて」，総括基準）。一定額は，総括基準によれば 30 万円（ただし，東京電力の立場の公表後に 50 万円とした。），東京電力によれば 50 万円とされる。

IV 精神的損害

労働契約上の地位の侵害から精神的損害が発生する可能性がある。もっとも，多くの場合は，生活の平穏に対する侵害から生じる精神的損害など，他の権利侵害から生じる精神的損害の算定において，一体として評価されている場合が多いと考えられる[97]。

第8節 財物の所有権等に対する侵害から生じる損害

I 概　要

避難等対象区域に所在する財物のうち，①避難指示等による避難を余儀なくされたことに伴い，避難等対象区域内の財物の管理が不能等となったため，財物の価値の全部又は一部が失われた場合，②財物の価値を喪失又は減少させる程度の量の放射性物質に曝露した場合，③財物の種類，性質及び取引態様等から，平均的・一般的な人の認識を基準として，本件事故により当該財物の価値の全部又は一部が失われたと認められる場合（中間指針第3-10），財物の所有権等に対する侵害が認められる[98]。

---

[97] これに対して，避難等対象区域外に居住して，避難等対象区域内で就労していた者については，他の権利侵害から生じる精神的損害では評価されていない可能性があると考えられる。

[98] 財物の所有権等の侵害の可能性から生じる損害は，これらと区別される。避難等対象区域内にあった商品を含む財物について，当該財物の性質等から，検査を実施して安全を確認することが必要かつ合理的であると認められた場合には，所有者等の負担した検査費用は必要かつ合理的な範囲で賠償すべき損害と認められる（中間指針3-9）。避難等対象区域内の財物の管理が不能等となり，又は放射性物質に曝露することにより，その価値が喪失又は減少することを予防するため，所有者等が支出した費用は，必要かつ合理的な範囲において賠償すべき損害と認められる（中間指針第3-10）。第1に，積極的損害については，(1)検査のための費用として，①検査費用，②検査のための運送費，③検査のための付随費用が損害となりうる。また，(2)予防費用として，避難等対象区域内の財物の管理が不能等となり，又は放射性物質に曝露することにより，その価値が喪失又は減少することを予防するため，所有者等が支出した費用（中間指針第3-10）を支出した場合，当該費用は損害となりうる。第2に，消極的損害（逸失利益）については，放射線被曝の可能性がある人又は物の検査のために休業した場合には，当該休業に

第8節　財物の所有権等に対する侵害から生じる損害

以下では、まず、財物の所有権等に対する権利侵害の態様に応じて、滅失（Ⅱ）と毀損（Ⅲ）を区別する。また、所有権等に対する侵害から発生する精神的損害については、滅失・毀損をあわせて記載する（Ⅳ）。加えて、借地権に対する侵害から生じる損害について説明する（Ⅴ）。さらに、いわゆる住居確保損害、建替費用損害については、生活の平穏及び財物の所有権等に対する侵害が不可分に結合した権利・法益に対する侵害と考えられるため、上記と区別する（Ⅵ、Ⅶ）。

<表2-5-2：所有権等の侵害から発生する損害項目>

権利侵害の内容	積極的損害	消極的損害	精神的損害
所有権等（滅失）	①客観的価値の喪失 ②解体費用を支出したこと ③その他費用を支出したこと	逸失利益 （例：休車損害）	物に対する特別の愛着がある場合
所有権等（毀損）	①客観的価値の下落 ②原状回復費用を支出したこと ③解体費用を支出したこと ④その他費用を支出したこと	逸失利益 （例：休車損害）	物に対する特別の愛着がある場合
所有権等及び生活の平穏に対する侵害	①住居確保損害	―	（避難の長期化に伴う精神的損害）

さらに、損害事実説に従い、権利侵害・損害の事実と金銭的評価を区別する観点から、滅失・毀損と、全損・一部損（部分損）を区別する（図2-5-7）。この考え方からは、二次追補が帰還困難区域所在の財物について全損としたもののうち、当該財物自体が物理的に消失していなければ毀損に該当し、全損とされることは金銭的評価（第7章）と理解される。

Ⅱ　財物が滅失した場合[99]

例えば、避難指示等に伴う長期間の管理不能により建物が倒壊する場合など、

　　ついて消極的損害が生じるときがある。第3に、精神的損害については、物に対する侵害の可能性について、精神的苦痛が発生する可能性は否定できない。もっとも、多くの場合には、生活の平穏に対する侵害から生じる精神的損害等と併せて評価されると考えられる。

[99]　主として交通事故損害賠償の物損について、田島純蔵「車両損害」塩崎勤＝園部秀穂編『新・裁判実務大系(5)　交通事故訴訟』（青林書院、2003年）240頁、蛭川明彦「改造車における修理費用及び車両価格の算定」日弁連交通事故相談センター東京支部編『民事交通事故訴訟　損害賠償算定基準（2005年）』（日弁連交通事故相談センター、2005年）153頁、園高明「物損の価格賠償についての一考察」法律のひろば別冊『交通事

<図 2-5-7：滅失・毀損と全損・一部損>

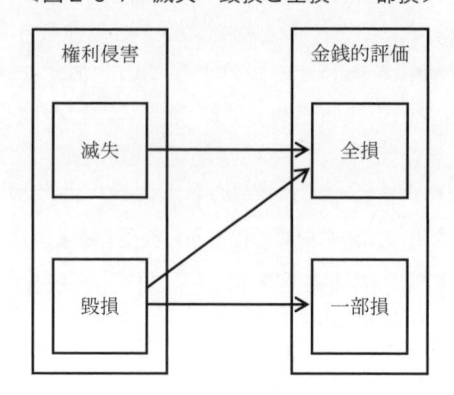

```
  権利侵害          金銭的評価

   ┌─────┐        ┌─────┐
   │ 滅失 │───────→│ 全損 │
   └─────┘    ╱   └─────┘
           ╱
   ┌─────┐╱       ┌─────┐
   │ 毀損 │───────→│一部損│
   └─────┘        └─────┘
```

　財物が物理的に消失した場合，当該財物について滅失したという権利侵害又は損害が発生する。

　財物のうち，土地は物理的に消失することはないから，土地について滅失という権利侵害又は損害は発生しない。これに対して，管理不能により建物が朽廃した場合[100]，動産（在庫など）が腐敗した場合などに，滅失という権利侵害又は損害が発生する。言い換えれば，建物が建っている場合，滅失ではない。

　財物が滅失した場合の損害項目は以下のとおりである。

1　積極的損害(1)（客観的価値の喪失）

　例えば，建物が倒壊するなど，財物が物理的に消失した場合，当該財物について客観的価値が喪失するという損害が発生する。財物が滅失した場合，その財物の事故時の交換価格が損害となる（大連判大正 15 年 5 月 22 日民集 5 巻 386 頁〔富貴丸事件〕）[101]。

　　賠償の再構築』（2009 年）115 頁，影浦直人「評価損をめぐる問題点」日弁連交通事故相談センター東京支部編『民事交通事故訴訟　損害賠償算定基準（2002 年）』（日弁連交通事故相談センター，2002 年）295 頁，園高明「物損事故の原状回復」東京三弁護士会交通事故処理委員会編『交通事故訴訟の理論と展望』（ぎょうせい，1993 年）367 頁，磯邉裕子「車両損害をめぐる諸問題（上）」判タ 1392 号（2013 年）20 頁，同「車両損害をめぐる諸問題（下）」判タ 1393 号（2013 年）21 頁，宮川博史「物損の損害賠償額」塩崎勤編『交通損害賠償の諸問題』（判例タイムズ社，1999 年）418 頁。
100　旧借地法 2 条参照。
101　損害賠償額の算定とは別に，損害賠償の算定時も問題となる。

2 積極的損害(2)（原状回復費用その他費用支出）

(1) 原状回復費用
財物が滅失した場合，当該財物の原状回復・修理は不可能であるため，原状回復・修理費用は発生しない。

(2) 再調達費用
財物が滅失した場合であって，同種同等の財物を取得するために再調達費用を支出したとき，そのような費用の支出は積極的損害に該当する。

(3) 解体費用その他費用
例えば，建物が滅失したことにより，建物の残存物を解体するために解体費用を支出した場合など，滅失した財物に関連して費用を支出した場合，そのような費用の支出は積極的損害に該当する。

3 消極的損害
財物が滅失した場合，当該財物を利用することができた価値，すなわち使用価値について損害が発生する。もっとも，財物が滅失した場合，賠償される財物の価値の中にその物の使用収益の価値が含まれているから，使用収益の価値の喪失については損害とならない（前掲・大連判大正15年5月22日）。

III 財物が毀損した場合

例えば，避難指示等に伴い，財物の所有者・使用者が長期間不在にしたことにより，建物の一部が損傷を受けた場合や，財物が放射性物質に被曝した場合など，財物が毀損したとき，当該毀損は，財物の所有権等に対する権利侵害又は損害に当たる。

このような権利侵害から生じる損害項目は以下のとおりである。

1 積極的損害(1)（客観的価値の下落）
財物の毀損によりその客観的価値が下落した場合，その下落分が損害となる（いわゆる評価損）[102]。

---

[102] 評価損とは，通常の場合，修理をしてなお残存する価値の下落をいう（四宮577頁，前掲・田島「車両損害」249頁）。関連して，長期間避難したため管理不能となった盆栽の損害（公表番号269），登録抹消した車に係る財物損害（消費税相当額を含む。公表番号284），旧警戒区域内の墓地・墓石の財物損害等（公表番号439）参照。

2 積極的損害(2)（原状回復費用その他費用の支出）

(1) 原状回復費用（修理費）

財物の管理不能又は放射能被曝等により財物を毀損された場合，毀損部分を修復するために費用を支出した場合，当該支出は積極的損害に該当する。

(2) 再調達費用

財物を毀損され，代替品を取得するために費用を支出した場合，その支出は積極的損害に該当する[103,104]。新品を購入した場合に，当該購入費用について損害賠償請求権が発生するかの問題は，再調達費用について損害が発生し，その上で，別途，損害賠償の範囲が問題となる（新品購入費用全額について損害賠償請求権が成立しない場合がある。第6章第8節参照）。

(3) 代物使用料

財物を毀損されたため，代わりの物（代物）を賃借するために費用を支出した場合，当該支出は，積極的損害となる[105]。本件事故においても，避難等対象区域内の財物が，管理不能又は放射能被曝等により毀損したために代物を賃借した場合が考えられる[106]。

(4) 解体費用

財物の管理不能により，建物等を解体することを避けられない場合（除染のために解体することを避けられない場合を含む。），解体のために支出した費用は，積極的損害となる。

(5) 除染費用

本件事故により放出され，財物に付着した放射性物質を除去する費用（除染費用）を支出した場合，当該費用の支出は積極的損害にあたる（中間指針第3-10-Ⅱ，二次追補第4-Ⅰ）[107]。これは，原状回復費用の一種であると考えられる。ただし，

---

103 東京地判昭和46年7月31日判時640号56頁，名古屋高判昭和52年9月28日判時870号76頁（ただし，上告後，差戻控訴審において責任が否定された。）。前田347頁参照。

104 再調達に関する損害は，通常は，買替差損といわれる。修理が不能である場合など，買替が社会通念上相当と認められる場合には，その価格と売却代金との差額が損害となる（最判昭和49年4月15日民集28巻3号385頁）。

105 東京地判昭和45年7月20日判タ254号275頁。

106 もっとも，避難等対象区域内の建物の毀損については，その所有者は，避難指示等に伴う避難費用として宿泊費用等を請求できるから，実質的には，主として，事業者が償却資産等について代物を賃借した場合にその賃料相当額を請求できる事例が対象となろう。

107 なお，報道によれば，放射性物質（セシウム）が財物に付着した場合，当該セシウムが

第8節　財物の所有権等に対する侵害から生じる損害

他の損害と同様に，原則として，損害賠償の範囲については財物の客観的価値を上限とされる。なお，福島県いわき市所在の土地所有者からの除染費用の請求について権利濫用とした下級審裁判例がある[108]。

無主物であることを理由に，当該セシウムの除去費用が損害に該当しないという見解がある。しかしながら，損害の存否の判断に当たっては，本件事故に起因するセシウム付着による財物価値の減少が存在するかが問題となるのであって，付着物の所有関係は問題とならないと考える。もっとも，付着したセシウムが微量である場合には，権利侵害又は違法性を欠く場合がありうるから，上記見解をそのような意味で理解することも不可能ではない。

[108] 東京地判平成24年11月26日判時2176号44頁。(1)事案の概要は以下のとおりである。本件では，福島県いわき市に存在する土地（以下，本脚注において「本件土地」という。）を所有する原告が，平成23年東北地方太平洋沖地震の影響で被告の保有する福島第一原発から放出された放射性物質によって本件土地が汚染された旨主張し，被告に対し，所有権に基づく妨害排除請求権に基づき，本件土地付近に存在する放射性物質の量を毎時0.046マイクロシーベルトとなるまで除去するよう求めた。(2)争点は，①本件訴えの適法性及び②本件請求が社会的に妥当な範囲を逸脱し権利濫用に該当するかである。(3)裁判所の判断は，請求棄却である。(4)判旨の概要は以下のとおりである。争点①については，本件土地の空間放射線量率を毎時0.046マイクロシーベルトまで除染することがおよそ不可能であるとまで認めるに足りる証拠はないから，本件訴えは適法である。争点②については，以下のとおりである。本件土地の固定資産税評価額及び相続税評価額に照らせば，本件事故前における本件土地の時価は，さほど高額であったとは考えられないこと，本件土地の空間放射線量率は，本件土地付近よりも人口密度の高い福島市役所付近と比較して低い上，本件土地は，現時点において，日常生活や経済活動の場として使用されておらず，今後の使用方針についても明らかではないこと，原告が本件土地取得後長期間にわたって本件土地を事実上使用していなかったことからすれば，少なくとも現時点において，原告において，本件土地を使用しなければならない差し迫った必要性はない。他方で，本件土地の除染を行い，その空間放射線量率を毎時0.23マイクロシーベルトまで低減することですら，17億円以上の費用を要することが見込まれることなどからすれば，原告の請求する毎時0.046マイクロシーベルトまで本件土地の空間放射線量率を低減させるのには相当な困難が伴うことが予想され，仮にそのような作業を実施するとしても，その費用はさらに高額の費用を要する。このように，本件請求の認容に伴う被告の負担は，原告が受けうる利益と比較して，圧倒的に大きいものとならざるを得ず，あまりに不均衡である。次に，本件請求の社会的な影響についてみるに，本件事故によって放出された放射性物質によって汚染された面積が極めて広範囲に及び，かつ，今現在もその影響によって自宅へ帰宅できない被災者が多くいることは公知の事実であるところ，そのような状況下においては，基本方針（筆者注：除染特措法7条に基づき定められた基本方針）が定めるとおり，必要性の高い地域から優先的に除染作業を行うべく除染計画を策定し，除染を行う地域の選定や除染の方法，除去した土壌の処理などに関してきめ細かい措置を実施すべきことは，高度な社会的要請でもある。

(6) その他費用

被害者が，建物の修理等のための一時立入費用その他費用を支出した場合，その費用支出は積極的損害に該当する。

具体例として，自動車の取得に伴う登録費用の支出がある[109]。

3 消極的損害（使用利益＝逸失利益）

財物が毀損されたため，一定の期間使用できないなどの損害が生じた場合には，当該使用できなかったことによる逸失利益が損害に当たる。例えば，営業用車両が毀損した場合の休車損害等がこれに当たる。

IV 精神的損害

1 原　則

民法710条は，損害賠償責任を負う者は，非財産的損害の賠償をしなければならないと規定する。したがって，財物を滅失・毀損された場合にも，非財産的損害，特に精神的損害が発生すると考えることが可能である。

しかしながら，下級審裁判例によれば，財物の所有権等に対する侵害の場合，一般には，被害者が当該財物の財産的損害の填補を受けることによって，財産権侵害に伴う精神的損害も同時に填補されると解される[110]。

2 例　外

もっとも，滅失・毀損された財物の性質，侵害態様から，滅失・毀損した財物

しかるに，必ずしも優先順位が高い土地であるとは認められない本件土地に係る本件請求を認容した場合には，優先度の高い箇所の除染作業に遅れを生じさせたり，除染後の残土を処理する場所が確保できずに二次汚染の危険を生じさせたりするなど，公共の利益を害することも想定される。加えて，本件事故によって，本件土地の経済的価値が下落するなどして損害を被ったのであるならば，原告は，被告に対して損害賠償を求めることが可能である。これらの事情を総合的に勘案すると，本件土地の空間放射線量率が，平成24年4月段階でも基本方針において長期目標とされた追加被曝線量年間1ミリシーベルトよりも高いことや，本件土地の西側約500メートル先に小中学校があることなどを考慮しても，現時点における社会状況下においては，本件請求は権利濫用として許されないと解するのが相当である。

109 公表番号284参照。
110 東京地判昭和29年3月6日下民集5巻304頁など。四宮540頁。塚本伊平「慰謝料(2)——財産権侵害と慰謝料」篠田省二編『裁判実務大系15　不法行為訴訟法　1』（青林書院，1991年）373頁。

第 8 節　財物の所有権等に対する侵害から生じる損害

の損失自体に客観的な精神的苦痛の発生が想定される場合[111]や，被害者が侵害された財物に対して特別の主観的・精神的価値を置いていた場合には，財産的損害以外に精神的損害が発生する（大判明治 43 年 6 月 7 日刑録 16 輯 1121 頁など[112]）。

　下級審裁判例の中には，被害を受けた物が，飼犬・飼猫のような愛玩動物の場合には，これに対する被害者の愛着の情により精神的苦痛が発生し，損害賠償請求権が成立するとしたものがある[113,114,115]。例えば，避難等対象区域内においてペットと暮らしていたところ，避難指示に伴う避難によりペットが死亡した場合については，当該ペットの価値（取得価額など）とは別に飼主に対して精神的損害が発生する（事例集 145 頁）。

V　借地権に対する侵害から発生する損害

　ある土地の上に建物を所有する目的で賃貸借契約が締結されている場合，当該土地（いわゆる底地）について滅失又は毀損が生じたとき，賃貸借契約上の権利（賃借権）に対する権利侵害がある。そのような賃借権侵害から生じる積極的損害として，当該土地の客観的価値の下落に比例して，借地権の価値も下落する[116]。

111　前掲・塚本「慰謝料(2)——財産権侵害と慰謝料」373 頁。
112　谷口知平＝植林弘『損害賠償法概説』（有斐閣，1964 年）47 頁，同 49 頁参照。
113　前掲・塚本「慰謝料(2)——財産権侵害と慰謝料」366 頁。
114　鯉についても，愛玩動物と同様に長年生育してきた場合には，その愛着により精神的苦痛が発生する（前掲・塚本「慰謝料(2)——財産権侵害と慰謝料」371 頁）。
115　樹木については，下級審裁判例では，樹木が損傷を受けただけでは精神的苦痛は伴わないとされており，長年生育して愛情をかけてきたような場合に限られる（前掲・塚本「慰謝料(2)——財産権侵害と慰謝料」366 頁）。
116　借地権価格については，もともと第三者不法行為に対する損害賠償の問題を解決するために唱えられたものではないが，借地人・借地権の経済的利益を示すことに変わりはなく，そのような経済的利益について不法行為に基づく損害賠償請求権が成立する（能見善久「比較法的にみた現在の日本民法——経済的利益の保護と不法行為法」広中俊雄＝星野英一編『民法典の百年 I』（有斐閣，1998 年）647 頁脚注 58）。借地権価格の評価について，竹村忠明『借地借家法と補償』（清文社，1995 年）273 頁，鵜野和夫「借地権価格の評価」塩崎勤＝澤野順彦編『新・裁判実務大系 15　不動産鑑定訴訟法 II』（青林書院，2002 年）3 頁参照。なお，下級審裁判例の中には，路線価上借地権割合 5 割の地域において，借地権割合を 1 割とした評価について重大な誤りがあるとしたものがある（東京高判平成 8 年 12 月 3 日判タ 960 号 284 頁）。

そして，底地については，賃貸借契約に基づき引き渡され，賃借人が底地の上に建物を所有することにより，賃借権に対抗力が生じるから（借地借家法10条1項），土地所有者は，当該底地を自由に使用することができない。したがって，底地の所有者は，所有権の権能（使用権及び処分権）のうち，借地権の価値に伴い使用権を制約されることになるため，1から借地権割合を控除した割合について，権利を保有することとなる。したがって，底地の市場価格が所有者と借地人の間で分属していると考えられる[117]。

Ⅵ　避難の長期化に伴う権利侵害から発生する損害（住居確保損害）[118]

四次追補は，帰還困難区域などについては，将来にわたって居住を制限することが原則とされており，その区域内の立入りは制限され，本格的な除染や公共設備の復旧等は実施されておらず，現段階では避難指示解除までの見通しすら立たない状況であるとして，以下の損害項目について損害が発生するとした（四次追補第2-2-Ⅰ）。移住が合理的であると認められる場合も同様である（四次追補第2-2-Ⅱ）[119]。

① 居住用建物（居住部分に限る。以下「住宅」という。）取得のために実際に発生した費用
② 宅地（居住部分に限る。）取得のために実際に発生した費用
③ ①及び②に伴う登記費用，消費税等の諸費用

117　地上権を有する者は，地上権価格を請求することができる。土地所有者に対しては土地の市場価格から地上権者に賠償する地上権価格を差し引いた額を賠償することとなる（前掲・能見「比較法的にみた現在の日本民法——経済的利益の保護と不法行為法」639頁）。
118　住居確保損害等の算定方法，支払の時期については，住居確保損害等の発生の蓋然性が高いと客観的に認められる場合には，被害者は，住居確保損害を事前に概算で請求することができるものとする（四次追補第2-2-Ⅴ）。
119　四次追補は，75％などの上限の目安を定める。これは，損害賠償の範囲を定めたものと考えられる。したがって，建物の新築時価格との差額75％などを上回った部分についても，損害としては発生しているものと整理される。

Ⅶ 帰還後，住宅の建替えが必要な場合の権利侵害から発生する損害（建替費用損害）

四次追補は，避難指示の解除まで長期間経過していることから，帰還後，住宅の建替えが必要な場合があるとして，以下の損害項目について損害が発生するとした（四次追補第2-2-Ⅲ）[120]。

① 事故前に居住していた住宅の修繕又は建替えのために実際に発生した費用の支出
② 建替えのために要した当該住居の解体費用の支出
③ ①及び②に伴う登記費用，消費税等の諸費用の支出

第9節　営業利益に対する侵害（政府指示等）から生じる損害

Ⅰ　概　　要

本件事故において，従来，避難等対象区域内で事業の全部又は一部を営んでいた者又は現に営んでいる者において，避難指示等に伴い，営業が不能になる又は取引が減少する等，その事業に支障が生じたため，現実に減収があった場合，営業利益の侵害について原子力損害賠償責任が成立する（中間指針第3-7）。出荷制限指示等，航行危険区域の設定等，その他政府指示がある場合も同様である（中間指針第4，第5，第6）。

このような営業利益に対する侵害から発生する損害として，積極的損害（Ⅱ），消極的損害（Ⅲ），非財産的損害（Ⅳ）について，以下説明する。

---

[120] 墓移転費用等が賠償の対象とされた例がある（避難等対象区域所在の墓石等の財物に対する賠償を含む。公表番号222）。

II　積極的損害

避難指示等に伴う営業利益に対する侵害から生じる積極的損害は以下のとおりである[121,122,123]。

① 従業員に対する追加的な経費の支出（中間指針第 3-7-II，事例集 162 頁）
② 商品や営業資産の廃棄費用の支出（中間指針第 3-7-II）
③ 除染費用の支出（中間指針第 3-7-II）
④ その他事業に支障が生じたために負担した追加的費用の支出（中間指針第 3-7-II）
⑤ 事業拠点の移転費用の支出（中間指針第 3-7-II）
⑥ 営業資産の移動・保管費用の支出（中間指針第 3-7-II）
⑦ その他事業への支障を避けるため又は事業を変更したために生じた追加的費用の支出（中間指針第 3-7-II）
⑧ 機械等設備の復旧費用の支出（中間指針第 3-7-III）
⑨ 避難指示等解除後の除染費用の支出（中間指針第 3-7-III）
⑩ 事業の全部又は一部の再開のために生じた追加的費用の支出（中間指針第 3-7-III）
⑪ 被害者が建築工事業を営んでいたところ，避難等対象区域内の工事現場において，立入制限のために建材業者による建材の配達が遅れ，さらに施主が

---

[121] 下記の他，⑫リース解約金（公表番号 211，同 302），⑬新築倉庫の工事設計費用を支払ったこと（公表番号 280），⑭茨城県で運送業を営む申立人について，本件事故により迂回路を利用せざるを得なくなり走行距離が増加したことに伴ってタイヤの消耗が早まったところ，タイヤ購入費用及びタイヤ交換工賃を支払ったこと（公表番号 343），⑮本件事故により旧警戒区域内の工事の設備が使用できなくなったため，他の工事に事業継続に必要な代替設備（建物・建物付属設備を含む。）を設置した代替設備取得費用の相当額が賠償された事例（公表番号 475）がある。

[122] ⑫リース解約金（公表番号 211，同 302）に関連して，リース契約と損害賠償の範囲について，山崎尚哉「リース・割賦販売と損害の範囲」東京三弁護士会交通事故処理委員会　財団法人日弁連交通事故相談センター東京支部編『民事交通事故訴訟・損害賠償額算定基準〔第 29 版（2000 年版）〕』（同，2000 年）279 頁参照。

[123] のれん代（企業が築いてきた無形の資産）やブランド価値，商圏の喪失に関する損害についての損害賠償も問題となりうる。

第9節 営業利益に対する侵害（政府指示等）から生じる損害

避難したために引渡しが遅れる等したために，工事用火災保険を延長せざるを得なくなったことから，工事用火災保険の追加保険料を支払ったこと（事例集 239 頁）

III 消極的損害

1 2つの類型（事業継続と廃業）
避難指示等に伴う営業利益に対する侵害から生じる消極的損害は，被害者である事業者が事業を継続している場合と事業を廃止した場合とで区別される[124]。

2 事業が継続している場合
事業が存続している場合には，企業収益（純益）の差額をまず算定し，そのうち，景気変動等，被害者の有無に関係しない事情による部分を控除したものを控除する[125]。

3 廃業した場合
企業が廃業した場合には，企業存続中の収益が損害賠償の対象となる。ただ，事故前の収益の算定，相当因果関係の有無等は，事実認定又は評価の問題として困難なことが多く，数年間の平均収益を算定するなどの方法をとる事例も多い[126]。

また，被害者が事業を廃止した場合，公共補償の考え方を応用して，一定期間分の逸失利益を賠償することなどが考えられる[127]。

4 特別の努力について
特別の努力については，労働契約上の地位の侵害から生じる逸失利益の場合と同様である（第7節参照）。

---

124 具体例として，①原発事故前から旧緊急時避難準備区域で飲食店の開業準備をしていた申立人について，開業できなかったことによる逸失利益が賠償された事例（公表番号440），②自主的避難等対象区域に本店を置き，旧警戒区域を含む福島県浜通り全域の美容院を主要な取引先としていたが，本件事故による受注減少により事業継続を断念したこと（公表番号513）が挙げられる。

125 小西義博「消極損害」南敏文＝大嶋芳樹＝田島純蔵編『民事弁護と裁判実務⑤　損害賠償I（自動車事故・労働災害）』（ぎょうせい，1997年）426頁。

126 前掲・小西「消極損害」426頁。

127 損失補償基準損失補償基準細則22条は，転業に必要なものとして，原則として2年分の逸失利益を補償する。

263

Ⅳ 非財産的損害

法人等の名誉が毀損された場合，無形の損害が発生しうる（最判昭和39年1月28日民集18巻1号136頁）[128]。

Ⅴ 消極的損害の把握単位

1 問題状況

営業利益の侵害から生じる消極的損害の算定に関し，侵害された法益をどの範囲で把握するかにより損害（権利侵害）の発生又は損害額が影響を受ける場合がある。

例えば，甲株式会社は，避難等対象区域内にA事業所，避難等対象区域外にB・C事業所を保有し，それぞれ事業を行っていたとする（事業所ごとに事業運営し経理を区分していた。）。本件事故後，事故前と比較して，事業所Aでは100の減益，事業所B及びCでは60の増益となり，法人全体としては20の増益と

<図2-5-8：消極的損害の把握単位>

甲株式会社		
事業所Aの事業	事業所Bの事業	事業所Cの事業
避難等対象区域内の事業 事故前と比較して100の減益	避難等対象区域外の事業所 事故前と比較して60の増益	避難等対象区域外の事業所 事故前と比較して60の増益

法人全体で事故前と比較して20の増益

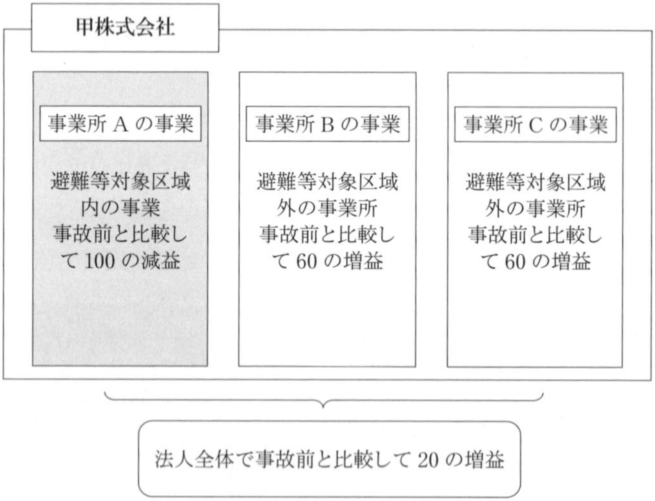

[128] 最高裁判決が「慰謝料」という言葉を用いていないこと，このような非財産的損害の賠償を認める必要があるのか疑問であることに留意が必要である（潮見261頁）。

なった。この場合，事業所Aの減益について損害賠償請求権は成立するかという問題である（図2-5-8）[129]。

2 伝統的な考え方

伝統的な差額説によれば，被害者の現実の財産状態と，仮定的財産状態を比較することにより損害を包括的に捉えることとなる[130]。

そして，総体的財産の帰属主体は法人であるから，特定の事業所の減益ではなく，法人全体の減益を問題とすることとなろう。

3 個別財産に対する侵害

しかしながら，財物の所有権に対する侵害が問題となる場面で，滅失・毀損された財物の修補費用相当額の賠償や交換価値相当額の賠償が問題となる際には，個別の財物（個別財産）に対する権利侵害が問題となっている[131]。

そうだとすれば，法律上，個別財産として取り扱われるものについて，個別財産に対する権利侵害として構成することも可能であると考える。権利の救済という観点からは，個別財産として保護しなければならないからである。

そして，事業は，個別の取引の対象とされており（会社法第2編第7章，第3編第7章など）[132]，法律上，個別財産として取り扱われている。

そうだとすれば，上記事例については，事業所ごとに事業運営・経理を区分し

---

[129] 類似する問題として，ある被害者が，その所有するトラック（以下，本脚注において「本件トラック」という。）が，荷物を積んで避難等対象区域内を走行中に本件事故が発生し，運転手（従業員）が本件トラックを放置して避難したため，4月15日まで本件トラックを回収できず，さらにその後も，本件トラックの積荷の放射線量を測定して荷主に報告し最終的に荷主が荷物を引き取るまでの間，本件トラックを使用できなかったとして，休車損害については，和解対象期間において申立人に明らかな減収は生じていないところ，企業としての逸失利益を問題とするのではなく，本件トラック1台あたりの休車損害を算定し賠償すべきものとされた事例がある（事例集169頁）。

[130] 前掲・於保『債権総論（新版）』135頁。前掲・潮見「不法行為における財産的損害の「理論」」10頁参照。

[131] 前掲・潮見「不法行為における財産的損害の「理論」」13頁。鈴木竹雄「流通の對象たる企業と侵害の對象たる企業」同『商法研究I』（有斐閣，1981年）173頁（初出，法学協会雑誌59巻9号（1941年）1頁）参照。

[132] 営業譲渡（事業譲渡）とは，一定の営業の目的のため組織化され，有機的一体として機能する財産の全部又は重要なる一部を譲渡し，これによって，譲渡会社がその財産によって営んでいた営業的活動の全部または重要な一部を譲受人に受け継がせ，譲渡会社がその譲渡の限度に応じ法律上当然に競業避止業務を負う結果を伴うものをいう（最大判昭和40年9月22日民集19巻6号1600頁）。

ていたのであるから，法律上，個別財産として取り扱われるものである。したがって，有機的組織的一体としての事業という個別財産を観念しうると考える。

4 損益相殺・損益相殺的調整

さらに，事業所B・Cがあげた120の増益について，損益相殺・損益相殺的調整の問題が残る。

ここで，損益相殺・損益相殺的調整による控除の対象となる利益は不法行為と相当因果関係があるものに限ると解される[133]。

したがって，事業所B・Cの事業による120の増益が本件事故と相当因果関係がない場合，損益相殺・損益相殺的調整の対象とはならないと考えられる[134]。

第10節　営業利益に対する侵害（風評被害）から生じる損害

I　概　要

一般に，風評被害とは，報道等により広く知らされた事実によって，商品又はサービスに関する放射性物質による汚染の危険性を懸念した消費者又は取引先により当該商品又はサービスの買い控え，取引停止等をされたために生じた被害をいう（中間指針第7-1）[135]。

このような営業利益侵害（風評被害）から生じる損害には，以下のとおり，積極的損害（Ⅱ），消極的損害（Ⅲ）と非財産的損害（Ⅳ）がある。

Ⅱ　積極的損害

消費者又は取引先により商品又はサービスの買い控え，取引停止等をされたために生じた，必要かつ合理的な範囲の追加的費用が含まれる。具体的には以下の

---

[133] 東京高判昭和50年10月23日判時806号37頁，前田373頁，窪田375頁。澤井248頁は「因果関係」とする。
[134] 反対に，120の増益が本件事故と相当因果関係がある場合，損益相殺・損益相殺的調整の対象となると考えられる。
[135] 消費者又は取引先が，商品又はサービスについて，本件事故による放射性物質による汚染の危険性を懸念し，敬遠したくなる心理が，平均的・一般的な人を基準として合理性を有していると認められる場合に限られる（中間指針第7-1）。

第10節　営業利益に対する侵害（風評被害）から生じる損害

とおりである（中間指針第7)[136]。

① 商品の返品費用の支出（中間指針第7-1-Ⅳ）
② 廃棄費用の支出（中間指針第7-1-Ⅳ）
③ 除染費用等の支出（中間指針第7-1-Ⅳ）
④ 検査費用（物）の支出（取引先の要求等により実施を余儀なくされた検査に関する検査費用（中間指針第7-1-Ⅳ））
⑤ 本件事故により，輸出を目的として仕入れた中古車両が，放射性物質で汚染されているとして輸出先国から輸入を拒否されたため，当該中古車両を日本国内のオークションにおいて，予定よりも廉価に処分することを余儀なくされた場合，仕入に関する費用を支出したこと，輸出先国から送り戻した中古車両の往復輸送費，日本国内のオークション手数料及びオークションまでの輸送費を支出したこと（事例集187頁）
⑥ タクシー業を営む被害者が，クーラーユニット等の取替費用を支出したこと（事例集232頁）

Ⅲ　消極的損害

消極的損害として，営業損害（取引数量の減少又は取引価格の低下による減収分）がある（中間指針第9）。
　具体例として，本件事故により，輸出を目的として仕入れた中古車両が，放射性物質で汚染されているとして輸出先国から輸入を拒否されたため，当該中古車両を日本国内のオークションにおいて，予定よりも廉価に処分することを余儀なくされた場合における，その逸失利益（輸出先国での予定売却価格と実際の日本国

---

[136] この他，⑦自主的避難等対象区域に本店と製品保管倉庫を有する食品製造業者が，風評被害を懸念する販売先企業からの要請により，製品等の保管を首都圏にある貸倉庫に切り替えたことによる保管費用や運搬費用などを支出したこと（公表番号327），⑧福島県で果樹園を経営し，本件事故直後の平成23年4月に風評被害の拡大を予測して，福島県外に畑を借りて果物の作付けを行った被害者が，その移転に係る追加的費用を支出したこと（公表番号431），⑨栃木県において，畜産研究のための牛の飼育，飼料となる牧草の栽培，肉牛や牛乳の出荷を行っている被害者が，牧草から国の定める許容値を超える放射性物質が検出されたことに伴う代替飼料購入費を支出したこと（公表番号496）がその例である。

267

内のオークションでの販売価格との差額から算定される。事例集187頁)がある[137]。

IV 非財産的損害

法人等の名誉が毀損された場合，無形の損害が発生しうる（最判昭和39年1月28日民集18巻1号136頁）。もっとも，このような非財産的損害は，消極的損害としてすでに把握されている場合が多いと考えられる[138]。

第11節 その他

I 親族の捜索に伴う精神的損害

東日本大震災の際，津波のために行方不明になった親族を捜索することを，避難指示等により断念せざるを得なかった場合，精神的損害が発生する[139]。

II 弁護士費用

一般に，不法行為に基づく損害賠償請求権を訴訟手続により実現した場合，認容額の10%程度について弁護士費用として積極的損害の発生が認められると言

---

[137] その他，自主的避難等対象区域所在の神社について，例祭の中止に伴う逸失利益を賠償した事例がある（公表番号423）。
[138] 東京地判平成18年4月19日判時1960号40頁は，原告が風評損害を求めた事案において，風評損害の発生を認定した上で，原告が商品への安全性の確認等の問い合わせに対応したこと，取引停止の解除，販売促進のために奔走したことから，「無形の損害に対する慰謝料」の発生を認めた（金額は500万円）。もっとも，この事案では，①原告は，反訴として仮払金の精算金の支払を求められており，結果として原告の請求金額を超える反訴請求が認容されているため，被害者である原告にとって過大な反訴認容額を避ける必要もある可能性があったこと，②請求を基礎づけるのが，交通事故損害賠償で実務上確立された損害項目と対比する意味において，風評被害という特殊な損害であるため，非財産的損害が，慰謝料の補完的機能に類似した機能を果たしたとも見ることに留意が必要である。
[139] 故人を速やかに捜索できなかったことに関する精神的損害（公表番号282），自宅付近が警戒区域に指定されたために津波にさらわれた親族の捜索を継続できなかったことによる精神的損害（公表番号305）。

われている[140]。本件事故に伴う原子力損害賠償請求権について，訴訟手続により実現した場合には同様であると考えられる。

これに対して，和解や，調停手続など任意の合意を基礎とする紛争解決手続の場合，弁護士費用は損害項目としないことが多い[141]。

III　遅延損害金

不法行為に基づく損害賠償請求権については，不法行為の時から遅延損害金が発生すると解されることが多い。もっとも，遅延損害金の発生時を不法行為時とする考え方に対しては，異論もある[142]。

140　岨野悌介「弁護士費用の損害賠償」鈴木忠一＝三ケ月章『新・実務民事訴訟講座　4』（日本評論社，1982年）103頁。

141　これに対して，紛争審査会では，和解成立額の3％を上限とする弁護士費用を損害とするようである（総括基準6）。

142　藤原弘道「損害賠償債務とその遅延損害金の発生時期(上)」判タ627号（1987年）2頁，同「損害賠償債務とその遅延損害金の発生時期(下)」判タ629号（1987年）2頁。

第6章　損害賠償の範囲

第1節　概　　要

　ある権利侵害について加害者に原子力損害賠償責任が成立する場合，加害者は，その権利侵害から発生した損害について賠償する責任を負う（民法709条，原賠法3条1項）。そして，次に，権利侵害から発生する損害のうち，どこまでの範囲の損害について損害賠償請求権が成立するかに加えて，損害賠償の範囲を判断する必要がある。

　不法行為法の目的を被害者の権利保護・救済と捉えると，損害賠償の範囲は，原状回復の精神から，侵害された権利・法益を保護・救済し，損害を回復するのに十分な範囲である必要がある。

　損害賠償の範囲は，判例上，相当因果関係の有無により判断される。

　相当因果関係の内容として，具体的には，積極的損害については，被害者の財産減少が不可避であること（必要かつ合理的であること）が必要である。消極的損害（非財産的損害）については，利益取得の確実性が必要である。

　これに対して，精神的損害については，金銭的評価により損害額を決定するため，損害賠償の範囲は問題とならない。

<表2-6-1：相当因果関係の内容>

損害類型	損害の内容	相当因果関係の内容
積極的損害	原因行為がなされたために被害者の既存の財産に生じた減少	財産の減少が不可避であるか（必要かつ合理的であるか。）。
消極的損害	被害者の財産に生じたであろう増加が，原因行為がなされたために生じなかったことによる損害	消極的損害の発生が確実であるか。
非財産的損害（精神的損害）	権利侵害により被害者に生じた非財産的な損害（精神的損害）	（金銭的評価により決定されるため，損害賠償の範囲の問題は生じない。）

　本章では，過失責任における損害賠償の範囲について確認し（第2節），原子力損害賠償における損害賠償の範囲との異同について整理する（第3節）。その

上で，第4節から第10節までにおいて，本件事故において発生する7つの典型的な権利侵害から発生する損害について，各々の損害賠償の範囲について検討する。

第2節　過失責任における損害賠償の範囲

I　概　　要

ある権利侵害について加害者に責任を負わせるべきかの判断は，損害賠償責任の成立判断において既に行われている。したがって，損害賠償の範囲の画定にあたっては，侵害された権利・法益の事後的保護をいかに図るかという損害賠償の目的に照らして判断することが必要であり，またそれで充分である[1]。

このような観点からは，相当因果関係は，2つに分けられる。1つは，損害賠償責任の成否の判断における責任範囲の画定であり（第4章），もう1つは，損害賠償責任の内容の画定における損害賠償の範囲の判断である（本章。図2-6-1参照）。

＜図2-6-1：相当因果関係（責任範囲の画定と損害賠償の範囲）（再掲）＞

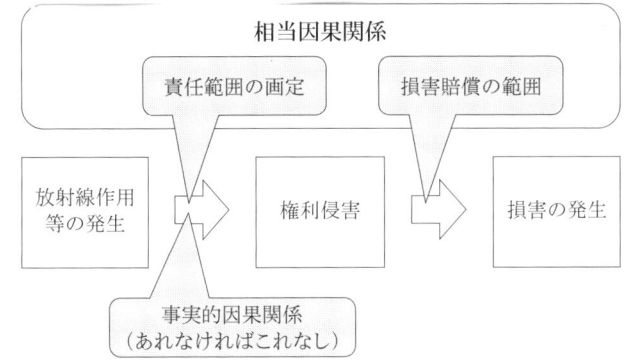

II　相当因果関係の具体的内容

権利侵害から発生した損害のうち，加害者に損害賠償請求権が成立する範囲について，判例は相当因果関係の範囲内であるかを基準とする（大連判大正15年5

1　橋本ほか209頁。

月22日民集5巻386頁〔富貴丸事件〕など）[2]。

相当因果関係の具体的内容については，損害の分類に応じて，以下のとおり解されている[3]。

1 積極的損害

積極的損害については，判例・裁判例によれば，権利侵害から発生した不可避な財産減少である場合に，損害賠償の範囲内（相当因果関係の範囲内）とされる[4]。

2 消極的損害

消極的損害については，判例（前掲・大連判大正15年5月22日）・裁判例によれば，被害者がその利益を取得することが確実である場合に，損害賠償の範囲内（相当因果関係の範囲内）とされる[5]。

3 精神的損害

民法709条の規定により損害賠償責任を負う者は，権利侵害の内容にかかわらず，精神的損害に対しても，その賠償をしなければならない（民法710条）。もっとも，精神的損害は，金銭的評価により損害額を決定するため，損害賠償の範囲（相当因果関係）は問題とならない[6]。

---

2 相当因果関係について，民法416条を類推適用する考え方については，責任範囲の画定における相当因果関係について民法416条を類推適用する考え方に対する批判と同様の批判が妥当する（第4章第2節）。

3 前田306頁，澤井230頁，橋本ほか209頁。長野史寛「不法行為法における責任内容確定規範の考察（一）」法学論叢172巻3号（2012年）1頁参照。なお，権利・法益の保全のために被害者が投下した費用の賠償について，権利侵害を回避するために支出された費用は，必要な範囲で賠償されるべきであるという準則と，権限の行使による利益の喪失を回避するために支出された費用は必要な範囲で賠償されるべきであるとの準則を立てる見解（前掲・長野「不法行為における責任内容確定規範の考察（一）」1頁）があるとのことである（潮見佳男「中島肇著『原発賠償 中間指針の考え方』を読んで」NBL1009号（2013年）43頁，同注(5)）。

4 前田310頁，橋本ほか209頁。

5 前田306頁，橋本ほか209頁。

6 橋本ほか209頁。

III 原状回復について

1 原状回復の理念

損害賠償の範囲は、原状回復の理念に従って決定される[7]。

ここで、原状回復の理念は、法的概念としての損害を特定する際の指導理念であり、法以前の所与のものではない[8]。したがって、原状回復は、社会的・経済的に見て被害者に現実に生じている不利益がすべて金銭的に回復されるべきであるということを意味するものではない[9]。

原状回復の理念に依拠した損害賠償の範囲の画定は、損害賠償請求権の持つ権利追求機能の観点から行われる規範的評価に従う[10]。すなわち、権利・法益侵害を理由とする損害賠償請求権は、侵害された権利・法益の有する価値を金銭によって回復又は実現するものであって、本来の権利・法益の価値代替物ということになる[11]。この意味において、原状回復の理念とは本来の権利・法益が有する価値の原状回復を意味する[12]。

2 原状回復の2つの意義

また、原状回復には2つの意義がある。第1に、広義の原状回復として、侵害された権利・法益又は財産状態の価値を侵害がなかった状態へと、金銭で回復するという意味で捉えられる（事故時を基準として、時的に後の状態に着目する。）。「原状回復の理念」として語られるのはこの意味の原状回復である[13]。第2に、狭義の原状回復として、加害原因（不法行為）前の状態に戻すという意味で捉えら

---

[7] わが国では、自然的原状回復という方法をとらず、金銭的価値による原状回復を採用した。しかしながら、金銭的価値による原状回復の場合でも、原状回復の理念は、出発点を形成する理念として位置づけられる（四宮446頁注（一））。

[8] 潮見佳男「不法行為における財産的損害の「理論」——実損主義・差額説・具体的損害計算」法曹時報63巻1号（2011年）54頁20頁。

[9] 潮見佳男「人身侵害における損害概念と算定原理（一）」民商法雑誌103巻4号（1990年）519頁。

[10] 「不法行為がなかったならばあるであろう状態」をどのようなものとして捉えるかという点において、既に規範的評価が介在する（前掲・潮見「不法行為における財産的損害の「理論」」20頁）。

[11] 前掲・潮見「不法行為における財産的損害の「理論」」21頁。

[12] 前掲・潮見「不法行為における財産的損害の「理論」」21頁脚注(36)。

[13] 前掲・潮見「不法行為における財産的損害の「理論」」9頁脚注(14)。

れる。「原状回復的損害賠償」として語られるのは，この意味の原状回復である（図2-6-2）[14]。

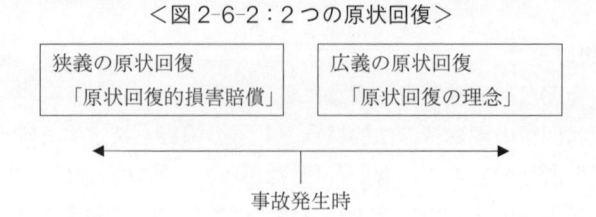

<図2-6-2：2つの原状回復>

```
    狭義の原状回復          広義の原状回復
   「原状回復的損害賠償」    「原状回復の理念」
         ←――――――――――――――――→
                事故発生時
```

第3節　原子力損害賠償における損害賠償の範囲

I　過失責任との異同

ある権利侵害について，加害者に損害賠償責任を負わせるべきかという観点からの検討は，危険責任原理を帰責根拠として，損害賠償責任の成立判断において，既に行われている。したがって，損害賠償の範囲の判断基準は，基本的に過失責任の場合と同じであると考えられる。

II　相当因果関係の具体的基準

1　積極的損害
積極的損害については，判例・裁判例によれば，権利侵害から発生した不可避な財産減少である場合に損害賠償の範囲内（相当因果関係の範囲内）とされる。このような「当該権利侵害から不可避な財産減少である」という基準は，後記IIIのとおり，中間指針等の「必要かつ合理的である」という基準と実質的に同義であると考えられる。

2　消極的損害
消極的損害については，判例（前掲・大連判大正15年5月22日）・裁判例によれば，被害者がその利益を取得することが確実である場合に，損害賠償の範囲内（相当因果関係の範囲内）とされる。

14　前掲・潮見「不法行為における財産的損害の「理論」」9頁脚注(14)。

3 精神的損害

民法709条の規定により損害賠償の責任を負う者は，権利侵害の内容にかかわらず，精神的損害に対しても，その賠償をしなければならない（民法710条）。もっとも，精神的損害は，金銭的評価により損害額を決定するため，損害賠償の範囲（相当因果関係の範囲内）は問題とならない。

Ⅲ 「必要かつ合理的」の基準との関係

中間指針等は，損害賠償の範囲について，損害が「必要かつ合理的」であるかという基準を用いる[15]。このような「必要かつ合理的」の基準については，適用される損害類型や判例・裁判例の相当因果関係の具体的基準との関係が問題となる。

1 適用対象

「必要かつ合理的」であるかという基準は，中間指針において，積極的損害（例えば，一時立入費用や治療費の支出）についてのみ用いられている（中間指針第3-3-3，同第3-3-4など）。これに対して，消極的損害（いわゆる営業損害，就労不能等に伴う損害など）や精神的損害については「必要かつ合理的」かを問題としていない[16]。

このように，中間指針等は，積極的損害について，「必要かつ合理的か」の基準を適用している。

2 「不可避な財産減少」との関係

「必要かつ合理的」という基準は，権利侵害から発生した不可避な財産減少である場合であったかという基準と実質的に同義であると考える。その理由を必要性と合理性に分けて検討すると以下のとおりである。

まず，必要性について検討する。ある支出が不要だった場合，その支出についての財産減少は不可避とは言えない。したがって，財産減少が不可避であるためには，費用支出（財産減少）が必要であったことが要件となる。

次に，合理性について検討する。費用支出（財産減少）が不可避であるという

---

15 中間指針において，計45箇所登場する。
16 これに対して，小島延夫「原発訴訟 賠償を中心として」環境法政策学会編『原発事故の環境法への影響――その現状と課題』（商事法務，2013年）85頁は，風評被害による逸失利益について必要かつ合理的であるかを問題とする。

要件を設けることは，被害者に対して一定の限度で不要な支出を回避する義務を課していることに他ならない。他方で，費用支出（財産減少）の合理性を問題とする基準は，被害者に対して合理的に行動する義務を課していることとなる。このように，これら2つの基準は，被害者に対して，合理的な行為義務を課し，損害発生を回避する義務を課しているものであり，実質的に同義のものと考えられる[17]。

第4節　生活の平穏に対する侵害（避難指示等）から生じる損害賠償の範囲

I　概　要

避難指示等に伴う生活の平穏に対する侵害から発生する損害は，避難指示等に基づく避難又は相当期間内の避難から発生する損害（Ⅱ），避難指示等解除後，かつ，帰還後の生活の平穏に対する侵害から発生する損害（Ⅲ）に分類され，それぞれ，積極的損害について相当因果関係（損害賠償の範囲）が問題となる[18]。

Ⅱ　避難指示等に基づく避難又は相当期間内の避難から発生する積極的損害

避難指示等に基づく避難又は相当期間[19]内の避難から発生する積極的損害とし

17　なお，原子力損害賠償に関する国際条約では，「合理的な措置」「適切かつ均衡のとれた措置」などの基準が用いられる場合がある。ウィーン条約の損害賠償の範囲について，能見善久「「原子力損害」概念について」『原子力損害の民事責任に関するウィーン条約改正議定書及び原子力損害の補完的補償に関する条約——平成10〜13年度国際原子力責任班報告書』（日本エネルギー法研究所，2002年）37頁。原子力損害の補完的補償に関する条約の損害賠償の範囲について，水野謙「第Ⅰ章　総則」『原子力損害の補完的補償に関する条約各条の解説及び法的問題点の検討——平成21〜22年度原子力損害法制検討班報告書』（日本エネルギー法研究所，2012年）3頁。なお，「合理的な措置」「適切かつ均衡のとれた措置」は，権利侵害としてと整理される場合もあると考える。

18　消極的損害は，その性質上，生活の平穏に対する侵害から生じないと考えられる（第5章第4節参照）。また，避難の長期化に伴う生活の平穏に対する侵害から発生する損害については，基本的に精神的損害のみが問題となる。したがって，損害賠償の範囲の問題は生じないと考えられる。

19　旧緊急時避難準備区域においては，中間指針において避難費用及び精神的損害が特段の

第4節 生活の平穏に対する侵害（避難指示等）から生じる損害賠償の範囲

て，以下の損害項目があり（これに限られない。），以下のとおり損害賠償の範囲が問題となる。

1 避難費用

① 避難等対象区域から避難するために負担した交通費等の費用については，費用支出の緊急性などの事情に照らして，必要かつ合理的であるかが判断される（中間指針第3-2）[20]。

② 避難等対象者が，避難等対象区域外に滞在することを余儀なくされたことにより負担した宿泊費用及びこの宿泊に付随して発生した費用（中間指針第3-2）に関して，宿泊費用が比較的高額である場合に，必要かつ合理的な支出であるかが問題となりうる。しかしながら，被害者が，避難指示等により事故直後に混乱の中で避難を強いられたものである場合，一定程度高額の費用支出であったとしても，必要かつ合理的な費用支出であると言える。

③ 一定期間分の車検費用を支出したこと（事例集230頁）については，車検費用を前払いしており，他店で車検を受けると当該前払い金が無駄になるという事情があった事例であり（そのため「一定期間」に限定されたものと推測される。），必要かつ合理的な費用支出であると言える。

④ 最低限必要な日用品，衣類，家具等の購入費を支出したこと（事例集150頁，同161頁）については，避難等対象者は，緊急の状況下で避難したことに伴い支出したものであるから，必要かつ合理的な費用支出であると言える。

2 一時立入費用

冬期の水道管の点検のために立ち入った際に支出した費用（事例集213頁）については，仮に他の季節よりも一時立入の回数が多かったとしても，必要かつ合理的な費用支出であると言える。

　　事情がある場合を除き賠償の対象とはならないとしている「避難指示等の解除等から相当期間経過後」の「相当期間」は，旧緊急時避難準備区域については平成24年8月末までを目安とする（二次追補2-1-(2)）。避難指示区域については，1年間を当面の目安とし，個別の事情も踏まえ柔軟に判断するものとする（四次追補第2-1-Ⅲ）。

20 ある者が交通事故で瀕死の重傷を負い，ウィーンに留学していた娘が急遽帰国したため，留学費用及び旅費の支出について相当因果関係（損害賠償の範囲）が問題となった事案において，最高裁は相当因果関係にある損害とすべきであるとした（最判昭和49年4月25日民集28巻3号447頁）。

277

III 避難指示等解除後，相当期間内の帰還後の生活の平穏に対する侵害から発生する積極的損害

避難指示等解除後，かつ，帰還後は，長期間にわたり居住していなかった住環境の整備などのために，一定の支出をする場合がある。いわゆる早期帰還者賠償もこれに含まれる。

具体的には，①交通費の増加部分，②防犯・警備費用，③清掃費用などについて，当該費用支出が必要かつ合理的な費用支出である場合に，相当因果関係があると言える。その判断に当たっては，避難指示等解除後，かつ，帰還後は，長期間にわたり居住していなかった住環境のために必要な支出であることに配慮する必要があると考えられる。

第5節　生活の平穏に対する侵害（自主的避難）から生じる損害賠償の範囲

I 概　要

自主的避難等に伴う生活の平穏の侵害は，実際に避難を実行した場合（II）と，避難を実行せずに滞在を継続した場合[21]（III）に分類され，それぞれ，積極的損害に関する相当因果関係が問題となる。

II 実際に避難を実行した場合

避難指示等に伴う生活の平穏に対する侵害から生じる積極的損害と同様であると考えられる。①生活費の増加費用，②避難に要した移動費用，③帰宅に要した移動費用などについて，当該費用支出が必要かつ合理的な費用支出である場合に，相当因果関係がある（一次追補第2）[22]。

---

[21] 一定期間避難を実行した後，帰還した場合を含む。
[22] 2012年12月5日付け東京電力プレスリリース「自主的避難等に係る損害に対する追加賠償について」。

III 避難を実行せずに滞在を継続した場合

自主的避難等対象区域に滞在した場合の損害項目として，自主的避難等対象区域での生活において負担された追加的費用（清掃業者への委託費用など）等について，当該費用支出が必要かつ合理的な費用支出である場合に，相当因果関係がある（一次追補第2）[23]。

第6節 生命・身体に対する侵害から生じる損害賠償の範囲

I 概　要

生命・身体に対する侵害から生じる損害は，生命・身体に対する侵害がある場合（II）と，生命・身体に対する侵害の可能性がある場合に侵害を予防するための措置から生じる損害（III）とに分類され，それぞれ，積極的損害及び消極的損害に関する損害賠償の範囲が問題となる。

II 生命・身体に対する侵害がある場合

放射線被曝や避難のための移動中の生命・身体に対する侵害，避難生活中の生命・身体に対する侵害がこれに該当する。その損害項目及び相当因果関係は以下のとおりである。

1　積極的損害

生命・身体に対する侵害がある場合の積極的損害として，治療費等について，当該費用支出が必要かつ合理的である場合に，損害賠償の範囲内にあると言える。医療費等の支出が過剰である場合や，高額である場合には，一定の限度で相当因果関係がない（損害賠償の範囲外である）とされることがある[24]。

23　2012年12月5日付け東京電力プレスリリース「自主的避難等に係る損害に対する追加賠償について」。

24　日弁連交通事故相談センター東京支部編『民事交通事故訴訟・損害賠償額算定基準　平成24年版　上巻（基準編）』（日弁連交通事故相談センター東京支部，2012年）1頁。

279

2 消極的損害

生命・身体に対する侵害により，一定の期間休業したため，得られるはずの利益を失った場合には（休業損害），就業等によりその利益を取得することが確実であるとき，相当因果関係がある。

Ⅲ 生命・身体に対する侵害の可能性

1 積極的損害

①検査費用（人）（中間指針第3-1）[25]，②検査費用（物）（中間指針第3-9），③検査のための交通費等の付随費用等（中間指針第3-1，同第3-9）について，当該費用支出が必要かつ合理的な場合に，相当因果関係がある。

2 消極的損害

検査のために休業等せざるを得なくなったため，得られるはずの利益を失った場合には，就業等によりその利益を取得することが確実であるとき，相当因果関係がある。

第7節　労働契約上の地位に対する侵害から生じる損害賠償の範囲

Ⅰ 概　要

労働契約上の地位に対する侵害は，労働契約関係が継続している場合（Ⅱ）と，労働契約関係が終了した場合（Ⅲ）に分類され，それぞれ，積極的損害及び消極的損害に関する損害賠償の範囲が問題となる。また，消極的損害の時的範囲について検討する（Ⅳ）。

　　厚井乃武夫「高額医療費と損害賠償」東京三弁護士会交通事故処理委員会『交通事故訴訟の理論と展望』（ぎょうせい，1993年）263頁参照。
25　地方公共団体が，児童の父母の要請を受け，複数回にわたり，学校のプールの水の検査をした場合の当該検査費用の支出は，相当因果関係の範囲内か（損害賠償の範囲内か。）。ここでの権利侵害は，住民の生命・身体の侵害の可能性であると考えられる（一種の肩代わり損害）。したがって，これらの費用支出は，仮に法令上の根拠や政府指示等がなかったとしても，住民が費用支出したものをして必要かつ合理的な範囲であれば相当因果関係が認められる。もっとも，近接した時期に何度も検査を繰り返したなどの場合には，必要かつ合理的と言えない場合もあろう。

II　労働契約関係が継続している場合

1　積極的損害

積極的侵害については，①避難等対象区域内にあった勤務先が避難指示等に伴い移転，休業等を余儀なくされたために，労働者が配置転換，転職等を余儀なくされた場合に負担した転居費用，通勤費の増加分等（中間指針第3-8備考7），②避難等対象区域内からの避難等を余儀なくされた労働者が負担した通勤費の増加分（中間指針第3-8備考7）について，当該費用支出が必要かつ合理的な場合に，損害賠償の範囲内にある。

2　消極的損害

消極的侵害については，労働者が避難指示等のために休業等せざるを得なくなったため，得られるはずの利益を失った場合には，就業等によりその利益を取得することが確実であるとき，損害賠償の範囲内にある。

III　労働契約関係が終了した場合

1　積極的損害

積極的損害については，新しい就業先を探索するための費用等について，当該費用支出が必要かつ合理的な場合に，損害賠償の範囲内にある。

2　消極的損害

消極的損害については労働者が，労働契約関係の終了により，得られるはずの利益を失った場合には，就業等によりその利益を取得することが確実であるとき，損害賠償の範囲内にある。

IV　消極的損害の時的範囲

中間指針等によれば，就労不能等に伴う損害は，基本的には被害者が従来と同じ又は同等の就労活動を営むことが可能となった日までである（中間指針第3-8備考8）[26]。

---

[26] ただし，中間指針等は，本件事故により生じた減収分がある期間を含め，どの時期までを賠償の対象とするかについて，その具体的な時期等を現時点で見通すことは困難であるため，改めて検討するとする（中間指針第3-8備考8）。

この点については，責任範囲の画定の問題と整理することが可能であるものの，損害賠償の範囲の検討においては，労働契約関係が継続している場合と，労働契約関係が終了した場合を区別する必要があると考える。

一方で，労働契約関係が継続している場合，被害者が従来と同じ又は同等の就労活動を営むことが可能となった日は，雇用主が従来と同じ又は同等の営業活動を営むことが可能となった日であると考えられる。

他方で，労働契約が終了した場合については，被害者が従来と同じ又は同等の就労活動を営むことが可能となった日は，労働契約が終了した日から一定の期間が経過した日となると考えられる。そのような期間については，本件事故に起因する損害賠償であること，本件事故に伴う被害の広範性に照らして，雇用保険におけるいわゆる失業保険給付の期間（原則として，算定基礎期間に応じて90日から1年程度）[27]や，公共収用の場合の1年[28]などよりも長期であると考えられる。

第8節　財物の所有権等に対する侵害から生じる損害賠償の範囲

Ⅰ　概　要

財物の所有権等に対する侵害から生じる損害は，財物の所有権等に対する侵害から生じる損害（Ⅱ），避難の長期化等に伴う住居確保損害（Ⅲ），合理的な移住に伴う住居確保損害（Ⅳ），建替費用損害（Ⅴ）に分類される。

Ⅱ　財物の所有権等に対する侵害から生じる損害

1　積極的損害

(1)　具体例

①清掃費用，②除染費用（二次追補第4-Ⅰ），③その他原状回復費用などにつ

27　雇用保険法22条，23条参照。
28　55歳以上の常雇については1年とし，臨時雇及び55歳未満の常雇については，その者の雇用条件，勤続期間，年齢，当該地域における労働力の需給関係等を考慮して，1年の範囲内で適正に定めた日数とする（公共用地の取得に伴う損失補償基準要綱（昭和37年6月29日閣議決定）46条，公共用地の取得に伴う損失補償基準細則（昭和38年3月7日用地対策連絡会決定）第41）。

いて，当該費用支出が必要かつ合理的な場合に，相当因果関係がある[29]。

(2) 除染特措法に基づく除染費用
(i) 求償規定（除染特措法44条1項）の法的性質

「平成二十三年三月十一日に発生した東北地方太平洋沖地震に伴う原子力発電所の事故により放出された放射性物質による環境の汚染への対処に関する特別措置法」（以下「除染特措法」という。）は，国・地方公共団体による本件事故に起因する放射性物質の除去などの措置を規定し，当該措置に係る費用を，原賠法3条1項により原子力事業者が損害賠償責任を負う損害として，原子力損害原子力事業者に求償するとする（除染特措法44条1項）。

ここで，損害賠償請求権の性質・主体の観点から見ると，除染費用は，財物の所有権等に対する侵害から生じる原状回復費用の支出であり，住民が私人として除染を実施しその費用を支出するのと，国・地方公共団体が除染を実施しその費用を支出するのとで性質は変わらない。したがって，国・地方公共団体が除染を実施しその費用を負担するのはいわゆる肩代わり損害と整理される（第5章第2節参照）。

そうだとすれば，除染特措法44条1項の文言，憲法29条，31条等との関係性をあわせ考慮すると，除染特措法44条1項は，肩代わり損害を受けた者が，その損害を原子力事業者に請求できることを，念のため確認した確認規定であると考えられる。

(ii) 相当因果関係の範囲（損害賠償の範囲）

除染費用については，本件事故に由来する放射性物質に関し，必要かつ合理的な範囲の除染等[30]を行うことに伴って必然的に生じた追加的費用等は，賠償すべき損害と認められる（二次追補第4-Ⅰ）。

ここでの「必要かつ合理的」については，油濁損害賠償における物理的な油濁の除去等措置に係る費用における「相当性」（reasonableness）基準が参考となる。それによれば，相当性の存否は，以下の3つの要件を満たす必要がある。第1に，相当性の存否は客観的に判断されるべきである。第2に，技術的相当性については，除染措置をとる決定の時点で判明している事実に基づき，その時点で与えられ又は提供されている技術的助言に照らしてなされるべきであり，その後の事態

---

[29] 油濁損害の原状回復費用（特に自衛隊等の支出した費用）の支出が問題となった下級審裁判例として，長崎地判平成12年12月6日判タ1101号228頁がある。

[30] 汚染された土壌等の除去に加え，汚染の拡散の防止等の措置，除去土壌の収集，運搬，保管及び処分並びに汚染された廃棄物の処理を含む（二次追補第4-Ⅰ）。

の変化と追加的に得られる技術的助言に照らして自らの決定を再評価すべきである。第3に，除染措置に要する費用も相当である必要があり，費用と得られる利益又は合理的に期待される利益との間にも相当な関連性がなければならない[31]。

(3) 財物の客観的価値との関係

これらの除染費用の支出は，原状回復のための費用支出として捉えられるところ，本件事故前の財物の所有権等の客観的価値を超えることはできないと解されている[32]。

これに関連して，いわゆる汚染者負担原則（Polluter-Pays Principle; PPP）との関係については，以下のとおりである。汚染者負担原則とは，経済開発協力機構（OECD）で提唱された概念であり，①経済学的な観点から，国際的な競争の公正を確保するため，商品の生産者が負担すべき環境汚染コストを政府が負担することを禁止する原則である[33]。②汚染者負担「原則」は，法的拘束力を持つ「ルール（規範）」ではなく，一定の方向性を示すものに過ぎない[34]。わが国においては，上記に加えて，③伝統的な不法行為法を踏まえた不法行為に基づく損害賠償責任に関する理解を再認識したものであると捉えられている[35]。

以上から，汚染者負担原則と原子力損害賠償との関係は以下のとおり整理され

---

31 万国海法会「油濁損害に関する CMI ガイドライン」。谷川久「油濁損害の賠償・補償の範囲」小室直人＝本間輝雄＝古瀬村邦夫編『企業と法（下）　西原寛一先生追悼論文集』（有斐閣，1995 年）343 頁，新谷顕一「油濁損害の賠償の範囲に関する万国海法会のガイドラインについて」海法会誌 38 号（1994 年）5 頁，同「油濁損害に関する CMI ガイドライン」海法会誌 39 号（1995 年）21 頁参照。

32 さいたま地判平成 19 年 2 月 9 日自保ジ 1823 号 157 頁（建物の不同沈下が発生した場合において，注文者・建物所有者である原告が建物修補費用を支出し，当該費用相当額を請負人たる被告に対して損害賠償請求したときに，建物が代替性を欠くなどの特別の事情が認められないとして，建物の交換価値の限度で相当因果関係があるとした事例）。前掲・能見「「原子力損害」概念について」45 頁。中間指針は，合理的な修理，除染等の費用は，原則として当該財物の客観的価値の範囲内のものとするが，文化財，農地等代替性がない財物については，例外的に，合理的な範囲で当該財物の客観的価値を超える金額の賠償も認められうるとする（中間指針第 3-10 備考 4）。このように，原状回復費用の上限を財物の客観的価値と捉え，特別の理由がある場合にのみ，例外的に，財物の所有権等の客観的価値を超過することができるとされており，中間指針もこのような理解を前提としていると考えられる。

33 阿部泰隆＝淡路剛久『環境法（第 4 版）』（有斐閣，2011 年）67 頁。

34 大塚直「環境法における費用負担」新美育文＝大塚直＝松村弓彦編『環境法大系』（商事法務，2012 年）213 頁。

35 北村喜宣『環境法（第 2 版）』（弘文堂，2013 年）59 頁。

る。第1に，汚染者負担原則は，具体的な法規範を導くものではない。第2に，汚染者負担原則は，もともとの概念としては，競争の適正確保の観点から，汚染除去費用を価格に転嫁しないことを禁止するものであって，競争関係にない汚染者と被害者との関係を規律するものではない。第3に，汚染者負担原則は，不法行為に基づく損害賠償法理を変更するものではなく，したがって，原状回復費用は，基本的に汚染前の財物の所有権等の客観的価値を限度とし，そのような客観的価値を超過するには，特別の理由が必要となる。

2 消極的損害

（例えば，自動車を除染した場合の休車損害のように）除染のために財物を使用できなかった場合，当該財物を使用して得られていたであろう利益は，その利益を取得することが確実である場合，損害賠償の範囲内にある。

もっとも，財物の使用価値については，財物の客観的価値を賠償した場合には，客観的価値の中に含まれるため，損害賠償の範囲外となる（前掲・大連判大正15年5月22日）。

Ⅲ　避難の長期化に伴う住居確保損害

四次追補は，避難の長期化等を余儀なくされた者が，移住先で土地又は建物を取得した場合，当該取得費用について，一定の範囲で，損害賠償の範囲内とした。

ここで問題となっているのは，例えば，「ある被害者が，帰還困難区域に，2000万円で購入した土地の上に，1000万円で建築した建物に居住していた。事故時の土地の時価は1800万円，建物の時価は100万円であった。本件事故後，この被害者は，郡山市で，同じ広さの土地を3000万円で購入し，その土地の上に1200万円で建物を建築した」という場合において，合計4200万円の支出のうち，どこまでが損害賠償の範囲かという点である。

四次追補は，帰還困難区域の一定区域などに土地を所有し，当該土地上に建物を所有し，生活の本拠を置いていた者については，将来にわたって居住を制限することが原則とされていること，区域内の立入りは制限され，本格的な除染や公共設備の復旧等は実施されておらず，現段階では避難指示解除までの見通しすら立たない状況にあるなど，避難の長期化を余儀なくされたことを理由として，以下の損害項目について損害が発生するとした（四次追補第2-2-Ⅰ）。

1 損害項目

避難の長期化に伴う住居確保損害の損害項目は以下のとおりである。

① 居住用建物（以下「住宅」という。居住部分に限る。以下同じ。）取得のために実際に発生した費用支出
② 宅地（居住部分に限る。以下同じ。）取得のために実際に発生した費用支出
③ ①及び②に伴う登記費用，消費税等の諸費用の支出

2 損害賠償の範囲[36,37]

(1) 四次追補

住居確保損害に関する損害賠償の範囲は，以下のとおりとされた（四次追補第2-2-Ⅰ）。

① 移住先の住宅取得のために実際に発生した費用と本件事故時に所有し居住していた住宅の事故前価値との差額であって，事故前価値と本件事故時に居住していた住宅の新築時点相当の価値との差額の75％を超えない額の支出（四次追補第2-2-Ⅰ，同備考3）
② 移住先の宅地取得のために実際に発生した費用と事故時に所有していた宅

---

[36] 従前の住居が避難指示区域内の借家であった者については以下のとおりである。中間指針は，従前の住居が避難指示区域内の借家であった者が，移住等又は帰還のために負担した，①新たに借家に入居するために負担した礼金等の一時金，②新たな借家と従前の借家との家賃の差額の8年分について，損害賠償の範囲であるとした（四次追補第2-2-Ⅳ）。なお，避難者が実際に避難している地域や移住等を希望する地域が，従前の住居がある地域に比して地価単価の高い福島県都市部である場合が多いことから，移住等に当たって，移住等の先の借家の家賃等が事故前に賃借していた借家の家賃等を超える場合が多く生じうることを考慮し，公共用地取得の際の補償を上回る水準で賠償されることが適当である（四次追補第2-2 備考7）。また，差額が賠償の対象となる「新たな借家の家賃」とは，避難長期化という権利侵害を受けた者，及び移住が合理的であると認められる者については，本件事故時に居住していた借家の面積等に応じた福島県都市部の平均的な家賃を上回る場合には当該平均的家賃とし，帰還の際に従前の借家への入居が不可能である者については，本件事故時に居住していた借家の面積等に応じた被災地周辺の平均的な家賃を上回る場合には当該平均的家賃とする（四次追補第2-2 備考7）。借地についても，基本的に差額説的発想が出発点となろう。

[37] 移住等の後に従前の居住場所に帰還する場合，帰還に必要な事故前に居住していた住宅の修繕，建替費用等については，特段の事情のない限り，移住等の先の宅地及び住宅の価値等によって清算することが考えられる（四次追補第2-2 備考9）。

地の事故前価値との差額の支出[38]
③ ①及び②に伴う登記費用，消費税等の諸費用の支出

(2) 若干の検討
(i) **土地・建物の客観的価値を超過する点について**

　財物の客観的価値の賠償は，財物の所有権等の客観的価値を超えることはできないと解されている[39]。したがって，住居確保損害について，財物の所有権等の客観的価値に関する損害と捉えると，住居確保損害を行うことはできなくなると解される。

　しかしながら，住居確保損害の性質について，権利侵害（第1章第8節），損害の発生（第5章第8節）記載のとおり，住居確保損害は，財物の所有権等及び生活の平穏に対する侵害が結合した権利に対する侵害から生じる積極的損害であると考える。したがって，損害賠償の範囲も，財物の所有権等及び生活の平穏に対する侵害から生じる損害に関する損害賠償の範囲として検討すべきであると考える。

(ii) **住居確保損害の性質**

　そうだとすれば，住居確保損害は，移住先の住居を確保するための費用支出が，必要かつ合理的な支出である場合に，損害賠償の範囲内である（相当因果関係がある）と解される。四次追補は，そのような必要かつ合理的な費用支出の基準を具体的に示したものと考えられる。

　そして，そのような積極的損害についての損害賠償の範囲内である限り，財物の所有権等の客観的価値を超えることが可能であると考える。なぜなら，損害賠償の範囲は，侵害された権利・法益の有する価値を，金銭によって回復又は実現するという原状回復の理念に従って判断されるところ，財物の客観的価値に限定すると，侵害された権利，すなわち財物の所有権等及び生活の平穏に対する侵害

---

38 ただし，所有していた宅地面積が400平方メートル以上の場合には，当該宅地の400平方メートル相当分の価値を所有していた宅地の事故前価値とし，取得した宅地面積が福島県都市部の平均宅地面積以上である場合には福島県都市部の平均宅地面積（ただし，所有していた宅地面積がこれより小さい場合は所有していた宅地面積）を取得した宅地面積とし，取得した宅地価格が高額な場合には福島県都市部の平均宅地面積（ただし，所有していた宅地面積がこれより小さい場合は所有していた宅地面積）に福島県都市部の平均宅地単価を乗じた額を取得した宅地価格として算定する（四次追補第2-2-Ⅰ）。

39 前掲・さいたま地判平成19年2月9日，前掲・能見「「原子力損害」概念について」45頁。

が結合した権利侵害を回復することができない場合があるからである[40]。特に、四次追補が、建物について、特に築年数の経過した住宅の事故前価値が減価償却により低い評価とならざるを得ないことを考慮し、公共用地取得の際の補償額（築48年の木造建築物であっても新築時点相当の価値の5割程度）を参考にしたのはこの趣旨であると考えられる。

この点に関連して、下級審裁判例の中には、自動車が薬局に衝突し、薬品の陳列棚等を破壊した事例において、薬品の陳列棚等の新価調達費用を損害賠償の対象として認めたものがある[41]。

(ⅲ) 損害賠償の範囲の上限

四次追補は、建物に関する住居確保損害について、取得のために実際に発生した費用と本件事故時に所有し居住していた住宅の事故前価値との差額であって、事故前価値と当該住宅の新築時点相当の価値との差額の75％を超えない額とした（四次追補第2-2-Ⅰ）。

このように、四次追補は、住居確保のための費用のうち、住宅の事故前価値の差額との間の一定部分について、損害賠償の範囲内としていない。

これは、建物については、経年により価値が減少するため、個別事情がある場合は別として、一定の上限を設けたものとも考えられる[42]。

---

40 関連して、以下の見解が参考となる。損害賠償の方法としての金銭賠償と金銭賠償以外の原状回復は、抽象的な理論としては、被害者にとっての価値は同一だと解されている。なぜなら、金銭賠償も原状が回復された場合と同一の価値を賠償するものだからである。しかしながら、この理論は、工業製品の滅失・毀損の場合のように、他の物をもって代えうる物の損傷についてはよいが、土地ことに農地などのように、他の物をもって代え得ない個性を有する物については適用できない（我妻栄＝豊島陞『鉱業法』（有斐閣、1958年）279頁）。

41 東京高判昭和29年7月10日下民集5巻7号1060頁。四宮576頁注(一)、植林弘「損害賠償と潜在的・後発的事情の考慮（四・完）」大阪市立大学法学雑誌3巻4号（1957年）64頁参照。さらに、原状回復に伴う財物の客観的価値の上昇の精算については、以下のとおり解される。例えば旧家屋より価格が増加したとすると、それだけ観念的には被害者が利得することになる。損益相殺の考え方よりすれば、これを被害者から加害者へ返還せしめるのが衡平であるが、その与えた余計の利益は、加害者が不法行為によって与えたものであり、不法原因給付返還拒否（民法708条）の趣旨から返還は認められないと解する（谷口知平＝植林弘『損害賠償法概説』（有斐閣、1964年）234頁）。

42 建替費用損害についても同様であると考える。

Ⅳ 合理的な移住に伴う住居確保損害

一定の避難等対象者にとって，移住が合理的である場合については，以下のとおりである（四次追補第2-2-Ⅱ）。

1 損害項目
合理的な移住に伴う住居確保損害の損害項目は以下のとおりである。

① 住宅取得のために実際に発生した費用
② 宅地取得のために実際に発生した費用
③ ①及び②に伴う登記費用，消費税等の諸費用

2 損害賠償の範囲[43]
(1) 四次追補
合理的な移住に伴う住居確保損害の損害賠償の範囲について，四次追補は以下のとおりとした（四次追補第2-2-Ⅰ，同備考3）。

① 築年数の経過した住宅の事故前価値が減価償却により低い評価とならざるを得ないことを考慮し，公共用地取得の際の補償額（築48年の木造建築物であっても新築時点相当の価値の5割程度）を参考に，取得のために実際に発生した費用と本件事故時に所有し居住していた住宅の事故前価値との差額であって，事故前価値と当該住宅の新築時点相当の価値との差額の75％を超えない額の支出
② 対象となる地域は居住制限区域及び避難指示解除準備区域であり，避難指示の解除等により土地の価値が回復しうることを考慮し，宅地取得のために実際に発生した費用と事故時に所有していた宅地の事故前価値との差額の75％に相当する費用の支出
③ ①及び②に伴う登記費用，消費税等の諸費用の支出

(2) 若干の検討
住居確保損害は，住居を確保するための費用支出が，必要かつ合理的な支出である場合に，損害賠償の範囲内にあると考えられる。四次追補は，そのような必

---

[43] 移住等の後に従前の居住場所に帰還する場合，帰還に必要な事故前に居住していた住宅の修繕，建替費用等については，特段の事情のない限り，移住等の先の宅地及び住宅の価値等によって精算することが考えられる（四次追補第2-2備考9）。

要かつ合理的な支出の基準を具体的に示したものと考えられる。

<表 2-6-2：住居確保損害の上限>

	避難の長期化に伴う住居確保損害	合理的な移住に伴う住居確保損害
土地	移住先の土地の取得費用と避難元の土地の価額の差額の 100％	移住先の土地の取得費用と避難元の土地の価額の差額の 75％
建物	移住先の建物の取得費用と避難元の建物の価額の差額の 75％ （建築から 48 年を経過した木造住宅の場合[44]，移住先の土地の取得費用の 80％）	移住先の建物の取得費用と避難元の建物の価額の差額の 75％ （建築から 48 年を経過した木造住宅の場合，移住先の土地の取得費用の 80％）

V 帰還後，住宅の建替えが必要な場合の権利侵害から発生する損害（建替費用損害）

　四次追補は，避難指示の解除まで長期間経過していることから，帰還後，住宅の建替えが必要な場合があるとして，以下の損害項目について損害が発生するとした（四次追補第 2-2-Ⅲ）。

1 損害項目

建替費用損害等の損害項目は以下のとおりである。

① 事故前に居住していた住宅の必要かつ合理的な修繕又は建替えのために実際に発生した費用（以下「建替費用損害」という。）
② 必要かつ合理的な建替えのために要した当該住宅の解体費用
③ ①及び②に伴う登記費用，消費税等の諸費用

2 損害賠償の範囲

(1) 四次追補

建替費用損害等の損害賠償の範囲について，四次追補は以下のとおりとした。

① 事故前に居住していた住宅の必要かつ合理的な修繕又は建替えのために実際に発生した費用については，当該費用と当該住宅の事故前価値との差額であって，事故前価値と当該住宅の新築時点相当の価値との差額の 75％を超

---

[44] 客観的価値の賠償として，建築から 48 年を経過した木造住宅の場合，新築価値の 20％を賠償する。したがって，新築価値の 80％ × 75％ ＋ 20％ ＝ 80％が損害として賠償される金額となる。

えない額の支出
② 必要かつ合理的な建替えのために要した当該住宅の解体費用の支出
③ ①及び②に伴う登記費用，消費税等の諸費用の支出

(2) 若干の検討

建替費用損害は，住居確保損害と同様に，住居を建替えるための費用支出が，必要かつ合理的な支出である場合に，損害賠償の範囲内にあると考えられる。四次追補は，そのような必要かつ合理的な支出の基準を具体的に示したものと考えられる。

第9節　営業利益に対する侵害（政府指示等）から生じる損害賠償の範囲

Ⅰ　概　要

政府指示等により売り上げが減少した場合，以下のとおり，積極的損害（Ⅱ）及び消極的損害（Ⅲ）について，それぞれ，損害賠償の範囲が問題となる。

Ⅱ　積極的損害

積極的損害については，①従業員に対する追加的な経費，②商品や営業資産の廃棄費用（中間指針第3-7-Ⅱ）などについて，当該費用の支出が必要かつ合理的である場合に，損害賠償の範囲内にある。

なお，避難の長期化を余儀なくされた区域等に所在する償却資産・棚卸資産等については，当該財物の事故時の時価を超える費用支出が損害賠償の範囲内とされる場合があると考える。その理由は以下のとおりである。

四次追補は，避難の長期化等を余儀なくされた場合等の住居確保損害について，財物の所有権に対する侵害に加えて，生活の平穏に対する侵害の要素を加えて損害賠償の範囲を検討して，本件事故時の土地等の価格を超える費用支出について損害賠償の範囲内であるとした。そうだとすれば，避難の長期化を余儀なくされた区域等に所在する償却資産・棚卸資産等については，財物の所有権に対する侵害に加えて，当該区域内で平穏に行われていた営業活動・営業利益に対する侵害からの回復という要素があるため，本件事故時の価格を超えた費用支出が損害賠

償の範囲内とされる余地がある。

III 消極的損害

1 利益取得の確実性

消極的損害については，政府指示等により売上が減少したため，得られるはずの利益を失った場合には，その利益を取得することが確実である場合，損害賠償の範囲内である。

2 時的範囲

営業利益の侵害から生じる逸失利益の時的範囲について，中間指針は，「営業損害は，基本的には対象者が従来と同じ又は同等の営業活動を営むことが可能となった日」までとする（中間指針第3-8備考8）。

第10節　営業利益に対する侵害（風評被害）から生じる損害賠償の範囲

I 概要

風評により売上が減少した場合，以下のとおりの損害が発生し，積極的損害（II）及び消極的損害（III）について，それぞれ，相当因果関係が問題となる。

II 積極的損害

①商品の返品費用（中間指針7-1-IV），②廃棄費用（中間指針7-1-IV）などについて，当該費用の支出が必要かつ合理的である場合に，損害賠償の範囲内にある。

III 消極的損害

1 利益取得の確実性

風評被害のために売上が減少したため，得られるはずの利益を失った場合には，営業活動によりその利益を取得することが確実である場合，損害賠償の範囲内である。

2 時 的 範 囲

　風評被害に係る営業利益の侵害から生じる逸失利益の時的範囲について，中間指針は，一般的に言えば，「平均的・一般的な人を基準として合理性が認められる買い控え，取引停止等が収束した時点」までとする（中間指針第7-1備考6)[45]。

45　戒能一成「福島第一原発事故に伴う農林水産品の『風評被害』に関する定量的判定・評価について」RIETI Special Report は，本件事故後の農林水産物の価格変動について計量経済学の観点から分析し，統計上，農林水産物の価格はもともと一定の幅で変動するものであるため，当該変動幅の中に収束した場合には，風評被害は収束したとする（結論として，主として福島県の農林水産物の風評被害は2013年半ばにおいて収束していないとする。）。これは，責任成立の因果関係の問題とも考えられる。

第7章 損害の金銭的評価

第1節 概　　要

　原子力損害賠償は，被害者の権利を保護・救済することを目的とし，権利侵害から発生した損害について，具体的な金額を伴う損害賠償請求権が成立する（金銭賠償の原則。民法722条1項，同法417条）。
　そのような損害の中には，権利侵害又は損害を回復するための費用支出など，事実認定などにより直接に損害賠償の金額を決定することができるものもある。もっとも，損害の中には，金銭的要素を含まないために，事実に対して規範的・金銭的評価を加えて，具体的な金額を算定する必要があるものもある。
　損害に対して規範的評価を加える必要があるのは，①積極的損害のうち，財物の客観的価値の下落を把握するために，事故時の価値及び事故後の価値を金銭的に評価する場合，②消極的損害，③精神的損害である。

　以下，過失責任における損害の金銭的評価（第2節），原子力損害賠償における損害の金銭的評価について述べる（第3節）。その上で，各論として，7つの典型的な権利侵害から生じる損害に関する金銭的評価について述べる（第4節から第10節まで）。また，その他の問題について述べる（第11節）。

第2節　過失責任における損害の金銭的評価

I　概　　要

　過失責任において，損害に対して規範的評価を加える必要があるのは，①積極的損害のうち，財物の客観的価値の下落を把握するために，事故時の価値及び事故後の価値を金銭的に評価する場合（II），②消極的損害（III），③精神的損害（IV）である。

第2節　過失責任における損害の金銭的評価

<図2-7-1：損害賠償の判断構造と金銭的評価の位置づけ>

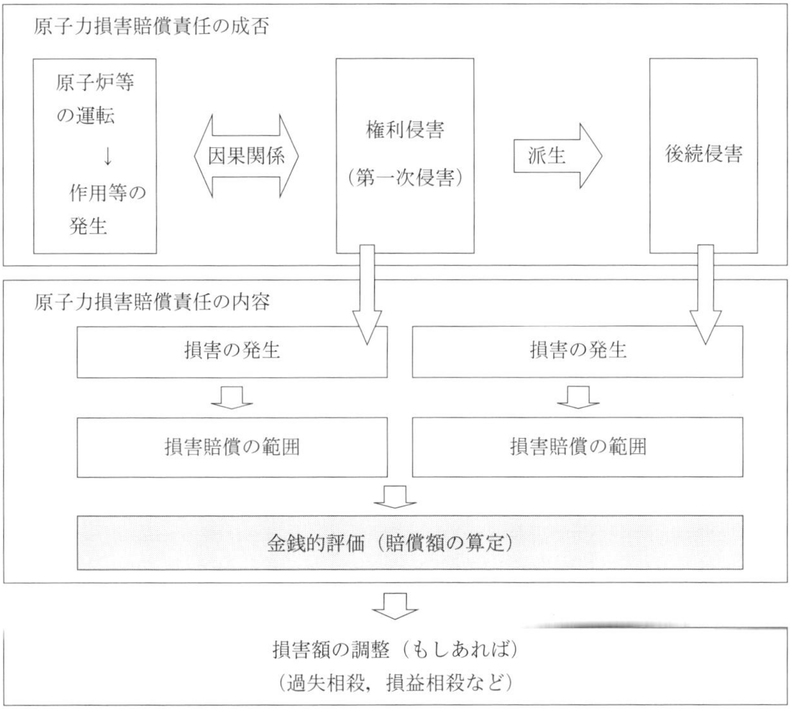

原子力損害賠償責任の成否
- 原子炉等の運転 → 作用等の発生
- 因果関係
- 権利侵害（第一次侵害）
- 派生
- 後続侵害

原子力損害賠償責任の内容
- 損害の発生　　損害の発生
- 損害賠償の範囲　　損害賠償の範囲
- 金銭的評価（賠償額の算定）

損害額の調整（もしあれば）
（過失相殺，損益相殺など）

Ⅱ　積極的損害

1　金銭的評価の必要性

　財物の客観的価値の下落を金額で把握するには，事故時の財物の客観的価値と，事故後の財物の客観的価値をそれぞれ把握する必要がある。これらの財物の客観的価値は，中古乗用車の価値のように，市場が確立していて，事実認定により比較的容易に画定できる場合もある。これに対して，財物の客観的価値を事実認定により把握できない場合には，損害賠償責任の内容を画定し金額を特定するために，金銭的評価が必要となる。

2　滅失・毀損と全損・一部損

(1)　意　　義

　財物の滅失・毀損とは，事実のレベルで，財物が被害を受けたことをいうと考

える。したがって，財物の滅失・毀損は，損害事実説からは，事実としての権利侵害・損害の発生に位置づけられる。

これに対して，金銭的評価のレベルでは，以下のとおり考えられる。第1に，財物が滅失した場合には，金銭的価値がすべて失われた，すなわち，全損であると金銭的に評価される。第2に，財物が毀損した場合，2つに分けられ，①財物の客観的価値が残存していると評価される場合（一部損）と，②財物が毀損したことにより，財物の客観的価値が失われたと評価される場合（全損）がある。

このように，財物が事実のレベルで毀損したに過ぎない場合でも，金銭的評価では全損と評価される場合がある。修繕費用が財物の価値を上回る場合に全損とする，いわゆる経済的全損（最判昭和49年4月15日民集28巻3号385頁）[1]も，事実レベルでは財物の毀損であるとともに，金銭的評価として全損とされる場合であると考える。

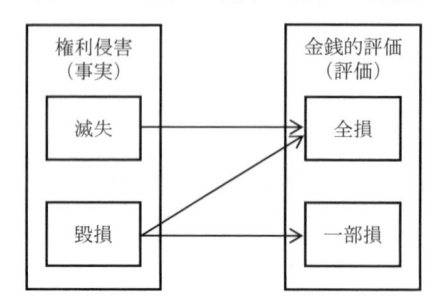

<図2-7-2：滅失・毀損と全損・一部損>

(2) 滅失した場合

例えば，花瓶が粉々に割れた場合や，指輪が海に沈んだ場合のように，財物が滅失した場合，事故後の財物の客観的価値はゼロであるから，事故後の財物の客観的価値について，金銭的評価を加える必要はない。これに対して，事故前の財物の客観的価値については，金銭的評価を加える必要がある場合がある。

---

[1] 同最判は，交通事故により自動車が損傷を被った場合において，被害車両の所有者が，これを売却し，事故当時におけるその価格と売却代金との差額を損害として請求しうるのは，被害車両が事故によって物理的又は経済的に修理不能と認められる状態になったときのほか，フレーム等車体の本質的構造部分に重大な損傷の生じたことが客観的に認められ，被害車両の所有者においてその買替えをすることが社会通念上相当と認められるときをも含むと解すべきであるとする。

(3) 毀損した場合

　財物が毀損した場合，物理的な毀損の程度と財物価値の下落の程度は，必ずしも一致しない。そのため，損害賠償責任の内容を画定するには，場合により，事故前の財物の客観的価値，及び事故後の財物の客観的価値について金銭的評価を加える必要がある。

3　財物の客観的価値の評価方法

　財物の事故時の価値の評価方法は，市場性のある財物については交換価値，市場性のない財物については，調達価格から一定の減価をした金額と解される[2]。

　また，一般論として，権利侵害・損害の発生と金銭的評価を区別すれば，損害に対する評価方法は複数ありうる[3]。財物の滅失の場合，交換価値に注目するか，利用価値に注目するかという複数の手法がある。そして，その手法のいずれも理論的に誤っているものではなく，かつ，規範的な問題としていずれかを採用しなくてはならないものではない[4]。

　このように，財物の滅失（毀損も同様であると考えられる。）から生じる財物の客観的価値の下落という損害には，いくつかの評価方法がある。

III　消極的損害

　生命・身体に対する侵害（死亡・後遺障害の場合）から生じる消極的損害（逸失利益）については，以下のとおりの金銭的評価がなされている[5]。

　まず，①被害者が生涯で得たであろう収入を，事故時の収入や賃金センサスなどの統計情報を基に算出する。次に，②死亡の場合は100％，後遺障害の場合は一定の労働能力喪失率を乗じる。さらに，③死亡の場合は生活費相当分を控除し，最後に，④中間利息を控除するなどの調整を行う（その上で過失相殺などの調整を行う。第3部第1章から第3章まで参照）。

2　四宮 576 頁。

3　窪田 362 頁。

4　窪田 355 頁，362 頁。事故類型ごとにそれに対応した損害の理解の仕方や，損害の金銭的評価の手法がありうる。また，損害の金銭的評価の手法が 10 個あるとしても，ある事件類型においては，そのうち 3 つがより有効に機能するとか，そういう分析が将来的には可能である（窪田充見「損害賠償法の今日的課題——損害概念と損害額算定をめぐる問題を中心に」司法研修 120 号（2010 年）49 頁）。

5　橋本ほか 219 頁。

IV 精神的損害

1 精神的損害に対する金銭的評価

精神的損害は，権利侵害から生じる精神的苦痛に対して，裁判所が金銭的評価を加えて算定する。実際には，交通事故損害賠償実務を中心として，実例の積み重ねによる標準的な金額が形成されている。

ここで，精神的損害の額の認定は，事実審の裁量に属する事実認定の問題であって，認定額が著しく不相当であって経験則又は条理に反するような事情がある場合に限り，違法となる（最判昭和 38 年 3 月 26 日民集 65 号 241 頁）。

もっとも，精神的損害の額は証拠に基づいて判断される性質のものではないから，被害者は金額の証明をする必要がない。結局，事実認定の問題とは言っても，精神的損害の額の認定は裁判所の裁量により，公平の観念に従って，諸般の事情を総合的に斟酌して定められることになる[6]。その際，裁判所は，算定の基礎事情となる事実を示す必要はあるが，当該額に決定した根拠は示さなくてよい[7]。

また精神的損害の算定に当たっては，被害者側の事情のみならず，加害者側の事情を考慮してよい（大判昭和 8 年 7 月 7 日民集 12 巻 1805 頁）。

2 個別事情

損害賠償は，損害の填補，すなわち，あるべき状態への回復という損害賠償の目的からして，被害者個々人の個別具体的な事情を考慮して行う（最判平成 9 年 1 月 28 日民集 51 巻 1 号 78 頁）[8]。したがって，精神的損害の金銭的評価は，個別事情を考慮して行われる。

3 慰謝料の補完的機能

①精神的・肉体的苦痛に対する精神的損害の算定に当たって，裁判所は，その額を認定するに至った根拠を示す必要がなく，また，算定の際に考慮した事実を説示する必要がない。さらに，被害者が請求額の証明をしていなくても，裁判所は，諸般の事情を斟酌して精神的損害の賠償を命じることができる（最判昭和 47 年 6 月 22 日判時 673 号 41 頁）。② 1 個の不法行為に基づく財産的損害の賠償請求

---

[6] 一般的な指針として，被害者をして自己の運命と和解させるのに十分な額とする見解がある（前掲・谷口＝植林『損害賠償法概説』194 頁）。

[7] 橋本ほか 222 頁。

[8] 個別事情と損害賠償について，淡路剛久『不法行為法における権利保障と損害の評価』（有斐閣，1984 年）110 頁参照。

権と非財産的損害の賠償請求権とは，1個の訴訟物を構成する。したがって，被害者の請求額の範囲内であれば（処分権主義），裁判所は，被害者が提示した内訳に拘束されない。被害者の請求額を超えない範囲であれば，被害者の提示した精神的損害の額を超えて精神的損害を認容してよい（最判昭和48年4月5日民集27巻3号419頁，最判昭和56年10月8日集民134号39頁）[9]。

　これらの判例を受けて，慰謝料には，財産的損害を補完する機能があると言われてきた（「慰謝料の補完的機能」という[10]。）。例えば，下級審裁判例の中には，交通事故被害者の将来の逸失利益は証明されていないとして認定しない一方で，経済的な不利益を受けていること自体は認定できるとして，これを慰謝料算定に当たって考慮するとしたものがある[11]。もっとも，現在では，民事訴訟法248条が存在するため，財産的損害の算定の困難さに慰謝料で対応する必要はなくなったと解される[12]。

第3節　原子力損害賠償における損害の金銭的評価

I　概　要

　原子力損害賠償における損害の金銭的評価は，過失責任の場合と基本的に同様であると考える。なぜなら，危険責任や原子力損害賠償責任の特殊性については，損害賠償責任成立の段階で考慮しているため，損害の金銭的評価について，過失責任の場合と異なる理解をする理由がないからである[13]。例えば，原発事故後，避難途中で転倒し受傷した場合の精神的損害と，交通事故により受傷した場合の精神的損害とで金銭的評価が異なる理由はないと考えるからである。

9　潮見261頁。
10　潮見261頁。
11　東京地判昭和42年10月18日下民集18巻9＝10号1017頁。
12　橋本ほか223頁。
13　損害賠償責任の成立と損害賠償金額について，以下の見解がある。すなわち，損害の填補ということを強調して，過失でも故意でも損害賠償の範囲には影響しないという伝統的な考え方，つまり，責任要件と効果としての損害賠償との関係を切断する伝統的な不法行為論自体がおかしいのであって，責任要件によって損害賠償の程度が影響を受けることを積極的に認めることで，損害分担のレベルでの事後的調整をより一般的に正当化できるという見解がある（能見善久『「痛み分け」社会の民法』落合誠一編『論文から見る現代社会と法』（有斐閣，1995年）120頁）。

以下，積極的損害（Ⅱ），消極的損害（Ⅲ），精神的損害（Ⅳ）について説明する。

Ⅱ 積極的損害

　財物の滅失・毀損について，全損・一部損の評価を加えて，財物の事故時の価値を評価する方法は，市場性のある財物については交換価値，市場性のない財物については，調達価格から一定の減価をした金額と解される[14]。
　また，一般論として，損害の発生と損害に対する金銭的評価を区別すれば，損害に対する評価方法は複数ありうる。財物の滅失の場合も，交換価値に注目するか，利用価値に注目するかという複数の手法がある。そして，その手法のいずれも理論的に誤っているものではなく，かつ，規範的な問題としていずれかを採用しなくてはならないものではない。

Ⅲ 消極的損害

　生命・身体に対する侵害（死亡・後遺障害の場合）から生じる消極的損害については，以下のとおりの金銭的評価がなされている。
　まず，①被害者が生涯で得たであろう収入を，事故時の収入や賃金センサスなどの統計情報を基に算出する。次に，②死亡の場合は100％，後遺障害の場合は一定の労働能力喪失率を乗じる。さらに，③死亡の場合は生活費相当分を控除し，最後に，④中間利息を控除するなどの調整を行う（その上で過失相殺などの調整を行う。第3部第1章参照）。
　これに対して，被害者が就労できなかった場合などについては，休業に伴う損害（いわゆる休業損害）として，本来の収入を基に算定した損害が賠償される。

Ⅳ 精神的損害

　精神的損害は，権利侵害から生じる精神的苦痛に対して，裁判所が金銭的に評価して算定する。実際には，交通事故損害賠償実務を中心とする，実例の積み重ねによる標準的な金額を参考にしつつ，評価されるものと解される。
　もっとも，本件事故の特殊性に照らして，例えば交通事故損害賠償実務で形成

14　四宮576頁。

された標準的な金額よりも高額となる可能性がある。

第4節　生活の平穏に対する侵害（避難指示等）から生じる損害の金銭的評価

I　概　要

　生活の平穏に対する侵害から生じる損害のうち，金銭的評価が問題となるのは精神的損害である[15]。避難指示等に伴う精神的損害（II），避難指示等解除後相当期間内の精神的損害（III），避難指示等解除後，帰還後，相当期間内の精神的損害（IV），避難の長期化に伴う精神的損害（V）について説明する。

II　避難に伴う精神的損害

1　金銭的評価

　中間指針は，避難に伴う精神的損害について，原則として月額10万円とした（中間指針第3-6-III）。その根拠として，自動車損害賠償責任保険における，傷害慰謝料（日額4200円，月額換算12万6000円）を参考にしたとする（中間指針第3-6備考4）。
　ここで，交通事故損害賠償実務において，傷害慰謝料の内容として，①傷害に伴う身体的苦痛，②身体の自由の制限が慰謝の対象とされている[16]。したがって，身体の自由の制限という要素については，交通事故における傷害慰謝料と避難指示等に伴う生活の平穏から生じる精神的損害には共通の部分がある[17]。そして，

---

[15] 積極的損害のうち，特に費用支出については，前記のとおり，原則として金銭的評価は問題とならない（損害賠償の範囲の問題はある。）。また，消極的損害については，生活の平穏に対する侵害から消極的損害は発生しないと考えられる（第5章第4節。いわゆる就労不能損害や営業損害は別途発生しうる。）。

[16] 厚井乃武夫「慰謝料」南敏文＝大嶋芳樹＝田島純蔵編『民事弁護と裁判実務⑤　損害賠償I　（自動車事故・労働災害）』（ぎょうせい，1997年）459頁。

[17] この点，避難に伴う精神的損害の額は月額35万円であるとの主張がなされている。このような主張については，精神的損害の算定は金銭的評価によるため，不可能な主張とは言えないと思われる。もっとも，一般論としては，身体への侵襲を伴う方が重大な不利益であり，したがって，金銭的評価をした場合に損害額が大きくなると解されていることからすれば，身体に対する侵害と，本件事故における人格権侵害の程度が，同程度

精神的損害の金銭的評価を完全な裁量で行うことは困難であり，避難に伴う精神的損害の金銭的評価に当たり，何らかの手掛かりが必要である。そうだとすれば，自動車損害賠償責任保険における傷害慰謝料の金額を参考にすることは不合理ではないと考えられる。

2 個別評価
(1) 精神的損害の増額

精神的損害についての金銭的評価は，被害者の個別事情に基づいて行われ，精神的損害の程度に応じて，増額される場合がある。交通事故に伴う死亡の精神的損害について，精神的損害を増額して評価する例がある。その場合，増額の割合は，最大で約1.5倍，多くは1.1倍から1.2倍程度であるとされる[18]。

(2) 個別事情

本件事故において，個別事情に応じて精神的損害を増額するものとして，東京電力による要介護者等についての増額[19] のほか，以下のものがある。

① 避難に伴い，被害者の母親と同居することになり母親を介護する負担が増加したとして，117万円（月額13万円）が賠償された（事例集174頁）。

② 精神的損害については，被害者が持病を抱えていることを考慮し，2割の増額をして，146万4000円が賠償された（事例集191頁）。

③ 家族が離散したとして，増額一時金を含め，82万円が賠償された（事例集202頁）。

④ 被害者は介護認定を受けておらず，歩行可能であり，一人で生活できていたが，脳梗塞の後遺症による身体障害があったことを考慮し，1割増額をして賠償された（事例集269頁）。

⑤ ある被害者が高齢であること，別の被害者が身体的障害を有していたこと，避難中に通院や薬の入手ができなかったこと，複数の親族宅への避難を繰り返したこと等を考慮し，平成23年3月について4万円増額し，以後は1か月あたり2万円を増額して292万円が賠償された（事例集253頁）。

⑥ 中間指針の目安額の合計額124万円に加え，自宅に置いてきたペットが餓

であると言えるかが問題となる。

18 高取真理子「慰謝料増額事由」日弁連交通事故相談センター東京支部『民事交通事故訴訟・損害賠償額算定基準（2008年版）下』（日弁連交通事故相談センター東京支部，2008年）51頁。

19 平成26年1月17日付け東京電力プレスリリース「避難生活等による精神的損害（要介護者さま等への増額）に係る賠償について」参照。

死しているのを，一時立入の際に見つけ，被害者の子のショックが著しかったこと，同居していた両親と別に避難せざるを得なかったこと，就労開始のために平成 24 年から被害者が単身赴任となったこと，子を連れての避難経路が結果として放射線量の高い地点を経由してのものであったこと等を考慮し 55 万円増額をして賠償された（事例集 261 頁）。

III 避難指示等解除後，相当期間内の精神的損害

避難指示等が解除されたとしても，避難状態は継続し，生活の本拠から離れていることに伴う精神的苦痛が発生する。そこで，二次追補は，このような精神的苦痛について，月額 10 万円と評価した（二次追補第 2-1-(2)備考 5）。

IV 避難指示等解除後，帰還後，相当期間内の精神的損害

避難指示等が解除され，帰還したとしても，公共設備の復旧等の状況によっては，生活の不便が継続し，精神的苦痛が発生する。
そこで，二次追補は，このような精神的苦痛について月額 10 万円と評価した（二次追補第 2-1-(2)備考 5）。

V 避難の長期化に伴う精神的損害

避難指示に伴う避難が長期化した場合，長期の避難を行う者には，特別の精神的損害が発生する。そこで，四次追補は，帰還困難区域又は大熊町若しくは双葉町の居住制限区域若しくは避難指示解除準備区域については，二次追補で帰還困難区域について示した一人当たり 600 万円に一人当たり 1000 万円を加算し，600 万円を月額に換算した場合の将来分（平成 26 年 3 月以降）の合計額（ただし，通常の範囲の生活費の増加費用を除く。）を控除した金額を目安とする。具体的には，第 3 期の始期が平成 24 年 6 月の場合は，加算額から将来分を控除した後の額は 700 万円とする（四次追補第 2-1-I①）。

そのような金銭的評価の根拠として，四次追補は，過去の裁判例及び死亡慰謝料の基準等も参考にした上で，避難指示が事故後 10 年を超えた場合の避難に伴う精神的損害額（生活費増加費用は含まない。）の合計額を十分に上回る金額とし

た（四次追補第 2-1 備考 3）[20]。

また，個別具体的な事情によりこれを上回る金額が認められうるとした（四次追補第 2-1 備考 3）。

上記の避難長期化等に伴う精神的損害は，避難指示等に伴う生活の平穏に対する侵害が，被害者の生活基盤や，その土地に居住し続けることそのものに対する侵害の要素であり，生活基盤への侵害は必ずしも既存の損害項目では把握できないため，いわゆる慰謝料の補完的機能（第 2 節参照）も考慮に入れて評価されたものと考える。

第 5 節　生活の平穏に対する侵害（自主的避難等）から生じる損害の金銭的評価

I　概　要

自主的避難等については，避難等対象者に対する生活の平穏と同様に，主として精神的損害が問題となる[21]。本件事故発生時から 2013 年 12 月末までを対象とする第 1 期（II）と，2014 年以降の第 2 期（III）に区別される。

II　第 1 期（2013 年 12 月末まで）

本件事故発生時から 2013 年 12 月末までを対象とする第 1 期については，避難行為の有無により，避難実行者と滞在者に区別される。

(1)　避難実行者

自主的避難を実行した者については，生活費の増分と合算して，①妊婦・子ど

---

[20] なお，二次追補において，長期にわたって帰還できないことによる損害額を 5 年分の避難に伴う慰謝料として一律に算定していることから，このうち，平成 26 年 3 月以降に相当する部分は，「長年住み慣れた住居及び地域が見通しのつかない長期間にわたって帰還不能となり，そこでの生活の断念を余儀なくされた精神的苦痛等」に包含されると考えられるため，その分を加算額から控除することとした。このような控除についても，金銭的評価の一種であると考えることもできる。

[21] 積極的損害については，前記のとおり，原則として金銭的評価は問題とならない（損害賠償の範囲の問題はある。）。また，消極的損害については，生活の平穏に対する侵害から発生しないと考えられる。

304

もについては40万円（東京電力による実際の支払は60万円），②妊婦・子ども以外については8万円とされた（一次追補）。

(2) 滞在者

自主的避難等区域に滞在した者については，生活費の増分と合算して，①妊婦・子どもについては40万円，②妊婦・子ども以外については8万円とされた（一次追補）。

Ⅲ 第2期（2014年以降）

東京電力は，第2期（2014年以降）について，避難者，滞在者を問わず，妊婦[22]・子どもに対して8万円の精神的損害を賠償した[23]。

第6節　生命・身体に対する侵害から生じる損害の金銭的評価

Ⅰ 概　要

生命・身体に対する侵害から発生する損害のうち，主として，精神的損害が問題となる[24]。傷害を負った場合（Ⅱ），後遺障害が残った場合（Ⅲ），死亡した場合（Ⅳ），生命・身体に対する侵害の可能性がある場合（Ⅴ）について説明する。

Ⅱ 傷害を負った場合

被害者が傷害を負い，入通院するなどした場合，精神的損害が発生する。その金額は，交通事故損害賠償実務を参考として算定されると考える。

22　平成24年1月1日から同年8月31日の間に妊娠していた場合に限る（平成24年12月5日付け東京電力プレスリリース「自主的避難等に係る損害に対する追加賠償について」）。

23　平成24年12月5日付け東京電力プレスリリース「自主的避難等に係る損害に対する追加賠償について」。

24　死亡に伴う精神的損害や後遺障害に伴う精神的損害が，別途，問題となりうる。

III 後遺障害が残った場合

受傷し，後遺障害が残った場合，入通院に伴う精神的損害とは別に，後遺障害に伴う精神的損害が発生する。その金額は，交通事故損害賠償実務を参考として算定されると考える。

IV 死亡した場合

被害者が死亡した場合には，死亡自体についての精神的損害が発生する[25]。その金額は，交通事故損害賠償実務を参考として算定されると考える。

V 生命・身体に対する侵害の可能性

生命・身体に対する侵害の可能性がある場合，科学的に認められる程度の身体に対する侵害がなかったとしても，精神的損害が発生しうる。

例えば，相馬郡飯舘村長泥地区に居住していた場合のように[26]，計画的避難区域に指定されるまで約1か月の間実際に避難等対象区域に居住していた場合であって，その後の放射線量の測定に基づき，特に帰還困難区域に指定されたときには，生命・身体に対する侵害の可能性について法的保護に値し，避難に伴う生活の平穏に対する侵害から生じる精神的損害とは別に，精神的損害が発生すると考える[27]。

---

[25] 精神的損害を含め，損害賠償請求権は相続人に相続される（大判大正9年4月20日民録26輯553頁，大判大正15年2月16日民集5巻150頁）。

[26] 報道によれば，紛争審査会の和解仲介手続において，相馬郡飯舘村長泥地区に居住していた者について，避難に伴う生活の平穏に対する侵害から生じる精神的損害とは別に，精神的損害が発生することを内容とする和解が成立したとのことである。

[27] 最高裁判決は，公害病の認定までに相当程度長期間を要したため，被害者が待たされたことの精神的損害を請求したという事案において，「公害に係る健康被害の救済に関する特別措置法3条1項又は公害健康被害補償法（昭和62年改正前のもの）4条2項に基づき水俣病患者認定申請をした者が相当期間内に応答処分されることにより焦燥，不安の気持ちを抱かされないという利益は，内心の静穏な感情を害されない利益として，不法行為法上の保護の対象になる」とする（最判平成3年4月26日民集45巻4号653頁〔水俣病お待たせ賃訴訟〕）。この最高裁判決について，仮に身体への侵害がなかった

第7節　労働契約上の地位に対する侵害から生じる損害の金銭的評価

I　概　　要

労働契約上の地位に対する侵害から発生する損害のうち，金銭的評価が問題となるのは，消極的損害である（II）[28]。

II　消極的損害

労働契約上の地位の侵害から発生する消極的損害として，例えば避難等対象者が休業した場合，当該休業によって逸失した利益について，損害が発生する。消極的損害（逸失利益）の額の把握は，基本的には，そのような利益を取得することが確実であったかを基準とする損害賠償の範囲の問題であると考えられる（第6章第7節参照）。もっとも，消極的損害（逸失利益）の額の把握の過程で，金銭的評価が必要となる場合もあると考えられる。

なお，本件事故において，特別の努力により減収を回避した場合には，損害がなお発生するとされており（二次追補第2-2-II，同第2-2備考3。第5章第7節参照），これは，一種の金銭的評価と理解する余地がある。

としても，一定の要件で，被害者が不安を感じるという心理状態が法的保護に値するとしたものという理解が可能と考える。そうだとすれば，上記判例の射程は及ばないと考えるものの，本件事故当初，避難指示等の対象区域に指定されず，その後，計画的避難区域に指定されるまで約1か月の間実際に避難等対象区域に居住していた場合であって，その後の放射線量の測定に基づき帰還困難区域に指定されたときには，生命・身体に対する侵害のおそれについて法的保護に値し，精神的損害が発生すると考えることは，上記判例と整合的であると考える。

[28] 労働契約上の地位の侵害から精神的損害が発生しうるが，他の権利侵害（生活の平穏に対する侵害）から発生する精神的損害において評価されていることが多いと考える。

第8節　財物の所有権等に対する侵害から生じる損害の金銭的評価

I　概　要

　避難等対象区域に所存する財物について，①避難指示等による避難等を余儀なくされたことに伴い，避難等対象区域内の財物の管理が不能等となったため，当該財物の価値の全部又は一部が失われた場合，②財物の価値を喪失又は減少させる程度の量の放射性物質に曝露した場合，③財物の種類，性質及び取引態様等から，平均的・一般的な人の認識を基準として，本件事故により当該財物の価値の全部又は一部が失われたと認められる場合（中間指針第3-10），財物の所有権等に対する侵害が発生する。
　このような侵害から発生する損害のうち，金銭的評価が問題となるのは，第1に，積極的損害のうち，客観的価値の下落について，事故前の客観的価値及び事故後の客観的価値の算定について金銭的評価が必要となる場合である。また，第2に，精神的損害についても金銭的評価が問題となる。
　以下では，損害事実説に従い（第5章参照），権利侵害・損害の事実と金銭的評価を区別する観点から，事実のレベルで滅失・毀損を把握し，金銭的評価のレベルで把握する全損・一部損と区別する。したがって，二次追補は帰還困難区域所在の財物について全損と評価したが，当該財物が物理的に消失していなければ毀損に該当し，全損とすることは金銭的評価によりなされると考える（滅失・毀損については第5章第2節・第8節を参照）。
　客観的価値の下落の損害については，客観的価値の喪失の算定のために，財物

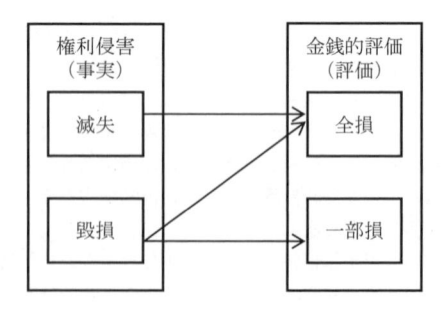

<図2-7-3：滅失・毀損と全損・一部損>

の種別に応じて，本件事故時の価値の評価，本件事故後の価値の評価を行う必要がある。

そこで，以下では，土地（Ⅱ），建物（Ⅲ），家財（Ⅳ），事業用資産（Ⅴ），車両（Ⅵ），その他動産（Ⅶ）に区別して説明する。

さらに，事故後に価値の変動がある場合（Ⅷ），精神的損害の金銭的評価（Ⅸ）について述べる。金銭的評価の方法は，特定の方法に限定されるものではなく，財物の特徴・性質によって，様々なものがありうる。

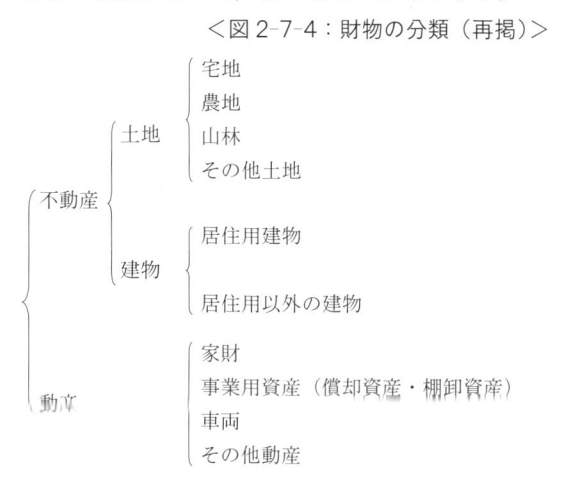

<図 2-7-4：財物の分類（再掲）>

```
            ┌ 土地 ┌ 宅地
            │      │ 農地
            │      │ 山林
            │      └ その他土地
  不動産 ┤
            │      ┌ 居住用建物
            └ 建物 │
                   └ 居住用以外の建物

            ┌ 家財
            │ 事業用資産（償却資産・棚卸資産）
  動産   ┤ 車両
            └ その他動産
```

Ⅱ 土　　地

1 本件事故前の土地の客観的価値

本件事故前の土地の客観的価値は，土地面積に本件事故時の土地単価（いわゆる坪単価や平米単価）を乗じることにより算出される[29]。

土地面積は，不動産登記情報などにより把握することができる[30]。

土地単価は，不動産鑑定評価，固定資産税評価から算定する手法等（一定の基準地の価値から算定する場合を含む。以下同じ。）がありうる[31]。また，本件事故の

---

29 「賠償基準の考え方」。
30 実際の土地面積が，不動産登記情報と異なる場合には，実地測量などにより把握することが可能である。
31 一般に，固定資産税評価額は，不動産の市場価値よりも低額であるとされている。そこで，固定資産税評価を用いる場合には，宅地の場合，同評価を客観的価値に補正するた

309

直前に土地を取得した等の場合には，当該取得価額を用いることも可能である。
2 本件事故後の土地の客観的価値
　本件事故後の土地の客観的価値の把握には，①不動産鑑定評価等により把握する方法と，②一定の方法により算定した評価割合を用いる方法とがある。
(1) 鑑定などにより把握する方法
　不動産鑑定評価等により，本件事故後の客観的価値を把握することが可能である。
(2) 評価割合を用いる方法
(i) 二 次 追 補
　不動産鑑定評価等の手法は，本件事故の規模にも照らすと，時間と費用の点で被害者の負担を増加させる場合がある。
　そこで，二次追補は，以下のとおり，より簡易な評価方法を示した。
　①帰還困難区域内の不動産の財物価値については，本件事故発生直前の価値を基準として本件事故により100％減少（全損）したものと評価することができるとする。
　その理由は以下のとおりである。帰還困難区域内の不動産については，5年以上の長期間にわたり立入りが制限され使用ができないこと等の特別の事情があり，当面は市場価値が失われたものと観念することができる。このため，迅速な被害者救済の観点から，当該不動産に係る財物価値が本件事故発生直前の価値を基準として100％減少（全損）したものと評価することによって，本件事故直前の価値の全額を賠償対象とすることができるものとする（二次追補第2-4備考1）[32]。
　また，②居住制限区域内及び避難指示解除準備区域内の不動産に係る財物価値については，避難指示解除までの期間等を考慮して，本件事故発生直前の価値を

　　め，1.43倍の係数を乗じる（「賠償基準の考え方」）。償却資産等について，平成24年12月26日付け東京電力プレスリリース「個人事業主さまおよび中小法人さまに対する償却資産および棚卸資産の賠償の実施について」，「賠償基準の考え方」，平成25年3月29日付け東京電力プレスリリース「宅地・建物・借地権等の賠償に係るご請求手続きの開始について」，平成25年11月29日付け東京電力プレスリリース「田畑に係る財物賠償に関するご請求手続きの開始について」参照。

[32] 二次追補は「推認する」という用語を用いる。ここで，「推認する」という語は，多義的であって，事実認定の過程で事実を推認する場合に加えて，事実や証拠に一定の評価を加えて一定の結論を得る場合に用いられる。そのため，以下では，ここでの「推認する」が全損・一部損の評価に用いられることを明確にするため，「推認する」に替えて「評価する」などの語を用いる。

基準として本件事故により一定程度減少したものと推認することができるとする（二次追補第 2-4）。

これらは，特に帰還困難区域の土地について全損とする点で，土地の滅失は理論上ありえないことからすれば，土地を含む不動産について，事実として滅失・毀損したとは考えられず，むしろ，金銭的評価であると考えられる。

(ii) **賠償基準の考え方**

上記(i)を受けて，「賠償基準の考え方」は，土地の客観的価値の下落について，以下のとおりとした[33]。

ア　帰還困難区域

帰還困難区域所在の土地については，二次追補に従い，本件事故後の客観的価値は，本件事故前の客観的価値の100％減少した価値とした。

イ　居住制限区域・避難指示解除準備区域

居住制限区域・避難指示解除準備区域所在の土地については，事故から72か月（6年）で財物価値がすべて失われると評価して，避難指示が発出されてから，避難指示が解除されるまでの期間（nか月）に応じて客観的価値が下落するとする（土地の価値の下落分を，事故前の客観的価値に n/72 を乗じた額とする。）[34]。

例えば，避難指示が解除されるのが事故後48か月後の場合，本件事故前の客観的価値から 48/72 減少した価値が，本件事故後の客観的価値と評価される。

3　借地権割合[35]

宅地について，建物所有目的の借地権又は地上権は，借地借家法上，強い保護が与えられ，これらの権利については，所有権に準じた権利侵害を認めることができる（第1章第8節）。

そこで，不動産賃借権においては，借地権価格という言葉に象徴されるように，

---

[33] 高橋＝大塚編99頁。「賠償基準の考え方」は，避難等対象区域の地方公共団体との調整を経たものである（高橋＝大塚編99頁）。また，「賠償基準の考え方」は，原子力損害賠償紛争審査会の指針を踏まえつつ，より詳細な基準を定めるという考え方に基づくものであるという（高橋＝大塚編99頁）。緊急避難準備区域については，その指示の内容に照らすと，個別の事情がある場合を除き，財物の所有権等に対する侵害は生じていない場合が多いと解される。

[34] 帰還困難区域は，72か月（6年），居住制限区域は36か月（3年），避難指示解除準備区域は24か月（2年）を標準とする（「賠償基準の考え方」）。

[35] 借地権割合について，日本不動産鑑定協会法務鑑定委員会編『借地権割合と底地割合——権利割合の本質と実務への応用』（判例タイムズ社，2006年）など参照。

賃借人も目的物の交換価値について一定の利益を有する[36]。このような場合に，土地を毀損された場合は，借地権者は，借地権価格相当額を損害賠償請求することができる[37]。土地所有者に対しては，土地の市場価格から借地権価格を差し引いた額を賠償することとなる[38]。ここでは，土地の市場価格が土地所有者と借地人の間で分属している[39]。

借地権価格は，もともと不法行為に基づく損害賠償の問題を解決するために唱えられたものではないが，借地人の経済的利益を示すことに変わりはない[40]。

具体的には，本件事故前の客観的価値，及び本件事故後の客観的価値のいずれについても土地の客観的価値に借地権割合を乗じた価値となる。

本件事故においては，帰還困難区域等における不動産賃貸借実務において，借地権割合は宅地の時価相当額の20％から30％（底地権は宅地の時価相当額の80％から70％）である場合が多いとされる[41]。もっとも，借地権，底地権の割合に関する当事者間の合意がある場合は，それに従うことも可能であろう。

36　能見善久「比較法的にみた現在の日本民法──経済的利益の保護と不法行為法」広中俊雄＝星野英一編『民法典の百年Ⅰ』（有斐閣，1998年）639頁。

37　前掲・能見「比較法的にみた現在の日本民法──経済的利益の保護と不法行為法」639頁。

38　前掲・能見「比較法的にみた現在の日本民法──経済的利益の保護と不法行為法」639頁。

39　前掲・能見「比較法的にみた現在の日本民法──経済的利益の保護と不法行為法」639頁。所有者の権利を，「底地権」と呼ぶことがある。

40　前掲・能見「比較法的にみた現在の日本民法──経済的利益の保護と不法行為法」647頁脚注58。なお，賃借権（借地権）自体を失わせた場合の損害額に関しては，ともに履行不能に関するものである，借地の客観的な利用価値（借地権の交換価格）を基準とする大審院判決（大判昭和8年7月5日民集12巻1783頁）と，地上に建物を建築しそれを賃貸して得るであろう利益をもって損害額とする大審院判決（大判昭和10年4月13日民集14巻556頁）とがある。賃借権の交換価格がはっきりしない地域にあっては，後者の方法によって算定するほかないと解される（四宮578頁）。第三者が賃借物を不法に占有して賃借権を侵害した場合の損害額は，原則として賃料相当額であるとされる（大判昭和7年7月7日民集11巻1498頁）。賃借人が賃借物を利用して確実にそれ以上の利益をあげえたであろうというような事情があれば，その賠償請求をすることができる（最判昭和32年1月22日民集11巻1号34頁）。四宮579頁参照。

41　相続税における相続財産の評価に関し，財務省国税庁は福島県の借地権割合を30％としている。<http://www.rosenka.nta.go.jp/main_h25/sendai/fukusima/pref_frm.htm>参照。

第8節　財物の所有権等に対する侵害から生じる損害の金銭的評価

Ⅲ　建　　物

1　本件事故前の財物の客観的価値

(1)　不動産鑑定評価などによる算定

本件事故前の建物の価値を，①不動産鑑定評価，②固定資産税評価から算定する方法[42]などにより算定することが可能である[43]。

(2)　新築時の価値からの算定

一般に，建物の新築時の価値を把握するには，新築時の価値を基礎として，①新築時（取得時）の建物価格，②床面積に新築時の建物建築単価を乗ずる方法[44]等が考えられる[45,46]。

経年による本件事故時までの価値の減少分については，市場価格がわずかである場合であっても，実際に居住している以上，土地収用における補償基準などを参考に，木造住宅の場合，48年時点で減価を終了し，残価率20％と評価することが可能である（「賠償基準の考え方」）。

建物面積（床面積）は，不動産登記情報，固定資産税評価情報などにより把握することができる[47]。

42　東京電力は，例えば木造建物の場合，2.0倍の補正係数を乗じる（平成25年3月29日付け東京電力プレスリリース「宅地・建物・借地権等の賠償に係るご請求手続きの開始について」）。

43　さらに，取引価格に基づき算定することも可能である。もっとも，不動産の取引価格は，買い急ぎや売り急ぎなどの個別の事情に応じて比較的大きな差異を生じやすいことに留意が必要である。

44　物価変動を考慮に入れるため，さらにデフレータを乗じることが可能である。建物価格と物価変動について，東京高判平成4年12月17日判時1453号35頁参照。

45　さらに，建物に関連して，外構・庭木等の価値として，建物の価値の15％相当額を加える（さらに，庭木分の5％については，経年による価値減少評価を行わない。）。平成25年3月29日付け東京電力プレスリリース「宅地・建物・借地権等の賠償に係るご請求手続きの開始について」参照。

46　さらに，太陽光発電設備など，一定の高額設備を備える場合には，別途の評価が可能である（平成25年3月29日付け東京電力プレスリリース「宅地・建物・借地権等の賠償に係るご請求手続きの開始について」参照）。

47　実際の建物面積が，不動産登記情報等と異なる場合には，測量などによることが可能である。

2 本件事故後の財物の客観的価値

本件事故後の建物の客観的価値の把握には，①不動産鑑定評価などにより把握する方法と，②評価割合を用いる手法とがある。

その内容は，同じく不動産である土地の場合と同様と考えられる。

3 地震・津波

東京電力は，帰還困難区域・居住制限区域・避難指示解除準備区域所在の建物が，地震・津波の影響で損壊した場合，事故前の建物の価値のうち，①一部損のときは97％，②半損のときは80％，③全損のときは50％を支払うとする（倒壊の場合は，支払わない。）[48]。

IV　家　財

1　家財の特殊性

家財（家庭用財産）は，世帯内[49]で用いられる動産の総称である。家財は，①多種多様の動産の集合であること，②家族の中で所有権の帰属主体が不明であることなどの特殊性がある。

2　評価方法

(1)　個別積み上げ

家財についても，本来は，個々の動産に対する所有権侵害が独立して成立していることから，個々の動産の本件事故前の評価を合計する算定方法をとることができる[50]。

(2)　包括的な評価

家財は，①多種多様の動産の集合であること，②家族の中で所有権の帰属主体が不明であることなどの特殊性から，家財に関する評価について，下級審裁判例

---

[48] 平成25年3月29日付け東京電力プレスリリース「宅地・建物・借地権等の賠償に係るご請求手続きの開始について」。

[49] 世帯について，東京電力は，居住空間と生計を共にしており，生活に必要な資産を共有していた者，又は独立して生計を営む単身者と定義する（平成25年3月29日付け東京電力プレスリリース「宅地・建物・借地権等の賠償に係るご請求手続きの開始について」参照）。

[50] このような算定方法は，個別の動産ごとに成立する損害賠償請求権の金額を合計するものである。したがって，この点で，1つの権利侵害から生じる損害項目を積み上げて損害賠償請求権の金額を算定する個別損害積み上げ方式とは異なる。

の中には，民事訴訟法248条を適用するもの[51]や，損害保険におけるモデル家庭の標準的評価表，家財簡易表などを用いるもの[52]などがある。

(3) 個別評価と包括的評価の組み合わせ

前記のとおり，金銭的評価の裁量内において，家財は個々の動産の価値の合計額により損害賠償額を算定することが可能であるから，金銭的評価の裁量内において，家財の一部について個別財産として評価しつつ，残部について包括的に評価することも可能であると考える。

3 具体的評価

(1) 全損評価

帰還困難区域・居住制限区域・避難指示解除準備区域に所在した家財については，長期にわたり使用できないことから，すべて全損と評価される（「賠償基準の考え方」）。

ただ，金銭的評価に当たっては，帰還困難区域と，居住制限区域・避難指示解除準備区域の差異（一時立入の難易など）に着目して，以下のとおり区別している（「賠償基準の考え方」）。

(2) 評価金額

「賠償基準の考え方」によれば，単身世帯で帰還困難区域について325万円（学生の場合40万円），単身世帯で居住制限区域・避難指示解除準備区域について245万円（学生の場合30万円）とされる。また，複数人世帯で帰還困難区域について475万円及び大人1人当たり60万円，子供1人当たり40万円，複数人世帯で居住制限区域・避難指示解除準備区域について，355万円及び大人1人当たり45万円，子供1人当たり30万円とされている[53]。

4 その他

(1) 世帯の分離と損害賠償請求

世帯が分離された場合に，家財に関する損害賠償請求がどのように取り扱われ

---

[51] 東京地判平成11年8月31日判時1687号39頁（火災等による家財消失の事例），横浜地判平成12年1月12日判時1723号80頁（火災による家財消失の事例），東京地判平成14年4月22日判時1801号97頁（不動産競売に当たり，不動産業者が残置されていた家財を廃棄した事例（家財の損害額100万円）），東京地判平成18年11月17日判タ1249号145頁（火災による家財消失の事例）。

[52] 山形地判平成11年12月7日判時1713号99頁（火災による家財消失の事例），前掲・横浜地判平成12年1月12日。

[53] 火災保険実務における家財評価を参考にしたとのことである（高橋＝大塚102頁）。

るかについては，別途問題となりうる[54]。

(2) 地震・津波の影響

東京電力は，東日本大震災の影響を受けた場合について，建物が倒壊したときには，帰還困難区域における世帯人数・家族構成で算定した賠償金額の20％，建物が全損，半損，一部損の場合はいずれのときも各々の区域の賠償金額の100％を賠償するとしている[55]。

これは，事実認定と整理することもできるが，家財の特殊性や東日本大震災の影響であることの特殊性に照らすと，金銭的評価と整理するのが事態適合的であると考える。

V 事業用資産

1 本件事故前の財物の客観的価値

本件事故前の事業用資産の客観的価値の評価は，簿価に従うことができる。その他，不動産鑑定評価，固定資産税評価を用いた手法なども用いることが可能である。

2 本件事故後の財物の客観的価値

本件事故後の事業用資産の客観的価値の評価については，土地等と同様に，個別に評価する方法と評価割合を用いる方法がある。

---

[54] 例えば，本件事故後に夫婦が離婚した場合である。家財の中には，家族で共有する動産（家具，家電・ガス器具類，生活用品は基本的に共有物であろう。），単独所有の動産（趣味・娯楽品，衣類・携行品については，共有の場合と単独所有の場合とがありうる。）が混在していることが通常であろう。したがって，第1に，夫婦の一方が，単独で所有する動産について区別する必要がある。第2に，共有物については，婚姻費用の分担規定（民法760条。家具，家電・ガス器具類，生活用品などの購入費用は婚姻費用として支弁されることが多いと考えられる。），夫婦間の帰属不明の財産に関する共有規定（民法762条2項）などに照らして，夫婦ともに2分の1の持分であるとして，損害賠償請求権もそれに応じて按分することが事態適合的であると考える。離婚後の家財に関する損害賠償が問題となった下級審裁判例として，仙台高判平成13年12月25日（TKC文献番号28070692）がある。青山道夫＝有地亨編著『新版　注釈民法(21)親族(1)』（有斐閣，1989年）458頁〔有地亨執筆〕参照。

[55] 平成25年3月29日付け東京電力プレスリリース「個人さまに対する家財の賠償に係るご請求手続きの開始について」参照。

第 8 節　財物の所有権等に対する侵害から生じる損害の金銭的評価

Ⅵ　車　　両

本件事故により，避難等対象区域から車両を持ち出せなくなる場合がある。

1　本件事故前の車両の客観的価値
本件事故前の車両，特に乗用車の客観的価値は，中古車市場における評価を基に損害賠償額を算定することができる[56]。

2　本件事故後の財物の客観的価値
車両を避難等対象区域の外に持ち出せないことをもって，全損と評価される。

Ⅶ　その他動産

その他動産についても，本件事故前の財物の客観的価値と本件事故後の財物の客観的価値の差額が損害について金銭的評価となる場合がある。

例えば，立木などが問題となる[57]。

Ⅷ　事故後の価値の変動

事故後に財物の価値が変動した場合，財物の事故後の客観的価値は，事故時に損害が発生しているため，事故後の事情は取り入れることができないと理解することもできる一方で，一定の場合には，事故後の事情を取り入れることも可能であると考える[58]。

56　必ずしもすべての車両について中古車市場が発達しているわけではないから，そのような場合には，他の財物と同様の算定方法をとることが可能であると考えられる。

57　四宮 566 頁参照。

58　最判昭和 32 年 1 月 31 日民集 11 巻 1 号 170 頁は，原則として滅失・毀損当時の交換価値によるとする。もっとも，交換価値によらなければならないという理論的必然性はない（窪田充見「後遺障害による逸失利益の算定と事故後の別原因による被害者の死亡の考慮の可否」平井宜雄編『民法の基本判例（第 2 版）』（有斐閣，1999 年）175 頁）。目的物から生ずる利益の喪失という観点からは，侵害行為時以後に生じた別原因による場合（滅失や減失したであろう状況）は，最判平成 8 年 4 月 25 日民集 50 巻 5 号 1221 頁〔貝採り事件判決〕で扱われているのと同種の問題をもたらすことになり，実際，下級審ではこうした問題を扱うものが見られるとのことである（前掲・窪田「後遺障害によ

317

IX 精神的損害[59]

　財物の所有権等が侵害された場合の精神的損害については，原則として，当該財物の所有権等に対する侵害から発生する積極的損害の賠償により填補されると解される。

　もっとも，下級審裁判例の中には，被害を受けた物が，飼犬・飼猫のような愛玩動物の場合には，これに対する被害者の愛着の情が精神的苦痛として賠償の対象となるとするものがある[60]。

　本件事故において，避難等対象区域内においてペットと暮らしていたところ，避難指示等によりペットが死亡した場合については，当該ペットの価値（取得価額など）とは別に飼主に対して精神的損害が発生する（事例集145頁，246頁など）。

　本件事故によるペットの死亡の場合には，個別事情に応じて，1人数万円程度と評価されることが多いようである。

第9節　営業利益に対する侵害（政府指示等）から生じる損害の金銭的評価

I　概　要

　政府指示等に伴う営業利益の侵害から発生する損害のうち，消極的財産（II）及び非財産的損害（III）については，金銭的評価が必要となる場合がある。

　なお，償却資産や棚卸資産など，営業活動に関連する財物の客観的価値の下落に対する賠償については，所有権等に対する侵害から発生する損害として整理した（第8節参照）。

　　　る逸失利益の算定と事故後の別原因による被害者の死亡の考慮の可否」175頁）。
59　物に対する侵害の可能性について，精神的苦痛が発生する可能性は否定できない（特に，ペットなど）。もっとも，生活の平穏に対する侵害から生じる精神的損害等と併せて評価される場合もあると考えられる。
60　塚本伊平「慰謝料(2)——財産権侵害と慰謝料」篠田省二編『裁判実務大系15　不法行為訴訟法　1』（青林書院，1991年）366頁。

Ⅱ 消極的損害

政府指示等に伴う営業利益に対する侵害から生じる逸失利益は，事故前の収入と事故後の収入の差額を出発点として算定される。もっとも，事故前の収入や事故後の収入の算定に当たり，金銭的評価を必要とする場合がある。

Ⅲ 非財産的損害

政府指示等に伴う営業利益に対する侵害により，名誉毀損などが発生したことにより無形の損害が発生した場合，金銭的評価を加えて損害賠償責任の内容を画定する必要がある。

第10節　営業利益に対する侵害（風評被害）から生じる損害の金銭的評価

Ⅰ 概　　要

風評被害に伴う営業利益の侵害から発生する損害のうち，消極的財産（Ⅱ）及び非財産的損害（Ⅲ）については，金銭的評価が必要となる場合がある。

Ⅱ 消極的損害

風評被害に伴う営業利益に対する侵害から生じる逸失利益は，事故前の収入と事故後の収入の差額を出発点として算定される。もっとも，事故前の収入や事故後の収入の算定に当たり，金銭的評価を必要とする場合がある。

Ⅲ 非財産的損害

風評被害に伴う営業利益に対する侵害により，名誉毀損などが発生したことにより無形の損害が発生した場合，金銭的評価を加えて損害賠償責任の内容を画定する必要がある。

第11節　その他

I　親族の捜索

　精神的損害のうち，地震・津波のため行方不明となった被災者について，親族等が避難指示等のために捜索できなかった場合に，当該親族等に，精神的損害が発生する[61]。

II　賠償者代位

　金銭的評価の問題ではないが，財物の全損評価と関連して，賠償者代位について説明する。

1　問題の所在

　二次追補は，帰還困難区域内の不動産に係る財物価値については，本件事故発生直前の価値を基準として本件事故により100%減少（全損）したものと評価することができるものとし，居住制限区域内及び避難指示解除準備区域内の不動産に係る財物価値については，避難指示解除までの期間等を考慮して，本件事故発生直前の価値を基準として本件事故により一定程度減少したものと評価することができるものとするとした（二次追補第2-4）。その後，「賠償基準の考え方」は，避難指示までの月数ごとに72分の1を乗じて財物価値の喪失・減少を評価し，賠償する旨表明し，そのような賠償が行われてきた。
　ここで，民法422条は，「債権者が，損害賠償として，その債権の目的である物又は権利の価額の全部の支払を受けたときは，債務者は，その物又は権利について当然に債権者に代位する」と規定するから，東京電力が財物の全損分の賠償金を支払った場合，民法422条に基づいて，当然に財物の所有権が移転するとも読める。紛争審査会による和解仲介により成立した和解では，民法422条について言及がないものがほとんどで，価額の5%相当額を控除したものがわずかに存在するにとどまる[62]。

---

[61] 報道によれば，浪江町の地震・津波の犠牲者の遺族について，このような精神的損害が発生したことを内容とする和解が成立したとのことである。
[62] 公表番号1番。

2 民法422条の趣旨

債権者が，債務者から債務不履行を理由とする損害賠償によって，債権の目的たる物又は権利の価格の賠償を受けたにもかかわらず，債権者にその物又は権利を帰属させておくことは，債権者に二重の利得を得させることになる。債権者が賠償後も目的たる物又は権利を保持し続ける場合，民法422条がなくとも，債権者は，債務者から受領した賠償金を，不当利得として債務者に返還しなければならないのであるが，賠償金を返還すべき時に債務者が無資力になっている場合も考えられる。そこで，債権者が賠償を受けた以上は，債権の目的たる物又は権利が当然に債務者に移転することとして，賠償者に賠償時における債務者の無資力の危険を免れさせるのが本条の主たる存在理由である[63]。

3 不法行為に基づく損害賠償請求と民法422条

不法行為に基づく損害賠償請求に関し，民法422条は類推適用されるか。

この点，不法行為に基づく損害賠償請求に関し，民法422条が類推適用される（大判昭和14年12月23日民集18巻1630頁。ただし，傍論)[64]。

4 一部弁済の場合

二次追補は，居住制限区域内及び避難指示解除準備区域内の不動産に係る財物価値については，避難指示解除までの期間等を考慮して，本件事故発生直前の価値を基準として本件事故により一定程度減少したものと推認することができるものとするとした（二次追補第2-4）。

これを受けて東京電力は，これらの区域に所在する不動産について，帰還までの年数に応じて部分損として賠償している。そこで，一部損の場合に民法422条が適用・類推適用されるか。

この点，民法422条は「価額の全部」としていることから，一部の価額を弁済した場合には，民法422条は適用・類推適用されないと解される[65]。

したがって，居住制限区域，避難指示解除準備区域所在の財物について，東京

---

[63] 梅75頁，奥田昌道編『注釈民法(10)債権(1)』（有斐閣，1987年）〔能見善久執筆〕717頁など。

[64] 我妻212頁，加藤・増補版262頁，前田394頁，四宮656頁，幾代＝徳本346頁，奥田昌道『債権総論〔増補版〕』（悠々社，1992年）216頁など。

[65] 前掲・奥田『債権総論〔増補版〕』217頁など。学説の中には，代位によって第三者に対する権利を取得する場合には，一部賠償による一部代位を認めても問題ないと解する見解もある。これらの見解に従ったとしても，財物賠償は第三者に対する権利を取得する場合に該当しないため，このような学説によっても代位の効果は生じないものと考えられる。

電力が一部損の賠償をした場合であっても，当該財物に東京電力が代位することはないと解される（帰還困難区域所在の財物のように全損とされた場合についてのみ民法 422 条の問題が生じる。）。ただし，これらの区域についても，いわゆる住居確保損害の賠償に伴い，結果として財物価値について，全損に相当する賠償がなされた場合にも同じ問題が生じる。

5 「当然に」の意味

「当然に代位する」の意味については，目的物の価額の全部を賠償した場合，自動的に所有権が移転するものであって，何らの意思表示も要しないと解されている（強行法規）[66]。

6 被害者が財物の所有権を保持するとの合意の意味

東京電力は，直接請求の請求書・合意書等において，損害賠償金の支払後も被害者が財物の所有権を保持する旨被害者との間で合意している。そこで，このような合意はどのような意味をもつか。

(1) 「当然に」を否定できるか

民法 422 条が強行法規であることに関連して，価額の全部の賠償後に目的物が発見された場合に，債権者が受領した賠償金を返還して，債務者に対して目的物の返還を請求できるかが争いとなっている。否定する見解[67]と，肯定する見解[68]とがある。

しかしながら，肯定説も被害者が価額の全部を賠償した物の返還請求をすることを認めるのみであって，代位そのものの効力，すなわち所有権の移転を否定する見解は見当たらない[69]。

---

66 前掲・奥田『債権総論（増補版）』217 頁，前田達明『口述　債権総論〔第 3 版〕』（成文堂，1993 年）217 頁。
67 前掲・『注釈民法(10)債権(1)』〔能見善久執筆〕724 頁。
68 於保不二雄『債権総論（新版）』（有斐閣，1972 年）158 頁，前掲・奥田『債権総論（増補版）』217 頁。
69 保険法 24 条は，「保険者は，保険の目的物の全部が滅失した場合において，保険給付を行ったときは，当該保険給付の額の保険価額（約定保険価額があるときは，当該約定保険価額）に対する割合に応じて，当該保険の目的物に関して被保険者が有する所有権その他の物権について当然に被保険者に代位する」と規定する（残存物代位）。その趣旨は，被保険者における利得を防止することであるとされる（大森忠夫『保険法（補訂版）』（有斐閣，1998 年）179 頁）。なお，損害填補を厳密に実行することであると残存物の価額を算出した上で，これを控除してはじめて保険給付がなされることになるがそれでは保険給付が迅速にできないので，残存物に対する権利を保険者が取得することとしたもので，迅速な保険給付をするための技術的な仕組みであるとする見解（技術説）

第 11 節　そ の 他

したがって，帰還困難区域所在の不動産について，全損と評価され，価額の全部を賠償したことにより，一旦は加害者である東京電力に移転したと解さざるを得ない。

(2)　再移転の合意と不当利得返還請求権

そこで，東京電力と被害者の合意は，東京電力から被害者への所有権の再移転の合意と解することができないか。

この点について，民法 422 条の趣旨は，債権者が債務者から債務不履行を理由とする損害賠償によって債権の目的たる物又は権利の価格の賠償を受けたにもかかわらず，債権者にその物又は権利を帰属させておくことは，債権者に二重の利得を得させることになるため，このような事態を避けることにある。そうだとすれば，形式的に被害者に二重の利得が存在することになるように見えたとしても，実質的に利得の保持を正当化できるのであれば，価額の全部を賠償した財物の所有権を被害者に再移転する旨の合意は，民法 422 条によって禁止されないと考える。

ここで，本件事故において，帰還困難区域に所在する財物，特に被害者が事故時まで居住していた土地又は建物について，その価額の全部を支払ったことを理由として東京電力が取得するとすれば，帰還困難区域に居住していた被害者は，避難指示解除後の居住場所を失うことになりかねない。

このように考えると，帰還困難区域所在の不動産の所有権を被害者に再移転す

もあり，双方が趣旨であるとされる（山下友信『保険法』（有斐閣，2005 年）419 頁）。しかしながら，損害保険実務では，保険契約上，残存物の所有権は保険者がこれを取得する旨の意思を表示しない限り，保険者に移転しない旨など，保険者が権利を放棄する特約が行われるのが通例である。この点，残存物代位が強行法的に要請されるのは広義の利得禁止原則（経済主体の全体的な経済状態を基準にして，事故によってより良い状態になってはならないという原則）に反する場合であり，目的物である絵画や自動車が盗難に遭い全損保険金が支払われたが後に絵画や自動車が発見されたような場合に限られる。これに対して，建物の全焼後の残骸のような場合については代位の有無は契約自由に委ねてよく，したがってその限りで上記特約は有効であると解されている。これに対して，狭義の利得禁止原則は，保険制度における損害填補の原則に基づいて，その制度上認められるべき損害を超えて給付はされてはならないという原則をいう（中出哲「残存物代位制度について」損害保険研究 58 巻 4 号（1997 年）141 頁）。前掲・山下『保険法』421 頁参照。

る旨の合意は有効であると考えられる[70,71]。

---

70 このような合意が，民法 422 条の脱法行為に該当し，無効であるという見方も想定される。しかしながら，上記の検討からは，脱法行為に該当しないと考える。
71 この点，「賠償者代位の法理からする東京電力に財物の所有権が移転するはずであるが，東京電力は取得を希望せず，被害者も東京電力に取得させたくない」ことについて，「法律上は被災者が「特約」で，実質「空」の所有権を有しているという「不健全な状態」にある」という見解がある（渡部晃「「東京電力」をどのように再生させるのか」事業再生と債権管理 143 号（2014 年）167 頁）。しかしながら，このような見解については，何が健全で，何が不健全なのかという問題（誰がどのような基準で「健全」「不健全」を決めるのかの問題）が残ると考える。

第 3 部

原子力損害賠償責任の減免事由

第3部　原子力損害賠償責任の減免事由

　第2部記載の成立要件を満たして成立した原子力損害賠償請求権について，以下のとおり，損害賠償責任の成立が否定されたり，損害賠償額が減少されたりする場合がある。

　第2部記載の事項との相違点は，以下のとおりである。第2部記載の原子力損害賠償請求権の成立要件が，原子力損害賠償請求権の成立に必須であるのに対し，第3部記載の項目は，いわば外在的な事項であって，原子力損害賠償請求権の成立に必須ではない点，民事訴訟法上の要件事実の分配において，抗弁に位置づけられる点において，区別される。

　過失相殺・素因減額（第1章），損益相殺・損害相殺的調整（第2章），その他減額事由（第3章）は，原子力損害賠償請求権の成立に当たり，その金額が減免・調整される場合である。不可抗力免責（第4章）及び責任集中（第5章）は，原子力損害賠償責任が否定される場合である。消滅時効（第6章），除斥期間（第7章）は，原子力損害賠償請求権は一旦確定的に成立するものの，事後的に損害賠償請求権が消滅する場合である。

＜図3-0-1：原子力損害賠償請求権の減少と消滅＞

損害賠償額の減少
　①過失相殺・素因減額（第1章）
　②損益相殺・損益相殺的調整（第2章）
　③その他減額事由（第3章）

損害賠償責任・請求権の消滅
　④不可抗力免責（第4章）
　⑤責任集中（第5章）
　⑥消滅時効（第6章）
　⑦除斥期間（第7章）

① 過失相殺・損益相殺（第1章）

　民法722条2項は，「被害者に過失があったときは，裁判所は，これを考慮して，損害賠償の額を定めることができる」と規定する。これを過失相殺という。

　また，加害者の不法行為に基づく損害賠償請求権について，被害者の有していた素質，すなわち，精神的・身体的性質や疾患が，権利侵害又は損害の発生又は拡大の一因となる場合がある。被害者に，このような被害者の素質（素因）がある場合，判例上，公平の観点から，民法722条2項を類推適用して，損害賠償額が減額される。これを素因減額という。

② 損益相殺・損益相殺的調整（第2章）

　被害者が不法行為によって損害を受けると同時に，同一の原因によって利益を

受けた場合には，損害と利益との間に同質性がある限り，その利益の額は，賠償されるべき損害額から控除される。これを損益相殺という。

また，損益相殺の要件である，「損害と同質性を有する利益であること」という要件を満たさない場合であっても，損害賠償額が縮減される場合がある。これを損益相殺的調整という。

③ その他減額事由（第3章）

権利侵害又は損害発生の原因として，第三者の行為が競合する場合，寄与度に応じた減責がなされる場合がある。これを寄与度減責という。自然力が原因の場合も同様である。

④ 不可抗力免責（第4章）

原子力損害賠償責任が，「異常に巨大な天災地変又は社会的動乱によって生じたものであるとき」は，原子炉の運転等が内包する特別の危険の実現とは言えないから，原子力損害賠償責任が免除される。これを不可抗力免責という。

⑤ 責任集中（第5章）

原子力損害賠償責任は，原子力事業者に集中し，原子力事業者以外の者は責任を負わない（原賠法4条1項。以下，このような制度を「責任集中制度」という。）。また，原子力事業者以外の者が免責されたとしても，原子力事業者から求償されるのでは免責の実質的意義が失われるところ，第三者に故意がない限り，原子力損害賠償に係る債務を支払った原子力事業者から求償されない（原賠法5条1項）。

民法の一般原則によれば，ある原子炉の事故が，原子炉の設計者，機器の製造業者や工事請負業者などの過失や部品の瑕疵によって生じた場合には，それらの者は原子炉の設置者に対して契約上の責任を負うほかに，第三者に対して不法行為責任を負う帰結になる。責任集中制度は，この帰結の例外を定める。

⑥ 消滅時効（第6章）

民法724条前段は，「不法行為による損害賠償の請求権は，被害者又はその法定代理人が損害及び加害者を知った時から3年間行使しないときは，時効によって消滅する」と定める。これを消滅時効という。本件事故に起因する損害賠償請求権については，特別立法により時効期間は10年とされる。

⑦ 除斥期間（第7章）

民法724条は，「不法行為による損害賠償の請求権は，被害者又はその法定代

理人が損害及び加害者を知った時から3年間行使しないときは，時効によって消滅する。不法行為の時から20年を経過したときも，同様とする」と定める。このうち後段の法的性質は，消滅時効ではなく，除斥期間である。除斥期間の場合，民法724条後段について，消滅時効とは異なり，期間算定の中断及び停止はなく，また，除斥期間が満了した場合，訴訟手続上，当事者（債務者）が援用の意思表示をすることは不要であり，裁判所が職権で民法724条を適用して権利が消滅する。

<図3-0-2　原因競合>

①被害者の行為等が競合する場合：過失相殺・素因減額（第1章）

②被害者以外の行為等が競合する場合

　　②-1　第三者の行為が競合する場合：寄与度減責（第3章）

　　②-2　自然力が競合する場合：自然力の競合（第3章）

第1章　過失相殺・素因減額

第1節　概　　要

　民法722条2項は，「被害者に過失があったときは，裁判所は，これを考慮して，損害賠償の額を定めることができる」と規定する。これを過失相殺という。これは，被害者に不注意な行動があった場合に，損害賠償額を縮減するものである。

　過失相殺は，損害賠償請求権の額を算定するものであるため，損害に対する金銭的評価（第2部第7章）と重複するとも解される[1]。もっとも，過失相殺が，損害賠償請求権の成立にとって必須ではなく，いわば外在的な事情である点，また，被害者ではなく加害者が主張・立証責任を負う点等で損害の金銭的評価とは区別することができる[2]。

　以下，まず過失責任の場合の過失相殺・素因減額について整理し（第2節），次に危険責任における過失相殺・素因減額について検討する（第3節）。その上で，原子力損害賠償における過失相殺・素因減額（第4節），本件事故における過失相殺・素因減額（第5節）について説明する。

第2節　過失責任における過失相殺・素因減額

I　過失相殺

1　意　　義

　民法722条2項は，「被害者に過失があったときは，裁判所は，これを考慮して，損害賠償の額を定めることができる」と規定する。これは，過失相殺と呼ばれており，被害者に不注意な行動があった場合に，損害賠償額を縮減するもので

1　実際に，過失相殺を金銭的評価の中に含める見解もある（平井144頁）。
2　窪田374頁。

ある[3]。

2 事理弁識能力

過失相殺を適用するのに必要な認識能力のレベルについては，事理弁識能力が必要であるが，行為の違法性を認識できる能力である責任能力（民法714条）は不要である（最大判昭和39年6月24日民集18巻5号854頁）。

責任能力は，小学校を卒業する12歳程度[4]，事理弁識能力[5]は，6歳程度とされる（図3-1-1参照）[6]。このことは，過失相殺の法的性質を検討する上で意味をもつ。

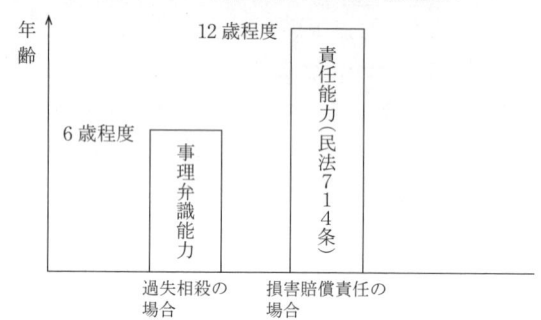

＜図3-1-1：責任能力と事理弁識能力＞

---

3 窪田380頁。なお，ここでいう「相殺」とは，相対（あいたい）する債権が相互に消滅すること（民法505条1項）ではなく，被害者の過失を考慮して賠償額を減らすという意味である（橋本ほか228頁）。過失相殺について，窪田・過失相殺，橋本佳幸「過失相殺法理の構造と射程（一）～（五・完）」法学論叢137巻2号（1995年）16頁，同4号（1995年）1頁，同5号（1995年）1頁，同6号（1994年）1頁，139巻3号（1996年）22頁など参照。なお，例えば，不法行為に際して被害者の被用者である家事使用人の過失や，被害者に対して親子・夫婦の関係にある者の過失などを理由として，「被害者側」の過失であるとして，民法722条2項を類推適用して損害賠償額が減額される。すなわち，「被害者本人と身分上，生活関係上，一体をなすと見られるような関係にある者の過失」がある場合に，損害賠償額が減額される（最判昭和42年6月27日民集21巻6号1507頁，最判昭和51年3月25日民集30巻2号160頁，最判昭和56年2月17日判時996号65頁，最判平成9年9月9日判時1618号63頁）。このような考え方は原子力損害賠償にも適用されると考えられる。

4 潮見195頁。

5 責任能力が「善いことか，悪いことか」「行って良いこと，許されることかどうか」について認識できる能力であるのに対して，事理弁識能力は，「自分がこれから何をしようとしているのか」ということについて認識する能力を言う（潮見・基本講義105頁）。

6 潮見308頁，潮見・基本講義105頁。

3 過失相殺の法的性質

過失相殺の根拠・法的性質は，①被害者と加害者の地位，②損害の一部転嫁に対する理解により，2つの考え方に分類される（図3-2-1）[7]。

(1) 同等取扱説

第1に，被害者のもとで発生した損害は，一旦，すべて損害賠償請求権の成立要件を充足する加害者に転嫁されるとの理解を出発点として[8]，過失相殺制度は，加害者に転嫁された損害の被害者への一部再転嫁であると捉えると，転嫁と再転嫁とにおいて損害帰責原理及び損害賠償請求権成立要件を区別すべき理由はなく[9]，被害者と加害者を同等に取り扱い，被害者に過失が必要であると解する考え方がある（同等取扱説）。

(2) 領域原理に基づく減額事由拡張説

第2に，損害賠償請求権の成立要件の充足によって加害者に転嫁された損害の再転嫁ではなく，損害は損害賠償請求成立の段階で一部しか加害者に転嫁されず，被害者に過失までは不要であると解する考え方がある（領域原理に基づく減額事由拡張説）[10]。

その理由は以下のとおりである。第1に，損害賠償請求権の成立要件論においては全か無かの判断が要求されるため，たとえ，損害の一定割合のみを加害者に転嫁することが妥当とみられる場合であっても，損害賠償請求権の成立要件の充足を肯定せざるをえない[11]。また，第2に，加害者に課せられる行為義務は今日では極めて高度化しているため。

したがって，損害賠償請求権の成立要件の充足は，全割合の損害を加害者に転嫁すべき実質的根拠として不十分である。法益主体である被害者は，自らに生じた損害を，第一次的に，過失の有無にかかわらず負担すべき法的地位（保証責任）にあるため，その領域内の損害危険については被害者が負担し，その結果として，被害者に何らかの原因があって権利侵害が発生した場合，加害者の違法性が縮減される（「違法性相殺」）と解する（領域原理に基づく拡張）[12]。

---

[7] 前掲・橋本「過失相殺法理の構造と射程（二）」19頁。
[8] 前掲・橋本「過失相殺法理の構造と射程（二）」31頁。
[9] 前掲・橋本「過失相殺法理の構造と射程（二）」24頁。
[10] 前掲・橋本「過失相殺法理の構造と射程（二）」24頁，28頁，同「過失相殺法理の構造と射程（四）」20頁。
[11] 前掲・橋本「過失相殺法理の構造と射程（二）」32頁。
[12] 前掲・橋本「過失相殺法理の構造と射程（四）」38頁。過失の客観化をも考慮すると，

＜図3-1-2：同等取扱説と領域原理に基づく減額事由拡張説＞

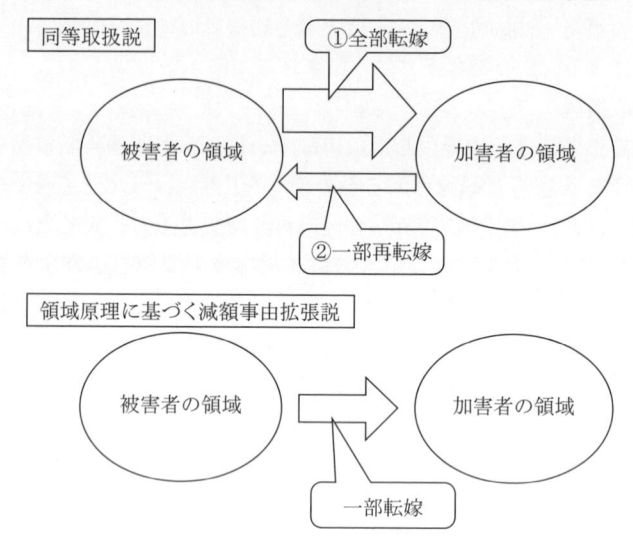

同等取扱説
①全部転嫁
被害者の領域　　加害者の領域
②一部再転嫁

領域原理に基づく減額事由拡張説
被害者の領域　　加害者の領域
一部転嫁

(3) 検　討

　ここで，前記2のとおり，判例上，過失相殺の適用に当たり，加害者の責任成立に必要とされる責任能力は不要であって，被害者の減額（過失相殺）については，事理弁識能力で足りる点で非対称となっていることからすれば[13]，領域原理に基づく減額事由拡張の考え方が判例に整合的であると解される[14]。

4　過失相殺の範囲

　過失相殺は，必ずしもすべての損害項目についてする必要はない（最判昭和30

　　　被害者にとって，過失相殺限りの行為義務を措定することができる（同「過失相殺法理の構造と射程（四）」31頁）。
13　そのため，過失相殺制度を被害者の過失責任から基礎づけることは困難であり，被害者に対する別の帰責原理が必要となる。それが領域原理に基づく減額事由の拡張である。（前掲・橋本「過失相殺法理の構造と射程（四）」10頁）。これと反対の方向性として，不法行為責任における加害者の地位と過失相殺制度における被害者の地位とのパラレルな関係が回復されるべきであるという見解もある（能見善久「過失相殺の現代的機能」淡路剛久編『森島昭夫先生還暦記念　不法行為法の現代的課題と展開』（日本評論社，1995年）123頁）。能見善久「『痛み分け』社会の民法」落合誠一編『論文から見た現代社会と法』（有斐閣，1995年）104頁参照。
14　川井健『現代不法行為法研究』（日本評論社，1978年）294頁，299頁，前掲・橋本「過失相殺法理の構造と射程（四）」20頁。

年1月18日集民17号1頁)。これに対して,下級審裁判例は,各損害項目の合計額について一括して過失相殺を行う傾向があるという[15]。

II 素因減額

1 意　義

不法行為に基づく損害賠償が問題となる際,被害者の有していた素質,すなわち,精神的・身体的性質や病的疾患が,損害発生又は拡大の一因となる場合がある。例えば,被害者が事故前に身体障害を有していた場合,心臓疾患その他病気に罹患していた場合や,交通事故後にノイローゼとなり治療費が増大した場合などである。このように損害の発生又は拡大の原因となった被害者の素質のことを素因という[16]。

被害者に素因がある場合,公平の観点から,民法722条2項を類推適用して,損害賠償額が減額される(これを素因減額という。心因的素因について最判昭和63年4月21日民集42巻4号243頁,疾患について最判平成4年6月25日民集46巻4号400頁)。もっとも,被害者の身体的特徴については,民法722条2項は類推適用されない(減額されない。最判平成8年10月29日民集50巻9号2474頁)[17]。

2 素因減額の根拠

素因減額の根拠については,判例理論が過失相殺の規定(民法722条2項)を類推適用することをも考え合わせると,過失相殺について被害者自身に責任の負担根拠がある場合に減額するものと理解した上で,通常人よりも高い損害危険を

---

[15] 四宮627頁。
[16] 潮見・基本講義108頁。田邨正義「被害者の体質的素因と割合的認定」東京三弁護士会事故処理委員会『交通事故賠償の理論と実際』(同,1984年)107頁,水野謙「被害者の身体的特徴の競合と損害賠償額の算定」『現代判例民法学の理論と展望』(法学書院,1998年)515頁。小賀野晶一「素因減額」塩崎勤=園部秀穂編『新・裁判実務大系(5)交通損害訴訟法』(青林書院,2003年)267頁,天野智子「素因減額の考慮要素」判タ1181号(2005年)72頁,鈴木祐治「素因減額」日弁連交通事故相談センター東京支部編『民事交通事故訴訟　損害賠償額算定基準　下巻(講演録編)(2009年度)』(日弁連交通事故相談センター東京支部,2009年)51頁。
[17] ただし,極端な肥満など通常人の平均値から著しくかけ離れた身体的特徴を有する者が,転倒などにより重大な傷害を被りかねないことから日常生活において通常人に比べてより慎重な行動をとることが求められるような場合は例外的に減額されうる(前掲・最判平成8年10月29日)。

有する者は,その限りで自己負担すべきであるという考え方(領域原理)によるものと解される[18]。

3 素因減額の例[19]

(1) 肯定例

素因減額を肯定したものとして,以下のものがある。

① 事故後のうつ病(前掲・最判昭和63年4月21日)[20]
② 一酸化中毒による脳内の損傷(前掲・最判平成4年6月25日)
③ 無症状の後縦靱帯骨化症(最判平成8年10月29日交民29巻5号1272頁)[21]
④ 椎間板ヘルニア[22]
⑤ 若年者の骨粗鬆症[23]
⑥ 脊柱管狭窄[24]

(2) 否定例

素因減額を否定したものとして,以下のものがある。

① 首が長いこと(前掲・最判平成8年10月29日)

---

[18] 橋本ほか235頁。また,別の説明として,被害者の素因発見・統制義務を媒介させて,その違反を理由に賠償額を減少させるという見解もある(潮見・324頁。素因減額の適用範囲は,その限りで縮減されることとなる。)。この見解は,被害者の素因発見・統制義務は,損害拡大防止義務の一種だが,伝統的な過失相殺において想定されている結果回避・損害拡大防止義務とは異なり,被害者の過失の向けられた対象は損害又は結果の発生そのものではなく,素因の発見と統制であるとする(潮見・324頁)。

[19] 日弁連交通事故センター東京支部編『民事交通事故訴訟 損害賠償額算定基準 上巻(基準編)(2012年度)』(日弁連交通事故センター東京支部,2012年)211頁参照。前掲・天野「素因減額の考慮要素」72頁。

[20] ほかに,大阪地判平成17年6月6日交民38巻3号757頁,名古屋地判平成19年11月21日交民40巻6号1499頁。

[21] 頸椎後縦靱帯骨化症について,裁判例は,平成9年以降,ほとんどが素因減額を肯定し,2,3割を減額する場合が多く,中には5割減額するものもあるという(前掲・鈴木「素因減額」55頁)。

[22] 東京地判平成17年2月23日交民38巻1号266頁,東京地判平成19年7月27日交民40巻4号1000頁。前掲・鈴木「素因減額」55頁参照。

[23] 前掲・鈴木「素因減額」57頁。

[24] 大阪地判平成15年1月24日交民36巻1号112頁,大阪地判平成15年5月23日交民36巻3号761頁,名古屋地判平成19年5月30日交民40巻3号741頁など。

② 脊柱管狭窄[25]
③ 高齢者の骨粗鬆症，年齢相応の骨密度の低下[26]
④ 交通事故の際に，妊娠していたこと[27]

第 3 節　危険責任における過失相殺・素因減額

I　危険責任における過失相殺

　危険責任原理に基づく損害賠償請求権に過失相殺が適用されるか[28]。
　一方で，危険責任原理に基づき無過失責任を採用した場合，その背後に被害者保護の視点があることからすれば，危険責任においては過失相殺を抑制すべきであるとの考え方がありうる[29]。
　しかしながら，そのように解すべきではなく，危険責任原理に基づく場合にも，過失相殺が適用されると解される[30]。その理由は以下のとおりである[31]。

25　裁判例は，素因減額を否定するものが多いという（前掲・鈴木「素因減額」57 頁）。
26　大阪地判平成 15 年 2 月 20 日交民 36 巻 1 号 225 頁。
27　東京地判平成 15 年 12 月 8 日交民 36 巻 6 号 1570 頁。
28　危険責任と過失相殺について，窪田・過失相殺 228 頁参照。
29　潮見 313 頁。すなわち，第 1 に，過失を客観化するという以上に，危険行為者に損害回避のための特別に高度な義務を課している場合には，このような危険責任の性質を考慮して過失相殺を制限することが考えられる。第 2 に，危険責任対象としての危険の中に当然含まれるような被害者の過失については保険で対処すべきである。第 3 に，特に，強制保険に裏打ちされた危険責任では，その責任を特別に扱うという趣旨に鑑み，過失相殺を制限すべきだということになる（潮見 313 頁）。能見善久「寄与度減責」加藤一郎 = 水本浩編『四宮和夫先生古稀記念論文集　民法・信託法理論の展開』（弘文堂，1986 年）246 頁，前掲・能見「過失相殺の現代的機能」143 頁参照。
30　潮見 314 頁。無過失責任の場合でも，過失相殺は適用される（民法 717 条 1 項について，大判大正 7 年 5 月 29 日民録 24 巻 935 頁）。加藤・増補版 247 頁，前田 371 頁，四宮 616 頁，幾代 = 徳本 322 頁，澤井 252 頁参照。窪田・過失相殺 229 頁は，無過失責任である工作物責任について，過失がないにもかかわらず「緩やかに責任成立が承認される」無過失責任においては，そのカウンターバランスとして，過失相殺が容易に認められるという帰結を導くことも可能となるように思われるとする。
31　危険責任原理を帰責根拠とする他の立法例を見るとこうである。危険責任原理に基づき鉱業権者の無過失責任を定める鉱業法は，「損害の発生に関して被害者の責に帰すべき事由があつたときは，裁判所は，損害賠償の責任及び範囲を定めるのについて，これをしんしゃくすることができる」（鉱業法 113 条前段）と規定して，過失相殺しうること

例えば国・地方公共団体の営造物責任（国家賠償法2条1項）が問われる転落事故のように，被害者の過失が問題となりやすい性格を有しているものもある[32]。また，金融商品取引法上の目論見書に関する責任が問題となる場面でも，投資決定に至る過程で現れた投資者の判断の誤りについて投資者自身の過失が問われてしかるべき場合もある[33]。

そうだとすれば，自らの判断・意思決定及び行動について損害回避行動をとる義務は，責任原理が何であろうと変わらない[34,35]。

Ⅱ　危険責任における素因減額

素因減額の根拠について，通常人よりも高い損害危険を有する者は，その限りで自己負担すべきであるという考え方（領域原理）は，危険責任を責任原理とする場合も変わらないから（素因減額についてどのような根拠をとったとしても同様であろう。），原子力損害賠償責任についても素因減額が適用されると考えられる。

を明示する。したがって，同様に危険責任原理を根拠とする原子力損害賠償請求権についても，過失相殺が適用されうると考えられる。

[32] 潮見314頁。

[33] 潮見314頁。

[34] 潮見314頁。その上で，加害者の帰責原因に対する質的な分析と相関的考慮のもと，加害者の負担すべき危険割当領域の確定が重要であるとする（潮見314頁）。窪田386頁参照。

[35] 危険責任原理に基づくある責任が，①通常の過失責任と異なる目的のために用意されており，②被害者の補償を目的とする場合には，過失相殺の適用には謙抑的であるべきである（窪田・過失相殺232頁）。実際に，わが国の自動車損害賠償保障法3条に基づく責任について，自賠責保険の範囲内では，消極的に運用されているという（東京地裁民事交通訴訟研究会編著『民事交通訴訟における過失相殺率等の認定基準（1991・全訂版）』別冊判例タイムズ1号（1991年）3頁）。また，フランスにおける交通事故補償法では過失相殺を謙抑的に適用する動きがあるという（窪田387頁）。ここで，原賠法3条1項に基づく責任については，賠償責任が損害賠償措置額を超える場合の国による「必要な援助」（原賠法16条1項），3条1項ただし書が適用された場合の国による「必要な措置」（原賠法17条）が定められているものの，国の補償責任は明定されていない（立法過程で明示的に排除された（竹内昭夫「原子力損害補償　原子力損害二法の概要」ジュリスト236号（1961年）34頁）。）。そうだとすれば，原賠法3条1項に基づく責任について，補償・保険の観点から，過失相殺の適用を謙抑的にすべきではないと考える。

第4節　原子力損害賠償責任における過失相殺・素因減額

I　原子力損害賠償責任における過失相殺

1　原子力損害賠償と過失相殺

　危険責任原理に基づく原子力損害賠償についても，自らの判断・意思決定及び行動について損害回避行動をとる義務は，責任原理が何であろうと変わらないと言えるから[36]，過失相殺規定が適用される[37]。

2　責任集中制度との関係

　原子力損害賠償責任を原子力事業者に集中する責任集中制度（原賠法3条1項，4条1項）について，原子力事業者が原子力損害賠償責任を他者に転嫁することを禁止するものと理解する場合（第5章参照），過失相殺について，加害者に一旦全部成立した責任の一部を被害者に転嫁するものであると解すると（同等取扱説），責任集中制度のもとで過失相殺の適用は制限されるとの立論が可能となる（第5章参照）。

　しかしながら，前記のとおり，判例理論を前提とすると，過失相殺制度につい

---

[36] 潮見314頁。
[37] JCO最終報告書5。「(3)　なお，損害として認められる場合であっても，賠償すべき損害額の算定にあたっては，損失の公平かつ適正な分担を図る見地から，具体的な事実関係に応じて，過失相殺や原因競合等の法理論を適用すべき場合（例えば，その性質から廃棄の必要性が認められない商品等を軽率な判断で廃棄してしまったために営業活動に支障が生じた場合など）もあり得る」。これに対し，原子力損害賠償制度検討専門部会の昭和45年答申では，過失相殺に関し，「たまたま，核燃料物質を運搬中の輸送手段等と衝突し，原子力損害を被った場合等の被害者について，被害者側に過失があったからと言って民法の過失相殺の原則をそのまま適用することは，当該被害者に酷であると考えられるので，過失相殺の適用を故意（または故意，重過失）の場合に限る等の配慮をすることが望ましい」としている。この点について，昭和46年の原賠法改正作業の過程において，法律上，民法の特則を設けるべきかどうか議論された。しかし民法722条2項は，斟酌するかどうかは裁判所の裁量としているので，万一原子力損害が発生した場合の過失相殺の適用については，裁判所において専門部会の答申に沿った民法の運用が行われることを期待して，特に法律上の手当てをしなかった（科技庁・制度69頁）。この点，昭和45年答申が，交通事故損害賠償を想定していることに留意が必要である。すなわち，本件事故のような事態を想定していない。

339

て，領域原理に基づき違法性が縮減された結果，被害者から加害者に対して損害の一部が転嫁されるものと解されるため（領域原理に基づく減額事由拡張説），そのような立論はとるべきでないと考える。

Ⅱ 原子力損害賠償責任における素因減額

1 素因減額適用の有無

原子力損害賠償においても，素因減額が適用されると考える。素因減額の根拠について，通常人よりも高い損害危険を有する者は，その限りで自己負担すべきであるという考え方（領域原理）は，責任原理が危険責任原理であっても変わらないから，原子力損害賠償責任についても素因減額が適用されると考える。

2 主たる適用対象

原子力損害賠償で素因減額が問題となるのは，素因減額の性質上，主として生命・身体に対する侵害であると考えられる[38]。

第5節　本件事故における過失相殺・素因減額

Ⅰ 本件事故における過失相殺

前記のとおり，原子力損害賠償請求権についても，過失相殺が適用される。

中間指針は，「被害者の側においても，本件事故による損害を可能な限り回避し又は減少させる措置を執ることが期待されている。したがって，これが可能であったにもかかわらず，合理的な理由なく当該措置を怠った場合には，損害賠償が制限される場合がありうる」とする（中間指針第2-1）。これは，事件事故の被害者に損害回避義務があるとするものであると解される。

これに関連して，畜産農家が，牛に稲わらを摂取させることによる牛肉の汚染の危険性を認識しえたとすれば，畜産農家の過失相殺が問題となりうるとした上で，畜産農家の権利領域内の損害危険に起因する結果と言えるため，過失相殺が

---

[38] 一般に，身体・生命身体に対する侵害における素因の割合について，渡辺富雄「自動車事故における死亡・傷害・後遺障害の割合的認定——事故の寄与度についての一判定基準」法医実研23号（1980年）209頁，若杉長英＝黒木尚長＝白鴻成＝モハメド・ナシムル・イスラム「死亡，後遺障害に関する因果関係の割合的認定のための新基準」賠償医学18号（1994年）3頁参照。

適用されるべきであるという考え方がある[39]。

しかしながら，稲わらが汚染されたこと自体が本件事故に起因するものであり，畜産農家に回避可能性があったとは言いがたい場合も多いから，領域原理からも畜産農家の行為に過失相殺を適用することには慎重であるべきであると考える。

Ⅱ 本件事故における素因減額

前記のとおり，原子力損害賠償においても，素因減額が適用される。

素因減額については，その性質上，主として生命・身体に対する侵害から生じる損害に適用されると考えられる。

特に，公表された紛争審査会の和解事例によれば，被害者が，避難指示等を受けて，仮設住宅等の慣れない生活環境のもとで生命・身体を侵害された場合で，被害者に持病などの素因があるときについて，精神的損害の額に幅があることからすると，個別事情に応じて素因減額が適用されていると推測される[40]。

---

39 大塚直「福島第一原子力発電所事故による損害賠償」法律時報83巻11号（2011年）52頁。
40 公表された和解事例等によれば，特に死亡の場合の精神的損害は，約100万円から数百万円までの幅があるようである。

第2章　損益相殺・損益相殺的調整

第1節　概　　要

　被害者が不法行為によって損害を受けると同時に、同一の原因によって利益を受けた場合には、損害と利益との間に同質性がある限り、その利益の額は賠償されるべき損害額から控除される。これを損益相殺という。
　また、損益相殺の要件である、「損害と同質性を有する利益であること」という要件を満たさない場合であっても、損害額が縮減される場合がある。これを損益相殺的調整という。
　まず、過失責任における損益相殺・損益相殺的調整について説明し（第2節）、危険責任・原子力損害賠償責任における損益相殺・損益相殺的調整について検討する（第3節）。その上で、本件事故における損益相殺・損益相殺的調整（第4節）について説明する。

第2節　過失責任における損益相殺・損益相殺的調整

Ⅰ　損　益　相　殺

1　意　　義

　「損害」（民法709条など）の解釈として、判例上、被害者が不法行為によって損害を受けると同時に、同一の原因によって利益を受けた場合には、損害と利益との間に同質性がある限り、その利益の額は賠償されるべき損害額から控除される[1]。これを損益相殺という。
　損益相殺の要件は、①不法行為を原因として生じた利益であること、②損害と同質性を有する利益であることである[2]。

1　潮見326頁。
2　潮見327頁。

342

2 損益相殺の例

(1) 所得税法9条1項17号に基づき損害賠償金は非課税所得とされているところ、被害者が支払を免れた所得税相当額は、損益相殺の対象とはならない（最判昭和45年7月24日民集24巻7号1177頁）。

(2) 香典は損益相殺の対象とされない（最判昭和43年10月3日判時540号38頁）。見舞金も損益相殺の対象とされない（大判昭和5年5月12日新聞3127号9頁）。

II 損益相殺的調整

1 意　義

判例は、損益相殺の要件（①不法行為を原因として生じた利益であること、②損害と同質性を有する利益であること）を満たさない場合であっても、被害者が一定の利益を取得した点を捉えて、賠償額を減額する[3]。これを損益相殺的調整という。

損益相殺的調整の場面で問題となっているのは、不法行為により生じた事態を前提として、別個の原因に基づいて発生した被害者に対する第三者の何らかの金銭給付債務と、不法行為に基づいて発生した被害者に対する加害者の損害賠償債務との競合問題であり、2つの債務のうち、1つの債務に基づく給付がなされたときに、それが他方の債務の給付内容にどのような影響を与えるかという問題である（併行給付）[4]。

2 損益相殺的調整の例

損益相殺的調整の対象とされたものは、以下のとおりである。

① 地方公務員等共済組合法に基づく遺族共済年金受給額（最大判平成5年3月24日民集47巻4号3039頁[5]）

② 遺族厚生年金受給額（最判平成11年10月22日民集53巻7号1211頁、最判平成16年12月20日判時1886号46頁）

---

[3] 潮見326頁。なお、損益相殺と損益相殺的調整を区別しない見解もある（橋本ほか235頁など）。

[4] 潮見326頁。

[5] 潮見佳男「人身損害賠償請求権の相続的構成と損益相殺・併行給付問題」阪大法学44巻2＝3号（1994年）439頁参照。

第3節　危険責任・原子力損害賠償責任における損益相殺・損益相殺的調整

I　危険責任・原子力損害賠償責任における損益相殺

「損害」（原賠法3条1項）の解釈として，被害者が不法行為によって損害を受けると同時に，同一の原因によって利益を受けた場合には，損害と利益との間に同質性がある限り，その利益の額を賠償されるべき損害額から控除するという判例の射程は，同じ不法行為に基づく損害賠償であることから，原子力損害賠償責任の場合にも及ぶと考えられる。

したがって，原子力損害賠償責任についても損益相殺による減額が適用されうると考える。

II　危険責任・原子力損害賠償責任における損益相殺的調整

損益相殺の要件を満たさない場合であっても，被害者が一定の利益を取得した点を捉えて，賠償額を減額する判例の射程は，同じ不法行為に基づく損害賠償であることから，原子力損害賠償責任の場合にも及ぶと考えられる。

したがって，原子力損害賠償責任についても損益相殺的調整による減額が適用されうると考える。

第4節　本件事故における損益相殺・損益相殺的調整

I　本件事故における損益相殺

1　営業損害（営業利益侵害）等における逸失利益の計算
(1)　中間指針

中間指針は，従来，避難等対象区域内で事業の全部又は一部を営んでいた者又は現に営んでいる者において，避難指示等に伴い，営業が不能になる又は取引が減少する等，その事業に支障が生じたため，現実に減収があった場合には，その減収分が賠償すべき損害と認められ，営業上の減収分は，原則として，本件事故がなければ得られたであろう収益と実際に得られた収益との差額から，本件事故

がなければ負担していたであろう費用と実際に負担した費用との差額（本件事故により負担を免れた費用）を控除した額とする（中間指針第 3-7）[6]。

　これは，具体的には，営業利益侵害による売上減少額から，当該営業利益侵害により免れた費用（典型的には，変動費）を控除するというものである。言い換えれば，売上減少額に貢献利益率（固定費を，固定費と変動費の合計で除した割合）を乗じた金額が損害額となるということを意味する。これは，損益相殺を適用したものと解される。

(2) 実　　例

　損益相殺の実例として以下のものがある。

　風評被害に伴う営業利益侵害の事案において，対象期間の利用予定者数に，本件事故による利用者減が認められない時期（平成 23 年 2 月から 3 月 11 日まで及び 5 月）の利用予定者数と実際の利用者数の比率を乗じて，本件事故がなければ得られたであろう利益を算出し，そこから，支払を免れた経費（製造原価及び仕入高並びに利用者工費。実績に基づく平均値から和解対象期間に実際にかかった経費を差し引いた額）を差し引いた金額を賠償額とした（事例集 252 頁）。

2　併行給付

　事故に起因して，被害者が何らかの給付を受領した場合（いわゆる併行給付），中間指針は，同質性の認められる損害に限り，各種逸失利益の金額から控除する（中間指針第 10-1）。その他については，中間指針は，具体的にどのような利益が損害額から控除されるべきかについては，個々の利益毎に損害との同質性の有無を判断する必要があるとする（中間指針第 10-1 備考 1）。

① 労働者災害補償保険法及び厚生年金保険法に基づく各種保険給付（前者については，附帯事業として支給される特別支給金を除く。）並びに国民年金法に基づく各種給付（死亡一時金を除く。）
② 国家公務員災害補償法及び地方公務員災害補償法に基づく各種補償金並びに国家公務員共済組合法及び地方公務員等共済組合法に基づく各種長期給付
③ 申立人が和解対象期間内に受領した助成金額等を差し引いた金額を賠償し

6　また，例えば，事業者が本件事故により負担を免れた賃料や従業員の給料等を逸失利益から控除しなかった場合には，事業者は実際に負担しなかった販売費及び一般管理費分についても賠償を受けることになってしまい妥当ではないと考えられることから，これらの費用には，売上原価のほか販売費及び一般管理費も含まれるとする（中間指針第 3-7）。

た事例がある（事例集242頁）。

3　仮払い金の控除

　被害者が暫定的に受領した仮払い金について，被害者がその後に受領した確定的な損害賠償額から控除される場合がある。

　これは，厳密には，損益相殺・損益相殺的調整ではなく，被害者と東京電力との間で，仮払い金の支払時に成立した精算合意に基づく控除であると考えられる（第4部第2章参照）[7]。

II　本件事故における損益相殺的調整[8]

　中間指針は，「損益相殺の対象となるものではないが，それぞれに掲げた損害額から控除されるべきであると考えられる」（中間指針第10-1）として，以下のとおり，損益相殺の要件を満たさないものについて，損益相殺的調整をすることとしている（中間指針第10-1備考3）。

① 地方公共団体から被害者に支払われた宿泊費又は賃貸住宅の家賃に関する補助については，避難費用の金額から控除する。
② 賃金の支払の確保等に関する法律に基づき立替払いがなされた未払賃金については，就労不能等に伴う損害の金額から控除する。
③ （所有権又は借地権を侵害された財物に係る）損害保険金については，財物価値の喪失又は減少等の金額から控除する。

III　損害項目間の調整

　判例理論は，損害を個別の損害項目を積み上げて把握するため（第2部第5章），

　7　仮にそのような合意がなかったとしても，損益相殺の対象となると考えることもできる。もっとも，不法行為に基づく債権に対する相殺の禁止（民法507条）の趣旨（被害者に対する賠償支払いを確保すること）に照らすと，安易に損益相殺の対象とすることには問題があろう。
　8　控除されるべきでないものとして，中間指針が掲げるものは以下のとおりである。生命保険金，労働者災害補償保険法に基づき附帯事業として支給される特別支給金，国民年金法に基づく死亡一時金，雇用保険法に基づく失業等給付，災害弔慰金の支給等に関する法律に基づく災害弔慰金及び災害障害見舞金（損害を塡補する目的である部分を除く。），各種義援金（中間指針第10-1-4）。

第4節　本件事故における損益相殺・損益相殺的調整

損害項目の中に，実質的に重複するものが存在する場合がある。この場合には，損害賠償は，損害を填補するものであって，被害者は利得を得ることができないという原則（利得禁止原則）[9]に基づいて調整がなされると考えられる（金銭的評価の段階で調整することも可能であると考える。）。

1　精神的損害

避難等対象者が避難に伴う精神的損害の賠償金を受領するとともに，生命・身体に対する侵害から発生した精神的損害の賠償金を受領する場合がある。この場合，精神的損害の額について，調整は必要か。

生命・身体に対する侵害から生じる精神的損害（入通院慰謝料）には，身体の自由の制限から生じる精神的苦痛という要素がある[10]。

他方で，生活の平穏に対する侵害から生じる精神的損害には，避難生活における自由の制限という要素がある。

このように，2つの権利侵害から生じる精神的損害については重複しているようにも見える。しかしながら，精神的損害の額の決定は，評価を伴うものであり，裁量の余地が大きいから，2つの要素を勘案の上，評価，決定された精神的損害の額であれば，その金額が減免されることはないと考えられる。

2　建物の建替費用と建物の補修費用

下級審裁判例の中には，建物が毀損されたため建替えた場合，建物の建替費用相当額の損害が認容される以上，建物補修費用は損害の重複補償をすることになり許されないとしたものがある[11]。

3　住居確保損害と所有権等の滅失・毀損に伴う価値下落

一方で，避難等対象区域における土地又は建物の所有権等の価値の下落は，放射線作用等の発生時における土地・建物の所有権等の価値を算定して賠償される。

他方で，住居確保損害は，放射線作用等の発生時の土地・建物の価値を基準として算定される（四次追補第2-2）。

このように，2つの損害は，土地・建物の所有権等の価値を基準として賠償額を算定するという点で実質的に重複しているため，両者のうち額が大きい方を上限とすることとなる。

9　中出哲「残存物代位制度について」損害保険研究58巻4号（1997年）141頁参照。
10　湯川浩昭「慰謝料の斟酌事由」南敏文＝大嶋芳樹＝田島純藏編『民事弁護と裁判実務⑤損害賠償Ⅰ（自動車事故・労働災害）』（ぎょうせい，1997年）459頁。
11　大阪高判昭和58年10月27日判時1112号67頁。

4 財物の客観的価値と減価償却費

　減価償却費は，ある期に取得した資産について，収益の時期に応じて分割して費用計上するものであるから，ある期の資産の簿価について賠償した場合，その後の減価償却費用は賠償されない（二重賠償になる。）[12]。

12　紛争審査会の提示する和解案は，このように解さないようである。

第3章　その他減額事由

I　意　義

　被害者に生じた権利侵害又は損害は，加害者の原因行為のみによって生じる場合の他に，加害者以外の行為等が競合して発生する場合がある。
　第1に，被害者の行為等が競合する場合がある。これが，過失相殺・素因減額である（第1章）。
　第2に，被害者以外の行為等が競合して権利侵害又は損害が発生する場合がある。これは，さらに，第三者の行為が競合する場合と，自然力が競合する場合に分類される。第三者の行為が競合する場合，共同不法行為又は競合的不法行為が成立し，一定の場合に寄与度減責がされると解される（II）。自然力が競合する場合には，自然力に帰責することはできないという特殊性があるため，自然力の競合として，第三者の行為等が競合する場合とは区別される（III）。

<図3-3-1　原因の競合>

　①被害者の行為等が競合する場合：過失相殺，素因減額（第1章）

　②被害者以外の行為等が競合する場合
　　　②-1　第三者の行為が競合する場合：寄与度減責（本章II）
　　　②-2　自然力が競合する場合：自然力の競合（本章III）

II　第三者の行為が競合する場合：寄与度減責

1　意　義

　寄与度減責とは，複数の行為者による原因が競合[1]して権利侵害又は損害が発生した場合，各行為者の原因の寄与度を考慮して賠償額を決定することをいう[2]。

---

[1]　複数の行為者の原因行為が共同する場合を含む場合もある。潮見II 144頁参照。
[2]　潮見II 144頁，201頁参照。能見善久「共同不法行為責任の基礎的考察（八）」法学協

例えば、テロ行為により放射線作用等が発生した場合や、放射線障害で入院した者が、入院先の医療過誤により症状を悪化させた場合に、テロリストや医療機関の寄与度を考慮して賠償額を決定することなどである。

2 共同不法行為と寄与度減責

数人が共同の不法行為によって他人に損害を加えたときは、各行為者が連帯してその損害を賠償する責任を負う（民法719条1項前段）。これを共同不法行為という。

また、共同不法行為が成立するには、各人がそれぞれ独立に不法行為の要件を具備する必要がある（最判昭和43年4月23日民集22巻4巻964頁）。

さらに、共同不法行為が成立するには、各行為者間に意思の疎通など主観的共同性は必要なく、客観的関連共同性、すなわち、複数の不法行為者が客観的にみて一体又は不可分の損害を被害者に与えるという関係にあれば足りる（大判大正13年7月24日民集3巻376頁、最判昭和32年3月26日民集11巻3号543頁、前掲・最判昭和43年4月23日）。

共同不法行為が成立する場合、各行為者に減責の余地はない（最判平成13年3月13日民集55巻2号328頁など）[3]。

3 競合的不法行為における寄与度減責[4]

共同不法行為の要件を満たさず、共同不法行為が成立しない場合であって、各人の行為が民法709条などの不法行為に基づく損害賠償請求権の成立要件を満たすとき（いわゆる弱い関連共同性がある場合を含むと解される[5]。）、競合的不法行

会雑誌102巻12号（1985年）2198頁参照。

[3] これに対して、寄与度が微少で全額責任を負わせることが公平に反すると考えられる場合に限って減額事由とする見解もある（前掲・能見「共同不法行為責任の基礎的考察（八）」2198頁）。JCO臨界事故と原因競合に関して、大塚直「東海村臨界事故と損害賠償」ジュリスト1186号（2000年）42頁参照。なお、第三者の行為が競合する場合について、確率的心証論（倉田卓次「逸失利益算定方法への一疑問」同『民事交通訴訟の課題』（日本評論社、1971年）181頁）、割合的因果関係（野村好弘「確率的（割合的）因果関係論」判タ782号（1992年）53頁）などが提唱された。

[4] 共同不法行為又は競合的不法行為について、瀬川信久「共同不法行為論転回の事案類型と論理」能見善久＝瀬川信久＝佐藤岩昭＝森田修編『平井宜雄先生古稀記念 民法学における法と政策』（有斐閣、2007年）657頁、大塚直「原因競合における割合的責任論に関する基礎的考察」中川良延＝野村豊弘＝瀬川信久＝内田貴＝平井宜雄＝加藤雅信＝広瀬久和編『日本民法学の形成と課題（下） 星野英一先生古稀祝賀』（有斐閣、1996年）877頁など。

[5] 寄与度減責が認められる共同不法行為とされる場面（弱い関連共同性）は、競合的不

II　第三者の行為が競合する場合：寄与度減責

為となる[6]。

競合的不法行為が成立する場合，下級審裁判例の中には，各行為者の寄与度に応じて損害賠償額を調整・減額するものがある[7]。

4　事実的因果関係がない場合との区別

寄与度減責と区別する必要があるのは，同時に複数の原因が競合するように見えるものの，実際には，各原因と結果との事実的因果関係が区別できる場合である[8]。

例えば，本件事故に起因して風評被害が発生し，売上100が減少したところ，本件事故がなかったとしても東日本大震災により60の売上が減少していた場合，40について本件事故に起因する権利侵害又は損害に該当する[9]。

これは，100の権利侵害又は損害について，60対40で規範的に寄与度減責（これを「評価的寄与度」という。）を行ったものではなく，事実認定のレベルで，本件事故により40の売上が減少したとするものであって，評価的寄与度減責とは区別される必要がある[10]（これを「事実的寄与度」という[11]。図3-3-2，図3-3-3参照）。

　　法行為の場面の1つである（潮見II 151頁）。これに対して，強い関連共同性がある場合に，民法719条1項前段が適用される。
[6]　潮見433頁。
[7]　大阪地判平成3年3月29日判時1383号22頁，大阪地判平成7年7月5日判時1538号17頁など。なお，競合的不法行為の場合であって，単純に原因行為が競合しているとき，「寄与度」の名のもとに立証責任を転換するには政策的理由が必要であると解される（潮見II 203頁）。
[8]　原因ごとに「あれなければこれなし」の条件公式を適用して権利侵害又は損害を区別できるかが区別の基準となる。
[9]　平成23年10月26日付け東京電力プレスリリース「観光業の風評被害における賠償基準の見直しについて」参照。
[10]　中間指針が，「本件事故と他原因（例えば，東日本大震災自体による消費マインドの落ち込み等）との双方の影響が認められる場合には，本件事故と相当因果関係のある範囲で賠償すべき損害と認められる」（中間指針第7-1備考4）とするのもこの趣旨と考えられる。もっとも，上記中間指針は，「相当因果関係」を問題としており，規範的寄与度減責について，規範の保護目的・義務射程（相当因果関係の一種）等の問題であるとすれば（潮見II 204頁脚注14），事実的因果関係（事実的寄与度減責）ではなく評価的寄与度減責として捉えているとも読める。中島・原発賠償73頁参照。
[11]　前掲・能見「共同不法行為責任の基礎的考察（八）」2199頁。窪田・過失相殺55頁，潮見II 144頁，146頁参照。前田陽一「共同不法行為論・競合的不法行為論の再検討」森島昭夫＝塩野宏編『変動する日本社会と法』（有斐閣，2011年）515頁脚注2の「累積的競合」の考え方を参照。

351

<図3-3-2:評価的寄与度>

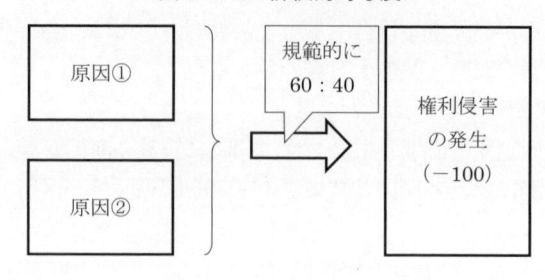

原因①
原因②
規範的に
60：40
権利侵害
の発生
（－100）

<図3-3-3:事実的寄与度>

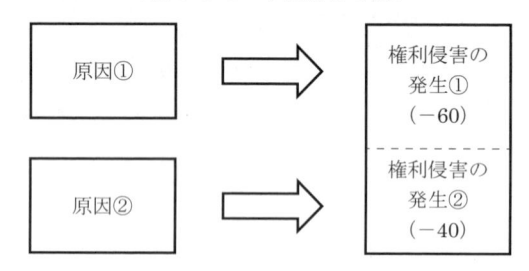

原因①　→　権利侵害の発生①（－60）
原因②　→　権利侵害の発生②（－40）

5　放射線作用等の発生と寄与度減責

(1)　放射線作用等の発生前後での区別

寄与度減責は，権利侵害又は損害発生までの因果経路において，第三者の行為が因果経路に関与する時点について，放射線作用等の発生の前である場合と，その後である場合とを区別することができる（図3-3-4）。

(2)　放射線作用等の発生前の原因

放射線作用等の発生前に，第三者の行為が因果系列に関与した場合，以下の理由から，寄与度減責は適用されないと考える。

第1に，後記自然力の場合と同様に，原賠法3条1項は，不可抗力免責の事由を，異常に巨大な天災地変及び社会的動乱に限定している。そうだとすれば，これらの事由に該当しないものについては，全部免責はもとより一部免責も認めないのが立法趣旨に適合すると考えられる。

第2に，責任集中の観点から，特に因果経路に関与した第三者が原子力関連供給者等（第5章で定義する。）である場合，責任集中制度の実質的趣旨（原子力事業者に原子力損害賠償責任を集中させることにより原子力関連供給者等を保護すること）からすれば，当該第三者の関与を理由に原子力事業者の責任を減少させることは，損害賠償責任の一部を原子力事業者に集中するのと反対に，責任を分散さ

<図3-3-4：第三者の行為と原因競合（放射線作用等の発生の前後）>

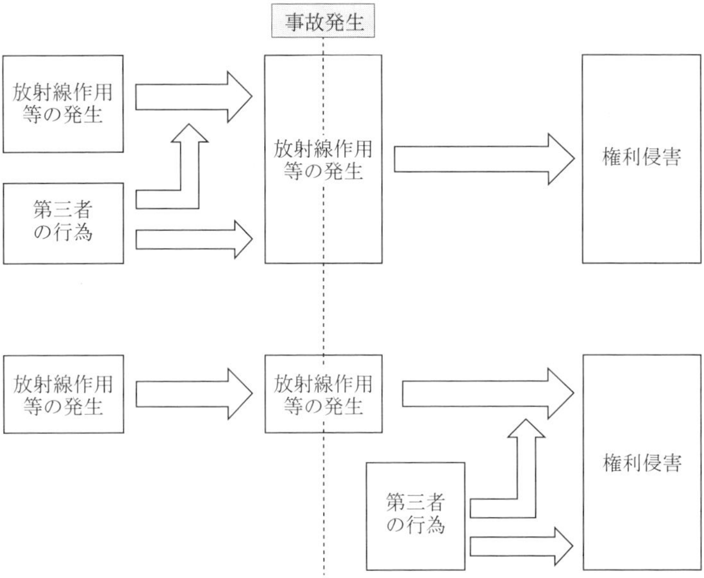

せたことに等しい。
(3) 放射線作用等の発生後の原因
(i) 寄与度減責の適用
　放射線作用等の発生後に，第三者の行為が関与した場合は，以下の理由から，寄与度減責が適用されうると考える。

　原賠法3条1項ただし書は，不可抗力免責事由により，放射線作用等が発生した場合を想定している（第4章）。そうだとすれば，放射線作用等の発生後は，不可抗力免責の趣旨により，責任の全部又は一部の免除を否定することは導かれない。

　また，責任集中制度の趣旨は，原子力関連供給者等に対する損害賠償請求を遮断することにより原子力関連供給者等を保護することにある（第5章参照）。そうだとすれば，放射線作用等が発生した後に原子力関連供給者等が関与した場合を保護の対象とすることは想定されていないと考えられる（その後に新たな放射線作用等が発生した場合は別論である。）。

(ii) 共同不法行為の成立との関係
　もっとも，交通事故で受傷後，搬送された病院において医療事故により死亡し

たという事案において，最高裁判決は共同不法行為に該当するとした（前掲・最判平成 13 年 3 月 13 日）。このように，原因行為後に第三者の行為が関与して権利侵害又は損害が発生した場合，広く共同不法行為が適用されること[12,13]，そして，共同不法行為が成立する場合には，寄与度減責は適用されないこと（民法 719 条 1 項前段）に留意が必要である。

6　具体例
(1) 国による指示が不適切であった場合
　国が不要な出荷制限等の指示を発出したと仮定すると，国の作為と原子力事業者の放射線作用等を発生させた行為が競合すると見られる場合もある。

　この点，国家賠償責任は責任集中により免責されないと解されており（第 5 章），責任集中の観点からの障害はない。

　しかしながら，国の出荷制限等の指示は，放射線作用等が発生した場合を典型例とした生命・身体等に侵害が発生し，又は，発生しようとする緊急の状況下でなされる処分であることからすれば，政府が出荷制限等との指示を発出したことが違法である（国賠法 2 条 1 項）場合は少ないと考えられる[14]。

(2) 汚染稲わら
　本件事故に起因して放射性物質に汚染された稲わらを，牛が飼料として摂取したため，牛が汚染されたという事件について，稲わらの生産者，販売者が畜産農家の被害に関与しており，これらの者の行為や政府の不作為との原因競合が問題となりうるという見解がある[15]。

12　前掲・最判平成 13 年 3 月 13 日の評釈として，『最高裁判所判例解説　民事篇（平成 13 年度）上』（法曹会，2002 年）228 頁〔三村晶子執筆〕，橋本佳幸「交通事故と医療過誤の競合における賠償額の限定の可否」民商法雑誌 125 巻 4＝5 巻（2002 年）579 頁参照。

13　風評被害に関し，報道機関，消費者心理が競合するものの，原子炉の運転等と，新聞報道・政府による事故の公表との間に関連共同性があるとは言えないという見解がある（卯辰・展開 143 頁）。しかしながら，報道機関が虚偽の報道を行った場合はともかくとして（最判平成 15 年 10 月 16 日民集 57 巻 9 号 1075 頁〔所沢ダイオキシン報道事件〕参照），少なくとも本件事故に関しては，報道機関，消費者の関与は，違法性の存在を認めるだけの行為性を欠いているとの見方も可能であろう。

14　さらに損失補償（憲法 29 条 3 項）の問題が生じうる。

15　大塚直「福島第一原子力発電所事故による損害賠償」法律時報 83 巻 11 号（2011 年）52 頁。この見解は，これらの者の責任の関係が共同不法行為であるにせよ，競合的不法行為であるにせよ，東京電力は連帯責任は免れないため，一旦東京電力の責任を認めた上で，東京電力の他の行為者に対する求償を認めるとのことである（前掲・大塚「福

III 自然力の競合

1 意 義

　加害者の原因行為と自然力とが競合して権利侵害又は損害が発生した場合，加害者に成立する損害賠償請求権の金額は調整・減額されるか。

　第三者の行為が競合する場合と異なって，自然力に責任を負わせることができない点に特色がある[16]。

2 分 類

(1) 放射線作用等の発生の前後での区別

　権利侵害，損害発生までの因果経路において，第三者の行為が因果経路に関与する時点について，放射線作用等の発生の前である場合と，その後である場合とを区別することができる（図3-3-5）。

(2) 放射線作用等の発生前の原因

　放射線作用等の発生前の自然力の場合には，当該自然力と，権利侵害ではなく，放射線作用等の発生との間の関係が問題となる。

　この点について，自然力が減責事由となるかは，免責事由としての不可抗力（自然力）の意味をどのように理解するのかという問題の中で解決されるべきものである[17]。そして，不可抗力（自然力）を免責事由とする規定については，第1に，責任要件内在的な責任成立の限界を定型的に示したものと見るという立場と，第2に，不可抗力（自然力）が加害者のリスク負担の領域に入らないものであるということを積極的に法が示していると見る立場という，2つの立場が考えられる[18]。

　第1の立場からは，不可抗力（自然力）は独立の意味をもたず，不可抗力（自然力）が問題となりうる責任成立要件の問題が解消した以上，もはや減責事由と

　　島第一原子力発電所事故による損害賠償」52頁）。
[16] 下級審裁判例の中には，国賠法2条1項の営造物責任が問題となった事案において，自然力の関与を理由に減額したものとして，名古屋地判昭和48年3月30日判時700号3頁〔飛騨川バス転落事件第一審判決〕（ただし，控訴審で全部認容（減責なし）に変更された。），新潟地判昭和50年7月12日判時783号3頁，東京高判昭和56年10月21日判時1018号29頁，神戸地判平成11年9月20日判時1716号105頁などがある。
[17] 窪田・過失相殺126頁。
[18] 窪田・過失相殺126頁。

しては問題とならない。別個の減責事由を観念するためには，第2の立場の発想を取り入れるか，責任成立要件の充足の度合いが最終的な損害賠償請求権の額に反映されると考える必要がある[19]。

これに対して，第2の立場からは，不可抗力に独自の意義を付与する法の価値判断が示されると理解するから，その価値判断は減責問題においても機能する[20]。

ここで，第2の立場に沿うものとして以下のものがある。天災その他の不可抗力が競合した場合に，裁判所が損害賠償責任及び額を定めるに当たって，競合する不可抗力を斟酌できるとする大気汚染防止法25条の3及び水質汚濁防止法20条の2が原子力損害について準用又は類推適用されるかどうかについて[21]，原賠法が不可抗力の競合による損害賠償の減額（割合的損害賠償）を規定しなかった

<図3-3-5：自然力の競合と減責の可否（放射線作用等の発生の前後）>

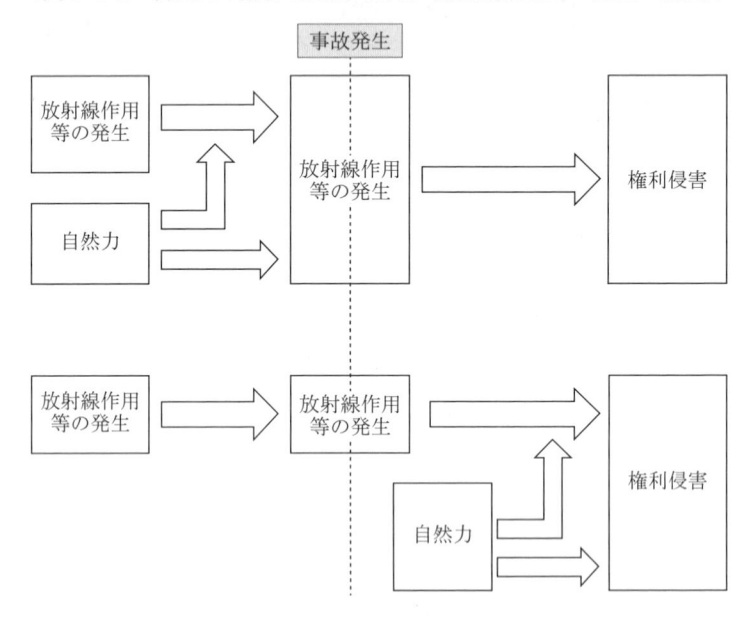

---

19 賠償金額に違法性を関連させることで過失相殺を説明する考え方と軌を一にする（窪田・過失相殺126頁）。
20 窪田・過失相殺126頁。
21 平成10年開催の原子力損害賠償制度専門部会における谷川久部会長の発言（（大気汚染防止法25条の3等は）「天災その他の不可抗力が「競合したとき」に斟酌できる。異常に巨大な天災地変「によって」生じた損害を免責とする原賠法とは必ずしも同一に論じられないということに注意すべきである」）参照。

のは，原子力損害賠償責任の重大性から，減額を認めずに全部の賠償をさせる趣旨と解される。そうだとすれば，大気汚染防止法25条の3及び水質汚濁防止法20条の2の準用又は類推適用は否定されるべきと解される[22]。

本書は，第2の立場に沿った考え方が妥当であると考える。

なお，自然力は原子力関連供給者等に該当しないため，責任集中制度との関係は問題とならないと考える。

(3) 放射線作用等の発生後の原因

放射線作用等の発生後に，自然力が因果経路に作用した場合はどうか。

この点については，まず，過失相殺においては，生じた権利侵害又は損害について，違法性の量を基準にして分割され，一方が加害者の義務違反行為に，他方が被害者の義務違反行為に帰属させられる結果，加害者の責任は，加害者の行為の違法性の量に相応する割合的部分へと縮減すると解する立場を前提として検討する[23]。

ここで，第1に，このような違法性縮減が適用されるのは，被害者の義務違反行為が競合した場合に限られる[24]。そして，自然力の競合の場合には，行為義務の調整の問題は生じない[25]。そうだとすれば，加害者の義務違反行為に全損害が帰属させられ，加害者の責任軽減は基礎づけられない[26]。

第2に，自然力との競合の場合には，そもそも領域原理が妥当する余地がないと解される[27]。

第3に，自然力を理由として賠償額を減額したのでは，自然力による権利侵害又は損害の発生・拡大のリスクを被害者に負担させてしまうことになり，適切で

---

22 加藤一郎「『不可抗力』について」法学教室1号（1980年）53頁。なお，小林寛「原子力損害賠償責任における免責規定の適用要件に関する考察」法律時報85巻5号（2013年）108頁脚注33参照。
23 橋本佳幸「過失相殺法理の構造と射程（四）」法学論叢137巻6号（1995年）40頁。
24 前掲・橋本「過失相殺法理の構造と射程（四）」40頁。
25 前掲・橋本「過失相殺法理の構造と射程（四）」40頁。
26 前掲・橋本「過失相殺法理の構造と射程（四）」40頁。前掲・加藤『『不可抗力』について」53項の指摘は，不可抗力免責を検討対象としているから，異常に巨大な天災地変から放射線作用等が発生するという因果経路（第4章参照）を前提とすると，論理必然的に放射線作用の発生前の事実を検討対象としており，その後の事実については検討の対象としていないと考えられる。
27 前掲・橋本「過失相殺法理の構造と射程（四）」40頁，45頁注27。

ない[28]。

　したがって，放射線作用等の発生後に自然力が因果経路に作用した場合，自然力を理由として，原子力事業者は減責されないと考える。

3　具体例

　具体例として，本件の放射線作用等の発生前の自然力については，東日本大震災に係る地震・津波が契機となって本件の放射線作用等が発生したことが挙げられる。

　また，本件の放射線作用発生後の自然力については，本件事故後，避難等対象区域に所在する建物が台風で損傷を受けたため，倒壊した場合が挙げられる。

4　責任集中制度との関係

　責任集中制度（原賠法4条1項）により，原子力関連供給者等と原子力事業者との間に共同不法行為が成立する場合であっても，原子力事業者以外の者は免責される（転嫁禁止）。

　ここで，被害者に発生した被害のすべてが，一旦加害者に移転し，その一部が被害者に転嫁されると考え（同等取扱説），かつ，寄与度により減責されるのが第三者への責任の一部転嫁だとすれば，責任集中制度の内容である転嫁禁止に反する（本書は，そのように考えない。）。このように，責任集中と寄与度減責は緊張関係にあると考えられる。

28　潮見Ⅱ263頁。

第4章 不可抗力免責

I 概　　要

　原賠法3条1項は，「原子炉の運転等の際，当該原子炉の運転等により原子力損害を与えたときは，当該原子炉の運転等に係る原子力事業者がその損害を賠償する責めに任ずる。ただし，その損害が異常に巨大な天災地変又は社会的動乱によって生じたものであるときは，この限りでない」と規定する。

　このように，原賠法3条1項は，本文において原子力事業者の損害賠償責任及びその内容を定めて，原子力損害賠償請求権の成立要件について規定する。その上で，ただし書において，その損害が異常に巨大な天災地変又は社会的動乱によって生じたものであるときには，原子力事業者に原子力損害賠償請求権が成立せず，原子力事業者に原子力損害賠償請求権が成立しないと規定する。これを不可抗力免責という。

　以下，不可抗力免責の意義について説明し（Ⅱ），本件事故に不可抗力免責の適用があるかについて検討する（Ⅲ）。

Ⅱ 意　　義

1　無過失責任と不可抗力免責
(1)　意　　義
　一般に，無過失責任・危険責任の場合，不可抗力とは，人の統禦力を超えたもので，責任をそのまま認めるのが不適当な程度に達したものをいう[1]。
(2)　**危険責任と不可抗力免責**
　危険責任の考え方により，加害者に対し，損害賠償責任を帰する場合，危険責任は，危険源の定型的な危険についての危険源支配者の責任である。したがって，

1　加藤一郎「『不可抗力』について」法学教室1号（1980年）53頁。

損害が危険源による定型的な危険の実現である場合，その損害は賠償されなければならない[2]。反対に，定型的な危険の実現でなければ，それは不可抗力によって発生した損害であって，行為者に損害賠償責任は生じない[3]。したがって，不可抗力の解釈論の内容は，結局，その危険源の定型的危険がどこで認められなくなるかという判断に他ならない[4]。

　言い換えると，危険責任における不可抗力要件とは，危険責任の帰責事由の存否を，免責要件の充足の有無という形で，いわば裏面から問うための要件であり，ある事業にとって定型的な損害発生の危険が，自然現象や人の所作などの事象を契機として実現したと評価しうるかを検討するものである[5]。

(3) 不可抗力免責の3要素

　ドイツの危険責任に関する不可抗力の議論を参考にすると，不可抗力の内容は，①それが事業の外からもたらされたものであること（外来性），②その性質が異常なものであること（異常性），③最高度の注意を尽くしてもその発生等を回避しえないこと（不可避性）という3つの要素を含む[6]。

(4) 原賠法3条1項ただし書不要論の検討

(i) 原賠法3条1項ただし書不要論

　原賠法3条1項ただし書の意義は，同項本文に基づき原子力事業者に損害賠償

2　錦織成史「不可抗力と避けることのできない外的事実——危険責任の免責事由に関する一考察」法学論叢110巻4＝5＝6号（1982年）235頁。橋本ほか249頁参照。

3　前掲・錦織「不可抗力と避けることのできない外的事実」235頁。

4　前掲・錦織「不可抗力と避けることのできない外的事実」236頁。例えば，列車事故に伴う身体に対する侵害が起きた場合の損害賠償請求訴訟において，原告は①鉄道の運行中の事故であること，また②その事故によって負傷したことを主張・立証する。この場合，原告は，鉄道線路上を車両が走っていたということで一応その事故（例えば車輛の扉から外に落ちた事故）を運行危険の実現と評価することができると主張する。それに対して，被告は，実は列車中で暴漢に襲われたために逃れようとして原告は飛び降りたのであり，事故は通常の運行過程とはかけ離れたものであるから，この事故は第三者の強制した行為に近く，運行危険ではないとして争う。これは不可抗力の主張にほかならない。このように，ある損害賠償責任規定が危険責任の構成要件であるということがはっきりしていれば，ある損害賠償責任規定の中に不可抗力という免責事由をことさらに書き込まなくても，同じ結果に到達しうる（前掲・錦織「不可抗力と避けることのできない外的事実」236頁）。

5　根本尚徳「免責の判断構造——不可抗力要件をめぐるドイツの議論を手がかりとした一考察」現代民事判例研究会編『民事判例IV－2011年後期』（日本評論社，2012年）130頁。橋本ほか309頁（ただし，運行供用者責任についての説明）参照。

6　前掲・根本「免責の判断構造」124頁。

責任が成立する場合に,「その損害が異常に巨大な天災地変又は社会的動乱によって生じたものであるとき」であれば,原子力事業者の免責を認める点にある。

そこで,立法論として,被害者保護の観点から,このような免責規定をなくすという考え方がある[7]。

(ii) 原賠法3条1項ただし書の積極的意義

しかしながら,立法論としても,そのような考え方には,以下のとおり,問題がある。

上記のとおり,危険責任における不可抗力要件とは,危険責任の帰責事由の存否を,免責要件の充足の有無という形で,いわば裏面から問うための要件であると解される。

ここで,原賠法3条1項ただし書は,「その損害が異常に巨大な天災地変又は社会的動乱によって生じたものであるときは,この限りでない」として,不可抗力免責の範囲について,「異常に巨大な」を追加することにより,典型的な危険責任の不可抗力免責の範囲よりも限定している。このことは,その裏返しとして,3条1項本文に基づき成立する責任の範囲を通常の危険責任の場合よりも拡張していると考えることができる(第2部第4章第3節参照)[8]。

このようにして見ると,原賠法3条1項ただし書は,定型的な危険の宰現でない場合を「その損害が異常に巨大な天災地変又は社会的動乱によって生じたものであるとき」に限定するという積極的意義を有すると考えられる。したがって,ただし書を削除することは,かえって被害者の保護に反するおそれがある[9]。

2 「異常に巨大な天災地変」の意義

「異常に巨大な天災地変によって」の意義については,以下のとおり解されている。なお,「異常で,かつ,巨大な天災地変によって」ではないことに留意が

---

[7] 日弁連・マニュアル21頁。

[8] 前掲・根本「免責の判断構造」135頁脚注88。第2部第4章第3節参照。

[9] 単純に原賠法3条1項ただし書を削除したとしても,本文に基づく原子力損害賠償責任の存否の判断において,実質的に不可抗力であったかが検証されることは変わらず,ただし書を単純に削除すると,そこでの手がかりを失うことになってしまう。したがって,立法論として原賠法3条1項ただし書を削除するのであれば,単純に削除するのではなく,「原子力事業者は,天災地変によることを主張することができない」などの条項を規定する必要があろう。野村豊弘「原子力損害の賠償について―大規模災害における被害者救済の仕組みを考える」法とコンピュータ30号(2012年)104頁はこのような趣旨を否定するものではないと推測される。

必要である[10]。

(1) 立法過程

原賠法の立法過程においては,「異常に巨大な天災地変」の意義について,以下のとおり議論された[11]。

「異常に巨大な天災地変」とは,①関東大震災の3倍以上の大震災をいう[12],②実に想像を絶する場合であって,関東大震災の2倍又は3倍さえももっと飛び越えるような大きな地震をいう[13],③超不可抗力の場合であり,ほとんど発生しないと考えられるが,人類の予想していないような大きなものをいう[14],④人間の想像を越えるような非常に大きな天災地変をいう[15]などと解されていた。

(2) 本件事故前の学説

本件事故前の学説は,「異常に巨大な天災地変」の意義について,以下のとおり議論してきた。

「異常に巨大な天災地変」とは,①非常に稀な場合に限って原子力事業者を免責することとしたものであり,日本の歴史上あまり例の見られない大地震,大噴火,大風水災等をいい,関東大震災は巨大ではあっても異常に巨大なものとは言えず,これを相当程度上回る必要がある[16],②現在の技術をもってしては,経済性を全く無視しない限り,防止措置をとりえないような,極めて限られた「異常かつ巨大な」場合をいう[17],③一層限定的に,つまり原子力損害を受けた者のために補償をすることが全く不可能なような,広範囲かつ甚大な被害を伴う「自然

---

10 これに対して,1960年制定のパリ条約は,「a grave natural disaster of an exceptional character」としており(9条),「an exceptionally grave disaster」とはしていない。

11 原賠法の成立過程を見ると,原子力災害補償専門部会による答申(昭和34年12月12日)は,原子力事業から生ずる損害について,すべて国が責任を負うとした上で,原子力事業者との関係では,「異常に巨大な天災地変」によって生じたものなどの場合に,原子力事業者に対し求償するものとされていた。これに対して,同答申を受けて,政府が作成した原賠法の法律案においては,原子力事業者は原則として無過失責任を負うものの,「異常に巨大な天災地変」によって生じたものであるときは免責されるとされた。

12 昭和35年5月18日の衆議院科学技術振興対策特別委員会における中曽根康弘国務大臣の発言。

13 昭和36年4月12日の衆議院科学技術振興対策特別委員会における科学技術庁原子力局長杠文吉政府委員の発言。

14 昭和36年4月26日の衆議院科学技術振興対策特別委員会における我妻栄参考人の発言。

15 昭和36年5月30日の参議院商工委員会における加藤一郎参考人の発言。

16 科技庁・制度55頁。

17 竹内昭夫「原子力損害二法の概要」ジュリスト236号(1961年)29頁。

的，社会的災害」をいう[18]，④いまだかつてない想像を絶した地震をいう[19]と解されていた。

(3) 本件事故後の学説

「異常に巨大な天災地変」の意義について，本件事故後に主張された見解は，主として以下のとおりである。

(i) 原賠法制定の沿革・国際条約の動向に着目する見解

原賠法3条1項ただし書は，原賠法施行前に調印された，原子力損害に関する1960年のパリ条約の規定を導入したものと理解されているところ，そこでは，通常の不可抗力よりも免責される場面を限定している[20]。また，パリ条約以後の国際条約では，自然災害を免責事由とすることを放棄した。このような沿革や国際的な趨勢からすると，原賠法3条1項ただし書を厳格に解すべきである[21]。

(ii) 危険責任と不可抗力との関係に着目する見解

ある事象が「異常に巨大な天災事変」に当たるか否かを実際に決定するためには，危険責任の一般論又は他の危険責任に関する事案との比較によってその結論が一義的に定まるわけではなく，①原賠法の立法趣旨等に基づき，「原子炉の運転等に定型的に備わっている損害発生の危険」とは具体的にどのようなものであるのかについて直截に検討した上で，②具体的事実に即して，当該事象をそのような危険が実現したものと評価しうるか否かを個別に判断する必要があると解される[22]。

3 「社会的動乱」

「社会的動乱」とは，質的，量的に異常に巨大な天災地変に相当する社会的事件であることをいい，戦争，海外からの武力攻撃，内乱等がこれに該当するが，局地的な暴動，蜂起等はこれに含まれない[23]。また，テロ行為を含まないと解される[24]。

---

18 前掲・竹内「原子力損害二法の概要」29頁。
19 座談会「原子力災害補償をめぐって」ジュリスト236号（1961年）11頁（井上亮・前科学技術庁原子力局原子力政策課長（当時）発言）。
20 大塚直「福島第一原子力発電所事故による損害賠償」法律時報83巻11号（2011年）49頁。
21 前掲・大塚「福島第一原子力発電所事故による損害賠償」49頁。
22 前掲・根本「免責の判断構造」135頁脚注88。
23 科技庁・制度55頁。
24 谷川久「テロと第三者責任」私法判例リマークス34号（2007年）21頁。

4 「によって」の意義

「によって」については，その始点及び終点，並びに「によって」の内容（因果関係）が問題となる。

(1) 始　点

「によって」の始点は，原子炉の運転等が行われていた時点・地点における「異常に巨大な天災地変又は社会的動乱」となろう。

原子炉の運転等が行われていた時点・地点を特定する理由は以下のとおりである。危険責任及び不可抗力免責の意義に照らすと，各々の帰責事由の具体的内容（当該責任が法定された趣旨）に即した，個別の事業ごとの，場所ごとのそして時代ごとの相対的判断がなされるべきである[25]。そうだとすれば，原子炉の運転等に起因する損害賠償の成否が問題となっているから，原子炉の運転等が行われていた具体的な時点・地点を問題とすべきであると考える。

(2) 終　点

「によって」の終点は何か。

原賠法3条1項ただし書が「その損害が」としていることからすると，「によって」の終点は，原子力損害，すなわち権利侵害又は損害（損害項目に該当する事実）であると解釈することもできる（図3-4-1）。

この考え方からすれば，「異常に巨大な天災地変による被害者の受傷や家屋の倒壊」が原賠法3条1項ただし書の内容となるように読める（言い換えれば，例えば，建物の倒壊・流出など，地震や津波による典型的な被害との因果関係が問題となるかのように読める。）。

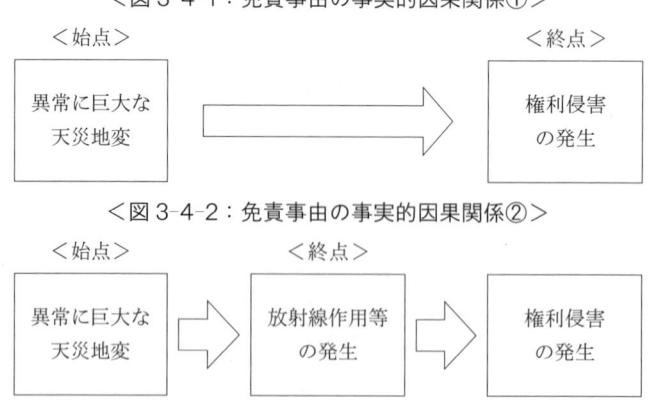

＜図3-4-1：免責事由の事実的因果関係①＞

＜始点＞　異常に巨大な天災地変　⇒　＜終点＞　権利侵害の発生

＜図3-4-2：免責事由の事実的因果関係②＞

＜始点＞　異常に巨大な天災地変　⇒　＜終点＞　放射線作用等の発生　⇒　権利侵害の発生

25　前掲・根本「免責の判断構造」134頁。

Ⅱ 意　義

　しかしながら，そのように考えるべきではない。というのは，原子力損害賠償責任の免責が問題となる場面では，原賠法3条1項本文の要件を満たし，原子炉の運転等・放射線作用等の発生・権利侵害・損害発生という因果経過が存在することを前提としており，これらの要素を1つでも欠くと原子力損害賠償でなくなるため，原子力損害であることの独自性を基礎づける事実を無視することはできないからである。そして，このような因果経過の中で，原子力損害賠償であることを基礎づけ，特色づけるのは，原子力損害賠償責任を危険責任たらしめる根拠であるところの放射線作用等の発生（放射線の作用や放射性物質の毒性的作用など）であるから，「によって」の終点は放射線作用等の発生であると考える（図3-4-2）。

　例えば，被害者が，大規模な津波が発生した結果，原子炉建屋の爆発により，放射線被曝で受傷したり，津波で死亡したりした場合，原子力損害賠償において，大規模な津波との間の因果関係を問題とすべきなのは，原子炉建屋の爆発（放射線作用等の発生）なのであって，被害者が放射線被曝を受けたことではないと考える（さらに，津波で死亡したことについては，原賠法の規律対象ではない。）。

(3)　因果関係の内容
(i)　事実的因果関係の要否

　まず，「異常に巨大な天災地変又は社会的動乱」と放射線作用等の発生との間で，「あれなければこれなし」の関係が必要であると考える。

(ii)　相当因果関係の要否

　原因行為と放射線作用等の発生との間の因果関係が問題となるのであって，原因行為と権利侵害との関係が直接の問題となっているわけではないため，相当因果関係（規範の保護目的・危険範囲・損害賠償の範囲）は問題とならないと考える。

(iii)　因果関係の中断か

　ここで，異常に巨大な天災地変によって放射線作用等が発生した場合に，原子力事業者が免責される理由は，原子力損害賠償請求権の成立要件のうち，事実的因果関係が中断されることを理由とする見解がある。

　すなわち，一般理論からすれば，不可抗力が一般的な免責事由となり，原子炉運転等のように危険性が大きいのであれば，不可抗力の範囲を狭めて考えていくのが合理的である[26]。そして，そもそも，そのような危険のある施設を作ったために被害が起こったのだから，設置者がすべての場合に責任を負うべきだという

26　加藤一郎「原子力災害補償立法上の問題点」ジュリスト190号（1959年）15頁。科学技術庁原子力局監修『原子力損害賠償制度（初版）』（通商産業研究社，1962年）46頁参照。

絶対的な無過失責任も立法論として考えられるが，因果関係の点から言えば，その場合には，施設の設置（原子炉の運転等）と損害の発生との間の因果関係が不可抗力によって中断されているとも見られるから，少なくとも一般理論からすれば責任を認めることは困難であるという見解がある[27]。

しかしながら，原子炉の運転等と放射線作用等の発生との間の事実的因果関係が中断されているとすれば，原子炉の運転等がなければ発生しない放射線作用等の発生（例えばセシウムなど放射性物質の放出）がなく，その結果，放射線作用等の発生による権利侵害が生じないという疑問が生じる。言い換えれば，自然力がいかに巨大であっても，原子炉の運転等（放射性物質の保管等を含む広い概念である。原賠法2条2項参照。）が因果経路に関与しない限り，放射線作用等が発生しないのではないかという疑問が残る。

(iv) **特殊な因果関係**

そこで，ここで問題とすべきは，より規範的な因果関係，異常に巨大な天災地変が放射線作用等の発生に至る因果経路を支配していたと評価できるかであると考えられる。

原子力事業者が，原子炉の運転等というそれ自体において特別の危険を内包する行為を行っていたところ，その際発生した天災地変が，規範的に見て，いわば原子炉の運転等から放射線作用等の発生までの因果経路を包含・支配して，原子力事業者にはなすすべもなく，放射線作用等を発生させた場合に，「異常に巨大な天災地変によって」に該当すると考える（図3-4-3）[28]。

このことは，帰責原理としての危険責任の考え方とも合致すると考える。すなわち，危険責任は危険源の定型的な危険についての危険源支配者の責任であるから，損害が危険源による定型的な危険の実現であるなら，そのような損害は賠償

---

[27] 前掲・加藤「原子力災害補償立法上の問題点」14頁。前掲・科学技術庁原子力局監修『原子力損害賠償制度（初版）』46頁参照。損害の発生が異常に巨大な天災地変「のみ」により直接発生するかを基準とする見解もある（小林寛「原子力損害賠償責任における免責規定の適用要件に関する考察」法律時報85巻5号（2013年）106頁）。

[28] この問題は，原子力損害の発生が，①天災地変→原子炉の運転等→放射線作用等の発生という因果経過をたどること，②天災地変及び原子炉等の運転がそれぞれ独立の原因であることを前提とすると，放射線作用の発生という結果について，異常に巨大な天災地変と原子炉の運転等のいずれに客観的に帰属させるべきかという問題に帰着するとも考えられる。刑法理論で「客観的帰属論」と言われる問題に相当する（山中敬一『刑法における客観的帰属の理論』（成文堂，1997年）参照）。

されなければならないところ[29]，天災地変が，いわば原子炉の運転等から放射線作用等の発生までの因果経路を包含・支配して，放射線作用等を発生させた場合にはじめて，原子力事業者が行っていた特別の危険を内包する事業の遂行とはいえなくなり，原子力事業者の危険責任を問うことができなくなると考える。

例えば，Ａが護身術の訓練の一環として刃物を振り回していた場合に，横からＢがＡの腕ごと掴んでＣを刺して受傷させた場合，Ａがいかに危険を内包する行為を行っていたとしても，Ａの責任を問うことはできないであろう。

フランスにおける考え方を参照して，「（事象発生の）決定的，積極的原因が，付随的，消極的原因を吸収することになる」という説明[30]も，同様の考え方と推測される。

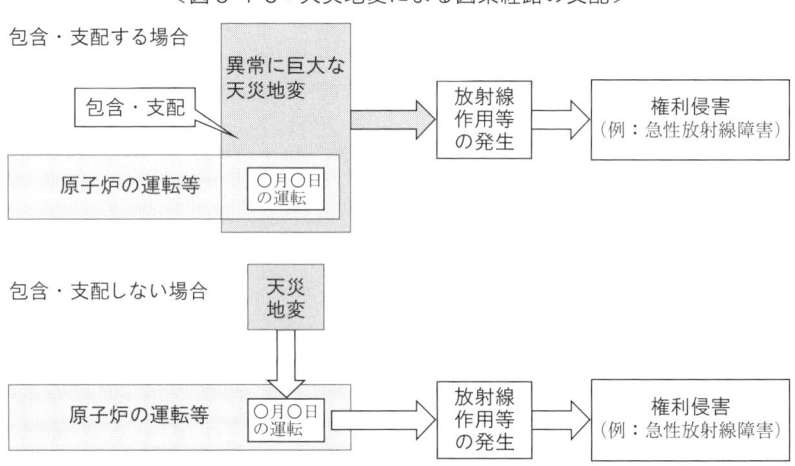

<図3-4-3：天災地変による因果経路の支配>

5 主張・立証責任

原子力損害賠償責任の不可抗力免責についての主張・立証責任は以下のとおりである。

(1) 抗弁事実の内容

被告（原子力事業者）は，①事故が起こった原子炉等の運転等の時点・場所において，異常に巨大な天災地変が発生したこと，②放射線作用等が発生したこと，③①によって②が生じたと評価できること（評価根拠事実）を主張・立証するこ

---

29 前掲・錦織「不可抗力と避けることのできない外的事実」235頁。橋本ほか249頁参照。
30 淡路剛久「福島第一原子力発電所事故の法的責任について——天災地変と人為」NBL 968号（2012年）32頁。

ととなる。

このうち、②については、請求原因事実の中ですでに顕出されている。

(2) 請求原因事実との関係

原子力損害賠償責任と不可抗力免責との関係について、危険責任における危険の実現と、不可抗力は表裏の関係にあると考えられる。そうだとすれば、不可抗力免責を基礎づける事実については、被告の主張立証は不要であるとも考えられる。

しかしながら、実体法上、特別の危険の実現と不可抗力は表裏の関係にあるとしても、民事訴訟法上の主張立証の分配の結果として要件事実を考えると、原子力事業者による原子炉の運転等をはじめとする請求原因事実と、異常に巨大な天災地変により放射線作用等が発生した事実は両立するため、異常に巨大な天災地変により放射線作用等が発生したことは抗弁事実となると考えられる。特に、原子力損害賠償の場合には、典型的な危険責任よりも不可抗力免責の範囲が限定されており、不可抗力免責を基礎づける事実の主張・立証により初めて裁判上の争点となる場合があるから、不可抗力免責を基礎づける事実が抗弁事実となると考える必要があろう。

Ⅲ 本件事故との関係

本件事故について、原賠法3条1項ただし書の「その損害が異常に巨大な天災地変によって生じたもの」に該当するか。これを肯定する見解と否定する見解がある。

1 免責事由該当性を肯定する見解

本件事故は、事故の契機となった地震・津波の規模に照らして、「異常に巨大な天災地変」に該当するという見解がある[31]。

2 免責事由該当性を否定する見解

他方で、①東京電力は本件事故を防止できたはずである、又は、②本件事故の原因となった地震・事故は「異常に巨大」とまでは言えないなどとして否定する

---

[31] 森島昭夫「原子力事故の被害者救済（1）損害賠償と補償」時の法令1882号（2011年）39頁、森島昭夫「原子力事故の被害者救済（3）損害賠償と補償」時の法令1888号（2011年）42頁、久保壽彦「原子力損害賠償制度の課題」立命館経済学60巻4号（2011年）507頁。

見解がある[32]。

3 検　　討
(1) 定型的な危険の実現
(i) 定型的な危険の実現の内容

　原子炉の運転等という事業に定型的なものとして備わっている損害発生の危険（その事業者による一般的・事実的支配が及んでいる危険）が実現したと認められる場合には、これに対する事業者の危険責任の発生を肯定すべきであると解される。

　具体的には、①福島第一原発が位置する海岸の沖合で今回実際に発生したものと同じ程度の大きさの地震が生じ、またそれを契機として本件事故と同じ程度の大きさの津波が生じること、そしてこの津波が同様の立地条件にある福島第一原発を襲うことが、事故当時における最新の科学的知見に照らして、一般的・抽象的可能性としても全く予見不能であった[33]、又は、②この発電所が当該津波に襲われてもなお原子力損害が発生しないように、そのために必要な措置を経済的に負担しうる形で実施することが、同じく事故当時における最新の科学的知見に照らして、一般的・抽象的にもおよそ不可能であったとすれば、そのような事象に対しては事業者たる東京電力に一般的・事実的支配を認めることは困難であるから、当該地震・津波は「異常に巨大な天災地変」に該当する[34]。

　他方、そのように言うことができない場合には、当該権利侵害又は損害は、海岸に建てられた原子力発電所における原子炉の運転等にとって定型的な損害発生の危険、すなわち、東京電力の一般的・事実的支配が及んでいる危険が実現したに過ぎない。したがって、それは「異常に巨大な天災地変」に該当しないと解すべきである[35]。

32　野村豊弘「原子力事故による損害賠償の仕組みと福島第一原発事故」ジュリスト1427号（2011年）122頁、小島延夫「福島第一原子力発電所事故による被害とその法律問題」法律時報83巻9＝10号（2011年）65頁、前掲・大塚「福島第一原子力発電所事故による損害賠償」49頁、人見剛「福島第一原子力発電所事故の損害賠償」法学セミナー683号（2011年）21頁、鳥谷部茂「福島原発事故における放射能汚染の法的責任」広島法学35巻3号（2012年）188頁。なお、国家賠償請求訴訟において、公務員の違法性を否定した裁判例の中で、傍論であるが、原賠法3条1項ただし書の該当性を否定したものがある（東京地判平成24年7月19日判時2172号57頁）。

33　前掲・根本「免責の判断構造」134頁。

34　前掲・根本「免責の判断構造」135頁。

35　前掲・根本「免責の判断構造」134頁。

(ii) **本件事故の場合**

ここで，東京電力自身が，①津波に対する防護が脆弱であったこと，②全電源を喪失した場合の注水手段が十分に準備されていなかったこと，③炉心損傷後の影響を緩和するための手段が十分に整備されていなかったこと，④照明，通信手段の制限や監視・計測手段の喪失，作業環境悪化などへの対応手段が十分に整備されていなかったことなどを認めていることを前提とすれば[36]，海岸に建てられた原子力発電所における原子炉の運転等にとって定型的な損害発生の危険（その事業者（東京電力）の一般的・事実的支配が及んでいる危険）が実現したに過ぎず，「異常に巨大な天災地変」に該当しないこととなろう[37]。

(2) **相対的判断の重要性**

ある事実が不可抗力免責に該当するかの判断に当たっては，各々の帰責事由の具体的内容（当該責任が法定された趣旨）に即した，個別の事業ごとの，場所ごとの，そして時代ごとの相対的判断がなされるべきである[38]。

そうだとすれば，東日本大震災において，地震の規模はマグニチュード 9.0，津波の遡上高は最高約 40 メートルであったことなどは，直接には問題とならず，2011 年 3 月 11 日，福島第一原発において，どのような内容の地震，津波が生じたのかが問題とされるべきであると考える[39]。

(3) **不可抗力に該当する場合と原子力事業者の過失**

ある事実が原賠法 3 条 1 項ただし書に該当し，原子力事業者の免責が認められた場合，その上でなお，原子力事業者に過失があるとき，当該原子力事業者に原子力損害賠償請求権が成立するか。

---

36 東京電力「福島第一原子力発電所事故の経過と教訓」36 頁。<http://www.tepco.co.jp/nu/fukushima-np/outline/index-j.html>

37 本件事故当時における地震・津波対策と関連して，①いわゆる総括原価方式のもとでは，原子力事業者により高度な防止義務が課せられるのではないか，②国の規制基準を満たしていたことは原子力事業者の責任の有無，程度にどのような影響を与えるのかは今後の課題であろう。

38 前掲・根本「免責の判断構造」134 頁。前掲・大塚「福島第一原子力発電所事故による損害賠償」49 頁は事故地の地震の規模ではなく，東日本大震災の規模を問題とする。

39 例えば，南極大陸でマグニチュード 10 の地震が起きて，高さ 100 メートルの津波が起き，人類がいまだに経験したことがない規模だったと仮定し，原子炉の所在する地で震度 1 程度，津波 1 メートルの影響しかなかったと仮定する。原子炉の運転等により放射線等作用が生じた場合を想定すると，この場合が「異常に巨大な天災地変」に該当し原子力事業者の免責を認めることは，明らかに不合理であろう。

III　本件事故との関係

　この点，被害者救済の観点から，過失のある原子力事業者を免責させるのは正義に反するなどとして，原子力事業者の損害賠償責任がいわば復活すると考えることも一応可能である。

　しかしながら，危険責任における不可抗力要件とは，危険責任の帰責事由の存否を，免責要件の充足の有無という形で，いわば裏面から問うための要件であると解される。言い換えれば，ある事業にとって定型的な損害発生の危険が，ある事象を契機として実現したと評価しうるかを検討するものである[40]。そうだとすれば，原子力事業者に過失がある場合，不可抗力の内容の3つの要素のうち，少なくとも不可避性が否定され，不可抗力ではないと判断されることとなるであろう。

　したがって，不可抗力免責が適用されること，原子力事業者に過失があることは同時には両立しないものであって，そのような問いを立てる必然性はないと考える。

---

[40] 前掲・根本「免責の判断構造」130頁。

第5章　責任集中

I　概　要

　責任集中制度は，原子力損害賠償責任を原子力事業者に集中し，原子力事業者以外の者を免責する制度である。
　以下，責任集中制度の概要について説明し（II），責任集中制度の趣旨（III）及び民事訴訟手続における位置づけ（IV）を確認する。その上で，責任集中の適用範囲について検討する（V）。

II　責任集中の意義

1　損害賠償責任の主体に関する原則と例外
(1)　原　　則
　例えば，ある者（A）が，機器を他者に供給したところ，その機器の瑕疵を原因として第三者が被害を受けた。この場合，Aは，民法709条などに基づき第三者に対して損害賠償責任を負うのが原則である[1]。
(2)　例　　外
　この原則に対する例外を定めるのが原賠法の責任集中制度である。
　原賠法4条1項は，原子力損害賠償請求権の成立を定める3条に続いて，「前条の場合においては，同条の規定により損害を賠償する責めに任ずべき原子力事業者以外の者は，その損害を賠償する責めに任じない」と規定する[2]。

---

[1]　竹内昭夫「原子力損害補償　原子力損害二法の概要」ジュリスト236号（1961年）32頁。

[2]　原賠法3条1項本文が「原子炉の運転等の際，当該原子炉の運転等により原子力損害を与えたときは，当該原子炉の運転等に係る<u>原子力事業者</u>がその損害を賠償する責めに任ずる。」（下線部筆者）と規定して，原子力損害賠償の主体（主語）を「原子力事業者」としているのも同じ趣旨である（科技庁・制度54頁，中原太郎「原子力損害の填補・再論」現代民事判例研究会編『民事判例IV―2011年後期』（日本評論社，2012年）

372

このように，原子力損害賠償責任は，原子力事業者に集中し，原子力事業者以外の者は責任を負わない（原賠法4条1項）。

　また，第三者が免責されたとしても，第三者が原子力事業者から求償されるのでは責任を原子力事業者に集中した実質的意義が失われる。そこで，原賠法5条1項は，「第3条の場合において，その損害が第三者の故意により生じたものであるときは，同条の規定により損害を賠償した原子力事業者は，その者に対して求償権を有する」と規定して，第三者に故意がない限り，原子力損害賠償請求権に係る債務を支払った原子力事業者から求償されないとする[3]。

　以下，このような制度を「責任集中制度」という[4]。

2　第三者への転嫁禁止

　責任集中制度は，第三者との関係では，原子力事業者に原子力損害賠償請求権が成立した場合において，原子力損害賠償責任・債務を第三者に転嫁することを禁止する制度と言うことができる（転嫁禁止）。

Ⅲ　責任集中の趣旨

1　3つの趣旨

　責任集中制度[5]の趣旨は，以下の3つであると解されている[6,7,8]。①原子力事

　　111頁脚注8）。
3　昭和46年原賠法改正により，過失ある第三者は求償の対象から除外された。
4　これを責任集中「原則」と呼ぶことがある。しかしながら，「原則」とは何らかの指導原理を定めるものであるところ，原賠法4条・5条は，何らかの指導原理を定めるものではない。また，デフォルト・ルールを定めるものではない（むしろデフォルト・ルールは責任不集中である。確かに，原子力損害賠償制度において，比較法的にも，国際条約においても，責任集中がとられていることが多い。しかしながら，それはあくまで原子力損害賠償制度という閉じられた枠内である。）。このように考えて，責任集中「原則」とは言い難いので，本書では「責任集中制度」と呼ぶこととする。
5　責任集中に類似する制度を比較すると，原賠法の責任集中制度の根拠は，他の制度のそれとは異なっていることが分かる。
　　①鉱害賠償
　　鉱業法109条1項は，「鉱物の掘採のための土地の掘さく，坑水若しくは廃水の放流，捨石若しくは鉱さいのたい積又は鉱煙の排出によって他人に損害を与えたときは，損害の発生の時における当該鉱区の鉱業権者…が，損害の発生の時既に鉱業権が消滅しているときは，鉱業権の消滅の時における当該鉱区の鉱業権者…が，その損害を賠償する責に任ずる」と規定して，鉱害賠償について鉱害発生時の鉱業権者に責任を集中している。

第 3 部 第 5 章 責任集中

業者を除く炉の設計者や機器の製造業者や工事請負業者など（以下，併せて「原

これは，鉱害は徐々に発生するため，損害発生の時とその原因たる作業がなされた時との間に相当の時間的間隔があるのが普通であり，損害の原因がどの時期になされた作業によるものかを正確に認定することは極めて困難であるため，一律に損害の発生したときの鉱業権者に賠償責任を負わせて被害者の保護を図ったものである（我妻栄＝豊島陞『鉱業法』（有斐閣，1958 年）283 頁）。鉱害賠償について，我妻栄「鉱業法改正案における私法問題」私法 5 号（1951 年）82 頁参照，徳本鎮『農地の鉱害賠償』（日本評論新社，1956 年），同「鉱業権の譲渡と鉱害賠償責任の帰属 近時の判決を手掛として」法政研究 56 巻 3＝4 号（1990 年）231 頁，同「鉱害賠償」西原道雄編『現代損害賠償法講座 5』（日本評論社，1973 年）285 頁参照。

② 海洋河川等の汚染損害に関するもの

(ｱ)タンカーに貨物として積載中の持続性油の排出・流出による海洋油濁損害賠償に関する「油による汚染損害についての民事責任に関する条約」及びその国内法である船舶油濁損害賠償保障法（以下「油賠法」という。），(ｲ)「海底鉱物資源の探査及び開発から生ずる油汚染損害についての民事責任に関する条約」，(ｳ)「道路・鉄道及び内水航行船舶による危険物質の輸送中に生じた損害についての民事責任に関する条約」，(ｴ)「危険物質及び有害物質の海上輸送に伴う損害についての責任及び補償に関する条約」に基づく場合，原則として登録船舶所有者等のみが責任主体となる（「油による汚染損害についての民事責任に関する条約」3 条 1 項，油賠法 3 条 1 項など）。これは，責任保険等の確保（付保等の強制）を有効に機能させるために，政府が責任主体を容易に認識することが必要であるという技術的理由に基づく（谷川久「責任集中覚書」成蹊法学 46 号（1998 年）122 頁），同「油濁損害賠償保障法の解説」時岡泰＝谷川久＝相良朋紀『逐条船主責任制限法・油濁損害賠償保障法』（商事法務研究会，1979 年）342 頁，谷川久「原子力損害賠償制度の特色――海洋油濁損害賠償制度との比較」『原子力損害の補完的補償に関する条約各条の解説及び法的問題点の検討』（日本エネルギー研究所，2012 年）109 頁参照。

③ 宇宙物体による第三者責任

宇宙物体（人工衛星等）が地表又は飛行中の航空機に与えた人身損害・健康障害・財産の滅失・損傷等の損害について，当該宇宙物体を自ら打ち上げた国等のみが責任を負う（宇宙物体により引き起こされる損害についての国際責任に関する条約 2 条，4 条 1 項(a)）。これは，宇宙物体の打ち上げが，なお「高度の危険性を内蔵する活動」と考えられ，その実施主体が政府機関か民間団体かを問わず，打ち上げ自体が打ち上げ国の「国としての活動」とみなされ，国の許可・監督の責任とされたことに基づく（山本草二『国際法における危険責任主義』（東京大学出版会，1982 年）149 頁，177 頁）。

6 加藤一郎「原子力災害補償 原子力災害補償立法上の問題点」ジュリスト 190 号（1959 年）17 頁，前掲・竹内「原子力損害二法の概要」32 頁，星野英一「原子力損害賠償に関する二つの条約案（二・完）」法学協会雑誌 79 巻 3 号（1962 年）295 頁，前掲・谷川「責任集中覚書」111 頁，下山俊次「原子力」山本草二＝塩野宏＝奥平康弘＝下山俊次『現代法学全集 未来社会と法』（筑摩書房，1976 年）538 頁，科技庁・制度 12 頁，59

374

III 責任集中の趣旨

子力関連供給者等」という。）に対する損害賠償請求を遮断して，原子力関連供給者等をすること，②原子力損害に係る保険填補危険の累積を回避すること，③被害者による損害賠償請求義務者の特定を簡易化することである。

(1) 原子力関連供給者等に対する損害賠償請求の遮断

ある原子炉で起きた事故が，原子炉の設計者や機器の製造業者や工事請負業者など，原子力関連供給者等の過失や部品の瑕疵によって生じた場合，原子力関連供給者等に損害賠償責任を負わせると，原子力関連供給者等は，原子力事故が発生した場合には巨額の損害賠償義務を負わされて破産する危険がある。そこで，その限りにおいて，原子力関連供給者等が物の供給・サービスの提供を拒む可能性が高い[10]。

そのため，原賠法は，原子力損害賠償責任を原子力事業者に集中し，原子力関連供給者等は責任を負わないこととしたとされる[11]。

頁，卯辰昇「原子力損害賠償法における責任集中原則と国家補償」損害保険研究74巻1号（2012年）111頁参照。

7 原賠法の立法過程では，責任集中の根拠について，主として，以下のとおり説明，検討された。原子力事業はきわめて広範にわたるところの総合産業であり，その発達を期するためには関連産業による資材などの供給の円滑化をはからなければならない（昭和36年5月23日開催の参議院商工委員会における科学技術庁原子力局長杠文吉政府委員の発言）。また，①責任保険との関係で，もしすべての供給者に責任が認められるということになれば，各人が責任保険をつけて自衛手段を講じなければならなくなるが，責任保険の重複という問題が出てきて，保険の限度額がそれだけ少なくなること，②被害者たる一般公衆が損害賠償を請求する場合に，誰に請求していいかということが明確になること，③原子力事業の育成の観点から，供給者が安んじて供給ができるようにする必要があること（昭和36年5月30日開催の第38回国会参議院商工委員会における参考人加藤一郎の発言）。その他，早川和宏「原子力損害と国家賠償」大宮ローレビュー9号（2013年）61頁参照。

8 原賠法に基づく原子力事業者の無過失責任の根拠を，原子力事業者が原子炉の運転等という特別の危険源を保有又は操業することに基づく，一種の保証責任に求めたとしても（第2部第2章），そこから責任集中制度は直ちには導かれない。原子力事業者に危険責任・無過失責任を負わせる根拠になったとしても，原子力事業者の保証責任から，原子力関連供給者等の責任を免除することは導かれないからである。

9 ここでいう「供給者」とは，「原子力施設の所有者運営者」ではなく，「原子炉設計者，部品の製造者や取扱商人，工事の請負人というような広い意味での供給者（supplier）」を意味する（前掲・加藤「原子力災害補償立法上の問題点」17頁）。

10 前掲・竹内「原子力損害二法の概要」32頁。

11 米国が，原子力技術を米国から受け入れようとするヨーロッパ諸国及び我が国に対して，

375

(2) 原子力損害に係る保険填補危険の累積の回避

仮に，原子力関連供給者等が自ら賠償責任保険を締結した上で物の供給・サービスの提供を行おうとした場合，保険の引受能力が十分でない状況において，多数の原子力関連供給者等が比較的少額の保険金額で保険契約を締結することにより保険填補危険が累積し[12]，付保が細分化されてしまう結果，原子力事業者の保険による賠償資力は著しく低下し，国としてはこれらの原子力関連供給者等に対してもそれぞれ国家補償をしなくては被害者保護を全うすることができなくなる。

そこで，原賠法は，原子力損害賠償責任を原子力事業者に集中し，原子力事業者以外の者は責任を負わないこととし，原子力損害に係る保険填補危険が累積することを回避することとしたとされる[13]。

(3) 被害者による損害賠償請求義務者の特定

被害者の立場からすれば，責任集中が行われれば，誰に責任があるかを究明する必要がなく，原子力施設の所有者・運営者（原子力事業者）を相手に賠償を請求すれば足りるという利点がある。

そこで，原賠法は，原子力損害賠償責任を原子力事業者に集中し，原子力事業者以外の者は責任を負わないこととしたとされる[14]。

IV 責任集中の機能

1 抗弁としての機能

(1) 民事訴訟手続上の攻撃防御方法

被害者が，原子力関連供給者等に対して，民事訴訟手続上，原賠法に基づく損害賠償請求をする場合，訴訟物は民法709条又は717条（土地の工作物の占有者等の責任）に基づく損害賠償請求権である[15]。その請求原因事実は，民法709条・717条の解釈から導かれる事実となろう。また，後記のとおり，責任集中は民法

機器及び技術の提供者の責任の回避を条件とすることを強く求めた結果であるという（前掲・谷川「責任集中覚書」116頁）。

12 保険者側としては，一物件について，その引受能力の最高額を提供するためには，このような累積を避ける必要がある（前掲・下山「原子力」539頁）。

13 前掲・竹内「原子力損害二法の概要」32頁。

14 日本原子力産業会議原子力補償問題特別委員会「原子力災害補償問題研究報告書──第三者補償問題を中心として」（昭和34年7月）60頁。<http://www.lib.jaif.or.jp/library/book/pa/pa 2017.pdf>

15 民法715条（使用者責任）等も考えられる。

709条・717条に基づく損害賠償責任にも適用される。

これに対して、第三者は、原賠法4条1項に基づき、①原賠法3条1項の責任が原子力事業者に成立すること、②原子力事業者でないことを主張することとなる。

このように、原賠法4条1項に基づく主張は、原告の請求原因事実と両立し、請求権の成立を障害する主張であるから、抗弁である。

(2) 通常共同訴訟の場合

被害者の中には、原子力事業者を被告として、原賠法3条1項に基づく損害賠償請求訴訟を提起するとともに、原子力関連供給者等を被告として民法709条又は717条に基づく損害賠償請求訴訟を提起することが考えられる。この場合、通常は、原子力事業者と原子力関連供給者等を共同被告とした訴訟併合形態となることが予想される。

民法709条・717条の主張に対し、原子力関連供給者等は、原賠法4条1項に基づいて責任を負わないとの抗弁事実を主張、立証することとなる。

もっとも、上記の共同訴訟においては、原子力事業者を被告とする手続の主張の中において、原賠法3条1項が適用されることが顕出される点に留意が必要であろう。というのは、原子力関連供給者等を被告とする訴訟との関係で、抗弁事由として「被告（原子力関連供給者等）に原賠法3条1項に基づく損害賠償請求権が成立すること」（より厳密には、「原告の権利侵害が、被告が行った原子炉の運転等から生じた放射線作用等から発生したものであること」）、したがって、「被告（原子力関連供給者等）が原子力事業者でないこと」がすでに原告の主張されていると扱われる可能性が高く、被告（原子力関連供給者等）は容易にこれを援用することができるからである。

2 「原子炉の運転等の際」（原賠法3条1項）の意義

原賠法3条1項本文は、「原子炉の運転等の際、当該原子炉の運転等により原子力損害を与えたときは、当該原子炉の運転等に係る原子力事業者がその損害を賠償する責めに任ずる」（下線部筆者）と規定する。ここで、原子力損害の原因について複数の原子力事業者が関係している場合には、責任集中の趣旨から、これらのうち誰が排他的に責任を負うのかを定める必要がある[16]。

そこで、例えば、原子炉の運転中に、核燃料物質の加工の際の瑕疵が原因となって原子力損害が生じたというような場合には、加工を行った原子力事業者の

---

16 科技庁・制度53頁。

損害賠償責任を免除し，被害者に対する関係では，原子炉設置者が専ら損害賠償の責任を負う必要がある。そこで，責任集中の趣旨を明確にするために「原子炉の運転等の際」という限定を付した[17]。

したがって，原子力事故に係る「原子炉の運転等」を行っていなかった原子力事業者は，当該原子力事故については，原子力関連供給者等と同様に第三者の立場であって，責任を免除されるから，上記1と同様に，「原子炉の運転等の際」という事実は，問題となっている事故を発生させていない原子力事業者に限って抗弁事由となる（請求原因事実ではない。）[18]。

V 責任集中の適用範囲

1 人的範囲

(1) 民法709条・717条

責任集中制度の趣旨は，原子力関連供給者等に対する損害賠償請求権を遮断し，原子力関連供給者等を保護することにある。したがって，原子力事業者に原子力損害賠償責任が成立する限り，民法709条や717条に基づく損害賠償請求についても，損害賠償責任が原子力事業者に集中し，原子力関連供給者等に対する損害賠償請求権は成立しない（原賠法4条1項）[19]。

(2) 国家賠償との関係

国賠法1条1項又は2条1項に基づく損害賠償責任は，原賠法4条1項の「第三者」に該当するとして免除されるか。国又は地方公共団体（以下「国等」という。）も独立した法人格を有しており，責任集中による免責の効果を享受できるのかという点で，免除されるという見解（第三者該当説）と免除されないという見解（第三者非該当説）とがある。

(i) 国等は免責されるという見解（第三者該当説）

原賠法4条1項を文理解釈すれば，国等も「原子力事業者以外の者」に該当すること[20]，国等に対する適用除外を定めた原賠法23条の列挙条項に4条1項が含

---

17 科技庁・制度53頁。
18 これと反対に，「原子力の運転等の際」を請求原因事実と捉える見解がある（升田純『原発事故の訴訟実務──風評損害訴訟の法理』（学陽書房，2011年）26頁）。
19 水戸地判平成20年2月27日判時2003号67頁及びその控訴審である東京高判平成21年5月14日判時2066号54頁。科技庁・制度59頁参照。
20 科技庁・制度59頁。前掲・早川「原子力損害と国家賠償」77頁参照。

まれていないこと[21]，政府の援助措置等を定める原賠法16条，17条によって被害者救済が可能となること[22]から，国賠法に基づく損害賠償責任は免除されるとする見解がある。

(ii) **国等は免責されないという見解（第三者非該当説）**

これに対して，以下のとおり，国賠法に基づく損害賠償責任は免除されないという見解がある。

ア　責任集中制度の趣旨及び憲法17条に着目する見解

①責任集中原則は原子力産業の関連事業者の安心のためであり，国家は原子力産業の関連事業者ではないこと，②国家賠償責任を求める権利は憲法上の権利であることから，国家賠償責任は排除されないという見解がある[23]。

イ　憲法17条に着目する見解

また，本件事故について原賠法3条1項ただし書の免責規定の適用はないことを前提に，国に規制権限不行使の国家賠償責任があるかは，別個の問題であり，もし国家賠償請求が認められないとすると，憲法違反となるおそれもないわけではないから[24]，国家賠償責任を否定する理由はなく，国家賠償責任を排除していないという見解がある[25]。

ウ　原賠法4条1項の文言に着目する見解

さらに，原賠法4条1項の「前条の場合においては」という文言に着目する見解がある。この見解は，原賠法3条1項を見ると，「原子炉の運転等の際，当該原子炉の運転等により原子力損害を与えたとき」が要件部分であり，「当該原子炉の運転等に係る原子力事業者がその損害を賠償する責めに任ずる」が効果部分

21　原田大樹「行政法学から見た原子力損害賠償」法学論叢173巻1号（2013年）4頁。

22　前掲・原田「行政法学から見た原子力損害賠償」4頁。

23　高橋康文『解説　原子力損害賠償支援機構法——原子力損害賠償制度と援助の仕組み』（商事法務，2012年）28頁。

24　大塚直「福島第一原発事故による損害賠償と賠償支援機構法——不法行為法学の視点から」ジュリスト1433号（2011年）40頁。

25　大塚直「原発の損害賠償」法学教室372号（2011年）28頁，同「福島第一原子力発電所事故による損害賠償」法律時報83巻11号（2011年）50頁。前掲・大塚「福島第一原発事故による損害賠償と賠償支援機構法——不法行為法学の視点から」40頁参照。この見解は，さらに，仮に国家賠償責任が認められれば，東京電力と国の共同不法行為又は競合的不法行為となるとする。競合的不法行為となった場合，寄与度減責が適用される場合がありうるところ，その場合，責任集中の観点からは，一部減責，すなわち原子力事業者の原子力損害賠償責任の一部を免除することは許されないとの立論が可能となる（第3章）。

であり、この要件部分に該当しないものについては、「前条（3条）の場合」に該当しないため、原賠法4条1項の射程の範囲外であると解する余地があるとする[26]。

しかしながら、法制執務の例からすると、そのような解釈をとることは困難であると考えられる[27]。

(iii) 検　　討

ア　責任集中の実質的趣旨

上記のとおり、責任集中の趣旨として3つのものが挙げられる。その中には、実質的には責任集中制度を正当化するには必ずしも充分ではないと思われるものもある。そこで、以下、責任集中の実質的趣旨について検討する。

第1に、原子力損害に係る保険填補危険の累積の回避の点は、高い責任限度又は付保限度の実現を目的とした副次的相関的要因の技術的説明に過ぎない[28]。

第2に、被害者にとっての原子力損害賠償責任の主体の特定の簡易化は、責任

26　その上で、「国の規制権限の不行使」は、原賠法2条1項各号において限定列挙された「原子炉の運転等」にはいずれも該当しないため、当該不行使に基づく損害は、被害者との関係では「当該原子炉の運転等により原子力損害を与えたとき」に該当せず、結果として、原賠法3条1項が規定している場合に該当しないため、原賠法4条1項の責任集中原則が適用されることはないとの結論を導くことができるとする（前掲・早川「原子力損害と国家賠償」82頁）。しかしながら、国の規制権限の不行使が問題となる場面では、原子炉の運転等とは関係なく、国賠法1条1項の「国又は公共団体の公権力の行使に当る公務員が、その職務を行うについて、故意又は過失によって違法に他人に損害を加えたときは」に該当するかという要件を検討するものであり（すなわち、責任原因を基礎づける法条を原賠法3条1項ではなく国賠法1条1項として構成しているのであり）、「原子炉の運転等」に該当するか否かとは関係ないと考えられる。

27　法制執務においては、「前条の場合」（下線部筆者、以下本脚注において同じ。）と「前条に規定する場合」とを明示的に使い分けている（法制執務研究会編『新訂　ワークブック　法制執務』（ぎょうせい、2007年）708頁）。すなわち、「前条に規定する場合において」という語は、当該前条における仮定的条件（いわゆる要件の部分。具体的な文言としては、「……の場合において」や「……のときは」など）がある場合に、その部分を受けて「その場合」という意味を表そうとするときに用いられる。したがって、当該前条の中の一部のみを受けるのであり、「前条の場合において」という語が、前条の全部を受けるのとは異なる。原賠法4条1項に即して言えば、4条1項の「前条の場合において」という語は、3条全体を受けており、3条1項の責任成立要件の部分（「原子炉の運転等の際、当該原子炉の運転等により原子力損害を与えたときは」）のみを受けるのではないことになろう。

28　前掲・谷川「責任集中覚書」118頁。前掲・大塚「福島第一原発事故による損害賠償と賠償支援機構法」40頁参照。

380

集中制度の合理性の説明的表現に過ぎない[29]。むしろ，被害者に支払われる金銭の額を確保する観点からは，責任主体が増えた場合に責任財産の合計が減ることはないこと，また，原子力事業者が株式会社など有限責任の法人であることを許容する以上は，原子力事業者が倒産する事態も生じうることから，むしろ，責任主体が複数あることは望ましいと言える。

そうだとすれば，責任集中制度の実質的な根拠は，原子力産業の健全な育成を目的として（原賠法1条），原子力関連供給者等に対する損害賠償請求を遮断することにあると考えられる。

イ　原賠法の目的との関係

まず，上記のとおり，責任集中制度の実質的な趣旨は，原子力産業の健全な育成を目的として，原子力関連供給者等に対する損害賠償請求を遮断することにあると考える。

ここで，原子力損害賠償制度は，原子力損害の被害者の権利救済と原子力産業の健全な育成を目的とした特殊な制度であり，責任集中は原子力関連供給者等の保護が実質的な趣旨である。そうだとすれば，国又は地方公共団体は原子力産業の直接の担い手ではないことからすれば，保護の対象とする必然性はない。

その上で，具体的な原子力損害賠償請求権の存否の解釈に当たっては，原子力損害賠償の主たる目的を被害者の権利の保護・救済であると捉え，具体的な被害者の権利の保護・救済に重点をおくのが適当であると考える。

そうだとすれば，被害者の保護に関しては，原賠法の目的に照らして，原子力関連供給者等の保護に必要最小限度で制約するのが相当である。そして，国家が破産する可能性は小さいこと，国家賠償請求権が憲法上の権利であること[30]に照らすと，原賠法4条1項により国家賠償責任は免除されないと考える[31]。

29　前掲・谷川「責任集中覚書」118頁。

30　憲法17条に基づき，郵便法68条及び73条について，「書留郵便物について，郵便業務従事者の故意又は重大な過失によって損害が生じた場合に，不法行為に基づく国の損害賠償責任を免除し，又は制限している部分は，憲法17条が立法府に付与した裁量の範囲を逸脱したものであるといわざるを得ず，同条に違反し，無効であるというべきである」，「特別送達郵便物について，郵便業務従事者の軽過失による不法行為に基づき損害が生じた場合に，国家賠償法に基づく国の損害賠償責任を免除し，又は制限している部分は，憲法17条に違反し，無効であるというべきである」とした最高裁判決がある（最大判平成14年9月11日民集56巻7号1439頁）。

31　核エネルギー開発の歴史をみると，国家が直接原子力産業に従事していた例がある。そのような場合には，原子力事業者に責任を集中させることにより第三者が安心して資

ウ　合憲限定解釈

なお，上記(ii)の諸見解は，国家賠償責任を求める権利は憲法上の権利であることから国家賠償責任は排除されないとする。

この点，より正確には以下のとおり考えられる。すなわち，原賠法4条1項について，憲法17条に適合するように合憲限定解釈され，その結果として，原賠法4条1項によっても国賠法に基づく責任が免除されないと考える。

(3)　親会社との関係

原子力事業者に親会社がある場合，当該親会社は被害者との関係で，原賠法4条1項に基づき免責されるか。

下級審裁判例の中には，原子力事業者の親会社は，原賠法4条1項に基づき免責されるとしたものがある[32]。

もっとも，ある会社がことさらに子会社を設けて，原賠法4条1項を利用して責任を遮断したなどの場合，特に親会社が供給した機器が原因となった場合には，法人格否認の法理（最判昭和44年2月27日民集23巻2号511頁，最判昭和48年10月26日民集27巻9号1240頁）の適用により[33]，親会社に責任が拡張される場合があると考える。法人格否認の法理が適用される場合，当該親会社には709条等の適用が認められうる。その際，原賠法の趣旨に照らして，親会社について民法709条の過失の要件は不要となる余地があると考える。

もっとも，親会社が任意で救済することは禁止されていない。JCO臨界事故の際にはそのような例がある。

2　時的範囲

責任集中制度については，時的範囲が問題となりうる。

責任集中制度の趣旨を，原子力産業の健全な育成を目的として，原子力関連供給者等に対する損害賠償請求を遮断することを中心に捉えると，原子力事故が発生した後，原子力関連供給者等が機器，技術等を供給したことにより損害が発生したような場合については，このような趣旨が妥当しない余地があるとも考えら

　　材・役務を提供できるようにするという趣旨が該当する可能性があるため，責任集中制度の対象となるとも考えられる。

32　JCO臨界事故において，原子力事業者の100%親会社に対する損害賠償請求権の成立を否定した（水戸地判平成20年2月27日判時2003号67頁及びその控訴審である東京高判平成21年5月14日判時2066号54頁）。

33　江頭憲治郎『株式会社法（第3版）』（有斐閣，2009年）40頁。

れる[34]。

3 減額事由との関係

責任集中制度は，第三者との関係では，原子力事業者に原子力損害賠償責任が成立した場合において，当該責任を第三者に転嫁することを禁止する制度ということができる。

そうだとすれば，過失相殺など損害賠償額を減額する事由について，被害者から加害者に移転した原子力損害賠償責任の全部又は一部を，被害者に再び転嫁するものであると捉えると，被害者を「原子力事業者以外の者」（原賠法4条1項）に該当すると考えれば，責任集中制度との間で緊張関係があると考えられる（第3部第1章参照）。

---

34 多くの場合，共同不法行為により，被害者は原子力事業者に対して全部責任を追及できる場合が多いと思われる。立法論として，原子力関連供給者等が原子力損害賠償に備えた拠出金等を拠出する場合，責任集中制度との関係の整理が必要となる。

第6章 消滅時効

I 概　要

　不法行為に基づく損害賠償請求権は，債権の一種であるため[1]，時効により消滅する（民法724条）。原子力損害賠償法は，不法行為法の特則であることから，同様に民法724条に従い時効により消滅する。
　本件事故に伴う原子力損害賠償請求権については，時効期間等特例法により時効期間が10年とされるほかは，基本的に，時効の起算点，時効消滅する客観的範囲等について，民法724条が適用される。

　以下では，まず民法724条の解釈を整理し（II），原子力損害賠償請求権の場合について整理する（III）。その上で，本件事故における消滅時効（IV），政府の対応（V），東京電力による対応（VI）について整理する。

II　民法724条前段の解釈

1　概　要

　民法724条は，「不法行為による損害賠償の請求権は，被害者又はその法定代理人が損害及び加害者を知った時から3年間行使しないときは，時効によって消滅する。不法行為の時から20年を経過したときも，同様とする」と定める。一般に，前段が消滅時効，後段は除斥期間について定めたものと解されている。
　前段が定める不法行為に基づく損害賠償請求権の消滅時効に関し，時効期間算定の起算点について，①「損害」の意味（損害の発生時），②「（損害を）知った」の意味，③「加害者を知った」時の意味，④時効が進行する損害の客観的範囲については以下のとおりである。

---

[1]　これに対して，物権は時効により消滅しない。

2 「損害」の意味（損害の発生時）

(1) 損害を知った時との関係

「損害を知った」の要件については，被害者が損害発生を知ることの前提として損害が発生していることが必要となるため，「損害が発生したこと」の問題と，損害発生を「知った」の要件とを区別する必要がある。言い換えれば，被害者が損害発生と同時に損害を知った場合，「損害を知った時」が，損害の発生時と等しく，その時点から時効が進行することを意味する（理論的に最も早い「損害を知った時」を意味する。CASE 1)。これに対して，「損害」発生を後に知った場合，「損害」発生時ではなく，「損害」発生を知った時から時効が進行する（CASE 2)。

<図3-6-1：損害発生時と「損害を知った時」>

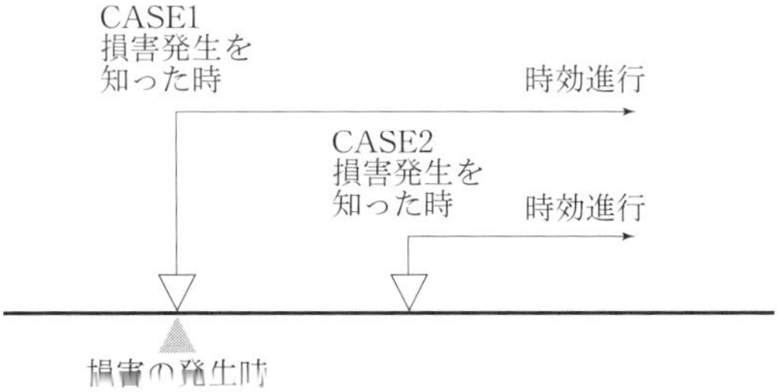

```
CASE1
損害発生を
知った時               時効進行
  ▽─────────────────→
            CASE2
            損害発生を
            知った時     時効進行
              ▽─────────→
─────────────────────────────
        ▲
      損害の発生時
```

(2) 724条の「損害」

また，損害概念は多義的であることから[2]，概念の正確性を期すため，以下，時効進行の起算点を画する民法724条の損害を「損害」という[3]。ここでの「損害」と損害は，損害賠償責任の内容としての損害が各損害項目を意味する点で（第2部第5章第2節，第3節），両者は必ずしも一致しない（一致する場合もある。）。また，民法724条前段の「損害」は，消滅時効が進行するための要件であって，時効の完成と時効の援用により消滅する損害の範囲と必ずしも一致しない（一致す

---

[2] 訴訟物としてのレベル，権利侵害の裏返しとしてのレベル（窪田151頁参照），財産的損害・非財産的損害のレベル，交通費・介護費用など損害項目の類型のレベル，個別の出費のレベル等が想定される。平井宜雄「最高裁判所民事判例研究」法学協会雑誌85巻7号（1968年）128頁，幾代＝徳本276頁参照。後記のとおり，724条の内部でも，認識対象の要件としての「損害」と，時効が進行し，時効完成，援用時に消滅する客観的範囲（いわば効果としての消滅する範囲，言い換えれば，請求権の金額の範囲）としての損害は異なっている。

[3] 以下では，慣用に従って，厳密には「損害」発生時である場合を「起算点とする」「時効が進行する」などと表現することがある。

385

る場合もある。後記のとおり「損害」と牽連一体かつ予見可能な損害について消滅する範囲となる。）。

(3) 「損害」発生時の分類

「損害」発生時については，判例・学説上，加害行為の態様に応じて，一般に，以下のとおり整理される[4]。

まず，不法行為を一回の加害行為とそれによる権利侵害又は損害発生で完結する「一回的不法行為」((i)) と，加害行為自体が継続する「継続的不法行為」に区別する。その上で，継続的不法行為を非進行型((ii))，進行型((iii)) に区別する。また，これらとは別に，症状固定後も障害が残る後遺障害 ((iv))，さらに，時効が進行する損害の客観的範囲と関連して，弁護士費用など被害者が知った障害と牽連一体でない又は予見可能でない一定の損害 ((v)) に区別される（図3-6-2）。

＜図3-6-2：不法行為に基づく損害賠償請求権と消滅時効の分類＞

```
┌ 一回的不法行為 ((i))
│              ┌ 非進行型 ((ii))
┤ 継続的不法行為┤
│              └ 進行型 ((iii))
└ 後遺障害が発生する場合 ((iv))
```

(i) 一回的不法行為

例えば，交通事故により骨折した場合のように，加害行為と権利侵害又は損害発生が一回的である場合（一回的不法行為），当該一回的な権利侵害又は損害の発生時が時効の起算点となる。具体的には，自動車交通事故により人身侵害が生じた場合，事故発生時＝受傷時が起算点となる[5]。なお，症状固定後も障害が残った場合については，後記(iv)後遺障害に記載した。

---

[4] 内池慶四郎「継続的不法行為による損害賠償請求権の時効起算点―被害者認識の仮構と現実」同『不法行為責任の消滅時効――民法第724条論』（成文堂，1993年）109頁，藤岡康宏「不法行為による損害賠償請求権の消滅時効」北大論集27巻2号（1976年）171頁，松久三四彦「消滅時効」山田卓生編『新・現代損害賠償法講座 1』（日本評論社，1997年）255頁，潮見286頁，豊永晋輔「原子力損害賠償請求権行使の期間制限（上）――消滅時効，除斥期間」NBL1004号（2013年）28頁など。加藤・増補版264頁，四宮650頁，加藤一郎「日本不法行為法リステイトメント⑳　消滅時効」ジュリスト913号（1988年）88頁，吉村良一「継続的加害・継続的被害――『不法行為と時間』」ジュリスト1126号（1998年）219頁なども参照。

[5] 吉野衛「消滅時効の起算点」判タ212号（1967年）154頁，下森定「消滅時効の起算点」判タ268号（1971年）186頁。

Ⅱ　民法 724 条前段の解釈

(ⅱ)　継続的不法行為・非進行型

継続的不法行為のうち，加害行為が継続する結果として権利侵害又は損害発生が継続し，かつ，損害が進行せず，その性質上可分であるもの（非進行型）については，日々の損害発生が「損害」発生時である（土地の不法占拠の事案について，大判昭和 15 年 12 月 14 日民集 19 巻 2325 頁．図 3-6-3）[6]。

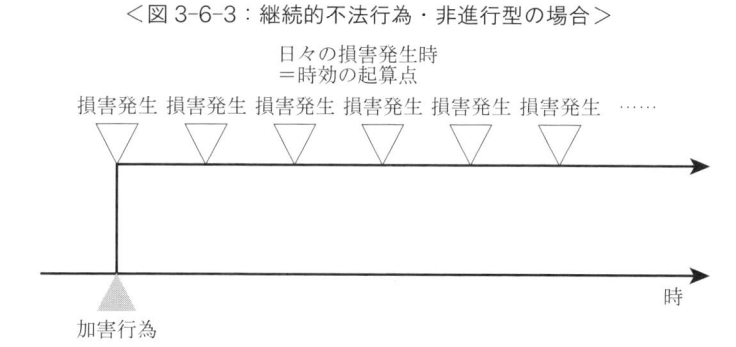

<図 3-6-3：継続的不法行為・非進行型の場合>

日々の損害発生時
＝時効の起算点
損害発生　損害発生　損害発生　損害発生　損害発生　損害発生　……

加害行為

時

(ⅲ)　継続的不法行為・進行型

継続的不法行為のうち，例えば公害による環境悪化の場合で，汚染物質が蓄積し，最終的に健康被害として顕在化するときのように，加害行為が継続する結果として権利侵害又は損害が継続し，かつ損害が進行・蓄積し性質上不可分であるもの（進行型）については，その性質上包括一個の損害を観念できるため[7]，進行が止んだ時を「損害」発生時とすると解されている（図 3-6-4）[8,9]。

---

[6] このような考え方を逐次進行説と呼び，従来の判例（大判大正 9 年 6 月 29 日民録 26 輯 1035 頁）を変更したものである．下級審裁判例の中には，騒音や振動による慰謝料請求の事案について，同様に逐次進行説を採用するものがある（名古屋地判昭和 55 年 9 月 11 日判時 976 号 40 頁など）．

[7] 前掲・藤岡「不法行為による損害賠償請求権の消滅時効」171 頁．

[8] 前田 390 頁，森島 446 頁，前掲・加藤「日本不法行為法リステイトメント⑳　消滅時効」88 頁．なお，鉱業法 115 条 2 項は，鉱業法に基づく損害賠償請求権の時効期間について「進行中の損害については，その進行のやんだ時から起算する」と定める．裁判例について，松本克美『続・時効と正義　消滅時効・除斥期間論の新たな展開』（日本評論社，2012 年）213 頁など参照．公害被害を進行型の損害とした裁判例として，例えば，東京地判昭和 56 年 9 月 28 日判時 1017 号 34 頁．公害被害を非進行型とした裁判例として，例えば，横浜地裁川崎支判平成 6 年 1 月 25 日判時 1481 号 19 頁〔川崎大気汚染公害訴訟〕．

[9] 加害行為は一回的だが権利侵害又は損害発生は継続的である場合，上記(3)(ⅱ)(ⅲ)に準じ

387

<図3-6-4：継続的不法行為・進行型の場合>

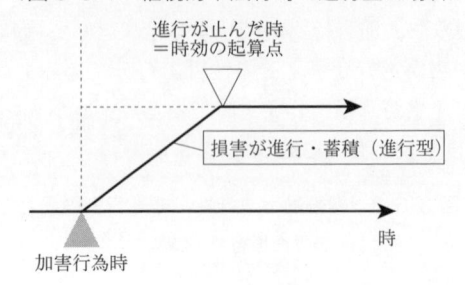

　進行が止んだ時
　＝時効の起算点

　損害が進行・蓄積（進行型）

　加害行為時　　　　　　　　時

(iv) 後遺障害

　傷害が完全には回復せず，症状固定後も障害が残る後遺障害については，一般に，加害行為から相当期間経過後に後遺障害が発生する発生型と，受傷時から発生していた障害が相当期間経過後も回復せず後遺障害が残る残存型を区別する。

　発生型については，症状固定時ではなく後遺障害の顕在化時が起算点である（最判昭和49年9月26日集民112号709頁）。これに対して，残存型については，遅くとも症状固定時が起算点である（最判平成16年12月24日判タ1174号252頁）。

(v) 牽連一体・予見可能でない損害

　後記のとおり，被害者が「損害を知った」として，当該時点から進行する損害の客観的範囲は，(ア)被害者が知った損害，及び，(イ)(ア)と牽連一体をなす損害で予見可能な損害とされる（後記5）。したがって，上記(ア)及び(イ)のいずれにも該当しない損害については，当該損害が発生した時から時効が進行する[10]。なお，これは，「損害」発生と時効進行の客観的範囲を厳密に区別すれば不要な分類であると考えられる。

　「損害」と牽連一体であるか，又は予見可能であるかが実際に争いとなったものとして，第1に，弁護士費用については，損害賠償請求権に係る訴訟追行に関する契約時が時効の起算点となる（最判昭和45年6月19日民集24巻6号560頁）。

　第2に，登記官の過失により土地所有権を取得できず，その結果建築した建物を収去せざるを得なくなった場合の建物建築費用の支出については，土地所有権を取得できず当該支出が無駄になった時が時効の起算点となる（最判昭和43年6月27日民集22巻6号1339頁）[11]。

　　　る（潮見290頁参照）。
10　四宮651頁参照。
11　登記官の過失に基づく国の損害賠償責任について，野村豊弘「下級審　時の判例」ジュリスト918号（1988年）62頁参照。

3 損害を「知った」

損害を「知った」とは，被害者が「損害」の発生を現実に認識したことをいう（最判平成14年1月29日民集56巻1号218頁）[12]。

また，「損害」の認識の程度について，必ずしも損害の程度又は数額を了知することを要しない（大判大正9年3月10日民録26輯280頁）。

4 「加害者を知った」

「加害者を知った」時とは，加害者に対する賠償請求が事実上可能な状況のもとに，その可能な程度にこれを知った時をいう（最判昭和48年11月16日民集27巻10号1374頁）[13,14]。

5 消滅時効が進行する損害の客観的範囲

被害者が「損害及び加害者を知った」としても，損害（損害項目）には多様のものがあり，それぞれ発生する時を異にする。例えば，交通事故後に発生する損害として，症状固定前の医療費，薬代，通院交通費，弁護士費用の支出，逸失利益，入通院慰謝料などが発生し，それぞれ発生する時期を異にする。これら損害のうちどの範囲の損害について，時効が進行するかが別途問題となる（時効進行の要件としての「損害」とは異なる，消滅時効が進行する範囲，いわば消滅時効の効果としての債権が消滅する客観的範囲の問題）。

この点について，①被害者が知った損害，及び，②①と牽連一体をなす損害で予見可能なものについては，すべて①の発生を知った時が起算点である（最判昭和42年7月18日民集21巻6号1559頁，大判昭和15年12月14日民集19巻2325頁（ただし，傍論））。したがって，例えば一回的不法行為の場合，事故時に必ずしも発生しているとは言えない損害についても，被害者が知った損害と牽連一体をなす損害で予見可能なものについては，事故時又は症状固定時から時効が進行することとなる[15]。

---

12 したがって，時効期間を10年とする民法167条よりも民法724条が不利であるとは一概に言えない（民法160条により権利を行使することができる時を起算点とする。）。

13 前掲・最判平成16年12月24日は，「損害及び加害者を知る」の解釈として示しており，「損害を知る」と「加害者を知る」を区別しないとも読める。もっとも，必ずしも結論に大きな違いが生じるとは考えられないため，本書では従来からの整理に従って，これらを区別した。

14 単に損害及び加害者だけでなく，不法行為であることを知ることも必要である（大判大正7年3月15日民録24輯498頁，最判昭和43年6月27日訟月14巻9号1003頁）。

15 損害賠償請求権の成立時の問題として，逸失利益など将来発生することが確実であるものは症状固定時に損害が発生したものとみなされる（前掲・大連判大正15年5月22日）。

また，弁護士費用の支出など被害者が知った損害と牽連一体ではない損害，又は予見可能でない損害については，被害者が損害を知った時から時効は進行しない（このような損害の起算点については前記2(v)参照）[16]。

<図3-6-5：「損害」と消滅時効の客観的範囲>

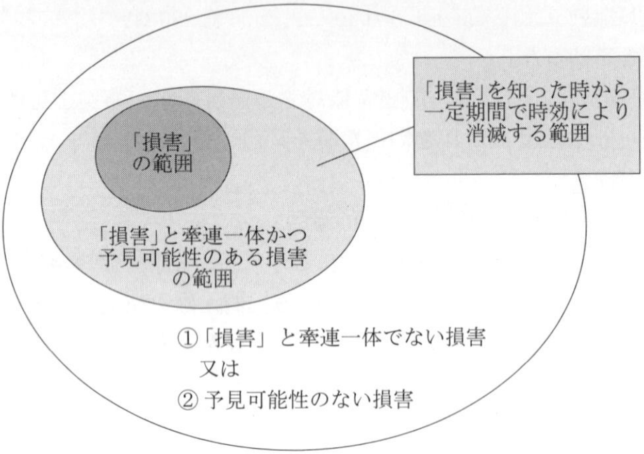

- 「損害」の範囲
- 「損害」と牽連一体かつ予見可能性のある損害の範囲
- 「損害」を知った時から一定期間で時効により消滅する範囲
- ①「損害」と牽連一体でない損害 又は ② 予見可能性のない損害

6 消滅時効が完成する時

時効期間の算定において，起算点が午前零時でない限り初日を算入しない（最判昭和57年10月19日民集36巻10号2163頁）。したがって，本件事故については，仮に平成20年4月1日を起算点とする損害賠償請求権が存在するとして，本件事故の発生時は午前零時でないから，その時効が完成するのは，民法724条により3年の時効期間が適用されるとすれば，平成23年4月1日ではなく，平成23年4月2日である（4月1日を経過した時である。）。

後記の時効期間等特例法により時効期間が10年とされる場合には，本件事故

前田306頁参照。この点について，以下の見解がある（橋本ほか242頁）。認識対象である損害としては，1つの不法行為から生じた被害者の不利益を一体的に把握したものを考える。被害者に生じた個々の不利益ごとに損害賠償請求権を観念してその消滅時効期間を考える，ということはしない。よって，通常は，権利・法益侵害の発生の認識で足り，損害項目や額まで認識する必要はない。人身被害で言えば，治療費など個々の損害項目やその額ではなく，生命・身体侵害の現実の認識があれば，724条前段にいう「損害」を認識したことになる。

16 損害賠償請求権の消滅時効は，個別損害項目毎に開始するのではなく，最上位の損害の事実（例えば，死亡した事実）の発生時に開始するという立場がある（高橋眞「損害論」星野英一編集代表『民法講座　別巻1』（有斐閣，1990年）267頁）。

については，平成23年3月11日を起算点とする損害賠償請求権が存在すると仮定すると，本件事故の発生時は午前零時でないから，その時効が完成するのは，10年の時効期間が適用され，平成33年3月11日ではなく，平成33年3月12日である（3月11日を経過した時である。）。

III　原子力損害賠償請求権の消滅時効

　原子力損害賠償請求権の行使に関する消滅時効について，原賠法上，鉱業法115条1項[17]のような明文の規定がない。そこで，原賠法3条1項に基づき発生する原子力損害賠償請求権の消滅時効について，不法行為に基づく損害賠償請求権の消滅時効に関する民法724条が適用されるか。
　この点について，原賠法は不法行為に関する民法709条以下を適用・準用する明示の規定を欠く[18]。
　しかしながら，原賠法が規定を置く事項を除き不法行為の規定が適用され[19,20]，

---

[17] 鉱業法115条1項は，「損害賠償請求権は，被害者が損害及び賠償義務者を知った時から三年間行わないときは，時効によって消滅する」と規定する。

[18] これに対して，例えば，国家賠償法に基づく損害賠償請求について明示的に民法を準用する（国家賠償法4条）。

[19] 原賠法は「損害賠償」という言葉を用いている一方で，その定義を置いていない。法体系全体の整合を考えると，「損害賠償」とは民法第415条又は第709条に基づく損害賠償を意味していると考えられるところ，契約関係のない第三者との関係で生じる損害賠償は，体系的に不法行為に基づく損害賠償と考える（第1部第5章参照）。科技庁・制度52頁参照。

[20] 松本克美「原子力損害と消滅時効」立命館法学347号（2013年）220頁によれば，原子力損害賠償請求権には消滅時効は適用されないという。すなわち，この見解は，原賠法の立法過程において民法724条の適用を前提としていたこと，原賠法制定後も原子力委員会の報告書が国際条約との関係で民法724条が適用されると指摘していたことに言及しつつも，原賠法に時効規定が置かれていないのは，原子力損害の特質からすれば，原子力損害賠償請求権には消滅時効が適用されないからであるとする。
なお，原子力損害賠償（補償）に関する国際条約は短期・長期の除斥期間を設ける（2004年パリ条約改正議定書においては，死亡または身体の傷害については原子力事故の日から30年，その他損害は原子力事故の日から10年とされている。1997年ウィーン条約改正議定書においては，死亡または身体の傷害については原子力事故の日から30年，その他損害は原子力事故の日から10年とされている。原子力損害の補完的補償に関する条約（Convention on Supplementary Compensation for Nuclear Damage; CSC）においては，原子力事故の日から10年（ただし，賠償措置または国の補償が10年より

したがって、原子力損害賠償請求権行使の期間制限については、民法724条が適用される[21]。

IV　本件事故に起因する損害賠償請求権と消滅時効

本件事故に起因する損害賠償請求権の一部について、上記IIで整理した消滅時効の起算点、特に「損害」発生時の分類に照らして、以下検討する。

1　生活の平穏に対する侵害
(1)　2つの考え方
政府が発出した避難指示等により避難を余儀なくされた被害者は、生活の平穏を侵害されたものと考えられる（第2部第1章第4節）[22,23]。これは、継続して避難を余儀なくされ、加害行為又は損害発生が継続していると解されることから、継続的不法行為であると考える。問題は、避難指示等に伴う権利侵害又は損害が非進行型であるか、進行型であるかという点にある。

この点について、本書執筆時点において確定的な理解を示すことは困難であり、以下のとおり、非進行型及び進行型いずれの考え方も成り立つように思われる。

(2)　進行型という整理
一方で、進行型と整理する考え方に親和的なものとして、公害被害のような損害は1日ごとの精神的苦痛等の単純な総和ではなく、損害賠償請求時までの継続的不法行為による積み重ねであるという考え方がある[24]。

　　　長い期間整備されているときは、当該期間も許容される。）とされている。ただし、核燃料物質の盗取等については20年を超えることができない旨規定されている。）。
21　特別法において民法724条を適用する規定がない場合であっても、不法行為に基づく損害賠償請求権の性格をもつ請求権については、724条を適用すべきである（四宮652頁）。また、原賠法制定当時から、損害賠償請求権の権利行使の時的制限については、民法724条が適用されることを前提としていた（加藤一郎「原子力災害補償立法上の問題点」ジュリスト190号（1959年）16頁、星野英一「原子力損害賠償に関する二つの条約案」ジュリスト236号（1961年）49頁脚注(四)、同「原子力損害賠償に関する二つの条約案（二・完）――日本法と関連させつつ」法学協会雑誌79巻3号（1962年）51頁）。
22　中島・原発賠償46頁。
23　損害賠償請求権の消滅時効に関し、自主的避難等に伴う生活の平穏に対する侵害（第2部第1章第5節）についても、基本的に同様であると考えられる。
24　前掲・松本『続・時効と正義　消滅時効・除斥期間論の新たな展開』106頁。しかしながら、このような考え方については、①損害の金銭的評価との区別や、②損害の認識の

この考え方に従えば，生活の平穏に対する侵害に係る損害は，性質上不可分であって，避難に伴う損害のすべてについて，生活の平穏に対する侵害が止んだ時から時効が進行することとなる。例えば，平成23年3月11日に支出した避難のための交通費が存在すると仮定すると，生活の平穏に対する侵害が終了した時が「損害」発生時となろう。

(3) 非進行型という整理

　他方で，非進行型と整理する考え方として，生活の平穏に対する侵害に係る損害は，時の経過とともに進行するものではなく，性質上可分であると捉えることもできる[25]。

　この考え方に従えば，日々刻々と発生する損害及び牽連一体として予見可能な損害について，日々新たな時効が進行することとなる。例えば，平成23年3月12日午後に支出した交通費は翌平成23年3月13日が期間算定の初日となると考えられる。

2 生命・身体に対する侵害

　生命・身体に対する侵害はいくつかの類型がある（下記に限るものではない。第2部第1章第6節参照）。

　第1に，避難指示等を受け，避難生活で受傷し，又は健康状態が治療を要する程度に悪化した場合（中間指針第3-5）は，以下のとおりである。完全回復又は症状が固定する場合には，一回的な不法行為に基づく一回的な権利侵害又は損害（一回的不法行為）に分類され，入通院慰謝料，治療費等について，当該事故＝受傷時（ただし，残存型の後遺障害がある場合は症状固定時）が「損害」発生時となる。事故（＝受傷）又は症状固定後の通院交通費等の支出に関する消滅時効の起算点は，「牽連一体かつ予見可能」に該当するかによって判断されることとなる。

　第2に，急性放射線障害（中間指針第9）は，受傷時（残存型の後遺障害がある場合は症状固定時）が「損害」の発生時となる。受傷（又は症状固定）後の通院

　　程度について，必ずしも損害の程度又は数額を了知することを要しないとする判例（前掲・大判大正9年3月10日）との整合について，今後検討が必要となろう。

25　避難指示は，①住民・所在者に対し，居住地・所在地から退去せよという規範と，②広く国民に対し，一定の土地に立ち入ってはならないという規範の2つが含まれる（原子力災害対策特別措置法15条3項，災害対策基本法60条1項）。これらの規範に従うこと自体が生活の平穏を害すると整理すれば，政府指示等の内容及びそれに従うことが時の経過とともに変化するものではないため，権利侵害＝損害は進行しておらず性質上可分という整理が成立し得る。

交通費等の支出は,「牽連一体かつ予見可能」に該当するかによって判断されることとなる。

第3に,晩発性放射線障害(中間指針第9)は,発生型の後遺障害に該当する場合が多いと思われる。したがって,当該障害が顕在化した時点が「損害」発生時となる。障害の顕在化後の通院交通費等の支出は,「牽連一体かつ予見可能」に該当するかによって判断されることとなる。

3 労働契約上の地位に対する侵害

避難指示等を受けて遠方に避難した者は,たとえ就労先が避難等対象区域外であって,物理的には就労が不可能ではなかったとしても,避難により就労の全部又は一部が不能となる場合がある(中間指針第3-8)。また,政府指示等に伴う営業利益の侵害や風評被害に伴う営業利益の侵害から派生して,就労が不能になる場合もある(間接被害)。これらの就労の全部又は一部の不能は,労働契約上の地位の侵害という権利・法益の侵害に該当する。消滅時効の観点からは,解雇された場合と解雇されていない場合に区別される。

(1) 解雇された場合

一方で,避難により就労の全部又は一部が不能となり,結果として解雇された場合[26],解雇されるという権利侵害は完結しているため,一回的不法行為に該当し,解雇時点から時効が進行すると考えられる。

もっとも,他方で,本件事故の特殊性として,避難指示等の地理的・人的範囲が広範であるため,解雇された者は,本件事故により就労の機会を継続的に喪失しているとも見ることもできる。そのような場合には,就労の機会が継続的に存在しないという点をもって新たな加害行為・権利侵害と見て,解雇された場合であっても継続的不法行為に該当すると考えることも可能であろう[27]。

(2) 解雇されていない場合

避難により就労の全部又は一部が不能となったものの,労働契約は維持されている場合(減収が継続している場合),避難に伴う就労の全部又は一部の不能という加害行為が継続していると見られるため,継続的不法行為に該当すると考えられる。そして,公害被害の一部のように,汚染物質が蓄積し,最終的に健康被害

---

[26] 解雇された事実は,就労の全部又は一部の不能とは区別される権利侵害であるとも考えられるため,後続侵害の一種と見ることができる(第2部第1章第7節,同第4章第7節)。

[27] 就労が全部不能であるが,労働契約は継続している場合,継続的不法行為と考えられることとの均衡からもこのような結論が導かれうると考える。

として顕在化するような性質（進行型）ではないため，非進行型に該当し，日々逐次に時効が進行すると考えられる。

4 財物価値の喪失・減少

(1) 2つの考え方

財物価値の喪失・減少は，財物の所有権又は借地権に対する，放射線被曝，管理不能等による侵害である（中間指針第3-10）。

本件事故による財物価値の喪失・減少の発生時については，2つの考え方が成り立つ。

(2) 一回的不法行為という整理

一回的不法行為と捉える考え方は以下のとおりである。すなわち，本件事故発生と同時に発生した放射線被曝による権利侵害については，本件事故発生時が「損害」発生時となる。また，一定期間財物を使用・管理できないことが本件事故時点で確実であり事故発生時に損害が発生したものと言えれば，管理不能による損害についても本件事故発生時が「損害」発生時となる。

(3) 継続的不法行為という整理

継続的不法行為と捉える考え方は，以下のとおりである。すなわち，管理不能に伴う所有権等に対する侵害が本件事故発生時点で確実に発生すると言えなければ，管理不能という加害行為が継続しているため，継続的不法行為に該当しうる。そして，土地の不法占拠と類似すると整理すれば非進行型であり，日々「損害」が発生する。これに対して，進行型と整理すれば，進行が止んだ時が「損害」発生時となる。

5 営業利益の侵害[28]

出荷制限等により営業利益が侵害され，売上が減少する場合，逸失利益等の損害について原子力事業者に対する損害賠償請求権が成立する。このような損害の消滅時効の起算点については，廃業していない場合と，廃業した場合を区別することができる。

(1) 廃業した場合

一方で，政府指示等により営業利益が侵害され売上が減少した結果として，廃業した場合[29]，廃業させるという加害行為は完結しているため，一回的不法行為

---

28 風評被害に伴う営業利益の侵害についても，基本的に同様と考えられる。
29 ある被害者が廃業した事実は，政府指示等による営業利益に対する侵害とは区別される権利侵害であるとも考えられるため（政府指示等は，廃業を指示するものではない。），後続侵害の一種とも見ることができる。

に該当し，廃業時点から時効が進行すると考えられる。

(2) 廃業していない場合

政府指示等により営業利益が侵害され売上が減少したものの，営業自体は継続されている場合，政府指示等による売上の減少という加害行為が継続していると見られるため，継続的不法行為に該当すると考えられる。そして，公害被害の一部のように，汚染物質が蓄積し，最終的に健康被害として顕在化するような性質（進行型）ではないため，非進行型に該当し，日々逐次に時効が進行すると考えられる。

V　政府による対応

不法行為に基づく損害賠償請求権の時効期間は3年であり，他の時効期間と比較して短期である[30]。そこで，被害者が十分に権利行使の機会がないままに損害賠償請求権を喪失する事態を避けるため，政府は，以下のとおり対応をとった。

1　時効中断特例法の制定

(1) 時効中断特例法の概要

平成25年4月，政府は，「東日本大震災に係る原子力損害賠償紛争についての原子力損害賠償紛争審査会による和解仲介手続の利用に係る時効の中断の特例に関する法律」案を閣議決定し，同年5月29日，同法は国会で可決，成立した（以下「時効中断特例法」という。）。

時効中断特例法は全2条からなり，本件事故により生じた原子力損害について

---

[30] 学説の中には，原賠法の立法過程において民法724条の適用を前提としていたこと，原賠法制定後も「原子力委員会　原子力損害賠償制度専門部会報告書」（平成10年）が国際条約との関係で民法724条が適用されると指摘していたことに言及しつつ，「今回の福島第一原発事故による原子力損害の発生後，東電は中間指針等に基づく賠償金の支払いを被害者に支払うことを約束したのであるから，この約束に基づいて支払われる賠償金は，不法行為による損害賠償金というよりも，一種の和解契約上の和解金支払いと類似の性質を持つので，一般の債権の消滅時効と同じく，10年の消滅時効にかかる」とする考え方がある（前掲・松本「原子力損害と消滅時効」220頁）。このような考え方については，一般に，契約の成立には当事者及び契約内容が特定される必要があるところ，本件事故において，東京電力が中間指針等による支払を表明したことにより，東京電力とすべての特定の被害者との間に，契約内容（和解内容）が特定された和解契約が成立しているかについては，疑問が残る。

原子力損害賠償紛争審査会が行う和解の仲介の手続の利用に係る時効の中断の特例について定める（時効中断特例法1条）。そして，原子力損害賠償紛争審査会が和解の仲介を打ち切った場合（当該打切りが政令で定める理由[31]により行われた場合に限る。）において，当該和解の仲介の申立てをした者がその旨の通知を受けた日から1か月以内に当該和解の仲介の目的となった請求について訴えを提起したときは，時効の中断に関しては，当該和解の仲介の申立ての時に，訴えの提起があったものとみなすと定める（同法2条）。

これにより，紛争審査会への和解仲介の申立てを行っている限り，仮に消滅時効が完成した後であっても，改めて裁判所に提訴することにより，和解仲介の申立時に遡って時効が中断することとなり，被害者の権利行使の機会が増すこととなる（民法147条1号）。同様の制度は，公害紛争処理法36条の2など他の法律にもみられる[32]。

(2) 附帯決議

時効中断特例法には，附帯決議が付されている。すなわち，「政府及び関係者は，本法の施行に当たっては次の事項について特段の配慮をすべきである。／一　東京電力福島第一原子力発電所事故の被害の特性に鑑み，東日本大震災に係る原子力損害の賠償請求権については，全ての被害者が十分な期間にわたり賠償請求権の行使が可能となるよう，平成二十五年度中に短期消滅時効及び消滅時効・除斥期間に関して，法的措置の検討を含む必要な措置を講じること。／二　損害賠償請求に至っていない被害者を把握するため，東京電力株式会社が行う損害賠償手続及び原子力損害賠償紛争審査会が行う和解の仲介手続等について一層の周知徹底を図ること。／三　原子力損害賠償紛争審査会が行う和解の仲介を打ち切るに当たっては，被害者がその後に行う訴えの提起の行使が実務上可能となるよう運用上，特段の配慮を行うこと。／四　政府は，東京電力株式会社に対して，全ての被災者に対する損害賠償につき，適切な指導・監督を行うこと」とされてい

---

[31] 消滅時効特例法第2条の理由を定める政令によれば，「和解の仲介によっては申立てに係る東日本大震災に係る原子力損害賠償紛争が解決される見込みがないこと」とされている。

[32] 個別労働関係紛争の解決の促進に関する法律16条，裁判外紛争解決手続の利用の促進に関する法律25条。これらは，裁判外紛争解決手続の時効中断効付与のモデルとして，「個別労働紛争タイプ――訴え提起＝遡及型」（森田宏樹「裁判外紛争解決手続に対する時効中断効の付与」能見善久＝瀬川信久＝佐藤岩昭＝森田修編『民法学における法と政策　平井宜雄先生古稀記念』（有斐閣，2007年）133頁）に分類される。

る。
2 時効期間等特例法
(1) 成　　立
平成25年12月，国会において「東日本大震災における原子力発電所の事故により生じた原子力損害に係る早期かつ確実な賠償を実現するための措置及び当該原子力損害に係る賠償請求権の消滅時効等の特例に関する法律」が可決，成立した（以下「時効期間等特例法」という。）。
(2) 概　　要
時効期間等特例法の概要は以下のとおりである。
(i) 時効期間の延長
原子力損害賠償請求権の消滅時効の期間は，3年であるところ（民法724条前段），時効期間等特例法は，これを10年とした。
(ii) 除斥期間の起算点
また，時効期間等特例法は，除斥期間の起算点を「不法行為の時」（民法724条後段）から「損害発生の時」とした。
(3) 意　　義
時効期間等特例法制定の背景には，民法724条前段の時効期間3年が短いという認識があると思われる。この問題は，本件事故以前から指摘されていたものである[33]。

そこで，消滅時効の期間を3年から10年とすることにより被害者の権利行使の機会を確保するとともに，除斥期間の完成により被害者の権利が消滅するのを一定程度防止する目的であると思われる。

もっとも，一般の債権の時効は，起算点が「債権を行使しうる時」であり，「損害及び加害者を知った時」という不法行為に基づく請求権の起算点より（民法167条1項）も，時的に前になる点に留意が必要である。民法は，この点で，一般の債権の消滅時効の時効期間（10年）と均衡を図っていたものである。時効期間等特例法は，この点でも被害者を保護するものと考えられる。

---

[33] 大淵武男「放射能，廃棄物と不法行為責任」山口和男編『裁判実務大系　第16巻　不法行為訴訟(2)』（青林書院，1987年）44頁など。

VI 東京電力による対応

1 概要・経緯

　東京電力としても，消滅時効制度により被害者の権利行使が阻害されることを避けるよう配慮する必要がある。また，福島県等の地方公共団体や文部科学省[34]は，消滅時効の問題について適切に対応するよう東京電力に対して要請した。そこで，平成25年2月，東京電力は，時効完成前に時効の利益を放棄できないとする民法146条のもとで，加害者として最大限できることとして，概ね以下のとおりの対応をとった[35]。

2 時効利益の放棄の禁止（民法146条）

　民法146条は，「時効の利益は，あらかじめ放棄することができない」と定める。したがって，時効完成前に債務者＝加害者が時効援用の利益を放棄する意思表示をしてもその効力を生じない[36]。

　そのため，時効の援用は債務者の権利であることから，時効の起算点や時効中断事由の解釈等を通じて，被害者の権利行使の機会を確保することが要請される。そこで，東京電力は，平成25年2月4日に認定を受けた総合特別事業計画及び「考え方」において，以下の対応をとった。①時効の起算点，②時効の中断，③

---

[34] 文部科学省は，平成24年12月1日付け「平成二十三年原子力事故に係る損害賠償請求権の消滅時効に関する要請」において，東京電力に対して「民法第146条の規定に従い，あらかじめ時効の利益を放棄すること等が法律上無効であるとの現行法の解釈の限界が存在することも踏まえた上で対応する必要があり」，「本件事故の被害者からの損害賠償請求に関する消滅時効に関して，消滅時効の起算点，中断事由その他事項を含め，上記事情を踏まえた柔軟な対応を行うことを本件事故の被害者に示すことにより，被害者の危惧を最小限度にとどめるよう要請」するとした。<http://www.tepco.co.jp/comp/images/13020402.pdf>

[35] 平成25年2月4日付け「消滅時効に関する弊社の考え方について」（以下本章において「考え方」という。）。<http://www.tepco.co.jp/comp/images/13020401.pdf>

[36] 我妻栄『新訂　民法総則（民法講義I）』（1965年，岩波書店）452頁，山本敬三『民法講義I　総則』（2011年，有斐閣）606頁。東京電力の平成25年2月4日付け「消滅時効に関する弊社の考え方について」（以下本章において「考え方」という。）参照。なお，このように時効の完成前に時効の援用の利益を放棄することができないと規定されているため，東京電力の役員等が，これに違反して時効の完成前に時効援用の利益を放棄した場合，法令違反等を理由に，会社法上の役員等の損害賠償責任（会社法423条1項）が発生する余地がある。

3 時効の起算点

　東京電力は，時効の起算点について，東京電力の請求受付の準備が整ったものから順次，損害賠償項目ごとに被害者からの請求を受け付けてきた。そのため，「被害者の方々が損害を現実に認識し，弊社に対して損害賠償を請求することが事実上可能な状況となった時点」は，東京電力の「損害賠償請求の受付開始」の各時点であり，消滅時効の起算点は，それぞれの損害項目について，「弊社が中間指針等に基づき賠償請求の受付をそれぞれ開始した時」とした[37]。

　このような東京電力の考え方は，「加害者を知り」の要件を，「加害者に対する賠償請求が事実上可能な状況のもとに，その可能な程度にこれを知った時」と定義する前掲・最判昭和48年11月16日に従ったものと考えられる[38]。なお，「損害を知り」の要件については，特段の考え方を示していないが，避難指示等に伴う損害については，起算点について様々な解釈がありうることから，起算点がより早期である場合にも対応できるよう保守的に解釈して，継続的不法行為のうち，非進行型と整理したと推測される。

4 時効の中断事由

(1) 東京電力の立場

(i) 時効中断の前提

　東京電力は，従前，東京電力が仮払補償金を支払った「被害者の方々（本件事故当時，避難等対象区域に居住し，又は同地域で事業をしていた被害者の方々）」に対し，「各種のダイレクトメールやご請求書を送付」してきたところ，東京電力がダイレクトメール等を送付するなどの行為は，「民法上，消滅時効の進行を中断させる「債務の承認」に該当すると解釈でき」るとし，ダイレクトメール等を受領した時点で時効が中断するとした。

　このような考え方の基礎となるのは，避難指示等に伴う避難（避難等対象区域

---

[37] 「例えば，政府の避難指示等により発生した平成23年4月分の精神的損害については，弊社が第1期の請求受け付けを開始した9月が時効の起算点となり，同年10月分の精神的損害については，第2期（平成23年9月から11月まで）の請求受け付けを開始した12月が時効の起算点となり，土地・建物等の財物賠償については現時点で受け付けを開始していないことから（償却資産及び棚卸資産を除く。），時効は進行していないものと考えております」とした。

[38] 本件事故発生から，本賠償請求受付開始までの間，東京電力は本件事故の被害者に対して，「賠償請求の受け付けを待ってほしい」旨繰り返し要請していたことも背景にあると推測される。

で事業を行う場合を含む。以下同じ。）が継続する状況に照らすと，避難等対象者において少なくとも時の経過とともに何らかの損害（例えば精神的損害）が発生していること，ダイレクトメールの送付先である被害者は具体的に特定されていること，東京電力はダイレクトメール等において「損害賠償」「御被害者様へ」「本件事故により」など損害賠償請求権の存在を前提とする記載をしていること等であると思われる。

(ⅱ) 債務の承認

このように，東京電力は，原子力損害賠償の債務者として，ダイレクトメール等を「債務の承認」に該当すると解釈する旨表明した。なお，請求書の送付については，東京電力による具体的な「債務」の承認であることを基礎とする以上，当該請求書の中に損害賠償額の全部又は一部が予め記載されている（プレ印字されている）場合を想定しているものと思われる（したがって，それらが何ら記入されていない単なる請求書の受領では債務の承認にはならないこととなろう。）。

また，東京電力は，「このような時効の中断に関する考え方は，弊社が本件事故に伴う原子力損害賠償債務についてその存在を認識していることが前提」であるため，「弊社が仮払補償金をお支払いした方々（本件事故当時，避難等対象区域に居住し，又は同地域で事業をしていた被害者の方々）の損害賠償債務について適用される」としている。風評被害等が除外されることとなるが，債務の承認という法的構成をとることに伴う限界と解される。

(2) 時効中断の範囲

債務承認により時効が中断する場合，損害項目ごとに損害を把握するのであれば，東京電力のダイレクトメール等にすべての損害項目が記載されているとは限らないため，時効中断の範囲が問題となりうる。

この点，時効中断との関係で，同一事故により生じた同一の身体傷害を理由とする財産上の損害，精神上の損害とは，原因事実及び被侵害利益を共通にするものであるから，その賠償の請求権は1つである（最判昭和48年4月5日民集27巻3号419頁）[39]。この考え方が債務承認による時効中断についても妥当するとすれば，東京電力のダイレクトメール等にすべての損害項目が記載されていなかったとしても，記載されていない損害項目について時効が中断しうることとなる。

これに対し，1つ債権の数量的な一部についてのみ判決を求める旨明示して訴えの提起があった場合，訴訟提起による消滅時効中断の効力は，その一部の範囲

---

39 倉田卓次「判批（最一判昭和48年4月5日）」判タ302号（1974年）80頁。

においてのみ生じ残部に及ばない（最判昭和34年2月20日民集13巻2号209頁）こととパラレルに考えると，東京電力のダイレクトメールに記載された損害に限り時効中断することとなる余地がある[40]。

(3) 柔軟な対応

東京電力は，「考え方」において，上記対応の対象とならない損害賠償債務についても，時効の完成をもって一律に賠償請求を拒絶することは考えておらず，時効完成後も，被害者の個別事情を踏まえ，消滅時効に関して柔軟な対応を行う旨表明した。

(4) 時効の停止に類する取り扱い

上記に加えて，東京電力は，平成25年6月25日に認定を受けた特別事業計画において，上記(3)柔軟な対応の一環として，以下のとおり表明した。

すなわち，東京電力に対する直接の請求に関し，第1に，被害者と東京電力が協議を行っている間（協議期間），東京電力は，時効の進行が事実上停止しているものとして扱うとする（なお，「協議期間」とは，東京電力が被害者からの請求書を受領した時から，被害者が東京電力からの回答書面を受領した時までをいうとしている。）。

また，第2に，東京電力と被害者との間で合意が成立しなかったとしても，再協議に応じ，当該再協議の間，上記と同様，東京電力は，時効の進行が事実上停止しているものとして扱うとする。

第3に，協議終了後，被害者が訴訟提起等の権利行使のために必要と考えられる合理的な期間は，東京電力は，時効は完成しないものとして扱うとする。

第4に，消滅時効の完成後の請求についても，上記と同様に取り扱うとする（再協議の場合を含む。）。

第5に，上記の合理的な期間が経過した場合であっても，東京電力は，消滅時効の援用に関しては柔軟かつ適切に対応するとする[41]。

これらは，民法（債権関係）改正に関する中間試案においても，協議期間中の時効停止について規定する動きがあることなどを参考にし[42]，既存の法制度のも

---

40 なお，道垣内弘人「消滅時効二題」現代民事判例研究会編『民事判例Ⅳ―2011年後期』（日本評論社，2012年）6頁参照。

41 東京電力公表の平成25年6月25日付け「原子力損害賠償債権の消滅時効に関する弊社の具体的な対応について」。<http://www.tepco.co.jp/comp/images/13062501.pdf>

42 平成25年2月26日決定「民法(債権関係)の改正に関する中間試案」第7-7「時効の停止事由」。なお，同補足説明は，このような制度を設ける理由について，「これは，当

VI 東京電力による対応

とで，債務者の立場において被害者の権利行使の機会を確保するためのものと推測される。

(5) 未請求者の請求機会の確保

被害者の中には，何らかの理由により東京電力に対して原子力損害賠償の請求を行わない場合がある。そこで，東京電力は，総合特別事業計画の中で[43]，①仮払い金を受領したものの，その後の損害賠償請求を行わない被害者，②仮払い金支払請求もその後の損害賠償請求も行わない被害者に対して，ダイレクトメールの送付，地方公共団体と協力して請求の要請などの行為を行うとした。

(6) 時効期間等特例法

上記のような考え方が，時効期間等特例法制定後，どのような効力をもつかについて，東京電力は，同法の趣旨を踏まえて対応すると示した[44]。

　　事者間で権利に関する協議が継続している間に，時効の完成を阻止するためだけに訴えを提起する事態を回避できるようにすることは，当事者双方にとって利益であることによる」とする。北居功「履行請求権の機能──催告および交渉による時効停止より」新井誠＝山本敬三編『ドイツ法の継受と現代日本法──ゲルトハルド・リース教授退官記念論文集』(日本評論社，2009年) 151頁参照。

[43] 平成25年2月4日，同年6月25日及び平成26年1月15日に大臣による認定を受けた東京電力及び原子力損害賠償支援機構が策定した『総合特別事業計画』参照。

[44] 東京電力ウェブサイト「損害賠償の迅速かつ適切な実施のための方策(「3つの誓い」)」参照。

第7章 除斥期間

I 概　要

　原子力損害賠償請求権は，除斥期間を経過したことにより消滅する（民法724条後段）。除斥期間の起算点は，「不法行為の時」と規定されている。この点，本件事故による損害については，除斥期間の起算点は東日本大震災における原子力発電所の事故により生じた原子力損害に係る早期かつ確実な賠償を実現するための措置及び当該原子力損害に係る賠償請求権の消滅時効等の特例に関する法律（以下「時効期間等特例法」という。）により，「損害発生の時」とされている。

II 民法における整理

1 概　要

　民法724条は，「不法行為による損害賠償の請求権は，被害者又はその法定代理人が損害及び加害者を知った時から3年間行使しないときは，時効によって消滅する。不法行為の時から20年を経過したときも，同様とする」と定める。このうち後段の法的性質は，消滅時効ではなく，除斥期間である（最判平成元年12月21日民集43巻12号2209頁など）[1]。

　除斥期間であることの帰結として，除訴期間の場合は，消滅時効とは異なり，期間算定の中断及び（原則として）停止はない。また，除斥期間が満了した場合，訴訟手続上，当事者（債務者＝加害者）が除斥期間の適用を援用する意思表示をすることは不要であり，裁判所が職権で民法724条を適用して権利が消滅する。以下，除斥期間算定の起算点，停止の有無，援用の要否，中断の有無，信義則に基づく主張制限等について，説明する。

　1　民法724条後段を消滅時効と捉える見解も有力である（吉村良一『不法行為法（第4版）』（有斐閣，2010年）183頁など）。民法（債権関係）改正に関する中間試案においても，消滅時効とするとしている（同試案第7-4）。

404

2 起算点
(1) 原則
民法724条後段の起算点である「不法行為の時」は、原則として加害行為の時を意味する（最判平成16年4月27日民集58巻4号1032頁、最判平成18年6月16日民集60巻5号1997頁など）[2]。

(2) 例外
これに対して、「不法行為により発生する損害の性質上、加害行為が終了してから相当の期間が経過した後に損害が発生する場合」には、「不法行為の時」は「当該損害の全部又は一部が発生した時」を意味する（前掲・最判平成16年4月27日など）。

(3) 継続的不法行為の場合
加害行為が継続する継続的不法行為については、その損害が上記の「不法行為により発生する損害の性質上、加害行為が終了してから相当の期間が経過した後に損害が発生する場合」という要件を満たせば、当該損害発生の時となる。これに対して、土地の不法占拠のように、上記要件に必ずしも該当しない場合、学説の中には、消滅時効の場合と同様に日々発生する損害の発生時と解するものがある[3]。

3 停止
除斥期間であることの帰結として、原則として、除斥期間の進行が停止することはない。

例外的に、以下の場合、消滅時効の停止の条文の法意に照らし、除斥期間は完成しない（停止する。）。

すなわち、第1に不法行為の被害者が不法行為の時から20年を経過する前6か月において、不法行為を原因として心神喪失の状況にあるのに法定代理人を有しなかった場合において、その後当該被害者が禁治産宣告（当時）を受け、後見人に就職した者がその時から6か月以内に損害賠償請求権を行使したなど特段

---

[2] 学説においては、「不法行為の時」を損害発生時と解するものが多い（内池慶四郎「不法行為による損害賠償請求権の時効起算点——被害者認識の仮構と現実」同『不法行為責任の消滅時効——民法第724条論』（成文堂、1973年）53頁、四宮651頁、潮見299頁など）。

[3] 末川博「不法行為による損害賠償請求権の時効」同『権利侵害と権利濫用』（岩波書店、1970年）137頁、加藤一郎「日本不法行為法リステイトメント⑳　消滅時効」ジュリスト913号（1988年）88頁。

の事情があるときは，民法158条の法意に照らし，除斥期間は完成しない（最判平成10年6月12日民集52巻4号1087頁）。

第2に，被害者を殺害した加害者が，被害者の相続において被害者の死亡の事実を知り得ない状況を殊更に作出し，そのために相続人はその事実を知ることができず，相続人が確定しないまま殺害時から20年が経過した場合において，その後相続人が確定した時から6か月内に相続人が殺害に係る不法行為に基づく損害賠償請求権を行使したなど特段の事情があるときは，民法160条の法意に照らし，除斥期間は完成しない（最判平成21年4月28日民集63巻4号853頁）[4]。

4 援用の要否，中断の有無，信義則に基づく主張制限等

(1) 援用の要否

損害賠償請求権は，20年の除斥期間が経過した時点で法律上当然に消滅したことになるため，裁判所は，損害賠償請求権が除斥期間の経過により消滅した旨の当事者の主張（援用）がなくても，職権で，除斥期間の経過により損害賠償請求権が消滅したと判断すべきである（前掲・最判平成元年12月21日）。

(2) 中断の有無

除斥期間について中断はない（前掲・最判平成元年12月21日）。

(3) 信義則又は権利濫用に基づく主張制限

民法724条前段の消滅時効については，時効の主張について信義則等による主張制限がなされる場合がある[5]。これに対して，除斥期間については，724条後段が除斥期間の性質を有することに鑑み，裁判所は，損害賠償請求権が除斥期間の経過により消滅した旨の主張がなくても，期間の経過により請求権が消滅したと判断すべきであるから，信義則違反又は権利濫用の主張は主張自体失当である（最判平成元年12月21日民集43巻12号2209頁）。

Ⅲ 原子力損害賠償の場合

原子力損害賠償法は，不法行為に基づく損害賠償法の特則であるため，基本的に上記Ⅱ記載の不法行為に基づく損害賠償請求権の除斥期間に関する規定が適用

---

4 金山直樹「床下事件を考える──民法724条後段論」大塚直＝大村敦志＝野澤正充編『淡路剛久先生古稀祝賀 社会の発展と権利の創造──民法・環境法学の最前線』（有斐閣，2012年）487頁参照。

5 岡山地判昭和47年1月28日判時665号84頁など。松久三四彦「消滅時効」山田卓生編『新・現代損害賠償法講座1』（日本評論社，1997年）281頁参照。

されると解される。もっとも，この場合，原子力損害賠償の特性として，いくつかの問題が生じうる。

IV 本件事故の場合

1 適用関係

本件事故に基づく原子力損害賠償請求権については，上記IIIのとおり，民法724条後段が適用されると解される。

2 除斥期間の起算点に関する例外

時効期間等特例法により，除斥期間の起算点は「不法行為の時」ではなく，「損害発生の時」とされた（時効期間等特例法3条）。

これは，前掲・最判平成16年4月27日と同旨のものと考えられる。もっとも，「不法行為により発生する損害の性質上，加害行為が終了してから相当の期間が経過した後に損害が発生する場合」という限定がないため，前掲・最判平成16年4月27日よりも対象を拡大している。

この点に関連して，大気汚染防止法[6]や水質汚濁防止法[7]等において，除斥期間の起算点を「損害発生の時」と規定するものがある。

3 停止

民法158条等の法意を根拠に除斥期間の効果が生じないとした前記判例（前掲・最判平成10年6月12日，前掲・最判平成21年4月28日など）をさらに推し進めて，もっぱら加害者の行為によって，被害者による権利行使が不可能であった場合，又は，その機会がないままであったという場合，除斥期間の進行が停止する余地があると解される[8]。

4 援用

消滅時効に関し，東京電力は「柔軟な対応」をうたい，形式的に時効が完成し

---

[6] 大気汚染防止法25条の4は，「第二十五条第一項に規定する損害賠償の請求権は，被害者又はその法定代理人が損害及び賠償義務者を知った時から三年間行なわないときは，時効によって消滅する。損害の発生の時から二十年を経過したときも，同様とする」と規定する。

[7] 水質汚濁防止法20条の3は，「第十九条第一項に規定する損害賠償の請求権は，被害者又はその法定代理人が損害及び賠償義務者を知った時から三年間行なわないときは，時効によって消滅する。損害の発生の時から二十年を経過したときも，同様とする」と規定する。

[8] 前掲・金山「床下事件を考える——民法724条後段論」513頁。

ていても時効を援用しないことを示唆している（第6章）。これにより，被害者の権利が一定の範囲で保全される結果となる。

しかしながら，除斥期間の場合は，法律上当然に権利が消滅することとなるため，除斥期間による権利消滅の利益を享受しないとの意思表示をすることができない。この点は，時効中断特例法及び時効期間等特例法によっても解決されていないと考えられる。

5 中　　断

上記のとおり，724条後段は除斥期間の性質を有するため，期間算定が中断することはない。

したがって，消滅時効の場合のように，東京電力がダイレクトメールを送ることなどにより債務を承認することは法的に意味をもたない。

6　信義則等による主張制限

消滅時効の場合とは異なり，除斥期間については，信義則又は権利濫用による主張制限もできない。

<表3-7-1：消滅時効と除斥期間の比較>

	消滅時効	除斥期間
起算点	・被害者が損害及び加害者を知った時（民法724条前段）	・不法行為の時（民法724条後段） ・（本件事故の場合等）「損害が発生した時」
期　間	3年 （本件事故に基づく場合）10年	20年
援用の要否	必要	不要
中断の有無	あり	なし
停止の有無	あり	原則としてなし （判例上の例外あり）
信義則に基づく主張制限	あり	なし

第 4 部

原子力損害賠償請求権の実現手続

第1章 原子力損害賠償請求権の実現手続の意義

I 権利の実現手続の分類

　被害者の受けた不利益について，原子力損害賠償請求権が成立し，被害者が原子力損害賠償請求権を保有するとしても，実際に賠償金の支払を受けられなければ実質的意義を失う。そこで，損害賠償請求権の実現手続が重要となる。
　原子力損害賠償請求権の実現にはいくつかの手段がある（図4-1-1）。
　第1に，原子力損害賠償請求権は，金銭を目的とする債権であるから，加害者である債務者に対して，直接請求して権利を実現することができる。第三者が関与することなく，当事者間の交渉で和解が成立する場合もこれに含まれる。
　これに対して，被害者と加害者との間で事実の存否（例えば，本件事故時に避難等対象区域に居住していた事実や，本件事故に伴い産品等に関する風評が発生した事実の存否）や法律上の解釈（例えば，相当因果関係の範囲）について争いがある場合，自力救済は禁止されているから，被害者である債権者は，紛争解決機関で紛争を解決し，権利を実現する必要がある。
　そこで，第2の手段として，被害者は，紛争解決機関により，権利を実現することができる。紛争解決機関による権利実現の典型は，裁判所により請求認容判決を取得することである（憲法32条）。これには，執行力がある（民事執行法22条1号）。
　もっとも，裁判手続には時間と費用を必要とする場合があるので，裁判外紛争解決手続が存在する[1]。
　そこで，第3に，原子力損害賠償に関する特殊な裁判外の紛争解決手段として，被害者である債権者は，原子力損害賠償紛争審査会（原賠法18条）に対する和解仲介を申し立てることができる。和解契約は，加害者である債権者との間で，紛争解決機関の関与なく締結することができる。第三者である原子力損害賠償紛争

---

1 仲裁手続（仲裁法），民事調停手続（民事調停法）などの手続がありうる。

審査会が和解を仲介する点に，原子力損害賠償紛争審査会による和解仲介の特殊性がある。

<図4-1-1：損害賠償請求権の実現と紛争解決機関の関与>

```
          ┌ 第三者の関与なし
          │                    ┌ 紛争審査会による和解仲介
          └ 第三者の関与あり ┤
                               └ 裁判所による裁判
```

Ⅱ 権利の実現手続相互の関係

1 権利の実現手続の方法・順序

被害者が損害賠償請求権の支払を受けるための手続について，定まった順序はない。例えば，初めに加害者に対し請求した後に，裁判所に請求しなければならないものではない。したがって，加害者への直接請求なしに，裁判所などへ申し立てることが可能である。典型的には，以下の4つの方法・順序があることとなる。

① 加害者への請求 →紛争審査会への和解仲介申立て →裁判所への提訴
② 加害者への請求 →裁判所への提訴
③ 紛争審査会への和解仲介申立て →裁判所への提訴
④ 裁判所への提訴

<図4-1-2：原子力損害賠償請求権の実現手続――機関相互の関係>

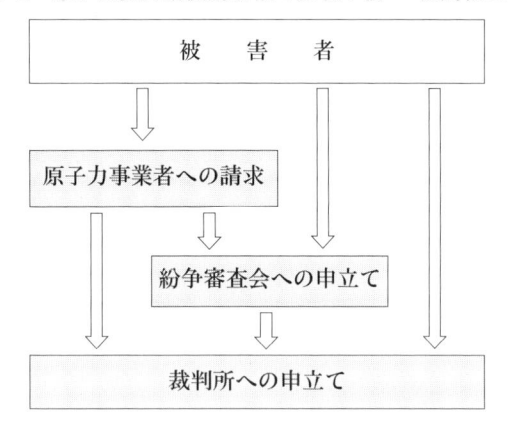

```
            被　害　者
        ┌──────┬──────┐
        ↓      │      │
  原子力事業者への請求  │      │
        ↓      │      │
     紛争審査会への申立て  │
        ↓      ↓      │
        裁判所への申立て
```

2　権利の実現手続の特徴

　このように，損害賠償請求権の実現手続には複数の方法がありうる。
　そして，それぞれの方法には特徴がある。
　原子力事業者に対する直接請求は，迅速であるという特徴がある。紛争審査会による和解仲介には，第三者が関与することにより，紛争となった場合について簡易に権利を実現できるという特徴がある。裁判所による場合は，法的安定性や透明性，被害者間の公平性が高まるという特徴がある。

第2章 原子力事業者に対する直接請求

I 概　要

　原子力事業者による直接の賠償については，被害者は加害者に対して直接請求し（以下「直接請求」という。），支払を受けることができる点に特徴がある。
　以下，直接請求に関し，損害賠償債務の支払方法（II），本払いと仮払い（III），直接請求と中間指針等（IV），東京電力による直接請求手続の概要（V），原子力事業者による損害賠償の実績（VI）について説明する。
　関連して，東電ではなく国が支払主体となって暫定的に立替払いを行う仮払い法についても説明する（III）。

II 支払方法

1　金銭賠償の原則
　損害賠償債務は，原則として，別段の意思表示がないときは，金銭をもってその額を定める（民法722条1項，同法417条）。これを金銭賠償の原則という。
　したがって，物理的な原状回復や，謝罪広告の掲示などは，特別の規定がある場合にのみ認められる。
　もっとも，このことは，加害者が物理的な原状回復義務を負わないことを意味するにとどまり，加害者は，侵害された権利・法益の代替的価値について，金銭の支払を手段とした賠償により，権利の回復を図る責任を負うことは変わらない[1]。

2　代物弁済
　金銭賠償の原則にもかかわらず，被害者と加害者との間で，金銭賠償以外の手段により損害を賠償するとの合意をすることが可能である。
　その1つとして，被害者は，金銭の支払を受けることに代えて，物の引渡しを

1　四宮476頁。第2部第6章第2節参照。

受ける旨合意して引渡しを受けることにより，損害賠償債務を実現することができる（代物弁済。民法 482 条）[2]。

III 本払いと仮払い

損害賠償債務の支払については，支払後の精算の合意の有無により，仮払いと本払いに区別される。加害者への直接請求だけでなく，紛争審査会により仲介される和解契約などにおいても，仮払いが採用される場合がある。

1 定　義
(1) 本払い
本払いとは，仮払いに対して，暫定的な債務の弁済ではなく，つまり，後の精算を予定せず，最終的・確定的な支払として支払う場合をいう。債務の弁済は，通常，本払いである。

(2) 仮払い
仮払いとは，損害賠償責任の存否が確定する前において，債務者による債権者に対してなされる暫定的な債務の弁済であって，後の精算を予め合意して行う支払方法をいう[3]。仮払い後，確定した債務が仮払い額を超える場合には，債務者は追加的に債務を弁済する必要がある。これに対して，確定した債務が仮払い額を超えない場合は，債務者は，債権者に対して，差額を返還する必要がある。

精算金支払請求権は，精算合意に基づき，精算事由の存在が明らかになった時に発生すると考えられる。

2 仮払い法
(1) 法律の概要
「平成 23 年原子力事故による被害に係る緊急措置に関する法律」（以下「仮払

---

[2] 例えば，避難等対象者が，本件事故の影響で沢水を飲用水として利用できなくなった場合に，東京電力が，その損害賠償として，避難等対象者が保有する土地において井戸を掘削するという役務を提供し，避難等対象者に提供することは，代物弁済の一種と見ることができる。これに対して，被害者が井戸の掘削業者に掘削工事を依頼し，その費用について掘削業者から東京電力に対して請求し，東京電力が支払うという方式も考えられ，これは金銭賠償の一種と考えられる。平成 25 年 6 月 6 日付け総合特別事業計画参照。

[3] 水戸地判平成 15 年 6 月 24 日判時 1830 号 103 頁参照。「仮渡金」という場合もある（自動車損害賠償保障法 17 条参照）。潮見 II 343 頁脚注 89 参照。

い法」という。）は，国が，本件事故に起因して特定原子力損害[4]を受けた一定の者に対し，当該特定原子力損害を填補するためのものとして，仮払い金を支払うこととしている（仮払い法3条1項）。

(2) 仮払いと精算

前記のとおり，仮払いは後の精算を予定しているから，損害賠償責任が確定した後に，確定した債務が仮払い金額を超えない場合は，債務者は債権者に対して，差額を返還する必要がある。すなわち，仮払い金の支払を受けた被害者は，その者に係る特定原子力損害の賠償の額が確定した場合において，その額が仮払い金の額に満たないときは，その差額を返還しなければならない（仮払い法10条）。これは，仮払い法に基づく支払が，後の精算を予定したものであることを示していると考えられる。

(3) 立替払い

仮払い法に基づく支払は，本来の債務者である原子力事業者（東京電力）に代わって国が損害賠償債務を支払うものであるから，一種の立替払いである[5]。

(4) 金　　額

仮払い金の額は，原則として，被害者が受けた特定原子力損害につき，被害者が一定の資料に基づき，一定の簡易な方法により算定した特定原子力損害の概算額に10分の5を下らない一定の割合を乗じて得た額である（仮払い法4条1項）。

(5) 求　　償

国は，被害者に対して，仮払い法に基づいて仮払い金を支払った場合，東京電力に対して，求償することができる[6]。

---

4 特定原子力損害は(1)人的範囲及び(2)業種によって画される。
　(1)人的範囲は以下のとおりである。福島県，茨城県，栃木県又は群馬県の区域内の営業所又は事務所において次に掲げる事業を行う中小企業者（中小企業基本法2条1項に規定する中小企業者その他主務省令で定める者）が当該事業について受けたものとする。
　(2)業種は以下のとおりである。①旅館業法2条1項に規定する旅館業，②道路運送法3条1号ロに規定する一般貸切旅客自動車運送事業，③旅行業法2条1項に規定する旅行業，④主として観光客を対象とする小売業，⑤主として観光客を対象とする外食産業，⑥そのほか，本件事故による取引の数量の減少等により当該事業を行う事業者に相当程度の収益の減少が生じていると認められる事業として主務省令で定める事業。

5 高橋康文『解説　原子力損害賠償支援機構法──原子力損害賠償制度と政府の援助の枠組み』（商事法務，2012年）236頁，有林浩二「原子力損害賠償支援機構法の制定と概要」ジュリスト1433号（2011年）38頁。このように立替払いと仮払い・本払いは両立する別個の概念であることに留意が必要である。

6 前掲・高橋『解説　原子力損害賠償支援機構法』237頁。

III 本払いと仮払い

3 東京電力による仮払い

以下のとおり，本件事故の後，東京電力は，被害者に対して，避難に伴う損害賠償債務への充当を前提に[7]仮払い金を支払った[8]。

(1) 避難等対象者等に対する仮払い

東京電力は，避難等対象者等[9]に対して，避難に伴う損害賠償債務への充当を前提に仮払い金を支払った。

その額は，①1世帯当たり100万円，単身世帯の場合には75万円[10]，及び②避難等の期間と状況に応じて，1人当たり10万円から30万円までである[11]。

(2) 事業者に対する仮払い

東京電力は，避難等対象区域等において営業活動の全部又は一部を営むなど営業損害等を受けた事業者に対して，仮払い金を支払った。

その対象となる事業者は，農林漁業者[12]，中小企業者[13]，その他事業者（①医療法に定める医療法人，②社会福祉法に定める社会福祉法人，③私立学校法に定める学校

---

7 平成23年4月15日付け東京電力プレスリリース「避難による損害への「仮払補償金」のお支払いについて」。なお，平成23年10月11日付け東京電力プレスリリース「原子力損害賠償請求手続の改善に向けた取り組みについて」には，「ご請求いただく賠償額がお支払い済みの仮払補償金の額に満たない場合には，その残額について，今回ご返金いただく必要はございません（次回以降のご請求の際に精算させていただきます）。」との記載がある。

8 平成23年4月15日付け東京電力プレスリリース「避難による損害への「仮払補償金」のお支払いについて」，平成23年7月29日付け東京電力プレスリリース「中小企業者の方々への仮払補償金のお支払い対象追加等について」，平成23年8月25日付け東京電力プレスリリース「避難等による損害への「追加仮払補償金」のお支払い対象追加について」。

9 平成23年5月31日付け東京電力プレスリリース「原子力事故による損害に対する仮払いの取り組み状況について」，平成23年8月25日付け東京電力プレスリリース「避難等による損害への「追加仮払補償金」のお支払い対象追加について」。

10 平成23年4月15日付け東京電力プレスリリース「避難による損害への「仮払補償金」のお支払いについて」。

11 平成23年7月5日付け東京電力プレスリリース「避難等による損害への「追加仮払補償金」のお支払いについて」。

12 平成23年5月31日付け東京電力プレスリリース「原子力事故による損害に対する仮払いの取り組み状況について」，平成23年8月15日付け東京電力プレスリリース「農林業者の方々に対する仮払補償金のお支払い対象の追加について」。

13 平成23年5月31日付け東京電力プレスリリース「原子力事故による損害に対する仮払いの取り組み状況について」。

法人，④特定非営利活動促進法に定める特定非営利活動法人，⑤宗教法人法に定める宗教法人，⑥更生保護事業法に定める更生保護法人，⑦一般社団法人及び一般財団法人に関する法律に定める一般社団法人，一般財団法人，⑧公益社団法人及び公益財団法人の認定等に関する法律に定める公益社団法人，公益財団法人，⑨特例民法法人)[14]である。

IV 直接請求と中間指針等

東京電力による被害者に対する直接請求に対する支払の考え方は，請求書の種別，構成などからすれば，概ね中間指針等に準拠したものと言える[15]。

---

14 平成23年7月29日付け東京電力プレスリリース「中小企業者の方々への仮払補償金のお支払い対象追加等について」。

15 東京電力が，中間指針に準拠して被害者に対して用意した請求書は，本件事故に伴う被害の広範性，時的な継続性に照らして，多種にわたる。東京電力が用意した定型請求書は，これを用いることにより迅速な権利の実現に資する面がある。他方で，個別事情に基づく損害賠償請求権の実現，特に事実認定や金銭的評価については一定の限界もあり，その結果として，紛争解決機関の関与が重要となる。

V　原子力事業者に対する直接請求手続の概要

1　避難指示等に伴う避難費用等の場合

被害者が，避難指示等に伴う避難のために支出した避難費用等（宿泊費用，交通費など）の請求の流れは図4-2-1のとおりである。

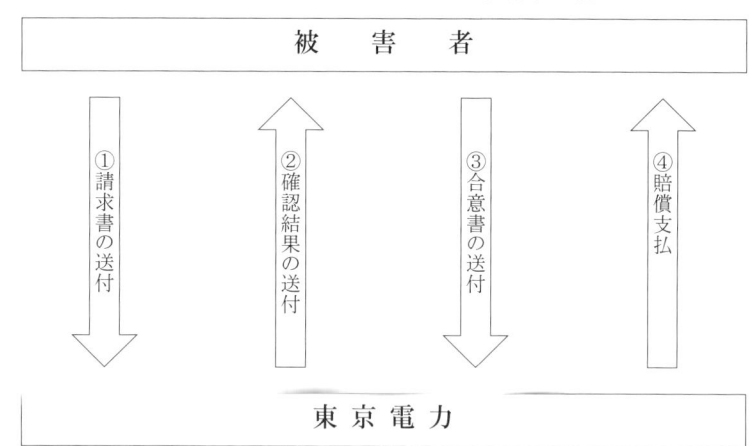

<図4-2-1：東京電力に対する直接請求手続>

被　害　者

① 請求書の送付
② 確認結果の送付
③ 合意書の送付
④ 賠償支払

東　京　電　力

2　財物の価値下落の賠償

直接請求のうち，財物の所有権等に対する侵害の賠償（財物の価値下落の損害賠償）の請求の手続は図4-2-2のとおりである[16]。

16　財物の現状の確認が必要な場合には，現地評価を伴う場合がある点で，避難費用等の請求手続とは異なっている。現地評価が行われる場合は，主として，①土地が宅地（建物を建てる目的である土地）であることを確認する場合（宅地認定），②土地，建物，構築物の面積を測定する場合，③建物等の部位別の価値を算定して建物の価値評価を行う場合である。

419

<図4-2-2：東京電力に対する直接請求手続（財物の価値下落の賠償）>

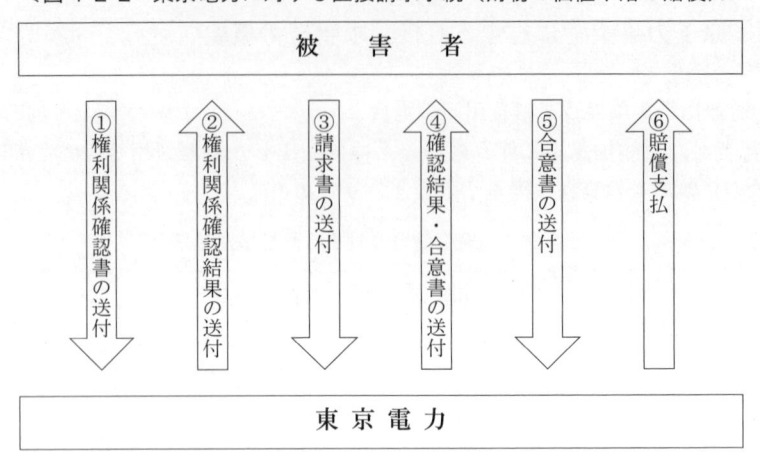

```
                    被　害　者
  ① 権利関係確認書の送付
  ② 権利関係確認結果の送付
  ③ 請求書の送付
  ④ 確認結果・合意書の送付
  ⑤ 合意書の送付
  ⑥ 賠償支払
                    東　京　電　力
```

Ⅵ　原子力事業者による損害賠償の実績[17]

東京電力による損害賠償支払の実績は以下のとおりである（2013年末時点）。

1　東京電力に対する直接請求
(1)　**自然人（個人事業主を除く。）**
避難指示等に伴う避難（自主的避難等を除く。）：約440,000件，約11,769億円158,585人（仮払い金支払者数（約165,481人）の約96％）（2013年11月15日時点）
自主的避難等：約128万5000件，約3526億円
(2)　**法人・個人事業主**
約18万8000件，約1兆4302億円
(3)　**合　　　計**
約2兆9597億円

17　東京電力ウェブサイト，平成26年2月9日開催の「原子力損害の現状と課題」シンポジウム，報道等に基づく。

Ⅵ 原子力事業者による損害賠償の実績

2 仮 払 い
(1) 避難等対象者等：約987億円
世帯毎の仮払い：約546億円
個人毎の仮払い（追加仮払い）：約441億円
(2) 農林漁業者
約370億円
(3) 中小企業者等
約127億円
(4) 国による仮払い
約17億円
(5) 合　　計
約1502億円

第3章 原子力損害賠償紛争審査会

第1節 概　　要

　原子力損害賠償に関する紛争は，紛争審査会による和解仲介によっても解決される（原賠法18条1項，2項）。すなわち，紛争審査会は，原子力損害賠償に関する紛争について，和解仲介を行ってこれを解決する機関である。

　また，紛争審査会は，和解の仲介に加えて，多数の原子力損害賠償紛争を迅速かつ適切に解決するために参照される手がかりとして，一般的な指針（以下「指針」という。）を策定する（原賠法18条1項，2項）。その上で，指針を出発点として，個別具体的な事情に基づき，原子力損害賠償紛争の和解仲介を行う。

　実際には，数名の審査会委員が指針を策定し，紛争審査会の内部機関としての原子力損害賠償紛争解決センター（以下「原紛センター」という。原賠法上，「原紛センター」は存在しないから，通称である。）が和解の仲介を行う。

　以下，紛争審査会により策定される指針について検討し（第2節），実際の和解仲介について説明する（第3節）。

第2節 指　　針

Ⅰ　概　　要

　紛争審査会は，原子力損害賠償に関する紛争について，和解仲介を行ってこれを解決する機関である（原賠法18条1項，2項）。

　そして，紛争審査会は，多数の原子力損害賠償紛争を迅速かつ適切に解決するために必要な手がかりとして，指針を策定する（原賠法18条1項，2項）。その上で，紛争審査会は，指針を基準として，個別の事情に基づき，個別具体的な原子力損害賠償紛争の和解仲介を行う。

　以下，まず，指針の意義について説明する（Ⅱ）。その上で，指針の効力につ

いて検討する（Ⅲ）。

本件事故に関しては，平成23年4月13日，原子力損害賠償紛争審査会の設置に関する政令により，原子力損害賠償紛争審査会が設置され，中間指針等が策定された。

Ⅱ　指針の意義

1　法令上の根拠
(1)　原賠法18条

原賠法18条は，「文部科学省に，原子力損害の賠償に関して紛争が生じた場合における和解の仲介及び当該紛争の当事者による自主的な解決に資する一般的な指針の策定に係る事務を行わせるため，政令の定めるところにより，原子力損害賠償紛争審査会を置くことができる」とし（同条1項），紛争審査会の事務として，①「原子力損害の賠償に関する紛争について和解の仲介を行うこと」（同条2項1号），②「原子力損害の賠償に関する紛争について原子力損害の範囲の判定の指針その他の当該紛争の当事者による自主的な解決に資する一般的な指針を定めること」（同条2項2号）及び③「前2号に掲げる事務を行うため必要な原子力損害の調査及び評価を行うこと」（同条2項3号）とする。

このように，原賠法は，原子力損害賠償に関する紛争解決のために原子力損害賠償紛争審査会を設置し，紛争審査会が，和解の仲介に加えて，当事者による自主的な解決に資する一般的な指針の策定を行うこととしている。

(2)　原賠法制定時の18条

制定時の原賠法は，紛争審査会を設置し原子力損害賠償に関して紛争が生じた場合における和解の仲介を行うとしていた（昭和36年原賠法制定時の18条1項，2項）[1]。

その趣旨は，原子力損害が発生したときは，損害の認定に専門的知見を要し，また，当事者間で話し合いがつかない場合も予想されることから，損害賠償の円滑かつ適切な処理を図るため，特別の紛争処理機関を設けたことにある[2]。

---

[1]　「紛争の当事者による自主的な解決に資する一般的な指針を定めること」という部分はなかった（後記のとおり，平成20年改正で加わった。）。

[2]　科技庁・制度108頁。立法過程においては，以下のとおり議論された。答申は「原子力損害賠償処理委員会」という行政委員会を設置して，その決定にある程度の強制力を認めようとした。同委員会による決定に対する不服の訴えは高等裁判所に提起しうるこ

ここで，「和解の仲介」とは，鉱業法122条と同様に[3]，当事者間の和解をとりもつことであって，それ自体により当事者間の権利義務を変動させることのない事実行為である[4]。

2 平成21年原賠法改正
(1) JCO臨界事故：自主的な紛争解決の限界

平成11年（1999年）に発生したJCO臨界事故[5]において，原子力事業者が支払った最終的な賠償の対象は約7000件（被害の申出は8000件以上），支払賠償金の総額は約150億円であった[6]。

とにするが，事実の認定は一応この委員会の決定に任せようとしたのである。しかし，原賠法では，「原子力損害賠償紛争審査会」という審議機関に格を下げ，紛争についての和解の仲介を行う権限しか与えていない。行政委員会に対する政府部内の一部の一般的な不信のあらわれであろう。もっとも，この審査会は原子力委員会が常時行う調査を基礎として，災害の生じた場合にも損害の調査や評価をし，これに基づいて和解の仲介を行うであろうから，その行動には事実上の権威があり，被害者も納得するであろうと期待されている（我妻栄「原子力二法の構想と問題点」ジュリスト236号（1961年）10頁）。なお，竹内昭夫「原子力損害二法の概要」ジュリスト236号（1961年）39頁参照。

3 旧鉱業法の和解の仲介について，我妻栄＝豊島陞『鉱業法』（有斐閣，1958年）296頁。
4 科技庁・制度110頁。
5 平成11年（1999年）9月30日午前10時35分，株式会社ジェー・シー・オー（以下「JCO」という。）東海事業所の核燃料加工施設である転換試験棟において，ウラン粉末から硝酸ウラニル溶液製造中に，この作業に使用すべきでない沈殿槽と呼ばれる設備に，制限量を大幅に上回るウラン溶液を投入した結果，我が国初の臨界事故が発生した。この事故では，瞬間的に大量の核分裂反応が起こり，その後臨界状態停止のための作業が功を奏するまで約20時間にわたって緩やかな臨界状態が続くことになった。この事故で3名の従業員が重篤な被曝を受け，2名が死亡したほか，この従業員を搬送した消防署員，臨界状態の停止作業に従事した社員及び事業所周辺の住民等が被曝した。事故現場から半径350メートル圏内の住民に対して午後3時に避難要請が出され，半径10キロメートル圏内の住民に対しては午後10時30分に屋内避難勧告が出された。政府は，事故対策本部を設置し，事故の終息と防災対策を実施し，臨界反応を助長している冷却水の抜き取りにより，事故発生の翌日10月1日午前8時50分頃に臨界状態の終息が確認された。この事故では，人的被害に加え，経済活動等へ与えた影響も大きく，その影響は事故施設周辺にとどまらず，県内全域に及んだ。事業所の休業等の直接的影響のみならず，農水産業や観光業では深刻な風評被害が発生した（「JCO臨界事故時の原子力損害賠償対応について」）。<http://www.mext.go.jp/b_menu/shingi/chousa/kaihatu/ 007/ shiryo/ 08061105/ 004.htm>参照。
6 前掲・「JCO臨界事故時の原子力損害賠償対応について」参照。

第2節　指　針

　JCO臨界事故において，原子力事業者による損害賠償の支払は必ずしも円滑に行われなかった。当初，原子力事業者が提示した賠償提案は，被害者側には受け入れられず，当事者間における自主的な紛争の解決が進まない事態が生じた[7]。

　そこで，科学技術庁（当時）の委託調査により，専門家で構成される「原子力損害調査研究会」が開催され，損害の状況を調査・評価の上，損害項目ごとに相当因果関係の認められる損害の範囲，損害額の算定方法等に関する基本的な考え方がとりまとめられ，当事者間の交渉の目安となった[8]。

　その結果，請求件数7000件のうち，紛争審査会に対する和解仲介の申立て2件及び裁判上の請求（訴訟）11件を除いて，当事者間の自主的な紛争解決がなされた[9]。

(2) 平成21年改正の趣旨

　そこで，平成21年，国は，原賠法18条を改正し，原子力損害の賠償が必要となる事態が生じた際に，個別の紛争処理の前段階において，原子力損害の賠償に関する多数の紛争の自主的な解決を促進する観点から[10]，その迅速かつ公正な賠償の履行の参考となる指針を定めることにした[11]。

7　「原子力損害賠償制度の在り方に関する検討会」第一次報告書（以下「第一次報告書」という。）18頁参照。

8　加えて，東海村・茨城県の主導により，被害申出の窓口の設置，賠償交渉の場への職員の同席等が継続的に行われ，当事者間の交渉関係が東海村・茨城県を介して取り持たれた。前掲・「JCO臨界事故時の原子力損害賠償対応について」参照。

9　JCO臨界事故に適用される損害賠償措置額は10億円であり（当時），不足分はJCOの親会社が支援した（第一次報告書3頁）。

10　JCO臨界事故における原子力損害賠償に関する対応から得られた教訓は，以下のとおりである（第一次報告書19頁）。①事故に伴う現場の混乱，原子力損害を被った被害者の心理状態等の実態に適切に対応する必要があること，②短期間において膨大な数の請求事案が生じ，これらを同時に解決する必要があること，③個別の事案の解決のみならず，多数の当事者間の交渉が円滑になされるような条件の確保が重要であること，④一定の範囲で損害項目を特定した場合，その項目ごとに多数の事案の内容に類似性があり，被害者間の公平の確保を図ることが重要であること，⑤原子力損害に関して一般に被害者の有する知見の水準に配慮し，因果関係の立証負担を軽減する必要があること，⑥膨大な数の請求事案が生じた場合に，解決の困難な事案の紛争処理を行うべき和解の仲介・裁判が機能不全に陥らないようにする必要があることである。

11　第一次報告書20頁。

III 指針の効力

　指針の影響力は，内容上，判例を具体化したものについては，判例の拘束力の反映として拘束力を有し，判例がないものについては，事実上の影響力に止まる(1)。そのような事実上の影響力の程度・根拠について説明する(2)。また，指針の法的拘束力・影響力は，影響力の対象（客体）によって異なる(3)。そこで，以下では，中間指針等が裁判所や当事者に対して，どの程度の影響力を有するのかという観点から検討する（表4-3-1）[12]。

<表4-3-1：中間指針の法的拘束力>

	対裁判所	対被害者	対加害者	対原紛センター
判例あり	拘束力あり	拘束力あり	拘束力あり	拘束力あり
判例なし	拘束力なし ただし，事実上参照される	拘束力なし	拘束力なし ただし，「和解案尊重」の約束	拘束力あり （自己拘束力）

1　指針の影響力（内容上の分類）

　中間指針等の対象は，本件事故に伴う原子力損害賠償の内容の多様性に応じて，多種多様な内容にわたる。それに伴い，中間指針等の各内容の効力・影響力の程度も異なると考えられる。

(1)　従前の法規範を本件事故にあわせて具体化したもの

　第1に，中間指針等の中には，従前の法規範やその背後にある考え方を本件事故にあわせて内容を具体化したものが多い。民法709条は一般的規範のみを定める一般条項であるため，不法行為に基づく損害賠償の法規範の多くは判例により形成されたものである。例えば，相当因果関係の考え方，生命・身体に対する侵害から生じる治療費などの具体的な損害項目などの考え方がこれに当たる。

　これについては，従前の法規範（判例）が裁判所や当事者を拘束するのと同じ法的拘束力があるというべきであろう。より正確には，指針が新たな拘束力を持ったというよりも，中間指針等の背後にある判例の拘束力が中間指針等を通し

---

[12] なお，以下の分類は，定まったものではない。例えば，間接被害については，従前の解釈を変更するという見解もあるなど，分類自体に争いがある場合がある。

第2節 指　針

て具体化したことにより，指針に法的拘束力が与えられたと考える[13]。

(2) 従前の法規範が存在しない場合

　第2に，中間指針等の中には，従前の法規範が存在しない場合に，新しい解釈を示しているものがある。例えば，いわゆる企業損害の枠を超える間接被害，避難指示等対象者の精神的損害の金銭的評価，帰還困難区域の財物の所有権等について事故後6年で全損とすることなどがこれに該当する。

　この点，指針には，JCO 臨界事故の際の研究会報告書と比較して，少なくとも同報告書と同等以上の相当程度に強い影響力があると解される。すなわち，JCO 臨界事故の際の報告書，特に中間報告書は風評被害が原子力損害に該当するかというそれまで法規範が明確でなかったであった問題（例えば，風評被害に関し，名古屋高金沢支判平成元年5月17日判時1322号99頁は，原賠法3条1項ではなく民法709条を適用したところ，同報告書は原賠法の適用対象とした。）について見解を示し，裁判例もこれに従った[14]。そうだとすれば，JCO 臨界事故の際の報告書とは異なり，法改正により法的根拠のある中間指針等には，それ以上の効力があると考える。したがって，裁判所に対して相当程度強い効力があると解される（もちろん，内容次第であり，常に裁判所を法的に拘束するものではない。）。

(3) 従前の法規範を変更する場合

　第3に，中間指針等の中には，従前の法解釈を変更していると見られるものもある。

　例えば，避難指示等に伴う売り上げ減少による逸失利益（いわゆる就労不能に伴う損害及び営業損害）については，事故後の収入は原則としてこれを損害額から控除しない（いわゆる「特別の努力」。二次追補第2-2-Ⅱ，同備考3）。この点，従前は，逸失利益について，事故による後遺障害がある場合であっても，減収がない場合は，原則として控除し，例外的に特別の努力と認められる場合などに限っ

13　もちろん，本件事故のように新しい事態に従前の法規範を適用する際には，審査会の裁量が働いており，また働くことが要請されている。もっとも，裁量による部分については，従前の法規範（判例）の射程外であるとしても，下記(2)と同様に，JCO 臨界事故の際の「研究会報告書」と同等以上の相当程度に強い効力があると解される。

14　水戸地判平成15年6月24日判時1830号103頁，東京高判平成17年9月21日判時1914号95頁，東京地判平成18年1月26日判時1951号95頁，東京地判平成18年2月27日判タ1207号116頁，東京地判平成18年4月19日判時1960号64頁，東京高判平成21年5月14日判時2066号54頁など。

て控除しないこととされており(最判昭和42年11月10日民集21巻9号2352頁)、不法行為後に収入がある場合には当該収入を控除・調整して損害賠償額を計算するというのが判例理論(いわゆる差額説のコロラリーの1つ)であると解されてきた[15]。

したがって、判例を保守的に解釈すれば、特別の努力に関する中間指針の考え方は、規範的な損益相殺と理解することもできると考えるが(第2部第5章第7節参照)、このような従前の法規範(判例理論)を変更すると理解する余地がある。このように従前の法規範(判例理論)を変更する場合については、裁判所による審査が必要であるから、裁判所に対する強い効力を認めることには慎重になるべきであろう。

2　指針の事実上の影響力の程度・根拠

(1)　従前の法規範がない部分の法的拘束力の有無

紛争審査会の策定する指針のうち、従前からの法規範がないものについては、それに従わない場合に違法・無効となり、又は、当事者間の権利又は義務を変動させるという意味における法的拘束力はない[16]。

その理由は以下のとおりである。

第1に、指針は、あくまでも当事者間の和解に向けた任意交渉において参照されることにより、交渉の円滑化と紛争の解決を図ることを目的とするものであり、多数の請求事案に対して適用可能な考え方をマクロな観点から整理し、できる限り早期に、当事者の参考に供して、交渉のきっかけを提供するのが重要であり、個々の交渉においてはそれぞれの事案の事情に応じた柔軟な調整がなされる必要がある[17]。

第2に、これに関連して、指針は、被害者と加害者との間の「和解」を仲介する目的で策定される(原賠法18条1項、2項)。ここで、一般に、和解契約は当事者の合意がなければ締結されない(契約自由の原則)。そうだとすれば、当事者に合意義務のない和解仲介の基準となる指針についても、当事者に対する法的拘束力はないものと考えられる。

第3に、国民の権利又は義務を変動させるには、法律の規定が必要であり[18]、

15　於保不二雄『債権総論(新版)』(有斐閣、1972年)135頁参照。
16　第一次報告書21頁、升田純『原発事故の訴訟実務』(学陽書房、2011年)189頁。
17　第一次報告書21頁。
18　宇賀克也『行政法概説Ⅰ(第5版)』(有斐閣、2013年)31頁。

第2節 指 針

指針により当事者権利又は義務を変動させるのには慎重である必要がある。

(2) 事実上の影響力の程度

判例がない場合，紛争審査会の策定する指針には，法的拘束力はなく，事実上の影響力を有するにとどまるとしても，その効力は，単なる参照文書としての影響力にとどまらない相当程度強度の影響力があると考えられる。

指針の影響力の程度については，名宛人ごとに異なると解されるため，後記3において検討する。

(3) 事実上の影響力の根拠

判例がない場合であっても，指針に上記のような相当程度強度な影響力の正当化根拠として，紛争審査会・指針が，①中立であること，②専門的であること，③広範な事実調査に基づくこと，④公開の場で検討されることが挙げられる[19,20]。

(i) 中 立 性

原子力損害賠償紛争の和解を仲介するには，当事者に示す指針や和解内容が当事者に受容・共有される必要があり，そのためには，基準の策定主体に厳格な中立性，公正性が要請される。また，政府は補償契約の保険者として紛争当事者となる可能性があるため，事故後早期に事業者への援助の必要性を判断しなければならない場合もありうることから，これらと指針の策定との利益相反の疑義を生じさせない必要がある[21]。

(ii) 専 門 性

原子力損害の規模・態様は様々であり，また，原子力損害には放射線作用等の発生と相当因果関係のある損害がすべて含まれるため，適切な調査・評価に基づき損害項目を特定し，損害の範囲，損害額の算定方法等を判断する上で参考となる指針を作成するには，法律，医療，原子力工学等に関する高度の専門的知見を要する[22]。

---

19 これに対して，いわゆる総括基準は，これらの正当性の根拠を欠くから，指針と同等の効力を持つことはありえず，紛争審査会内部の参照文書にとどまるとされる（事例集8頁）。

20 これに対して，中間指針等の策定手続に疑問を呈する見解がある（浦川道太郎「原発事故により避難生活を余儀なくされている者の慰謝料に関する問題点」環境と公害43巻2号（2013年）9頁）。

21 第一次報告書22頁。

22 第一次報告書22頁。

(iii) **専門委員による広範な調査**

　紛争審査会の委員は，学識経験者であるが（原子力損害賠償紛争審査会の組織等に関する政令（以下「組織政令」という。）1条2項），本件事故による被害の多様さ・広範さに照らすと，紛争審査会委員以外の専門家の助力を得る必要がある。そこで，被害の実態を調査するため，専門委員が調査を行い，その結果を紛争審査会に報告する手続がとられた[23]。

　このことは，被害実態を調査した上で策定された指針であるという点で，指針に正当性を与えるものと考えられる。

(iv) **手続の公開**

　紛争審査会の議事を公開するか否かは，紛争審査会会長が定める（組織政令3条3項）。公開で行われることにより，その公正さが担保される。

　本件事故に関し，紛争審査会の議事は，公開されている。また，前記専門委員の報告書も，指針策定の過程で公開された[24]。

3　指針の適用対象者と影響力の程度

　適用対象者ごとに影響力の根拠，程度が異なっていると考えられるため，適用対象者ごとに区別して指針の影響力の程度を検討するのが適切であると考える。

　ここで，中間指針等においては，特に適用対象者を限定していない。そこで，各適用対象者に対して，どのような影響力があるか。指針の適用対象者として，①被害者，②加害者（原子力事業者），③裁判所，④紛争審査会内部が検討対象となる。

(1) **被害者に対する影響力**

　被害者に対する影響力については以下のとおりである。

　被害者が，加害者である原子力事業者の示した賠償提案に不服があり，紛争審査会に和解仲介の申立てをする場合，紛争審査会において，指針が紛争解決の目安となる。そうだとすれば，個別事情を踏まえたとしても，紛争審査会が指針から大きく逸脱した和解案を提示する可能性が低いと仮定すると，被害者に対する拘束力も大きいとも解しうる。

　もっとも，被害者は，裁判所に対して訴訟を提起することを憲法上保障されている（憲法32条。裁判を受ける権利）。したがって，指針及び指針に基づく和解仲

---

[23] 「原子力損害賠償紛争審査会 専門委員調査報告書」参照。<http://www.mext.go.jp/a_menu/genshi_baisho/jiko_baisho/detail/1329398.htm>。

[24] 前掲・「原子力損害賠償紛争審査会 専門委員調査報告書」参照。<http://www.mext.go.jp/a_menu/genshi_baisho/jiko_baisho/detail/1329398.htm>。

第 2 節 指　針

介案の内容に不服があれば，訴訟を提起して，原子力事業者に対して裁判上の請求をすることができる。

(2) 加害者に対する影響力

　加害者である原子力事業者は，原子力損害賠償支援機構とともに策定した総合特別事業計画において，迅速かつ適切な賠償の実現のため，紛争審査会の和解案を尊重する旨約束した[25]。和解案を尊重するとは，紛争審査会が提示した和解案を原則として受諾するという意味であり，和解案が，法令（原賠法・民法・原子力損害賠償支援機構法を含む。）やその精神に反しない限り，紛争審査会の和解案を拒否しないことを意味する。ここでの「約束」は，その不履行を裁判所の判決で強制できる性質のものではない[26]。

　そうだとすれば，加害者である原子力事業者に対しては，指針は，法的な拘束力はないものの，被害者に対する影響力以上の強い影響力が存在すると解される。

(3) 裁判所に対する影響力

　判例がない場合，指針に法的拘束力はないこと，三権分立の観点から，司法権は行政権（紛争審査会を含む。）から独立するため，指針は，裁判所を拘束しない。

　もっとも，前記と同様，以下のとおり，判例がない場合であっても，裁判所に対しても，相当程度の影響力があると解される。

　第 1 に，原子力損害賠償請求訴訟が裁判所に係属した場合，他に公表された基準，一義的に明確な裁判例もないのが実情であることから，実際上，中間指針等が参考資料として主張立証に利用され，裁判官も中間指針を重視した判断をすることが予想される（結果として，中間指針等に準拠した判断がされる可能性が高い。）。しかも，実際上，被害者と東京電力との間で中間指針等を基準とした示談・和解が多数成立することが予想されるが，このような事例が多数蓄積されれば，中間指針がより強固な基準として形成されることとなり，中間指針等への信頼性・依存度が高まることになり，このことも裁判所の判断に影響を与える[27]。

　また，第 2 に，JCO 臨界事故に関する裁判例においても，基本的には，専門家が作成した報告書の内容を重要な資料として参考にして判断を行っている[28]。JCO 臨界事故の際に作成された，平成 12 年 3 月 29 日付け「原子力損害調査研究会最終報告書」は，当時は法令上の根拠のないものであったにもかかわらず，

25　平成 26 年 1 月 15 日認定の総合特別事業計画など。
26　したがって，「約束」に，厳密な意味での「法的拘束力」はない。
27　前掲・升田『原発事故の訴訟実務』189 頁。
28　前掲・升田『原発事故の訴訟実務』192 頁。

このような影響力を有していたことからすると，平成21年原賠法改正後，法令上の根拠の与えられた指針については，それを下回る影響力ではないと推測される。

さらに，第3に，法・医療・原子力工学の学識経験者によって構成された紛争審査会委員により，中立の立場から，専門委員による広範な事実調査を基に，公開の審議を経て，損害に関する調査・評価，当事者による自主的解決のための指針の策定，和解の仲介などを行うものであって，審査会の委員は，それぞれの分野で第一人者とされる専門家であるため，指針の信用性が高まると言える。

(4) 紛争審査会内部の効力

原紛センターとの関係では，行政組織法上，原紛センターや仲介委員は，紛争審査会の一部を構成しており，自己拘束力により，紛争審査会の定めた規範に自ら違反することはできないため，紛争審査会の策定する指針は原紛センターに対して法的拘束力を有すると考える[29]。したがって，仲介委員による和解仲介が個別事情に関する個別の事実認定に基づいて行われることは妨げられないものの，実質的に新たな指針を策定する行為や指針（指針が前提とする枠組みを含む。）に違反する行為はすることができないと考えざるを得ない。原賠法上，審査会委員が自ら和解仲介を行うことが想定されているところ，審査会委員は矛盾する和解仲介はできないのと同じである。

例えば，中間指針は風評被害について都道府県ごとに区域を指定しているところ，この指定については，専門委員の調査を経て公開の場で策定されたものである点で，安易に拡張されるべきではない。もちろん，個別具体の事案で因果関係が認められる場合も多いと思われるが，それを超えて，一般に通有するものとして新たな都道府県を指定することは，審査会の内部機関として自己矛盾を来すことになり，そのような行為をすることはできない。

4 指針の効力（「指針は最低限」について）

中間指針等に関し，しばしば，「指針は最低限」という言説がなされる場合がある。

このような言説については，厳密には，①責任範囲の画定の問題に関するもの，②損害賠償の範囲の問題に関するもの，③金銭的評価の問題に関するものなど，問題とされる場面が異なっていると考えられる。このように，それぞれの問題領域ごとに性質の異なるものであるから，その点に留意する必要があると考えられる。

---

[29] 大橋洋一『行政規則の法理と実態』（有斐閣，1989年）57頁参照。

第3節　紛争審査会による和解仲介

Ⅰ　原子力損害賠償紛争解決センター[30]

　紛争審査会は，原子力損害賠償紛争の和解仲介を行う（原賠法18条）。JCO臨界事故とは異なり，紛争の件数が多いため，運用上は，紛争審査会の内部組織で原紛センターが実際の和解仲介を行う。原紛センターは，法律上，紛争審査会の内部組織の通称であって，独立した行政機関ではない。

Ⅱ　和解仲介の主体

　原紛センターにおける和解の仲介は，調査官の補佐を受けて[31]，仲介委員によって行われる[32]。

Ⅲ　和解仲介手続の概要

　原紛センターにおける手続の概要は，以下のとおりである。

30　鈴木五十三「原子力損害賠償の迅速・適正実現を目指して　原紛センターの活用に求められる弁護士の創意・工夫」自由と正義63巻7月号（2012年）30頁，丸山輝久「申立代理人からみた原子力損害賠償紛争解決センターの現状と展望」自由と正義63巻7月号（2012年）68頁，出井直樹「原子力損害賠償への日弁連の取組み」法と民主主義466号（2012年）54頁，同「震災とADR　原子力損害賠償ADRについて──原子力損害賠償紛争解決センターの取組みと展望」仲裁とADR 7巻（2012年）46頁，同「原発事故損害賠償請求とADRの活用──原子力損害賠償紛争解決センター（原紛センター）の活動を中心として」自由と正義63巻7月号（2012年）72頁，高取由弥子「原子力損害賠償紛争解決センターにおける調査官の活動　1」判時2143号（2012年）43頁。

31　調査官は事案の具体的内容の解明作業を行う。すなわち，調査官は仲介委員を補佐して，事案の分析から，原発事故を取り巻く事象の調査（申立人の業界の動向，放射線量の調査等），ひいては紛争を解決するために必要な基準の総括委員会への提案にまで及ぶという（枥尾安紀「原子力損害賠償紛争解決センターにおける調査官の活動　3」判時2158号（2012年）5頁）。

32　組織政令7条の2第1項，同4条1項参照。

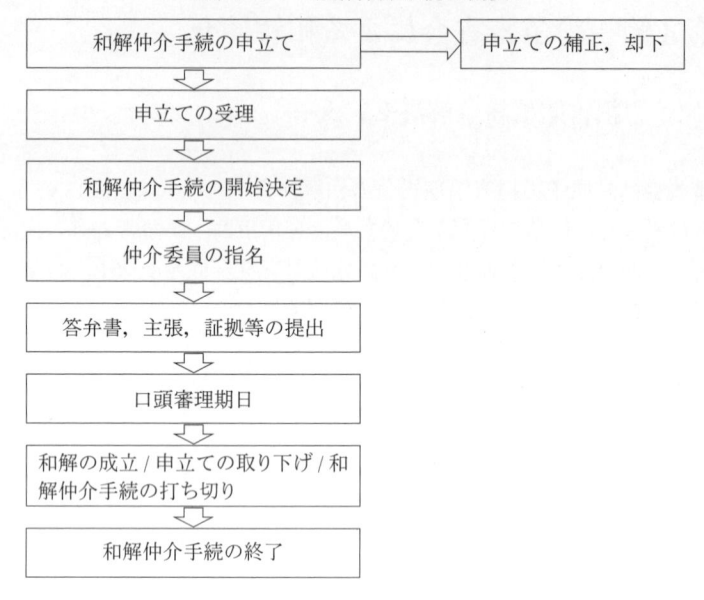

<図4-3-1：和解仲介手続の概要>

```
和解仲介手続の申立て  →  申立ての補正，却下
        ↓
   申立ての受理
        ↓
 和解仲介手続の開始決定
        ↓
   仲介委員の指名
        ↓
 答弁書，主張，証拠等の提出
        ↓
   口頭審理期日
        ↓
 和解の成立/申立ての取り下げ/和
 解仲介手続の打ち切り
        ↓
  和解仲介手続の終了
```

1　和解仲介手続の申立て

　原子力損害の賠償に関して紛争が生じた場合において，紛争審査会に対し和解の仲介の申立てをしようとする紛争の当事者は，①申立人の氏名又は名称及び住所又は居所並びに法人にあっては代表者の氏名，②当事者の一方から和解の仲介の申立てをしようとするときは，他の当事者の氏名又は名称及び住所又は居所並びに法人にあっては代表者の氏名，③和解の仲介を求める事項及び理由，④紛争の問題点及び交渉経過の概要，⑤申立ての年月日，⑥その他和解の仲介に関し参考となる事項を記載した申立書を紛争審査会に提出しなければならない（組織政令5条）。

2　和解仲介手続の開始

　紛争審査会は，組織政令5条に規定する申立書の提出があった場合のほか，原子力損害の賠償に関する紛争が生じた場合において紛争審査会が和解の仲介を行う必要があると認めるときは，和解の仲介を行うものとする（組織政令7条1項）。また，紛争審査会は，組織政令5条の規定により当事者の一方から和解の仲介の申立てがあったときは申立書の写しを添えて他の当事者に対し，組織政令7条1項の規定により和解の仲介を行う必要があると認めたときは当事者の双方に対し，それぞれ，遅滞なく，書面をもって，その旨を通知しなければならない（組織政

第3節　紛争審査会による和解仲介

令7条2項)。

　紛争審査会は，申立てに係る紛争がその性質上和解の仲介をするのに適当でないと認めるとき，又は当事者が不当な目的でみだりに和解の仲介の申立てをしたと認めるときは，和解の仲介をしないことができる（組織政令10条1項）[33]。

3　審理[34]

　紛争審査会が行う和解の仲介の手続は，紛争審査会の定めるところにより，事件ごとに1人又は2人以上の委員又は特別委員によって実施する（組織政令7条1項）。2人以上の仲介委員が和解の仲介手続を実施する場合には，当該和解の仲介の手続上の事項は，仲介委員の過半数で決する（組織政令7条2項）。

　和解の仲介の申立てに係る当事者が多数である場合においては，当該当事者は，そのうちから1人若しくは数人の代表者を選定し，又はその選定した代表者を変更することができる（組織政令6条1項）。代表者は，各自，他の当事者のために，和解の仲介の申立ての取下げ又は和解の締結を除き，当該和解の仲介の申立てに係る一切の行為をすることができ（組織政令6条2項），代表者が選定されたときは，当事者は，代表者を通じてのみ，組織政令6条2項の行為をすることができる（組織政令6条3項）。また，代表者の選定及びその変更は，書面をもって証明しなければならない（組織政令6条4項）。

4　和解の成立

　仲介委員は，和解仲介手続において当事者間に合意が成立した場合，当事者に和解契約書を作成させ，その写しの交付を受ける（原子力損害賠償紛争解決セン

---

[33] 審査会は，組織政令10条1項の規定により和解の仲介をしないものとしたときは，当事者に対し，遅滞なく，書面をもって，その旨を通知しなければならない（組織政令10条2項）。

[34] 当事者の参加については以下のとおりである。すなわち，原子力損害の賠償に関する紛争につき和解の仲介の手続が係属している場合において，利害関係を有する第三者は，審査会の許可を得て，当事者として当該和解の仲介の手続に参加することができる（組織政令9条1項）。審査会は，組織政令9条1項の許可をするときは，あらかじめ，当事者の意見を聴かなければならない（組織政令9条2項）。参加の申立てをしようとする者は，①申立人の氏名又は名称及び住所又は居所並びに法人にあっては代表者の氏名，②参加の申立てをする和解の仲介の事案の表示及び和解の仲介を求める理由，③申立ての年月日，④その他和解の仲介に関し参考となる事項を記載した申立書を審査会に提出しなければならない（組織政令9条3項）。また，審査会は，参加の申立てがあったときは参加の申立書の写しを添えて当事者に対し，参加の許否の決定をしたときは当事者に対し，それぞれ，遅滞なく，書面をもって，その旨を通知しなければならない（組織政令9条4項）。

ター和解仲介業務規程（以下本節において「規程」という。）29条）。この場合，和解成立による和解仲介手続は，終了する（規程31条）。

5 和解が成立しない場合

紛争審査会は，申立てに係る紛争が解決される見込みがないと認めるときは，和解の仲介を打ち切ることができる（組織政令11条1項）[35]。

その他，和解が成立しない場合の和解仲介手続の終了事由として，①申立人による申立ての取下げ（規程32条），②和解仲介手続に適さない事由の判明による終了（規程33条1項）がある。

Ⅳ 和解仲介の実績

紛争審査会における和解仲介の実績は以下のとおりである。

申立件数は，平成24年末までに5063件，和解成立件数は1204件である[36]。

また，平均的な和解成立までの期間は約8か月である[37]。

---

[35] 審査会は，和解の仲介を打ち切ったときは，当事者に対し，遅滞なく，書面をもって，その旨を通知しなければならない（組織政令11条2項）。

[36] 原紛センター「原子力損害賠償紛争解決センター活動状況報告書──平成24年における状況について（概況報告と総括）」。なお，和解仲介のほかに打ち切り・取り下げ等により和解仲介手続が終了したものもある（打ち切り272件，取り下げ385件，却下1件）。

[37] 前掲・原紛センター「原子力損害賠償紛争解決センター活動状況報告」。審理期間が長期化しているとの指摘がある（小島延夫「原子力損害賠償紛争解決センターでの実務と被害救済」環境と公害43巻2号（2013年）18頁）。

第4章 裁判手続による権利実現

第1節 裁判手続の概要

　被害者が損害賠償請求権を行使するに当たり，加害者である債務者に対する直接の請求や，紛争審査会による和解仲介手続という手段をとることができるものの，これらの手段は，当事者間の合意が必要である点で，そのような合意に至らない場合に実効性を欠く。

　そこで，裁判手続（訴訟手続）による権利実現により，強制的に紛争を解決し損害賠償請求権を実現することが重要となる。

　以下，裁判手続において主張・立証の対象となる事実（要件事実）について整理し（第2節），証明について説明する（第3節）。

第2節　原賠法3条1項に基づく損害賠償請求権の要件事実

I　請求原因事実

1　不法行為に基づく損害賠償請求権の要件事実

　この場合，訴訟物は，不法行為に基づく損害賠償請求権である。

　一般に，過失責任の場合の不法行為に基づく損害賠償請求権の要件事実は，①権利又は法律上保護に値する利益の侵害，②故意又は過失，③①と②の因果関係，④損害の発生と数額と解されている[1]。

2　原賠法3条1項に基づく損害賠償請求権の要件事実

　この場合，訴訟物は，原賠法3条1項に基づく損害賠償請求権である。

　原賠法3条1項に基づく損害賠償請求権の請求原因事実は，以下のとおり，本

---

[1] 並木茂『要件事実論概説 II──時効・物権法・債権法総論他』（信山社，2010年）349頁など参照。

437

書第2部記載の要件のうち，事実に係る部分である[2]。
　なお，以下のは，事実発生の時的順序に従っていない。原子力損害賠償法を権利の保護・救済のための法と捉え，被害者の受けた権利侵害を重視し，権利侵害から出発するためである。

- ア　原告の権利・法益が侵害されたこと
- イ　放射線作用等が発生したこと
- ウ　アとイとの間の事実的因果関係
- エ　被告が原子力事業者であり，原子炉の運転等をしていたこと
- オ　イとエとの間の事実的因果関係
- カ　（第一次侵害について）権利侵害が規範の保護目的の範囲内であること（後続侵害について第一次侵害から生じた特別の危険の範囲内であること）（を基礎付ける評価根拠事実）
- キ　損害の発生及び数額
- ク　損害について損害賠償の範囲内にあること（を基礎付ける評価根拠事実）

II　抗弁事実

　原賠法3条1項に基づく損害賠償請求権に基づく請求原因事実に対する抗弁事実は，主として，以下のとおりである。
　なお，請求原因事実のうち，規範的要件については，その評価障害事実が抗弁事実となる場合があると考えられる。

1　抗弁1　原賠法3条1項ただし書
- サ　異常に巨大な天災地変が生じたこと
- シ　放射線作用等が発生したこと（上記イで顕出済み）
- ス　サとシとの間の因果関係（を基礎づける評価根拠事実[3]）

2　抗弁2　責任集中
- タ　発生した権利侵害の原因が，被告が行う「原子炉の運転等の際」でない

---

[2] したがって，請求原因事実のうち，規範的要件については，その評価根拠事実が請求原因事実となり，その評価障害事実が抗弁事実となる場合があると考えられる。

[3] 再抗弁として，異常に巨大な天災地変が生じたことにより放射線作用等が発生したことに対する評価障害事実が成り立ちうる。

こと

第3節 証　　明

　不法行為に基づく損害賠償請求権の権利行使に当たっては，第2節記載の請求原因事実を証明する必要がある。原子力損害賠償に関する証明に関する主たる問題は以下のとおりである。

I　過失の証明

　原子力損害賠償責任は，無過失責任であるため，原子力事業者が原子炉の運転等について過失があったことを証明することは不要である（原賠法3条1項）。これは，被害者保護を目的とする[4]。

II　因果関係の証明

　原賠法3条1項は，原子力事業者の無過失責任を定めたものであって，原子力損害の有無及びその因果関係の存否について立証責任を転換したものではない（最判平成3年12月17日労判600号6頁）。
　因果関係（事実的因果関係）を基礎づける具体的事実については，被害者が主張・立証責任を負う。もっとも，ここでの因果関係の証明は，一点の疑義も許さない自然科学的証明ではなく，経験則に照らして全証拠を総合検討し，特定の事実が特定の結果発生を招来した関係を是認しうる高度の蓋然性を証明することであり，その判定は，通常人が疑いをさしはさまない程度に真実性の確信を持ちうるものであることを必要として，かつそれで足りる（最大判昭和50年10月24日民集29巻9号1417頁）。

　4　竹内昭夫「原子力損害二法の概要」ジュリスト236号（1961年）31頁，星野英一「原子力災害補償」同『民法論集3巻』（有斐閣，1972年）398頁。

不法行為に基づく損害賠償の因果関係の立証は，証拠の偏在などの理由で困難な場合がある[5]。そこで，確率的心証の理論[6]，疫学的証明[7]などの考え方が示されている。

---

5 潮見 I 372 頁。
6 倉田卓次『民事交通訴訟の課題』（日本評論社，1970 年）160 頁，同 201 頁，東京地判昭和 45 年 6 月 29 日判時 615 号 38 頁など参照。
7 瀬川信久「裁判例における因果関係の疫学的証明」星野英一＝森島昭夫編『現代社会と民法学の動向　加藤一郎先生古稀記念　上（不法行為）』（有斐閣，1992 年）149 頁，新美育文「疫学的手法による因果関係の証明（上）」ジュリスト 866 号（1986 年）74 頁，同「疫学的手法による因果関係の証明（下）」ジュリスト 871 号（1986 年）89 頁。

第5部
おわりに

第1章 これまでの原子力損害賠償（時系列）[1]

　原子力損害賠償請求権の成立要件を検討するに当たっては，原子力損害賠償の歴史を振り返ることが重要である。その理由は以下のとおりである。

　第1に，特に，不法行為法においては，法規範と社会との相互作用を検討する必要がある。不法行為法は社会の要求や変化に対して最も敏感な法領域であり，様々な価値は不法行為法を通じて法の世界に現れ，そして，そこから法規範の生成や制度の構築が始まる[2]。このことは，不法行為法の一部を構成する原子力損害賠償法についても同様であると考えられる。

　第2に，原子力損害賠償請求権の成立要件を検討するに当たり，過去の経緯が，様々な見解の妥当性を検討する材料になる場合がある。例えば，相当因果関係判断において，特別損害について予見可能性を基準に判断するのであれば，放射線作用等の発生時において，原子力事業者にとって，既に知られた被害類型なのであれば，予見可能性を否定することは困難になる。

＜第1期：原賠法制定まで＞

1953年	アイゼンハウアー米国大統領は，「平和のための原子力」演説を行った。
1954年	米国は，原子力法を制定した。
1954年3月	ビキニ環礁被曝事件（第五福竜丸事件）が発生した。
1955年	いわゆる日米原子力協定が締結された（その後，逐次更新された。）。
1957年	米国は，原子力法を改正して，原子力損害賠償制度を導入し

---

1 原子力損害賠償の歴史について，特に，下山俊次「原子力」山本草二＝塩野宏＝奥平康弘＝下山俊次『現代法学全集54　未来社会と法』（筑摩書房，1976年）415頁，寺倉憲一「東日本大震災後の原子力損害賠償制度をめぐる経緯と課題」国立国会図書館編『東日本大震災への政策対応と諸課題』（2012年），遠藤典子『原子力損害賠償制度の研究——東京電力福島原発事故からの考察』（岩波書店，2013年）参照。

2 大村敦志『不法行為判例に学ぶ』（有斐閣，2011年）3頁。

443

第5部　第1章　これまでの原子力損害賠償（時系列）

	た（いわゆるプライス・アンダーソン法）。
1958年6月	日本原子力産業会議は，原子力補償問題特別委員会の専門委員会で「原子力補償問題研究中間報告」を作成し，これに基づいて政府に対して原子力補償体制の整備を要望した[3]。
1958年10月	原子力委員会が「原子力災害補償についての基本方針」を発表するとともに，政府は，原子力災害補償専門部会（部会長：我妻栄）を設置し，原子力災害補償を検討することにした。
1959年7月	日本原子力産業会議（原子力補償問題特別委員会の専門委員会）は，「原子力災害補償問題研究報告書——第三者補償問題を中心として」を作成し，これに基づいて「原子力補償体制確立についての要望」を政府に行った[4]。
1959年12月12日	原子力災害補償専門部会は，原子力委員会委員長に対し，原子力損害賠償責任，原子力責任保険，その他国家補償等の問題について答申した。
1960年3月	原子力委員会は，原子力災害補償制度（案）を決定した。
1960年5月17日	原子力損害の賠償に関する法律案及び原子力損害賠償補償契約に関する法律案について，最初の国会審議がなされた。
1960年7月29日	原子力の分野における第三者責任に関する条約（パリ条約）が採択された（1968年発効）。
1961年6月17日	原子力損害の賠償に関する法律及び原子力損害賠償補償契約に関する法律（以下「補償法」という。）が成立した。

＜第2期：原賠法制定後，JCO臨界事故まで＞

1961年11月	原子力事業従業員災害補償懇談会が設置された。
1962年10月3日	原子力事業従業員災害補償専門部会が設置された。
1963年5月21日	原子力損害の民事責任に関するウィーン条約（いわゆるウィーン条約）が採択された（1977年発効）。
1965年5月31日	原子力事業従業員災害補償専門部会は，原子力事業従業員災害補償専門部会報告書を公表した。

---

[3] 金沢良雄「原子力災害補償問題——第三者補償問題」ジュリスト186号（1959年）30頁。

[4] 前掲・金沢「原子力災害補償問題——第三者補償問題」30頁。

1970年11月30日	原子力損害賠償制度検討専門部会は，原子力損害賠償措置額の引き上げなどを行うべき旨答申した。
1971年5月1日	原賠法及び補償法が改正され，原子力損害賠償措置額を引き上げ[5]，原子力事業者からの求償の相手について，故意の第三者に限定されるなどした。
1975年7月21日	原子力事業従業員災害補償専門部会は，「原子力事業従業員災害補償専門部会報告書」を公表した。
1979年3月28日	米国スリーマイル島原子力発電所事故が発生した。
1981年	敦賀原発放射能漏れ事故が発生した。
1986年4月26日	旧ソ連（現ウクライナ）チェルノブイリ原子力発電所事故が発生した。
1988年12月2日	原子力損害賠償制度専門部会は，原子力委員会委員長に対し，「原子力損害賠償制度専門部会報告書」を報告した。
1997年	原子力損害の補完的保償に関する条約（CSC）が採択された。
1998年12月11日	原子力損害賠償制度専門部会は，原子力委員会委員長に対し，「原子力損害賠償制度専門部会報告書」を報告した。

＜第3期：JCO臨界事故とその対応＞

1999年9月30日	JCO臨界事故発生。東海村長は，350メートル圏内の住民に対し，避難を要請した。茨城県知事は，10キロ・メートル圏内の住民に対し屋内退避を要請した。
1999年10月1日	茨城県知事は，屋内退避要請を解除した。
1999年10月2日	東海村長は，避難要請を解除した。
1999年12月17日	原子力災害対策特別措置法が成立した。
2000年3月29日	原子力損害調査研究会は，原子力損害調査研究報告書（最終報告書取りまとめ）を公表した。
2008年12月15日	文部科学省「原子力損害賠償制度の在り方に関する検討会」は，第1次報告書を報告した。

＜第4期：本件事故とその対応＞

2011年3月11日	東日本大震災が発生した。

---

5 この後，原子力損害賠償措置額は段階的に引き上げられた。

第 5 部　第 1 章　これまでの原子力損害賠償（時系列）

同日	福島第一原発について，原子力緊急事態宣言が発出された。政府は，「平成 23 年（2011 年）福島第一原子力発電所事故に係る原子力災害対策本部」を設置した。
同日	原子力災害対策本部長（内閣総理大臣）は，原子力緊急事態宣言に係る地方自治体の長に対して，福島第一原発の半径 3 キロ・メートル圏内の避難，3 キロ・メートルから 10 キロ・メートルまでの圏内の屋内退避を指示した。
2011 年 3 月 12 日	福島第二原発について，原子力緊急事態宣言が発出された。
同日	原子力災害対策本部長は，福島第二原発から半径 3 キロ・メートル圏内の避難，半径 10 キロ・メートル圏内の屋内退避を指示した。
同日	原子力災害対策本部長は，福島第二原発から半径 10 キロ・メートル圏内の避難を指示した。
同日	原子力災害対策本部長は，福島第一原発から半径 20 キロ・メートル圏内の避難を指示した。
2011 年 3 月 15 日	原子力災害対策本部長は，福島第一原発から半径 20 キロ・メートルから 30 キロ・メートルまでの圏内の屋内退避を指示した。
2011 年 3 月 15 日	国土交通大臣は，福島第一原発から半径 30 キロ・メートル圏の屋内退避を受けて，航空法第 80 条に基づき，飛行禁止区域を設定した（期間，高度無制限）。海上保安庁長官は，福島第一原発から半径 30 キロ・メートルの円内海域を航行危険区域に設定した。
2011 年 3 月 21 日	原子力災害対策本部長は，福島県知事等に対して，ホウレンソウ等について関係事業者に対し出荷を控えるよう要請するよう指示した。
2011 年 4 月 11 日	「原子力損害賠償紛争審査会の設置に関する政令」により，原子力損害賠償紛争審査会が設置された。
2011 年 4 月 22 日	原子力災害対策本部長は，福島第一原発の半径 20 キロ・メートル圏内を警戒区域に設定し，半径 20 キロ・メートルから 30 キロ・メートルまでの圏内の屋内退避指示を解除し，計画的避難区域及び緊急時避難準備区域を設定した。福島第二原発周辺の避難区域を半径 10 キロ・メートル圏内から 8

第5部　第1章　これまでの原子力損害賠償（時系列）

	キロ・メートル圏内へ変更することを指示した。海上保安庁長官は，福島第一原発の半径20キロ・メートル円内海域を警戒区域と設定した。
2011年4月26日	東京電力は，被害者に対する仮払い金の支払を開始した。
2011年6月14日	内閣は，東京電力株式会社福島原子力発電所事故に係る原子力損害の賠償に関する政府の支援の枠組みについて，閣議決定した。
2011年8月5日	仮払い法[6]が成立した。
同日	紛争審査会は，中間指針を策定した。
2011年8月10日	原子力損害賠償支援機構法が成立した。
2011年8月30日	除染特措法[7]が成立した。
2011年9月12日	原子力損害賠償支援機構が発足した。
2011年9月30日	原子力災害対策本部長は，緊急時避難準備区域について，避難指示の解除を決定した。
2011年12月6日	紛争審査会は，一次追補を策定した。
2011年12月26日	原子力災害対策本部長は，「ステップ2の完了を受けた警戒区域及び避難指示区域の見直しに関する基本的考え方及び今後の検討課題について」を決定した。
2012年3月16日	紛争審査会は，二次追補を策定した。
2012年7月20日	経済産業省（資源エネルギー庁）は「避難指示区域の見直しに伴う賠償基準の考え方」を公表した。
2013年1月30日	紛争審査会は，三次追補を策定した。
2013年6月5日	時効中断特例法[8]が成立した。
2013年12月11日	時効期間等特例法[9]が成立した。
2013年12月20日	原子力災害対策本部は「原子力災害からの福島復興の加速に

---

6 「平成二十三年原子力事故による被害に係る緊急措置に関する法律」。
7 「平成二十三年三月十一日に発生した東北地方太平洋沖地震に伴う原子力発電所の事故により放出された放射性物質による環境の汚染への対処に関する特別措置法」。
8 「東日本大震災に係る原子力損害賠償紛争についての原子力損害賠償紛争審査会による和解仲介手続の利用に係る時効の中断の特例に関する法律」。
9 「東日本大震災における原子力発電所の事故により生じた原子力損害に係る早期かつ確実な賠償を実現するための措置及び当該原子力損害に係る賠償請求権の消滅時効等の特例に関する法律」。

	向けて」を決定した。
2013年12月26日	紛争審査会は，四次追補を策定した。
2014年4月1日	原子力災害対策本部は，田村市の避難指示解除準備区域について，避難指示を解除した。

第2章　原子力損害賠償の将来と課題

　好むと好まざるとにかかわらず，わが国は原子力発電の恩恵を受けてきた。したがって，原子力産業の継続に賛成するのであれ，反対するのであれ，本件事故に伴う原子力損害賠償の問題は，わが国の未来のために正面から取り組み，乗り越えなければならない課題である。

　そこで，本件事故に伴う原子力損害賠償を法的に検討したとき，以下のとおり残された課題があると考える。

　第1に，放射線作用は，不可視のまま人の健康に悪影響を与える可能性があるという意味において，扱いにくい性質をもつ。このような扱いにくさに対して，損害賠償法がどのように対応すればよいかという課題がある。

　放射線に対する感じ方は，人によって多様であるから，そのような多様性に応じた権利救済が必要である。これは，個人の感じ方の多様性をどこまで法律上保護するのかという形で問題となる。すなわち，放射線の影響について，科学的に完全には立証されていないから，微量であっても恐怖を感じる人がいる一方で，放射線に対する恐怖を感じにくい人もいる。したがって，放射線に対する恐怖を感じたことのみをもって，法律上保護することには困難を伴う。

　第2に，避難指示が長期化しているため，避難者の生活状況の変化に対応した損害賠償を検討する必要がある。

　ここで，従前の損害賠償法理，特に交通事故損害賠償実務においては，人身事故の場合，傷害の症状固定を待って損害項目を積み上げることが行われてきた。これにより，比較的安定した損害把握が可能となる。しかしながら，本件事故においては，避難の長期化に伴い，被害の程度を固定化して損害を把握することができない事態が生じている。また，本件事故後の生活上の変化，例えば，本件事故後に婚姻・離婚や出生などに伴い世帯の状況に変化が生じた場合に，損害賠償法がどのように対応すればよいかという点も，今後の課題である。

　第3に，避難等対象区域の損害賠償について，避難等対象区域の線引き（区域割り）を基準とすることの適否が問われている。

中間指針等は、政府による避難指示等の有無・内容により、例えば帰還困難区域の財物は全損であるなど、区域の別に応じて被害の程度が異なることを前提に、損害賠償の内容を段階的に把握している。これは、「等しいものは等しく、等しくないものは等しくなく扱うべし」という正義の理念に合致しているようにも見える。しかしながら、例えば、同じ市町村で異なる区域が存在する場合に、同一の市町村の中で、損害賠償の内容を区別することに対する異論が起きている。これは、「等しいものは何か」という点に疑問を投げかけるものである。

第4に、損害賠償には、被害の救済の方法として限界があることも明らかになりつつある。

というのは、損害賠償は事後的な救済であるため、生活の再建に必要な費用を被害者が一旦負担しなければいけないという限界があるからである。他方で、これと同時に、事前に一括の損害賠償を行うと、より多くの損害賠償を受領するために（それ自体は非難できるものではない。）、被害者の選択の意思決定に影響を与える場合がある。

第5に、原子力損害賠償制度との関係で、今後に残された課題がある。

例えば、本件事故後制定された、原子力損害賠償支援機構法のもとでの政府による支援のあり方や、原子力損害賠償紛争審査会による和解仲介のあり方について、課題が残されている。また、いわゆる電力システム改革後に、原子力事故が起きた場合、事故収束・廃炉、損害賠償、除染、復興、電力の安定供給を、誰が、どのような財源で、どのような期間で担うのか、原子力発電のリスクと受益者という観点からも検討される必要があろう。

本件事故を原因とする原子力損害賠償は、いまだ途上にあり、引き続き、被害者の救済がなされる必要がある。

本書は、原子力損害賠償を危険責任原理に基づき帰責されるものとして、過失責任における判例等を、原子力損害賠償に適用できるかを出発点として、原子力損害賠償が民事法体系の中のどこに位置づけられるかを検討してきた[10]。

損害賠償請求権の成立要件という観点から、浮かび上がる原子力損害賠償の特

---

10 これは、原子力損害賠償を民事法全体や不法行為法の中での位置づけを明確にすることにより、より適切な議論を可能とすると考えるものである（その意味において、信託法を、民法の中で水に浮いた油ではないと考えた先学と同じ観点に立つ（信託法と民法の関係について、四宮和夫『信託法（新版）』（有斐閣、1989年）旧版はしがき3頁、道垣内弘人『信託法理と私法体系』（有斐閣、1996年）2頁参照）)。

色は以下の2点である。

　第1に，これまで必ずしも充分に議論されてこなかった，新たな内容の権利類型が明示的に意識された。

　例えば，政府の避難指示等により避難した者の権利の内容（生活の平穏に対する侵害）や，いわゆる就労不能損害の権利・法益の内容が（労働契約上の地位に対する侵害），これに該当する。本書は，原子力損害賠償，特に本件事故で権利救済を必要とすることが明らかとなった，7つの典型的な権利侵害を中心に検討した。

　今後も，本件事故に伴う原子力損害賠償において，新たな権利侵害の類型が救済対象となる可能性がある。

　第2に，従前あまり議論されてこなかった損害項目が明示的に意識された。

　例えば，予防措置に伴う費用や検査費用，いわゆる住居確保損害・建替費用損害，いわゆる早期帰還者賠償がこれに該当する。原子力損害賠償の損害項目は，過失責任の場合の損害賠償と本質的差異がないと考えるものの，新たな権利侵害の把握に対応して，今後も，新たな損害項目が賠償の対象となる場合があると考える。

　これらの点について，原子力損害賠償による救済という観点から，今後も検証されることとなろう。

　※本書の記載のうち意見にわたる部分は，筆者の個人的見解であり，筆者の属するいかなる団体の見解ではない。

資　料

〈資料1〉東京電力株式会社福島第一，第二原子力発電所事故による原子力損害の範囲の判定等に関する中間指針

〈資料2〉東京電力株式会社福島第一，第二原子力発電所事故による原子力損害の範囲の判定等に関する中間指針追補（自主的避難等に係る損害について）

〈資料3〉東京電力株式会社福島第一，第二原子力発電所事故による原子力損害の範囲の判定等に関する中間指針第二次追補（政府による避難区域等の見直し等に係る損害について）

〈資料4〉東京電力株式会社福島第一，第二原子力発電所事故による原子力損害の範囲の判定等に関する中間指針第三次追補（農林漁業・食品産業の風評被害に係る損害について）

〈資料5〉東京電力株式会社福島第一，第二原子力発電所事故による原子力損害の範囲の判定等に関する中間指針第四次追補（避難指示の長期化等に係る損害について）

〈資料1〉中間指針

〈資料1〉東京電力株式会社福島第一，第二原子力発電所事故による原子力損害の範囲の判定等に関する中間指針

平成 23 年 8 月 5 日

原子力損害賠償紛争審査会

目　次

はじめに	1
第1　中間指針の位置づけ	2
第2　各損害項目に共通する考え方	3
第3　政府による避難等の指示等に係る損害について	6
［対象区域］	6
［避難等対象者］	8
［損害項目］	10
1　検査費用（人）	10
2　避難費用	11
3　一時立入費用	14
4　帰宅費用	15
5　生命・身体的損害	16
6　精神的損害	17
7　営業損害	23
8　就労不能等に伴う損害	26
9　検査費用（物）	28
10　財物価値の喪失又は減少等	29
第4　政府による航行危険区域等及び飛行禁止区域の設定に係る損害について	32
［対象区域］	32
［損害項目］	32
1　営業損害	32
2　就労不能等に伴う損害	33
第5　政府等による農林水産物等の出荷制限指示等に係る損害について	34
［対象］	34
［損害項目］	35
1　営業損害	35
2　就労不能等に伴う損害	36
3　検査費用（物）	36
第6　その他の政府指示等に係る損害について	37

455

〈資料1〉中間指針

  ［対象］ ……………………………………………………………………… 37
  ［損害項目］ …………………………………………………………………… 37
   1 営業損害 ………………………………………………………………… 37
   2 就労不能等に伴う損害 ………………………………………………… 39
   3 検査費用(物) …………………………………………………………… 39
第7 いわゆる風評被害について ……………………………………………… 40
   1 一般的基準 ……………………………………………………………… 40
   2 農林漁業・食品産業の風評被害 ……………………………………… 43
   3 観光業の風評被害 ……………………………………………………… 48
   4 製造業，サービス業等の風評被害 …………………………………… 51
   5 輸出に係る風評被害 …………………………………………………… 53
第8 いわゆる間接被害について ……………………………………………… 55
第9 放射線被曝による損害について ………………………………………… 57
第10 その他 ……………………………………………………………………… 58
   1 被害者への各種給付金等と損害賠償金との調整について ………… 58
   2 地方公共団体等の財産的損害等 ……………………………………… 60

はじめに

　平成23年3月11日に発生した東京電力株式会社福島第一原子力発電所及び福島第二原子力発電所における事故（以下「本件事故」という。）は，広範囲にわたる放射性物質の放出をもたらした上，更に深刻な事態を惹起しかねない危険を生じさせた。このため，政府による避難，屋内退避の指示などにより，指示等の対象となった住民だけでも十数万人規模にも上り，あるいは，多くの事業者が，生産及び営業を含めた事業活動の断念を余儀なくされるなど，福島県のみならず周辺の各県も含めた広範囲に影響を及ぼす事態に至った。これら周辺の住民及び事業者らの被害は，その規模，範囲等において未曾有のものである。加えて，本件事故発生から5ヶ月近くを経過した現在においても，本件事故の収束に向けた放射性物質の放出を抑制・管理するための作業は続いている。本件事故直後に出された避難等の指示は，一部解除されたものの，同年4月22日には新たな地域に計画的避難の指示が出され，さらに，同年6月30日には，局所的に高い放射線量が観測されている地点として特定避難勧奨地点が設定されている。また，同年7月8日以降，複数の道県において牛肉や稲わらから新たに放射性セシウムが検出されるなど，本件事故により放出された放射性物質による被害も未だ収束するに至っていない。
　このような状況の中，政府や地方公共団体による各種の支援措置は講じられているものの，避難を余儀なくされた住民や事業者，出荷制限等により事業に支障が生じた生産者などの被害者らの生活状況は切迫しており，このような被害者を迅速，公平かつ適正に救済する必要がある。
　このため，原子力損害賠償紛争審査会（以下「本審査会」という。）は，原子力損害による賠償を定めた原子力損害の賠償に関する法律（以下「原賠法」という。）に基づき，「原子力損害の範囲の判定の指針その他の当該紛争の当事者による自主的な解決に資する一般的な指針」（同法18条2項2号）を早急に策定することとした。策定に当たっては，上記の事情にかんがみ，

〈資料1〉中間指針

　原子力損害に該当する蓋然性の高いものから，順次指針として提示することとし，可能な限り早期の被害者救済を図ることとした。
　この度の指針（以下「中間指針」という。）は，本件事故による原子力損害の当面の全体像を示すものである。この中間指針で示した損害の範囲に関する考え方が，今後，被害者と東京電力株式会社との間における円滑な話し合いと合意形成に寄与することが望まれるとともに，中間指針に明記されない個別の損害が賠償されないということのないよう留意されることが必要である。東京電力株式会社に対しては，中間指針で明記された損害についてはもちろん，明記されなかった原子力損害も含め，多数の被害者への賠償が可能となるような体制を早急に整えた上で，迅速，公平かつ適正な賠償を行うことを期待する。

第1　中間指針の位置づけ

1. 本審査会は，①平成23年4月28日に「東京電力株式会社福島第一，第二原子力発電所事故による原子力損害の範囲の判定等に関する第一次指針」（以下「第一次指針」という。），②同年5月31日に「東京電力株式会社福島第一，第二原子力発電所事故による原子力損害の範囲の判定等に関する第二次指針」（以下「第二次指針」という。），③同年6月20日に「東京電力株式会社福島第一，第二原子力発電所事故による原子力損害の範囲の判定等に関する第二次指針追補」（以下「追補」という。）を決定・公表したが，これらの対象とされなかった損害項目やその範囲等については，今後検討することとされていた。
2. そこで，中間指針により，第一次指針及び第二次指針（追補を含む。以下同じ。）で既に決定・公表した内容にその後の検討事項を加え，賠償すべき損害と認められる一定の範囲の損害類型を示す。
　　具体的には，①「政府による避難等の指示等に係る損害」，②「政府による航行危険区域等及び飛行禁止区域の設定に係る損害」，③「政府等による農林水産物等の出荷制限指示等に係る損害」，④「その他の政府指示等に係る損害」，⑤「いわゆる風評被害」，⑥「いわゆる間接被害」，⑦「放射線被曝による損害」を対象とし，さらに，⑧「被害者への各種給付金等と損害賠償金との調整」や，⑨「地方公共団体等の財産的損害等」についても可能な限り示すこととした。
3. 既に決定・公表済みの第一次指針及び第二次指針で賠償の対象と認めた損害項目及びその範囲等については，必要な範囲でこの中間指針で取り込んでいることから，今後の損害の範囲等については，本中間指針をもってこれに代えることとする。
4. なお，この中間指針は，本件事故が収束せず被害の拡大が見られる状況下，賠償すべき損害として一定の類型化が可能な損害項目やその範囲等を示したものであるから，中間指針で対象とされなかったものが直ちに賠償の対象とならないというものではなく，個別具体的な事情に応じて相当因果関係のある損害と認められることがあり得る。また，今後，本件事故の収束，避難区域等の見直し等の状況の変化に伴い，必要に応じて改めて指針で示すべき事項について検討する。

第2　各損害項目に共通する考え方

1. 原賠法により原子力事業者が負うべき責任の範囲は，原子炉の運転等により及ぼした「原子力損害」であるが（同法3条），その損害の範囲につき，一般の不法行為に基づく損害賠償請求権における損害の範囲と特別に異なって解する理由はない。したがって，指針

457

〈資料1〉中間指針

策定に当たっても、本件事故と相当因果関係のある損害、すなわち社会通念上当該事故から当該損害が生じるのが合理的かつ相当であると判断される範囲のものであれば、原子力損害に含まれると考える。

具体的には、本件事故に起因して実際に生じた被害の全てが、原子力損害として賠償の対象となるものではないが、本件事故から国民の生命や健康を保護するために合理的理由に基づいて出された政府の指示等に伴う損害、市場の合理的な回避行動が介在することで生じた損害、さらにこれらの損害が生じたことで第三者に必然的に生じた間接的な被害についても、一定の範囲で賠償の対象となる。

また、原賠法における原子力損害賠償制度は、一般の不法行為の場合と同様、本件事故によって生じた損害を塡補することで、被害者を救済することを目的とするものであるが、被害者の側においても、本件事故による損害を可能な限り回避又は減少させる措置を執ることが期待されている。したがって、これが可能であったにもかかわらず、合理的な理由なく当該措置を怠った場合には、損害賠償が制限される場合があり得る点にも留意する必要がある。

2　また、損害項目のうち、「避難費用」、「営業損害」、「就労不能等に伴う損害」など、継続的に発生し得る損害については、その終期をどう判断するかという困難な問題があるが、この点については、現時点で考え方を示すことが可能なものは示すこととし、そうでないものは今後事態の進捗を踏まえつつ必要に応じて検討する。

3　中間指針策定に当たっては、平成11年9月30日に発生した株式会社ジェー・シー・オー東海事業所における臨界事故に関して原子力損害調査研究会が作成した同年12月15日付け中間的な確認事項（営業損害に対する考え方）及び平成12年3月29日付け最終報告書を参考とした。

但し、本件事故は、その事故の内容、深刻さ、周辺に及ぼした被害の規模、範囲、期間等において上記臨界事故を遙かに上回るものであり、その被害者及び損害の類型も多岐にわたるものであることから、本件事故に特有の事情を十分考慮して策定することとした。

4　本件事故は、東北地方太平洋沖地震及びこれに伴う津波による一連の災害（以下「東日本大震災」という。）を契機として発生したものであるが、前記1のとおり、原賠法により原子力事業者が負うべき責任の範囲は、あくまで原子炉の運転等により与えた「原子力損害」であるから（同法3条）、地震・津波による損害については賠償の対象とはならない。

但し、中間指針で対象とされている損害によっては、例えば風評被害など、本件事故による損害か地震・津波による損害かの区別が判然としない場合もある。この場合に、厳密な区別の証明を被害者に強いるのは酷であることから、例えば、同じく東日本大震災の被害を受けながら、本件事故による影響が比較的少ない地域における損害の状況等と比較するなどして、合理的な範囲で、特定の損害が「原子力損害」に該当するか否か及びその損害額を推認することが考えられるとともに、東京電力株式会社には合理的かつ柔軟な対応が求められる。

5　加えて、損害の算定に当たっては、個別に損害の有無及び損害額の証明をもとに相当な範囲で実費賠償をすることが原則であるが、本件事故による被害者が避難等の指示等の対象となった住民だけでも十数万人規模にも上り、その迅速な救済が求められる現状にかんがみれば、損害項目によっては、合理的に算定した一定額の賠償を認めるなどの方法も考えられる。但し、そのような手法を採用した場合には、上記一定額を超える現実の損害額

〈資料1〉中間指針

　が証明された場合には，必要かつ合理的な範囲で増額されることがあり得る。
　　また，避難により証拠の収集が困難である場合など必要かつ合理的な範囲で証明の程度を緩和して賠償することや，大量の請求を迅速に処理するため，客観的な統計データ等による合理的な算定方法を用いることが考えられる。
6　さらに，賠償金の支払方法についても，迅速な救済が必要な被害者の現状にかんがみれば，例えば，ある損害につき賠償額の全額が最終的に確定する前であっても，継続して発生する損害について一定期間毎に賠償額を特定して支払いをしたり，請求金額の一部の支払いをしたりするなど，東京電力株式会社には合理的かつ柔軟な対応が求められる。

第3　政府による避難等の指示等に係る損害について

[対象区域]
政府による避難等（後記の［避難等対象者］（備考）の1）参照。）の指示等（後記の［避難等対象者］（備考）の2）参照。）があった対象区域（下記（5）の対象「地点」も含む。以下同じ。）は，以下のとおりである。
(1) 避難区域
　政府が原子力災害対策特別措置法（以下「原災法」という。）に基づいて各地方公共団体の長に対して住民の避難を指示した区域
　①　東京電力株式会社福島第一原子力発電所から半径20km圏内（平成23年4月22日には，原則立入り禁止となる警戒区域に設定。）
　②　東京電力株式会社福島第二原子力発電所から半径10km圏内（同年4月21日には，半径8km圏内に縮小。）
(2) 屋内退避区域
　政府が原災法に基づいて各地方公共団体の長に対して住民の屋内退避を指示した区域
　③　東京電力株式会社福島第一原子力発電所から半径20km以上30km圏内
　（注）この屋内退避区域について，平成23年3月25日，官房長官より，社会生活の維持継続の困難さを理由とする自主避難の促進等が発表された。但し，屋内退避区域は，同年4月22日，下記の(3)計画的避難区域及び(4)緊急時避難準備区域の指定に伴い，その区域指定が解除された。
(3) 計画的避難区域
　政府が原災法に基づいて各地方公共団体の長に対して計画的な避難を指示した区域
　④　東京電力株式会社福島第一原子力発電所から半径20km以遠の周辺地域のうち，本件事故発生から1年の期間内に積算線量が20ミリシーベルトに達するおそれのある区域であり，概ね1か月程度の間に，同区域外に計画的に避難することが求められる区域
(4) 緊急時避難準備区域
　政府が原災法に基づいて各地方公共団体の長に対して緊急時の避難又は屋内退避が可能な準備を指示した区域
　⑤　東京電力株式会社福島第一原子力発電所から半径20km以上30km圏内の区域から「計画的避難区域」を除いた区域のうち，常に緊急時に避難のための立退き又は屋内への退避が可能な準備をすることが求められ，引き続き自主避難をすること及び特に子供，妊婦，要介護者，入院患者等は立ち入らないこと等が求められる区域

〈資料1〉中間指針

(注) 上記の避難区域（警戒区域），屋内退避区域，計画的避難区域及び緊急時避難準備区域については，その外縁は，必ずしも東京電力株式会社福島第一原子力発電所又は第二原子力発電所からの一定の半径距離で設定されているわけではなく，行政区や字単位による特定など，個々の地方公共団体の事情を踏まえつつ，設定されている。
(5) 特定避難勧奨地点政府が，住居単位で設定し，その住民に対して注意喚起，自主避難の支援・促進を行う地点
　⑥　計画的避難区域及び警戒区域以外の場所であって，地域的な広がりが見られない本件事故発生から1年間の積算線量が20ミリシーベルトを超えると推定される空間線量率が続いている地点であり，政府が住居単位で設定した上，そこに居住する住民に対する注意喚起，自主避難の支援・促進を行うことを表明した地点
(6) 地方公共団体が住民に一時避難を要請した区域
　南相馬市が，独自の判断に基づき，住民に対して一時避難を要請した区域（(1)～(4)の区域を除く。）
　⑦　南相馬市は同市内に居住する住民に対して一時避難を要請したが，このうち同市全域から上記(1)～(4)の区域を除いた区域
　(注) 南相馬市は，平成23年3月16日，市民に対し，その生活の安全確保等を理由として一時避難を要請するとともに，その一時避難を支援した。同市は，屋内退避区域の指定が解除された同年4月22日，上記（6）の区域から避難していた住民に対して，自宅での生活が可能な者の帰宅を許容する旨の見解を示した。

［避難等対象者］

避難等対象者の範囲は，避難指示等により避難等を余儀なくされた者として，以下のとおりとする。
　1　本件事故が発生した後に対象区域内から同区域外へ避難のための立退き（以下「避難」という。）及びこれに引き続く同区域外滞在（以下「対象区域外滞在」という。）を余儀なくされた者（但し，平成23年6月20日以降に緊急時避難準備区域（特定避難勧奨地点を除く。）から同区域外に避難を開始した者のうち，子供，妊婦，要介護者，入院患者等以外の者を除く。）
　2　本件事故発生時に対象区域外に居り，同区域内に生活の本拠としての住居（以下「住居」という。）があるものの引き続き対象区域外滞在を余儀なくされた者
　3　屋内退避区域内で屋内への退避（以下「屋内退避」という。）
を余儀なくされた者

（備考）

1）以上の「避難」，「対象区域外滞在」及び「屋内退避」を併せて，「避難等」という。
　また，避難等対象者には，一旦避難した後に住居に戻って屋内退避をした者なども含まれる（但し，損害額の算定に当たっては，これらの差異が考慮されることはあり得る。）。
2）「避難指示等」とは，［対象区域］における政府又は本件事故発生直後における合理的な判断に基づく地方公共団体による避難等の指示，要請又は支援・促進をいう。対象区域内の住民に対しては，上記のとおり，区域に応じて，避難指示等が出されているが，政府によ

〈資料1〉中間指針

る避難等の指示の対象となった区域内の住民のみならず、政府による自主避難の促進等の対象となった区域内の住民（平成23年6月20日以降に緊急時避難準備区域（特定避難勧奨地点を除く。）から同区域外に避難を開始した者のうち、子供、妊婦、要介護者、入院患者等以外の者を除く。）についても、対象区域外に避難する行動に出ることや、同区域外に居た者が同区域内の住居に戻ることを差し控える行動に出ることは、合理的な行動であり、避難指示等により避難や対象区域外滞在を「余儀なくされた」場合に該当する。また、地方公共団体独自の判断による一時避難の要請についても、それが本件事故発生直後であり、順次、同地方公共団体の大半の区域が避難区域や屋内退避区域に指定がなされていた状況下における一時避難の要請であったという当時の具体的な状況に照らせば、その判断は不合理ではないと認められることから、その要請に基づく一時避難についても同様とする。さらに、避難指示等の前に避難等した者についても、避難指示等に照らし、その行為は客観的・事後的にみて合理的であったと認められ、避難指示等により避難等を「余儀なくされた者」の範疇に含めて考えるべきである。

3) 以下の［損害項目］においては、基本的に避難等対象者の損害の範囲等を示すが、損害項目（検査費用、営業損害、就労不能等に伴う損害等）によっては、本件事故の発生以降、対象区域内に住居がある者のうち、避難しなかった者（以下「対象区域内滞在者」という。）の損害も含まれる。

［損害項目］

1 検査費用（人）

> （指針）
> 　本件事故の発生以降、避難等対象者のうち避難若しくは屋内退避をした者、又は対象区域内滞在者が、放射線への曝露の有無又はそれが健康に及ぼす影響を確認する目的で必要かつ合理的な範囲で検査を受けた場合には、これらの者が負担した検査費用（検査のための交通費等の付随費用を含む。以下（備考）の3）において同じ。）は、賠償すべき損害と認められる。

（備考）
1) 放射線は、その量によっては人体に多大な負の影響を及ぼす危険性がある上、人の五感の作用では知覚できないという性質を有している。それゆえ、本件事故の発生により、少なくとも避難等対象者のうち、対象区域内から対象区域外に避難し、若しくは同区域内で屋内退避をした者又は対象区域内滞在者が、自らの身体が放射線に曝露したのではないかとの不安感を抱き、この不安感を払拭するために検査を受けることは通常は合理的な行動といえる。
2) 無料の検査を受けた場合の検査費用については、その避難若しくは屋内退避をした者又は対象区域内滞在者に実損が生じておらず、賠償すべき損害とは認められない。
3) なお、政府による避難指示等の前に本件事故により生じた検査費用があれば、本件事故の発生により合理的な判断に基づいて実施されたものと推認でき、これを賠償対象から除外すべき合理的な理由がない限り、必要かつ合理的な範囲でその検査費用が賠償すべき損害と認められる。

〈資料1〉中間指針

2 避難費用

（指針）
Ⅰ）避難等対象者が必要かつ合理的な範囲で負担した以下の費用が，賠償すべき損害と認められる。
① 対象区域から避難するために負担した交通費，家財道具の移動費用
② 対象区域外に滞在することを余儀なくされたことにより負担した宿泊費及びこの宿泊に付随して負担した費用（以下「宿泊費等」という。）
③ 避難等対象者が，避難等によって生活費が増加した部分があれば，その増加費用

Ⅱ）避難費用の損害額算定方法は，以下のとおりとする。
① 避難費用のうち交通費，家財道具の移動費用，宿泊費等については，避難等対象者が現実に負担した費用が賠償の対象となり，その実費を損害額とするのが合理的な算定方法と認められる。
　但し，領収証等による損害額の立証が困難な場合には，平均的な費用を推計することにより損害額を立証することも認められるべきである。
② 他方，避難費用のうち生活費の増加費用については，原則として，後記6の「精神的損害」の（指針）Ⅰ①又は②の額に加算し，その加算後の一定額をもって両者の損害額とするのが公平かつ合理的な算定方法と認められる。
　その具体的な方法については，後記6のとおりである。

Ⅲ）避難指示等の解除等（指示，要請の解除のみならず帰宅許容の見解表明等を含む。以下同じ。）から相当期間経過後に生じた避難費用は，特段の事情がある場合を除き，賠償の対象とはならない。

（備考）
1) Ⅰ）については，①及び②に該当する費用，すなわち避難等対象者が負担した避難費用（交通費，家財道具の移動費用，宿泊費等）について，必要かつ合理的な範囲で賠償すべき損害の対象とするのが妥当である。
　また，③に該当する費用，すなわち生活費の増加費用についても，例えば，屋内退避をした者が食品購入のため遠方までの移動が必要となったり，避難等対象者が自家用農作物の利用が不能又は著しく困難（以下「不能等」という。）となったため食費が増加したりしたような場合には，その増加分は賠償すべき損害の対象となり得る。
2) Ⅱ）の①については，避難等対象者の避難状況及び支出状況等を一定程度調査したところによれば，一回的な支出である交通費に関しては，これらを実費負担していない者も少なくなく，また，最終避難先が全国に及び，その交通手段が多様化していることから，自己負担している者の間でもその金額には相当の差異があると推定された。また，宿泊費等についても，地方公共団体等が負担している場合が多く，継続して自己負担している者は比較的少数にとどまると認められる上，自己負担した金額も宿泊場所に応じて相当の差異があると推定された。家財道具の移動費用についても，自己負担している金額に相当の差異があると推定された。したがって，これらの損害項目については，一定額を「平均的損害

〈資料1〉中間指針

額」などとして避難等対象者全員に賠償するという方法は，必ずしも実態に即しておらず，また，公平でもないと考えられる。
　また，原則どおり実費賠償とした場合，費用の立証が問題になるが，仮に領収証等でその金額を立証することができない場合には，客観的な統計データ等により損害額を推計する方法，例えば自己所有車両で避難した場合の交通費であれば，避難先までの移動距離からそれに要したガソリン代等を算出し，また，宿泊費等であれば，当該宿泊場所周辺における平均的な宿泊費等を算出してこれを損害額と推計するなどの方法で立証することも認められるべきである。こうした対応により，これらの費用につき，原則どおり実費賠償としたとしても，被害者に特段の不利益を生じさせるとまでは認め難い。
　以上のことから，避難費用のうち交通費，家財道具の移動費及び宿泊費等については，原則どおり，上記各損害項目を実費負担した者が，必要かつ合理的な範囲において，その実費の賠償を受けるのが公平かつ合理的である。

3) Ⅱ）の②については，避難等により生ずる生活費の増加費用は，避難等対象者の大多数に発生すると思われる上，通常はさほど高額となるものではなく，個人差による差異も少ない反面，その実費を厳密に算定することは実際上困難であり，その立証を強いることは避難等対象者に酷である。
　また，この生活費の増加費用は，避難等における生活状況等と密接に結びつくものであることから，後記6の「精神的損害」の（指針）Ⅰ①又は②に加算して，両者を一括して一定額を算定することが，公平かつ合理的であると判断した。
　但し，上記のように後記6の「精神的損害」の（指針）Ⅰ①又は②の加算要素として一括して算定する生活費の増加費用は，あくまで通常の範囲の費用を想定したものであるから，避難等対象者の中に，特に高額の生活費の増加費用の負担をした者がいた場合には，そのような高額な費用を負担せざるを得なかった特段の事情があるときは，別途，必要かつ合理的な範囲において，その実費が賠償すべき損害と認められる。

4) Ⅲ）について，平成23年4月22日に屋内退避区域の指定が解除され避難指示等の対象外となった区域及び上記［対象区域］(6)の区域（上記［対象区域］(6)の区域については，同日，同区域内の住居への帰宅が許容されたものとみなすことができる。）については，同日から相当期間経過後は，賠償の対象とならない。この相当期間は，これらの区域における公共施設の復旧状況等を踏まえ，解除等期日から住居に戻るまでに通常必要となると思われる準備期間を考慮し，平成23年7月末までを目安とする。但し，これらの区域に所在する学校等に通っていた児童・生徒等が避難を余儀なくされている場合は，平成23年8月末までを目安とする。

5) Ⅲ）について，特段の事情がある場合とは，避難中に健康を害し自宅以外の避難先等での療養の継続が必要なため帰宅できない場合などをいう。

3　一時立入費用

（指針）
　避難等対象者のうち，警戒区域内に住居を有する者が，市町村が政府及び県の支援を得て実施する「一時立入り」に参加するために負担した交通費，家財道具の移動費用，除染費用等（前泊や後泊が不可欠な場合の宿泊費等も含む。以下同じ。）は，必

〈資料1〉中間指針

> 要かつ合理的な範囲で賠償すべき損害と認められる。

（備考）
1) 避難等対象者のうち，原則として立入りが禁止されている警戒区域内に住居を有している者（東京電力株式会社福島第一原子力発電所から半径3km圏内に住居を有している者などを除く。）は，平成23年5月10日以降，当面の生活に必要な物品の持ち出し等を行うことを目的として市町村が政府及び県の支援を得て実施する「一時立入り」に参加して一時的に住居に戻ることが可能となった。その「一時立入り」の方法は，参加者が「一時立入り」の出発点となる集合場所（中継基地）に集合し，地区ごとに専用バスで住居地区まで移動することとなっている。
2) しかしながら，対象区域外滞在をしている場所から上記集合場所までの移動に際して，参加者がその往復の交通費等を負担する場合や，上記集合場所から住居地区までの交通費，人及び物に対する除染費用，家財道具（自動車等を含む。）の移動費用等について，負担する場合も否定できない。
　このような「一時立入り」への参加に要する費用については，本件事故により住民の安全確保の観点から住居を含む警戒区域内への立入りが原則として禁止されたことに伴い，「一時立入り」を行う者（以下「一時立入者」という。）が住居から当面の生活に必要な物品の持ち出し等を行うために必要な費用であるから，本件事故と相当因果関係のある損害と認めることができる。
　したがって，上記のように一時立入者が負担した交通費，家財道具の移動費用，除染費用等については，必要かつ合理的な範囲で賠償すべき損害の対象と認められる。
3) なお，その際の交通費等の算定方法については，前記2の（備考）の2)に同じである。

4　帰宅費用

> （指針）
> 　避難等対象者が，対象区域の避難指示等の解除等に伴い，対象区域内の住居に最終的に戻るために負担した交通費，家財道具の移動費用等（前泊や後泊が不可欠な場合の宿泊費等も含む。以下同じ。）は，必要かつ合理的な範囲で賠償すべき損害と認められる。

（備考）
1) 避難指示等の解除等がされた場合には，必要な準備期間である「相当期間」を経過した後は対象区域内の住居に戻ることが可能な状態となる。
　そして，このように住居に最終的に帰宅するために負担した交通費や家財道具の移動費用等については，前記2で述べた避難費用と同様，必要かつ合理的な範囲で賠償すべき損害と認められる。
2) なお，その際の交通費等の算定方法については，前記2の（備考）の2)に同じである。

〈資料1〉中間指針

5 生命・身体的損害

(指針)
　避難等対象者が被った以下のものが，賠償すべき損害と認められる。
Ⅰ) 本件事故により避難等を余儀なくされたため，傷害を負い，治療を要する程度に健康状態が悪化（精神的障害を含む。以下同じ。）し，疾病にかかり，あるいは死亡したことにより生じた逸失利益，治療費，薬代，精神的損害等
Ⅱ) 本件事故により避難等を余儀なくされ，これによる治療を要する程度の健康状態の悪化等を防止するため，負担が増加した診断費，治療費，薬代等

(備考)
1) 避難等対象者が，本件事故により避難等を余儀なくされたため，「生命・身体的損害」を被った場合には，それによって失われた逸失利益のほか，被った治療費や薬代相当額の出費，精神的損害等が賠償すべき損害と認められる。なお，この「生命・身体的損害を伴う精神的損害」の額は，後記6の場合とは異なり，生命・身体の損害の程度等に従って個別に算定されるべきである。
2) また，避難等により実際に健康状態が悪化したわけではなくとも，高齢者や持病を抱えている者らが，避難等による健康悪化防止のために必要な限りにおいて，従来より費用の増加する治療を受けることも合理的な行動であるから，これによって増加した費用も賠償すべき損害と認められる。

6 精神的損害

(指針)
Ⅰ) 本件事故において，避難等対象者が受けた精神的苦痛（「生命・身体的損害」を伴わないものに限る。以下この項において同じ。）のうち，少なくとも以下の精神的苦痛は，賠償すべき損害と認められる。
　① 対象区域から実際に避難した上引き続き同区域外滞在を長期間余儀なくされた者（又は余儀なくされている者）及び本件事故発生時には対象区域外に居り，同区域内に住居があるものの引き続き対象区域外滞在を長期間余儀なくされた者（又は余儀なくされている者）が，自宅以外での生活を長期間余儀なくされ，正常な日常生活の維持・継続が長期間にわたり著しく阻害されたために生じた精神的苦痛
　② 屋内退避区域の指定が解除されるまでの間，同区域における屋内退避を長期間余儀なくされた者が，行動の自由の制限等を余儀なくされ，正常な日常生活の維持・継続が長期間にわたり著しく阻害されたために生じた精神的苦痛
Ⅱ) Ⅰ)の①及び②に係る「精神的損害」の損害額については，前記2の「避難費用」のうち生活費の増加費用と合算した一定の金額をもって両者の損害額と算定するのが合理的な算定方法と認められる。
　そして，Ⅰ)の①又は②に該当する者であれば，その年齢や世帯の人数等にかかわらず，避難等対象者個々人が賠償の対象となる。

〈資料1〉中間指針

Ⅲ）Ⅰ）の①の具体的な損害額の算定に当たっては，差し当たって，その算定期間を以下の3段階に分け，それぞれの期間について，以下のとおりとする。
① 本件事故発生から6ヶ月間（第1期）
第1期については，一人月額10万円を目安とする。但し，この間，避難所・体育館・公民館等（以下「避難所等」という。）における避難生活等を余儀なくされた者については，避難所等において避難生活をした期間は，一人月額12万円を目安とする。
② 第1期終了から6ヶ月間（第2期）
但し，警戒区域等が見直される等の場合には，必要に応じて見直す。
第2期については，一人月額5万円を目安とする。
③ 第2期終了から終期までの期間（第3期）
第3期については，今後の本件事故の収束状況等諸般の事情を踏まえ，改めて損害額の算定方法を検討するのが妥当であると考えられる。
Ⅳ）Ⅰ）の①の損害発生の始期及び終期については，以下のとおりとする。
① 始期については，原則として，個々の避難等対象者が避難等をした日にかかわらず，本件事故発生日である平成23年3月11日とする。但し，緊急時避難準備区域内に住居がある子供，妊婦，要介護者，入院患者等であって，同年6月20日以降に避難した者及び特定避難勧奨地点から避難した者については，当該者が実際に避難した日を始期とする。
② 終期については，避難指示等の解除等から相当期間経過後に生じた精神的損害は，特段の事情がある場合を除き，賠償の対象とはならない。
Ⅴ）Ⅰ）の②の損害額については，屋内退避区域の指定が解除されるまでの間，同区域において屋内退避をしていた者（緊急時避難準備区域から平成23年6月19日までに避難を開始した者及び計画的避難区域から避難した者を除く。）につき，一人10万円を目安とする。

（備考）
1）Ⅰ）については，前述したように，本件事故と相当因果関係のある損害であれば「原子力損害」に該当するから，「生命・身体的損害」を伴わない精神的損害（慰謝料）についても，相当因果関係等が認められる限り，賠償すべき損害といえる。
但し，生命・身体的損害を伴わない精神的苦痛の有無，態様及び程度等は，当該被害者の年齢，性別，職業，性格，生活環境及び家族構成等の種々の要素によって著しい差異を示すものである点からも，損害の有無及びその範囲を客観化することには自ずと限度がある。
しかしながら，本件事故においては，実際に周辺に広範囲にわたり放射性物質が放出され，これに対応した避難指示等があったのであるから，対象区域内の住民が，住居から避難し，あるいは，屋内退避をすることを余儀なくされるなど，日常の平穏な生活が現実に妨害されたことは明らかであり，また，その避難等の期間も総じて長く，また，その生活も過酷な状況にある者が多数であると認められる。
このように，本件事故においては，少なくとも避難等対象者の相当数は，その状況に応じて，①避難及びこれに引き続く対象区域外滞在を長期間余儀なくされ，あるいは②本件

〈資料1〉中間指針

事故発生時には対象区域外に居り、同区域内に住居があるものの引き続き対象区域外滞在を長期間余儀なくされたことに伴い、自宅以外での生活を長期間余儀なくされ、あるいは、③屋内退避を余儀なくされたことに伴い、行動の自由の制限等を長期間余儀なくされるなど、避難等による長期間の精神的苦痛を被っており、少なくともこれについては賠償すべき損害と観念することが可能である。

　　したがって、この精神的損害については、合理的な範囲において、賠償すべき損害と認められる。

2) Ⅱ)については、Ⅰ)の①及び②の損害額算定に当たっては、前記2のⅡ)の②で述べたとおり、原則として、避難費用のうち「生活費の増加費用」を加算して、両者を一括して一定額を算定することが、公平かつ合理的であると判断した。

　　また、損害賠償請求権は個々人につき発生するものであるから、損害の賠償についても、世帯単位ではなく、個々人に対してなされるべきである。そして、年齢や世帯の人数あるいはその他の事情により、各避難等対象者が現実に被った精神的苦痛の程度には個人差があることは否定できないものの、中間指針においては、全員に共通する精神的苦痛につき賠償対象とされるのが妥当と解されること、生活費の増加費用についても個人ごとの差異は少ないと考えられることから、年齢等により金額に差は設けないこととした。

3) 長期間の避難等を余儀なくされた者は、正常な日常生活の維持・継続を長期間にわたり著しく阻害されているという点では全員共通した苦痛を被っていること、また、仮設住宅等に宿泊する場合と旅館・ホテル等に宿泊する場合とで、個別の生活条件を考えれば一概には生活条件に明らかな差があるとはいえないとも考えられることから、主として宿泊場所等によって分類するのではなく、一律の算定を行い、相対的に過酷な避難生活が認められる避難所等についてのみ、本件事故後一定期間は滞在期間に応じて一定金額を加算することとし、むしろ、主として避難等の時期によって合理的な差を設けることが適当である。

4) Ⅲ)の①については、本件事故後、避難等対象者の大半が仮設住宅等への入居が可能となるなど、長期間の避難生活のための基盤が形成されるまでの6ヶ月間（第1期）は、地域コミュニティ等が広範囲にわたって突然喪失し、これまでの平穏な日常生活とその基盤を奪われ、自宅から離れ不便な避難生活を余儀なくされた上、帰宅の見通しもつかない不安を感じるなど、最も精神的苦痛の大きい期間といえる。

　　したがって、本期間の損害額の算定に当たっては、本件は負傷を伴う精神的損害ではないことを勘案しつつ、自動車損害賠償責任保険における慰謝料（日額4,200円。月額換算12万6,000円）を参考にした上、上記のように大きな精神的苦痛を被ったことや生活費の増加分も考慮し、一人当たり月額10万円を目安とするのが合理的であると判断した。

　　但し、特に避難当初の避難所等における長期間にわたる避難生活は、他の宿泊場所よりも生活環境・利便性・プライバシー確保の点からみて相対的に過酷な生活状況であったことは否定し難いため、この点を損害額の加算要素として考慮し、避難所等において避難生活をしていた期間についてのみ、一人月額12万円を目安とすることが考えられる。

5) Ⅲ)の②については、第1期終了後6ヶ月間（第2期）は、引き続き自宅以外での不便な生活を余儀なくされている上、いつ自宅に戻れるか分からないという不安な状態が続くことによる精神的苦痛がある。その一方で、突然の日常生活とその基盤の喪失による混乱等という要素は基本的にこの段階では存せず、この時期には、大半の者が仮設住宅等への入居が可能となるなど、長期間の避難生活の基盤が整備され、避難先での新しい環境にも

467

〈資料1〉中間指針

徐々に適応し、避難生活の不便さなどの要素も第1期に比して縮減すると考えられる。但し、その期間は必要に応じて見直すこととする。

　本期間の損害額の算定に当たっては、上記のような事情にかんがみ、希望すれば大半の者が仮設住宅等への入居が可能となるなど長期間の避難生活のための基盤が形成され、避難生活等の過酷さも第1期に比して緩和されると考えられることを考慮し、民事交通事故訴訟損害賠償額算定基準（財団法人日弁連交通事故相談センター東京支部）による期間経過に伴う慰謝料の変動状況も参考とし、一人月額5万円を目安とすることが考えられる。

6) Ⅲ）の③については、第2期終了後、実際に帰宅が可能となるなどの終期までの間（第3期）は、いずれかの時点で避難生活等の収束の見通しがつき、帰宅準備や生活基盤の整備など、前向きな対応も可能となると考えられるが、現時点ではそれがどの時点かを具体的に示すことが困難であることから、今後の本件事故の収束状況等諸般の事情を踏まえ、改めて第3期における損害額の算定を検討することが妥当であると考えられる。但し、既に終期が到来している区域については、この限りではない。

7) Ⅳ）の①について、Ⅰ）の①の損害発生の始期につき、個々の対象者が実際に避難等をした日とすることも考えられる。

　しかしながら、上記対象者が実際に避難をした日はそれぞれの事情によって異なっているものの、避難等をする前の生活においても、本件事故発生日以降しばらくの間は、避難後の精神的苦痛に準ずる程度に、正常な日常生活の維持・継続を著しく阻害されることによる精神的苦痛を受けていたと考えられることから、損害発生の始期は平成23年3月11日の本件事故発生日とするのが合理的であると判断した。但し、緊急時避難準備区域内に住居がある子供、妊婦、要介護者、入院患者等であって平成23年6月20日以降に避難した者及び特定避難勧奨地点から避難した者については、当該者が実際に避難した日を始期とする。

8) Ⅳ）の②については、前記2の（備考）の4）及び5）に同じである。

9) Ⅴ）については、Ⅰ）の②に該当する者、すなわち屋内退避区域の指定が解除されるまでの間、同区域において屋内退避をしていた者は、自宅で生活しているという点ではⅠ）の①に該当する者、すなわち避難及び対象区域外滞在をした者のような精神的苦痛は観念できないが、他方で、外出等行動の自由を制限されていたことなどを考慮し、Ⅰ）の①の損害額を超えない範囲で損害額を算定することとし、その損害額は一人10万円を目安とするのが妥当である。

10) 損害額の算定は月単位で行うのが合理的と認められるが、Ⅲ）の①及び②並びにⅤ）の金額はあくまでも目安であるから、具体的な賠償に当たって柔軟な対応を妨げるものではない。

11) その他の本件事故による精神的苦痛についても、個別の事情によっては賠償の対象と認められ得る。

7　営業損害

（指針）
Ⅰ）従来、対象区域内で事業の全部又は一部を営んでいた者又は現に営んでいる者において、避難指示等に伴い、営業が不能になる又は取引が減少する等、その事業に

〈資料1〉中間指針

支障が生じたため，現実に減収があった場合には，その減収分が賠償すべき損害と認められる。
　　上記減収分は，原則として，本件事故がなければ得られたであろう収益と実際に得られた収益との差額から，本件事故がなければ負担していたであろう費用と実際に負担した費用との差額（本件事故により負担を免れた費用）を控除した額（以下「逸失利益」という。）とする。
Ⅱ）また，Ⅰ）の事業者において，上記のように事業に支障が生じたために負担した追加的費用（従業員に係る追加的な経費，商品や営業資産の廃棄費用，除染費用等）や，事業への支障を避けるため又は事業を変更したために生じた追加的費用（事業拠点の移転費用，営業資産の移動・保管費用等）も，必要かつ合理的な範囲で賠償すべき損害と認められる。
Ⅲ）さらに，同指示等の解除後も，Ⅰ）の事業者において，当該指示等に伴い事業に支障が生じたため減収があった場合には，その減収分も合理的な範囲で賠償すべき損害と認められる。また，同指示等の解除後に，事業の全部又は一部の再開のために生じた追加的費用（機械等設備の復旧費用，除染費用等）も，必要かつ合理的な範囲で賠償すべき損害と認められる。

（備考）
1) 避難指示等があったことにより，自己又は従業員等が対象区域からの避難等を余儀なくされ，又は，車両や商品等の同区域内への出入りに支障を来したことなどにより，同区域内で事業の全部又は一部を営んでいた者が，その事業に支障が生じた場合には，当該事象に係る営業損害は賠償すべき損害と認められる。
　　対象となる事業は，農林水産業，製造業，建設業，販売業，サービス業，運送業，医療業，学校教育その他の事業一般であり，営利目的の事業に限られず，また，その事業の一部を対象区域内で営んでいれば対象となり得る。
　　また，上記事業の支障により生じた商品や営業資産の廃棄，返品費用，商品調達等費用の増加，従業員に係る追加的な経費など，あるいは，このような事態を避けるために，当該事業者が対象区域内から同区域外に事業拠点を移転させた費用や，事業に必要な営業資産等（家畜等を含む。）を搬出した費用などの追加費用についても，必要かつ合理的な範囲で賠償すべき損害と認められる。
2) Ⅰ）の「収益」には，売上高のほか，事業の実施に伴って得られたであろう交付金等（例えば，農業における戸別所得補償交付金，医療事業における診療報酬等，私立学校における私学助成）がある場合は，これらの交付金等相当分も含まれる。
3) また，例えば，事業者が本件事故により負担を免れた賃料や従業員の給料等を逸失利益から控除しなかった場合には，事業者は実際に負担しなかった販売費及び一般管理費分についても賠償を受けることになってしまい妥当ではないと考えられることから，Ⅰ）の「費用」には，売上原価のほか販売費及び一般管理費も含まれる。
4) 将来の売上のための費用を既に負担し，又は継続的に負担せざるを得ないような場合には，当該費用は本件事故によっても負担を免れなかったとしてこれを控除せずに減収分（損害額）を算定するのが相当である。
5) Ⅰ）の「減収分」の記述は，第一次指針第3の5Ⅰ）の「減収分」の記述と異なるが，こ

6) なお，避難指示等の前に本件事故により生じた営業損害があれば，これを賠償対象から除外すべき合理的な理由はないから，本件事故日以降の営業損害が賠償すべき損害と認められる。
7) 営業損害の終期は，基本的には対象者が従来と同じ又は同等の営業活動を営むことが可能となった日とすることが合理的であるが，本件事故により生じた減収分がある期間を含め，どの時期までを賠償の対象とするかについては，現時点で全てを示すことは困難であるため，改めて検討することとする。但し，その検討に当たっては，一般的には事業拠点の移転や転業等の可能性があることから，賠償対象となるべき期間には一定の限度があることや，早期に転業する等特別の努力を行った者が存在することに，留意する必要がある。
8) 倒産・廃業した場合は，営業資産の価値が喪失又は減少した部分（減価分），一定期間の逸失利益及び倒産・廃業に伴う追加的費用等を賠償すべき損害とすることが考えられる。
9) 既に対象区域内の拠点を閉鎖し，事業拠点を移転又は転業した場合（一時的な移転又は転業を含む。）は，営業資産の減価分，事業拠点の移転又は転業に至るまでの期間における逸失利益，事業拠点の移転又は転業後の一定期間における従来収益との差額分及びⅡ）に掲げる移転に伴う追加的費用等を賠償すべき損害とすることが考えられる。
10) 8）の「倒産・廃業した場合」及び9）の「移転又は転業した場合」に逸失利益等が賠償されるべき「一定期間」の検討に当たっては，高齢者，農林漁業者等の転職が特に困難な場合や特別の努力を講じた場合等には，特別の考慮をすることとする。

8　就労不能等に伴う損害

> （指針）
> 　対象区域内に住居又は勤務先がある勤労者が避難指示等により，あるいは，前記7の営業損害を被った事業者に雇用されていた勤労者が当該事業者の営業損害により，その就労が不能等となった場合には，かかる勤労者について，給与等の減収分及び必要かつ合理的な範囲の追加的費用が賠償すべき損害と認められる。

（備考）
1) 避難等を余儀なくされた勤労者が，例えば，対象区域内にあった勤務先が本件事故により廃業を余儀なくされ，又は，避難先が勤務先から遠方となったために就労が不能等となった場合には，その給与等の減収分及び必要かつ合理的な範囲の追加的費用は賠償すべき損害と認められる。
　　なお，就労の不能等には，本件事故と相当因果関係のある解雇その他の離職も含まれる。
2) 但し，自営業者や家庭内農業従事者等の逸失利益分については，別途営業損害の対象となり得るから，ここでいう就労不能等に伴う損害の対象とはならない。
3) また，就労が不能等となった期間のうち，雇用者が勤労者に給与等を支払った場合には，当該雇用者の出捐額が損害となり，これは当該雇用者の営業損害で考慮されるべきものである。
　　他方，既に就労したものの未払いである賃金については，当該賃金は本来雇用者が支払うべきものであるが，本件事故により当該賃金の支払が不能等となったと認められる場合

〈資料1〉中間指針

には，当該賃金部分も勤労者の損害に該当し得る（後記第10の1も参照。但し，その場合に勤労者が実際に賠償を受けたときは，その限度で勤労者の賃金債権が代位取得されることとなる点に留意すべきである。）。
4) また，避難指示等の前に本件事故により生じた就労不能等に伴う損害があれば，これを賠償対象から除外すべき合理的な理由はないから，本件事故発生日以降のものが賠償すべき損害と認められる。
5) なお，未就労者のうち就労が予定されていた者については，その就労の確実性によっては，就労不能等に伴う損害を被ったとして賠償すべき損害の対象となり得る。
6) 給与等の減収分は，原則として，就労不能等となる以前の給与等から就労不能等となった後の給与等を控除した額であり，当該「給与等」には各種手当，賞与等も含まれる。
7) 当該追加的費用には，対象区域内にあった勤務先が本件事故により移転，休業等を余儀なくされたために勤労者が配置転換，転職等を余儀なくされた場合に負担した転居費用，通勤費の増加分等及び対象区域内に係る避難等を余儀なくされた勤労者が負担した通勤費の増加分等も必要かつ合理的な範囲で含まれる。
8) 就労不能等に伴う損害の終期は，基本的には対象者が従来と同じ又は同等の就労活動を営むことが可能となった日とすることが合理的であるが，本件事故により生じた減収分がある期間を含め，どの時期までを賠償の対象とするかについて，その具体的な時期等を現時点で見通すことは困難であるため，改めて検討することとする。但し，その検討に当たっては，一般的には，就労不能等に対しては転職等により対応する可能性があると考えられることから，賠償対象となるべき期間には一定の限度があることや，早期の転職や臨時の就労等特別の努力を行った者が存在することに留意する必要がある。

9　検査費用（物）

（指針）
　対象区域内にあった商品を含む財物につき，当該財物の性質等から，検査を実施して安全を確認することが必要かつ合理的であると認められた場合には，所有者等の負担した検査費用（検査のための運送費等の付随費用を含む。以下同じ。）は必要かつ合理的な範囲で賠償すべき損害と認められる。

（備考）
1) 本件事故による被害の全貌はいまだ判明しておらず，個々の財物がその価値を喪失又は減少させる程度の量の放射性物質に曝露しているか否かは不明である。
　しかしながら，財物の価値ないし価格は，当該財物の取引等を行う人の印象・意識・認識等の心理的・主観的な要素によって大きな影響を受ける。しかも，財物に対して実施する検査は，取引の相手方による取引拒絶，キャンセル要求又は減額要求等を未然に防止し，営業損害の拡大を最小限に止めるためにも必要とされる場合が多い。
　したがって，平均的・一般的な人の認識を基準として当該財物の種類及び性質等から，その所有者等が当該財物の安全性に対して危惧感を抱き，この危惧感を払拭するために検査を実施することが必要かつ合理的であると認められる場合には，その負担した検査費用を損害と認めるのが相当である。

471

〈資料1〉中間指針

2) また，避難指示等の前に本件事故により生じた検査費用があれば，本件事故の発生により合理的な判断に基づいて実施されたものと推認でき，これを賠償対象から除外すべき合理的な理由がない限り，その検査費用も必要かつ合理的な範囲で賠償すべき損害と認められる。

10 財物価値の喪失又は減少等

> （指針）
> 　財物につき，現実に発生した以下のものについては，賠償すべき損害と認められる。なお，ここで言う財物は動産のみならず不動産をも含む。
> Ⅰ）避難指示等による避難等を余儀なくされたことに伴い，対象区域内の財物の管理が不能等となったため，当該財物の価値の全部又は一部が失われたと認められる場合には，現実に価値を喪失し又は減少した部分及びこれに伴う必要かつ合理的な範囲の追加的費用（当該財物の廃棄費用，修理費用等）は，賠償すべき損害と認められる。
> Ⅱ）Ⅰ）のほか，当該財物が対象区域内にあり，
> 　① 財物の価値を喪失又は減少させる程度の量の放射性物質に曝露した場合
> 　又は，
> 　② ①には該当しないものの，財物の種類，性質及び取引態様等から，平均的・一般的な人の認識を基準として，本件事故により当該財物の価値の全部又は一部が失われたと認められる場合には，現実に価値を喪失し又は減少した部分及び除染等の必要かつ合理的な範囲の追加的費用が賠償すべき損害と認められる。
> Ⅲ）対象区域内の財物の管理が不能等となり，又は放射性物質に曝露することにより，その価値が喪失又は減少することを予防するため，所有者等が支出した費用は，必要かつ合理的な範囲において賠償すべき損害と認められる。

（備考）
1) Ⅰ）については，避難等に伴い，財物の管理が不能等になったため，当該財物の価値の全部又は一部が失われたと認められる場合には，その現実に価値を喪失し又は減少した部分及びこれに伴う必要かつ合理的な範囲の追加的費用（当該財物の廃棄費用，修理費用等）については，賠償すべき損害と認められる。

　但し，当該財物が商品である場合には，これを財物価値（客観的価値）の喪失又は減少等と評価するか，あるいは，営業損害としてその減収分（逸失利益）と評価するかは，個別の事情に応じて判断されるべきである。

　なお，立ち入りができないため，価値の喪失又は減少について現実に確認できないものは，蓋然性の高い状況を想定して喪失又は減少した価値を算定することが考えられる。

2) Ⅱ）の①について，本件事故により放出された放射性物質が当該財物に付着したことにより，当該財物の価値が喪失又は減少した場合には，その価値喪失又は減少分及びこれに伴う必要かつ合理的な範囲の追加的費用（当該財物の除染費用，廃棄費用等）は賠償の対象となる。

3) Ⅱ）の②について，Ⅱ）の①のように放射性物質の付着により財物の価値が喪失又は減少

〈資料1〉中間指針

したとまでは認められなくとも，財物の価値ないし価格が，当該財物の取引等を行う人の印象・意識・認識等の心理的・主観的な要素によって大きな影響を受けることにかんがみ，その種類，性質及び取引態様等から，平均的・一般的な人の認識を基準として，財物の価値が喪失又は減少したと認められてもやむを得ない場合には，その価値喪失分又は減少分及び必要かつ合理的な範囲の追加的費用が賠償すべき損害となる。

4) Ⅰ）及びⅡ）について，合理的な修理，除染等の費用は，原則として当該財物の客観的価値の範囲内のものとするが，文化財，農地等代替性がない財物については，例外的に，合理的な範囲で当該財物の客観的価値を超える金額の賠償も認められ得る。

5) 損害の基準となる財物の価値は，原則として，本件事故発生時点における財物の時価に相当する額とすべきであるが，時価の算出が困難である場合には，一般に公正妥当と認められる企業会計の慣行に従った帳簿価額を基準として算出することも考えられる。

6) 不動産売買契約及び不動産賃貸借契約（以下「不動産関連契約」という。）の契約価格の下落に係る損害については，本件事故がなければ当初予定していた価格で契約が成立していたとの確実性が認められる場合は，合理的な範囲で現実の契約価格との差額につき賠償すべき損害と認められる。

　併せて，不動産関連契約の締結拒絶又は途中破棄等に係る損害については，本件事故がなければ当該契約が成立又は継続していたとの確実性が認められる場合は，合理的な範囲で賠償すべき損害と認められる。

　また，不動産を担保とする融資の拒絶による損害や不動産賃貸借における賃料の減額を行ったことによる損害等については，本件事故がなければ当該融資の拒絶や賃料の減額等が行われなかったとの確実性が認められる場合には，合理的な範囲で賠償すべき損害と認められる。

第4　政府による航行危険区域等及び飛行禁止区域の設定に係る損害について

[対象区域]

(1) 政府により，平成23年3月15日に航行危険区域に設定された，東京電力株式会社福島第一原子力発電所を中心とする半径30kmの円内海域（同海域のうち半径20kmの円内海域は同年4月22日に「警戒区域」にも設定され，その後の同月25日には，同海域全体につき航行危険区域が解除されるとともに，「警戒区域」以外の半径20kmから30kmの円内海域は「緊急時避難準備区域」に設定された。以下，これら設定の変更前後における各円内海域を併せて「航行危険区域等」という。）

(2) 政府により，平成23年3月15日に飛行禁止区域に設定された，東京電力株式会社福島第一原子力発電所を中心とする半径30kmの円内空域（同年5月31日には，半径20kmの円内空域に縮小。）

[損害項目]

1　営　業　損　害

（指針）
　Ⅰ）航行危険区域等の設定に伴い，①漁業者が，対象区域内での操業又は航行を断念

〈資料1〉中間指針

せざるを得なくなったため，又は，②内航海運業若しくは旅客船事業を営んでいる者等が同区域を迂回して航行せざるを得なくなったため，現実に減収があった場合又は迂回のため費用が増加した場合は，その減収分及び必要かつ合理的な範囲の追加的費用が賠償すべき損害と認められる。
Ⅱ）飛行禁止区域の設定に伴い，航空運送事業を営んでいる者が，同区域を迂回して飛行せざるを得なくなったため費用が増加した場合には，当該追加費用が必要かつ合理的な範囲で賠償すべき損害と認められる。

（備考）
1) 減収分の算定方法等は，前記第3の7に同じ（但し，避難等に特有の部分は除く。）である。
2) なお，政府による航行危険区域等又は飛行禁止区域設定の前に自主的に制限を行っていたものについては，本件事故の発生により合理的な判断に基づいて実施されたものと推認でき，これを賠償対象から除外すべき合理的な理由がない限り，当該制限に伴う減収分等も賠償すべき損害と認められる。

2 就労不能等に伴う損害

（指針）
航行危険区域等又は飛行禁止区域の設定により，同区域での操業，航行又は飛行が不能等となった漁業者，内航海運業者，旅客船事業者，航空運送事業者等の経営状態が悪化したため，そこで勤務していた勤労者が就労不能等を余儀なくされた場合には，かかる勤労者について，給与等の減収分及び必要かつ合理的な範囲の追加的費用が賠償すべき損害と認められる。

（備考）
減収分の算定方法等は，前記第3の8に同じ（但し，避難等に特有の部分は除く。）である。

第5 政府等による農林水産物等の出荷制限指示等に係る損害について

［対象］
農林水産物（加工品を含む。以下第5において同じ。）及び食品の出荷，作付けその他の生産・製造及び流通に関する制限又は農林水産物及び食品に関する検査について，政府が本件事故に関し行う指示等（地方公共団体が本件事故に関し合理的理由に基づき行うもの及び生産者団体が政府又は地方公共団体の関与の下で本件事故に関し合理的理由に基づき行うものを含む。）に伴う損害を対象とする。

（備考）
1) 「政府が本件事故に関し行う指示等」には，政府が原災法に基づいて各地方公共団体の長に対して行う出荷制限指示，摂取制限指示及び作付制限指示，放牧及び牧草等の給与制限指導，食品衛生法の規定に基づく販売禁止，食品の放射性物質検査の指示等が含まれる。
2) 「地方公共団体が本件事故に関し合理的理由に基づき行うもの」には，例えば，特定の品

〈資料1〉中間指針

目について暫定規制値を超える放射性物質の検出があったことを理由として，県が当該品目の生産者に対して出荷又は操業に係る自粛を要請する場合等が含まれる。
3)「生産者団体が政府又は地方公共団体の関与の下で本件事故に関し合理的理由に基づき行うもの」には，例えば，本件事故発生県沖における航行危険区域等の設定，汚染水の排出等の事情を踏まえ，同県の漁業者団体が同県との協議に基づき操業の自粛を決定した場合等が含まれる。

[損害項目]

1　営　業　損　害

> （指針）
> Ⅰ）農林漁業者その他の同指示等の対象事業者において，同指示等に伴い，当該指示等に係る行為の断念を余儀なくされる等，その事業に支障が生じたため，現実に減収があった場合には，その減収分が賠償すべき損害と認められる。Ⅱ）また，農林漁業者その他の同指示等の対象事業者において，上記のように事業に支障が生じたために負担した追加的費用（商品の回収費用，廃棄費用等）や，事業への支障を避けるため又は事業を変更したために生じた追加的費用（代替飼料の購入費用，汚染された生産資材の更新費用等）も，必要かつ合理的な範囲で賠償すべき損害と認められる。
> Ⅲ）同指示等の対象品目を既に仕入れ又は加工した加工・流通業者において，当該指示等に伴い，当該品目又はその加工品の販売の断念を余儀なくされる等，その事業に支障が生じたために現実に生じた減収分及び必要かつ合理的な範囲の追加的費用も賠償すべき損害と認められる。
> Ⅳ）さらに，同指示等の解除後も，同指示等の対象事業者又はⅢ）の加工・流通業者において，当該指示等に伴い事業に支障が生じたため減収があった場合には，その減収分も合理的な範囲で賠償すべき損害と認められる。また，同指示等の解除後に，事業の全部又は一部の再開のために生じた追加的費用（農地や機械の再整備費，除染費用等）も，必要かつ合理的な範囲で賠償すべき損害と認められる。

（備考）
1）Ⅰ）について，例えば，農林産物の出荷制限指示は，その作付け自体を制限するものではないが，作付けから出荷までに要する期間，作付けの時点で制限解除の見通しが立たない状況等にかんがみ，その作付けの全部又は一部を断念することもやむを得ないと考えられる場合には，作付けを断念することによって生じた減収分等も，当該指示に伴う損害として賠償すべき損害と認められる。
2）同指示等がなされる前に自主的に当該制限を行っていたものについては，本件事故の発生により合理的な判断に基づいて実施されたものと推認でき，これを賠償対象から除外すべき合理的理由がない限り，当該制限に伴う減収分等が賠償すべき損害と認められる。
3）減収分の算定方法等は，前記第3の7に同じ（但し，避難等に特有の部分は除く。）である。

2　就労不能等に伴う損害

（指針）
　同指示等に伴い，同指示等の対象事業者又は1Ⅲ）の加工・流通業者の経営状態が悪化したため，そこで勤務していた勤労者が就労不能等を余儀なくされた場合には，かかる勤労者について，給与等の減収分及び必要かつ合理的な範囲の追加的費用が賠償すべき損害と認められる。

（備考）
　減収分の算定方法等は，前記第3の8に同じ（但し，避難等に特有の部分は除く。）である。

3　検査費用（物）

（指針）
　同指示等に基づき行われた検査に関し，農林漁業者その他の事業者が負担を余儀なくされた検査費用は，賠償すべき損害と認められる。

（備考）
　取引先の要求等により検査の実施を余儀なくされた場合は，後記第7（いわゆる風評被害について）の損害となり得る。

第6　その他の政府指示等に係る損害について

［対象］
　前記第3ないし第5に掲げられた政府指示等のほか，事業活動に関する制限又は検査について，政府が本件事故に関し行う指示等に伴う損害を対象とする。

（備考）
　同指示等は，水に係る摂取制限指導，水に係る放射性物質検査の指導，放射性物質が検出された上下水処理等副次産物の取扱いに関する指導及び学校等の校舎・校庭等の利用判断に関する指導等をいう。

［損害項目］

1　営業損害

（指針）
Ⅰ）同指示等の対象事業者において，同指示等に伴い，当該指示等に係る行為の制限を余儀なくされる等，その事業に支障が生じたため，現実に減収が生じた場合には，その減収分が賠償すべき損害と認められる。
Ⅱ）また，同指示等の対象事業者において，上記のように事業に支障が生じたために負担した追加的費用（商品の回収費用，保管費用，廃棄費用等）や，事業への支障

〈資料1〉中間指針

> を避けるため又は事業を変更したために生じた追加的費用（水道事業者による代替水の提供費用、除染費用、校庭・園庭における放射線量の低減費用等）も、必要かつ合理的な範囲で賠償すべき損害と認められる。
> Ⅲ）さらに、同指示等の解除後も、同指示等の対象事業者において、当該指示等に伴い事業に支障が生じたために減収があった場合には、その減収分も合理的な範囲で賠償すべき損害と認められる。また、同指示等の解除後に、事業の全部又は一部の再開のために生じた追加的費用も、必要かつ合理的な範囲で賠償すべき損害と認められる。

（備考）
1) 同指示等がなされる前に自主的に当該制限を行っていたものについては、本件事故の発生により合理的な判断に基づいて実施されたものと推認でき、これを賠償対象から除外すべき合理的な理由がない限り、当該制限に伴う減収分等が賠償すべき損害と認められる。
2) 減収分の算定方法等は、前記第3の7に同じ（但し、避難等に特有の部分は除く。）である。
3) 校庭・園庭における土壌に関して児童生徒等の受ける放射線量を低減するための措置について、少なくとも、それが政府又は地方公共団体による調査結果に基づくものであり、かつ、政府が放射線量を低減するための措置費用の一部を支援する場合には、学校等の設置者が負担した当該措置に係る追加的費用は、必要かつ合理的な範囲で賠償すべき損害と認められる。

2 就労不能等に伴う損害

> （指針）
> 同指示等に伴い、同指示等の対象事業者の経営状態が悪化したため、そこで勤務していた勤労者が就労不能等を余儀なくされた場合には、かかる勤労者について、給与等の減収分及び必要かつ合理的な範囲の追加的費用が賠償すべき損害と認められる。

（備考）
減収分の算定方法等は、前記第3の8に同じ（但し、避難等に特有の部分は除く。）である。

3 検査費用（物）

> （指針）
> 同指示等に基づき行われた検査に関し、同指示等の対象事業者が負担を余儀なくされた検査費用は、賠償すべき損害と認められる。

（備考）
1) 同指示等がなされる前に自主的に検査を行っていたものについては、本件事故の発生により合理的な判断に基づいて実施されたものと推認でき、これを賠償対象から除外すべき合理的な理由がない限り、賠償すべき損害と認められる。

2) また，同指示等に基づくものではなく，取引先の要求等により検査の実施を余儀なくされた場合は，後記第7（いわゆる風評被害について）の損害となり得る。

第7 いわゆる風評被害について

1 一般的基準

（指針）
Ⅰ）いわゆる風評被害については確立した定義はないものの，この中間指針で「風評被害」とは，報道等により広く知られた事実によって，商品又はサービスに関する放射性物質による汚染の危険性を懸念した消費者又は取引先により当該商品又はサービスの買い控え，取引停止等をされたために生じた被害を意味するものとする。
Ⅱ）「風評被害」についても，本件事故と相当因果関係のあるものであれば賠償の対象とする。その一般的な基準としては，消費者又は取引先が，商品又はサービスについて，本件事故による放射性物質による汚染の危険性を懸念し，敬遠したくなる心理が，平均的・一般的な人を基準として合理性を有していると認められる場合とする。
Ⅲ）具体的にどのような「風評被害」が本件事故と相当因果関係のある損害と認められるかは，業種毎の特徴等を踏まえ，営業や品目の内容，地域，損害項目等により類型化した上で，次のように考えるものとする。
　① 各業種毎に示す一定の範囲の類型については，本件事故以降に現実に生じた買い控え等による被害（Ⅳに相当する被害をいう。以下同じ。）は，原則として本件事故と相当因果関係のある損害として賠償の対象と認められるものとする。
　② ①以外の類型については，本件事故以降に現実に生じた買い控え等による被害を個別に検証し，Ⅱ）の一般的な基準に照らして，本件事故との相当因果関係を判断するものとする。
Ⅳ）損害項目としては，消費者又は取引先により商品又はサービスの買い控え，取引停止等をされたために生じた次のものとする。
　① 営業損害
　　取引数量の減少又は取引価格の低下による減収分及び必要かつ合理的な範囲の追加的費用（商品の返品費用，廃棄費用，除染費用等）
　② 就労不能等に伴う損害
　　①の営業損害により，事業者の経営状態が悪化したため，そこで勤務していた勤労者が就労不能等を余儀なくされた場合の給与等の減収分及び必要かつ合理的な範囲の追加的費用
　③ 検査費用（物）
　　取引先の要求等により実施を余儀なくされた検査に関する検査費用

（備考）
1) いわゆる風評被害という表現は，人によって様々な意味に解釈されており，放射性物質等による危険が全くないのに消費者や取引先が危険性を心配して商品やサービスの購入・取引を回避する不安心理に起因する損害という意味で使われることもある。しかしながら，

〈資料1〉中間指針

　少なくとも本件事故のような原子力事故に関していえば，むしろ必ずしも科学的に明確でない放射性物質による汚染の危険を回避するための市場の拒絶反応によるものと考えるべきであり，したがって，このような回避行動が合理的といえる場合には，賠償の対象となる。
　このような理解をするならば，そもそも風評被害という表現自体を避けることが本来望ましいが，現時点でこれに代わる適切な表現は，裁判実務上もいまだ示されていない。また，この種の被害は，避難等に伴い営業を断念した場合の営業損害とは異なり，報道機関や消費者・取引先等の第三者の意思・判断・行動等が介在するという点に特徴があり，一定の特殊な類型の被害であることは否定できない。
　したがって，上記のような誤解を招きかねない点に注意しつつ，Ⅰ）で定義した「風評被害」という表現を用いることとする。

2)「風評被害」には，農林水産物や食品に限らず，動産・不動産といった商品一般，あるいは，商品以外の無形のサービス（例えば観光業において提供される各種サービス等）に係るものも含まれる。

3)「風評被害」の外延は必ずしも明確ではなく，本件事故との相当因果関係は最終的には個々の事案毎に判断すべきものであるが，この中間指針では，このような被害についても，本件事故に係る紛争解決に資するため，相当因果関係が認められる蓋然性が特に高い類型や，相当因果関係を判断するに当たって考慮すべき事項を示すこととする。
　Ⅲ）①の類型に該当する損害については，それが本件事故後に生じた買い控え等による被害である場合には，それだけで本件事故と相当因果関係のある損害と推認され，原則として賠償すべき損害と認められる。
　但し，当然のことながら，賠償の対象となる「風評被害」はこれらに限定されるものではなく，Ⅲ）①の類型に該当しないような「風評被害」（Ⅲ）②の風評被害）についても，別途，本件事故と相当因果関係があることが立証された場合には，賠償の対象となる。その場合には，例えば，客観的な統計データ等による合理的な立証方法を用いたり，Ⅲ）①の類型に該当する損害との比較を行うことが考えられる。

4) 本件事故と他原因（例えば，東日本大震災自体による消費マインドの落ち込み等）との双方の影響が認められる場合には，本件事故と相当因果関係のある範囲で賠償すべき損害と認められる。

5) なお，「風評被害」は，上記のように当該商品等に対する危険性を懸念し敬遠するという消費者・取引先等の心理的状態に基づくものである以上，風評被害が賠償対象となるべき期間には一定の限度がある。
　一般的に言えば，「平均的・一般的な人を基準として合理性が認められる買い控え，取引停止等が収束した時点」が終期であるが，いまだ本件事故が収束していないこと等から，少なくとも現時点において一律に示すことは困難であり，当面は，客観的な統計データ等を参照しつつ，取引数量・価格の状況，具体的な買い控え等の発生状況，当該商品又はサービスの特性等を勘案し，個々の事情に応じて合理的に判定することが適当である。

6) 営業損害又は就労不能等に伴う損害における減収分の算定方法等は，前記第3の7又は第3の8に同じ（但し，避難等に特有の部分は除く。）である。

479

〈資料1〉中間指針

2 農林漁業・食品産業の風評被害

(指針)
Ⅰ) 以下に掲げる損害については，1Ⅲ)①の類型として，原則として賠償すべき損害と認められる。
① 農林漁業において，本件事故以降に現実に生じた買い控え等による被害のうち，次に掲げる産品に係るもの。
　ⅰ) 農林産物（茶及び畜産物を除き，食用に限る。）については，福島，茨城，栃木，群馬，千葉及び埼玉の各県において産出されたもの。
　ⅱ) 茶については，ⅰ) の各県並びに神奈川及び静岡の各県において産出されたもの。
　ⅲ) 畜産物（食用に限る。）については，福島，茨城及び栃木の各県において産出されたもの。
　ⅳ) 水産物（食用及び餌料用に限る。）については，福島，茨城，栃木，群馬及び千葉の各県において産出されたもの。
　ⅴ) 花きについては，福島，茨城及び栃木の各県において産出されたもの。
　ⅵ) その他の農林水産物については，福島県において産出されたもの。
　ⅶ) ⅰ) ないしⅵ) の農林水産物を主な原材料とする加工品。
② 農業において，平成23年7月8日以降に現実に生じた買い控え等による被害のうち，少なくとも，北海道，青森，岩手，宮城，秋田，山形，福島，茨城，栃木，群馬，埼玉，千葉，新潟，岐阜，静岡，三重，島根の各道県において産出された牛肉，牛肉を主な原材料とする加工品及び食用に供される牛に係るもの。
③ 農林水産物の加工業及び食品製造業において，本件事故以降に現実に生じた買い控え等による被害のうち，次に掲げる産品及び食品（以下「産品等」という。）に係るもの。
　ⅰ) 加工又は製造した事業者の主たる事務所又は工場が福島県に所在するもの。
　ⅱ) 主たる原材料が①のⅰ) ないしⅵ) の農林水産物又は②の牛肉であるもの。
　ⅲ) 摂取制限措置（乳幼児向けを含む。）が現に講じられている水を原料として使用する食品。
④ 農林水産物・食品の流通業（農林水産物の加工品の流通業を含む。以下同じ。）において，本件事故以降に現実に生じた買い控え等による被害のうち，①ないし③に掲げる産品等を継続的に取り扱っていた事業者が仕入れた当該産品等に係るもの。
Ⅱ) 農林漁業，農林水産物の加工業及び食品製造業並びに農林水産物・食品の流通業において，Ⅰ) に掲げる買い控え等による被害を懸念し，事前に自ら出荷，操業，作付け，加工等の全部又は一部を断念したことによって生じた被害も，かかる判断がやむを得ないものと認められる場合には，原則として賠償すべき損害と認められる。
Ⅲ) 農林漁業，農林水産物の加工業及び食品製造業，農林水産物・食品の流通業並びにその他の食品産業において，本件事故以降に取引先の要求等によって実施を余儀

〈資料1〉中間指針

　　　なくされた農林水産物（加工品を含む。）又は食品（加工又は製造の過程で使用する水を含む。）の検査に関する検査費用のうち，政府が本件事故に関し検査の指示等を行った都道府県において当該指示等の対象となった産品等と同種のものに係るものは，原則として賠償すべき損害と認められる。
　Ⅳ）Ⅰ）ないしⅢ）に掲げる損害のほか，農林漁業，農林水産物の加工業及び食品製造業，農林水産物・食品の流通業並びにその他の食品産業において，本件事故以降に現実に生じた買い控え等による被害は，個々の事例又は類型毎に，取引価格及び取引数量の動向，具体的な買い控え等の発生状況等を検証し，当該産品等の特徴（生産・流通の実態を含む。），その産地等の特徴（例えばその所在地及び本件事故発生地からの距離），放射性物質の検査計画及び検査結果，政府等による出荷制限指示（県による出荷自粛要請を含む。以下同じ。）の内容，当該産品等の生産・製造に用いられる資材の汚染状況等を考慮して，消費者又は取引先が，当該産品等について，本件事故による放射性物質による汚染の危険性を懸念し，敬遠したくなる心理が，平均的・一般的な人を基準として合理性を有していると認められる場合には，本件事故との相当因果関係が認められ，賠償の対象となる。

（備考）
1) 農林水産物及び食品については，
　① 農林水産物は，農地，漁場等で生育する動植物であり，放射性物質による土地や水域の汚染の危険性への懸念が，これらへの懸念に直結する傾向があること
　② 特に食品は，消費者が摂取により体内に取り入れるものであることから，放射性物質による内部被曝を恐れ，特に敏感に敬遠する傾向があること
　③ また，食品は，日常生活に不可欠なものであり，かつ，通常はさほど高価なものではないから，東日本大震災自体による消費マインドの落ち込みという原因で買い控え等に至ることは通常は考えにくいこと
　④ 花き等は，収穫後洗浄されない状態で流通し，消費者が身近で使用すること等から，接触を懸念する傾向があること
　⑤ 一般に農林水産物も食品も，代替品として他の生産地の物を比較的容易に入手できるので，それに対応して，買い控え等も比較的容易に起こりやすいこと
等の特徴があることから，一定の範囲において，消費者や取引先が放射性物質による汚染の危険性を懸念し買い控え等を行うことも，平均的・一般的な人を基準として合理性があると考えられる。
2) 農林漁業及び食品産業においては，本件事故以降これまでの取引価格及び取引数量の動向，具体的な買い控えの事例等に関する調査の結果，多くの品目及び地域において買い控え等による被害が生じていることが確認された。このうち，一部の対象品目につき暫定基準値を超える放射性物質が検出されたため政府等による出荷制限指示があった区域については，その対象品目に限らず同区域内で生育した同一の類型（農林産物，畜産物，水産物等）の農林水産物につき，同指示等の解除後一定期間を含め，消費者や取引先が放射性物質の付着及びこれによる内部被曝等を懸念し，取引等を敬遠するという心情に至ったとしても，平均的・一般的な人を基準として合理性があると認められる。同指示等があった区域以外でも，一定の地域については，その地理的特徴（特に本件事故発生地との距離，同指示等

481

〈資料1〉中間指針

　　があった区域との地理的関係），その産品の流通実態（特に産地表示）等から，同様の心情に至ったとしてもやむを得ない場合があると認められる。
3）また，平成23年7月8日以降，牛肉やその生産に用いられた稲わらから暫定規制値等を超える放射性物質が検出され，これを契機に牛肉について多くの地域において買い控え等による被害が生じていることが確認された。この場合，放射性物質により汚染された稲わら等（具体的には，暫定許容値を超える放射性物質が検出されたもの）が牛の飼養に用いられた等の事情がある都道府県で産出された牛肉については，消費者や取引先がその汚染の危険性を懸念し買い控え等を行うことも，平均的・一般的な人を基準として合理性があると考えられる。なお，Ⅰ）②では，このような都道府県として17の道県を挙げているが，これは，平成23年7月29日までに報告された当該稲わら等の流通・使用状況，当該道県産の牛肉の取引価格の動向等によるものであり，これ以外の都道府県について，Ⅰ）②に挙げられた道県と同様の状況であることが確認された場合は，これらの道県と同様に扱われるべきである。
4）農林水産物の加工業及び食品製造業では，消費者や取引先が懸念する農林水産物を主な原材料とする食品等の加工品（当該農林水産物の原材料に占める重量の割合が概ね50%以上であることを目安とする。）について，消費者や取引先が同様の懸念を有するとしても，合理性があると認められる。この他，その主たる事務所や工場の所在地，原料として使用する水を原因として，消費者や取引先が取引等を敬遠する心情に至ったとしても合理性がある場合が認められる。
5）農林水産物・食品の流通業では，風評被害に係る産品等を継続的に取り扱っていた事業者に生じた既に仕入れた当該産品等に係る被害については，買い控え等による被害を回避することが困難である点で，農林漁業者や加工業者・食品製造業者に生じた風評被害と同様と認められる。
6）なお，風評被害に係る産品等の仕入れができなかったことにより加工・流通業者に生じた損害については，後記第8のいわゆる間接被害として賠償の対象となるかどうかが判断される。
7）Ⅱ）の趣旨は，出荷，操業，作付け，加工等には費用がかかることから，買い控え等による被害を回避し又は軽減するため，事前に自らこれらの全部又は一部を断念することが合理的と考えられる場合に，賠償の対象と認めるものである。
8）Ⅲ）によって賠償の対象となる検査費用には，例えば，政府の指導によって水道水の放射性物質の検査を行っている都県において，食品の製造の過程で使用する水について，取引先からの要求等によって検査を行った場合の費用が含まれる。
9）Ⅳ）は，Ⅰ）からⅢ）までに該当しない被害について，1Ⅲ）②の類型として個別に検証する場合，相当因果関係を判断するに当たって考慮すべき事項を示すものである。

3　観光業の風評被害

（指針）
Ⅰ）観光業については，本件事故以降，全国的に減収傾向が見られるところ，本件事故以降，現実に生じた被害のうち，少なくとも本件事故発生県である福島県のほか，茨城県，栃木県及び群馬県に営業の拠点がある観光業については，消費者等が本件

482

〈資料1〉中間指針

事故及びその後の放射性物質の放出を理由に解約・予約控え等をする心理が，平均的・一般的な人を基準として合理性を有していると認められる蓋然性が高いことから，本件事故後に観光業に関する解約・予約控え等による減収等が生じていた事実が認められれば，1Ⅲ）①の類型として，原則として本件事故と相当因果関係のある損害と認められる。

Ⅱ）Ⅰ）に加えて，外国人観光客に関しては，我が国に営業の拠点がある観光業について，本件事故の前に予約が既に入っていた場合であって，少なくとも平成23年5月末までに通常の解約率を上回る解約が行われたことにより発生した減収等については，1Ⅲ）①の類型として，原則として本件事故と相当因果関係のある損害として認められる。

Ⅲ）但し，観光業における減収等については，東日本大震災による影響の蓋然性も相当程度認められるから，損害の有無の認定及び損害額の算定に当たってはその点についての検討も必要である。この検討に当たっては，例えば，本件事故による影響が比較的少ない地域における観光業の解約・予約控え等の状況と比較するなどして，合理的な範囲で損害の有無及び損害額につき推認をすることが考えられる。

(備考)
1) いわゆる「観光業」については，
① ホテル，旅館，旅行業等の宿泊関連産業から，レジャー施設，旅客船等の観光産業やバス，タクシー等の交通産業，文化・社会教育施設，観光地での飲食業や小売業等までも含み得るが，これらの業種に関して観光客が売上に寄与している程度は様々である。
② 風評被害は，旅行の態様や地域によって程度の差があり，売上に影響している程度は様々であることを風評被害の検討に当たり考慮する必要があるが，本件事故以降これまでの旅行者数の動向，宿泊のキャンセル事例等に関する調査の結果，福島県を含む一定の地域を中心に解約・予約控え等による被害が生じていることが確認された。
　観光業の特性として，観光客が地域に足を運ぶことを前提とすることから，上記調査や旅行意識に係る調査等を踏まえると，本件事故発生県である福島県のほか，茨城県，栃木県及び群馬県において，放射性物質による被曝を懸念し，観光を敬遠するという心情に至ったとしても，原則として平均的・一般的な人を基準として合理性があると認められる。また，ひとたび風評被害が生じると当該地域の観光業全体に影響を与える傾向が認められるため，観光客が来ないことによる影響は当該地域の観光業全体に対し，様々な影響を与え得ると認められる。
2) さらに，これまでの調査の結果，本件事故以降外国人観光客の訪日キャンセルによる被害が生じていることが確認された。外国人観光客については，本件事故発生直後から，国際機関等において，本邦が渡航先として安全であるとの情報が提供されてきた一方で，一般に海外に在住する外国人には日本人との間に情報の格差があること，渡航自粛勧告等の措置を講じた国もあることから，少なくとも本件事故当時に既に予約が成立しており，しかも本件事故発生からまだ間がない一定の期間内においてキャンセルがされたものについては，外国人観光客が訪日を控えるという心情に至ることには平均的・一般的な人を基準として合理性があると認められる。その一定の期間については，各国の渡航自粛勧告等がある程度緩和されたと認められる平成23年5月末までとすることが合理的と考えられる。な

〈資料1〉中間指針

お，観光業におけるキャンセルは通常の場合でも一定程度生ずることは不可避と思われることから，通常の解約率を上回る解約が行われた部分についてのみ，原則として本件事故との相当因果関係が認められる。
3) 観光業における風評被害については，1) ①及び②のとおり様々な事情が影響していることから，損害の判断に当たっては，個別具体的に判断せざるを得ない。特に，観光業は，特定の地域等において営まれている形態であり，地域ごとの事情も様々である。それゆえ，観光業における風評被害については，上記のとおり，1Ⅲ) ①に該当する類型を定めることとするが，これらの類型に属さないものであっても，観光業者における個別具体的な事情にかんがみ，現実に生じた解約・予約控え等による被害について，地域等を問わず個別に，本件事故により放射性物質による汚染の危険性を懸念し，敬遠したくなる心理が，平均的・一般的な人を基準として合理性を有していると認められる場合には，本件事故との相当因果関係が認められる。例えば，Ⅰ) の地域以外に営業の拠点がある観光業であっても，福島県との地理的近接性や当該観光業の活用する観光資源の特徴等の個別具体的な事情によっては，本件事故を理由とする解約・予約控え等による減収等が生じていた事実が認められれば，本件事故と相当因果関係のある損害として認められ得る。

4 製造業，サービス業等の風評被害

（指針）
Ⅰ) 前記2及び3に掲げるもののほか，製造業，サービス業等において，本件事故以降に現実に生じた買い控え，取引停止等による被害のうち，以下に掲げる損害については，1Ⅲ) ①の類型として，原則として本件事故との相当因果関係が認められる。
① 本件事故発生県である福島県に所在する拠点で製造，販売を行う物品又は提供するサービス等に関し，当該拠点において発生したもの
② サービス等を提供する事業者が来訪を拒否することによって発生した，本件事故発生県である福島県に所在する拠点における当該サービス等に係るもの
③ 放射性物質が検出された上下水処理等副次産物の取扱いに関する政府による指導等につき，
ⅰ) 指導等を受けた対象事業者が，当該副次産物の引き取りを忌避されたこと等によって発生したもの
ⅱ) 当該副次産物を原材料として製品を製造していた事業者の当該製品に係るもの
④ 水の放射性物質検査の指導を行っている都県において，事業者が本件事故以降に取引先の要求等によって実施を余儀なくされた検査に係るもの（但し，水を製造の過程で使用するもののうち，食品添加物，医薬品，医療機器等，人の体内に取り入れられるなどすることから，消費者及び取引先が特に敏感に敬遠する傾向がある製品に関する検査費用に限る。）
Ⅱ) なお，海外に在住する外国人が来訪して提供する又は提供を受けるサービス等に関しては，我が国に存在する拠点において発生した被害（外国船舶が我が国の港湾への寄港又は福島県沖の航行を拒否したことによって，我が国の事業者に生じたものを含む。）のうち，本件事故の前に既に契約がなされた場合であって，少なくと

〈資料1〉中間指針

> も平成23年5月末までに解約が行われたこと（寄港又は航行が拒否されたことを含む。）により発生した減収分及び追加的費用については，1Ⅲ）①の類型として，原則として本件事故と相当因果関係のある損害として認められる。
> Ⅲ）但し，Ⅰ）及びⅡ）の検討に当たっては，例えば，サービス等を提供する事業者が福島県への来訪を拒否することによって発生する損害については，東日本大震災による影響の蓋然性も相当程度認められるから，損害の有無の認定及び損害額の算定に当たってはその点についての検討も必要である。

（備考）
1) 製造業，サービス業等においては，これまでの具体的な買い控えの事例等に関する調査の結果，福島県で製造されたり提供されたりする物品やサービス等に関する被害や，サービス等を提供する事業者が福島県への来訪を拒否することによる被害が確認された。本件事故の状況にかんがみれば，消費者や取引先が放射性物質による汚染の危険性を懸念し，これら福島県で製造されたり提供されたりする物品やサービス等につき，買い控え等を行うことや，福島県への来訪を拒否することも，平均的・一般的な人を基準として合理性があると考えられる。また，外国人の来訪については，前記3の（備考）の2）に同じである。
2) 一方で，製造業，サービス業等においてはいわゆる下請取引が見られるが，福島県に下請事業者が所在することを専らの理由として，親事業者が下請事業者の納入した商品の受領を拒むこと又は一旦商品を受領した後にその商品を引き取らせることは，下請代金支払遅延等防止法に違反するおそれがあることや，平成23年4月22日の経済産業大臣による下請中小企業との取引に関する配慮の要請等が出されていることに留意する必要がある。
3) Ⅱ）の「外国船舶が我が国の港湾への寄港を拒否したこと」には，外国船舶が我が国のある港湾への寄港を拒否して我が国の別の港湾に寄港したことが含まれる。

5　輸出に係る風評被害

> （指針）
> Ⅰ）我が国の輸出品並びにその輸送に用いられる船舶及びコンテナ等について，本件事故以降に輸出先国の要求（同国政府の輸入規制及び同国の取引先からの要求を含む。）によって現実に生じた必要かつ合理的な範囲の検査費用（検査に伴い生じた除染，廃棄等の付随費用を含む。以下（備考）の3）において同じ。）や各種証明書発行費用等は，当面の間，1Ⅲ）①の類型として，原則として本件事故との相当因果関係が認められる。
> Ⅱ）我が国の輸出品について，本件事故以降に輸出先国の輸入拒否（同国政府の輸入規制及び同国の取引先の輸入拒否を含む。）がされた時点において，既に当該輸出先国向けに輸出され又は生産・製造されたもの（生産・製造途中のものを含む。）に限り，当該輸入拒否によって現実に廃棄，転売又は生産・製造の断念を余儀なくされたため生じた減収分及び必要かつ合理的な範囲の追加費用は，1Ⅲ）①の類型として，原則として本件事故との相当因果関係が認められる。

〈資料1〉中間指針

(備考)
1) 本件事故以降，我が国の輸出に関し生じている被害は，外国政府の輸入規制が介在する場合を含めて一般的には，外国人が我が国の輸出品について放射性物質による汚染を懸念し，これを敬遠することによって生じているものと言え，いわゆる風評被害の一類型と考えることができる。
2) 輸出に係る被害についても，風評被害が平均的・一般的な人を基準に判断の合理性を問題にする以上，日本人の消費者又は取引先を想定した場合と同じ範囲で「風評被害」を認めることを基本として考えることが適当である。しかしながら，一般に海外に在住する外国人には日本人との間に情報の格差があること，外国政府の輸入規制など国内取引とは異なる事情があること等から，輸出に係る被害については，一定の損害項目や時期に限定して，国内取引よりは広く賠償の対象と認めることが適当である。
3) 海外に在住する外国人と日本人との間の情報の格差や，輸入拒否による損害の発生を回避する必要性等にかんがみれば，我が国からの輸出品等について，検査や産地証明書等の各種証明書を求める心理は一般的には合理性を有していると認められる。したがって，本件事故が収束していない現状においては，当面の間，我が国からの輸出品全般についてそのような検査費用や各種証明書発行費用等は，原則として賠償すべき損害と認められる。
4) 一方，情報の格差等があるからといって，検査や各種証明書の発行等を要求するにとどまらず，広く我が国からの輸出品全般について輸入を拒否する心理についてまで，一般的に合理性を認めることは困難である。また，輸入拒否を受けた我が国の事業者においても，一般的には，別の国又は国内において販売するなど被害を回避又は減少させる措置を執ることを期待し得る。したがって，輸入拒否については，基本的に，日本人の消費者又は取引先を想定した場合と同じ範囲でのみ原則として本件事故と相当因果関係のある「風評被害」と認められる。但し，被害を受けた我が国の事業者において，当該輸入先国による輸入拒否がされる以前に既に輸出し，又は当該国に対する輸出用に既に生産・製造をし，若しくは生産・製造を開始していた輸出品については，当該輸入拒否による損害を回避することは困難であることから，この場合の損害に限って原則として相当因果関係のある「風評被害」と認めることが適当である。また，その場合であっても，上述のとおり，我が国の事業者においても損害回避措置が期待されるところから，例えば輸入拒否を知り得て輸出した場合に生じた被害は損害として認められない。
5) Ⅱ)の「当該輸出先国向けに生産・製造されたもの（生産・製造途中のものを含む。）」とは，当該輸出品の種類，品質，規格，包装，生産・製造方法等を特に当該輸出先国向けとしていることから，当該国以外への転売が困難であるか又は転売すれば減収や追加的費用が生じるものを意味するものとする。

第8　いわゆる間接被害について

(指針)
Ⅰ) この中間指針で「間接被害」とは，本件事故により前記第3ないし第7で賠償の対象と認められる損害（以下「第一次被害」という。）が生じたことにより，第一次被害を受けた者（以下「第一次被害者」という。）と一定の経済的関係にあった第三者に生じた被害を意味するものとする。
Ⅱ)「間接被害」については，間接被害を受けた者（以下「間接被害者」という。）の

〈資料1〉中間指針

　　事業等の性格上，第一次被害者との取引に代替性がない場合には，本件事故と相当因果関係のある損害と認められる。その具体的な類型としては，例えば次のようなものが挙げられる。
　　① 事業の性質上，販売先が地域的に限られている事業者の被害であって，販売先である第一次被害者の避難，事業休止等に伴って必然的に生じたもの。
　　② 事業の性質上，調達先が地域的に限られている事業者の被害であって，調達先である第一次被害者の避難，事業休止等に伴って必然的に生じたもの。
　　③ 原材料やサービスの性質上，その調達先が限られている事業者の被害であって，調達先である第一次被害者の避難，事業休止等に伴って必然的に生じたもの。
Ⅲ）損害項目としては，次のものとする。
　　① 営業損害
　　　　第一次被害が生じたために間接被害者において生じた減収分及び必要かつ合理的な範囲の追加的費用
　　② 就労不能等に伴う損害
　　　　①の営業損害により，事業者である間接被害者の経営が悪化したため，そこで勤務していた勤労者が就労不能等を余儀なくされた場合の給与等の減収分及び必要かつ合理的な範囲の追加的費用

（備考）
1) Ⅱ）に例として挙げた類型以外にも，本件事故によって生じた被害を個別に検証し，間接被害者の事業等の性格上，第一次被害者との取引に代替性がない場合には，本件事故との相当因果関係が認められる。例えば，第一次被害者との取引が法令により義務付けられている間接被害者において，一次被害者との取引に伴って必然的に生じた被害についても，相当因果関係が認められる。
2) Ⅱ）の③については，事業者には，一般に，取引におけるリスクを分散する取組みをあらかじめ講じておくことが期待されるため，「原材料やサービスの性質上，その調達先が限られている」場合とは，そのような事前のリスク分散が不可能又は著しく困難な場合，例えば，ある製品に不可欠な原材料が特殊な製法等を用いて第一次被害者で生産されているため，同種の原材料を他の事業者から調達することが不可能又は著しく困難な場合などが考えられる。この場合でも，一定の時間が経過すれば，材料・サービスの変更をするなどして，被害の回復を図ることが可能であると考えられるため，賠償対象となるべき期間には限度があると考えられる。
3) なお，必ずしもⅠ）で定義する間接被害には当たらないが，第三者が，本来は第一次被害者又は加害者が負担すべき費用を代わって負担した場合は，賠償の対象となる。

第9　放射線被曝による損害について

（指針）
　本件事故の復旧作業等に従事した原子力発電所作業員，自衛官，消防隊員，警察官又は住民その他の者が，本件事故に係る放射線被曝による急性又は晩発性の放射線障害により，傷害を負い，治療を要する程度に健康状態が悪化し，疾病にかかり，ある

> いは死亡したことにより生じた逸失利益，治療費，薬代，精神的損害等は賠償すべき
> 損害と認められる。

(備考)
1) ここで示した「生命・身体的損害を伴う精神的損害」の額は，前記第3の6の場合とは異なり，生命・身体の損害の程度等に従って個別に算定されるべきである。
2) 放射線被曝による生命・身体的損害については，晩発性の放射線障害も考えられるが，本件事故に係る放射線に曝露したことが原因であれば，これも賠償すべき損害と認められる。

第10 その他

1 被害者への各種給付金等と損害賠償金との調整について

> (指針)
> 　本件事故により原子力損害を被った者が，同時に本件事故に起因して損害と同質性がある利益を受けたと認められる場合には，その利益の額を損害額から控除すべきである。

(備考)
1) 一般の不法行為法上，被害者が不法行為によって損害を被ると同時に，同一の原因によって利益を受けた場合には，損害と利益との間に同質性がある限り，その利益の額を加害者が賠償すべき損害額から控除すること（損益相殺の法理）が認められている。
2) 具体的にどのような利益が損害額から控除されるべきかについては，個々の利益毎に損害との同質性の有無を判断していくほかないが，少なくとも，以下のものについては，それぞれに掲げた損害額から控除されるべきであると考えられる。なお，この際，同質性のある利益を損害賠償金から控除することができるのは，既に被害者に支払われた，あるいはそれと同視し得る程度に支払われることが確実である利益に限られ，将来受けるであろう利益の額まで控除することはできない。
　① 労働者災害補償保険法及び厚生年金保険法に基づく各種保険給付（前者については，附帯事業として支給される特別支給金を除く。）並びに国民年金法に基づく各種給付（死亡一時金を除く。）
　　同質性の認められる損害に限り，各種逸失利益の金額から控除する。
　② 国家公務員災害補償法及び地方公務員災害補償法に基づく各種補償金並びに国家公務員共済組合法及び地方公務員等共済組合法に基づく各種長期給付
　　同質性の認められる損害に限り，各種逸失利益の金額から控除する。
3) また，以下のものについては，損益相殺の対象となるものではないが，それぞれに掲げた損害額から控除されるべきであると考えられる。
　③ 地方公共団体から被害者に支払われた宿泊費又は賃貸住宅の家賃に関する補助
　　避難費用の金額から控除する。
　④ 賃金の支払の確保等に関する法律に基づき立替払がなされた未払賃金
　　就労不能等に伴う損害の金額から控除する。

〈資料1〉中間指針

　　⑤　損害保険金
　　　　財物価値の喪失又は減少等の金額から控除する。
4) 他方，少なくとも，以下のものについては，損害額から控除されるべきではないと考えられる。
　　⑥　生命保険金
　　⑦　労働者災害補償保険法に基づき附帯事業として支給される特別支給金
　　⑧　国民年金法に基づく死亡一時金
　　⑨　雇用保険法に基づく失業等給付
　　⑩　災害弔慰金の支給等に関する法律に基づく災害弔慰金及び災害障害見舞金（損害を填補する目的である部分を除く。）
　　⑪　各種義援金
5) なお，被害者が，東京電力株式会社に対する損害賠償請求と各種給付金等の請求のいずれをも行うことができる場合には，当該被害者はいずれの請求を先に行うことも可能である。

2　地方公共団体等の財産的損害等

> （指針）
> 　　地方公共団体又は国（以下「地方公共団体等」という。）が所有する財物及び地方公共団体等が民間事業者と同様の立場で行う事業に関する損害については，この中間指針で示された事業者等に関する基準に照らし，本件事故と相当因果関係が認められる限り，賠償の対象となるとともに，地方公共団体等が被害者支援等のために，加害者が負担すべき費用を代わって負担した場合も，賠償の対象となる。

（備考）
1) 地方公共団体等が被った損害のうち，地方公共団体等が所有する財物の価値の喪失又は減少等に関する損害及び地方公共団体等が民間事業者と同様の立場で行う事業（水道事業，下水道事業，病院事業等の地方公共団体等の経営する企業及び収益事業等）に関する損害については，個人又は私企業が被った損害と別異に解する理由が認められないことから，この中間指針で示された事業者等に関する基準に照らして，賠償すべき損害の範囲が判断されることとなる。加えて，地方公共団体等が被害者支援等のために，加害者が負担すべき費用を代わって負担した場合も，前記第8の（備考）3) で述べたことと同様に，賠償の対象となる。なお，地方公共団体等が被ったそれ以外の損害についても，個別具体的な事情に応じて賠償すべき損害と認められることがあり得る。
2) 他方，本件事故に起因する地方公共団体等の税収の減少については，法律・条例に基づいて権力的に賦課，徴収されるという公法的な特殊性がある上，いわば税収に関する期待権が損なわれたにとどまることから，地方公共団体等が所有する財物及び地方公共団体等が民間事業者と同様の立場で行う事業に関する損害等と同視することはできない。これに加え，地方公共団体等が現に有する租税債権は本件事故により直接消滅することはなく，租税債務者である住民や事業者等が本件事故による損害賠償金を受け取れば原則としてそこに担税力が発生すること等にもかんがみれば，特段の事情がある場合を除き，賠償すべき損害とは認められない。

〈資料2〉一次追補

〈資料2〉東京電力株式会社福島第一，第二原子力発電所事故による原子力損害の範囲の判定等に関する中間指針追補
（自主的避難等に係る損害について）

平成 23 年 12 月 6 日

原子力損害賠償紛争審査会

第1　はじめに

1　自主的避難等の現状等

　原子力損害賠償紛争審査会（以下「本審査会」という。）は，平成 23 年 8 月 5 日に決定・公表した「東京電力株式会社福島第一，第二原子力発電所事故による原子力損害の範囲の判定等に関する中間指針」（以下「中間指針」という。）において，政府による避難等の指示等（以下「避難指示等」という。）に係る損害の範囲に関する考え方を示したが，その際，避難指示等に基づかずに行った避難（以下「自主的避難」という。）に係る損害については，引き続き検討することとした。
　本審査会において，関係者へのヒアリングを含めて調査・検討を行った結果，中間指針第3の避難指示等の対象区域（以下「避難指示等対象区域」という。）の周辺地域では自主的避難をした者が相当数存在していることが確認された。
　自主的避難に至った主な類型としては，①東京電力株式会社福島第一原子力発電所及び福島第二原子力発電所における事故（以下「本件事故」という。）発生当初の時期に，自らの置かれている状況について十分な情報がない中で，東京電力株式会社福島第一原子力発電所の原子炉建屋において水素爆発が発生したことなどから，大量の放射性物質の放出による放射線被曝への恐怖や不安を抱き，その危険を回避しようと考えて避難を選択した場合，及び②本件事故発生からしばらく経過した後，生活圏内の空間放射線量や放射線被曝による影響等に関する情報がある程度入手できるようになった状況下で，放射線被曝への恐怖や不安を抱き，その危険を回避しようと考えて避難を選択した場合が考えられる。
　同時に，当該地域の住民は，そのほとんどが自主的避難をせずにそれまでの住居に滞在し続けており，これら避難をしなかった者が抱き続けたであろう上記の恐怖や不安も無視することはできないと考えられる（以下，当該地域の住民による自主的避難と滞在を併せて「自主的避難等」という。）。

2　基本的考え方

　上記の自主的避難等の現状を踏まえて，この度の中間指針の追補（以下「中間指針追補」という。）においては，中間指針の対象となった避難指示等に係る損害以外の損害として，自

〈資料2〉一次追補

主的避難等に係る損害について示すこととする。
　本件事故と自主的避難等に係る損害との相当因果関係の有無は，最終的には個々の事案毎に判断すべきものであるが，中間指針追補では，本件事故に係る損害賠償の紛争解決を促すため，賠償が認められるべき一定の範囲を示すこととする。
　なお，中間指針追補で対象とされなかったものが直ちに賠償の対象とならないというものではなく，個別具体的な事情に応じて相当因果関係のある損害と認められることがあり得る。

第2　自主的避難等に係る損害について

[自主的避難等対象区域]

　下記の福島県内の市町村のうち避難指示等対象区域を除く区域（以下「自主的避難等対象区域」という。）とする。

（県北地域）
　福島市，二本松市，伊達市，本宮市，桑折町，国見町，川俣町，大玉村
（県中地域）
　郡山市，須賀川市，田村市，鏡石町，天栄村，石川町，玉川村，平田村，浅川町，古殿町，三春町，小野町
（相双地域）
　相馬市，新地町
（いわき地域）いわき市

（備考）
1) 前記第1（はじめに）の1で示したように，本件事故を受けて自主的避難に至った主な類型は2種類考えられるが，いずれの場合もこのような恐怖や不安は，東京電力株式会社福島第一原子力発電所の状況が安定していない等の状況下で，同発電所からの距離，避難指示等対象区域との近接性，政府や地方公共団体から公表された放射線量に関する情報，自己の居住する市町村の自主的避難の状況（自主的避難者の多寡など）等の要素が複合的に関連して生じたと考えられる。以上の要素を総合的に勘案すると，少なくとも中間指針追補の対象となる自主的避難等対象区域においては，住民が放射線被曝への相当程度の恐怖や不安を抱いたことには相当の理由があり，また，その危険を回避するために自主的避難を行ったことについてもやむを得ない面がある。
2) 自主的避難等の事情は個別に異なり，損害の内容も多様であると考えられるが，中間指針追補では，下記の［対象者］に対し公平に賠償すること，及び可能な限り広くかつ早期に救済するとの観点から，一定の自主的避難等対象区域を設定した上で，同対象区域に居住していた者に少なくとも共通に生じた損害を示すこととする。
3) 上記自主的避難等対象区域以外の地域についても，下記の［対象者］に掲げる場合には賠償の対象と認められ，さらに，それ以外の場合においても個別具体的な事情に応じて賠償の対象と認められ得る。

〈資料2〉一次追補

[対象者]
　本件事故発生時に自主的避難等対象区域内に生活の本拠としての住居（以下「住居」という。）があった者（本件事故発生後に当該住居から自主的避難を行った場合，本件事故発生時に自主的避難等対象区域外に居り引き続き同区域外に滞在した場合，当該住居に滞在を続けた場合等を問わない。以下「自主的避難等対象者」という。）とする。
　また，本件事故発生時に避難指示等対象区域内に住居があった者についても，中間指針第3の［損害項目］の6の精神的損害の賠償対象とされていない期間並びに子供及び妊婦が自主的避難等対象区域内に避難して滞在した期間（本件事故発生当初の時期を除く。）は，自主的避難等対象者の場合に準じて賠償の対象とする。

(備考)
1) 損害賠償請求権は個々人につき発生するものであるから，損害の賠償についても，個々人に対してなされるべきである。
2) 本件事故発生時に避難指示等対象区域内に住居があった者についても，自主的避難等対象者と同様の損害を被っていると認められる場合には，同様に賠償の対象とすべきと考えられる。この場合，中間指針による賠償と重複しない限りにおいて中間指針追補による賠償の対象とすべきであるから，中間指針第3の［損害項目］の6の精神的損害の賠償対象とされていない期間（例えば，平成23年4月22日の緊急時避難準備区域の指定以降，同区域から避難せずに滞在した期間や，同区域の指定解除後に帰還した後の期間）が対象となる。一方，避難指示等対象区域内に居住していた者が，本件事故に起因して自主的避難等対象区域内に避難し，同区域内に引き続き長期間滞在した場合，当該避難期間については中間指針で精神的損害の賠償対象とされているが，これは避難生活等を長期間余儀なくされたことによる精神的損害であり，自主的避難等対象区域内の住居に滞在し続ける者（以下「滞在者」という。）としての精神的損害とは質的に異なる面があるから，中間指針追補の対象ともすべきである（具体的には，自主的避難等対象区域内に避難して滞在した子供及び妊婦が該当する。後記［損害項目］の（指針）Ⅲ及び（備考）3）参照。）。
3) 上記の［対象者］以外の者についても，個別具体的な事情に応じて賠償の対象と認められ得る。

[損害項目]

> (指針)
> Ⅰ) 自主的避難等対象者が受けた損害のうち，以下のものが一定の範囲で賠償すべき損害と認められる。
> 　① 放射線被曝への恐怖や不安により自主的避難等対象区域内の住居から自主的避難を行った場合（本件事故発生時に自主的避難等対象区域外に居り引き続き同区域外に滞在した場合を含む。以下同じ。）における以下のもの。
> 　　ⅰ) 自主的避難によって生じた生活費の増加費用
> 　　ⅱ) 自主的避難により，正常な日常生活の維持・継続が相当程度阻害されたために生じた精神的苦痛

〈資料2〉一次追補

　　　　iii）避難及び帰宅に要した移動費用
　　②　放射線被曝への恐怖や不安を抱きながら自主的避難等対象区域内に滞在を続けた場合における以下のもの。
　　　　i）放射線被曝への恐怖や不安，これに伴う行動の自由の制限等により，正常な日常生活の維持・継続が相当程度阻害されたために生じた精神的苦痛
　　　　ii）放射線被曝への恐怖や不安，これに伴う行動の自由の制限等により生活費が増加した分があれば，その増加費用
Ⅱ）Ⅰ）の①のⅰ）ないしⅲ）に係る損害額並びに②のⅰ）及びⅱ）に係る損害額については，いずれもこれらを合算した額を同額として算定するのが，公平かつ合理的な算定方法と認められる。
Ⅲ）Ⅱ）の具体的な損害額の算定に当たっては，①自主的避難等対象者のうち子供及び妊婦については，本件事故発生から平成23年12月末までの損害として一人40万円を目安とし，②その他の自主的避難等対象者については，本件事故発生当初の時期の損害として一人8万円を目安とする。
Ⅳ）本件事故発生時に避難指示等対象区域内に住居があった者については，賠償すべき損害は自主的避難等対象者の場合に準じるものとし，具体的な損害額の算定に当たっては以下のとおりとする。
　　①　中間指針第3の［損害項目］の6の精神的損害の賠償対象とされていない期間については，Ⅲ）に定める金額がⅢ）の①及び②における対象期間に応じた目安であることを勘案した金額とする。
　　②　子供及び妊婦が自主的避難等対象区域内に避難して滞在した期間については，本件事故発生から平成23年12月末までの損害として一人20万円を目安としつつ，これらの者が中間指針追補の対象となる期間に応じた金額とする。

（備考）
1）本件事故に起因して自主的避難等対象区域内の住居から自主的避難を行った者は，主として自宅以外での生活による生活費の増加費用並びに避難及び帰宅に要した移動費用が生じ，併せてこうした避難生活によって一定の精神的苦痛を被っていると考えられることから，少なくともこれらについては賠償すべき損害と観念することが可能である。また，滞在者は，主として放射線被曝への恐怖や不安やこれに伴う行動の自由の制限等を余儀なくされることによる精神的苦痛を被っており，併せてこうした不安等によって生活費の増加費用も生じている場合があると考えられることから，少なくともこれらについては賠償すべき損害と観念することが可能である。
2）賠償すべき損害額については，自主的避難が，避難指示等により余儀なくされた避難とは異なることから，これに係る損害について避難指示等の場合と同じ扱いとすることは，必ずしも公平かつ合理的ではない。
　一方，自主的避難者と滞在者とでは，現実に被った精神的苦痛の内容及び程度並びに現実に負担した費用の内容及び額に差があることは否定できないものの，いずれも自主的避難等対象区域内の住居に滞在することに伴う放射線被曝への恐怖や不安に起因して発生したものであること，当該滞在に伴う精神的苦痛等は自主的避難によって解消されるのに対し，新たに避難生活に伴う生活費増加等が生じるという相関関係があること，自主的避難

493

〈資料2〉一次追補

　　等対象区域内の住民の中には諸般の事情により滞在を余儀なくされた者もいるであろうこと、広範囲に居住する多数の自主的避難等対象者につき、自主的避難者と滞在者を区別し、個別に自主的避難の有無及び期間等を認定することは実際上極めて困難であり、早期の救済が妨げられるおそれがあること等を考慮すれば、自主的避難者か滞在者かの違いにより金額に差を設けることは公平かつ合理的とは言い難い。
　　　こうした事情を考慮して、精神的損害と生活費の増加費用等を一括して一定額を算定するとともに、自主的避難者と滞在者の損害額については同額とすることが妥当と判断した。
3）自主的避難等対象者の属性との関係については、特に本件事故発生当初において、大量の放射性物質の放出による放射線被曝への恐怖や不安を抱くことは、年齢等を問わず一定の合理性を認めることができる。その後においても、少なくとも子供及び妊婦の場合は、放射線への感受性が高い可能性があることが一般に認識されていること等から、比較的低線量とはいえ通常時より相当程度高い放射線量による放射線被曝への恐怖や不安を抱くことについては、人口移動により推測される自主的避難の実態からも、一定の合理性を認めることができる。
　　　このため、自主的避難等対象者のうち子供及び妊婦については、本件事故発生から平成23年12月末までを、また、その他の自主的避難等対象者については、本件事故発生当初の時期を、それぞれ賠償の対象期間として算定することが妥当と判断した。なお、平成24年1月以降に関しては、今後、必要に応じて賠償の範囲等について検討することとする。
4）3）の期間の損害額の算定に当たっては、身体的損害を伴わない慰謝料に関する裁判例等を参考にした上で、精神的苦痛並びに子供及び妊婦の場合の同伴者や保護者分も含めた生活費の増加費用等について、一定程度勘案することとした。
5）本件事故発生時に避難指示等対象区域内に住居があった者のうち、子供及び妊婦が自主的避難等対象区域内に避難して滞在した期間の損害額の算定に当たっては、これらの者は、避難している期間について既に中間指針第3の［損害項目］の6の精神的損害の賠償対象とされており、両者の損害の内容に一部重複すると考えられる部分があることを勘案することとした。
6）Ⅰ）ないしⅣ）については、個別具体的な事情に応じて、これら以外の損害項目が賠償の対象となる場合や異なる賠償額が算定される場合が認められ得る。

〈資料3〉二次追補

〈資料3〉東京電力株式会社福島第一，第二原子力発電所事故による
原子力損害の範囲の判定等に関する中間指針第二次追補
（政府による避難区域等の見直し等に係る損害について）

平成24年3月16日

原子力損害賠償紛争審査会

第1 はじめに

1 避難区域等の見直し等の現状

　原子力損害賠償紛争審査会（以下「本審査会」という。）は，平成23年8月5日に決定・公表した「東京電力株式会社福島第一，第二原子力発電所事故による原子力損害の範囲の判定等に関する中間指針」（以下「中間指針」という。）において，政府による避難等の指示等に係る損害の範囲に関する考え方を示したが，その際，避難区域等の見直し等の状況の変化に伴い，必要に応じて改めて指針で示すべき事項について検討することとした。
　その後，政府（原子力災害対策本部）は，同年9月30日，緊急時避難準備区域を解除し，その指示及び公示を行った。また，政府（同本部）は，同年12月26日に策定した「ステップ2の完了を受けた警戒区域及び避難指示区域の見直しに関する基本的考え方及び今後の検討課題について」に基づき，現在設定されている避難指示区域を見直し，平成24年3月末を一つの目途に新たな避難指示区域を設定することを予定している。
　他方，いわゆる自主的避難等について，本審査会は，平成23年12月6日に決定・公表した「東京電力株式会社福島第一，第二原子力発電所事故による原子力損害の範囲の判定等に関する中間指針追補（自主的避難等に係る損害について）」（以下「第一次追補」という。）において，その損害の範囲に関する考え方を示した。

2 基本的考え方

　上記の避難区域等の見直し等を踏まえて，この度の中間指針の追補（以下「第二次追補」という。）においては，中間指針及び第一次追補の対象となった政府による避難等の指示等に係る損害，自主的避難等に係る損害等に関し今後の検討事項とされていたこと等について，現時点で可能な範囲で考え方を示すこととする。
　東京電力株式会社福島第一原子力発電所及び福島第二原子力発電所における事故（以下「本件事故」という。）とこれらの損害との相当因果関係の有無は，最終的には個々の事案毎に判断すべきものであるが，第二次追補では，本件事故に係る損害賠償の紛争解決を促すため，賠償が認められるべき一定の範囲を示すこととする。
　なお，中間指針，第一次追補及び第二次追補で対象とされなかったものが直ちに賠償の対象とならないというものではなく，個別具体的な事情に応じて相当因果関係のある損害と認められることがあり得る。その際，これらの指針に明記されていない損害についても，個別

495

の事例又は類型毎に，これらの指針の趣旨を踏まえ，かつ，当該損害の内容に応じて，その全部又は一定の範囲を賠償の対象とする等，東京電力株式会社には合理的かつ柔軟な対応が求められる。

第2 政府による避難指示等に係る損害について

1 避難費用及び精神的損害

中間指針第3の［損害項目］の2の避難費用及び6の精神的損害は，中間指針で示したもののほか，次のとおりとする。

(1) 避難指示区域

中間指針第3の［対象区域］のうち，「(1)避難区域」の①東京電力株式会社福島第一原子力発電所から半径20ｋｍ圏内（平成23年4月22日には，原則立入り禁止となる警戒区域に設定。）及び「(3)計画的避難区域」については，平成24年3月末を一つの目途に，
① 避難指示解除準備区域（年間積算線量が20ミリシーベルト以下となることが確実であることが確認された地域）
② 居住制限区域（年間積算線量が20ミリシーベルトを超えるおそれがあり，住民の被曝線量を低減する観点から引き続き避難を継続することを求める地域）
③ 帰還困難区域（長期間，具体的には5年間を経過してもなお，年間積算線量が20ミリシーベルトを下回らないおそれのある，年間積算線量が50ミリシーベルト超の地域）
という新たな避難指示区域（上記①～③の括弧内は各区域の基本的考え方）が設定されること（以下「避難指示区域見直し」という。）等を踏まえ，これらの避難指示区域が設定された地域（以下単に「避難指示区域」という。）内に本件事故発生時における生活の本拠としての住居（以下「住居」という。）があった者の避難費用及び精神的損害は，次のとおりとする。

（指針）
Ⅰ）避難指示区域内に住居があった者については，中間指針第3の［損害項目］の6の「第2期」を避難指示区域見直しの時点まで延長し，当該時点から終期までの期間を「第3期」とする。
Ⅱ）Ⅰ）の第3期において賠償すべき避難費用及び精神的損害並びにそれらの損害額の算定方法は，原則として，引き続き中間指針第3の［損害項目］の2及び6で示したとおりとする。但し，宿泊費等（中間指針第3の［損害項目］の2の（指針）Ⅰ）の②の「宿泊費等」をいう。以下同じ。）が賠償の対象となる額及び期間には限りがあることに留意する必要がある。
Ⅲ）Ⅰ）の第3期における精神的損害の具体的な損害額（避難費用のうち通常の範囲の生活費の増加費用を含む。）の算定に当たっては，避難者の住居があった地域に応じて，以下のとおりとする。
　① 避難指示区域見直しに伴い避難指示解除準備区域に設定された地域については，一人月額10万円を目安とする。
　② 避難指示区域見直しに伴い居住制限区域に設定された地域については，一人月額10万円を目安とした上，概ね2年分としてまとめて一人240万円の請求をすることができるものとする。但し，避難指示解除までの期間が長期化した場合は，

〈資料3〉二次追補

　　　賠償の対象となる期間に応じて追加する。
　　③　避難指示区域見直しに伴い帰還困難区域に設定された地域については，一人600万円を目安とする。
　Ⅳ）中間指針において避難費用及び精神的損害が特段の事情がある場合を除き賠償の対象とはならないとしている「避難指示等の解除等から相当期間経過後」の「相当期間」は，避難指示区域については今後の状況を踏まえて判断されるべきものとする。

（備考）
1) Ⅰ）について，中間指針第3の［損害項目］の6において，精神的損害の具体的な損害額の算定期間の第2期は，「第1期（本件事故発生から6ヶ月間）終了から6ヶ月間」としつつ，「警戒区域等が見直される等の場合には，必要に応じて見直す。」としていたことから，避難指示区域については避難指示区域見直しに伴い，当該見直しの時点までを「第2期」とし，当該時点から終期までの期間を新たに「第3期」とすることとした。
2) Ⅱ）について，中間指針第3の［損害項目］の2では，「①対象区域から避難するために負担した交通費，家財道具の移動費用」，「②対象区域外に滞在することを余儀なくされたことにより負担した宿泊費及びこの宿泊に付随して負担した費用」及び「③避難等対象者が，避難等によって生活費が増加した部分があれば，その増加費用」について，必要かつ合理的な範囲で賠償すべき避難費用と認めている。また，中間指針第3の［損害項目］の6では，避難等対象者が受けた精神的苦痛のうち，少なくとも「自宅以外での生活を長期間余儀なくされ，正常な日常生活の維持・継続が長期間にわたり著しく阻害されたために生じた精神的苦痛」及び「いつ自宅に戻れるか分からないという不安な状態が続くことによる精神的苦痛」は賠償すべき損害と認めている。この場合，上記①及び②は実費を損害額とし，上記③は原則として上記の精神的損害と合算した一定の金額をもって両者の損害額とすることが，それぞれ合理的な算定方法であるとされている。
3) Ⅱ）について，宿泊費等は必要かつ合理的な範囲で賠償されるものであり，その額は，例えば従前の住居が借家であった者については，当面は宿泊費等の全額とし，一定期間経過後は従前の家賃より増額の負担を余儀なくされた場合の当該増額部分とすることが考えられる。また，宿泊費等が賠償の対象となる期間は，避難指示の解除後相当期間経過までとするのが原則であるが，例えば従前の住居が持ち家であった者の居住していた不動産の価値が全損となった場合については，その全額賠償を受けることが可能となった時期までを目安とすることが考えられる。
4) Ⅱ）について，帰還困難区域等に住居があった者が当該住居への帰還を断念し移住しようとする場合には，これに伴う移動費用，生活費の増加費用等は，中間指針第3の［損害項目］の2及び4で示した避難費用及び帰宅費用に準じて賠償すべき損害と認められる。また，帰還困難区域にあっては，長年住み慣れた住居及び地域における生活の断念を余儀なくされたために生じた精神的苦痛が認められ，その他の避難指示区域にあっても，中間指針第3の［損害項目］の6で示された精神的苦痛に準じて精神的損害が認められる。なお，避難を継続する者と移住しようとする者との間で，損害額及び支払方法等に差を設けないことが適当である。
5) Ⅲ）について，具体的な損害額の算定に当たっては，避難の長期化に伴う「いつ自宅に戻

〈資料3〉二次追補

れるか分からないという不安な状態が続くことによる精神的苦痛」の増大等を考慮した。この場合，避難指示解除準備区域は，比較的近い将来に避難指示の解除が見込まれることから，これまでと同様に月単位で算定することとした。一方，帰還困難区域は，今後5年以上帰還できない状態が続くと見込まれることから，こうした長期にわたって帰還できないことによる損害額を一括して，実際の避難指示解除までの期間を問わず一律に算定することとしたが，この額はあくまでも目安であり，帰還できない期間が長期化する等の個別具体的な事情によりこれを上回る額が認められ得る。また，居住制限区域は，現時点で解除までの具体的な期間が不明であるものの，ある程度長期化すると見込まれることを踏まえ，基本的には月単位で算定することとしつつ，被害者救済の観点から，当面の損害額として一定期間分を想定した一括の支払いを受けることができるものとすることが適当である。なお，同区域における損害額は，避難指示解除までの期間が長期化した場合には，賠償の対象となる期間に応じて増加するが，その場合，最大でも帰還困難区域における損害額までを概ねの目安とすることが考えられる。

6) Ⅳ）について，避難指示区域は，現時点で実際に解除された区域がないこと等から，少なくとも現時点で具体的な相当期間を示すことは困難と判断した。

7) Ⅳ）の相当期間経過後の「特段の事情がある場合」については，例えば一定の医療・介護等が必要な者に関しては解除後の地域の医療・福祉体制等を考慮し，子供に関しては通学先の学校の状況を考慮する等，個別具体的な事情に応じて柔軟に判断することが適当である。さらに，多数の避難者に対して速やかかつ公平に賠償するため，避難指示の解除後相当期間経過前に帰還した場合であっても，原則として，個々の避難者が実際にどの時点で帰還したかを問わず，当該期間経過の時点を一律の終期として損害額を算定することが合理的である。

(2) 旧緊急時避難準備区域

中間指針第3の［対象区域］のうち，「(4)緊急時避難準備区域」については，平成23年9月30日に解除されていること等を踏まえ，当該区域（以下「旧緊急時避難準備区域」という。）内に住居があった者の避難費用及び精神的損害は，次のとおりとする。

> （指針）
> Ⅰ）中間指針の第3期において賠償すべき避難費用及び精神的損害並びにそれらの損害額の算定方法は，引き続き中間指針第3の［損害項目］の2及び6で示したとおりとする。
> Ⅱ）中間指針の第3期における精神的損害の具体的な損害額（避難費用のうち通常の範囲の生活費の増加費用を含む。）の算定に当たっては，一人月額10万円を目安とする。
> Ⅲ）中間指針において避難費用及び精神的損害が特段の事情がある場合を除き賠償の対象とはならないとしている「避難指示等の解除等から相当期間経過後」の「相当期間」は，旧緊急時避難準備区域については平成24年8月末までを目安とする。但し，同区域のうち楢葉町の区域については，同町の避難指示区域について解除後「相当期間」（前記(1)の（指針）Ⅳ））が経過した時点までとする。

〈資料3〉二次追補

(備考)
1) Ⅰ)について，旧緊急時避難準備区域の第2期は，中間指針第3の［損害項目］の6で示したとおり，第1期（本件事故発生から6ヶ月間）終了から6ヶ月間とし，平成24年3月11日から終期までの期間を第3期とする。
2) Ⅱ)については，避難指示区域の場合に準じて算定した。
3) Ⅲ)については，①この区域におけるインフラ復旧は平成24年3月末までに概ね完了する見通しであること，②その後も生活環境の整備には一定の期間を要する見込みであるものの，平成24年度第2学期が始まる同年9月までには関係市町村において，当該市町村内の学校に通学できる環境が整う予定であること，③避難者が従前の住居に戻るための準備に一定の期間が必要であること等を考慮した。但し，現時点でこれらの事情を前提に目安として示すものであり，今後，当該事情に変更が生じた場合は，実際の状況を考慮して柔軟に判断することが適当である。また，当該期間経過後の「特段の事情がある場合」については，前記（1）の（備考）の7）に同じである。
4) 楢葉町については，同町の区域のほとんどが避難指示区域である等の特別の事情があることを考慮した。
5) Ⅲ)について，避難指示区域と同様，中間指針の第3期においては，避難指示の解除後相当期間経過前に帰還した場合であっても，原則として，個々の避難者が実際にどの時点で帰還したかを問わず，当該期間経過の時点を一律の終期として損害額を算定することが合理的である。なお，第1期又は第2期において帰還した場合や本件事故発生当初から避難せずにこの区域に滞在し続けた場合は，個別具体的な事情に応じて賠償の対象となり得る。

(3) 特定避難勧奨地点
　中間指針第3の［対象区域］のうち，「(5) 特定避難勧奨地点」については，解除に向けた検討が開始されていること等を踏まえ，当該地点に住居があった者の避難費用及び精神的損害は，次のとおりとする。

(指針)
Ⅰ) 中間指針の第3期において賠償すべき避難費用及び精神的損害並びにそれらの損害額の算定方法は，引き続き中間指針第3の［損害項目］の2及び6で示したとおりとする。
Ⅱ) 中間指針の第3期における精神的損害の具体的な損害額（避難費用のうち通常の範囲の生活費の増加費用を含む。）の算定に当たっては，一人月額10万円を目安とする。
Ⅲ) 中間指針において避難費用及び精神的損害が特段の事情がある場合を除き賠償の対象とはならないとしている「避難指示等の解除等から相当期間経過後」の「相当期間」は，特定避難勧奨地点については3ヶ月間を当面の目安とする。

(備考)
1) Ⅰ)について，特定避難勧奨地点の第2期は，中間指針第3の［損害項目］の6で示したとおり，第1期（本件事故発生から6ヶ月間）終了から6ヶ月間とし，平成24年3月11日から終期までの期間を第3期とする。
2) Ⅱ)については，避難指示区域の場合に準じて算定した。

3) Ⅲ）については，①特定避難勧奨地点の解除に当たっては地方公共団体と十分な協議が行われる予定であること，②当該地点が居住単位で設定され，比較的狭い地区が対象となるため，広範囲に公共施設等の支障が生じているわけではないこと，③避難者が従前の住居に戻るための準備に一定の期間が必要であること等を考慮した。但し，現時点で実際に解除された地点はないことから，当面の目安として示すものである。また，当該期間経過後の「特段の事情がある場合」については，前記(1)の（備考）の7）に同じである。
4) Ⅲ）について，中間指針の第3期において特定避難勧奨地点の解除後相当期間経過前に当該地点の住居に帰還した場合，第1期又は第2期において帰還した場合及び本件事故発生当初から避難せずに同地点に滞在し続けた場合は，前記(2)の（備考）の5）に同じである。

2 営業損害

中間指針第3の［損害項目］の7の営業損害は，中間指針で示したもののほか，次のとおりとする。

> （指針）
> Ⅰ）中間指針第3の［損害項目］の7の営業損害の終期は，当面は示さず，個別具体的な事情に応じて合理的に判断するものとする。
> Ⅱ）営業損害を被った事業者による転業・転職や臨時の営業・就労等が特別の努力と認められる場合には，かかる努力により得た利益や給与等を損害額から控除しない等の合理的かつ柔軟な対応が必要である。

（備考）
1) Ⅰ）の営業損害の終期は，突然かつ広範囲に被害が生じたという本件事故の特殊性，営業損害を被った事業者の多様性等にかんがみれば，少なくとも現時点で具体的な目安を一律に示すことは困難であり，当面は示さず，個別具体的な事情に応じて合理的に判断することが適当である。なお，営業損害の終期は，専らⅠ）により判断されるものであって，これとは別に，避難指示等の解除，同解除後相当期間の経過，避難指示等の対象区域への帰還等によって到来するものではない。
2) 具体的な終期の判断に当たっては，①基本的には被害者が従来と同じ又は同等の営業活動を営むことが可能となった日を終期とすることが合理的であること，②一方，被害者の側においても，本件事故による損害を可能な限り回避又は減少させる措置を執ることが期待されており，一般的には事業拠点の移転や転業等の可能性があると考えられること等を考慮するものとする。また，例えば公共用地の取得に伴う損失補償基準等を当該判断の参考にすることも考えられるが，その場合には，本件事故には，突然かつ広範囲に被害が生じた上，避難した者が避難指示解除後に帰還する場合があること等，土地収用等と異なる特殊性があることにも留意する必要がある。
3) Ⅱ）について，営業損害を被った事業者において，本件事故後の営業・就労（転業・転職や臨時の営業・就労を含む。）によって得られた利益や給与等があれば，これらの営業・就労が本件事故がなければ従前の事業活動に仕向けられていたものである限り，損害額から控除するのが原則と考えられる。しかしながら，本件事故には突然かつ広範囲に多数の者の生活や事業等に被害が生じたという特殊性があり，被害者が営業・就労を行うことが通

〈資料3〉二次追補

常より困難な場合があり得る。また、これらの営業・就労によって得られた利益や給与等を一律に全て控除すると、こうした営業・就労をあえて行わない者の損害額は減少しない一方、こうした営業・就労を行うほど賠償される損害額は減少することになる。このため、当該利益や給与等について、一定の期間又は一定の額の範囲を「特別の努力」によるものとして損害額から控除しない等の「合理的かつ柔軟な対応」が必要である。

3 就労不能等に伴う損害

中間指針第3の［損害項目］の8の就労不能等に伴う損害は、中間指針に示したもののほか、次のとおりとする。

> （指針）
> Ⅰ）中間指針第3の［損害項目］の8の就労不能等に伴う損害の終期は、当面は示さず、個別具体的な事情に応じて合理的に判断するものとする。
> Ⅱ）就労不能等に伴う損害を被った勤労者による転職や臨時の就労等が特別の努力と認められる場合には、かかる努力により得た給与等を損害額から控除しない等の合理的かつ柔軟な対応が必要である。

（備考）
1) Ⅰ）の就労不能等に伴う損害の終期についての考え方は、基本的には前記2の（備考）の1)及び2)に同じである。但し、その終期は、一般的には営業損害の終期よりも早期に到来すると考えられることも考慮するものとする。
2) Ⅱ）について、「特別の努力」に係る「合理的かつ柔軟な対応」の考え方は、基本的には前記2の（備考）の3)に同じである。

4 財物価値の喪失又は減少等

中間指針第3の［損害項目］の10の財物価値の喪失又は減少等は、中間指針で示したもののほか、次のとおりとする。

> （指針）
> Ⅰ）帰還困難区域内の不動産に係る財物価値については、本件事故発生直前の価値を基準として本件事故により100パーセント減少（全損）したものと推認することができるものとする。
> Ⅱ）居住制限区域内及び避難指示解除準備区域内の不動産に係る財物価値については、避難指示解除までの期間等を考慮して、本件事故発生直前の価値を基準として本件事故により一定程度減少したものと推認することができるものとする。

（備考）
1) Ⅰ）について、財物価値の喪失又は減少等については、中間指針第3の［損害項目］の10において「現実に価値を喪失し又は減少した部分」を賠償すべき損害と認めているが、特に帰還困難区域内の不動産については、5年以上の長期間にわたり立入りが制限され使用ができないこと等の特別の事情があり、当面は市場価値が失われたものと観念すること

〈資料3〉二次追補

ができる。このため，迅速な被害者救済の観点から，当該不動産に係る財物価値が本件事故発生直前の価値を基準として100パーセント減少（全損）したものと推認することによって，本件事故直前の価値の全額を賠償対象とすることができるものとする。
2) Ⅱ）について，居住制限区域内及び避難指示解除準備区域内の不動産に係る財物価値についても，帰還困難区域内の不動産に準じ，一定期間使用ができないこと等を踏まえ，その価値減少分を客観的に推認することによって，当該減少分を賠償対象とすることができるものとする。
3) 「本件事故発生直前の価値」は，例えば居住用の建物にあっては同等の建物を取得できるような価格とすることに配慮する等，個別具体的な事情に応じて合理的に評価するものとする。
4) 賠償後に東京電力株式会社の費用負担による除染，修理等によって価値が回復した場合には，当事者間の合意によりその価値回復分を清算することが考えられる。
5) 中間指針第2の4で示したように，地震・津波による損害については賠償の対象とはならないが，本件事故による損害か地震・津波による損害かの区別が判然としない場合もあることから，合理的な範囲で，「原子力損害」に該当するか否か及びその損害額を推認することが考えられるとともに，東京電力株式会社には合理的かつ柔軟な対応が求められる。

第3　自主的避難等に係る損害について

第一次追補において示した自主的避難等に係る損害について，平成24年1月以降に関しては，次のとおりとする。

（指針）
Ⅰ）少なくとも子供及び妊婦については，個別の事例又は類型毎に，放射線量に関する客観的情報，避難指示区域との近接性等を勘案して，放射線被曝への相当程度の恐怖や不安を抱き，また，その危険を回避するために自主的避難を行うような心理が，平均的・一般的な人を基準としつつ，合理性を有していると認められる場合には，賠償の対象となる。
Ⅱ）Ⅰ）によって賠償の対象となる場合において，賠償すべき損害及びその損害額の算定方法は，原則として第一次追補第2の［損害項目］で示したとおりとする。具体的な損害額については，同追補の趣旨を踏まえ，かつ，当該損害の内容に応じて，合理的に算定するものとする。

（備考）
1) 第一次追補は，自主的避難等に係る損害について，一定の区域を設定した上で，同区域に居住していた者に少なくとも共通に認められる損害を示した。これは，東京電力株式会社福島第一原子力発電所の状況が安定していない等の状況下で，本件事故発生時から平成23年12月末までを対象期間として算定したものである。その際，平成24年1月以降に関しては，今後，必要に応じて賠償の範囲等について検討することとした。
2) これを受けて第二次追補では，平成24年1月以降に関しては，①第一次追補とは，対象期間における状況が全般的に異なること，②他方，少なくとも子供及び妊婦の場合は，放射線への感受性が高い可能性があることが一般に認識されていると考えられること等から，

〈資料3〉二次追補

第一次追補の内容はそのまま適用しないが、個別の事例又は類型によって、これらの者が放射線被曝への相当程度の恐怖や不安を抱き、また、その危険を回避するために自主的避難を行うような心理が、平均的・一般的な人を基準としつつ、合理性を有していると認められる場合には賠償の対象とすることとする。

第4　除染等に係る損害について

除染等に係る損害は、中間指針で示したもののほか、次のとおりとする。

> （指針）
> Ⅰ）本件事故に由来する放射性物質に関し、必要かつ合理的な範囲の除染等（汚染された土壌等の除去に加え、汚染の拡散の防止等の措置、除去土壌の収集、運搬、保管及び処分並びに汚染された廃棄物の処理を含む。）を行うことに伴って必然的に生じた追加的費用、減収分及び財物価値の喪失・減少分は、賠償すべき損害と認められる。
> Ⅱ）住民の放射線被曝の不安や恐怖を緩和するために地方公共団体や教育機関が行う必要かつ合理的な検査等に係る費用は、賠償すべき損害と認められる。

（備考）
1) Ⅰ）について、平成二十三年三月十一日に発生した東北地方太平洋沖地震に伴う原子力発電所の事故により放出された放射性物質による環境の汚染への対処に関する特別措置法（以下「特別措置法」という。）第四十四条第一項においては、「事故由来放射性物質による環境の汚染に対処するためこの法律に基づき講ぜられる措置は、原子力損害の賠償に関する法律（昭和三十六年法律第百四十七号）第三条第一項の規定により関係原子力事業者が賠償する責めに任ずべき損害に係るものとして、当該関係原子力事業者の負担の下に実施されるものとする。」と規定されているが、特別措置法に基づく措置に直接要する経費のみならず当該措置に伴う財物損壊や営業損害等を含め、同法第四十四条第一項の対象となるか否かにかかわらず、Ⅰ）に該当するものは原子力損害として賠償の対象となる。
2) Ⅱ）については、現存被曝状況や避難状況にある住民の放射線被曝に対する不安や恐怖は深刻であり、これらの不安や恐怖を緩和するため、地方公共団体及び教育機関が、子供を対象とした外部被曝線量の測定、日常的に摂取する食品の放射能検査等の対策を余儀なくされていることを考慮した。

〈資料4〉東京電力株式会社福島第一，第二原子力発電所事故による原子力損害の範囲の判定等に関する中間指針第三次追補
（農林漁業・食品産業の風評被害に係る損害について）

平成25年1月30日

原子力損害賠償紛争審査会

第1 はじめに

1 政府が本件事故に関し行う指示等の状況等

　原子力損害賠償紛争審査会（以下「本審査会」という。）は，平成23年8月5日に決定・公表した「東京電力株式会社福島第一，第二原子力発電所事故による原子力損害の範囲の判定等に関する中間指針」（以下「中間指針」という。）において，東京電力株式会社福島第一原子力発電所及び福島第二原子力発電所における事故（以下「本件事故」という。）に関する政府等による農林水産物等の出荷制限指示等に係る損害及びいわゆる風評被害についての損害の範囲に関する考え方を示した。

　平成23年8月以降，政府は，飼料（ただし，牛用粗飼料については，同年4月に設定済み。），家畜の排せつ物を原料とする堆肥等の肥料，薪・木炭及びきのこ原木等の食品以外の農林水産物の暫定許容値等（以下「暫定許容値等」という。）を設定した。また，食品中の放射性物質に関する暫定規制値に代え，より一層，食の安全・安心を確保する観点から新たな基準値（以下「新基準値」という。）を設定し，同年12月22日に公表，平成24年4月1日から施行した。なお，食品の新基準値の設定に伴い，飼料及びきのこ原木等の暫定許容値も見直された。

　中間指針策定後もこれら農林水産物等に係る暫定規制値，新基準値及び暫定許容値等に基づく「政府が本件事故に関し行う指示等（地方公共団体が本件事故に関し合理的理由に基づき行うもの及び生産者団体が政府又は地方公共団体の関与の下で本件事故に関し合理的理由に基づき行うものを含む。以下同じ。）」が新たになされており，特に，暫定許容値等や新基準値（以下「新基準値等」という。）の設定以降は，多数の品目・区域で政府による指示等がなされている。

　一部の対象品目につき政府による指示等があった区域等においては，対象品目及び同一類型の農林水産物につき，消費者や取引先が放射性物質による汚染の危険性を懸念し，取引等を敬遠するという心情に至ったとしてもやむを得ない場合があると認められる。このため，農林漁業・食品産業において，政府による指示等に伴う損害のみならず，いわゆる風評被害が，中間指針策定時に比し広範に及んでいる。

〈資料4〉三次追補

2 基本的な考え方

　上記の政府が本件事故に関し行う指示等の状況等を踏まえ，この度の中間指針の追補（以下「第三次追補」という。）においては，農林漁業・食品産業の風評被害について，中間指針第7の2に加え，現時点で可能な範囲で，損害の範囲等を示すものとする。

　なお，政府が本件事故に関し行う指示等に係る損害については，中間指針第5においてその基本的な考え方が示されており，中間指針策定後においても，同様の考え方が妥当すると考えられる。また，中間指針策定後に政府が食品以外の農林水産物に設定した暫定許容値等に基づく措置についても，「政府が本件事故に関し行う指示等」に含まれると考えることが妥当である。風評被害については，中間指針第7の1において，一般的基準が示されており，第7の2において，農林漁業・食品産業の風評被害について，相当因果関係が認められる蓋然性が特に高い類型や，相当因果関係を判断するに当たって考慮すべき事項が示されている。

　他方，中間指針策定後の農林漁業・食品産業における取引価格及び取引数量の動向，具体的な買い控え，取引停止の事例等に関する調査を行った結果，中間指針策定時に比べ，広範な地域及び産品について，買い控え等による被害が生じていることが確認された。

　このため，農林漁業・食品産業の風評被害について，中間指針策定後の状況を踏まえて，中間指針第7の1のⅢ）①の原則として賠償すべき損害の類型として，中間指針第7の2において示されている損害に一定の類型の損害を新たに追加することとした。

　なお，本件事故とこれらの損害との相当因果関係の有無は，最終的には個々の事案毎に判断すべきものであって，中間指針又は第三次追補において具体的な地域及び産品が明示されなかったものが，直ちに賠償の対象とならないというものではなく，個別具体的な事情に応じて相当因果関係のある損害と認められることがあり得る。

　したがって，中間指針第7の1のⅢ）①の類型に当てはまらない損害についても，個別の事例又は類型毎に，これらの指針等の趣旨を踏まえ，かつ，当該損害の内容に応じて，その全部又は一定の範囲を賠償の対象とする等，東京電力株式会社には合理的かつ柔軟な対応が求められる。

第2　農林漁業・食品産業の風評被害について

（指針）
Ⅰ）中間指針第7の2Ⅰ）に示されている損害に加え，以下に掲げる損害についても，中間指針第7の1Ⅲ）①の類型として，原則として賠償すべき損害と認められる。
　① 農林漁業において，中間指針策定以降に現実に生じた買い控え等による被害のうち，次に掲げる産品に係るもの。
　　ⅰ）農産物（茶及び畜産物を除き，食用に限る。）については，岩手，宮城の各県において産出されたもの。
　　ⅱ）茶については，宮城，東京の各都県において産出されたもの。
　　ⅲ）林産物（食用に限る。）については，青森，岩手，宮城，東京，神奈川，静岡及び広島（ただし，広島についてはしいたけに限る。）の各都県において産出されたもの。
　　ⅳ）牛乳・乳製品については，岩手，宮城及び群馬の各県において産出されたも

〈資料4〉三次追補

　　　　の。
　　　ⅴ）水産物（食用及び餌料用に限る。）については，北海道，青森，岩手及び宮城の各道県において産出されたもの。
　　　ⅵ）家畜の飼料及び薪・木炭については，岩手，宮城及び栃木の各県において産出されたもの。
　　　ⅶ）家畜排せつ物を原料とする堆肥については，岩手，宮城，茨城，栃木及び千葉の各県において産出されたもの。
　　　ⅷ）ⅰ）ないしⅶ）の農林水産物を主な原材料とする加工品。
　　②　農林水産物の加工業及び食品製造業において，中間指針策定以降に現実に生じた買い控え等による被害のうち，主たる原材料が①のⅰ）ないしⅶ）の農林水産物及び食品（以下「産品等」という。）に係るもの。
　　③　農林水産物・食品の流通業（農林水産物の加工品の流通業を含む。以下同じ。）において，中間指針策定以降に現実に生じた買い控え等による被害のうち，①ないし②に掲げる産品等を継続的に取り扱っていた事業者が仕入れた当該産品等に係るもの。
　Ⅱ）農林漁業，農林水産物の加工業及び食品製造業並びに農林水産物・食品の流通業において，Ⅰ）に掲げる買い控え等による被害を懸念し，事前に自ら出荷，操業，作付け，加工等の全部又は一部を断念したことによって生じた被害も，かかる判断がやむを得ないものと認められる場合には，原則として賠償すべき損害と認められる。

（備考）
1）平成23年8月以降，飼料，家畜の排せつ物を原料とする堆肥等の肥料，薪・木炭及びきのこ原木等についての暫定許容値等並びに食品についての新基準値が設定されたことなどにより，中間指針に明記されていない地域及び産品において，政府が本件事故に関し行う指示等が出されたことを踏まえて調査を行った結果，Ⅰ）及びⅡ）の範囲において，消費者や取引先が放射性物質による汚染の危険性を懸念し買い控え等を行うことも，平均的・一般的な人を基準として合理性があると認められる。
2）また，中間指針第7の2（備考）2）に示されているとおり，一部の対象品目につき政府が本件事故に関し行う指示等があった区域については，その対象品目に限らず同区域内で生育した同一の類型の農林水産物につき，同指示等の解除後一定期間を含め，消費者や取引先が放射性物質の付着及びこれによる内部被曝等を懸念し，取引等を敬遠するという心情に至ったとしても，平均的・一般的な人を基準として合理性があると認められるほか，同指示等があった区域以外でも，一定の地域については，その地理的特徴，その産品の流通実態等から，同様の心情に至ったとしてもやむを得ない場合があると認められる。
　　なお，少なくとも指示等の対象となった品目と同一の品目については，指示等の対象となった区域と近接している区域など一定の地理的範囲において買い控え等の被害が生じている場合には，賠償すべき損害が生じていると考えるべきである。
3）牧草等から暫定許容値を超える放射性物質が検出され，これを契機に牛乳及び乳製品について買い控え等による被害が生じていることが確認された。この場合，放射性物質により汚染された牧草等（具体的には，暫定許容値を超える放射性物質が検出されたもの）が牛

〈資料4〉三次追補

の飼養に用いられた等の事情がある都道府県で産出された牛乳・乳製品については，消費者や取引先がその汚染の危険性を懸念し買い控え等を行うことも，平均的・一般的な人を基準として合理性があると考えられる。

4) 中間指針第7の2（備考）4) ないし7) に示されている考え方は，Ⅰ) 及びⅡ) についても妥当する。

5) 中間指針第7の2Ⅲ) の検査費用に係る指針中，「取引先の要求等によって実施を余儀なくされた」とは，必ずしも取引先から書面等により要求されたものに限らず，客観的に実施せざるを得ない状況であると合理的に判断できるものについても含まれる。

6) 風評被害に係る個別の判断にあたっては，当該産品等の特徴等を考慮した上で，本件事故との相当因果関係を判断すべきである。例えば，有機農産物等の特別な栽培方法等により生産された産品は，通常のものに比べて品質，安全等の価値を付して販売されているという特徴があることから，通常のものと比べて風評被害を受けやすく，通常のものよりも広範な地域において風評被害を受ける場合もあることなどに留意すべきである。

〈資料5〉四次追補

〈資料5〉東京電力株式会社福島第一，第二原子力発電所事故による原子力損害の範囲の判定等に関する中間指針第四次追補
（避難指示の長期化等に係る損害について）

平成 25 年 12 月 26 日

原子力損害賠償紛争審査会

第1 はじめに

1 現状

　原子力損害賠償紛争審査会（以下「本審査会」という。）は，平成23年8月5日に決定・公表した「東京電力株式会社福島第一，第二原子力発電所事故による原子力損害の範囲の判定等に関する中間指針」（以下「中間指針」という。）において，政府による避難等の指示等に係る損害の範囲に関する考え方を示した。また，政府（原子力災害対策本部）が，平成23年9月30日に緊急時避難準備区域を解除し，同年12月26日には「ステップ2の完了を受けた警戒区域及び避難指示区域の見直しに関する基本的考え方及び今後の検討課題について」を新たに決定し従来の避難指示区域を見直すとしたこと等を踏まえ，「東京電力株式会社福島第一，第二原子力発電所事故による原子力損害の範囲の判定等に関する中間指針第二次追補（政府による避難区域等の見直し等に係る損害について）」（以下「第二次追補」という。）を平成24年3月
16日に決定・公表した。
　その後，平成25年8月には，すべての避難指示対象市町村において，避難指示区域の見直しが完了した。新たな3つの避難指示区域のうち，居住制限区域及び避難指示解除準備区域については，区域内への自由な立入りが可能となったほか，復旧・復興・帰還に向け，除染実施計画やインフラ復旧工程表に基づき除染やインフラ復旧等が進められるとともに，企業の営業活動も一部再開されている。また，除染やインフラ復旧等が進捗した一部の区域においては，住民の帰還に向けた準備のために特例宿泊も実施されており，避難指示の解除に向けた検討が始まっている。
　一方，帰還困難区域については，将来にわたって居住を制限することが原則とされており，区域内の立入りは制限され，本格的な除染やインフラ復旧等は実施されておらず，現段階では避難指示解除までの見通しすら立たない状況であり，避難指示が長期化することが想定される。このように長期間の避難を余儀なくされる住民に対しては，住居確保のための原発避難者向け災害公営住宅の整備や町外コミュニティの整備が進められている。また，帰還困難区域の住民へのアンケート調査によると，帰還までの間，区域外の持ち家で居住することを希望している住民も多い。

〈資料5〉四次追補

　以上のような状況の中、避難を余儀なくされている住民は、具体的な生活再建を図ろうとしているが、特に築年数の経過した住宅に居住していた住民においては、第二次追補で示した財物としての住宅の賠償金額が低額となり、帰還の際の修繕・建替えや長期間の避難等のための他所での住宅の取得ができないという問題が生じている。また、長期間の避難等のために他所へ移住する場合には、従前よりも相対的に地価単価の高い地域に移住せざるを得ない場合があることから、移住先の土地を取得できないという問題も生じている。
　さらに、本格的な除染やインフラ復旧等が行われず避難指示の解除の見通しが立たない状況で事故後6年後を大きく超える長期避難が見込まれる帰還困難区域等の住民からは、将来の生活に見通しをつけるため、避難指示解除の見通しがつかず避難が長期化する場合の精神的損害等に係る賠償の考え方を示すことが求められている。

2　基本的考え方

　上記で述べた避難指示区域の状況を踏まえ、この度の中間指針第四次追補（以下「本指針」という。）においては、避難指示区域において避難指示解除後に避難費用及び精神的損害が賠償の対象となる相当期間の具体的な期間、新たな住居の確保のために要する費用のうち賠償の対象となる範囲及び避難指示が長期化した場合に賠償の対象となる範囲について、これまで示してきた指針に加え、現時点で可能な範囲で損害の範囲等を示すこととし、今後の迅速、公平かつ適正な賠償の実施による被害者救済に資するものとする。
　なお、本審査会の指針において示されなかったものが直ちに賠償の対象とならないというものではなく、個別具体的な事情に応じて相当因果関係のある損害と認められるものは、指針で示されていないものも賠償の対象となる。また、本指針で示す損害額の算定方法が他の合理的な算定方法の採用を排除するものではない。東京電力株式会社には、被害者からの賠償請求を真摯に受け止め、本審査会の指針で賠償の対象
と明記されていない損害についても個別の事例又は類型毎に、指針の趣旨を踏まえ、かつ、当該損害の内容に応じて、その全部又は一定の範囲を賠償の対象とする等、合理的かつ柔軟な対応と同時に被害者の心情にも配慮した誠実な対応が求められる。
　さらに、東京電力株式会社福島第一原子力発電所及び福島第二原子力発電所における事故（以下「本件事故」という。）による被害は極めて広範かつ多様であり、被害者一人一人の損害が賠償されたとしても、被災地における生活環境、産業・雇用等の復旧・復興がなければ、被害者の生活再建を図ることは困難である。このため、本審査会としても、東京電力株式会社の誠実な対応による迅速、公平かつ適正な賠償の実施に加え、被害者が帰還した地域や移住先における生活や事業の再建に向け、就業機会の増加や就労支援、農林漁業を含む事業の再開や転業等のための支援、被災地における医療、福祉サービス等の充実など、政府等による復興施策等が着実に実施されることを求める。

第2　政府による避難指示等に係る損害について

1　避難費用及び精神的損害

　中間指針第3の［損害項目］の2の避難費用及び6の精神的損害は、中間指針及び第二次追補で示したもののほか、次のとおりとする。

〈資料5〉四次追補

(指針)
Ⅰ) 避難指示区域の第3期において賠償すべき精神的損害の具体的な損害額については，避難者の住居があった地域に応じて，以下のとおりとする。
　① 帰還困難区域又は大熊町若しくは双葉町の居住制限区域若しくは避難指示解除準備区域については，第二次追補で帰還困難区域について示した一人600万円に一人1,000万円を加算し，右600万円を月額に換算した場合の将来分（平成26年3月以降）の合計額（ただし，通常の範囲の生活費の増加費用を除く。）を控除した金額を目安とする。具体的には，第3期の始期が平成24年6月の場合は，加算額から将来分を控除した後の額は700万円とする。
　② ①以外の地域については，引き続き一人月額10万円を目安とする。
Ⅱ) 後記2のⅠ) 及びⅡ) で示す住居確保に係る損害の賠償を受ける者の避難費用（生活費増加費用及び宿泊費等）が賠償の対象となる期間は，特段の事情がない限り，住居確保に係る損害の賠償を受けることが可能になった後，他所で住居を取得又は賃借し，転居する時期までとする。ただし，合理的な時期までに他所で住居を取得又は賃借し，転居しない者については，合理的な時期までとする。
Ⅲ) 中間指針において避難費用及び精神的損害が特段の事情がある場合を除き賠償の対象とはならないとしている「避難指示等の解除等から相当期間経過後」の「相当期間」は，避難指示区域については，1年間を当面の目安とし，個別の事情も踏まえ柔軟に判断するものとする。

(備考)
1) Ⅰ) について，帰還困難区域は，避難区域見直し時，将来にわたって居住を制限することを原則とし，依然として住民等の立入りが制限されており，かつ，本格的な除染や住民帰還のためのインフラ復旧等を実施する計画すら策定されていない。このため，現在においても避難指示解除及び帰還の見通しすら立たず，避難指示が事故後6年後を大きく超えて長期化することが見込まれる。また，大熊町及び双葉町は，町の大半（人口の96％）が帰還困難区域であって，人口，主要インフラ及び生活関連サービスの拠点が帰還困難区域に集中しており，居住制限区域又は避難指示解除準備区域であっても，帰還困難区域の地域の避難指示が解除されない限り住民の帰還は困難であるため，帰還困難区域と同様に避難指示解除及び帰還の見通しすら立っていないと認められる。
　これらの地域に居住していた住民の精神的損害の内容は，理論的には最終的に帰還が可能となるか否かによって異なると考えられるが，①長期間の避難の後，最終的に帰還が可能か否か，また，帰還可能な場合でもいつその見通しが立つかを判断することが困難であること，②現在も自由に立入りができず，また，除染計画やインフラ復旧計画等がなく帰還の見通しが立たない状況においては，仮に長期間経過後に帰還が可能となったとしても，帰還が不能なために移住を余儀なくされたとして扱うことも合理的と考えられること，③これらの被害者が早期に生活再建を図るためには，見通しのつかない避難指示解除の時期に依存しない賠償が必要と考えられること等から，最終的に帰還するか否かを問わず，「長年住み慣れた住居及び地域が見通しのつかない長期間にわたって帰還不能となり，そこでの生活の断念を余儀なくされた精神的苦痛等」を一括して賠償することとした。

510

〈資料5〉四次追補

2) Ⅰ)①の対象地域については，本指針決定後，被害者の東京電力株式会社に対するⅠ)①に基づく損害賠償請求が可能になると見込まれる，平成26年3月時点における状況を踏まえて判断することとし，仮に，それまでの間に区域が見直されたり，帰還困難区域であっても除染計画やインフラ復旧計画等が整い帰還の見通しが明らかになったりするなど，上記1)で述べた状況に変更があった場合には，その変更された状況に応じて判断するものとする。なお，大熊町又は双葉町に隣接し，帰還困難区域の境界が人口密度の比較的高い町内の地域を横切っている富岡町及び浪江町においては，帰還困難区域に隣接する高線量地域（区域見直し時，年間積算線量が50ミリシーベルト超とされた地域）の取扱いについて，警戒区域解除後の区域見直しの経緯，除染等による線量低減の見通し等個別の事情を踏まえ，柔軟に判断することが考えられる。

3) Ⅰ)①の加算額の算定に当たっては，過去の裁判例及び死亡慰謝料の基準等も参考にした上で，避難指示が事故後10年を超えた場合の避難に伴う精神的損害額（生活費増加費用は含まない。）の合計額を十分に上回る金額とした。また，第二次追補において，長期にわたって帰還できないことによる損害額を5年分の避難に伴う慰謝料として一律に算定していることから，このうち，平成26年3月以降に相当する部分は，「長年住み慣れた住居及び地域が見通しのつかない長期間にわたって帰還不能となり，そこでの生活の断念を余儀なくされた精神的苦痛等」に包含されると考えられるため，その分を加算額から控除することとした。なお，本金額は，被害者の被災地での居住年数等を問わずⅠ)①の対象者全員に一律に支払う損害額を目安として示すものであり，個別具体的な事情によりこれを上回る金額が認められ得る。

4) Ⅰ)②の対象者について，精神的損害の具体的な損害額の合計額は，避難指示解除までの期間が長期化した場合には，賠償の対象となる期間に応じて増加するが，その場合，最大でもⅠ)①の対象者の損害額の合計額までを概ねの目安とし，仮に合計額が当該目安に達する蓋然性が高まった場合には，後記2のⅠ)で示す住居確保に係る損害の賠償を受けることが考えられる。

5) Ⅱ)について，「合理的な時期」とは，例えば，Ⅰ)①の対象者については，原発避難者向け災害公営住宅の整備が進捗し，希望者が当該住宅に転居することが可能になると想定される事故後6年後までを目安とすることが考えられる。

6) Ⅲ)について，既に除染やインフラ復旧等が進捗し，避難指示解除が検討されている区域の現状を踏まえ，①避難生活が長期にわたり，帰還するには相応の準備期間が必要であること，②例えば学校の新学期など生活の節目となる時期に帰還することが合理的であること，③避難指示の解除は，平成23年12月の原子力災害対策本部決定に基づき，日常生活に必須なインフラや生活関連サービスが概ね復旧した段階において，子供の生活環境を中心とする除染作業の十分な進捗を考慮して，県，市町村及び住民と十分な協議を行うこととなっていること，④こうした住民との協議により，住民としても解除時期を予想して避難指示解除前からある程度の帰還のための準備を行うことが可能であること等を考慮した上で，当面の目安を1年間とした。ただし，この「1年間」という期間は，避難指示解除が検討されている区域の現状を踏まえて当面の目安として示すものであり，今後，避難指示解除の状況が異なるなど，状況に変更が生じた場合は，実際の状況を勘案して柔軟に判断していくことが適当である。また，相当期間経過後の「特段の事情がある場合」については，第二次追補で示したもののほか，帰還に際して従前の住居の修繕等を要する者に関

511

〈資料5〉四次追補

しては業者の選定や修繕等の工事に実際に要する期間、工事等のサービスの需給状況等を考慮する等、個別具体的な事情に応じて柔軟に判断することが適当である。その際、避難費用については、個別の事情に応じたより柔軟な対応を行うことが適当である。
7) Ⅲ)について、精神的損害については、第二次追補で示したとおり、多数の避難者に対して速やかかつ公平に賠償するため、避難指示の解除後相当期間経過前に帰還した場合であっても、原則として、個々の避難者が実際にどの時点で帰還したかを問わず、当該相当期間経過の時点を一律の終期として損害額を算定することが合理的である。
8) Ⅲ)について、営業損害及び就労不能損害の終期は、中間指針及び第二次追補で示したとおり、避難指示の解除、同解除後相当期間の経過、避難指示の対象区域への帰還等によって到来するものではなく、その判断に当たっては、基本的には被害者が従来と同等の営業活動を営むことが可能となった日を終期とすることが合理的であり、避難指示解除後の帰還により損害が継続又は発生した場合には、それらの損害も賠償の対象となると考えられる。

2 住居確保に係る損害

（指針）
Ⅰ）前記1のⅠ)①の賠償の対象者で従前の住居が持ち家であった者が、移住又は長期避難（以下「移住等」という。）のために負担した以下の費用は賠償すべき損害と認められる。
　① 住宅（建物で居住部分に限る。）取得のために実際に発生した費用（ただし、③に掲げる費用を除く。以下同じ。）と本件事故時に所有し居住していた住宅の事故前価値（第二次追補第2の4の財物価値をいう。以下同じ。）との差額であって、事故前価値と当該住宅の新築時点相当の価値との差額の75％を超えない額
　② 宅地（居住部分に限る。以下同じ。）取得のために実際に発生した費用（ただし、③に掲げる費用を除く。）と事故時に所有していた宅地の事故前価値（第二次追補第2の4の財物価値をいう。以下同じ。）との差額。ただし、所有していた宅地面積が400㎡以上の場合には当該宅地の400㎡相当分の価値を所有していた宅地の事故前価値とし、取得した宅地面積が福島県都市部の平均宅地面積以上である場合には福島県都市部の平均宅地面積（ただし、所有していた宅地面積がこれより小さい場合は所有していた宅地面積）を取得した宅地面積とし、取得した宅地価格が高額な場合には福島県都市部の平均宅地面積（ただし、所有していた宅地面積がこれより小さい場合は所有していた宅地面積）に福島県都市部の平均宅地単価を乗じた額を取得した宅地価格として算定する。
　③ ①及び②に伴う登記費用、消費税等の諸費用
Ⅱ）前記1のⅠ)①の賠償の対象者以外で避難指示区域内の従前の住居が持ち家であった者で、移住等をすることが合理的であると認められる者が、移住等のために負担したⅠ)①及びⅠ)③の費用並びにⅠ)②の金額の75％に相当する費用は、賠償すべき損害と認められる。
Ⅲ）Ⅰ)又はⅡ)以外で従前の住居が持ち家だった者が、避難指示が解除された後に帰還するために負担した以下の費用は賠償すべき損害と認められる。

〈資料5〉四次追補

　　① 事故前に居住していた住宅の必要かつ合理的な修繕又は建替え（以下「修繕等」という。）のために実際に発生した費用（ただし，③に掲げる費用を除く。）と当該住宅の事故前価値との差額であって，事故前価値と当該住宅の新築時点相当の価値との差額の75％を超えない額
　　② 必要かつ合理的な建替えのために要した当該住居の解体費用
　　③ ①及び②に伴う登記費用，消費税等の諸費用
　Ⅳ）従前の住居が避難指示区域内の借家であった者が，移住等又は帰還のために負担した以下の費用は賠償すべき損害と認められる。
　　① 新たに借家に入居するために負担した礼金等の一時金
　　② 新たな借家と従前の借家との家賃の差額の8年分
　Ⅴ）Ⅰ）ないしⅣ）の賠償の対象となる費用の発生の蓋然性が高いと客観的に認められる場合には，これらの費用を事前に概算で請求することができるものとする。

（備考）
1) Ⅰ）について，前記1のⅠ）①の精神的損害が賠償の対象となる地域は，避難指示解除時期の見通しすら立たない状況であり，本件事故時に当該地域に居住していた避難者は，移住等を行うことが必要と認められる。
2) Ⅱ）について，「移住等をすることが合理的と認められる場合」とは，例えば，帰還しても営業再開や就労の見通しが立たないため避難指示の解除前に新しい生活を始めることが合理的と認められる場合，現在受けている医療・介護が中断等されることにより帰還が本人や家族の医療・介護に悪影響を与える場合，避難先における生活環境を変化させることが子供の心身に悪影響を与える場合等が考えられる。
3) Ⅰ）①，Ⅱ）及びⅢ）①について，特に築年数の経過した住宅の事故前価値が減価償却により低い評価とならざるを得ないことを考慮し，公共用地取得の際の補償額（築48年の木造建築物であっても新築時点相当の価値の5割程度を補償）を上回る水準で賠償されることが適当と考えられる。
4) Ⅰ）②及びⅡ）について，避難者が実際に避難している地域や移住等を希望する地域が，従前の住居がある地域に比して地価単価の高い福島県都市部である場合が多いことから，移住等に当たって，移住等の先の宅地取得費用が所有していた宅地の事故前価値を超える場合が多く生じ得ることを考慮した。所有していた宅地面積の基準は，福島県の平均宅地面積を考慮し400㎡とした。また，「福島県都市部の平均宅地面積」及び「福島県都市部の平均宅地単価」は，福島市，会津若松市，郡山市，いわき市，二本松市及び南相馬市について，専門機関に委託して調査した結果，当面は250㎡及び38,000円/㎡を目安とすることが考えられる。
5) Ⅱ）について，対象となる地域は居住制限区域及び避難指示解除準備区域であり，避難指示の解除等により土地の価値が回復し得ることを考慮した。
6) Ⅲ）について，建替えの必要性を客観的に判断するに当たっては，管理不能に伴う雨漏り，動物の侵入，カビの増殖等の事態を受け，建替えを希望するという避難者の意向にも十分に配慮して柔軟に判断することが求められる。そのため，例えば，木造建築物にあっては，雨漏り，動物の侵入，カビの増殖等により，建物の床面積又は部屋数の過半が著しく汚損していると認められる場合は建替えを認める等の客観的な基準により判断することが妥当

〈資料5〉四次追補

であると考えられる。

7) Ⅳ）について，避難者が実際に避難している地域や移住等を希望する地域が，従前の住居がある地域に比して地価単価の高い福島県都市部である場合が多いことから，移住等に当たって，移住等の先の借家の家賃等が事故前に賃借していた借家の家賃等を超える場合が多く生じ得ることを考慮し，公共用地取得の際の補償を上回る水準で賠償されることが適当と考えられる。差額が賠償の対象となる「新たな借家の家賃」とは，前記1のⅠ）①の賠償の対象者，及び前記1のⅠ）②の賠償の対象者であって移住等をすることが合理的であると認められる者については，本件事故時に居住していた借家の面積等に応じた福島県都市部の平均的な家賃を上回る場合には当該平均的家賃とし，帰還の際に従前の借家への入居が不可能である者については，本件事故時に居住していた借家の面積等に応じた被災地周辺の平均的な家賃を上回る場合には当該平均的家賃とする。

8) Ⅴ）について，住居確保に係る損害は，原則として，現実に費用が発生しない限りは賠償の対象とはならないが，避難者の早期の生活再建を期するため，東京電力株式会社には，例えば，Ⅰ）又はⅡ）の対象となる者については，移住等の蓋然性が高いと客観的に認められる場合や住宅を取得せず借家に移住等をする場合，Ⅲ）の対象となる者については，従前の住居の修繕等や移住等の蓋然性が高いと客観的に認められる場合や帰還が遅れる場合には，移住等の先での住居の取得費用や修繕等の費用が実際に発生していなくても，移住等の先の平均的な土地価格や工事費の見積り額等を参考にして事前に概算で賠償し，事後に調整する等の柔軟かつ合理的な対応が求められる。

9) Ⅰ）及びⅡ）の賠償の対象者が，移住等の後に従前の居住場所に帰還する場合，帰還に必要な事故前に居住していた住宅の修繕，建替え費用等については，特段の事情のない限り，移住等の先の宅地及び住宅の価値等によって清算することが考えられる。

10) 被害者が移住等の先を決めるに当たっては，営業や就労に関する条件が大きな判断要素となると考えられ，移住等の場合，移住等の先において営業又は就労を行うことが期待されるほか，移住等を要しない場合であっても，避難先において営業又は就労の再開に向けた努力が期待されると考えられる。これまで必ずしも将来の生活に見通しをつけることができず，営業又は就労を再開していなかった者も，移住等の先又は避難先において，営業又は就労の再開に向けた努力が期待される。

　なお，移住等の先や避難先での営農や営業については，これまでの指針において，逸失利益や財物の賠償に加え，事業に支障が生じたために負担した追加的費用や事業への支障を避けるため又は事業を変更したために生じた追加的費用として，商品や営業資産の廃棄費用，事業拠点の移転費用，営業資産の移動・保管費用等も，必要かつ合理的な範囲で賠償すべき損害と認めている。事業者の多様性等に鑑みれば，これらについて一律の基準を示すことは困難であるため，東京電力株式会社においては，被害者が移住等の先や避難先で営農や営業を再開し生活再建を図るため，農地や事業拠点の移転等を行う場合，当該移転等に要する追加的費用に係る賠償についても，損害の内容に応じた柔軟かつ合理的な対応が求められる。

事項索引

あ 行

愛玩動物 …………………………… 259
あれなければこれなし ………… 48, 124,
　　　　　　　　　　　　126, 131, 174
慰謝料の補完的機能 ………… 298, 304
異常に巨大な天災地変 …… 185, 361, 362
一時立入費用 ………………… 258, 277
一部弁済 …………………………… 321
一回的不法行為 ………… 386, 394, 395
逸失利益 ………………… 49, 218, 267
一般営業活動上の危険 ……… 183, 209
一般生活上の危険 ………… 175, 183,
　　　　　　　　　　　　189, 193, 209
一般的な指針 ……………………… 422
移動費用 ……………………… 229, 238
稲わら ………………………… 340, 354
犬の治療費 ………………………… 231
違法性 ………………………… 55, 211
違法性縮減 ………………………… 357
違法性相殺 ………………………… 333
医療費 ……………………………… 279
因果関係2個説 …………………… 127
因果関係の証明 …………………… 439
因果関係の中断 …………………… 365
請負契約上の地位 ………………… 101
得べかりし利益 …………………… 218
営業活動の自由 ……………………… 88
営業資産の移動・保管費用 ……… 262
営業の自由 …………………………… 88
営業利益(政府指示等) ……………… 88
営業利益(風評被害) ………………… 94
営造物責任 ………………………… 338
疫学的証明 ………………………… 440
大型事故 …………………………… 120

屋内退避指示 ………………… 135, 138
汚染者負担原則（Polluter-Pays
　Principle; PPP）………………… 284

か 行

外国人観光客向け観光業 …………… 99
　——の風評被害 …………………… 100
解体費用 ……………… 255, 256, 261
回復しない取引先 ………………… 207
価額の全部 ………………………… 321
花　き ……………………………… 97
核燃料物質 ………………… 114, 115
　——の原子核分裂の過程の作用 … 105
　——又は核燃料物質によって汚染
　　された物の毒性的作用 ……… 115
　——又は核燃料物質によって汚染
　　された物の放射線の作用 …… 114
核燃料物質等の毒性的作用 ……… 105
核燃料物質等の放射線の作用 …… 105
確率的心証 ………………………… 440
家　財 ………………………… 82, 314
家財道具の移動費用 ……………… 229
家財保険料 ………………………… 230
過　失 ……………………………… 187
　——の証明 ……………………… 439
過失責任 ……………………… 13, 108
過失相殺 ……………………… 149, 331
　——の範囲 ……………………… 334
　——の法的性質 ………………… 333
　原子力損害賠償責任における—— 339
　本件事故における—— ………… 340
仮設住宅 …………………………… 199
ガソリン代 ………………………… 244
肩代わり損害 ………………… 225, 283
家畜の飼料 ………………………… 98

515

事項索引

家畜排せつ物 …………………… 98
カーナビゲーションの購入・取付費用
　…………………………………… 231
借り上げ住宅 …………………… 200
仮払い …………………………… 415
　——法 ………………………… 415
仮払い金の控除 ………………… 346
環境権 …………………………… 102
環境損害 ………………………… 102
間接被害 ……… 77, 80, 150, 201, 203, 210
完全賠償 …………………… 179, 187
機械的エネルギー ……………… 114
機械等設備の復旧費用 ………… 262
帰還困難区域 …………………… 69
企業損害 …………………… 210, 212
危険責任 …… 104, 106, 110, 116, 120, 187
　——と不可抗力免責 …………… 359
　——における過失相殺 ………… 337
　——における素因減額 ………… 338
危険責任・原子力損害賠償責任に
　おける損益相殺 ……………… 344
危険責任・原子力損害賠償責任に
　おける損益相殺的調整 ……… 344
危険責任原理 ……… 6, 35, 39, 104, 110,
　　　　　　　　130, 185, 226, 337, 340
危険の割当て …………………… 108
危険範囲 …………… 57, 179, 181, 193
技術的相当性 …………………… 283
毀損 ……………………………… 253
規範的評価の手がかり ………… 55
規範の保護目的 ……… 48, 57, 175, 179,
　　　　　180, 187, 192, 194, 195, 202, 204, 206
客観的価値の下落 ……………… 255
客観的価値の喪失 ……………… 254
客観的関連共同性 ……………… 350
休業損害 …………… 218, 244, 280
休車損害 ………………………… 253
求償 ……………………………… 373

急性放射線障害 ………………… 393
牛肉 ……………………………… 97
牛乳・乳製品 …………………… 98
教育費増加費用 ………………… 231
競合的不法行為 ………… 173, 174, 350
教材費 …………………………… 231
競争条件の変化 ………………… 209
共同不法行為 …………… 173, 174, 354
居住・移転の自由 ………………… 64, 66
居住制限区域 …………………… 69
居住用建物 ……………………… 260
寄与度減責 ………… 173, 174, 349, 354
緊急時避難準備区域 ………… 136, 138
金銭的評価 …………… 49, 112, 216
金銭賠償の原則 ……… 23, 220, 294, 414
薬代 ……………………………… 241
クーラーユニット ……………… 267
警戒区域 …………………… 136, 138
計画的避難区域 ………………… 138
経済的全損 ……………………… 296
継続的不法行為 ……… 58, 66, 174, 224,
　　　　　　　　386, 394, 395, 405
携帯電話料金の増加 …………… 230
警備費用 ………………………… 236
契約上の地位 …………………… 101
計量経済学 ………………… 167, 172
原因競合 ………………………… 173
減価償却費 ……………………… 348
健康状態の悪化 ………………… 233
原災法 ……………………… 118, 133, 188
原災法20条2項 … 156, 192, 194, 202, 205
検査費用（人）…… 75, 149, 200, 243, 280
検査費用（物）…… 76, 200, 243, 267, 280
原子核分裂生成物 ……………… 114
原子核分裂の過程の作用 ……… 114
原状回復 …………………… 250, 273
原状回復的損害賠償 …………… 274
原状回復費用 …………… 255, 256, 283

原子力関連供給者等……………… *375*
原子力緊急事態………………… *118, 171*
原子力緊急事態宣言……… *133, 134, 135*
原子力災害事後対策……………… *136*
原子力災害対策指針……………… *133*
原子力災害対策本部……………… *135*
原子力事業者の親会社…………… *382*
原子力事業者の責任の厳格化……… *39*
原子力損害………………… *105, 116*
原子力損害の民事責任に関するウィーン
　条約(いわゆるウィーン条約)…… *444*
原子力損害賠償支援機構…………… *42*
原子力損害賠償制度………………… *38*
原子力損害賠償責任保険契約……… *41*
原子力損害賠償の位置づけ………… *12*
原子力損害賠償の正当化根拠……… *11*
原子力損害賠償の法源……………… *34*
原子力損害賠償の目的……………… *5*
原子力損害賠償紛争審査会…… *411, 422*
原子力損害賠償補償契約…………… *41*
原子力の分野における第三者責任に
　関する条約(パリ条約)………… *444*
原子力防災管理者………………… *134*
原子力防災計画…………………… *188*
原子炉の運転等… *104, 111, 112, 113, 115,*
　　　　　　　　116, 117, 119, 130, 377
原賠法3条1項ただし書不要論…… *360*
原紛センター………………… *422, 433*
憲　法……………………………… *34*
権利侵害……………… *47, 114, 115, 119*
権利侵害要件構成………………… *211*
権利侵害要件の二重性……………… *52*
権利生成機能………………………… *55*
権利追求機能…………………… *54, 56*
権利・法益の類型化……………… *8, 56*
権利濫用…………………………… *257*
故意・過失………………………… *106*
後遺障害………………… *246, 386, 388*

交換価値………………… *265, 297, 300*
貢献利益率………………………… *345*
航行危険区域………… *91, 138, 154, 155*
　　——の設定…………………… *137*
工事用火災保険…………………… *263*
後続侵害…… *67, 68, 77, 81, 140, 141, 150,*
　　　　　　　175, 177, 181, 186, 189, 191,
　　　　　193, 200, 201, 202, 205, 206, 211
構築物………………………………… *82*
交通事故損害賠償………………… *227*
交通費………………… *117, 229, 277, 280*
高度性・制御不可能性………… *104, 108*
抗弁事実…………………………… *438*
国内観光客向け観光業……………… *98*
国家賠償…………………………… *378*
固定資産税評価情報……………… *313*
個別財産…………………………… *265*
個別事情(事由)……………… *232, 298*
個別損害項目積み上げ(方式)…… *23, 217*

さ 行

債権侵害……………………………… *78*
財産的損害…………………… *49, 217*
再就職活動にかかる費用………… *244*
再調達費用…………………… *255, 256*
サイト主義………………………… *41*
裁判外紛争解決手続……………… *411*
裁判手続による権利実現………… *437*
財　物……………………………… *81*
　　——の使用価値……………… *285*
　　——の所有権等……………… *81*
債務の承認………………………… *401*
債務不履行………………………… *179*
差額説(損害金銭説)… *220, 221, 245, 248*
作付け等の行為の断念…………… *156*
サービス業等……………………… *99*
残存型……………………………… *388*
山　林……………………………… *82*

事項索引

JCO 臨界事故 ……………………… 158
自家菜園 ………………………… 238
事業拠点の移転費用 ……………… 262
事業用資産 ………………… 82, 316
時効期間等特例法 ………… 398, 408
時効期間の延長 ………………… 398
時効進行の起算点 ……………… 385
時効中断特例法 …………… 396, 408
時効中断の範囲 ………………… 401
時効の中断 ……………………… 397
時効の停止 ……………………… 402
時効利益の放棄の禁止 ………… 399
自己拘束力 ……………………… 432
事実的因果関係 …… 48, 52, 53, 81, 112,
　　　　　　118, 124, 125, 131, 175, 204
事実的寄与度 …………………… 351
自主的避難等 …………………… 144
指針の効力 ……………………… 426
自然力 …………………………… 355
自動車損害賠償責任保険 ……… 301
社会心理学 ……………………… 166
社会的動乱 ………………… 185, 363
借地権割合 ……………………… 311
車検費用 ………………………… 231
車　両 …………………… 82, 317
住居確保損害 ………… 66, 83, 260, 285
10 条通報 ………………… 118, 134
住宅ローンの遅延損害金負担増加分
　　　　　　　　　　　　　　… 238
修補費用 ………………………… 265
住民票取得費用 ………………… 231
修理費 …………………………… 256
主観的共同性 …………………… 350
宿泊費 ……………………… 117, 229
宿泊費用 …………………… 230, 277
出荷制限指示 …………………… 137
出荷制限指示等 …………… 80, 92, 154
受忍限度（論） …………… 65, 66, 71

純粋経済損失 …………………… 90
償却資産 …………………… 82, 291
消極的損害 ……… 49, 217, 222, 226, 241
　　──の把握単位 ……………… 264
条件関係 …………………… 126, 156
条件公式 ………………………… 126
証拠の偏在 ……………………… 440
使用収益 ………………………… 255
症状固定 ………………………… 388
譲渡・相続の対象としての損害賠償
　　請求権 ……………………… 224
消費者心理 ……………………… 165
消費税 ……………………… 260, 261, 286
商品の返品費用 ………………… 267
情報の非対称性 ………… 167, 169, 170
消滅時効 ………………………… 384
消滅時効が完成する時 ………… 390
使用利益 ………………………… 258
職業選択の自由 ………………… 88
除斥期間の起算点 ……………… 398
除斥期間を経過 ………………… 404
除染特措法 ……………………… 283
除染費用 ………… 229, 262, 267, 282
所有権 …………………………… 81
事理弁識能力 …………………… 332
人格権 …………………………… 228
人格的利益 ………………… 62, 65, 66
進行型 ……………… 386, 387, 392, 395
親族の捜索 ………………… 268, 320
親族を捜索する利益 …………… 100
信用毀損 …………………… 96, 167
水産物 ………………………… 97, 98
水質汚濁防止法 20 条の 2 ……… 356
水道管の点検 …………… 229, 277
水道代 …………………………… 231
水門論 …………………………… 90
生活の平穏 ………… 60, 63, 139, 188
生活の平穏（自主的避難等） …… 70

518

生活の平穏(避難指示等)	62	相当額	265
生活の本拠	70	相当期間	193
生活費の増加費用	238	相当性	283
請求原因事実	437	その他政府指示	80, 93
税収減	102	損益相殺	248, 266, 342
精神的損害	49, 217, 219, 222, 227, 231, 236, 241, 258	本件事故における――	344
		損益相殺的調整	248, 266, 343
製造業	99	本件事故における――	346
清掃費用	236, 282	損害事実説	220, 221
政府による援助等	42	損害の金銭的評価	294
生命・身体	73	損害の発生	49, 215
――に対する侵害の可能性	73, 75	損害賠償請求義務者の特定	376
成立要件構成	211	損害賠償請求権の数	224
責任集中(制度)	40, 339, 352, 353, 357, 358, 372	損害賠償請求権の主体	225
		損害賠償請求権の発生時期	223
責任能力	332	損害賠償責任	215
責任範囲構成	211	損害賠償措置の強制	41
責任範囲の画定	48, 53, 57, 124, 128, 175, 271	損害賠償の範囲	49, 112, 127, 128, 175
		損害は所有者が負う	6, 47, 51
世帯の分離	315		
積極的損害	49, 217, 222, 226	**た　行**	
摂取制限指示	137	第一次侵害	140, 175, 177, 180, 186, 187, 191, 194, 197, 198, 205, 206, 211
全身放射能測定	200		
全損	310	大気汚染防止法	
全損・一部損	295	25条1項	117
銭湯代	231	25条の3	356
専門委員	430	代替性	212
素因減額	335	堆肥	98
――の根拠	335	代物使用料	256
原子力損害賠償責任における――	340	代物弁済	414
本件事故における――	341	タイヤの交換費用	231
相関関係説	60	宅地	82, 260
早期帰還者賠償	69, 236	多数回の避難	234
葬儀費用等	241	立退きの勧告	135
操業上の事故	109	立替払い	416
総体的財産	265	建替費用損害	85, 154, 290
相当因果関係	57, 124, 176, 178, 184, 193, 194, 203, 204, 270, 271	建物	82
		建物補修費用	347

棚卸資産……………………… 82, 291
担保物権……………………… 86
地位の互換性………………… 227
遅延損害金…………………… 269
畜産物………………………… 97
茶 ……………………………… 97, 98
注意・行為義務……………… 104, 108
仲介手数料…………………… 230
中間項………………………… 127, 132, 147
中間指針等の位置づけ……… 37
駐車場の賃料………………… 230
直接請求……………………… 414
治療費………………………… 241
賃借権………………………… 81
　　──の物権化……………… 83
通院交通費…………………… 241
通勤費………………………… 244, 281
通常共同訴訟………………… 377
通常損害……………………… 178
敦賀原発放射能漏れ事件…… 160, 164
定型的注意義務……………… 189
定型的付随損害……………… 225
停　　止……………………… 405
抵当権………………………… 86
転嫁禁止……………………… 358, 373
転居費用……………………… 244, 281
天恵物………………………… 230
登記費用……………………… 260, 261, 286
同等取扱説…………………… 333, 358
登録費用……………………… 258
特定原子力損害……………… 416
特別損害……………………… 178
特別の危険… 104, 107, 108, 109, 115, 116,
　　　　　　175, 186, 200, 202, 203, 205, 211
特別の努力…………………… 245

な 行

肉牛風評被害………………… 100

二段の因果関係……………… 119
入通院慰謝料………………… 347
熱的エネルギー……………… 114
農産物………………………… 98
農　　地……………………… 82

は 行

廃棄費用……………………… 262, 267, 291, 292
廃　　業……………………… 91, 263, 395
賠償者代位…………………… 320
賠償範囲構成………………… 211
売買契約上の地位…………… 101
発生型………………………… 388
反射損害……………………… 225
晩発性放射線障害…………… 394
反復可能性…………………… 127, 164
判　　例……………………… 36
ビキニ環礁被曝事件（第五福竜丸事件）
　　　　　　　　　　　　…… 162, 443
非競争行為…………………… 89, 92, 93, 95
飛行禁止区域………………… 154, 155
　　──の設定……………… 91, 137
非財産的損害…… 49, 217, 219, 264, 268
非進行型……………………… 386, 387, 392, 395
引越費用……………………… 229
必要かつ合理的……………… 131, 275
必要な指示…………………… 136
避難指示解除準備区域……… 69
避難指示等解除後の風評被害……… 206
避難所………………………… 200, 232
避難生活中の生命・身体侵害……… 240
避難の長期化………… 69, 141, 154, 194
　　──に伴う精神的損害…… 303
避難費用……………………… 228, 277
評価的寄与度………………… 351
風評被害……………………… 94, 157
　　──の回復……………… 172
　　──の範囲……………… 96

風評被害等の対策費用……………… *103*
風評被害発生のメカニズム………… *168*
不可抗力…………………………… *355, 359*
不可抗力免責…… *40, 185, 352, 353, 359*
　　──の3要素……………………… *360*
不可避な財産減少………………… *275*
福島第二原発…………………… *118, 143*
不作為……………………………… *120*
物上代位権………………………… *86*
不動産鑑定評価………………… *310, 313*
プライス・アンダーソン法……… *444*
併行給付………………………… *343, 345*
弁護士費用……………………… *268, 388*
返品費用…………………………… *292*
法　益……………………………… *51*
放射線作用等…………… *48, 105, 119*
　　──の発生…… *51, 104, 114, 116, 117, 130, 143, 171, 199, 206*
放射線障害………… *73, 74, 147, 198, 240*
放射能測定器購入費用…………… *291*
放射能ゼロ宣言…………………… *209*
法人格否認の法理………………… *382*
防犯・警備費用…………………… *278*
法律上保護される利益……………… *51*
保険填補危険の累積……………… *376*
保険料……………………………… *230*
保護目的…………………………… *186*
保証責任……………………… *104, 109*
墓地利用に係る契約上の地位…… *102*
本払い……………………………… *415*

ま 行

薪・木炭…………………………… *98*
未請求者の請求機会……………… *403*
民事訴訟法248条………………… *299*

無過失責任… *39, 105, 116, 130, 187, 439*
　　──と不可抗力免責…………… *359*
無限責任…………………………… *39*
滅　失……………………………… *253*
滅失・毀損………………………… *295*
物…………………………………… *81*

や 行

薬品の陳列棚……………………… *288*
家　賃……………………………… *230*
有限責任…………………………… *39*
有体物……………………………… *81*
輸送費……………………………… *267*
油濁損害賠償……………………… *283*
要介護状態………………………… *235*
要支援状態………………………… *235*
予見可能性………………………… *187*
予防原則…………………………… *195*
予防措置……………………… *117, 147*
予防的避難費用…………………… *117*
弱い関連共同性…………………… *350*

ら 行

利得禁止(原則)………………… *250, 347*
領域原理………………… *336, 338, 340, 357*
　　──に基づく減額事由拡張説…… *333*
領収書のある損害…………… *24, 49*
林産物………………………… *97, 98*
労働契約上の地位………………… *77*
労働契約の終了…………………… *77*

わ 行

和解仲介の実績…………………… *436*
和解の仲介(手続)……………… *424, 433*

判例索引

◇大審院・最高裁判所◇

大連判大正15年5月22日民集5巻386頁
〔富貴丸事件〕…178, 254, 255, 274, 389
大判明治43年6月7日刑録16輯1121頁
……………………………………… 259
大判大正3年7月4日刑録20巻1360頁
〔雲右衛門事件判決〕……………… 55
大判大正7年3月15日民録24輯498頁
……………………………………… 389
大判大正7年5月29日民録24巻935頁
……………………………………… 337
大判大正7年10月10日民録24輯1893頁
……………………………………… 223
大判大正9年3月10日民録26輯280頁
……………………………………… 389
大判大正9年4月20日民録26輯553頁
……………………………………… 306
大判大正9年6月29日民録26輯1035頁
……………………………………… 387
大判大正11年8月7日刑集1巻410頁 … 89
大判大正13年7月24日民集3巻376頁
……………………………………… 350
大判大正15年2月16日民集5巻150頁
……………………………………… 306
大判昭和3年2月6日刑集7巻83頁 …… 89
大判昭和3年8月1日民集7巻671頁…… 87
大判昭和5年5月12日新聞3127号9頁
……………………………………… 343
大判昭和7年5月27日民集11巻1289頁
……………………………………… 87
大判昭和7年7月7日民集11巻1498頁
……………………………………… 312
大判昭和8年7月5日民集12巻1783頁
………………………………… 83, 312
大判昭和8年7月7日民集12巻1805頁
……………………………………… 298

大判昭和9年6月15日民集13巻1164頁
……………………………………… 86
大判昭和10年4月13日民集14巻556頁
……………………………………… 83
大判昭和14年12月23日民集18巻1630頁
……………………………………… 321
大判昭和15年12月14日民集19巻2325頁
………………………………… 387, 389
大判昭和16年2月19日新聞4685号7頁
……………………………………… 62
最判昭和30年1月18日集民17号1頁
……………………………………… 334
最判昭和32年1月22日民集11巻1号
34頁 ……………………………… 83, 91
最判昭和32年1月31日民集11巻1号
170頁 ……………………………… 317
最判昭和32年2月7日集民25号383頁
……………………………………… 91
最判昭和32年3月26日民集11巻3号
543頁 ……………………………… 350
最判昭和35年3月10日民集14巻3号
389頁 ……………………………… 62
最判昭和38年3月26日集民65号241頁
……………………………………… 298
最判昭和39年1月28日民集18巻1号
136頁 ………………………… 264, 268
最大判昭和39年6月24日民集18巻5号
854頁 ……………………………… 332
最大判昭和40年9月22日民集19巻6号
1600頁 …………………………… 265
最判昭和42年6月27日民集21巻6号
1507頁 …………………………… 332
最判昭和42年7月18日民集21巻6号
1559頁 …………………………… 389
最判昭和42年11月10日民集21巻9号
2352頁 ………………………… 221, 428

522

判例索引

最判昭和 43 年 4 月 23 日民集 22 巻 4 号
　　964 頁 ………………………………… *350*

最判昭和 43 年 6 月 27 日訟月 14 巻 9 号
　　1003 頁 ………………………………… *389*

最判昭和 43 年 6 月 27 日民集 22 巻 6 号
　　1339 頁 ………………………………… *388*

最判昭和 43 年 10 月 3 日判時 540 号 38 頁
　　……………………………………………… *343*

最判昭和 43 年 11 月 15 日民集 22 巻 12 号
　　2614 頁 ………………………………… *212*

最判昭和 44 年 2 月 27 日民集 23 巻 2 号
　　441 頁 …………………………… *178, 179*

最判昭和 44 年 2 月 27 日民集 23 巻 2 号
　　511 頁 …………………………………… *382*

最判昭和 44 年 2 月 28 日民集 23 巻 2 号
　　525 頁 …………………………… *178, 179*

最判昭和 45 年 6 月 19 日民集 24 巻 6 号
　　560 頁 …………………………………… *388*

最判昭和 45 年 7 月 24 日民集 24 巻 7 号
　　1177 頁 ………………………………… *343*

最判昭和 47 年 6 月 22 日判時 673 号 41 頁
　　……………………………………………… *298*

最判昭和 47 年 6 月 27 日民集 26 巻 5 号
　　1067 頁 …………………………………… *65*

最判昭和 48 年 4 月 5 日民集 27 巻 3 号
　　419 頁 …………………………… *299, 401*

最判昭和 48 年 6 月 7 日民集 27 巻 6 号
　　681 頁 …………………………… *178, 179*

最判昭和 48 年 10 月 26 日民集 27 巻 9 号
　　1240 頁 ………………………………… *382*

最判昭和 48 年 11 月 16 日民集 27 巻 10 号
　　1374 頁 ………………………… *389, 400*

最判昭和 49 年 4 月 15 日民集 28 巻 3 号 385
　　頁 ………………………………… *256, 296*

最判昭和 49 年 4 月 25 日民集 28 巻 3 号
　　447 頁 …………………………………… *277*

最判昭和 49 年 9 月 26 日集民 112 号
　　709 頁 …………………………………… *388*

最判昭和 50 年 10 月 3 日交民 8 巻 5 号
　　1221 頁 ………………………………… *150*

最判昭和 50 年 10 月 24 日民集 29 巻 9 号
　　1417 頁〔ルンバール事件〕… *125, 439*

最判昭和 51 年 3 月 25 日民集 30 巻 2 号
　　160 頁 …………………………………… *332*

最判昭和 56 年 2 月 17 日判時 996 号 65 頁
　　……………………………………………… *332*

最判昭和 56 年 10 月 8 日集民 134 号 39 頁
　　……………………………………………… *299*

最大判昭和 56 年 12 月 16 日民集 35 巻 10 号
　　1369 頁 …………………………………… *65*

最判昭和 57 年 10 月 19 日民集 36 巻 10 号
　　2163 頁 ………………………………… *390*

最判昭和 63 年 4 月 21 日民集 42 巻 4 号
　　243 頁 …………………………… *182, 336*

最判平成元年 6 月 20 日判時 1334 号 201 頁
　　………………………………………………… *57*

最判平成元年 12 月 21 日民集 43 巻 12 号
　　2209 頁 ………………………… *404, 406*

最判平成 2 年 4 月 17 日民集 44 巻 3 号
　　547 頁 ……………………………………… *57*

最判平成 3 年 4 月 26 日民集 45 巻 4 号
　　653 頁〔水俣病お待たせ賃訴訟〕… *306*

最判平成 3 年 12 月 17 日労判 600 号 6 頁
　　……………………………………………… *439*

最判平成 4 年 6 月 25 日民集 46 巻 4 号
　　400 頁 …………………………………… *336*

最大判平成 5 年 3 月 24 日民集 47 巻 4 号
　　3039 頁 ………………………………… *343*

最判平成 5 年 9 月 9 日判時 1477 号 42 頁
　　………………………………… *176, 178, 182*

最判平成 6 年 10 月 11 日集民 173 号
　　133 頁 ……………………………………… *83*

最判平成 8 年 4 月 25 日民集 50 巻 5 号
　　1221 頁〔貝採り事件判決〕… *223, 317*

最判平成 8 年 5 月 31 日民集 50 巻 6 号
　　1323 頁 ………………………………… *224*

最判平成 8 年 10 月 29 日交民 29 巻 5 号
　　1272 頁 ………………………………… *336*

最判平成 9 年 1 月 28 日民集 51 巻 1 号
　　78 頁 ……………………………… *232, 298*

523

判例索引

最判平成 9 年 7 月 11 日民集 51 巻 6 号
　　2573 頁 ………………………………… 5
最判平成 9 年 8 月 25 日判時 1616 号 52 頁
　　……………………………………… 64
最判平成 9 年 9 月 9 日判時 1618 号 63 頁
　　……………………………………… 332
最判平成 10 年 6 月 12 日民集 52 巻 4 号
　　1087 頁 …………………………… 406, 407
最判平成 11 年 2 月 25 日民集 53 巻 2 号
　　235 頁 ………………………………… 76
最判平成 11 年 10 月 22 日民集 53 巻 7 号
　　1211 頁 ……………………………… 343
最判平成 11 年 12 月 20 日民集 53 巻 9 号
　　2038 頁 ………………………… 221, 223, 226
最判平成 12 年 9 月 22 日民集 54 巻 7 号
　　2574 頁 ……………………………… 76
最判平成 13 年 3 月 13 日民集 55 巻 2 号
　　328 頁 …………………………… 182, 350
最判平成 14 年 1 月 29 日民集 56 巻 1 号
　　218 頁 ……………………………… 389
最大判平成 14 年 9 月 11 日民集 56 巻 7 号
　　1439 頁 ……………………………… 381
最判平成 15 年 10 月 16 日民集 57 巻 9 号
　　1075 頁〔所沢ダイオキシン報道事件〕
　　……………………………………… 165, 354
最判平成 16 年 4 月 27 日民集 58 巻 4 号
　　1032 頁 …………………………… 405, 407
最判平成 16 年 12 月 20 日判時 1886 号
　　46 頁 ………………………………… 343
最判平成 16 年 12 月 24 日判タ 1174 号
　　252 頁 ……………………………… 388
最判平成 17 年 11 月 10 日民集 59 巻 9 号
　　2428 頁 ……………………………… 65
最判平成 18 年 3 月 30 日民集 60 巻 3 号
　　948 頁 ……………………………… 103
最判平成 18 年 6 月 16 日民集 60 巻 5 号
　　1997 頁 ……………………………… 405
最判平成 19 年 7 月 6 日民集 61 巻 5 号
　　1769 頁 ……………………………… 76
最判平成 20 年 6 月 10 日民集 62 巻 6 号
　　1488 頁 ……………………………… 249
最判平成 20 年 6 月 24 日判時 2014 号 68 頁
　　……………………………………… 249
最判平成 21 年 3 月 27 日判時 2039 号 12 頁
　　……………………………………… 125
最判平成 21 年 4 月 28 日民集 63 巻 4 号
　　853 頁 …………………………… 406, 407
最判平成 23 年 7 月 15 日民集 65 巻 5 号
　　2362 頁 ……………………………… 65
最判平成 23 年 7 月 21 日集民 237 号 293 頁
　　……………………………………… 76

◇高等裁判所◇

東京高判昭和 29 年 7 月 10 日下民集 5 巻
　　7 号 1060 頁 ……………………… 288
東京高判昭和 50 年 10 月 23 日判時 806 号
　　37 頁 ………………………………… 266
名古屋高判昭和 52 年 9 月 28 日判時 870 号
　　76 頁 ………………………………… 256
東京高判昭和 56 年 10 月 21 日判時 1018 号
　　29 頁 ………………………………… 355
福岡高判昭和 58 年 9 月 13 日判タ 520 号
　　148 頁 ……………………………… 91
大阪高判昭和 58 年 10 月 27 日判時 1112 号
　　67 頁 ………………………………… 347
福岡高判昭和 60 年 1 月 28 日判時 1150 号
　　194 頁 ……………………………… 91
名古屋高裁金沢支判平成元年 5 月 17 日
　　判時 1322 号 99 頁 … 11, 160, 186, 427
東京高判平成 4 年 12 月 17 日判時 1453 号
　　35 頁 ………………………………… 313
東京高判平成 8 年 12 月 3 日判タ 960 号 284
　　頁 …………………………………… 259
東京高決平成 12 年 2 月 25 日判時 1743 号
　　134 頁 ……………………………… 88
仙台高判平成 13 年 12 月 25 日（TKC
　　文献番号 28070692）………………… 316
東京高判平成 17 年 9 月 21 日判時 1914 号
　　95 頁 ………………………………… 427
東京高判平成 21 年 5 月 14 日判時 2066 号
　　54 頁 ………………………………… 427

判例索引

◇地方裁判所◇

東京地判昭和29年3月6日下民集5巻304頁 ………………………… 258
東京地判昭和42年10月18日下民集18巻9=10号1017頁 ……………… 299
東京地判昭和45年4月20日判タ251号311頁 …………………………… 63
東京地判昭和45年6月29日判時615号38頁 …………………………… 440
東京地判昭和45年7月20日判タ254号275頁 …………………………… 256
東京地判昭和46年7月31日判時640号56頁 …………………………… 256
岡山地判昭和47年1月28日判時665号84頁 …………………………… 406
東京地判昭和47年5月30日判時683号102頁 …………………………… 88
東京地裁八王子支判昭和47年6月20日交民5巻3号817頁 ……………… 63
大阪地判昭和48年3月30日判タ306号242頁 …………………………… 63
新潟地判昭和50年7月12日判時783号3頁 …………………………… 355
東京地裁八王子支判昭和50年12月15日交民8巻6号1761頁 ……………… 63
松江地裁益田支判昭和52年4月18日交民10巻2号561頁 ………………… 63
岐阜地判昭和52年10月3日判時881号142頁 …………………………… 88
大津地判昭和54年10月1日判時943号28頁 …………………………… 211
名古屋地判昭和55年9月11日判時976号40頁 ………………………… 387
富山地裁高岡支判昭和56年5月18日判時1012号21頁 ……………… 95, 158
東京地判昭和56年9月28日判時1017号34頁 …………………………… 387
岡山地判昭和59年1月30日交民17巻1号115頁 ………………………… 63
徳島地判昭和59年3月7日交民17巻2号361頁 ………………………… 247
福岡地判昭和61年3月10日自保ジ判例レポート67号No.17 ……………… 63
大阪地判平成元年4月14日交民22巻2号476頁 ………………………… 63
大阪地判平成3年3月29日判時1383号22頁 …………………………… 351
大阪地判平成5年12月17日交民26巻6号1541頁 ………………………… 63
横浜地裁川崎支判平成6年1月25日判時1481号19頁〔川崎大気汚染公害訴訟〕 ………………………………… 387
横浜地判平成6年5月24日交民27巻3号643頁 ………………………… 63
大阪地判平成10年7月3日交民31巻4号1012頁 ………………………… 247
東京地判平成11年8月31日判時1687号39頁 …………………………… 315
神戸地判平成11年9月20日判時1716号105頁 …………………………… 355
山形地判平成11年12月7日判時1713号99頁 …………………………… 315
横浜地判平成12年1月12日判時1723号80頁 …………………………… 315
長崎地判平成12年12月6日判タ1101号228頁 …………………………… 283
神戸地判平成13年6月22日交民34巻3号772頁 ………………………… 63
大阪地判平成13年11月30日交民34巻6号1567頁 ………………………… 247
東京地判平成14年4月22日判時1801号97頁 …………………………… 315
大阪地判平成15年1月24日交民36巻1号112頁 ………………………… 336
大阪地判平成15年2月20日交民36巻1号225頁 ………………………… 337
大阪地判平成15年5月23日交民36巻3号761頁 ………………………… 336
水戸地判平成15年6月24日判時1830号103頁 …………………… 415, 427

525

判例索引

大阪地判平成15年7月16日交民36巻
　　4号930頁 ………………………… 247
大阪地判平成15年7月30日交民36巻
　　4号1008頁 ………………………… 63
大阪地判平成15年8月27日交民36巻
　　4号1076頁 ………………………… 247
東京地判平成15年12月8日交民36巻
　　6号1570頁 ………………………… 337
大阪地判平成17年6月6日交民38巻3号
　　757頁 ……………………………… 336
徳島地判平成17年8月29日判例地方自治
　　278号72頁 ………………………… 63
東京地判平成18年1月26日判時1951号
　　95頁 ………………………………… 427
東京地判平成18年2月27日判タ1207号
　　116頁 ………………… 11, 95, 161, 427
東京地判平成18年4月19日判時1960号
　　40頁 ………………………………… 268
東京地判平成18年4月19日判時1960号
　　64頁 …………… 11, 95, 161, 190, 427
東京地判平成18年11月17日判タ1249号
　　145頁 ……………………………… 315
さいたま地判平成19年2月9日自保ジ
　　1823号157頁 ……………… 83, 284

名古屋地判平成19年5月30日交民40巻
　　3号741頁 ………………………… 336
名古屋地判平成19年11月21日交民40巻
　　6号1499頁 ………………………… 336
水戸地判平成20年2月27日判時2003号
　　67頁 ………………………………… 382
東京地判平成20年3月11日交民41巻
　　2号271頁 ………………………… 247
東京地判平成20年4月24日判時2003号
　　10頁 ………………………………… 248
東京地判平成20年5月21日交民41巻
　　3号630頁 ………………………… 247
大阪地判平成21年1月13日交民42巻
　　1号19頁 …………………………… 247
岡山地判平成21年8月27日交民42巻4号
　　1112頁 ……………………………… 247
東京地判平成21年12月10日交民42巻
　　6号1600頁 ………………………… 247
東京地判平成22年9月29日判時2095号
　　55頁 ………………………………… 89
東京地判平成24年7月19日判時2172号
　　57頁 ………………………………… 369
東京地判平成24年11月26日判時2176号
　　44頁 ………………………………… 257

■著者紹介

豊 永 晋 輔（とよなが・しんすけ）

福岡県生まれ

2004年　東京大学法学部卒業
2006年　東京大学法科大学院修了
現　在　弁護士。桐蔭横浜大学法科大学院客員教授（2013年〜）。原子力損害賠償・廃炉等支援機構（2011年〜2013年）

■主要著作

「濫用的仲裁申立てと仲裁申立て取下げの扱い」小寺彰ほか編『エネルギー投資仲裁・実例研究──ISDS の実際』（有斐閣，2013年）

「再生可能エネルギーの法的問題に関する覚書──風力・太陽光・地熱発電を中心に（上）（下）」NBL 963号（2011年），NBL964号（同年）

「受託者の倒産③──信託財産・固有財産の識別不能と受託者の倒産」永石一郎ほか編集代表『信託の実務 Q&A』（共著，青林書院，2010年）

原子力損害賠償法　　　　　　　　　　　　　　　　　〈法律学の森〉

2014（平成26）年10月13日　第1版第1刷発行

　　　著　者　豊　永　晋　輔
　　　発行者　今　井　　　貴
　　　　　　　渡　辺　左　近
　　　発行所　信山社出版株式会社
　　　　　　　〒113-0033　東京都文京区本郷 6-2-9-102
　　　　　　　Tel 03-3818-1019　Fax 03-3818-0344
　　　　　　　henshu@shinzansha.co.jp
信山社笠間来栖支店　〒309-1625　茨城県笠間市来栖 2345-1
　　　　　　　Tel 0296-71-0215　Fax 0296-72-5410
信山社笠間才木レナウ支店　〒309-1611　茨城県笠間市笠間 515-3
　　　　　　　Tel 0296-71-9081　Fax 0296-71-9082
　　　　　　　出版契約　2014-2393-01010　Printed in Japan

© 豊永晋輔，2014．　印刷・製本／東洋印刷・渋谷文泉閣
ISBN978-4-7972-2393-4　C3332　分類324.550　損害賠償法
2393-0101:012-100-002《禁無断複写》

JCOPY　〈(出)出版者著作権管理機構　委託出版物〉
本書の無断複写は著作権法上での例外を除き禁じられています。複写される場合は，そのつど事前に，(社)出版者著作権管理機構（電話03-3513-6969，FAX 03-3513-6979，e-mail: info@jcopy.or.jp）の許諾を得てください。

『法律学の森』刊行にあたって

一八八〇年（明治一三年）、西欧列強との不平等条約改正の条件とされた西欧法体制の継受の第一弾として旧刑法・治罪法が制定されて以来、わが国の法律学は一世紀以上の歴史を重ねました。この間、明治期・大正期・第二次大戦後の法体制の変革期を越えたわが国の法律学は、高度経済成長期を迎えて急速にその内容を成熟させるにいたりました。この結果、わが国の法律学は、世界的にみても高度かつ独自の法文化の伝統を形成するにいたり、法律家の国際交流も学術レベル・実務レベルの全般にわたって盛んに行われ、世界各国の法文化と日本法文化の「接触」も深まりつつあります。

さらに近年は、法律学の対象の一層の高度化・複合化・国際化の進展にともない、法律学と法学者に対するニーズが大きく変化して、分極化・専門化と横断化は加速度的に進んでいます。このため、従来の法律学の読み替え、再構成の試みが新しい世代により推し進められているところです。

まもなく二一世紀です。

そこで、私どもは、世界史的な変動のなかで新たな展開を試みつつある法学者の自由な発想と方法論の開発を支援し励まして多くの独創的な法律学の誕生を促し、もって変化の著しい時代への対応を可能ならしめることを希って、本叢書の刊行を企図いたしました。自由で開放的かつ奥深い「法律学の森」が、研究者の協力と読者の支持によって健やかに成長を遂げて形成されることを念じて、刊行を進めてまいります。

一九九四年三月

『法律学の森』企画委員

信山社

大村敦志 解題
穂積重遠 法教育著作集 〔全3巻〕
われらの法

来栖三郎著作集 〔全3巻〕

我妻洋・唄孝一 編
我妻栄先生の人と足跡

藤岡康宏 著
民法講義Ⅴ 不法行為法

潮見佳男 著
民事過失の帰責構造
債務不履行の救済法理

古賀正義 著
現代社会と弁護士

———— 信山社 ————

〔最新刊〕
◇ 破産法比較条文の研究　竹下守夫 監修
　　　加藤哲夫・長谷部由起子・上原敏夫・西澤宗英 著

◇〔日本立法資料全集〕行政手続法制定資料　塩野宏・小早川光郎 編著

◇〔日本立法資料全集〕刑事訴訟法制定資料　井上正仁・渡辺咲子・田中開 編著

◇ 各国民事訴訟法参照条文　三ケ月章・柳田幸三 編

◇ 民事訴訟法旧新対照条文・新民事訴訟規則対応
　　　日本立法資料全集編集所 編

◇ 民事裁判小論集　中野貞一郎 著

◇ 民事手続法評論集　石川明 著

◇ 新民事訴訟法論考　高橋宏志 著

◇ 民事訴訟審理構造論　山本和彦 著

◇ 増補刑法沿革綜覧
　　　松尾浩也 増補解題／倉富勇三郎・平沼騏一郎・花井卓蔵 監修

———— 信山社 ————